国家科学技术学术著作出版基金资助出版

中国科学院中国动物志编辑委员会主编

中国动物志

昆虫纲　第六十九卷

缨翅目　（上卷）

冯纪年　胡庆玲　张诗萌　著

科技部科技基础性工作专项重点项目
中国科学院知识创新工程重大项目
国家自然科学基金重大项目
(科技部　中国科学院　国家自然科学基金委员会　资助)

科学出版社

北　京

内 容 简 介

缨翅目是昆虫纲中的一个小目,包括 596 属 7400 余种。多生活在植物花中,取食花粉粒;也有相当一部分种类生活在植物叶面,取食植物汁液,且生活在植物叶面表皮下的种类会形成虫瘿,为植物害虫;少数种类生活在枯枝落叶中,取食真菌孢子;还有一些种类捕食其他蓟马、螨类,为人类的益虫。缨翅目昆虫广泛分布于世界各地。

本志是对中国缨翅目昆虫进行系统分类研究的总结,分上下两卷出版,包括总论和各论两大部分。总论部分对缨翅目的研究历史和中国缨翅目的研究概况进行了回顾,比较了不同学者的分类系统,重点介绍了缨翅目的分类特征和术语,并对内部解剖结构、生物学和经济意义进行了描述,力求介绍缨翅目研究的最新进展。各论部分记述中国缨翅目昆虫 2 亚目 4 总科 5 科 10 亚科 21 族 131 属 422 种,包括科、亚科、族、属、种检索表,附 420 幅形态特征图。上卷包括总论和各论中的锯尾亚目,下卷包括各论中的管尾亚目。

本志可供昆虫学教学和研究、生物多样性保护、植物保护、森林保护与生物防治等领域的专业师生及相关工作人员参考。

图书在版编目(CIP)数据

中国动物志. 昆虫纲. 第六十九卷,缨翅目:全 2 卷/冯纪年等著.—北京:科学出版社,2021.4
ISBN 978-7-03-068272-7

Ⅰ. ①中… Ⅱ. ①冯… Ⅲ. ①动物志-中国 ②昆虫纲-动物志-中国 ③缨翅目-动物志-中国 Ⅳ. ①Q958.52

中国版本图书馆 CIP 数据核字 (2021) 第 040467 号

责任编辑:韩学哲 赵小林 /责任校对:严 娜
责任印制:吴兆东 /封面设计:刘新新

科 学 出 版 社 出版
北京东黄城根北街 16 号
邮政编码:100717
http://www.sciencep.com

北京虎彩文化传播有限公司 印刷
科学出版社发行 各地新华书店经销

*

2021 年 4 月第 一 版 开本:787×1092 1/16
2021 年 4 月第一次印刷 印张:65
字数:1540 000

定价:890.00 元(全 2 卷)

(如有印装质量问题,我社负责调换)

Supported by the National Fund for Academic Publication in Science and Technology

Editorial Committee of Fauna Sinica, Chinese Academy of Sciences

FAUNA SINICA

INSECTA Vol. 69

Thysanoptera (I)

By

Feng Jinian, Hu Qingling and Zhang Shimeng

A Key Project of the Ministry of Science and Technology of China
A Major Project of the Knowledge Innovation Program
of the Chinese Academy of Sciences
A Major Project of the National Natural Science Foundation of China
(Supported by the Ministry of Science and Technology of China,
the Chinese Academy of Sciences, and the National Natural Science Foundation of China)

Science Press
Beijing, China

编 写 分 工

主持单位：西北农林科技大学

主　　编：冯纪年(西北农林科技大学)

编　　者：冯纪年(西北农林科技大学)

　　　　　胡庆玲(渭南师范学院)

　　　　　张诗萌(贵州大学)

前　言

缨翅目 Thysanoptera 于 1836 年由 Haliday 所建立，异名泡足目 Physapoda，中文名俗称蓟马，英文名 thrips，thrips 一词源自希腊文，意为钻木虫。"Thysanoptera" 一词亦源自希腊文，意为翅有缘缨。缨翅目中许多种类栖息在植物（如大蓟、小蓟）花中，蓟马的中文名即由此而来。蓟马个体小、行动敏捷、善飞、善跳，多生活在植物花中，取食花粉粒；也有相当一部分种类生活在植物叶面，取食植物汁液，且生活在植物叶面表皮下的种类会形成虫瘿，为植物害虫；少数种类生活在枯枝落叶中，取食真菌孢子；还有一些种类捕食其他蓟马、螨类，为人类的益虫。

缨翅目全世界已知约 596 属 7400 余种。成虫体细长而扁，或圆筒形；一般长 0.4-8mm，个别体长可达 18mm（澳大利亚产）；色黄褐、苍白或黑；触角 5-9 节，鞭状或念珠状；复眼多为圆形；雌雄或其一方往往有长翅型、短翅型、无翅型等个体，少数种类兼有所有这些类型，这种变化在秋季较普遍发生；有翅种类单眼 2 或 3 个，无翅种类有或无单眼；口器锉吸式，口针多不对称。有翅时翅狭长，边缘有缨毛。足小，各足相似，或前足略膨大，跗节 1-2 节，顶端常有可伸缩的泡囊，有爪 1-2 个，有或无距。雌虫产卵器锯状或无。

蓟马许多种类广泛分布于世界各地，食性复杂，大多为植食性，通过锉吸式口器锉破植物表皮组织而吮吸汁液，使嫩梢干缩、籽粒干瘪，影响产量和品质。例如，稻直鬃蓟马 Stenchaetothrips biformis (Bagnall, 1913) 是印度、东南亚和中国稻区的重要害虫，在中国 20 世纪 70 年代以后逐渐由一般害虫上升为水稻的主要害虫，它为害水稻秧苗，使叶片纵卷、失绿、枯焦或成僵苗而导致整株枯死，当虫量激增时还可侵害稻穗，使穗数和实粒数减少；芒缺翅蓟马 Aptinothrips stylifer Trybom, 1894 是西藏青稞害虫，严重时青稞成片枯死或使小穗不实，可造成减产 10%；苏丹黄呆蓟马 Anaphothrips sudanensis Trybom, 1911 在江南禾谷类作物上常见，是印度小麦的主要害虫之一；玉米黄呆蓟马 Anaphothrips obscurus (Müller, 1776) 也是 20 世纪 70 年代后报道的北京地区为害玉米的害虫，玉米被害严重时叶片尖端枯萎；西花蓟马 Frankliniella occidentalis (Pergande, 1895) 是一种极具危害性的世界性害虫，2003 年入侵我国，已在北京、云南、浙江、山东、贵州、江苏、新疆等地成功定殖并建立种群，且对当地蔬菜和花卉的生产造成了巨大经济损失，根据适生性分析结果，该虫在我国的潜在分布区多达 28 个省（直辖市、自治区），威胁巨大。西花蓟马的寄主包括园林花卉、蔬菜和农作物等 60 科 500 多种植物，该虫除直接为害寄主植物外，同时还传播多种病毒病，严重影响作物的产量和品质。有些种类为害作物后，还因其分泌物诱发病害，造成植物二次受害，并传播病毒病，如烟蓟马 Thrips *tabaci* Lindeman, 1889 传播的番茄斑萎病遍及世界，严重为害番茄、烟草、莴苣、菠萝、马铃薯和观赏植物；唐菖蒲是世界四大切花之一，花朵受唐菖蒲简蓟马 *Thrips simplex* (Morison, 1930) 为害后，不能正常开花，呈现银灰色斑点，严重者萎蔫、卷皱、干枯以致脱落，降低观赏和经济价值，还可减少种球产量，1989 年因唐菖蒲花内有蓟马而不能出口到日本，使切花出口贸易遭受一定损失；腹小头蓟马 *Microcephalothrips abdominalis* (Crawford, 1910) 在我国南方和印度是菊花的常见害虫；饰棍蓟马 *Dendrothrips ornatus* (Jablonowski, 1894) 是欧洲篱笆树的重要害虫。管蓟马科昆虫大多数种类是农作物、林木、果树和园林观赏植物上的重要害虫。有些种类可形成虫瘿，大大降低园林观赏植物的价值，如榕管蓟马 *Gynaikothrips uzeli* Zimmermann, 1900 在榕树上营造虫瘿，降低榕树的观赏价值；有些种类为捕食性，可捕食红蜘蛛、粉虱、木虱、介壳虫及其他蓟马，成为人类的益虫，如带翅虱管蓟马 *Aleurodothrips fasciapennis* (Franklin, 1908) 捕食介壳虫、粉虱、木虱的卵和若虫，国外曾利用它来控制椰蚧。另外，蓟马中有些种类专食一些恶性杂草，可用于生物防治，是重要的农林益虫，具有重要的经济意义。但也有部分种类生活在枯枝落叶中，取食真菌孢子，虽然不对人类造成危害，却丰富了蓟马的种类。

西北农林科技大学从 20 世纪 50 年代初开始进行蓟马的分类研究，60 多年来，历经 3 代学者艰辛地调查、采集和系统研究，完成了基于我校昆虫博物馆、全国相关单位馆藏标本的鉴定、描述和系统分类研究。周尧教授是我国杰出的老一辈昆虫学家，从 20 世纪 50 年代就开始采集和积累蓟马标本，1986 年笔者师从周尧教授开展蓟马的分类研究，完成了"中国北方蓟马亚科的分类研究"学位论文，随后笔者指导硕士研究生张建民、沙忠利和张桂玲，博士研究生郭付振、曹少杰、胡庆玲、张诗萌和张文婷等从事中国蓟马科与管蓟马科的分类研究，发表有关蓟马分类研究论文 80 余篇，丰富和完善了中国缨翅目昆虫区系，弥补了我国在该类群研究中的不足。

本志分上下两卷出版，包括总论和各论两部分，总论部分包括缨翅目的研究简史、分类系统、形态特征、内部解剖、生物学及经济意义，力求介绍缨翅目研究的最新进展；各论共记述我国缨翅目昆虫 2 亚目 4 总科 5 科 10 亚科 21 族 131 属 422 种，其中上卷包括 1 亚目 3 总科 4 科 8 亚科 7 族 71 属 236 种，下卷包括 1 亚目 1 总科 1 科 2 亚科 14 族 60 属 186 种。文中附有科、亚科、属、种检索表和 420 幅形态特征图。

本志为科技部科技基础性工作专项重点项目（No. 2006FY120100）资助的卷册，有关缨翅目的研究获得国家自然科学基金面上项目（No. 39770116、No. 30570205、No. 3127344）和博士点基金（No. 20090204110003）的资助。

在本志的编写过程中，澳大利亚的 Mr. Mound，中国科学院动物研究所的韩运发研究员、乔格侠研究员，华南农业大学的张维球教授、童晓立教授，内蒙古包头园林研究所的段半锁研究员，浙江大学的陈学新教授、博士马吉德（Mirab-balou Majid）等提供了大力帮助，作者在此一并表示衷心的感谢。

作者在编写过程中还得到西北农林科技大学昆虫博物馆的张雅林教授、花保祯教授、王应伦教授、魏琮教授、戴武教授、秦道正研究员、黄敏研究员、杨兆富副教授、袁向群副研究员的支持和帮助，感谢袁锋教授在编写过程中给予的帮助，同时感谢研究生魏久锋、李晓维、张晓晨、赵晶晶等帮助查阅资料，赵凯旋、咸晓艳、白瑞凯、张金龙、蔚秀、张文婷、刘荻、牛敏敏、张娜、杨慧圆等帮助编辑和校对，吴兴元副研究员帮助绘图和覆墨。

　　本志所涉及的内容范围较广，由于著者水平有限，掌握的文献资料不够全面，不足之处在所难免，恳请读者批评指正。

冯纪年

2020 年初春于陕西杨陵

标本保藏单位缩写

AM	Albany Museum, Grahamstown, South Africa
BLRI	Baotou City Research Institute of Forestry, Baotou, Inner Mongolia, China (中国内蒙古包头，包头市园林科技研究所)
BMNH	The Natural History Museum (formerly British Museum of Natural History), London, UK
BPBM	Bernice Pauahi Bishop Museum, Honolulu, Hawaii, USA
CAS	California Academy of Sciences, San Francisco, USA
FSCA	Florida State Collection of Arthropods, Gainesville, Florida, USA
HNHM	Hungarian Natural History Museum, Budapest, Hungary
HRC	Hans Raj College, Delhi, India
IARI	Indian Agricultural Research Institute, Delhi, India
IZCAS	Institute of Zoology, Chinese Academy of Sciences, Beijing, China （中国北京，中国科学院动物研究所）
IZIU	Institute for Zoology, Innsbruck University, Innsbruck, Austria
MM	Moravian Museum, Brno, Czech Republic
NIAES	National Institute of Agro-Environmental Sciences, Tsukuba, Japan
NIAS	National Institute of Agricultural Science, Tokyo, Japan
NR	Naturhistoriska Riksmuseum, Stockholm, Sweden
NWAFU	Northwest A&F University, Yangling, Shaanxi, China （中国陕西杨凌，西北农林科技大学）
PQD	Plant Quarantin Division, Bureau of Commodity Inspection and Quarantine, Taipei, China

QM   Queensland Museum, Brisbane, Australia

QUARAN   Plant Quarantine division, Ministry of Economical affairs, Taiwan, China

RMCA   Royal Museum for Central Africa, Tervuren, Belgium

SCAU   South China Agricultural University, Guangzhou, Guangdong, China（中国广东广州，华南农业大学）

SMF   Senckenberg Museum, Frankfurt am Main, Germany

SNM   Statens Naturhistoriske Museum, Copenhagen, Denmark

TARI   Taiwan Agricultural Research Institute, Taiwan, China

TUA   Tokyo University of Agriculture, Tokyo, Japan

UH   University of Hokkaido, Sapporo, Japan

USNM   National Museum of Natural History, Smithsonian Institution, Washington DC, USA (previously United States National Museum)

ZSI   Zoological Survey of India, Kolkata, India

目　　录

总　论

一、研究简史

（一）缨翅目研究历史及概况

De Geer 于 1744 年首次记述了一种蓟马 *Physapus ater* De Geer，从此开始了对蓟马的分类研究。Linnaeus 于 1758 年建立了蓟马属 *Thrips*，并归入半翅目 Hemiptera；Haliday 于 1836 年建立缨翅目 Thysanoptera，并把该目分为锯尾亚目 Terebrantia 和管尾亚目 Tubulifera。在此之后，Uzel 于 1895 年又把锯尾亚目分为纹蓟马科 Aeolothripidae 和蓟马科 Thripidae。进入 20 世纪后，缨翅目区系分类研究进展较快，记述了大量的新属和新种，先后发表了大量的关于蓟马区系分类的学术论文和有代表性的著作。Priesner（1928-1968）、Hood（1908-1960）、Dyadechko（1977）、Strassen（1960-1996）等详细研究了欧洲、非洲和南美洲的蓟马种类与分布。Watson（1923）、Cott（1956）、Bailey（1957）、Stannard（1956，1957）发表了北美洲蓟马区系分类的专论。Wilson（1975）编著了 *A Monogaph of Subfamily Panchaetothripinae* 一书；Mound、Palmer 等自 20 世纪 60 年代开始发表了大量蓟马分类的论文，撰写了欧洲、澳大利亚蓟马分类的专著，Mound 和 Marullo（1996）又编著了巨著 *The Thrips of Central and South America: An introduction (Insecta: Thysanoptera)*。Ananthakrishnan 和 Bhatti 近二三十年来描述并发表了大量印度及其邻近地区的蓟马种类。Okajima 和 Kudô 自 20 世纪 70 年代以来深入研究了日本及东南亚地区的种类与分布。Jacot-Guillamod（1970-1975）在其所著的《世界缨翅目名录》（共 6 卷）中记录了 5000 余种蓟马。目前，全世界记录蓟马种类 7400 余种（Ananthakrishnan, 1979; Mound & Palmer, 1983; Bhatti, 1989; ThripsWiki, 2010），分属 2 亚目 9 科 596 属。

（二）中国缨翅目的研究概况

最早研究我国蓟马的是德国学者 Karny（1913a），他根据 Sauter 采自台湾的蓟马标本撰写了《H. Sauter 采台湾产蓟马之研究》一文；此后，美国学者 Moulton（1928a）研究了台湾的蓟马，记录了 26 属 56 种，包括 30 新种，其中蓟马科 9 属 23 种，包括 11 新种，管蓟马科 Phlaeothripidae 17 属 33 种，包括 19 新种；Steinweden 和 Moulton（1930）研究了我国福建、广东和浙江的蓟马，记录了 11 属 22 种，包括 4 新种，其中蓟马科 7 属 17 种，包括 2 新种，管蓟马科 4 属 5 种，包括 2 新种；Priesner（1935a）研究了东方蓟马 *Thrips orientalis* (Bagnall, 1915)，记录了中国台湾蓟马种类 13 属 18 种，其中蓟马科 5 属 7 种，包括 4 新种，管蓟马科 8 属 11 种，包括 9 新种；胡经甫（1935）在《中国昆虫名录》中记录蓟马种类 24 属 25 种，其中纹蓟马科 1 属 1 种、蓟马科 18 属 18 种、管蓟马科 5 属 6 种；日本学者 Takahashi（1936）记录了台湾蓟马 37 属 99 种，其中蓟马科 17 属 45 种，包括 1 新种，管蓟马科 20 属 54 种，包括 1 新种；随后，Takahashi（1937）又记录了台湾蓟马 2 科 13 属 20 种，包括 5 新种；日本学者 Kurosawa（1941）报道了我国东北的蓟马 13 种，包括 2 新种；李凤荪（1952）在《中国害虫名录》中记录了中国蓟马 29 属 77 种，其中蓟马科 16 属 39 种、管蓟马科 13 属 38 种（其中有许多管蓟马科的属种被错误鉴定为蓟马科的种类）。这个时期，我国绝大部分地区的蓟马种类缺乏研究。直到 20 世纪 80 年代，我国学者张维球和童晓立对福建、广东、广西、海南等地区的蓟马做了大量的分类研究工作，1982 年，记录了广东海南岛蓟马科 27 属 52 种，在 1990-1996 年又陆续记录了中国蓟马科 12 新种；陈连胜、王清玲、张念台、吕凤鸣等对台湾蓟马也做了许多分类研究工作。王清玲（1993a）在《台湾锯尾亚目蓟马名录》中收录了 44 属 92 种蓟马；冯纪年（1992）记录了中国扁蓟马属 3 新种及蓟马科 7 新纪录种，在 1994-2000 年又记录了蓟马科 8 新种；韩运发和张广学（1981）记录了中国西藏蓟马 5 属 7 种，之后又陆续有 14 新种发表；段半锁（1998）在《伏牛山区昆虫（Ⅰ）》中记录了 3 新种，其中蓟马科有 2 新种；张维球和童晓立（1993a）发表了 *Checklist of Thrips (Insecta: Thysanoptera) from China*，收录了我国蓟马种类共 124 属 336 种；韩运发（1997a）在《中国经济昆虫志 第五十五册 缨翅目》中记录了 8 科 85 属 186 种。

二、分 类 系 统

缨翅目的起源及与昆虫纲的关系

　　缨翅目 Thysanoptera，异名泡足目 Physapoda，中文名蓟马，英文名 thrips，thrips 一词源于希腊文，意为钻木虫。"Thysanoptera" 一词也源于希腊文，意思是翅有缘缨。缨翅目昆虫的许多种类常在植物（大蓟、小蓟）花中活动，蓟马的中文名就是这样得来的。

　　在昆虫的系统发生史中，缨翅目有它自己的发展方向，保持了相对独立而稳定的地位，这是因为它有一组独特的特征：狭窄的翅周缘着生细长缨毛；锉吸式口器下位，后倾，锥形右上颚退化；各足跗节端部有可伸缩的泡囊状构造；具有伪蛹阶段的过渐变态。

　　De Geer（1744）最早描述了一种蓟马，即 *Physapus ater* De Geer, 1744。Linnaeus 在 1758 年将缨翅目昆虫归于蓟马属 *Thrips*。Burmeister（1838）将缨翅目昆虫称为泡足目 Physapoda 或 Physaposda。缨翅目 Thysanoptera 由 Haliday 于 1836 年建立，当时下设 2 个亚目，即锯尾亚目 Terebrantia 和管尾亚目 Tubulifera。他的分类系统为缨翅目分类奠定了基础。由于昆虫分类学家持有不同的见解，因而建立了互有差异的缨翅目分类系统。Uzel 于 1895 年把锯尾亚目分为纹蓟马科 Aeolothripidae 和蓟马科 Thripidae。Bagnall（1912a）将缨翅目分为 3 个亚目：锯尾亚目、管尾亚目和多斑亚目 Polystigmata（Pseudostigmata），但不久多斑亚目就降位，被合并入尾管蓟马科 Urothripidae。其系统如表 1 所示。

表 1 Bagnall（1912a）的缨翅目分类系统
Table 1 Bagnall's classification system (1912a)

		纹蓟马科 Aeolothripidae
缨翅目 Thysanoptera	锯尾亚目 Terebrantia	异蓟马科 Heterothripidae
		蓟马科 Thripidae
		针蓟马科 Panchaetothripidae
	管尾亚目 Tubulifera	管蓟马科 Phlaeothripidae
		锥管蓟马科 Ecacanthothripidae
		灵管蓟马科 Idolothripidae
		尾管蓟马科 Urothripidae
	多斑亚目 Polystigmata（Pseudostigmata）	

Hood（1915a）把纹蓟马科和蓟马科提升为总科，即纹蓟马总科 Aeolothripoidea 和蓟马总科 Thripoidea。在锯尾亚目下增设半蓟马科 Hemithripidae 和大腿蓟马科 Merothripidae。Karny（1921，1926）把缨翅目分为 2 个亚目：锯尾亚目和管尾亚目，把蓟马科分为 7 个亚科，并增设了 3 个科，并把管尾亚目分为 5 个科。其系统如表 2 所示。

Priesner（1928b）废除所有异质科，并把大腿蓟马科 Merothripidae 提升到总科的地位，称为大腿蓟马总科 Merothripoidea。

表 2 Karny（1921，1926）的缨翅目分类系统
Table 2 Karny's classification system (1921, 1926)

			棒蓟马亚科 Corynothripinae
缨翅目 Thysanoptera	锯尾亚目 Terebrantia	蓟马科 Thripidae	指蓟马亚科 Chirothripinae
			阳蓟马亚科 Heliothripinae
			喙蓟马亚科 Mycterothripinae
			缺翅蓟马亚科 ptinothripinae
			蓟马亚科 Thripinae
			枪蓟马亚科 Belothripinae
		纹蓟马科 Aeolothripidae	
		山蓟马科 Orothripidae	
		黑蓟马科 Melanthripidae	
		长角蓟马科 Franklinothripidae	
	管尾亚目 Tubulifera	锥管蓟马科 Ecacanthothripidae	

续表

		管蓟马科 Phlaeothripidae	管蓟马亚科 Phlaeothripinae
			滑管蓟马亚科 Liothripinae
			简管蓟马亚科 Haplothripinae
缨翅目 Thysanoptera	管尾亚目 Tubulifera		鬃管蓟马亚科 Trichothripinae
			隐翅管蓟马亚科 Cryptothripinae
			巨管蓟马亚科 Macrothripinae
		灵管蓟马科 Idolothripidae	
		大管蓟马科 Megathripidae	
		毫管蓟马科 Hystrichothripidae	

Essig（1942）的 2 亚目 5 总科 21 科的系统，蔡邦华（1956）曾推荐使用，其分类系统见表3。

表 3　Essig（1942）的缨翅目分类系统
Table 3　Essig's classification system (1942)

			纹蓟马科 Aeolothripidae
			山蓟马科 Orothripidae
		纹蓟马总科 Aeolothripoidea	黑蓟马科 Melanthripidae
			脚指蓟马科 Dactuliothripidae
			长角蓟马科 Franklinothripidae
	锯尾亚目 Terebrantia	大腿蓟马总科 Merothripoidea	大腿蓟马科 Merothripidae
			异蓟马科 Heterothripidae
			半蓟马科 Hemithripidae
缨翅目 Thysanoptera		蓟马总科 Thripoidea	尖角蓟马科 Ceratothripidae
			针蓟马科 Panchaetothripidae
			蓟马科 Thripidae
			臀管蓟马科 Pygothripidae
	管尾亚目 Tubulifera	管蓟马总科 Phlaeothripoidea	锥管蓟马科 Ecacanthothripidae
			比目管蓟马科 Eupathithripidae
			管蓟马科 Phlaeothripidae

续表

缨翅目 Thysanoptera	管尾亚目 Tubulifera	管蓟马总科 Phlaeothripoidea	栓管蓟马科 Chirothripoididae
			毫管蓟马科 Hystrichothripidae
			灵管蓟马科 Idolothripidae
			大管蓟马科 Megathripidae
			臀管蓟马科 Pygothripidae
		尾管蓟马总科 Urothripoidea	尾管蓟马科 Urothripidae

　　Priesner（1949a）在他的缨翅目文章中提出了一个修订系统，包括 2 亚目 3 总科 5 科 11 亚科 20 族。其分类系统见表 4。

表 4　Priesner（1949a）的缨翅目分类系统
Table 4　Priesner's classification system (1949a)

缨翅目 Thysanoptera	锯尾亚目 Terebrantia	纹蓟马总科 Aeolothripoidea	纹蓟马科 Aeolothripidae	咬蓟马亚科 Erotidothripinae	
				黑蓟马亚科 Melanthripinae	
				锤翅蓟马亚科 Mymarothripinae	
				纹蓟马亚科 Aeolothripinae	山蓟马族 Orothripini
					长角蓟马族 Franklinothripini
					纹蓟马族 Aeolothripini
		大腿蓟马总科 Merothripoidea	大腿蓟马科 Merothripidae		
		蓟马总科 Thripoidea	异蓟马科 Heterothripidae		异蓟马族 Heterothripini
					半蓟马族 Hemithripini
					追蓟马族 Opadothripini
					断域蓟马族 Famriellini
			蓟马科 Thripidae	阳蓟马亚科 Heliothripinae	
				蓟马亚科 Thripinae	棍蓟马族 Dendrothripini
					绢蓟马族 Sericothripini
					呆蓟马族 Anaphothripini
					指蓟马族 Chirothripini
					蓟马族 Thripini

续表

				豚管蓟马亚科 Hyidiothripinae	
				管蓟马亚科 Phlaeothripinae	管蓟马族 Phlaeothripini
					比目管蓟马族 Eupathithripini
					器管蓟马族 Hoplothripini
					简管蓟马族 Haplothripini
					毫管蓟马族 Hystrichothripini
缨翅目 Thysanoptera	管尾亚目 Tubulifera	蓟马总科 Thripoidea	管蓟马科 Phlaeothripidae		距管蓟马族 Plectrothripini
				大管蓟马亚科 Megathripinae	大管蓟马族 Megathripini
					多饰管蓟马族 Compsothripini
				臀管蓟马亚科 Pygothripinae	
				尾管蓟马亚科 Urothripinae	

　　Hood（1952）建立膜蓟马科 Uzelothripidae，仅包括膜蓟马属 *Uzelothrips*。Stannard（1957）强调前胸、中胸腹面骨片和腹节 I 盾板的重要性，仅承认管蓟马科中有 2 个亚科，即管蓟马亚科 Phlaeothripinae 和大管蓟马亚科 Megathripinae。

　　Priesner（1957）研究了锯尾亚目部分种类的中、后胸腹片内叉骨的异同，对他的 1949 年缨翅目系统中蓟马科的族和亚族做了调整：把呆蓟马族 Anaphothripini 处理为蓟马族 Thripini 中的 1 个亚族，即呆蓟马亚族 Anaphothripina；在绢蓟马族下建 2 个新亚族，即绢蓟马亚族 Sericothripina 和硬蓟马亚族 Scirtothripina（表 5）。Priesner（1961）又对管尾亚目做了较大调整，把豚管蓟马亚科 Hyidiothripinae 和臀管蓟马亚科 Pygothripinae 处理为族，即豚管蓟马族 Hyidiothripini 和臀管蓟马族 Pygothripini。Priesner（1949a，1957，1961）为缨翅目建立了较完整的系统，给每个科或亚科、族或亚族指定了属，曾被国际上的缨翅目分类学者广泛采用。

表 5　Priesner（1957，1961）的缨翅目分类系统

Table 5　The phylogeny of Thysanoptera of Priesner's (1957, 1961)

				咬蓟马亚科 Erotidothripinae	
				黑蓟马亚科 Melanthripinae	
缨翅目 Thysanoptera	锯尾亚目 Terebrantia	纹蓟马总科 Aeolothripoidea	纹蓟马科 Aeolothripidae	锤翅蓟马亚科 Mymarothripinae	
				纹蓟马亚科 Aeolothripinae	山蓟马族 Orothripini

续表

		纹蓟马总科 Aeolothripoidea	纹蓟马科 Aeolothripidae	纹蓟马亚科 Aeolothripinae	长角蓟马族 Franklinothripini	
缨翅目 Thysanoptera	锯尾亚目 Terebrantia				纹蓟马族 Aeolothripini	
		大腿蓟马总科 Merothripoidea	大腿蓟马科 Merothripidae			
		蓟马总科 Thripoidea	异蓟马科 Heterothripidae		异蓟马族 Heterothripini	
					半蓟马族 Hemithripini	
					追蓟马族 Opadothripini	
					断域蓟马族 Famriellini	
			蓟马科 Thripidae	阳蓟马亚科 Heliothripinae		
				蓟马亚科 Thripinae	棍蓟马族 Dendrothripini	
					绢蓟马族 Sericothripini	绢蓟马亚族 Sericothripina
						硬蓟马亚族 Scirtothripina
					指蓟马族 Chirothripini	
					蓟马族 Thripini	呆蓟马亚族 Anaphothripina
						蓟马亚族 Thripina
	管尾亚目 Tubulifera	管蓟马总科 Phlaeothripoidea	管蓟马科 Phlaeothripidae	大管蓟马亚科 Megathripinae	多饰管蓟马族 Compsothripini	
					隐翅管蓟马族 Cryptothripini	两叉管蓟马亚族 Diceratothripina
						隐翅管蓟马亚族 Cryptothripina
						肚管蓟马亚族 Gastrothripina
						奇管蓟马亚族 Allothripina
					大管蓟马族 Megathripini	大管蓟马亚族 Megathripina

续表

目	亚目	总科	科	亚科	族	亚族
缨翅目 Thysanoptera	管尾亚目 Tubulifera	管蓟马总科 Phlaeothripoidea	管蓟马科 Phlaeothripidae	大管蓟马亚科 Megathripinae	大管蓟马族 Megathripini	灵管蓟马亚族 Idolothripina
						带管蓟马亚族 Zeugmatothripina
						锤管蓟马亚族 Atractothripina
						网管蓟马亚族 Apelaunothripina
					异臀管蓟马族 Pygidiothripini	
					臀管蓟马族 Pygothripini	
				管蓟马亚科 Phlaeothripinae	距管蓟马族 Plectrothripini	
					简管蓟马族 Haplothripini	
					杖管蓟马族 Rhopalothripini	
					前管蓟马族 Emprosthiothripini	
					管蓟马族 Phlaeothripini	管蓟马亚族 Phlaeothripina
						点翅管蓟马亚族 Stictothripina
						虱管蓟马亚族 Aleurodothripina
						头锥管蓟马亚族 Thilakothripina
						大眼管蓟马亚族 Macrophthalmothripina
					雕管蓟马族 Glyptothripini	
					毛管蓟马族 Leeuweniini	
					器管蓟马族 Hoplothripini	黑黄管蓟马亚族 Kladothripina
						指管蓟马亚族 Dactylothripina

续表

缨翅目 Thysanoptera	管尾亚目 Tubulifera	管蓟马总科 Phlaeothripoidea	管蓟马科 Phlaeothripidae	管蓟马亚科 Phlaeothripinae	器管蓟马族 Hoplothripini	大腹管蓟马亚族 Williamsiellina
						平管蓟马亚族 Lissothripina
						矮管蓟马亚族 Scopaeothripina
						磨管蓟马亚族 Lispothripina
						胡管蓟马亚族 Hoodianina
						头管蓟马亚族 Cephalothripina
						器管蓟马亚族 Hoplothripina
						端宽管蓟马亚族 Mesothripina
						梭管蓟马亚族 Cercothripina
						嘈管蓟马亚族 Thorybothripina
						锉头管蓟马亚族 Rhinocipitina
				怪管蓟马族 Terthrothripini		
				豚管蓟马族 Hyidiothripini		
			尾管蓟马亚科 Urothripinae			

Kurosawa（1968）用 Priesner（1949a, 1957, 1960）的系统研究了日本的蓟马种类，并把其中一些族处理为亚科，亚族处理为族。Ananthakrishnan（1969a）分析了缨翅目的分类趋势，并采用了 Priesner（1949a, 1957, 1960a）的系统研究了印度蓟马。Jacot-Guillamod（1970-1975）所著的《世界缨翅目名录》（1-4）（锯尾亚目）的系统与 Priesner 的系统大体相同，但增加了中蓟马科 Mesothripidae 和古蓟马科 Paleothripidae 及二叠蓟马科 Permothripidae。这3个科是化石科。对于现代缨翅目，把咬蓟马亚科 Erotidothripinae 移入大腿蓟马科，把阳蓟马亚科 Heliothripinae 更改为针蓟马亚科 Panchaetothripinae，把呆蓟马亚族更改为缺翅蓟马亚族 Aptinothripina，同时增加了膜蓟马科 Uzelothripidae。

zur Strassen（1973）基于对黎巴嫩白垩纪蓟马化石标本的研究,建立了 11 个化石科,他认为化石缨翅目仅包括 2 个总科（表 6）。

表 6 zur Strassen（1973）的缨翅目分类系统

Table 6 zur Strassen's classification system (1973)

		半蓟马科 Hemithripidae
缨翅目 Thysanoptera	异蓟马总科 Heterothripoidea	异蓟马科 Heterothripidae
		杰津蓟马科 Jezzinothripidae
		新毛蓟马科 Neocomothripidae
		追蓟马科 Opadothripidae
		脂蓟马科 Rhetinothripidae
		掘蓟马科 Scaphothripidae
		叉蓟马科 Scudderothripidae
		窄蓟马科 Stenurothripidae
	蓟马总科 Thripoidea	针蓟马科 Panchaetothripidae
		蓟马科 Thripidae

Mound 和 Palmer（1974）基于优先权把大管蓟马亚科 Megathripinae 处理为灵管蓟马亚科 Idolothripinae 的同物异名。Wilson（1975）因为优先权，使用针蓟马亚科 Panchaetothripinae 代替阳蓟马亚科 Heliothripinae,下设 3 个族:针蓟马族 Panchaetothripini、圈针蓟马族 Monilothripini 和精针蓟马族 Tryphactothripini，后 2 个族是他建立的。他还把膜蓟马科 Uzelothripidae 降为膜蓟马亚科 Uzelothripinae，放在蓟马科 Thripidae 下。

Schliepnake（1975）把纹蓟马科 Aeolothripidae 提升为纹蓟马亚目 Aeolothripidea，另一亚目称蓟马亚目 Thripidea，包括了蓟马科 Thripidae 和管蓟马科 Phlaeothripidae。其分类系统见表 7。

表 7 Schliepnake（1975）的缨翅目分类系统

Table 7 Schliepnake's classification system (1975)

	纹蓟马亚目 Aeolothripidea			纹蓟马科 Aeolothripidae
缨翅目 Thysanoptera	蓟马亚目 Thripidea	大腿蓟马部 Merothripomorpha		大腿蓟马科 Merothripidae
		蓟马部 Thripomorpha	异蓟马总科 Heterothripoidea	异蓟马科 Heterothripidae
			蓟马总科 Thripoidea	蓟马科 Thripidae
				管蓟马科 Phlaeothripidae

Mound 等（1980）研究了缨翅目各科间的系统关系，特别强调了幕骨和腹节Ⅷ腹片发育程度的重要性，并提供了 2 亚目 8 科的检索表。其特点是把原异蓟马科分成 3 个科，即异蓟马科 Heterothripidae、宽锥蓟马科 Adiheterothripidae 和断域蓟马科 Famriellidae，并把 Famriellini 从族的地位提升到科，把膜蓟马亚科 Uzelothripinae 从亚科的地位恢复到科。其分类系统见表 8。

表 8 Mound 等（1980）的缨翅目分类系统
Table 8 Mound, Henning & Palmer's classification system (1980)

		膜蓟马科 Uzelothripidae
缨翅目 Thysanoptera	锯尾亚目 Terebrantia	大腿蓟马科 Merothripidae
		纹蓟马科 Aeolothripidae
		宽锥蓟马科 Adiheterothripidae
		断域蓟马科 Famriellidae
		异蓟马科 Heterothripidae
		蓟马科 Thripidae
	管尾亚目 Tubulifera	管蓟马科 Phlaeothripidae

Mound 和 Palmer（1983）认同管蓟马科中包括管蓟马亚科 Phlaeothripinae 和灵管蓟马亚科 Idolothripinae 2 个亚科，并重新排列了灵管蓟马亚科的 2 族 9 亚族，同时给亚族指定了属，新建立了轻管蓟马亚族 Elaplirothripina。Bhatti（1979, 1986, 1988, 1989）回顾了 40 年以来缨翅目分类系统的演变，提出了一个新分类系统（表 9）。

表 9 Bhatti（1989）的缨翅目分类系统
Table 9 Bhatti's classification system (1989)

		膜蓟马总科 Uzelothripoidea	膜蓟马科 Uzelothripidae
缨翅总目 Thysanoptera	锯尾亚目 Terebrantia	大腿蓟马总科 Merothripoidea	大腿蓟马科 Merothripidae
		纹蓟马总科 Aeolothripoidea	窄蓟马科 Stenurothripidae
			纹蓟马科 Aeolothripidae
		蓟马总科 Thripoidea	蓟马科 Thripidae
			半蓟马科 Hemithripidae
			异蓟马科 Heterothripidae
	管尾亚目 Tubulifera	管蓟马总科 Phlaeothripoidea	管蓟马科 Phlaeothripidae
			无环尾管蓟马科 Lonchothripidae

关于缨翅目的演化趋势和各科间的系统关系，最早报道的化石蓟马是长翅二叠蓟马 *Permothrips longipennis* Martnov（Sharov, 1972），但当时把它放在半翅目的古革蝉科 Archescytinidae 之中。Stannard（1968）认为二叠蓟马属 *Permothrips* 更似现代纹蓟马科

Aeolothripidae，基于这个理由，纹蓟马科被认为是本目中较原始的祖型。其祖征是触角9节，翅比较宽，有几条横脉；雄虫腹部腹片无腺域，雌虫具锯齿状产卵器。其演化趋势是翅变窄，横脉退化，雄虫腹部腹片常有腺体，触角节数减少为7-8节。管蓟马科最为进化，其衍征是翅无脉，雌虫缺锯齿状产卵器，腹部第一节背片的盾板已分化（图1）。

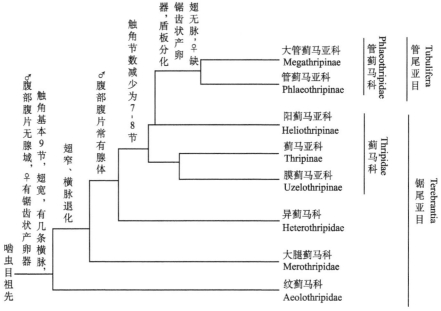

图 1 缨翅目系统发育图（cladogram of Thysanoptera）（仿 Stannard，1968）

Ananthakrishnan（1979）对前人有关缨翅目各科间的系统发育关系做了很好的评述。Mound 等（1980）用支序分类的方法研究了缨翅目各科间的系统发育关系。对 35 个特征的分析表明，膜蓟马科 Uzelothripidae 不是大腿蓟马科 Merothripidae 和纹蓟马科 Aeolothripidae 的姐妹群；管蓟马科 Phlaeothripidae 不是锯尾亚目的姐妹群。以上的作者多是以可疑的化石为依据，推论纹蓟马科 Aeolothripidae 是缨翅目的原始类群，并经过形态特征分析来研究各科间的关系。

在众多的缨翅目分类系统中，目前广为大家所接受的是 Mound 和 Morris 于 2007 年建立的系统，该系统将缨翅目分为 2 亚目 9 科，较好地反映了缨翅目的系统发育关系。综上，本书采用的分类系统见表 10。

表 10 缨翅目分类系统

Table 10 Classification system of Thysanoptera

缨翅目 Thysanoptera	锯尾亚目 Terebrantia	纹蓟马总科 Aeolothripoidea	纹蓟马科 Aeolothripidae	纹蓟马亚科 Aeolothripinae
				锤翅蓟马亚科 Mymarothripinae
			黑蓟马科 Melanthripidae	黑蓟马亚科 Melanthripinae

续表

				大腿蓟马亚科 Merothripinae
缨翅目 Thysanoptera	锯尾亚目 Terebrantia	大腿蓟马总科 Merothripoidea	大腿蓟马科 Merothripidae	大腿蓟马亚科 Merothripinae
				咬蓟马亚科 Erotidothripinae
		蓟马总科 Thripoidea	膜蓟马科 Uzelothripidae	膜蓟马亚科 Uzelothripinae
			宽锥蓟马科 Adiheterothripidae	宽锥蓟马亚科 Adiheterothripinae
			断域蓟马科 Famriellidae	断域蓟马亚科 Famriellinae
			异蓟马科 Heterothripidae	异蓟马亚科 Heterothripinae
			蓟马科 Thripidae	棍蓟马亚科 Dendrothripinae
				针蓟马亚科 Panchaetothripinae
				绢蓟马亚科 Sericothripinae
				蓟马亚科 Thripinae
	管尾亚目 Tubulifera	管蓟马总科 Phlaeothripoidea	管蓟马科 Phlaeothripidae	灵管蓟马亚科 Idolothripinae
				管蓟马亚科 Phlaeothripinae

三、形 态 特 征

（一）成虫的外部形态

成虫通常体微小、细长且略扁。锯尾亚目（图 2）一般体长 0.5-3.0mm，一些种类腹部宽圆形。管尾亚目（图 3）一般体长 0.5-8mm，最长的可达 18mm（澳大利亚产），一些种类形状奇异，尾管很长。体色一般为深浅不同的黄色、棕色、灰色至黑色或黄、棕、黑色兼有，很少有黄白色。足、翅和刚毛颜色与体色相同或不同。体表着生许多鬃毛（图 4）。某些捕食性种类，当它们捕食带有红色色素的昆虫后，会出现沿腹部中纵线延伸的红色带；菌食性种类体表常有红色絮状斑。

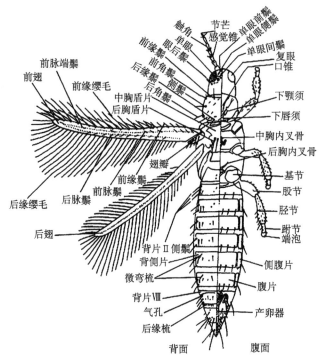

图 2　锯尾亚目形态特征（character of Terebrantia）（仿韩运发，1997a）

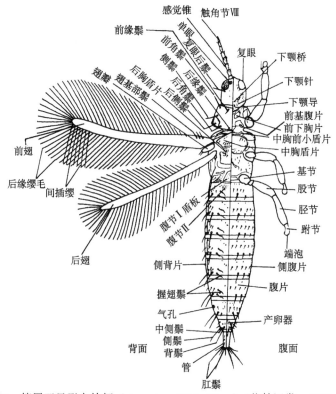

图 3　管尾亚目形态特征（character of Tubulifera）（仿韩运发，1997a）

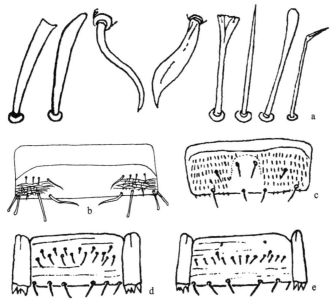

图 4　蓟马体上的鬃（setae on thrips' body）

a. 鬃的各种类型（types of setae）；b-e. 腹节 Ⅴ 腹板着生的附属鬃（discal setae of abdominal Ⅴ ventral）；b. 管蓟马科之一种（示附属鬃）（one species of Phlaeothripidae, show discal setae）；c-e. 管蓟马科之一种（示微毛）（one species of Phlaeothripidae, show microtrichia）

　　头部（图 5）为下口式。头壳通常是一个整体，少数种类在头背两侧沿颊有缺口。头大多宽于长，少数特别宽，或长宽相近，或长大于宽。通常较扁，有时前部在复眼前略凹，单眼区有的隆起，或头背有隆起的脊，在管尾亚目中常见到，也有些种类的头背很凸，形成球面状。头前缘略直或圆，通常在触角基间略向前延伸。管尾亚目的很多种类复眼向前延伸或异常延伸，但在锯尾亚目中极少种类略延伸。颊（gena）直或略拱或很拱，后缘不收缩或甚收缩。头背大多具横线纹、网纹、皱纹或颗粒。

　　复眼着生于头顶两侧，大多圆形、长卵圆形，少数肾形。一些无翅的种类，复眼中的小眼数减少，纹蓟马和管蓟马的一些种类复眼腹面向后延伸。单眼着生于复眼间，或居中或位于中线前后，有些种类前单眼着生在复眼前延伸的部位上。单眼 3 个，呈近似等边三角形、扁三角形或长三角形排列，即后单眼间距等于、小于或大于与前单眼的间距。用以连接 3 个单眼的线称三角形连线或称单眼三角形连线（ocellar triangle）；3 个单眼外缘的连线称三角形外缘连线；3 个单眼中心的连线称三角形中心连线；3 个单眼内缘的连线称三角形内缘连线（图 6）。单眼间鬃在单眼三角形连线上的位置变化是非常重要的种级分类特征。单眼内缘常有红色的月晕。单眼的存在常与翅的有无有关，无翅型和短翅型单眼常退化。长翅型个体有 3 个单眼，半长翅型和短翅型的单眼可以变小，无翅型缺单眼，少数种仅缺前单眼。

　　头鬃的大小、位置和数目对属、种级的分类很有意义。在一些种类中头鬃很多，排列不规则，但蓟马科中多数类群有 2 对或 3 对单眼鬃和 1 排眼后鬃。在前单眼的称前单眼前鬃（anterocellar seta），即鬃Ⅰ（pair Ⅰ）；在单眼前鬃前外侧或两侧的称前单眼前侧鬃（anterolateral seta of anterocellar），即鬃Ⅱ（pair Ⅱ）；位于单眼间的称单眼间鬃（interocellar seta），即鬃Ⅲ（pair Ⅲ）。眼后鬃包括单眼后鬃（postocellar seta）及复眼后鬃（postocular seta）（图6），大致排列为1或2横列，或不规则排列。它们或都很小，或有长有短。在管蓟马科中，一般有3对单眼鬃和1对复眼后鬃，单眼鬃发达或不发达，复眼后鬃一般发达。颊鬃细小或粗大成刺，有时着生在大小不同的疣上。

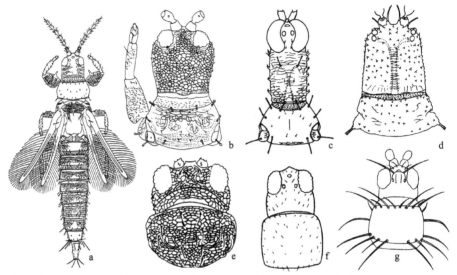

图 5　蓟马成虫表皮特征和头的类型及前胸（a、c-e. 仿 Stannard，1968；b、f. 仿韩运发，1997a）
（structure of epidermis，types of head and prothorax of thrips adult）

a. 管蓟马科的表皮特征（structure of epidermis of Phlaeothripidae）；b-d. 管蓟马科头和前胸背面（head and prothorax of Phlaeothripidae, dorsal view）；e、g. 蓟马科头和前胸背面（head and prothorax of Thripidae, dorsal view）；f. 纹蓟马科头和前胸背面（head and prothorax of Aeolothripidae, dorsal view）

头壳内幕骨（tentorium）（图7）的发达程度，各科有所不同。大腿蓟马科 Merothripidae 和黑蓟马科（Melanthripidae）的幕骨前臂（anterior arm）、后臂（posterior arm）和幕骨桥（tentorial bridge）均发达（图7a、b），而蓟马总科和管蓟马亚目则仅保留幕骨前臂，幕骨桥消失或中断（图7c、d）。

触角通常着生在头顶两侧，一般为 7-9 节，但一些种类由于一些节愈合而形成 4-6 节；鞭状、棍棒状或念珠状。各节着生有感觉鬃和成列的微毛。触角感觉器除节Ⅰ外各节都可具有。节Ⅰ背面位于背端，通常有个小圆孔（pore），称为钟形感器（campaniform sensillum）。节Ⅲ和Ⅳ上有感觉域（sense area）或感觉锥（sense cone），均无色；自节Ⅴ以后数节绝大多数种类仅具简单感觉锥，只有极少数的纵的感觉域。感觉域有的呈带状或纵向延伸；完全或不完全盘绕端部甚至环绕全节；有的类群这些感觉域上具连续的小孔；有的类群感觉域很宽或略圆近似鼓膜状。感觉锥可分 3 类，一是最普通的简单（simple）感觉锥，少数较尖，大都呈"牛角状"，端部钝圆；二是简单感觉锥的变态——近三角形感觉锥，较少见，其特点是基部宽而短；三是叉状（forked）感觉锥，亦端部钝圆，多见于蓟马科多数种类中。触角的形状在某些种类中为雌雄异型，两者有显著差异。各节感觉锥数目与分布不一致，在末端 1 或 2 节上常缺，中间数节上 1-3（4）个，但常附加一至数个小感觉锥，个别类群节Ⅲ端部有一轮多而粗的感觉锥。通常节Ⅲ和Ⅳ上的数目在分类上更有价值。触角的节数、各节的长宽比及其颜色的深浅，感觉锥在触角上的位置及其形状和大小，尤其是节Ⅲ-Ⅳ感觉锥简单或叉状，是重要的属级和种级分类特征。节Ⅵ内侧简单感觉锥基部是否膨大并是否与该节愈合也是重要的属级分类特征（图 6）。

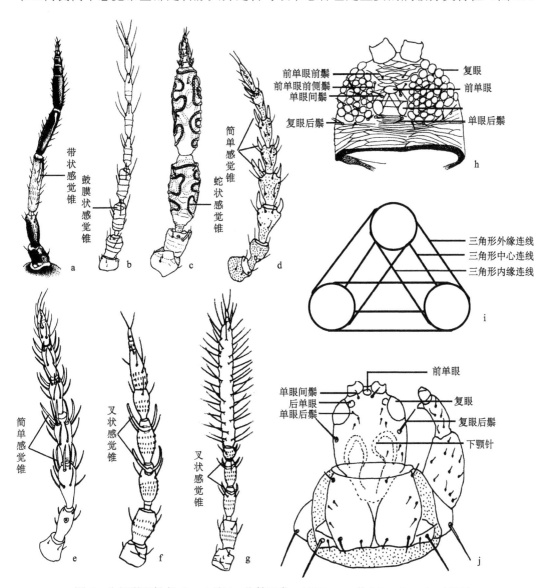

图 6　头部鬃和触角（a、b 和 h. 仿韩运发，1997a；c. 仿 Mound *et al.*，1980）

（setae of head and antenna）

a. 纹蓟马科之一种的触角（antenna of Aeolothripidae）；b. 大腿蓟马科之一种的触角（antenna of Merothripidae）；c. 异蓟马科之一种的触角（antenna of Heterothripidae）；d、e. 管蓟马科之一种的触角（antenna of Phlaeothripidae）；f、g. 蓟马科之一种的触角（antenna of Thripidae）；h. 蓟马科头背面单眼三角形连线及鬃（ocellar triangle of Thripidae and setae）；i. 蓟马单眼三角形连线（ocellar triangle of Thripidae）；j. 管蓟马科头、前胸背板和触角（head, pronotum and antenna of Phlaeothripidae）

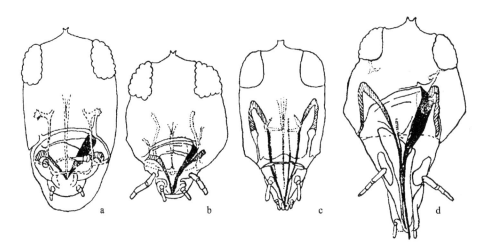

图 7　头部幕骨的结构（structures of head tentorium）（仿 Mound *et al.*, 1980）

a. 大腿蓟马属 *Merothrips*（Merothripidae）；b. 黑蓟马属 *Melanthrips*（Melanthripidae）；c. 简管蓟马属 *Haplothrips*
（Phlaeothripidae）；d. 膨锥蓟马属 *Chilothrips*（Thripidae）

口器（图 8）生自头下方向后倾斜，呈圆锥体，称为口锥（mouth cone, rostrum）。由上颚、下颚、舌、上唇和下唇等构成。右上颚退化，左上颚发达，左右不对称，是蓟马的独具特点，这种情形，锯尾亚目较管尾亚目显著。下颚生自板状物，发育为针刺，称为口针，即下颚针（maxillary stylet）。在锯尾亚目中，口针通常短，仅限于口锥内，而管尾亚目口针较长或很长，甚至在口锥内盘绕；中部有或无下颚桥连接。灵管蓟马亚科的口针宽或接近下唇宽度，但多数类群很细。口针是具有舌状物和槽系统互相嵌合的针状结构，亚端部有孔，端部有复杂的装饰物。下颚须 2-8 节，下唇须 1-4 节。口

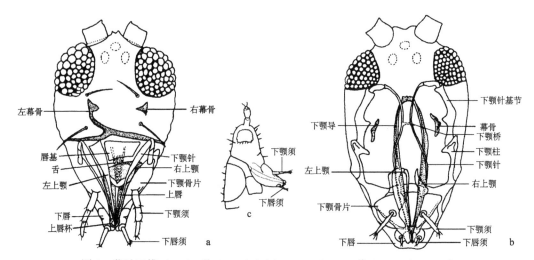

图 8　蓟马口锥（a、b. 仿 Ananthakrishnan, 1979；c. 仿 Stannard, 1968）
（mouth cones of thrips）

a. 锯尾亚目口锥，头部腹面观（mouth cone of Terebrantia, ventral view of head）；b. 管尾亚目口锥，头部腹面观（mouth cone of Tubulifera, ventral view of head）；c. 锯尾亚目口锥，头部侧面观（mouth cone of Terebrantia, lateral view of head）

锥的长短、宽窄、端部或尖或圆、口针粗细、缩入头内的程度和间距（特别是中部间距）、下颚须和下唇须节数及长短等常是分类的重要依据。

前胸（图 9d、f）能活动，小于翅胸，但在某些管蓟马中前足和前胸特别发达而宽于翅胸。锯尾亚目的前胸背板完整，一般无分化沟，常着生有后缘鬃（posteromarginal seta）和后角鬃（posteroangular seta），一些种类也有前缘鬃（anteromarginal seta）和前角鬃（anteroangular seta）。管尾亚目背板的后侧缘有侧缝（epimeral suture）存在，将背板两侧下方分成侧片（epimeral plate），背板鬃一般 5 对：前缘鬃、前角鬃、侧鬃（lateral seta）、后侧鬃（posterolateral seta）和后缘鬃。背片中部有不等的小鬃，称背片鬃（discal seta）。侧鬃在锯尾亚目中仅少数种类发达，后缘鬃在管尾亚目中总是较退化的。前胸腹面，在锯尾亚目中前足基节前方侧缘的 1 对骨片称前腹片（presternum），口锥两侧的 1 对骨片称颈片（ervical plate），相当于管尾亚目的前小胸片，位于足基节内侧的 1 对骨片称羊齿（ferna），相当于管尾亚目的前基腹片。在管尾亚目中，在口锥端侧常有 1 对骨片称前下胸片（praepectus），在足基节后内侧的 1 对骨片称前基腹片（probasistermum），在它中央后方的 1 个通常为降落伞形的小骨片称具刺腹片（spinasternum）（图 10d）。这些骨片在不同种类中大小、形状和位置不尽相同，在属、种级的分类上有一定用途。

翅胸（图 9e、g、h）是中胸和后胸的总称，总是愈合的。翅越发达，翅胸也就越大。中胸较短，特别是背片。所有缨翅目昆虫无一例外都有 1 个六角形或八角形的中胸盾片（mesonota），横而略凸。其前方有 1 横条，称前盾片（praescutum），但在无翅型中常缺。其两侧被前侧片（episternum）和后侧片（epimeron）包围。前翅着生点位于中胸盾片两侧，其前有 1 个三角形小瓣称翅基片（tegula）。中胸盾片上以横交错线纹为多。前外侧角的鬃称前外侧鬃（ante-external-lateral seta），位置稳定，多数发达；后中部的鬃称后中鬃（posterior-median seta），在后缘上的鬃称后缘鬃（posteromarginal seta），后两种鬃一般较小，位置常有变化，通常在前部两侧有 1 对细孔。后胸通常狭于中胸，具 2 块大骨片，前部的一块称后胸盾片（metanota）；其后的一块较小，称后胸小盾片（metascutellum），但在管尾亚目或少数锯尾亚目中与前者愈合。两侧的骨片称侧片，又分前侧片和后侧片。后胸盾片前缘有 1 对鬃在两侧或两前缘角，即外对（exterior pair），称前缘鬃（antero marginal seta），在前中部（有时在前缘）的，即内对（interior pair），称前中鬃（anteromedian seta）。在纹蓟马科中它位于近后部。通常在中部有 1 对细孔，也称为钟形感器。后胸花纹多种多样。鬃、花纹的变化，在蓟马科中被普遍作为种的区别特征。中胸腹片较大，向后伸。其前的骨片称中胸前小腹片（mesoprasternum），在管尾亚目中形状多变，在锯尾亚目中有人称具刺腹片，变化较小。中胸腹片两侧骨片称侧片（前侧片和后侧片）。后胸腹片通常是一大块骨片，不再分，但因种类而形状有所不同。中、后胸腹片内中脊突形成内叉骨（endofurcae），并常有向前的延伸物——刺（spinula）。在管尾亚目中，后胸内叉骨常呈"八"字形，有时前端愈合并延伸成刺。在锯尾亚目中，可分为如下几个类型：后胸内叉骨特别发达，"琴"形，延伸至中胸；中、后胸内叉骨均有刺；中、后胸内叉骨均无刺；仅中胸内叉骨有刺，后胸内叉骨无刺。内叉骨的变异常用作族、属、种级的分类特征（图 10）。

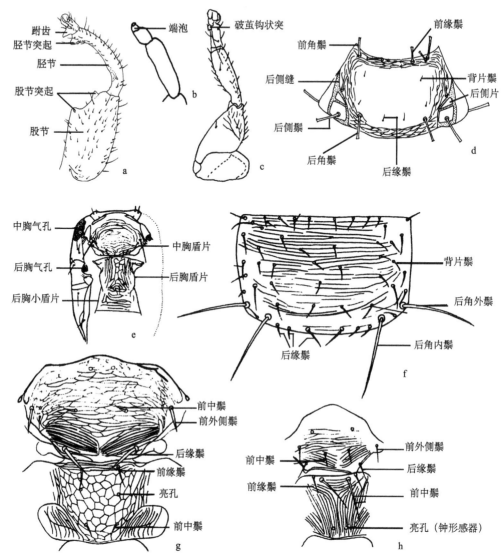

图 9　蓟马的胸部和前足（c. 仿张维球，2000；e-h. 仿韩运发，1997a）

（thorax and fore legs of thrips）

a. 管蓟马科之一种的前足，示跗齿、股节与胫节突起（tooth of fore tarsus, tooth-like, wide-based expansion of Phlaeothripidae）；b. 管蓟马科之一种的前足，示端泡（vesicle of Phlaeothripidae）；c. 大腿蓟马科之一种的前足，示破茧钩状突（cocoon breaking hook of Merothripidae）；d. 管蓟马科之一种的前胸背面，示毛序及线纹（setae and lines of pronotum of Phlaeothripidae）；e. 大腿蓟马科之一种的翅胸背面，示中、后胸盾片及气孔（meso-and metanota and spiracle of pterothorax of Merothripidae）；f. 蓟马科之一种的前胸背片，示毛序及线纹（setae and lines of pronotum of Thripidae）；g. 纹蓟马科之一种的中、后胸盾片，示毛序及线纹（setae and lines of meso-and metanota of Aeolothripidae）；h. 蓟马科之一种的中、后胸盾片，示毛序及线纹（setae and lines of meso-and metanota of Thripidae）

足（图 9a-c）跗节 1-2 节，爪单一或成对，跗节末端有显著可突出的端泡（vesicle）（图 9b），但休息时端泡常收缩，不易看见，步行时突出，以增加步行的稳定性，当静止时收缩成凹杯形。营虫瘿生活的种类，有爪发达而端泡不发达的现象。前足基节扁圆，

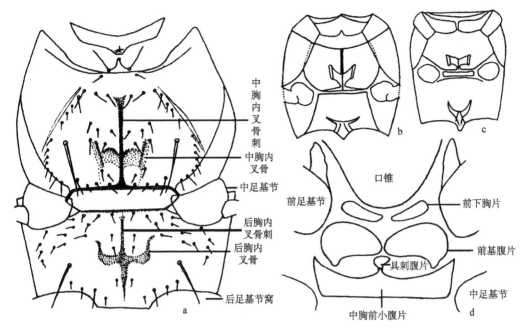

图 10　蓟马胸部腹面骨片及内叉骨（仿韩运发，1997a）
（the ventral thorax and endofurcae of thrips）

a. 纹蓟马科之中、后胸内叉骨（the meso-and metaendofurcae of Aeolothripidae）；b、c. 蓟马科之后胸内叉骨（the metaendofurcae of Thripidae）；d. 管蓟马科之中、后胸内叉骨 （the meso-and metaendofurcae of Phlaeothripidae）

中、后足基节圆锥形。转节小，有时部分与股节愈合。股节最粗，约纺锤形，但在许多管蓟马雄虫中特别发达，几乎呈三角形，内缘或多或少直，有时凹，外缘强烈凸出。纹蓟马科和大腿蓟马科一些种类的前足端跗节内侧有破茧钩状突（cocoon breaking hook）（图 9c）。管蓟马亚目一些种类的端跗节常着生有齿状突，雄虫的齿状突尤为发达。基节窝间距的差异，在管尾亚目中用以区别亚科或族。有一些种类股节膨大或着生有形状和数目不同的齿状突。足表面大都具线纹或颗粒。足的各节常有形形色色、大小与数目不等的微毛、刚毛、鬃、刺、距、钩、齿、丘和结节，尤其在管蓟马中最多见，常作为分类特征。

　　翅（图 11）均为膜质，一些锯尾亚目的前翅翅脉、管尾亚目中前翅具鬃的翅基区较骨化。按其发育程度，可分长翅型、半长翅型、短翅型和无翅型 4 种。纹蓟马科的前翅长而宽，端圆或很宽。蓟马总科的前翅长而窄，多剑形，端尖而略弯，前缘略凸，后缘略凹，但少数类群前缘或后缘直。管尾亚目中前翅形状呈现五类：①中部窄，呈"鞋底"形；②一致宽或略弯，端窄圆，即 Phlaeothripine 型；③基部到中部窄，向端部边缘平行；④中部扭曲；⑤向端部变宽。后翅更细，脉序更简单，至多有一条退化的中纵脉（R）和 1 条基部残留物（Co）。管尾亚目的翅脉完全消失。在锯尾亚目中翅前缘称前缘脉（costal vein, marginal veins）。此外，另有 2 条纵脉：前脉（upper vein, anterior vein, first vein）近于前缘或少数情况下与前缘脉合并；后脉（lower vein, second vein, posterior vein）近于后缘，在近基部处从前脉分离出来，有时消失。横脉存在于纹蓟马科中，2-5 条。在某些锯尾亚目中,仅 1 条可见横脉在翅近基部,或把后脉与前脉分离出来的分支处视为横脉。
纵脉一般不达边缘。脉有时呈现 1 列微螺旋环。翅周缘具细长缨毛（fringe hair, cilia）,
是缨翅目名称的由来,但在少数种类中所有缨毛都短如鬃,且缨毛常是波曲的。管蓟马
前翅后端缘常有起源于翅面下斜着插于其他缨毛间的间插缨或重缨（duplicated cilia）,

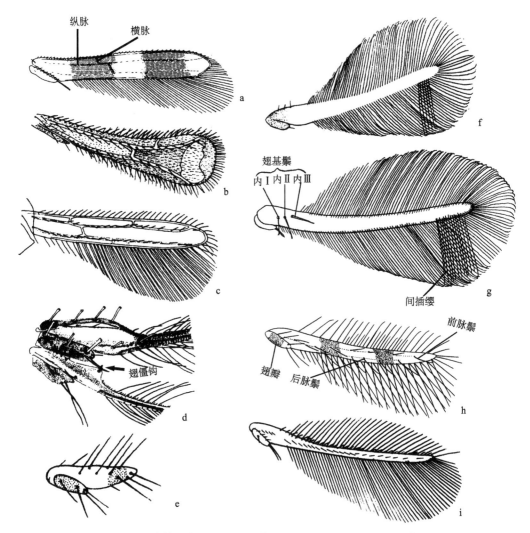

图 11 蓟马的翅（a、c、e-g. 仿韩运发, 1997a; b. 仿 Ananthakrishnan, 1968; d. 仿 Mound et al., 1980）
（the wings of Thysanoptera）

a-c. 纹蓟马科前翅（示翅形状和翅面微毛、横脉、纵脉）（fore wing of Aeolothripidae, show shape, microtrichia, cross vein,
longitudinal vein）; d. 异蓟马科前翅、后翅基半部（示前后翅连锁结构——翅僵钩）（hind half of fore wing and hindwing of
Heterothripidae, show fore wing and hindwing of coupling mechanism–retinaculum）; e. 蓟马科短翅型的前翅（fore wing of
microptera of Thripidae）; f. 管蓟马科前翅（示翅中部收缩、翅基鬃和缨毛）（fore wing of Phlaeothripidae, show half constriction
of fore wing, basal setae and fringe cilia）; g. 管蓟马科前翅（示翅边缘平行、翅基鬃和缨毛）（fore wing of Phlaeothripidae, show
parallel of the margin of fore wing, basal setae and fringe cilia）; h. 蓟马科的前翅（示毛序）（fore wing of Thripidae, show
chaetotaxy）; i. 蓟马科的前翅（示锯尾亚目翅面有微毛和毛序）（fore wing of Thripidae, show microtrichia and chaetotaxy of
terebrantia）

有 1-50 根或更多，但多半为 10-20 根。在锯尾亚目中前缘脉鬃大都存在；前脉鬃或连续排列，或间断排列从而分离出基部鬃和端鬃；后脉鬃通常连续排列但常很少或缺，前翅后缘通常无鬃。部分类群前、中、后脉鬃均变短小甚至全缺。管尾亚目的绝大多数在近翅基部有 3 根粗鬃，罕有 2 根或 4 根，但有时变得很小。这些脉鬃形状、大小、数量和位置常因种类而异，是常用的分类特征。

锯尾亚目中除少数例外，翅面有规则的微毛或微毛的变态——微颗粒，其疏密分布常有差异。管尾亚目中翅面绝无微毛。锯尾亚目中，前翅有暗带者颇为普遍，而管尾亚目中只是极少数种类具有。前翅具网纹仅见于少数例子中。长翅型的前翅基部后缘连接一个长形板，称翅瓣（scale），退化至翅的臀区。而后翅翅瓣仅锯尾亚目存在，管尾亚目缺。前翅翅瓣前缘通常有 4-7 根鬃，瓣的后中部有 1 根鬃，端部有 2 根长刚毛，与后翅前缘的弯曲刚毛互相挂钩，适应于飞行。它相当于其他昆虫的翅僵钩。这 2 根刚毛在锯尾亚目中较长，在管尾亚目中较短。

腹部（图 12）由 10-11 节构成，常扁平或呈纺锤形。各节由背片、腹片和侧片构成。节 I 甚小于节 II-VII，在纹蓟马科的雄虫中相当长，两侧有纵脊，在管蓟马科中节 I 背片特化出 1 个板，称为盾片或盾板（pelta）（图 13），其形状和花纹多变。节 II-VII 背片和腹片发育良好，各自为 1 横片，通常两者被侧片连接。在一个属内，侧片甚至变异很大，有的种存在，有的种缺少，或节 I 缺其他节存在。在管尾亚目中侧片缺。侧片后部常具程度不一的锯齿。节 VIII-IX 与前部数节差异较大，甚至两性也不相同，因包含生殖器官，也合称生殖节。在锯尾亚目中，雌虫腹端似圆锥体，雄虫末端呈圆形，而管尾亚目末端呈管状。节 VIII 在管尾亚目中与前部节相似，雌虫的背片与雄虫基本一致，腹片分为 2 个侧片，常与背片愈合，侧腹片形成产卵器背瓣的基部。节 IX 在锯尾亚目的雄虫中较大，背片和腹片在前部愈合，背片缘凹入，腹片后部向后延伸；雌虫背片和腹片愈合为一体形成槽以接纳产卵器；在管尾亚目中，背片与腹片在基部合并，构成下生殖板（hypandrium）。节 X 在锯尾亚目雄虫中背片小但清晰，腹片是由膜连接的 2 块板构成；在雌虫中通常呈锥形，罕有管状，背片有完全或不完全纵裂；在管尾亚目中节 X 称为管。节 XI 在锯尾亚目中大都退化，通常雌虫比雄虫发育良好；在纹蓟马科中，骨化较强，即清晰的节 XI；在蓟马科中仅留痕迹；在管尾亚目中，形成肛环，与节 X（管）端部愈合为一体，载有 1 轮肛鬃。腹部各节线纹和网纹因种类而异。在少数锯尾亚目中，背片和腹片或仅背片的少数节或多节的后缘存在三角形齿或膜片。节 I 和节 VI 背片两侧各有气孔 1 对。在纹蓟马科雄虫中，节 III-VI 背片常有形状不一的深色骨化板或线。管蓟马科的多种雄虫在节 VI-VIII 两侧，或一节或三节具有侧突，或长或短，角状或三角形。锯尾亚目雄虫节 IX 背面和两侧常有颗粒、粗刺、突起、距状物、叉状物、抱器等。雄虫腺域和腺孔存在于锯尾亚目中许多种类的腹片节 II-VIII 或某一节上，通常是节 III-VII 上，以低凹、色淡、骨化弱为特征；大多横卵形和哑铃形，此外还有圆形、不封口的环形和不规则形，通常每节 1 个，或 2-3 个，以至 20-30 个小圆点的亦有，其大小不尽相同；在管蓟马科雄虫中仅有少数类群在节 VIII 或节 VII-VIII 腹片上具有多半为横的腺域。在罕有情况下，雌虫腹片具有无结构的鼓膜小区，其功能尚不清楚。腹节 I-IX 背片、腹片全部或一部分密排微毛，见于异蓟马科、蓟马科的部分类群和管蓟马科的极少种类，而纹蓟马类缺。锯尾亚目的一些类群节Ⅴ-Ⅷ背片两侧的微弯梳上亦有微毛，节Ⅷ后缘梳有时着生在三角形基板上。背片鬃：在锯尾亚目中节Ⅰ的鬃小而少，节Ⅱ-Ⅷ鬃序是 2 对鬃在中部，即自内向外对Ⅰ（又称中对鬃）和对Ⅱ，对Ⅲ（通常着生在后缘上），对Ⅳ在侧部和对Ⅴ及对Ⅵ在侧缘呈近似三角形排列，但节Ⅱ侧缘有时有 3-4 根鬃。内Ⅰ对鬃的间距和长度因种类而异，往往相差很大。节Ⅵ-Ⅷ的鬃常比前部节的长。节Ⅸ鬃在雌虫中多半为前中部 1 对短鬃，近后缘或后缘上有 3 对长鬃，长鬃间夹 1 短鬃；长鬃（自内向外）对Ⅰ称背中鬃，对Ⅱ称中侧鬃，对Ⅲ称侧鬃；雄虫的鬃序常很不相同，各鬃呈 2 排或 3 排横列。节Ⅹ鬃通常为 2 对长鬃和少数短鬃，长鬃内对Ⅰ称背中鬃，内对Ⅱ鬃称中侧鬃。在有背侧片的种类中，每个背侧片内后角有 1 根鬃，有时另有 3-4 根鬃在背侧片中部，又称附属鬃（副鬃，discal seta）。在管尾亚目中，节Ⅰ背片的板内或其两侧有 1 对鬃，但有时缺，后侧角有 1 根长鬃。在长翅型个体中，节Ⅱ-Ⅶ背片各有 1 至多对反曲的多为矛形的握翅鬃（wing-holding seta, wing-retaining seta），但在无翅型或短翅型个体中，握翅鬃变得小而直。在握翅鬃外侧常有 3-7 对小鬃。在后侧缘通常有 1 对长鬃与腹片后侧角的 1 对长鬃并列，有时称后侧长鬃内Ⅰ和内Ⅱ。节Ⅸ后缘如有 3 对长鬃，其间各夹 1 短鬃；在雄虫中往往对Ⅱ（即中侧鬃）短于另两根。节Ⅹ（管）末端有 1 轮 6 根长鬃，其间各夹 1 根短鬃，亦称肛鬃（臀鬃，anal seta）。腹片鬃：节Ⅰ有 1-2 对，或缺。在锯尾亚目雌虫中，通常节Ⅱ有 2 对，节Ⅲ-Ⅶ有 3 对后缘鬃，节Ⅶ的内对通常着生在后缘之前。在腹片（sternite）上蓟马科许多种类常有 1-2 排或不规则排列的附属鬃，其数目和长短因种类而异，即使同一个体也因体节而异。在纹蓟马中有后缘鬃 3-4 对，仅节Ⅶ腹片有 2 对附属鬃。在管尾亚目中，大都有 1 横排小的附属鬃，而在某些类群中，这些鬃不规则散生。在纹蓟马科某些种类中，节Ⅹ背片后缘有 1 对细长感觉刚毛，着生在大而色淡的称底形孔即毛点（trichobothria）中。在大腿蓟马科中，除少数无翅种类外，附属鬃更显著，毛基部直径约 8μm。腹部背片除节Ⅺ外，节Ⅰ-Ⅹ各有 2 对孔，称无鬃孔（setaless pore）或单孔（haplopore）。背片节Ⅰ-Ⅷ，一对位于背片中部，或接近前缘，或接近后缘，另一对位于背片前角。在管尾亚目中对Ⅰ孔更互相靠近些。这种孔仅在少数无翅管蓟马科中存在，中间节缺。

雌虫生殖器见图 12i、k、l 和图 14c、d。在锯尾亚目中生殖孔位于腹部腹片节Ⅷ和节Ⅸ之间。大多数类群的产卵器由 2 对几丁质化的具有锯齿的瓣构成，它们之间有槽-卵被产下时经过的通道。每一瓣是扁而长的镰形物，凹的边最硬化。瓣基部与形状大小不同的板——负瓣片（valvifer）相连。锯尾亚目的产卵器背向或腹向弯曲，在科间发育程度有所不同，在大腿蓟马科中比较原始，骨化弱，不太弯曲。在极少类群中，产卵器为可伸缩的膜质。在管尾亚目中，生殖孔亦位于腹片节Ⅷ和节Ⅸ之间，产卵器由 1 个细柔可翻的斜槽状构成。在节Ⅷ和节Ⅸ腹内有两根弯曲的几丁化的针状物，在节Ⅸ腹内有 1 个几丁质化的黑纵棒。节Ⅹ（管）是卵被产下时经过的通道。

在蓟马科中，雄虫生殖器（图 12f、j；图 14a、b）基部是几丁化的，称阳茎基（phallobase），从此伸出阳茎（端）（aedeagus）和阳茎基侧突（parameres），阳茎（端）是向后而少许向上弯的细槽，端部尖或钝。系自阳茎（端）基部和阳茎基侧突的是阳茎基背片（epiphallus）——膜囊。在它里面射精管（ductus ejaculatorius）终止在端部，几丁化程度不同。阳茎基背片多变，表面有几丁质增厚物和小齿。纹蓟马科的种类有 2 对阳茎基侧突，基部甚突出，背对短，腹对长，在侧部有齿或锯齿，其形状因种类不同而异。在蓟马科中，背阳茎基侧突（dorsal parameres）缺，仅有 3 个附肢，即 1 个中阳茎（端）和 2 个侧腹的阳茎基侧突。在管尾亚目中，基部的阳茎基退化为小板。阳茎基侧突位于侧面，有 3 根刚毛在端部。1 骨化延长的船状板称舟形片（navicula），阳茎基背片上有斜纹。阳茎基背片的端部，是阳茎（端），其端部或简单，或叉状、杆状或抹刀形。射精管开口在阳茎端部。

在缨翅目分类上，雌虫生殖器——锯尾亚目的产卵器和管尾亚目的管早已应用到亚目分类阶元，而雄虫生殖器仅应用到少数几个属内。

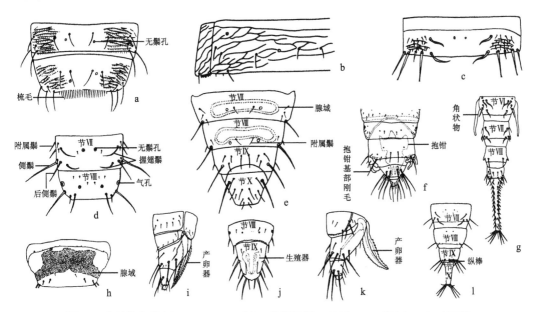

图 12　蓟马腹部特征（d、e、f、j 和 l. 仿韩运发，1997a；g. 仿 Mound，1983）

（character of thrips abdomen）

a. 蓟马科腹节Ⅶ-Ⅷ，背面观（示梳毛）(abdominal tergites Ⅶ-Ⅷ of Thripidae, show comb of microtrichia, dorsal view)；b. 蓟马科腹节Ⅴ，背面观 (abdominal tergite Ⅴ of Thripidae, dorsal view)；c. 管蓟马科腹节Ⅴ，背面观 (abdominal tergite Ⅴ of Phlaeothripidae, dorsal view)；d. 管蓟马科腹节Ⅶ-Ⅷ（示毛序、无鬃孔、握翅鬃和气孔）(abdominal tergites Ⅶ-Ⅷ ventral of Phlaeothripidae, show chaetotaxy, setaless pores, wing-holding setae and spiracle)；e. 蓟马科腹节Ⅶ-Ⅹ，腹面观（示腺域和附属鬃）(abdominal tergites Ⅶ-Ⅹ of Thripidae, show gland areas and discal setae, ventral view)；f、i. 纹蓟马科（f. 雄虫腹节Ⅵ-Ⅹ，背面观，示抱钳；i. 雌虫腹节Ⅶ-Ⅹ，背面观，示产卵器)(f. abdominal tergites Ⅵ-Ⅹ of male of Aeolothripidae, show holding clamp, dorsal view；i. abdominal tergites Ⅶ-Ⅹ of female of Aeolothripidae, shows ovipositor, dorsal view)；g、l. 管蓟马科（g. 雄虫腹节Ⅵ-Ⅹ，示角状物；l. 雌虫腹节Ⅶ-Ⅹ，示纵棒)(g. abdominal tergites Ⅵ-Ⅹ of Phlaeothripidae, show a pair of long, tubular lateral processes of male and vertical bar；l. abdominal tergites Ⅶ-Ⅹ of female, shows the longitudinal stick)；h. 管蓟马科腹节Ⅷ（示腺域）(abdominal tergite Ⅷ of Phlaeothripidae, show gland area)；j、k. 蓟马科（j. 雄虫腹节Ⅷ-Ⅸ，背面观；k. 雌虫腹节Ⅷ-Ⅹ，背面观)(j. abdominal tergites Ⅷ-Ⅸ of male of Thripidae, dorsalview；k. abdominal tergites Ⅷ-Ⅹ of female of Thripidae, dorsal view)

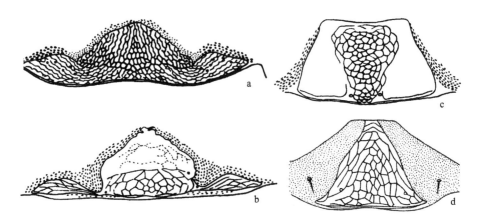

图13 管蓟马科腹节 I 背片的盾板类型（a-c. 仿 Mound & Palmer，1983；d. 仿 Woo & Shin，2000）
（types of pelta for abdominal tergite Ⅰ of Phlaeothripidae）

a、b. 灵管蓟马亚科盾板 I（pelta of Idolothripinae）；c、d. 管蓟马亚科盾板（pelta of Phlaeothripinae）

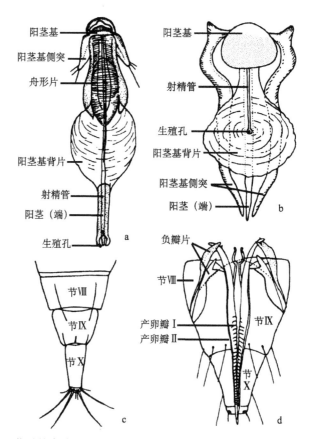

图14 蓟马的生殖器（genitalia of thrips）（仿 Ananthakrishnan，1979）

a、c. 管蓟马科的生殖器（genitalia of Phlaeothripidae）［a. 雄虫外生殖器（male genitalia）；c. 雌虫腹节Ⅷ-Ⅹ背面观（female
abdominal segments Ⅷ-Ⅹ, dorsal view）］；b、d. 蓟马科的生殖器（genitalia of Thripidae）［b. 雄虫外生殖器（male genitalia）；
d. 雌虫腹节Ⅷ-Ⅹ腹面观（female abdominal segments Ⅷ-Ⅹ, ventral view）］

（二）若虫的外部形态

若虫（图 15，图 16）体略呈纺锤形，头小，前、中、后胸可明显区别；复眼由可辨的数个小眼构成，无单眼；触角 4-7 节；跗节 1 节，无爪；体红色、黄色或橙色，有时有红色或黑色相间斑纹。在锯尾亚目中有 4 个龄期，很少有 3 个龄期，仅在长角蓟马属中缺少"前蛹期"；而在管尾亚目中有 5 个龄期。初孵若虫体大如针尖，无色，随着取食体色不断加深为黄色、橙色或红色。一龄若虫外形相似于成虫，具有头和 1 对触角，3 个胸节，3 对足，11 个腹节，跗节有爪；但触角节数少，缺单眼，复眼只有 3-4 个小眼，头胸比例大，无翅芽，足跗节无垫，体鬃的形状、数目和表皮特征也不同于成虫（图 15a、c、e）。二龄若虫行动和取食更加活跃，体积增大，头胸比例变小，相似于一龄若虫，但其形态特征较为稳定，对于若虫分类较有用处（图 15 b、d、f、g-r）。总的来说，若虫比较聚集，活动性小，因而为害大。有的种类，第一龄是捕食性的，第二龄和成虫是植食性的。锯尾亚目的一些种类第一龄生活在植物组织中，到第二龄移居植物的表面。在形态上两个亚目的第一、二龄若虫虽有相似点，但各科间亦有稳定的区别特征。两个亚目的第三至五龄若虫共同点是均不取食，不排泄，行动开始迟钝，或只在受惊扰时才徐徐匐行，称"蛹"，因为这种"蛹"与完全变态蛹不同，应称"伪蛹"。锯尾亚目的第一、二龄若虫（nymph Ⅰ、Ⅱ），腹部末节仅有数根短小刚毛（图 16a-b）；第三龄若虫（nymph Ⅲ），触角变为鞘囊状，短而向前，复眼小，无单眼，翅芽外露，腹节Ⅸ出现向上倾斜的齿，历期很短，称为"前蛹"（pupa Ⅰ）（图 16c）；第四龄若虫（nymph Ⅳ），触角伸长且弯向头背后，出现单眼，翅芽增大，历期稍长，称"蛹"（pupa Ⅱ）（图 16d）。管尾亚目若虫有 5 龄，其形态与锯尾亚目相比不同处在于：第一、二龄若虫腹部末节常有 2 根端半部极细而长的刚毛和数根短小刚毛（图 16e-f）；第三龄若虫触角变为很短的囊状突起，无外生翅芽，称为"预蛹"（prepupa）（图 16g）；第四龄若虫，触角弯向头两侧，此期才发生翅芽，腹部末节除短小刚毛外，出现一根短粗的肛针，称为"前蛹"（图 16h）；第五龄若虫（nymph Ⅴ），触角变大而分节清晰，仍伸向头两侧，出现单眼，翅芽大而色深，称"蛹"（图 16i）。有的昆虫学者把管尾亚目的第三、四龄若虫合称"前蛹"（prepupa），第五龄若虫称"蛹"（pupa）。因为蓟马一、二龄若虫形态（如口器和足）与成虫形态相似，第三、四或第四、五龄若虫具外生翅芽，所以具备渐变态的某些特点，但又因第三、四或第三、四、五龄若虫不取食、不排泄或活动减弱或静止不动，同时具备全变态的某些特点，可视为全变态和渐变态的中间形式。这种变态类型，称为过渐变态。

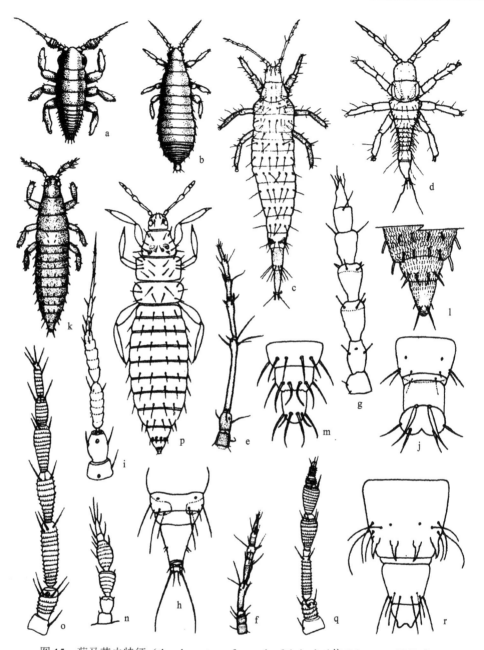

图 15　蓟马若虫特征（the characters of nymph of thrips）（仿 Priesner，1949a）

a、b. 针蓟马亚科之一种：a. 一龄若虫；b. 二龄若虫（a. nymph Ⅰ，b. nymph Ⅱ，Panchaetothripinae）；c-f. 管蓟马亚科之一种：c. 一龄若虫；d. 二龄若虫；e. 一龄之触角；f. 二龄之触角（c. nymph Ⅰ，d. nymph Ⅱ，e. antenna of nymph Ⅰ，f. antenna of nymph Ⅱ，Phlaeothripinae）；g、h.管蓟马亚科之一种二龄若虫：g. 触角；h. 腹部末端（g. antenna of nymph Ⅱ，h. abdomen segments Ⅷ-Ⅹ，Phlaeothripinae）；i、j. 针蓟马亚科之一种：i. 触角；j. 腹部末端（i. antenna，j. abdomen segments Ⅸ-Ⅹ，Panchaetothripinae）；k-n. 蓟马亚科之一种二龄若虫：其一种，k. 全体，l. 腹部末端；另一种，m. 腹部末端，n. 触角（the second instar nymphy of Thripinae: one species: k. body，l. abdomen segments Ⅷ-Ⅹ；the other species: m. abdomen segments Ⅷ-Ⅹ，n. antenna）；o. 黑蓟马科之一种二龄若虫触角（antenna of nymph Ⅱ，Melanthripidae）；p-r. 纹蓟马亚科之一种二龄若虫：p. 全体；q. 触角；r. 腹部末端（p. body，q. antenna，r. abdomen segments Ⅷ-Ⅹ，Aeolothripinae）

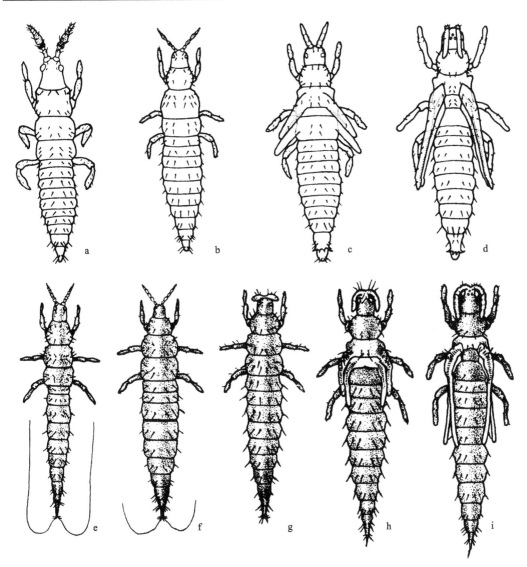

图 16 蓟马若虫特征（the characters of nymph of thrips）（仿张维球，2000）

a-d. 稻蓟马若虫，锯尾亚目（nymph I-IV of *Stenchaetothrips biformis*, Terebrantia）：a. 一龄（nymph I）；b. 二龄（nymph II）；c. 三龄，"前蛹"（nymph III, pupa I）；d. 四龄，"蛹"（nymph IV, pupa II）；e-i. 稻管蓟马若虫，管尾亚目（nymph I-V of *Haplothrips aculeatus*, Tubulifera）：e. 一龄（nymph I）；f. 二龄（nymph II）；g. 三龄，"预蛹"（nymph III, prepupa）；h. 四龄，"前蛹"（nymph IV, pupa I）；i. 五龄，"蛹"（nymph V, pupa II）

（三）卵 的 形 态

锯尾亚目的卵一般为肾形（图17），长0.2-0.3mm，卵壳光滑无毛而柔软，乳白色或暗黄色。管尾亚目的卵长筒形，相互对称或在顶端有些收缩，长（0.3-0.5）mm×（0.13-0.25）mm，黄色或黑色，表面常有同形状的网纹。

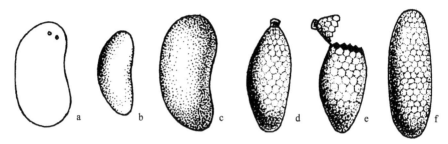

图 17　蓟马卵的类型（types eggs of thrips）

a-c. 锯尾亚目卵的类型（types eggs of Terebrantia）；d-f. 管尾亚目卵的类型（types eggs of Tubulifera）

四、内 部 构 造

（一）神 经 系 统

　　蓟马脑部神经节、咽下神经节及前胸神经节愈合，神经主干的原点和支径指向脑神经结分支，并分支形成前脑、中脑和后脑。其中，前脑体积最大，控制小眼。前脑包含视叶和神经交叉区，神经交叉区将视叶神经节层和视外髓、视内髓相连。两个视叶半球通过视觉、前脑神经连锁和前脑桥体相连。中脑从头侧面发出触角神经，与位于咽侧面的后脑在腹面末端相连。

　　大腿蓟马雄虫的头部有 1 顶点腺体，在成虫期，该腺体占据了脑的位置，使得脑在成虫期仍位于其在若虫期所在的位置（图 18）。咽下神经节由 3 对神经组成，包括上颚神经和成对排列的下颚及下唇神经。

　　前胸神经节和咽下神经节高度愈合，翅胸神经节嵌入胸骨间的叉状结构中。腹节Ⅰ到节Ⅲ的神经节愈合，在某些属，这些腹神经节与后胸神经节愈合（纹蓟马属、带蓟马属、蓟马属、简管蓟马属、母蓟马属）；在另一些属中，神经节通过长的神经索相连（泥蓟马属、呆蓟马属、花蓟马属、毛呆蓟马属、大腿蓟马属）。腹节Ⅴ-Ⅺ由延伸至腹部末端的合并神经索控制，而腹节Ⅰ-Ⅳ每节则由单独的神经控制。

（二）感 觉 器 官

　　目前，蓟马感觉器官及其生理功能方面的研究很少。例如，触角节Ⅲ、节Ⅳ上的感觉锥为典型的化学感受器，但对其功能的研究几乎没有。蓟马在暴风雨来临之前表现出强烈的飞行活动，所以叉状感觉锥可能是检测电场信号的感器。而用于感受触角运动的江氏器位于成虫和若虫触角第二节的柄节。

　　幕骨与后颌边缘之间有 1 个无纤毛的感器，由两极、多端的感觉细胞组成，Hunter和 Ullman（1992）描述了西花蓟马 *Frankliniella occidentalis* (Pergande, 1895) 中的 4 个前食窦和 20 个食窦化感器，20 个食窦化感器中，18 个位于内唇片，2 个位于舌悬骨上。

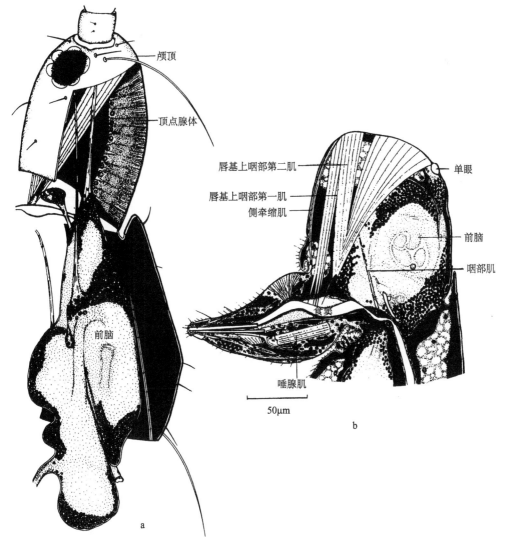

颅顶

顶点腺体

唇基上咽部第二肌

唇基上咽部第一肌

侧牵缩肌

前脑

单眼

前脑

咽部肌

复眼

唾腺肌

50μm

a

b

图 18　蓟马的头部（a. 仿 Moritz，1984；b. 仿 Childers & Achor，1991）

（head of thrips）

a. *Merothrips brunneus*，♂，头部的顶点腺体和前胸移位的脑（male head with vertex gland and translocated brain in prothorax）；

b. *Aeolothrips intermedius*，♀，头部（female head）

　　一些感觉器官可用作分类特征，如许多触角刚毛、后胸背板上的单孔或钟形感器及后翅上的毛点状刚毛。钟形感器位于翅下方、腹部背板和第一、第二产卵瓣上。

　　有翅成虫具 3 个背单眼，在两复眼间呈三角形排列。它们可通过感应光密度的周期变化来控制生物节律，但目前只在有翅昆虫中有发现。复眼中的小眼数目为 3-100 个（大多数昆虫有 30-50 个）。

（三）肌 肉 系 统

蓟马共有 170 多种不同的肌肉，这些肌肉多数情况下成对排列。这些肌肉分布于头部、胸部和腹部。肌肉根据起始和结束位点或功能进行命名（表 11）。在描述肌肉的图中，只有位于平面的肌肉被标注。

表 11　蓟马重要肌肉
Table 11　Some important muscles of thrips

序号	肌肉名称	序号	肌肉名称
M1	幕骨-柄节降肌	M25/26	背部直肌
M2	幕骨-柄节提肌	M27	后胸背板-腹部背板肌
M3	柄节内侧肌	M28	中胸内叉骨-前胸内叉骨肌
M4	柄节外侧肌	M29	中胸内叉骨-腹部背板肌
M5	唇基上咽部第一肌	M30	后胸内叉骨-腹部背板肌
M6	唇基上咽部第二肌	M31	胸骨-背板肌
M7	咽部肌	M32	基前桥-前上侧片肌
M8	唾腺肌	M33	基前转片-前上侧片降肌
M9	舌牵缩肌	M34/35	中后胸基节背板前动肌
M10	舌伸肌	M36/37	中后胸基节内叉骨前动肌
M11	上唇内侧牵缩肌	M38/39	中后胸基节内叉骨后动肌
M12	上唇外侧牵缩肌	M40	中胸内叉骨-后胸基节肌
M13	上颚牵缩肌	M41/42	中后胸基前转片提肌
M14	口针伸肌	M43/44	中后胸基前转片降肌
M15	口针牵缩肌	M45	第一产卵瓣伸肌
M16	下颚须屈肌	M46	第二产卵瓣伸肌
M17	前额牵缩肌	M47	第一产卵瓣牵缩肌
M18	舌-侧唇舌牵缩肌	M48	第二产卵瓣牵缩肌
M19	头部-前悬骨提肌	M49	产卵器降肌
M20	头部-背板提肌	M50	腹部内背纵肌
M21	头部-背板降肌	M51	腹部外背纵肌
M22	背部斜肌	M52	侧纵肌
M23	头部叉状降肌	M53	胸骨肌
M24	腹内突-具刺腹片斜肌		

头部肌肉：触角通过起始于幕骨、结束于柄节基部的外侧肌肉来控制运动（M1、M2），并通过内部肌肉将柄节和梗节相连（M3、M4）。

强有力的食窦和咽部肌肉从唇基后线延伸到食窦泵和咽喉的背面（M5、M6、M7）。这些肌肉群交替运作，将食物从极度狭窄的口针中吸入。位于下唇骨片和舌之间的是唾窦，唾液腺将唾液分泌于其中，并通过一特殊的肌肉控制唾液流量（M8）。舌的牵缩肌（M9）和伸肌（M10）开始于唾窦的骨片。

口锥中的牵缩肌间接控制上颚的伸出。同样，上唇牵缩肌（M11）协助下颚口针的伸出。起始于颊和唇基后线的两种肌肉终止于上颚基部，为控制上颚活动的直接牵缩肌（M13）和伸肌（M12）。

下颚口针具有3对伸肌（M14），均起源于茎节体壁。另外，牵缩肌（M15）起源于颊，终止于关节结合处。下颚须的运动由屈肌（M16）控制。下唇肌肉分为前颏牵缩肌（M17）和舌-侧唇舌牵缩肌（M18）。

胸部肌肉：从功能上来说，胸部肌肉系统分为前胸区和具翅胸节区。前胸区肌肉包括背纵肌（M19、M20、M21、M22）和腹纵肌（M23），分别为头部和头-前胸复合体的提肌与降肌。腹面的斜肌（M24）起源于腹内突，并与具刺腹片相连，是支持头部的降肌。腿部肌肉由外侧肌肉群和内侧肌肉群组成，起源于背板，终止于基前转片和基节。

有翅成虫中，具翅胸节的肌肉为适应飞行特化出肌节长度仅有1.5μm的短肌节（普通肌肉为5μm）。这种超微结构在高翅振频率的昆虫的异步飞行肌中很典型。在小型昆虫中，动作电位间的神经冲动和张弛无法使翅的振动速度达到飞行要求。所以在蓟马中，作为神经冲动直接反应的肌肉收缩的时间被延长。飞行肌肉系统通过转节的降肌（M33）触发，而转节的降肌为起飞前的跳跃行为所激活。蓟马的飞行肌纤维中降肌多于提肌，这使得蓟马即使在体型微小的情况下也能控制选择着落地点。中胸的背纵肌为主要的翅降肌（M25），而背纵肌在后胸则是用于控制腹部的提升运动（M26，M27）。

中胸腹肌负责提升头-前胸复合体（M28）。中后胸腹肌可控制腹部的向下运动（M29、M30）。具翅胸节的背腹侧飞行肌分为内群和外群，前者为前、后翅的间接提肌（M31），后者为直接降肌（M32）。后胸基前转片的翅启动肌的原点上着生一振动肌（M33），用于控制前上侧片的活动。

足通过外侧背腹侧肌（M34/35）的收缩来运动，其开始于背板，终止于基节或基前转片（Heming, 1971, 1972, 1973）。腹肌包括中后胸基节的前动肌（M36/37）、后动肌（M38/39、M40）和中后胸基前转片的提肌（M41/42）、降肌（M43/44）。

腹部肌肉：腹部的肌肉系统比较简单，但腹部具有与产卵器和雄性生殖器相关的特殊肌肉。腹节Ⅷ、节Ⅸ的腹面、背面和侧面肌肉为产卵瓣运动的牵缩肌（M47、M48、M49）和伸肌（M45、M46），并与输卵管、阴道、附腺和产卵鞘的运动有关。内侧和外侧的背纵肌（M50、M51）起源并终止于前内脊或腹节间，与侧纵肌（M52）一起负责腹部的抬升、降低和弯曲。每一腹节都有背腹板肌（M53），用于压缩腹部来辅助呼吸。

（四）呼　吸　系　统

和大部分昆虫一样，蓟马通过内部气管系统进行气体交换（图19）。仅在半水生的 *Organothrips bianchi* 中或多或少存在封闭式的气管系统，这类气管系统在气门后着生有退化、不连续的气管。在其他蓟马种类中，呼吸系统均为开放式，并通过成对的气门进行气体交换，这些成对气门位于中、后胸的侧板及腹节 I -Ⅷ的背片上。蓟马所有虫龄的气门均有典型的骨片结构，这种结构能使其在下雨时进行气盾呼吸。蓟马通过侧板肌肉来调节进入每个气门的氧气量。位于气门片正下方气管开口上的螺旋状结构称为螺旋丝，其可增强气管的柔韧性和抗压性。在成虫前期，后胸气门消失，气管系统的侧面支干与胸部器官连锁。在飞行肌肉系统、唾液腺及消化道中具有大量分支的直肠垫结构，微气管深入组织中，并在末端形成气管微丝。

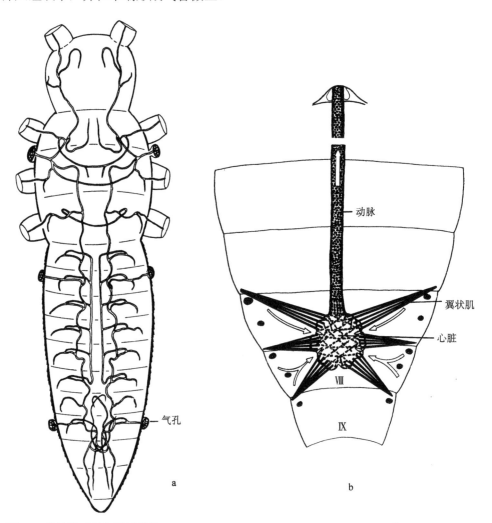

图 19　蓟马的呼吸和循环系统（respiratory and circulatory system of thrips）（仿 Moritz，1985）

a. *Hercinothrips femoralis*，♀，二龄若虫呼吸系统，背面观（female respiratory system of second instar larva, dorsal view）；

b. *Hercinothrips femoralis*，♀，循环系统、心脏和动脉，背面观（female circulatory system, heart and aorta, dorsal view）

（五）循 环 系 统

背血管是蓟马循环系统的输导器官，可分为心脏和主动脉两部分。扁平的心脏位于腹节Ⅶ-Ⅷ背面，直径约 50μm，具 3 对来自腹面背板腹节Ⅵ-Ⅷ的翼状肌。在心脏舒张期，血淋巴通过 2 个成对的心门涌入心脏。心脏收缩时迫使动脉中血液经由咽侧体、贲门瓣及咽神经节向前流动。心率受内激素、神经分泌物及外界因素影响。但是，24℃条件下，成虫（*Hercinothrips femoralis*）心率约每分钟 100 次，相同条件下，一龄若虫的心率约为每分钟 60 次，到二龄时则上升至每分钟约 110 次。

（六）消 化 系 统

消化道分 3 部分：前肠、中肠和后肠（图 20）。前端的前肠和后端的后肠均由外胚层内陷形成；中肠来源于内胚层。这种组织的发育起始于胚胎发育时期，以口道和肛道的发育开始，一直持续历经若虫期和蛹期（图 21）。

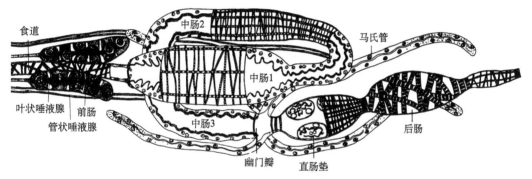

图 20　蓟马的消化系统（alimentary system of thrips）（仿 Ullman *et al.*，1989）

口前腔和前肠：上唇形成口前腔的顶部，下咽部将其分为背面的食窦和腹面的唾窦。前肠具韧性，经网状分布的条状肌肉纤维延伸和收缩。食道的肠壁细胞层分泌形成内膜并延伸至贲门瓣。

中肠：中肠没有内膜，其在各虫龄期蜕皮过程中逐渐变短。在蛹期，中肠形成 1 条由平整细胞层构成的管状结构。成虫期中肠为直径可变、粗细不一的管状结构，由 2 个环状结构组成，环将中肠分为 3 个可辨认的组织学区域。所有区域均由单层柱状上皮细胞构成，每个细胞都有多个细胞核。贲门瓣位于前肠和中肠的连接处，而幽门瓣则为中肠和后肠分界点。

中肠内腔具有大量微绒毛，微绒毛的大小和形状在不同区域有差异。在肠壁细胞中可见小的再生细胞，其细胞质富含内质网、线粒体和密集的板层小体，此结构与排泄作用和渗透调节有关。顶端分泌液泡的存在因个体虫龄和生理状态而异。肠壁细胞着生于一层薄的底膜上，底膜由交替出现的纵肌和环肌纤维包裹。

中肠上的围食膜无可见的几丁质，由约 80Å 厚的膜状薄层构成；围食膜没有统一结构，类似某些半翅目种类的丛状表面层。随着若虫生长，围食膜延伸至贲门瓣之外，并加厚，逐渐对病毒具有隔离作用。围食膜在蓟马若虫期和成虫期及不同种的成虫期均有差异，这也部分解释了不同蓟马在获得和传播病毒方面存在差异的原因。

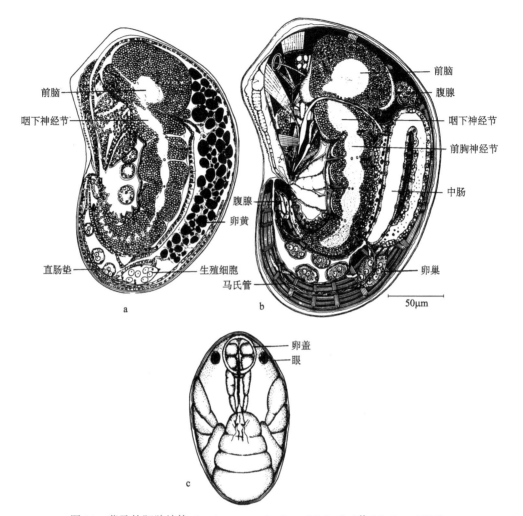

图 21　蓟马的胚胎结构（embryo organization of thrips）（仿 Moritz，1985）

a. 第二背向闭合，侧面观（lateral view during second closure）；b. 即将孵化的胚胎结构（organization of a ready-to-hatch embryo）；c. 若虫前期腹面观（示卵盖）（ventral view of a prelarval stage with ovipositor and operculum）

　　后肠和直肠垫：幽门括约肌位于中、后肠间，终止于两者接合处。4 根马氏管也着生于此。像中肠一样，后肠也有大量的微绒毛，后肠分为前端的回肠、结肠和一段较宽的开口于肛门的直肠。直肠的细胞层极度加厚，并形成 4 个直肠垫（在黑蓟马属中形成 5 个），可维持蓟马体内适当的盐、水平衡。

　　唾液腺：一些腺体与摄入和消化食物有关，这些腺体形成于与下唇结构发育有关的外胚层成对内陷。另外，单个的上颚腺、两个下唇腺排出的分泌物进入口前腔，并在腔内与摄取的食物混合。这些腺体的腺管合并形成 1 个公共的唾管，开口于唾窦基部。一对大的叶状唾液腺位于前胸和中胸（图 20）。腺叶由大而疏松聚集的大核细胞构成；这些细胞的细胞质富含脂滴、高尔基体、被膜小泡及层状折叠。另一对管状唾腺（图 20）从中肠的第一环延至头前胸复合体内的储液囊。

（七）排　泄　系　统

马氏管：排泄系统的作用是在昆虫体内维持一个相对恒定的体内环境，包括对蛋白质降解产物的移除和血淋巴离子组成的调控。马氏管是排泄系统的一部分，每根马氏管均由单层上皮细胞围绕成一直径为 0.5-1μm 的其中包含排泄液的内腔。由其横截面可观察到每根马氏管由 2 个或 3 个具有微绒毛和显著细胞核的细胞组成。4 根马氏管中的两根伸向前端，除少部分嵌在幽门瓣后面之外均游离于血腔中；另两根伸向后端，除少部分有时紧连后肠壁外也游离于血腔中。4 根马氏管皆始于幽门区。马氏管基部细胞没有微绒毛但排列有一层 20nm 厚的表皮。向后的两根马氏管基部与直肠乳突相连，保证其利用血淋巴调节离子及水分运输。

（八）生　殖　系　统

雌虫：雌虫有 1 对卵巢，每个卵巢有 4 条卵巢管，其作用是将成熟的卵移入侧输卵管中。在产卵的成虫中，侧输卵管短且被外部环向、内部纵向的肌肉纤维包裹，而中输卵管和阴道无肌肉纤维（Heming, 1970）。卵巢管包括端丝、生殖区（原卵区）和生长区（卵黄区）（图 22）。生殖区包含原始胚细胞、卵原细胞，卵原细胞随后分化为卵母细胞和卵泡。卵母细胞通过生长区并在其中生成卵黄，在每个卵巢管中形成一系列发育的卵。每个卵都包被在一层卵泡上皮细胞中，这种细胞能在卵黄表层分泌形成绒毛膜。

蓟马的卵巢管是典型的无滋式，没有滋养细胞（图 22）。蓟马生殖区细胞团簇能发育正常，由此，Pritsch 和 Büning（1989）认为这是第二种无滋养型卵巢，细胞借卵原细胞的有丝分裂增大，和具有滋养型卵巢管的其他昆虫一样。相比之下，Tsutsumi 等（1993）则将同源的细胞团簇描述为几乎所有昆虫都有的一种祖征。Heming（1995）认为这种新式无滋养型卵巢卵原细胞的无性繁殖是小型成虫个体的祖先（具多滋式卵巢）长期进化的结果。蓟马成熟的卵相对于其腹部体积很大，4 对卵巢管中的卵室数量为 4-10 个，有时也会出现 20 个卵室。每个卵母细胞的卵巢细胞质体积都会随卵黄的合并而增大。在此过程中，由于大量卵黄阻碍染色质的充分固定，早期卵母细胞内伸长的染色质会变得不清楚。在管尾亚目种类发育完全的卵中，卵黄的前部和后部会出现大量的共生菌（Bournier, 1961; Haga & Matsuzaki, 1980; Haga, 1985; Heming, 1995），但随后的超微结构和组织化学鉴定发现这些所谓的含菌体仅仅是溶酶体的聚合物 (Tsutsumi et al., 1994)。

蓟马受精囊为粗面球形，通过受精管开向输卵管，交配后精子以扭结的小球形式存储在受精囊内。当受精管瓣膜打开时，精子完成受精。在某些种中，阴道与受精囊内的肌肉纤维能控制受精过程。产卵时，附腺能分泌具有润滑作用的黏蛋白，使卵粘在寄主植物的体内或体表。

雄虫：蓟马雄虫生殖系统包括 1 对睾丸、2 条输精管、贮精囊和一些成对附腺。每条输精小管的后端进入贮精囊且与射精管合并。睾丸橙色至棕色，常位于腹节Ⅶ-Ⅸ。大部分蓟马具单倍体雄虫生殖细胞系，雄虫减数分裂异常。这意味着减数分裂Ⅰ期是有丝分裂，而减数分裂 II 期缩短至每个次级精母细胞的核染色质分开。锯尾亚目种类精子的鞭毛由 27 个微管组成（9 个具有动力蛋白臂的成对微管；9 对无动力蛋白臂的成对微管；9 个具有动力蛋白臂的单个微管），在交配前期，锯尾亚目精子在睾丸内已完成分化，而管尾亚目精子则之后才发育完全。

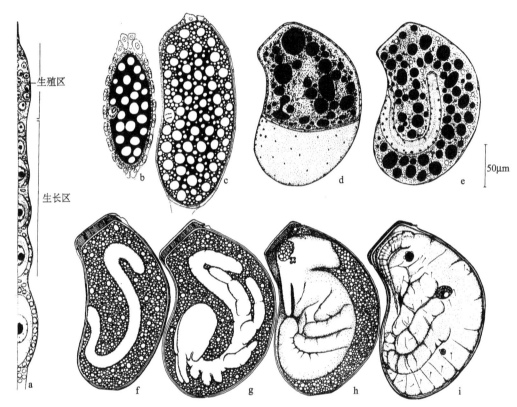

图 22　蓟马胚胎发育过程（successive stages in the embryogenesis of thrips）（仿 Moritz，1988）

a. 卵巢管结构和卵子发生（ovariole structure and oogenesis）；b. 卵壳形成过程中的卵母细胞（ovocyte during chorion formation）；c. 核分裂的卵母细胞（ovocyte with cleavage nucleus）；d. 卵裂后的胚层形成（formation of blastoderm after cleavage）；e. 胚体上升和羊膜褶皱（anatrepsis and development of amniotic folds）；f. 胚带延伸（maximal extension of the germ band）；g. 器官和附肢形成（embryo during organogenesis with appendages closure）；h. 第一背向闭合期间经过胚胎下降（embryo after katatrepsis during primary dorsal closure）；i. 即将孵化的胚胎（ready-to-hatch embryo with chaetotaxis of the first instar larva）

成对附腺的壁双层，由一层薄的无色围鞘和一层内分泌上皮构成。与管尾亚目相比，已知的锯尾亚目种类的精子没有顶体，而且这两个亚目的精子结构与其他半翅目昆虫的完全不同。蓟马亚科雄虫有近胸骨的腹腺，通常被认为能分泌信息素。这种腺体的细胞具有线粒体、微体及光滑管状的内质网，它们的分泌物的主要成分是脂类，也有酸性黏多糖。大腿蓟马雄虫头部背面也有 1 块可与之相比较的腺域。

五、生 物 学

蓟马个体小、行动敏捷、善飞、善跳，多生活在植物花中，取食花粉粒；也有相当一部分种类生活在植物叶面，取食植物汁液，为植物害虫；少数种类生活在枯枝落叶中，取食真菌孢子；也有一些种类捕食其他蓟马、螨类，成为益虫。

（一）生长发育与变态

1. 卵

蓟马卵为灰白色、黄色或者黑色，圆柱形或肾形，外被卵壳，长 0.2-0.8mm，表面常有不同形状的网纹。这些网纹与产卵方式有关。在锯尾亚目中，雌虫通过产卵器将卵单个产于植物组织内部，因此卵壳光滑。而管尾亚目的雌虫将卵产于植物表面，卵壳网纹通常为五边形或六边形，并通过黏性小片固定在植物表面。在锯尾亚目中，卵前端具有卵盖。锯尾亚目的卵产下后几小时内需要周围植物组织的支持，之后卵内发生生理变化，卵壳硬化，卵结构更加稳定。但是，实验条件下在琼脂或吸水纸上的卵仍能够像自然条件下植物组织内的卵一样，形成稳定的结构。

卵内胚胎逐渐发育，接近孵化时眼点呈红色或黑色，常可透过卵壳看到。卵的发育速度与温度成正比，一般温度越高卵的发育历期越短，为 2-20 天。胚胎后期颇似一个半透明的蠕虫，触角和足贴附于腹面。若虫孵化主要是靠自身的逐渐蠕动，然后用足向后摆动，最终冲出卵壳。管尾亚目的卵是裸露的，若虫容易破壳，比锯尾亚目的卵更容易孵化。

蓟马若虫在锯尾亚目中有 4 个龄期，罕有 3 个龄期，而在管尾亚目中有 5 个龄期。第 3-5 龄不取食，不活动，有外生翅芽，被称为"前蛹期"，变态类型为过渐变态。

2. 一龄和二龄若虫

同许多其他昆虫一样，孵化后蓟马若虫的体型迅速增大。除翅及生殖器外，一龄和二龄若虫与成虫外形相似，体型较成虫小，各种器官也相应地适应较小的体型。这两个龄期的表皮膜状，通常黄色或白色。几丁质板的稳定性更多依赖于若虫内部的血压而不是它们的固有力量。若虫随着取食体型增大，一龄末期和刚蜕皮的二龄外表非常相似。与成虫不同，若虫表皮几丁质的结构和刚毛的形状联合形成疏水区域以供下雨时的气盾呼吸。这两个龄期具有"刺吸式"的口器，位于两个内颚叶和左上颚包围的下口式的口锥内。触角类似成虫，梗节都有 1 个钟形感器，鞭毛有类似的毛序和感觉锥。视觉系统复眼位置一般由 4 个侧单眼构成，但所有若虫期单眼缺失。一龄若虫期头壳内大量的食窦肌肉导致大脑位置被取代而转移到胸内，二龄末期这种变化使得其大脑内视神经呈环状。若虫和成虫的跗端节中垫略微不同。

蓟马仅成虫具翅和生殖器，其内部组织和前后翅片从二龄后期开始分化。前后肠通过心脏和幽门瓣与中肠融合，前、中肠细胞通常有两个细胞核。同成虫一样，若虫后肠包含直肠乳突。若虫也有 2 个下唇腺、4 个马氏管及 1 个臀腺。成对的椭圆形卵巢位于腹节Ⅴ、节Ⅵ，并与生殖板通过侧输卵管连接。生殖细胞在分裂中期出现大着丝粒，小的染色粒集中在核膜上。

3. 预蛹期和蛹期

蓟马有 2 个或 3 个不动、不食、不活跃的龄期，称为预蛹期和蛹期（管尾亚目有蛹期Ⅰ和蛹期Ⅱ）。这两个时期的蓟马均被有光滑、膜质、无色且非硬化的表皮，上常有长鬃。触角和足分节减少，发育的产卵瓣在腹背板节Ⅷ和节Ⅸ可见。在预蛹期，通过蛹表皮可见发育的复眼、单眼、颚节、前后翅和成虫的产卵瓣。若虫的中、后胸比成虫具翅胸节融合得更紧密，后足基节从侧板位置转到腹板的区域以利于其跳跃。这一阶段肌肉系统的变化很大，如头壳内肌原纤维类型发生改变，胸部和生殖区域内许多肌肉发生增减。具翅胸节振翅肌在预蛹蜕皮后立即开始发育，咽下神经节的调位、脑部视觉神经的发育、复眼和单眼的区分也在此时开始。消化系统在这一"静止"期变化显著，如中肠变短，肠壁细胞层消失。预蛹期若虫臀腺退化。此时第一个腹部气门的位置从背板Ⅱ移至背板Ⅰ，后胸气门开始发育。成对未发育完全的卵巢开始从前部末端分裂成 4 个卵巢管。

若虫和成虫阶段占有同样的生态位，但是具翅成虫更有可能入侵新的栖息地。与内翅部昆虫相比，在"静止"期蓟马大量内部结构发生变化。

（二）生殖方式、性比和遗传学

在大多数缨翅目昆虫中，生殖需要两性成虫的交配。就像膜翅目昆虫一样，雌成虫可以产 2 种类型的卵：受精卵和未受精卵。受精卵具有二倍体数目的染色体，发育成雌虫，而未受精卵为单倍体，发育成雄虫（即产雄孤雌生殖）。因此，在缨翅目昆虫中，较为常见的性染色体性别决定机制被简单的单倍二倍体性别决定机制代替。有证据表明，与性别有关的遗传信息可能在常染色体上。之后，在不同的细胞群（如唾液腺、中肠）中发现核内多倍体发育，导致形成更大的染色体组。

一些蓟马种类为后代是雌虫（产雌孤雌生殖）或极少雄虫（产雄孤雌生殖）的专性孤雌生殖。这些雄虫的生殖腺产生典型的生殖细胞并与雌虫正常交配。在烟蓟马 *Thrips tabaci* Lindeman, 1889 中，有性生殖和无性生殖（孤雌生殖）种群都比较常见。*Apterothrips apteris* (Daniel, 1904) 的未成熟雌虫能够产出两种性别的后代 (Mound, 1992)，可能是通过卵的细胞核与第二极体的融合来实现染色体组的调控，从而产生雌性个体。孤雌产雄是原始的类型，而单倍二倍体蓟马 *Taeniothrips inconsequens* (Uzel, 1895) 中 *Wolbachia* 细菌的存在，表明这种性别调控同寄生蜂一样，与内生菌有关。另外，产雌孤雌生殖种群中雄虫出现的频率与其亲本的发育温度有关，高温导致雄虫后代的增多，这种向产雄孤雌生殖的转变可能是由内生菌对温度的敏感性引起的。

在一些产雄孤雌生殖和产雌孤雌生殖种类上，如榕母管蓟马 *Gynaikothrips ficorum* (Marchal, 1908)和 *Hercinothrips femoralis* (Reuter, 1891)，发育成雄虫的未受精卵胚胎发育

开始于卵巢管生长区的末端。因此，雌虫已在卵通过受精囊之前就已完成性别决定，并且是卵泡细胞、卵母细胞和血腔相互作用的结果。但是，关于雌虫如何控制卵的受精方面没有详细的研究。确实，蓟马的生殖策略方面的知识很欠缺，性别决定中细胞学方面的研究也处于空白状态。

（三）世　　代

蓟马完成一个世代的时间因种类及环境因素影响而异，一般为十天到一年不等；多数种类为一年多代、数代至几十代。管蓟马科昆虫的寿命一般雌虫较雄虫长得多，所以在管蓟马的整个生活史内世代重叠，致使同一时期常在田间能见到成虫、卵、若虫、前蛹和蛹。另外，世代数也随寄主的部位不同而有变化。

（四）越　　冬

在寒冷气候条件下，管蓟马科昆虫大多每年发生 1-2 代，而在适宜的气候条件下，可以发生数代，甚至 11 代。在温暖的气候下，蓟马可以在冬季繁殖且没有休眠期。例如，在澳大利亚南部，*Thrips imaginis* Bagnall, 1926 种群的数量在冬季会少很多，但是能够维持缓慢的繁殖过程。在一年里，蓟马也能够在温度较高的温室中持续繁殖多代。在较冷的气候下，蓟马主要以若虫、成虫在土中的方式越冬或以成虫在植物的底部、叶堆和树皮中的方式越冬。通常情况下，越冬的时间和地点都是未知的，只有很少的有害蓟马被详细研究过。

许多锯尾亚目蓟马在土里越冬，如 *Kakothrips prisivorus* (Westwood, 1880) 的若虫在夏天从寄主植物上掉下并钻进土中，它们在土里维持若虫的形态过冬，直到来年春天，很快地度过预蛹期和蛹期，成虫羽化后破土而出。每个个体有 10 个月的时间在地下度过。第二代 *Thrips angusticeps* Uzel, 1895 的若虫也在秋天从寄主植物上落下并进入土里，但它们之后以预蛹和蛹越冬直至春季成虫羽化爬出地面。但是，多达 10%有时甚至 25%的个体在一年后才出土，在地下经历大约 20 个月的时间。在研究过的极少数的几个种中，大部分都以成虫越冬，而不是预蛹或者蛹。许多蓟马大部分的时间都生活在地下，这一阶段对蓟马的种群动态极为重要。

若虫和成虫在土中越冬的深度与昆虫种类及土壤类型有关，基本上在 20-30cm 深的地方，但有时也会深至 100cm。土壤类型根据颗粒大小划分，从黏土、淤泥、沙子到碎石。沙土质轻（容易散落），具有较大的颗粒和较高的容积密度，而黏土较重，土壤颗粒小，容积密度小。蓟马的若虫在质轻的沙土中比在较重的黏土中潜入得更深，因为沙质土更容易穿透。普通大蓟马 *Megalurothrips usitatus* (Bagnall, 1913) 的若虫在疏松的土壤中比在紧实的土壤中潜入得深，实验表明在装有相同质地的土壤时，普通大蓟马的若虫在黏土含量低且土壤孔隙大的土壤中钻得更深，但蓟马不会钻进细沙中去。研究发现，*Taeniothrips inconsequens* (Uzel, 1895) 的若虫在黏土中比在坚硬的沙土中潜入得更深，也许是因为它有更多可以通过的通道。钻土型的蓟马也可以探寻虫道和旧的根系道，土质和土壤的湿度也影响蓟马越冬的深度。

同质的土壤通常运用在实验中，但在野外，土壤的特征会根据深度而变化。蓟马会在它们不能再继续钻土或者土壤的物理或者小生态条件合适的情况下停止钻土。土壤的成分决定着蓟马钻土的深度。例如，*Taeniothrips inconsequens* (Uzel, 1895) 的若虫在 A 水平（具有有机矿物质的矿物土）和 B 水平（具有泥土和水的矿物土）交界的地方停止钻土，蓟马在不同地方的分布差异可能是由这两种水平转变的深度变化导致的。经常犁地的土地有一个不规则的土层，在犁能够到达的深度，蓟马会停止钻土。蓟马也可能停留在粗草的根部，或者在它们能够进一步钻土的轻质土壤处停留。

其他因素，如土壤水分，也可能影响越冬场所的选择。Skinner 和 Parker (1992) 认为 *Taeniothrips inconsequens* (Uzel, 1895) 的若虫可能更倾向于选择排水性能良好的场所，Brose 等（1993）发现该蓟马在排水性能良好的土壤中钻得更深。然而在没有选择的情况下，不管水分含量怎样，*Thrips imaginis* Bagnall, 1926 都会钻进土壤。

有些蓟马在土壤表面越冬，在这方面，*Limothrips cerealium* (Haliday, 1836) 在英国已有详细研究 (Lewis, 1959, 1962; Lewis & Navas, 1962)，在夏末，交配过的雌成虫从谷田飞到它们的越冬场所，这些场所包括松树林、橡树及附近其他树木粗糙的树皮裂缝。在裂缝中，它们可以形成大约由 60 个个体组成的雌虫群体，在里面也可以找到前些年积累下的死蓟马。在英格兰的谷田中，一棵成年树可以供 500 000 只蓟马越冬。随着冬天的延续，这些蓟马从外层裂缝向内层裂缝移动，等春天来临时再爬到外层裂缝。越冬的成虫在 5℃的温暖环境中会变得活跃，但是其卵巢不发育。其他的蓟马利用其他的场所越冬。例如，淡红缺翅蓟马 *Aptinothrips rufus* Haliday, 1836 从直立的草上移动到草堆上，随着冬季的进行又爬回到直立的草上；豆带巢针蓟马 *Caliothrips fasciatus* (Pergande, 1895) 则利用许多仍然保持绿色的植物越冬；袖指蓟马 *Chirothrips manicatus* (Haliday, 1836) 利用干枯的花序和草堆越冬；禾蓟马 *Frankliniella tenuicornis* (Uzel, 1895) 利用谷物茬和冬黑麦的芽越冬；*Limothrips denticornis* (Haliday, 1836) 利用草堆和树皮越冬；*Thrips laricivorus* Kratochril & Farsky, 1941 移动到云杉第二轮嫩树枝萌发前几年的芽鳞下，然而在美国五叶松上是移动到晚期针叶簇的当年的芽鳞下越冬；烟蓟马 *Thrips tabaci* Lindeman, 1889 利用冬小麦、紫花苜蓿和野草越冬。在法国，*Haplothrips tritici* (Kurdjumov, 1912) 的若虫钻到土壤的 25-30cm 处越夏，但从土壤中爬到草堆和残株上越冬。

尽管一些蓟马有复杂的越冬策略，但是大多数种类可被归为地上越冬或地下越冬。在地面上越冬的种类更能保持灵活性，因为它们能在温暖时期进食，亦能在早春迅速地飞到寄主植物上。而在土壤里的种类不能进食。对于以常青植物为寄主的种类，灵活性好像更为有用，因为常青植物随处都可获得。许多关于植食性锯尾亚目蓟马的数据也支持这种说法。假定 12 月和 1 月被发现的成虫种类是在地上越冬，那么能在松柏科植物或禾本科杂草上繁殖的蓟马被认为是以常青植物为寄主，因此 56%的蓟马物种在地上利用常青植物越冬，只有 23%的物种在地上但不在常青植物上越冬。*Thrips juniperinus* Linnaeus, 1758 就是这种越冬模式，能在雪下的刺柏属植物上越冬。

有些种类如 *Hercinothrips femoralis* (Reuter,1891) 和西花蓟马 *Frankliniella occidentalis* (Pergande, 1895)能够在植物或者土壤表层化蛹。Takrony（1973）发现强光照可以增加土壤中 *Hercinothrips femoralis* (Reuter, 1891) 的化蛹率，表明该蓟马具有负趋光性。尽管 *Scirtothrips citri* (Kurdjumov, 1912) 被广泛认定在土壤里或者柑橘属果树地面的树叶层中化蛹，但 Grout 等（1986）发现只有 20%-30%的个体如此，其余在树上化蛹，并且很大比例的个体在大树上化蛹，可能是因为大树能够提供更多的树荫和保护。

另外，还有关于以其他非成虫龄期在土壤表面越冬的报道，但是这些一般是没有进入滞育而在保护场所存活下来的个别个体，或是被寄生的个体。Wetzel（1963）发现白腰纹蓟马 *Aeolothrips albicinctus* Haliday, 1836 和 *Aptinothrips rufus* Haliday, 1836 的若虫能在德国东部越冬。*Scirtothrips citri* (Kurdjumov, 1912) 在加利福尼亚以卵的形式越冬，但由于这些卵发育所需的温度阈较高，其在加利福尼亚的冬天可能不会发育。

（五）休　　眠

休眠是一种被抑制的发育状态，在这种状态下蓟马能立即对不利的环境因素做出反应，或者在不利环境之前对环境线索（如光周期）做出程序性反应。越冬蓟马常常表现出明显的休眠，在越冬时，休眠的蓟马若虫不蜕皮，如 *Kakothrips pisivorus* (Westwood, 1880)，成虫不能性成熟或不能产卵，如 *Limothrips cerealium* (Haliday, 1836) 和 *Thrips angusticeps* Uzel, 1895 以成虫越冬的种类，其成虫有时会变得特别活跃并取食，但如果昆虫的生殖发育仍然受到抑制，那么它们就仍处于休眠中。通常短日照能使生殖发育受到抑制的雌性昆虫提前发育，被称为生殖或卵巢滞育。

在日本有学者做过关于花蓟马 *Frankliniella intosa* (Trybom, 1895) 的研究（Murai, 1977）。在土壤中越冬的雌成虫卵巢未发育成熟，而这种生殖抑制在短日照为 10L：14D 条件下能够被人工诱导。对光周期最敏感的是二龄若虫，尽管单独对该龄期进行处理不足以引起成虫的滞育。气温变暖会终止冬眠，但如果雌虫在未成熟之前经过低温 50 天的处理，那么这种反应就会延迟几周。

在美国的俄戴冈州，玉米黄呆蓟马 *Anaphothrips obscurus* (Müller, 1776) 也被发现存在生殖滞育，而且短日照条件 10L：14D 会诱导生殖滞育（Kamm，1972）。在英国，卵巢未成熟的越冬的 *Limotbrips cerealium* (Haliday, 1836) 雌成虫在温度升高时会变得很活跃，但是它们的卵巢不发育，这就表明是生殖滞育。经过研究表明，尽管休眠只在少许的种类中被研究，但结果表明在温带蓟马中，受短日照诱导的蓟马生殖滞育现象十分普遍。在丹麦，对温室中的西花蓟马 *Frankliniella occidentalis* (Pergande, 1895) 进行短日照的光周期处理不会引发生殖滞育，但这也可能是蓟马对于温室这种特殊环境条件的适应。

昆虫滞育随地理变化，尤其是纬度变化，这在很多昆虫中被发现（Danks，1987）。在日本，能够引起 50%的 *Frankliniella intosa* (Trybom, 1895) 个体滞育的白天日长从南到北纬度每 5°增长 1h。相似的变化在其他物种上也存在。

一些以成虫越冬的种类，如得克萨斯州的烟蓟马 *Thrips tabaci* Lindeman, 1889 存在通过温度诱导产生生殖停止的情况，而在温暖的时候则会产卵。在春天，天气一变暖蓟马就会开始繁殖。

（六）食　性

原始的蓟马被认为是生活在落叶中，它们以真菌为食，之后从落叶上转移到花上然后到叶子上（Mound *et al.*, 1980; Heming, 1993）。只有少数种类变成专性捕食者，多数蓟马种类以绿色植物为食（Mound, 1994），所以植食性蓟马并不在缨翅目种群中占主导地位，但其在作物害虫中占主导。缨翅目其余种类主要包括管蓟马科中以真菌为食的种类，其中大多生活在热带。表 12 给出了三大科蓟马的主要食物来源。

表 12　三大科蓟马的主要食物来源（Mound *et al.*, 1980; Heming, 1993）

Table 12　The major sources of food within the three largest families of thrips

	种类个数	叶片	花粉	真菌菌丝或其产物	真菌孢子	捕食
纹蓟马科	220		√			√
蓟马科						
针蓟马亚科	110	√				
蓟马亚科	1500	√	√			√
花蓟马属		√	√			
食螨蓟马属						√
蓟马属		√	√			
管蓟马科						
管蓟马亚科	2350	√	√			√
简管蓟马属		√	√	√		√
灵管蓟马亚科	670				√	

菌食性蓟马大多数只局限于管蓟马科。大约一半的管蓟马亚科蓟马生活在落叶或枯枝中，以真菌菌丝或者真菌腐烂产生的外消化物为食。这种取食形式还没有被研究，可能是因为这种取食方式对作物害虫不重要。然而，也有人发现烟蓟马 *Thrips tabaci* Lindeman, 1889 以发霉的葡萄叶上的菌丝为食，这意味着其取食菌丝的可能性不容忽视。灵管蓟马亚科种类以真菌孢子为食，其较宽的口针似乎是为适应取食真菌孢子而进化的。然而，上颚较窄的蓟马可能仍能摄入小孢子。各种孢子亦从有害蓟马的肠道中被发现（Bailey, 1935; Marullo, 1995），但不知道真菌菌丝是否组成蓟马饮食的重要部分或者蓟马能否专一以其为食。

蓟马能以植物非木质部分为食，包括叶肉细胞、花瓣、雄蕊、维管细胞、花粉粒、发育中的种子细胞和果实细胞。它们还可以以暴露的花蜜、水或者昆虫的分泌物为食。蓟马害虫种类主要集中在蓟马科的植食性大属，包括蓟马属、带蓟马属和花蓟马属。

捕食性蓟马以小型节肢动物的卵或移动缓慢的小型动物为食，包括螨类、蛾、啮齿目、蜡、蝇类、甲虫、叶蜂和蓟马。捕食性蓟马主要包括纹蓟马属 *Aeolothrips*、粉虱管蓟马属 *Aleurodothrips*、无翅管蓟马属 *Apterygothrips*、长角蓟马属 *Franklinothrips*、简管蓟马属 *Haplothrips*、卡管蓟马属 *Karnyothrips*、脚管蓟马属 *Podothrips*、食螨蓟马属 *Scolothrips* 和木管蓟马属 *Xylaplothrips*。同类相食现象在植食性和捕食性种类中都有发生，包括间纹蓟马 *Aeolothrips intermedius* Bagnall, 1934、西花蓟马 *Frankliniella occidentalis* (Pergande, 1895)、长角六点蓟马 *Scolothrips longicornis* Priesner, 1926 等。

蓟马对作物造成的危害促使人们对其取食行为进行研究，而相关的研究也主要集中在产生这种危害的取食类型上。然而，这使得人们对蓟马取食行为和营养要求产生了片面的了解。例如，食叶蓟马也可能以花粉、小型节肢动物或真菌为食。

某一物种的取食范围取决于它们的生活环境。例如，一些食叶蓟马只能取食叶片，但是其他蓟马，如花上的蓟马具有潜在的更宽的食物选择范围。捕食性间纹蓟马 *Aeolothrips intermedius* Bagnall, 1934 在实验室的取食范围很宽，包括叶肉细胞、花瓣细胞、花粉及同种的若虫，以及其他 3 种蓟马的若虫、5 种螨类的成虫、粉虱的所有龄期与木虱的卵和若虫。

蓟马取食什么的主要依据在于它在寄主上的位置及为害状。然而，这些线索也可能会产生误导，叶片上的为害状通常很明显，而空花粉粒、空螨类的卵和皱缩的被捕食者就很可能被忽视。另外，花瓣上的为害状也可能产生误导，*Thrips imaginis* Bagnall, 1926 大量存在于紫花苜蓿上，虽然在花瓣上明显为害，表明其是以花瓣为食，但是 *Thrips imaginis* Bagnall, 1926 通常是被认为以紫花苜蓿的花粉为食，花粉是它食物的重要组成部分。

许多蓟马是杂食性的，它们既是捕食性的又是植食性的，例如，间纹蓟马 *Aeolothrips intermedius* Bagnall, 1934、西花蓟马 *Frankliniella occidentalis* (Pergande, 1895)、烟蓟马 *Thrips tabaci* Lindeman, 1889、豆简管蓟马 *Haplothrips kurdjumovi* Karny, 1913、草皮简管蓟马 *Haplothrips ganglbaueri* Schmutz, 1913 和尖毛简管蓟马 *Haplothrips* (*Haplothrips*) *reuteri* (Karny, 1907)。捕食性蓟马也会取食植物，因为当猎物短缺时植物组织也是有用的营养来源。更奇怪的是，一些通常被认为只是植食性的种类也可以是捕食性的。

在专性植食性蓟马中，食叶和食花粉者没有清晰的界限。"叶蓟马"和"花蓟马"的术语因为方便而被广泛使用，但并不暗示它们是单一地以叶细胞或花粉为食。一些以花和花粉为食的种类，也会以叶或叶芽为食且不需要任何花粉。这些种类包括西花蓟马 *Frankliniella occidentalis* (Pergande, 1895)、烟蓟马 *Thrips tabaci* Lindeman, 1889 和暗棘皮蓟马 *Asprothrips fuscipennis* Kudô, 1984。

在杂食性蓟马种类中，各类食物的量是不均等的，尽管有一种食物占食物摄入量的大部分，但是一些微量成分仍然对生长或产卵有很大的影响，不能被忽视。一些专性植食的种类也可以取食花粉获取营养，同样地，花粉对捕食性种类也有很大益处。

很多蓟马可能具有更宽的寄主范围，那些尚未认知的部分可能在生态学和数量动态学中有重要的作用。特别是在食叶蓟马中，由于叶片为害状很明显，其他营养成分最可能被忽视，从而使得花粉和被捕食者很难被发现，也可能其他营养来源只在一年中的部分时间或是在一些年份里能够被利用，其他时候没有。在实验室中的取食范围和在田里的是否一样仍不确定。

（七）迁飞与扩散

迁飞和扩散是一种适应生存的行为，影响着昆虫的地理分布和数量变动。蓟马广泛扩散的能力，无论是通过自然飞行还是通过农业、园艺上新鲜植被的运输，都对蓟马危害级别具有重要作用。尽管其飞行能力较弱，但蓟马的缨翅使其能够在邻近田块间迁移，有时可以迁移到更远距离。另外，全球范围内食品和观赏植物贸易，特别是国家间的产品流动，为蓟马广泛的人为扩散提供了条件。

在锯尾亚目中，细长的膜状翅通常只具有一些着生刚毛的纵脉，翅上被微毛，边缘具有直的或波浪状的缨毛，在大多数长翅型种类静止时，左右翅以平行状态沿体背放置，缨毛相互叠放，覆盖后翅和几乎腹部全长（图23a）。另外一些种类为短翅型，无飞行能力；还有一些种类雄虫或者两性都无翅。

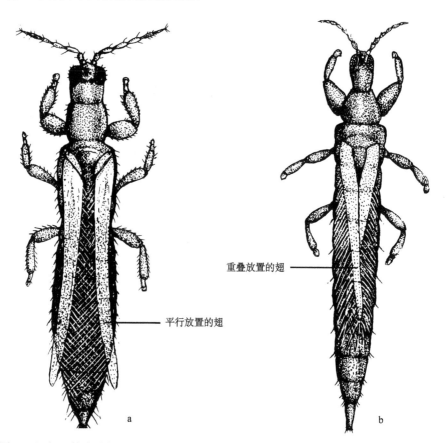

平行放置的翅

重叠放置的翅

a　　　　　　　　　　　b

图 23　缨翅目静止时翅的位置（wing position at rest for Thysanoptera）（仿 Lewis, 1997）

a. 锯尾亚目 (Terebrantia)；b. 管尾亚目 (Tubulifera)

相反，管尾亚目昆虫翅的结构和行为不同于锯尾亚目。其翅缨毛直，深陷并着生于膜翅的上下表面；静止时，翅相互重叠（图23b）。

管尾亚目昆虫较锯尾亚目不活跃，一般迁移距离较近。它们的飞行能力较弱，主要借助风力作远距离迁移；另外，还可随寄主植物和交通工具进行传播。迁飞的原因，目前认为主要是食物因素。

在起飞瞬间和飞行过程中，翅的构造通过缨毛的重新安排发生变化，以增加翅的区域。这一过程的详细描述是基于对 *Thrips physapus* Linnaeus, 1758 的研究（Ellington, 1980）。前翅前缘下方着生有 1 行直缨毛。这些缨毛可以向前伸出与翅形成约 70°角，然后定在那个位置，这是由缨毛着生的窝的表皮弹性控制的。前翅后缘上着生有 2 排长的波浪状的缨毛，同样也可以与翅膜形成 55°-80°角。后翅前缘具有 1 排不能运动的缨毛，而后缘的缨毛可以打开与翅膜形成 75°角。整个过程将静态中的平衡翅变成伸展开的于空气动力有效的翅面，面积为静止时的 3-4 倍，从而为飞行做准备。翅基部翅瓣上的刚毛使前后翅在飞行中连锁并同步，后翅的振翅周期滞后于前翅。

成虫从羽化到翅肌成熟需要一段发育时间。这一过程 *Limothrips cerealium* (Haliday, 1836)在 20℃条件下需要 5h，而 *Frankliniella intonsa* (Trybom, 1895)在相同温度下需要 12h。对于热带种类来说，时间相当短。而一些温带种类的越冬成虫经历了几个月的静止后，需要在春天经历第二段飞行成熟时间来激活飞行肌肉。飞行中的蓟马不能取食，所以它们抵抗干燥的能力对决定它们的飞行时间和飞行距离具有关键作用。飞行能力在不同性别中具有差异，在雌虫中，其与生殖周期和卵巢发育有关。在雄虫无翅只有雌虫能飞的种类中，甚至两性都具有翅的种类中，发现雌虫在空中种群中占统治地位。在两性生殖种类中，飞行的雌虫经常交配，但是其卵巢未发育成熟。对 *Limothrips cerealium* (Haliday, 1836)、*Limothrips denticornis* (Haliday, 1836)、*Chirothrips manicatus* (Haliday, 1836)、*Anaphothrips obscurus* (Müller, 1776)和花蓟马 *Frankliniella intosa* (Trybom, 1895)的观察结果表明，在春季和秋季的迁飞中，未成熟个体在远离寄主的飞行种群中占统治地位。而产卵雌虫在寄主附近飞行，猜测可能与其需要寻找产卵场所有关。

六、经　济　意　义

蓟马种类多，广泛分布在世界各地。食性复杂，包括植食性、菌食性和捕食性，以植食性种类居多，占一半以上，是重要的经济害虫之一。常以锉吸式口器锉破植物表皮组织吮吸其汁液，引起植株萎蔫，造成籽粒干瘪，影响产量和品质；其分泌物可诱发病害；有的种类形成虫瘿，降低园林观赏植物的价值而造成更大危害；重要的是有些种类可传播病毒病，间接危害更大。

蓟马科类群占锯尾亚目中的大多数，大都食花栖叶，植食性种类占多数，很多种类为农林害虫。很多种类在农林作物上均有不同程度的危害，如广泛分布、寄主为禾本科植物的单管蓟马 *Haplothrips chinensis* Priesner, 1933、稻管蓟马 *H. aceatus* Fabricius, 1806等为害作物后，产生黄褐色斑点或块状斑纹，以致嫩芽和心叶凋萎、叶片卷曲皱缩，甚至全叶枯黄，严重时整株死亡。稻直鬃蓟马 *Stenchaetothrips biformis* (Bagnall, 1913) 是印度、东南亚和中国稻区的重要害虫，在中国 20 世纪 70 年代以后逐渐由一般害虫上升为水稻的主要害虫，它为害水稻秧苗，使叶片纵卷、失绿、枯焦或成僵苗而导致整株枯死，当虫量激增时还可侵害稻穗，使穗数和实粒数减少；芒缺翅蓟马 *Aptinothrips stylifer* Trybom, 1894 是西藏青稞害虫，严重时青稞成片枯死或使小穗不实，可造成减产 10%；苏丹呆蓟马 *Anaphothrips sudanensis* Trybom, 1911 在江南是禾谷类作物上的常见种，是印度小麦的主要害虫之一。甘肃省麦类作物上普遍发生的麦简管蓟马 *Haplothrips tritici* Kurdjumov, 1912 虫口密度大时抑制麦类作物生长，造成严重减产甚至绝收，曾在皋兰县石洞寺小麦上调查，百单网次蓟马数量达 650 280 头之多。2003 年 6 月，西花蓟马 *Frankliniella occidentalis* (Pergande, 1895) 首次在北京市郊的辣椒花朵上被采集到，其食性广，寄主种类多，能为害 60 多科 500 余种植物，包括各种重要的经济作物、蔬菜和花卉等。它除能通过直接取食为害寄主植物外，还能传播病毒病，对许多作物造成重大经济损失，被许多国家列为检疫对象。

还有一些种类危害经济作物，如烟蓟马 *Thrips tabaci* Lindeman, 1889 是我国华北、西北棉区棉苗的主要害虫，为害后棉花子叶和真叶常常呈现银灰色斑点，叶片变厚变脆，生长点受害后干枯，严重时造成植株死亡，或形成无头棉、多头棉，导致成熟期推迟，使棉花产量和质量受到严重影响，同时在整个世界传播番茄斑萎病毒病，严重危害番茄、烟草、莴苣、菠萝、马铃薯和观赏植物等。茶黄硬蓟马 *Scirtothrips dorsalis* Hood, 1919 是为害茶树的主要害虫，为害新梢及芽叶，严重影响茶树的生长和产品质量。桑伪棍蓟马 *Pseudodendrothrips mori* (Niwa, 1908) 是桑树的常见害虫，受害桑叶轻则呈现斑点变色，失水硬化，重则萎蔫卷曲，直接为害桑蚕业的发展。20 世纪 70 年代以来，在广西、广东、香港、台湾等地，节瓜受到棕榈蓟马 *Thrips palmi* Karny, 1925 的严重危害，该蓟马以节瓜嫩叶、幼瓜为食，为害后引起幼苗萎缩，形成多头苗，幼果呈现锈条斑，瘦小畸形，易枯黄脱落，20 世纪末在日本，其已经发展成为蔬菜的主要害虫，危害性已远超过白粉虱和叶螨，成为保护地生产的一大威胁。有些病毒能在蓟马取食造成的伤口周围侵染植物 (Howurd, 1923)；还有相当数量的植食性种类可形成虫瘿，如榕管蓟马 *Gynaikothrips uzeli* (Zimm, 1900) 在榕树上营造虫瘿，降低观赏价值和经济价值。唐菖蒲是世界四大切花之一，花朵受唐菖蒲简蓟马 *Thrips simplex* (Morison, 1930) 为害后不能正常开花，呈现银灰色斑点，严重者萎蔫、卷皱、干枯以致脱落，降低观赏和经济价值，还可减少种球产量。1989 年因唐菖蒲花内有蓟马而不能出口到日本，使切花出口贸易遭受一定损失。腹小头蓟马 *Microcephalothrips abdominalis* (Crawford, 1910) 在我国南方和印度是为害菊花的常见种且危害严重。饰棍蓟马 *Dendrothrips ornatus* (Jablonowski, 1894) 是欧洲篱笆树的重要害虫。

蓟马个体微小、生活隐蔽，其危害常被忽视，一旦引起注意，大多已暴发成灾，造成巨大损失，所以蓟马是重要的农林害虫。我国牧场辽阔，牧草资源丰富，但近年来发现甘肃、内蒙古等省区的苜蓿、草木犀、红豆草等豆科牧草遭受到齿蓟马属种类 *Odontothrips* spp.的严重危害，苜蓿受害后叶片扭曲萎缩，产量和质量下降。药用植物中，枸杞具有很高的药用功效和经济价值，20 世纪 70 年代在宁夏发现双斑裸蓟马 *Psilothrips bimaculatus* (Priesner, 1932) 为害枸杞，严重时全株叶片被害，使叶片失绿早落。在新疆发现贝母受百合滑管蓟马 *Liothrips vaneeckei* Priesner, 1920 危害。

　　另外，有些种类捕食其他昆虫，属于天敌昆虫，可用在生物防治上。例如，一些捕食性蓟马通常捕食小型节肢动物，如蚜虫、疥虫、粉虱、叶蝉、网蝽、木虱及其他蓟马和螨类等，如食螨蓟马属 *Scolothrips* 的若虫和成虫均捕食叶螨；长角蓟马属 *Franlinothrips* 若虫均为肉食性；塔六点蓟马 *Scolothrips takahashii* Priesner, 1950 捕食为害农作物的各种叶螨的卵、若虫和成虫；长角六点蓟马 *Scolothrips longicornis* Priesner, 1926 可捕食普通红叶螨；大长角蓟马 *Franklinothrips megalops* (Trybom, 1912) 和铃木凶蓟马 *Franklinothrips suzukii* Okajima, 1979 可捕食螨、叶蝉、白粉虱。管蓟马科中有不少种类也是捕食性昆虫，如常见的黄胫长鬃蓟马 *Karnyothrips flavipes* (Jones, 1912) 捕食蜡蚧、木虱的卵和若虫及红蜘蛛；带翅粉虱管蓟马 *Aleurodothrips fasciapennis* (Franklin, 1908) 捕食介壳虫、粉虱、木虱的卵和若虫，国外曾利用它来控制椰蚧，最近发现，这两种蓟马均捕食为害马尾松的松突圆蚧。还有，白千层长鬃蓟马 *Karnyothrips melaleucus* Bagnall, 1911 取食柑橘上的介壳虫、红蜘蛛；皮器管蓟马 *Hoplothrips Corticis* (De Geer, 1773) 捕食果树上的朱砂叶螨。在加拿大曾记述橘单管蓟马 *Haplothrips subtilissimms* (Haliday, 1852) 取食梨小食心虫 *Grapholitha molesta* (Busek, 1916) 的卵和红蜘蛛 *Teranychus cinnabarinus* (Boiduval, 1867) 的卵。在中国，长角六点蓟马 *Scolothrips longicornis* Priesner, 1926 捕食普通红叶螨，肖长角六点蓟马 *Scolothrips dilongicornis* Han & Zhang, 1982 捕食苹果叶螨，这些蓟马种类都是可望利用的重要害虫天敌。

　　少数种类是卫生害虫，如烟蓟马 *Thrips tabaci* Lindeman, 1889 和莫尔花蓟马 *Frankliniella moultoni* Hood, 1914 吮吸人血；谷泥蓟马 *Limothrips cerealium* (Haliday, 1836)、印度巢针蓟马 *Caliothrips indicus* (Bagnall, 1913) 和苹蓟马 *Thrips imaginis* Bagnall, 1926 能刺人，使人的皮肤红肿、瘙痒。

　　此外，还有一些蓟马可在一定限度内为植物传播花粉，已知可给石竹科、菊科、油棕属、亚麻、豆类等植物授粉，对这些有益种类应加以保护和利用。

各　论

缨翅目 Thysanoptera Haliday, 1836

Thysanoptera Haliday, 1836, *Ent. Mag.*, 3: 439; Stannard, 1968, *Bull. Ill. Nat. Hist. Surv.*, 29 (4): 215, 237, 246.

Physapoda Burmeister, 1838, *Handbuch der Naturgeschichte*: 402, 404.

Thripidae: Osborn, 1883, *Can. Ent.*, 15 (8): 151.

主要鉴别特征：体长 0.4-14mm，细长而扁，或圆筒形；色黄褐、苍白或黑；触角 6-9 节，鞭状或念珠状；复眼多为圆形，有翅种类单眼 2 个或 3 个，无翅种类无单眼；口器锉吸式，口针多不对称；翅狭长，边缘有很多长而整齐的缨状缘毛；雌虫产卵器锯状或无。

缨翅目分为 2 亚目 4 总科 5 科 10 亚科。

亚目检索表

雌虫腹节Ⅷ腹面有锯状产卵器，背面观腹部末端圆锥状，节 X 罕有管状的；雄虫末端钝圆，绝无管状的；翅面通常有纤微毛，翅发达，前翅具前缘脉，通常至少有 1 纵脉自基部伸向端部………
………………………………………………………………………… **锯尾亚目 Terebrantia**

雌虫无特殊产卵器，两性腹末端均呈管状；翅面绝无纤微毛，仅有少数基部鬃，翅发达者前翅无前缘脉，有时仅有 1 条不达顶端的中央纵条纹…………………………… **管尾亚目 Tubulifera**

锯尾亚目 Terebrantia Haliday, 1836

Terebrantia Haliday, 1836, *Ent. Mag.*, 3: 443; Moulton, 1928a, *Trans. Nat. Hist. Soc. Formosa*, 18 (98): 288, 323; Priesner, 1949a, *Bull. Soc. Roy. Entomol. Egy.*, 33: 34, 35; Stannard, 1968, *Bull. Ill. Nat. Hist. Surv.*, 29 (4): 237, 246, 247.

Thripoidea: Karny, 1907, *Berl. Ent. Zeitscher.*, 52: 44.

主要鉴别特征：通常有翅，前翅大，翅脉发达，至少有前缘脉与 1 条纵脉从基部伸达翅端，翅脉上有微毛；雌虫腹部末端圆锥形，有锯状产卵器；雄虫腹部末端阔而圆，末节臀刚毛自节体生出。

本亚目世界记录 8 科，本志记述 4 科。

总科和科检索表

1. 产卵器向下弯曲；翅窄而端部尖；体多少扁平 ···2
   产卵器向上弯曲；翅宽而端部圆；触角 9 节（**纹蓟马总科 Aeolothripoidea**）·············4
2. 前胸背板有纵缝；翅面平滑；触角念珠状，节III和节IV端部有 1 鼓膜状感觉域；前、后足股节粗
   大；腹部末端钝，产卵器十分退化或无机能（**大腿蓟马总科 Merothripoidea**）······························
   ··**大腿蓟马科 Merothripidae**
   前胸背板无纵缝；翅面有微毛；触角非念珠状；产卵器相当发达（**蓟马总科 Thripoidea**）·······3
3. 触角 9-10 节，节III和节IV端部有由很多小的圆形感觉锥组成的感觉域，第III节圆锥形；前足跗节
   常有齿 ··**异蓟马科 Heterothripidae**
   触角 5-9 节，节III和节IV有简单或叉状感觉锥；跗节无齿 ·············**蓟马科 Thripidae**
4. 腹节IX背刺等长 ································**纹蓟马科 Aeolothripidae**
   腹节IX背刺中对长于侧对 ····················**黑蓟马科 Melanthripidae**

纹蓟马总科 Aeolothripoidea Uzel, 1895

Aeolothripoidea Uzel, 1895, *Königgräitz*: 27, 42, 62; Priesner, 1949a, *Bull. Soc. Roy. Entomol. Egy.*, 33: 35; Ananthakrishnan, 1964, *Opusc. Entomol. Suppl.*, 25: 75, 89, 90; Priesner, 1964a, *Publications In. Des. Egy.*, 13: 162.

产卵器（侧面观）背向弯曲。翅宽，前翅端部圆或极宽。触角 9 节。
分布：古北界，东洋界，新北界，非洲界，新热带界，澳洲界。
本总科世界记录 2 科，本志记述 2 科。

一、纹蓟马科 Aeolothripidae Uzel, 1895

Aeolothripidae Uzel, 1895, *Königgräitz*: 27, 42, 62; Priesner, 1949a, *Bull. Soc. Roy. Entomol. Egy.*, 33: 34, 35; Stannard, 1968, *Bull. Ill. Nat. Hist. Surv.*, 29 (4): 249.
Coleoptratidae Beach, 1896, *Proc. Iowa Acad. Sci.*, 3: 214, 215.

触角 9 节，节III和节IV有纵的、弯曲的、环绕端部的带状或长卵形感觉域。下颚须
3 节，下唇须 2 或 4 节。无翅或有翅。长翅者前翅宽，多具暗带，端部宽或圆，有两条
纵脉及横脉（多至 5 条）。体不扁。雌虫产卵器侧面观背向弯曲。腹部 11 节。雄虫腹节
I 延长。若虫触角端部数节有环纹，二龄若虫腹节IX上多半有 4 根刺。
分布：古北界，东洋界，新北界，非洲界，新热带界，澳洲界。
本科世界记录 2 亚科，本志记述 2 亚科。

亚科、族和属检索表

1. 翅向端部明显变宽；触角粗，密排有显著的硬鬃；前单眼前鬃长；下颚须 3 节，下唇须 4 节（**锤翅蓟马亚科 Mymarothripinae**）······················**锤翅蓟马属（扁角纹蓟马属）** *Mymarothrips*

   翅向端部至多略微变宽；触角无密排硬鬃；头无显著长的鬃（**纹蓟马亚科 Aeolothripinae**）····2

2. 触角很细长，线状，节III长约为宽的 10 倍，感觉域很细长，侧位；翅横脉弱，翅窄，向端部略宽；下颚须 3 节（**长角蓟马族 Franklinothripini**）······················**长角蓟马属** *Franklinothrips*

   触角较粗，节III较短，非线状（**纹蓟马族 Aeolothripini**），触角端部 4 节短小，感觉域长带状；前翅向端部不宽，有暗带，具横脉 ························**纹蓟马属** *Aeolothrips*

（一）纹蓟马亚科 Aeolothripinae Uzel, 1895

Aeolothripinae Uzel, 1895, *Königgrätz*: 27, 42, 62; Bagnall, 1913d, *J. Econ. Biol.*, 8: 155; Priesner, 1949a, *Bull. Soc. Roy. Entomol. Egy.*, 33: 34, 37; Ananthakrishnan, 1964, *Opusc. Entomol. Suppl.*, 25: 75, 89, 90; Priesner, 1964a, *Publications In. Des. Egy.*, 13: 163.

Orothripidae: Ramakrishna & Margabandhu, 1940, *Catalogue of Indian Insects*, 25: 3.

　　头背无显著较长鬃。触角基部无凸起的鬃；节III长，有时很长；两侧边缘平行。前胸背片后缘无一列显著较长鬃，至多有稍长于后角鬃的鬃。前翅端部至多稍宽，常窄圆。

　　分布：古北界，东洋界，新北界，非洲界，新热带界，澳洲界。

　　本亚科世界记录约包括 28 属，本志记述 2 属。

Ⅰ. 纹蓟马族 Aeolothripini Uzel, 1895

Aeolothripini Uzel, 1895, *Königgrätz*: 27, 42, 62; Priesner, 1949a, *Bull. Soc. Roy. Entomol. Egy.*, 33: 34, 38; Priesner, 1964a, *Publications In. Des. Egy.*, 13: 164.

Aeolothripinae: Bagnall, 1924, *Ann. Mag. Nat. Hist.*, (9) 14: 627.

　　头不在复眼前延伸；触角无硬鬃，较粗，节III非线状，长不及宽的 10 倍。下颚须 3 节，下唇须 4 节。前翅纵脉间有横脉。

　　分布：古北界，东洋界，新北界，澳洲界。

　　本族世界记录 5 属，中国仅记述纹蓟马属 1 属。

1. 纹蓟马属 *Aeolothrips* Haliday, 1836

Aeolothrips Haliday, 1836, *Ent. Mag.*, 3: 451. **Type species**: *Aeolothrips albicincta* Haliday, 1836.

Coleothrips Haliday, 1836, *Ent. Mag.*, 3: 439. **Type species**: *Thrips fasciatus* Linnaeus, 1758.

Aeolothrips group *Aeolothrips* (*s. str.*) Priesner, 1926, *Die Thysanopteren Europas*: 104.

Aeolothrips subg. *Gelothrips* Bhatti, 1967, *Thysanop. nova Indica*: 5.

Fabothrips Bhatti, 1988, *Zool. (J. Pure and Appl. Zool.)*, 1: 111.

Type species: *Aeolothrips vittipennis* Hood, 1912.

属征：头长如宽，或宽大于长。头、前胸和翅上无长鬃。触角9节，末端4节短小且连接紧密，节Ⅲ背面和节Ⅳ腹面端半部外侧感觉域呈长带状。翅发达或退化，翅发达者前翅宽而端圆，前缘缨毛消失，常有暗带；有纵脉2条，横脉多则4条，少者2条，且常模糊。前足跗节Ⅱ（端跗节）上有钩齿。中胸和后胸腹片内叉骨均有刺。腹部背片两侧无微弯梳，后缘无梳。雄虫腹节Ⅸ两侧抱钳有或无。

分布：古北界，东洋界，新北界，澳洲界。

本属世界记录93种，本志记述13种。

种检索表

1. 翅通常退化；体暗棕色；触角节Ⅰ淡棕色，节Ⅱ、节Ⅲ（最端部除外）和腹节Ⅱ和节Ⅲ淡黄白色，前胸和翅胸及腹节Ⅹ和节Ⅺ淡棕色；触角节Ⅲ感觉域较短；中胸盾片线纹上有微颗粒，后胸盾片线纹少；雌虫腹节Ⅰ背片具众多横线纹 ·········· 白腰纹蓟马 *A. albicinctus*
   翅发达，长翅型 ·· 2
2. 前翅后缘具暗纵带 ··· 3
   前翅具2个暗横带 ··· 4
3. 前翅暗纵带覆盖从近基部到近端部的翅后缘 ·············· 桑名纹蓟马 *A. kuwanaii*
   前翅暗纵带在翅亚基部向前缘延伸成1横带 ·················· 条纹蓟马 *A. vittatus*
4. 前翅2暗带后缘互相连接 ··· 5
   前翅2暗带完全互相分离 ··· 9
5. 触角节Ⅰ、Ⅱ白色，节Ⅲ基部1/4、节Ⅳ基部1/7白色，其余为黑棕色 ···· 沙居纹蓟马 *A. eremicola*
   触角节Ⅰ、Ⅱ（除端部外）黑棕色 ·· 6
6. 前翅两暗带间后缘连接部分较宽，约占翅宽1/2；两暗带较长，其前部呈现1个横长形白斑；体暗棕色；触角节Ⅲ和节Ⅳ（最端部除外）淡黄白色；中胸线纹清晰，后胸中部网纹呈蜂窝式 ········
   ·· 黑白纹蓟马 *A. melaleucus*
   前翅两暗带间后缘连接部分较窄，占翅宽的1/5-1/4 ····························· 7
7. 腹节Ⅸ具1对分叉的侧突 ························· 黑泽纹蓟马 *A. kurosawai*
   腹节Ⅸ无分叉的侧突 ·· 8
8. 前翅两暗带短，两暗带间白色部分显著长于暗带；体暗棕色；触角较短粗，节Ⅱ端部、节Ⅲ基部2/3及节Ⅳ基部1/4-1/2淡黄白色，其余部分暗色；后胸盾片线纹前部为网纹，后部为横的向前弯的线纹，两侧为纵纹 ················· 新疆纹蓟马 *A. xinjiangensis*
   前翅两暗带较长，两暗带间白色部分短于暗带；体暗棕色；触角较细长，节Ⅱ端部及节Ⅲ（最端部除外）淡黄色；后胸盾片花纹，除前部有几个横向网纹、两侧有纵线纹外，绝大部分为纵向网纹；雄虫腹节Ⅲ-Ⅵ背片后缘有形状不同的棕色骨化板，节Ⅴ的骨化板之前及节Ⅶ前缘两侧有棕色线，节Ⅶ背片前缘两侧有深色骨化线，节Ⅸ两侧各有1根弯粗鬃，其后有雄性抱钳··········
   ·· 云南纹蓟马 *A. yunnanensis*

9. 腹部二色 ··· 10
   腹部均色 ··· 11
10. 腹节 I 棕黄色到黄棕色，节 II - VI 黄色，节 VII-VIII 棕黄色，节 IX- X 渐变为黑棕色；触角除节 I、II 为黑色外，均为黄灰色 ································· **黄腹纹蓟马 A. flaviventer**
    腹节 I-VI 黄色或淡黄色，节 VII 黄棕色，节 VIII- X 棕色；触角节 I、II 及 III 基部淡白色，触角节 III- IX 棕色 ································· **黄纹蓟马 A. luteolus**
11. 后胸盾片网纹横而向前弯，前缘有几条横线纹，侧区和后外侧区有纵线纹 ································· **西藏纹蓟马 A. xizangensis**
    后胸盾片网纹蜂窝形 ·· 12
12. 触角一般较细，节 III 长为宽的 5-6 倍，最端部较暗，呈 1 暗环，节 IV 长为宽的 4-5 倍；前翅较窄，暗带较长，端部的暗带长为该处翅宽的 1.8-1.9 倍；雄虫腹节 IX 背片上位于抱钳基部的刚毛长度超过抱钳 ································· **横纹蓟马 A. fasciatus**
    触角一般较粗，节 III 长为宽的 4-5 倍，端部暗部较长，占该节长度的 1/5-1/4，大于节的宽度；前翅较宽，暗带较短，端部的暗带长为该处翅宽的 1.6-1.7 倍；雄虫腹节 IX 背片上位于抱钳基部的刚毛长度不超过抱钳 ································· **间纹蓟马 A. intermedius**

(1) 白腰纹蓟马 *Aeolothrips albicinctus* Haliday, 1836（图 24）

Aeolothrips albicinctus Haliday, 1836, *Ent. Mag.*, 3: 451; Mound *et al.*, 1976, *Handb. Ident. Brit. Ins.*, 1 (11): 4, 11.

雌虫：个体大，长 1.7-1.8mm。体包括各足各节、腹节 II 和节 III 淡黄白色，或前胸淡棕色，腹节 II -III 和节 X -XI 淡棕色。

头长略大于宽，长于前胸，长 199μm，宽：复眼后和后缘 170。复眼长 82，腹面向后延伸，长 121。单眼小，单眼区和眼后或仅眼后有轻微横线纹，有 1 个后缘颈片，有时不显著。复眼腹面向后延伸。复眼间鬃约 6 对，眼后鬃约 13 对。触角节 I 淡棕色，节 II 和节 III 淡黄白色，最端部除外，节 III 最端部及节 IV-IX 棕色；节 I -IX 长（宽）分别为：26（34）、53（31）、121（24）、102（24）、87（24）、14（19）、14（4）、19（9）、12（7），节 VI-IX 长 61，总长 452；节 V 为节 VI-IX 之和的 1.43 倍。节 III、IV 上有纵感觉域，节 III 长 14，节 IV 的前端较膨大，长 29。口锥较长，长 194，宽：中部 106，端部 72。

前胸长 179，宽 208。前胸背片前中部光滑无线纹，两侧和后部有较明显的线纹，背片上有小鬃约 44 根。中后胸长和宽均为 328。中胸盾片布满横交错线纹，线纹上似有微颗粒。后胸盾片仅前部有数条横线纹，两侧有数条纵线纹；细孔在较前部两侧。后胸小盾片光滑，较宽，略窄于后胸盾片。翅退化，呈膜片状，常几乎不可见。各足基节和股节有明显的横线纹，胫节端部粗鬃较少。跗节钩齿小。

腹节 I 背片较长，背面呈拱形，密布横线纹，节 II -IX 背片布满横线纹，前部数节的横纹较清晰。节 I -VIII 背片后缘无鬃，而在背片中部具 1 横列鬃，且较长，节 IV 的鬃（自内向外）内 I - V 分别长 31、31、29、24 和 21；背片前缘线不显著。节 I -III 背片较窄，向后渐宽，节 V-VI 最宽；节 V 背片长 131，宽 364，甚宽于头、胸。腹片节 II 后缘鬃 3

对，节Ⅲ-Ⅶ后缘鬃各 4 对，内Ⅰ和Ⅱ对鬃较长，均在后缘之前，节Ⅶ附属鬃 2 对，长 14，不及后缘鬃长的 1/2，分别位于内Ⅰ和Ⅱ对后缘鬃之间。

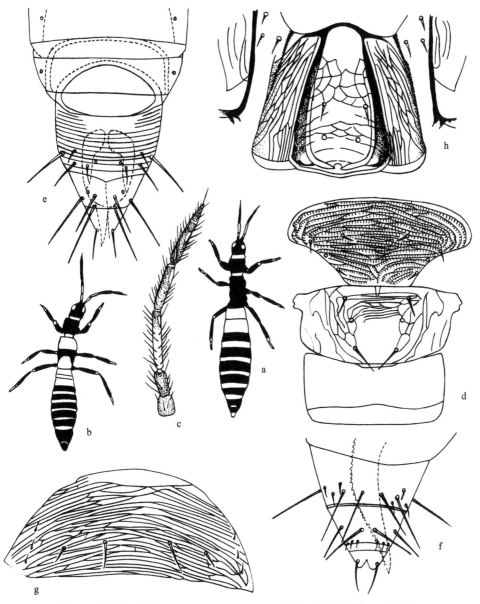

图 24　白腰纹蓟马 *Aeolothrips albicinctus* Haliday（仿韩运发，1997a）

a. 雌虫（female）；b. 雄虫全体（male）；c. 触角（antenna）；d. 中、后胸盾片（meso- and metanota）；e. 雄虫腹节Ⅶ-Ⅺ背片（tergites of abdominal segments Ⅶ-Ⅺ, male）；f. 雌虫腹节Ⅸ-Ⅺ背片（tergites of abdominal segments Ⅸ-Ⅺ, female）；g. 雌虫节Ⅰ背片（tergite of abdominal segment Ⅰ, female）；h. 雄虫节Ⅰ背片（tergite of abdominal segment Ⅰ, male）

雄虫：与雌虫相似，但触角节Ⅲ淡棕色（除基部外），翅胸颜色较淡，棕黄色。触角节Ⅴ甚长于雌虫。腹节Ⅰ背片侧部有粗棕色纵条，其两侧密集纵交错线纹。节Ⅸ较长，较简单，两侧无粗鬃和抱钳，毛序有别于雌虫。腹片节Ⅶ无附属鬃。体长约 1.4mm。腹部背片无任何骨化板。节Ⅸ背片长 126，侧鬃在最前，长 43，自内向外，内Ⅲ远离后缘在两侧，长 19，其他近后缘，内Ⅰ长 21，内Ⅱ长 55，内Ⅳ长 63。

寄主：玉米、小麦、黑麦、梯牧草、看麦娘、鸭茅草、猪殃殃、白屈菜、金雀花、洋葱、拂子茅、短柄野芝麻、䅟草属、甜茅属、灯心草、发草属、欧洲榛和松树。

模式标本保存地：未知。

观察标本：未见。

分布：北京；蒙古，法国，德国，北美。

(2) 沙居纹蓟马 *Aeolothrips eremicola* Priesner, 1938（图 25）

Aeolothrips (Podaeolella) eremicola Priesner, 1938a, *Bull. Soc. Roy. Entomol. Egy.*, 21: 212; Pelikán, 1984, *Ann. Hist. Nat. Mus. Nat. Hung.*, 76: 110. Male first time description.

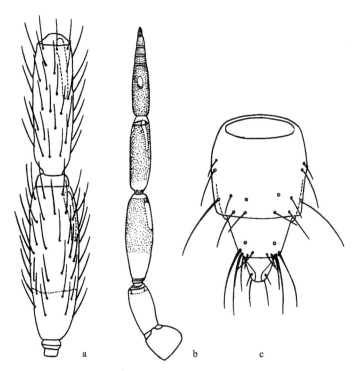

图 25　沙居纹蓟马 *Aeolothrips eremicola* Priesner（仿 Pelikán，1984）

a. 触角节Ⅲ、Ⅳ（antennal segments Ⅲ、Ⅳ）；b. 触角全长（full length of antenna）；c. 腹部末端（apex of abdomen）

雌虫：红棕色至黑棕色，胸部、腹部、触角节Ⅰ和节Ⅱ与头部富有深红色色素；股节黑色，前足胫节黄白色，基部到中间边缘颜色变暗，中、后足胫节黑色，端部的 1/5 或 1/6 白色，腹部从基部到端部变黑。触角白色，节Ⅰ、Ⅱ与头同色，节Ⅲ端部约 3/4 颜色变黑，节Ⅳ端半 6/7 稍黑，节Ⅴ-Ⅸ黑色，但在成虫标本中可能为全黑。前翅透明，有 2 条灰色的窄暗带，两暗带在后缘脉处相连；第一暗带后缘极度倾斜，第二暗带前缘同样极度倾斜，后缘极度凹陷。触角长约 380μm；节 I -IX 长（宽）分别为：32（35-36）、54-56（27-28）、96（22）、76（22-23）、66（24）、14（15）、14（15）、20（11）、11（5）；节III上的感觉域占端部 1/3，节IV上的感觉域在端部弯曲变宽，未达该节的中部；节 V 比其他各节明显变粗，但比节VI-IX的总长短。翅长 830-850，第二横脉处的翅宽 128-132；第二横脉位于第二暗带的起始处。后足胫节长 252-256。腹节 II -VI无附属鬃；腹节VII的后缘鬃 B1 间的距离远远大于 B2 间。

　　寄主： 丁香、碱蓬、扫帚苗、玉米、十字花科植物等。

　　模式标本保存地： 德国（SM, Frankfurt）。

　　观察标本： 未见。

　　分布： 内蒙古（鄂托克前旗、阿拉善左旗、额济纳旗）、宁夏（银川市）；蒙古，埃及。

(3) 横纹蓟马 *Aeolothrips fasciatus* (Linnaeus, 1758)（图 26）

Thrips fasciata Linnaeus, 1758, *Syst. Nat. 10th ed.*: 457.

Aeolothrips (Coleothrips) fasciata (Linnaeus): Haliday, 1836, *Ent. Mag.*, 3: 451; Han, 1997a, *Economic Insect Fauna of China Fasc.*, 55: 109.

Aeolothrips fasciatus (Linnaeus): Stannard, 1968, *Bull. Ill. Nat. Hist. Surv.*, 29 (4): 251, 255.

　　雌虫： 体长 1.7-1.8mm。体及足淡至暗棕色。

　　头长 145μm，宽：复眼后 177，后缘 187，宽大于长，短于前胸。复眼长 80，腹面向后延伸，长 121。复眼间有 16 根、眼后有 36 根小鬃，长 9-19。触角 9 节，触角节 II 端部淡棕色，节III基部 8/10-9/10 黄白色至白色，其余各节棕色，节III端部棕色部分通常不超过该处节的宽度。节 I -IX 长（宽）分别为：26（36）、53（29）、121（24）、102（24）、72（24）、24（17）、17（17）、14（9）、12（4），节VI-IX长 68，总长 444；节 V 长为节IV 的 0.71 倍，为节VI的 3.0 倍，为节VI-IX之和的 1.07 倍。节III、IV上有纵感觉域，节III上纵感觉域占该节长的 1/3；节IV纵感觉域端部膨大而略弯，占该节长的 1/2。

　　前胸长 175，宽 206。背片共有小鬃约 36 根。后胸盾片除两侧和后外侧为纵线外，两侧网纹较纵长，中部网纹蜂窝式；中部有 1 对细孔；前缘鬃长 26，后中鬃长 19。前翅长 935，中部宽 131，长为宽的 7.13 倍，前翅基色白，近中部和近端部有互相分离的 2 个暗带，基部暗带长 243，为宽的 2.0 倍；端部暗带长 243，为宽的 2.13 倍。基部暗带的 2 条横脉清晰，端部暗带上的横脉常模糊，甚至不可见。后翅白色。前足跗节钩齿较大。

　　腹节 II -VIII背片鬃均细小，鬃内 I 和 II 位于中部细孔两侧，III-VI在侧部略呈三角形排列，内IV距后缘较近。节IX背片长 145，后缘长鬃长：背中鬃 160，中侧鬃和侧鬃各 165。

　　雄虫： 体长约 1.5mm。近似于雌虫，但触角 II 端半部淡棕色，节III较暗，足及腹节 II -VI较淡；腹节 I 长于雌虫，两侧有棕色纵条；节IV和节 V 背片两侧各 1 对骨化板；节 IX两侧有雄抱钳。腹节IX两侧 1 对鬃不粗，长 55，雄性抱钳在其后；背片后部有 2 排鬃，前排 2 对鬃在两侧，微小，长 7；后排鬃内 I 长 24，内 II 长 26，内III在抱钳基部，长 97，超过抱钳，内Ⅳ在抱钳上，长 48。

　　寄主：小麦、玉米、糜子、沙蒿、紫花苜蓿、大豆、油菜、菊科植物、月季，其他小型节肢动物。

　　模式标本保存地：未知。

　　观察标本：3♀♀，陕西凤县，1988.VII.19，冯纪年采自油菜；1♀，陕西嵩坪寺，1997.VIII.16，晁平安采自杂草。

　　分布：黑龙江、辽宁、内蒙古（鄂托克前旗）、北京、河北、河南、宁夏（灵武县）、甘肃（平凉市）、江苏、湖北、四川、云南、西藏。

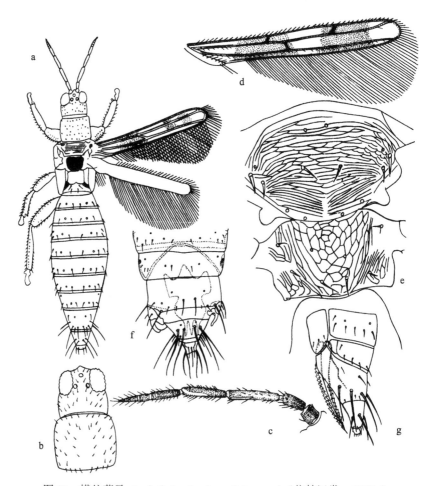

图 26　横纹蓟马 *Aeolothrips fasciatus* (Linnaeus)（仿韩运发，1997a）

a. 全体（body）；b. 头和前胸（head and prothorax）；c. 触角（antenna）；d. 前翅（fore wing）；e. 中胸和后胸盾片（meso-and metanota）；f. 雄虫腹节Ⅶ-Ⅺ背片（tergites of abdominal segments Ⅶ-Ⅺ, male）；g. 雌虫侧面观节Ⅶ-Ⅺ背片（tergites of abdominal segments Ⅶ-Ⅺ, female, lateral view）

(4) 黄腹纹蓟马 *Aeolothrips flaviventer* Pelikán, 1983（图 27）

Aeolothrips flaviventer Pelikán, 1983, *Acta Entomol. Bohom.*, 80: 437-440.

体明显二色；头、胸和腹部的最后两节黑棕色，并有淡暗红色色素。腹节Ⅱ-Ⅵ亮黄色，节Ⅰ、Ⅶ、Ⅷ棕黄色到黄棕色，色素为黄色。腹板节Ⅲ-Ⅶ前缘有 1 黑色横脊，侧面为黄色。触角大多数节为黄灰色，节Ⅰ为黑棕色，节Ⅱ基部和侧面黑棕色，其余黄色；节Ⅲ-Ⅸ土黄灰色，节Ⅲ端部有 1 黑环，节Ⅳ基部黑色，节Ⅴ-Ⅸ深灰色。足黑棕色，前足胫节端半部黄色，中、后足胫节端部有 1 明显黄带，跗节均为亮黄色。前翅透明，前缘中部有 1 灰斑，横跨中横脉。灰斑沿前缘脉的长度为 65-70μm。近端部的横带黑色，更明显，邻近端部的 1/4 内凹成凹面或呈角状，横带的后缘深凹。后翅无色。体鬃棕黄色，腹部端部长鬃黑棕色。

头长（宽）为 160（210），最宽处为基部的 1/3 处。颊圆形，平滑，向基部稍微变宽。复眼背面长 90，左侧面长 135，右侧面长 125，单眼直径为 35。背面光滑，有细小的横纹，几乎不交错，后头沟细小但明显。头顶有 7-8 对鬃，长度变化为 22-25，位于后单眼之间。单眼后的 2 对鬃排列成四边形，眼后鬃由 4-5 对鬃组成。触角非常粗短，节Ⅰ-Ⅸ的长（宽）分别为：30（39）、52-54（31）、88（26）、71-76（25-27）、46-48（25）、22（23）、19（19）、19（14）、14-16（8）。总长为 360-375，节Ⅲ-Ⅸ长 300；节Ⅲ最长，节Ⅳ稍短，节Ⅴ明显变短，节Ⅵ-Ⅸ总和很长，为节Ⅴ的 1.65 倍；节Ⅲ上感觉域直线状，未达到该节中部，长 38；节Ⅳ上的感觉域直线状，末端稍呈钩状，略超过该节中部；节Ⅴ的感觉域卵圆形，长约为 11。

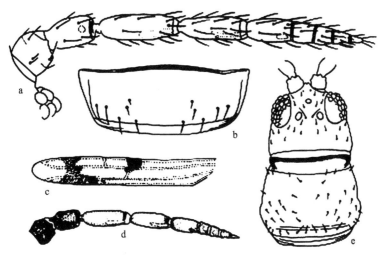

图 27　黄腹纹蓟马 *Aeolothrips flaviventer* Pelikán（仿 Pelikán，1983）
a. 触角（antenna）；b. 腹节Ⅶ背板（tergite of abdominal segment Ⅶ）；c. 前翅（fore wing）；d. 触角（antenna）；e. 头和前胸背板（head and pronotum）

前胸 160（250），两边略圆，向基部变宽，最宽处为基部的 1/3 处。背板平滑，基部前少有横线纹。前缘有 4 对鬃，背板上共有 15 对（长 4-6），后缘内侧有 4 对长鬃（长14-16），外侧有 2 对后角微鬃。翅胸 390（355），中胸上的鬃：中间一对长 20，侧鬃长35-38，后角鬃一对长 40；后胸上的鬃：前缘鬃长 30-33，后缘鬃长 16-19。前翅长 995-1010，中横脉处的翅宽为 145-160，前缘在前缘脉暗带处微凹，后缘直。前缘脉近端部的横带长 95-110，后缘长 250-255。足细长，前足粗短，前足跗节具钩，胫节长（宽）为：I188-199（54-57），II188（44），III285-290（40）。

腹部细长，两侧圆形并向尾部收敛。节IX相对更窄，与节X形成较长的窄圆锥形，两侧平直并向尾部急剧变窄。节II-VIII背板亚基部有细小横线纹，节II-VII腹板前缘强烈几丁质化，节III-VII的前缘除侧部外为深黑色。节I-VI腹板没有附属鬃，节VII腹板上鬃pm1 之间的距离（约 100）比 pm2 之间的距离（40-50）大。鬃 pm3 和 pm4 远离前缘，pm1 的长度为 30-33，pm2 到 pm4 的长度为 32-35。后部 1/3 有 2 对附属鬃，几近位于 pm1和 pm2 之间的连线上。节VII狭窄，圆锥状，长 147，基部宽 220，端部宽 125，鬃 S1 130-136，S2 152-163，S3 150。背孔约 50，背鬃距后缘距离为 40，长 33。节X窄圆锥形，长 117（基部宽 110，端部宽 60），S1 144-150，S2 144-160，短的后缘鬃长 40。产卵器长 450。

体色变化：有些副模比正模雌虫颜色黑，主要表现在腹部和跗节上，但是在触角和前翅暗带上表现不明显。腹节I与具翅胸节同色，在浅棕黄色到黄棕色之间变化。节II-VI黄色，在深色标本中内部有明显的黄色色素。节VII-VIII亮黄色或黑棕色，渐变成节IX-X的黑棕色。深色个体第II、III对足的胫节上的黄带位于胫节最端部。而灰色雌虫几乎整个端半部都是黄色，尤其是在内缘。触角的中间几节内有黄色色素，特别是节III在有些个体中颜色会很黑。前翅中部前缘的灰斑延伸成不明显的浅色斑，横跨翅。近端部的横带在形式上稍变；有时近 L 形，长臂沿翅后缘延伸。

寄主：碱蓬。

模式标本保存地：捷克（MM，Brno）。

观察标本：未见。

分布：内蒙古（阿拉善左旗）；蒙古，乌兹别克斯坦。

(5) 间纹蓟马 *Aeolothrips intermedius* Bagnall, 1934（图 28）

Aeolothrips intermedius Bagnall, 1934a, *Entomol. Mon. Mag.*, 70: 123; Priesner, 1964b, *Best. Bod. Eur.*, 2: 21, 25, 30; Mound, 1968, *Bull. Brit. Mus. (Nat. Hist.) Entomol. Suppl.*, 11: 11.

雌虫：体长约 1.9mm。体及足暗棕色。

头宽大于长，短于前胸。长 134μm，宽：复眼后 176，后缘 160，颊较拱。复眼腹面向后延伸，距头后缘很近。复眼间鬃约 8 对，眼后鬃约 12 对。触角 9 节，较粗，触角节II端半部（除边缘外），节III基部 3/4-4/5 黄白色，其余各节棕色，节III端部棕色部分长度超过该处节的宽度；节I-IX长（宽）分别为：40（35）、59（28）、106（24）、90（25）、68（24）、19（20）、14（15）、13（11）、9（7）。长为宽的倍数：节III 4.4，节IV 3.6，节V 2.8；节V长为节VI-IX之和的 1.24 倍，为节IV长的 0.76 倍，为节VI长的 3.6 倍。节III端半部背外侧纵感觉域长 36，为该节长 0.34 倍；节IV端半部腹面外侧纵感觉域端部膨大而略弯，长 61，为该节长的 0.68。口锥长 170，中部宽 101，端部宽 47。

前胸长 160，宽 200。共约有小鬃 48 根，长 10-12。后胸盾片除两侧和后外侧区为纵线外，两侧网纹较纵长，中部网纹蜂窝式；前缘鬃长 28，间距 47；后缘以前 1 对鬃细小，长 14；1 对细孔位于中部。后胸小盾片光滑而长，几乎与腹节 I 背片接触。前翅长 990，宽：近基部 129，中部 146，近端部 120，长约为中部宽的 6.8 倍；前翅基色白，近中部和近端部有互相分离的 2 个暗带，基部暗带长 243，该处翅宽 131，暗带长为该处翅宽的 1.85 倍，其上 2 横脉清晰；端部暗带长 243，该处翅宽 143，暗带长为该处翅宽的 1.70 倍，其上横脉模糊，有时不可见；后翅白色。前足跗节端节钩齿较大。

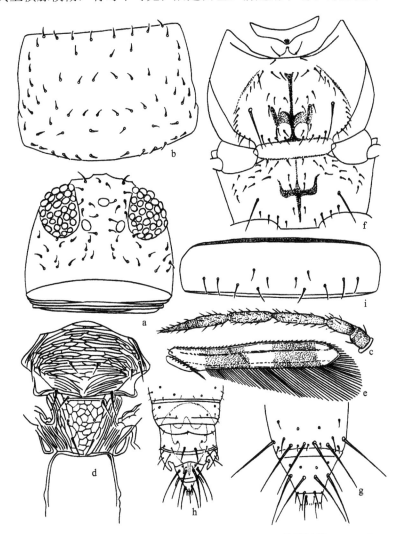

图 28　间纹蓟马 *Aeolothrips intermedius* Bagnall（仿韩运发，1997a）

a. 头（head）；b. 前胸（prothorax）；c. 触角（antenna）；d. 中、后胸盾片（meso- and metanota）；e. 前翅（fore wing）；f. 翅胸内叉骨（endofurcae）；g. 雌虫节 Ⅸ-Ⅺ背片（tergites of abdominal segments Ⅸ-Ⅺ, female）；h. 雄虫节Ⅶ-Ⅺ背片（tergites of abdominal segments Ⅶ-Ⅺ, male）；i. 雌虫腹片节Ⅶ（sternite of abdominal segment Ⅶ, female）

　　腹节Ⅰ-Ⅶ背片鬃均细小，长 9-24；内Ⅰ和内Ⅱ位于中部细孔两侧，内Ⅲ-Ⅵ在侧部略呈三角形排列，内Ⅳ距后缘较近。节Ⅸ背片长 120，后缘长鬃长：背中鬃 144，中侧鬃 168，侧鬃 136。节Ⅶ腹片中部 2 对附属刚毛，分别在内对Ⅰ与内Ⅱ对后缘鬃之间，长 19-20。

　　雄虫：体长约 1.4mm。体色浅于雄虫，尤其触角节Ⅱ和前胸、腹节Ⅱ-Ⅵ及足；腹节Ⅸ大，两侧有抱钳。触角Ⅰ暗黄色，节Ⅱ和节Ⅲ的基部 3/5 蓝黄色，节Ⅲ端部 2/5 较暗，甚至超过该处节的宽度；各足股节、前足胫节淡棕色或棕黄色；头后中部和前胸、腹节Ⅱ-Ⅵ黄色至暗黄色。腹节Ⅰ甚长于雌虫，长 111，两侧有宽纵棕条；节Ⅲ和节Ⅳ背片两侧各有 1 对骨化板；节Ⅸ甚大，长 243，宽 218，两侧各有根稍粗鬃，长 55。其后有雄性抱钳，背片后部有 2 排鬃，前排鬃在两侧，很小，2-3 对。近后缘有 1 排鬃：内对Ⅰ长 36，内对Ⅱ长 24，内对Ⅲ在抱钳基部，长 51，长不超过抱钳，内对Ⅳ在抱钳外侧，长 31。

　　寄主：马兰花、油菜、紫花苜蓿、韭菜、枸杞、沙蒿。

　　模式标本保存地：英国（BMNH，London）。

　　观察标本：未见。

　　分布：河北、宁夏（中宁县、银川市、灵武县）、新疆（莎车县、墨玉县、玛纳斯县）；蒙古，印度，土耳其，瑞士，西班牙，英国。

(6) 黑泽纹蓟马 *Aeolothrips kurosawai* Bhatti, 1971（图 29）

Aeolothrips conjunctus Kurosawa, 1968, *Insecta Mat. Suppl.*, 4: 11-12.
Aeolothrips kurosawai Bhatti, 1971a, *Orien. Insects*, 5: 83-90.

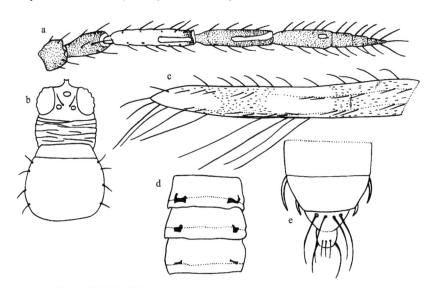

图 29　黑泽纹蓟马 *Aeolothrips kurosawai* Bhatti（仿 Woo，1974）
a. 触角（antenna）；b. 头和前胸（head and prothorax）；c. 前翅（fore wing）；d. 雄虫腹节Ⅳ-Ⅵ背板（tergites of abdominal segments Ⅳ-Ⅵ, male）；e. 雄虫腹节Ⅷ-Ⅹ（abdominal segments Ⅷ-Ⅹ, male）

　　雌虫（长翅型）：体和足黄棕色；触角 9 节。触角除节Ⅱ的末端和节Ⅲ黄色外，均为黄棕色，节III和节IV上的感觉域卵形至线形；头长与宽相等或长大于宽，具单眼，复眼向腹面延伸；下颚须3节，前胸前缘和后缘无长鬃；前翅具2条纵脉和一些横脉，翅上有2个在翅后缘线性相连的棕色暗带，缘缨直；腹节II-VI棕色，节VII-X棕黑色，产卵器发达，向上弯曲。

测量值：体长2140；头长（宽）为173（163），前胸长（宽）为173（213）。触角节I-IX长（宽）分别为：36（36）、56（26）、113（23）、96（23）、69-70（23）、26（19）、19-20（16）、13（9）、9（6）。

雄虫（长翅型）： 体长约1370；体色比雌虫浅，一般为淡黄棕色。触角各节与雌虫相似。腹节IV-VI背板每节具1对短的侧突。腹节IX具1对分叉的侧突。

寄主： 大蒜、梯牧草，捕食其他蓟马和蚜虫。

模式标本保存地： 日本（NIAS，Tokyo）。

观察标本： 未见。

分布： 云南；韩国，日本。

(7) 桑名纹蓟马 *Aeolothrips kuwanaii* Moulton, 1907（图30）

Aeolothrips kuwanaii Moulton, 1907, *USDA Bur. Entomol.* (*Tech. Ser.*), 12/3 : 43, 47. pl. I, figs. 5-8.
Aeolothrips kuwanaii var. *robustus* Moulton, 1907, *USDA Bur. Entomol.* (*Tech. Ser.*), 12/3: 43, 48.
Aeolothrips longiceps Crawford, 1909a, *Pom. Coll. J. Entomol.*, 1: 101.

雌虫： 头长130-160μm，宽170-180；前胸长160，宽200；中胸宽300；体总长1660。触角节I-V长分别为：36、51、84、81、69，节VI-IX长51。虫体棕色，有时呈黑棕色，有红色色素斑，在体节连接处的膜质部分红色特别明显。

头长宽等长，或宽略大于长，头前部圆形，仅在触角节基部稍微隆起，颊弓形；头后部靠近后缘有1条突起的交叉微条纹，其上具有一些不明显的刺。复眼突出，黑色；小眼片大，上覆有软毛。具单眼，位于头前部，后单眼与复眼内缘相接，橙黄色，边缘向内形成深橙色新月状物。口锥长，延伸到前胸后缘，末端钝，下颚须3节，基节膨大，端节很小。触角9节，约为头长的2.5倍；棕色，除节III外与体同色；节III柠檬黄色，端部淡棕色；除基节外所有节都被有浓密规则的短刺，节II端部上的刺最粗，节I、II、IV、V上的刺为棕色，节III和节芒上的刺为白色；节III上的感觉域细长，节IV上的同节III，略大，节VI近端部靠下部分着生1简单感觉锥。

前胸宽略大于长，比头略大，靠近中央的两侧有缘凹和加厚的壁，上有无数小刺。中胸最大；后胸除近后缘处急剧内弯外，四边几近直线平行。足黑棕色，前足股节变粗，前足和中足胫节端部有两根粗刺，后足胫节端部有数根刺，内侧有两列小刺；前足跗节各有1钝的钩齿；所有足被浓密的小刺。前翅端部阔圆，有2条在翅端愈合成环脉的纵脉；翅面上有3条横脉，第4条横脉只剩痕迹；第二条纵脉上约有26个黑色翅鬃，第一条纵脉上也有鬃，但为白色，不明显。翅前缘没有缨毛；后缘有长的重缨。翅亮白色，翅后缘近基部到近端部有1黑棕色纵带。浅色区域的微毛亮白色，深色区域的微毛为棕色。后翅亮白色（除翅近基部一个小的亮棕色纵向区域外）；没有翅脉，前缘被短的缨毛，后缘为长缨毛。

　　腹部长卵圆形，长约是宽的 3 倍。各节均为棕色，节间膜浅棕色，并有明显的红色素；节Ⅱ-Ⅶ每节的近前缘处有 1 条黑色交叉线纹。节Ⅰ-Ⅷ没有明显的毛或刺；节Ⅸ后缘有 8 根长刺及数根短刺。末端 3 节形成包围着上翘的产卵器的鞘。

　　雄虫个体小，触角几乎全为棕色，腹部末端有抱握器。

　　寄主：加利福尼亚丁香、青花树（鼠李科）、杏树、艾蒿、手杖木、羽扇豆属、油脂木、樱桃、桃、李、梨、苹果、莴苣、黑肉叶刺茎藜、复叶槭、橡胶草属；烟蓟马、螨类。

　　模式标本保存地：美国（CAS，San Francisco）。

　　观察标本：未见。

　　分布：辽宁、山东、安徽；美国，加拿大。

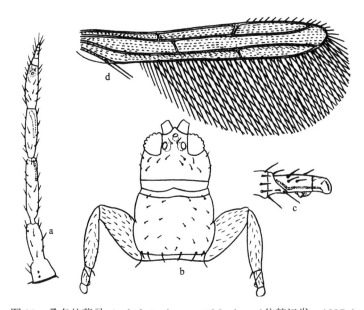

图 30　桑名纹蓟马 *Aeolothrips kuwanaii* Moulton（仿韩运发，1997a）

a. 触角（antenna）；b. 头和前胸（雌虫）（head and prothorax, female）；c. 前足跗节（tarsus of fore leg）；d. 前翅（fore wing）

(8) 黄纹蓟马 *Aeolothrips luteolus* Kurosawa, 1939（图 31）

Aeolothrips luteolus Kurosawa, 1939, *Zool. Mag. Tokyo.*, 51 (7): 577-579.

　　雌虫：体长约 1.8mm。体二色，头和胸翅的一部分，腹节Ⅷ-Ⅹ，中、后足胫节和跗节及触角节Ⅲ-Ⅸ棕色；头、胸及腹节Ⅰ-Ⅵ黄色或淡黄色；触角节Ⅰ、Ⅱ及Ⅲ基部淡白色；腹节Ⅶ黄棕色；前翅基半部和端半部有 2 个分离的暗带；前足股节、胫节、跗节棕黄色但外缘暗；中、后足股节棕黄色但基部及后缘较淡。头、前胸背板及翅上刚毛小。触角节Ⅲ长 111μm、宽 29，其感觉域长约为节长度的 1/3 弱；节Ⅳ长 77、宽 26，其感觉域长约为节长度的 1/2 弱。后胸盾片中部为蜂窝状网纹，两侧为纵向网纹。前翅横脉不显著。前足跗节内端钩齿小。

　　模式标本保存地：日本（NIAES，Tsukuba）。

　　观察标本：未见。

　　分布：湖北；日本。

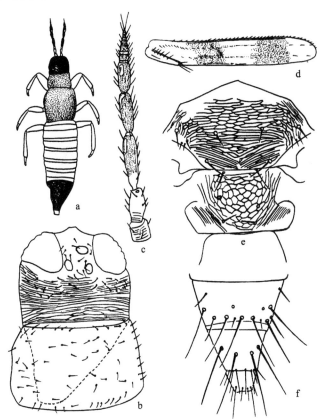

图 31　黄纹蓟马 *Aeolothrips luteolus* Kurosawa（仿韩运发，1997a）

a. 全体（body）；b. 头和前胸（head and prothorax）；c. 触角（antenna）；d. 前翅（fore wing）；e. 翅胸盾片（scutum of pterothorax）；

f. 腹节Ⅸ-Ⅺ背面（abdominal segments Ⅸ-Ⅺ, dorsal view）

(9) 黑白纹蓟马 *Aeolothrips melaleucus* (Haliday, 1852)（图 32）

Colothrips melaleuca Haliday, 1852, *Walker List Homop. Ins. Brit. Mus.*, 4: 1117.

Aeolothrips fasciatus var. *coniunctus* Priesner, 1914, *Entomol. Zeit. Frank.*, 27 (45): 259.

Aeolothrips uzeli Bagnall, 1934b, *Ann. Mag. Nat. Hist.*, 13 (10): 482.

Aeolothrips melaleucus melaleucus (Haliday): Priesner, 1964b, *Best. Bod. Eur.*, 2: 19, 27, 30; Mound, 1968, *Bull. Brit. Mus. (Nat. Hist.) Entomol. Suppl.*, 11: 1-181; Han, 1987, *Acta Entomol. Sin.*, 12 (3): 305, 306.

雌虫：体长 1.7-1.8mm。体暗棕色，有时夹杂有红色素。

头长约如宽，长于前胸，长 160μm，宽：复眼后 160，后缘 152，眼后有交错横线纹，后脊线切割出 1 个光滑颈片。复眼间鬃约 16 根，眼后鬃约 24 根，长 10-19，最长者 32。复眼腹面向后延伸。触角 9 节，触角节 II 最端部、节 III 和节 IV（最端部棕色除外）淡黄白色；节 I-IX 长（宽）分别为：31（37）、55（29）、116（23）、84（21）、61（22）、21（15）、10（13）、8（9）、7（6），节 VI-IX 长 46，总长 393；节 V 长为节 IV 的 0.73 倍，为节 VI 的 2.9 倍，为节 VI-IX 之和的 1.33 倍。节 III、IV 上有纵感觉域，节 III 纵感觉域长 39，约占该节长的 1/3，节 IV 纵感觉域长 48，为该节长的 0.57 倍。口锥长 132，中部宽 114，端部宽 28。

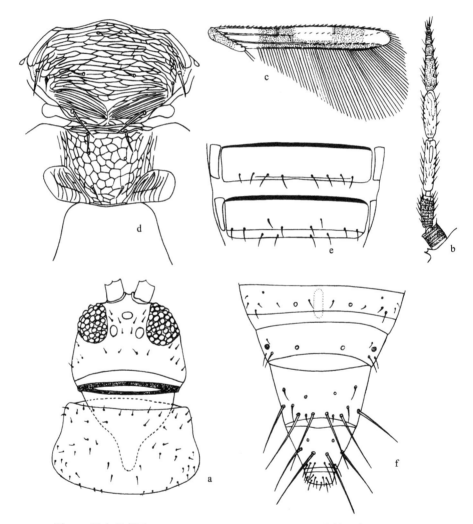

图 32 黑白纹蓟马 *Aeolothrips melaleucus* (Haliday)（仿韩运发，1997a）

a. 头和前胸（head and prothorax）；b. 触角（antenna）；c. 前翅（fore wing）；d. 中、后胸盾片（meso- and metanota）；e. 雌虫腹节 VI-VII 腹片（sternites of abdominal segments VI-VII, female）；f. 雌虫腹节 VII-XI 背片（tergites of abdominal segments VII-XI, female）

前胸长 140，宽 192，背片线纹少；约有 22 根小鬃，长约为 10。后胸盾片前部有几条横线纹，两侧和后外侧有纵线纹，网纹在中部的为蜂窝式，两侧的纵向且较长；前缘鬃长 22，后中鬃长 10。前翅长 963，宽：近基部 96，中部 120，近端部 88，长为中部宽的 8.0 倍；前缘鬃 43 根，前脉鬃 23 根，后脉鬃 19 根，分别长 13、19、21。前翅基部棕色；基部和端部暗棕带各占翅长约 1/4，两长暗带间由占翅宽 1/2 的窄暗带相连；两暗带间白斑近乎长椭圆形；端部暗带在翅端部向内凹入；后翅白而略带棕色。前足跗节钩齿较大，前足跗节颜色略微淡。

腹部背片较光滑，线纹很少；毛序与间纹蓟马近似。节 IX 背片长 168，后缘长鬃长：背中鬃和中侧鬃各 124，侧鬃 120。腹片节 VII 2 对附属鬃长约 13，在后缘鬃之前，位于内 I 与内 II 对后缘鬃之间。

寄主： 小麦、油菜、紫花苜蓿、辣椒、桑树、刺槐、野玫瑰、玫瑰、接骨木、红丁香、毛叶丁香、紫丁香、狭叶荨麻、土大黄、波叶大黄、白花碎米荠、珍珠梅、枪草、绒毛绣线菊、棉团铁线莲、伞形科植物、拉拉秧、草木犀、蓟、艾菊、羊柴、柽柳、马尾松。

模式标本保存地： 英国（BMNH，London）。

观察标本： 未见。

分布： 内蒙古（阿拉善左旗）、北京、河北、河南、宁夏（银川市、贺兰山东坡、泾源县六盘山）、甘肃（平凉市崆峒山）；蒙古，朝鲜，欧洲，北美洲。

(10) 条纹蓟马 *Aeolothrips vittatus* Haliday, 1836（图 33）

Aeolothrips vittata Haliday, 1836, *Ent. Mag.*, 3: 451.

雌虫（长翅型）： 体长约达 1.8mm。体黑棕色，亚表皮具有红色素；触角节 III、IV 黄色，端部有棕色窄暗带，触角的其余各节棕色；前翅后缘有暗带，暗带未达到翅瓣，在翅基部变宽成为 1 完整的横带。前翅横带贯穿翅宽并延伸到前缘，纵带未及翅端部。翅瓣基部黑色。触角节 III、IV 黄色，触角节 V 与节 IV 等长或略短，节 V 上的感觉域圆形或卵圆形。头略带条纹，触角粗短，最后 4 节短小。腹部背板节 I 不紧凑，无明显条纹。

寄主： 欧洲松、落叶松、鹅耳枥、栎树、醋栗、榛属植物、柳树、大蒜、桃；食松带蓟马、蚜虫。

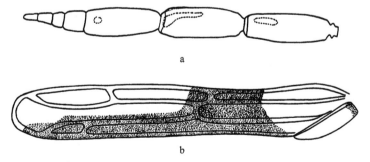

图 33　条纹蓟马 *Aeolothrips vittatus* Haliday（仿 Bailey，1951）

a. 触角节 III-IX (antennal segments III-IX)；b. 前翅 (fore wing)

模式标本保存地：未知。

观察标本：未见。

分布：四川、云南。

(11) 新疆纹蓟马 *Aeolothrips xinjiangensis* Han, 1987（图 34）

Aeolothrips xinjiangensis Han, 1987, *Acta Entomol. Sin.*, 12 (3): 303, 306.

雌虫：体长约 1.9mm。体暗棕色，胸、腹部有红色素。

头长 180-185μm。复眼处宽 215-224，宽大于长，短于前胸。复眼长 77，中部处宽 42，腹面向后延伸，前单眼前鬃 5 对，单眼间鬃 5 对，单眼和复眼后鬃 8 对。触角 9 节，较短粗，除节 II 最端部、节 III 基半部、节 IV 基部 1/4-1/2 黄白色外，其余各部分灰棕色至暗棕色；节 III 基部梗长于节 IV 梗；节 I -IX 长（宽）分别为：31（40-42），55-56（29），97-101（24-26），72（24-25），50-55（22-24），14-17（18-19），14-16（15），14-16（11），10-11（6-7），节VI-IX长 52-60，总长 362-375；节 V 长为节VI-IX之和的 0.89-0.92 倍，为节 IV 长的 0.69-0.76 倍，为节VI长的 2.94-3.93 倍。节 III 端半部背外侧纵感觉域端部略膨大，长 25-31，为该节长的 0.25-0.32 倍，节 IV 端半部腹面外侧纵感觉域端部膨大，长 39-48，为该节长的 0.54-0.67 倍；口锥长 194，中部宽 116，端部宽 53。

前胸长 206，宽 267。背面平滑，有少数很隐约线纹；包括边缘鬃在内共约 68 根，除 3 对后缘鬃长 19 外，其余各鬃长约 10。后胸盾片前部网纹轻，后部线纹呈弧形向前弯，仅 2-3 个形成网纹，两侧为纵纹；前缘鬃长 31，间距 42，明显宽于中胸中后对鬃的间距；前中鬃退化，仅可见痕迹；后中对鬃短小，靠近后缘；细孔位于前中部。前翅长 948，宽：近基部 116，中部 129，近端部 107，长为中部宽的 7.3 倍；前翅基色白，前翅上有 2 个后缘相连而较短的暗带，暗带前缘短于后缘，连接 2 个暗带后缘的狭暗带，宽约为翅后缘与后脉间距的一半；基部暗带前缘长 120，后缘长 172，后缘长为该处翅宽的 1.36 倍，暗带处横脉清晰；端部暗带前缘长 129，后缘长 215，后缘长为该翅宽的 1.53 倍，其上横脉几乎消失。两暗带中的白带长 206。前缘鬃 42 根，长 21；前脉鬃 21 根，长 18；后脉鬃 19 根，长 23。翅瓣前缘鬃 7 根。前足胫节淡黄白色，但边缘大部暗，中足胫节端部 1/4、后足胫节端部 1/7 突然淡白色；各足跗节色暗；前足端跗节钩齿小；各足胫节刚毛多，端部有粗刺，尤以后足胫节为多。

腹部背片几乎无线纹，节 I -VII背片刚毛均很小，长 9-24，节VII侧缘最长者 36；鬃内 I 和内 II 在中部细孔两侧，内III-VI在侧部呈近似三角形排列，一般内IV距后缘较近。节 II -VII棕色前缘线粗。节IX背片长 129，后缘长鬃长：背中鬃 129，中侧鬃和侧鬃各 137。节 X 长 94，有 1 对细长鬃，其基部有大而圆的亮毛点。腹片节 II 后缘鬃 3 对，远离后缘之前，节III-VII后缘鬃各 4 对，其中两侧的 2 对较小，位于后缘之前，节VII后缘鬃之前的 2 对附属鬃较小，内 I 对长 14，内 II 对长 10，其位置是可变的。

寄主：韭菜、香菜、扫帚苗、碱蓬、马铃薯、玉米、糜子、盐爪爪和草木犀。

模式标本保存地：中国（IZCAS，Beijing）。

观察标本：未见。

分布：内蒙古（鄂托克前旗、阿拉善左旗、额济纳旗）、宁夏（银川市）、新疆（玛纳斯县）。

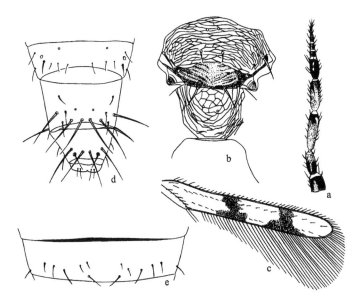

图 34　新疆纹蓟马 *Aeolothrips xinjiangensis* Han（仿韩运发，1997a）

a. 触角（antenna）；b. 中、后胸盾片（meso- and metanota）；c. 前翅（fore wing）；d. 雌虫腹节Ⅶ-Ⅺ背片（tergites of abdominal segments Ⅶ-Ⅺ, female）；e. 雌虫腹节Ⅶ腹片（sternite of abdominal segment Ⅶ, female）

(12) 西藏纹蓟马 *Aeolothrips xizangensis* Han, 1986（图 35）

Aeolothrips xizangensis Han, 1986a, *Acta Entomol. Sin.*, 29 (2): 199, 201.

雌虫：体长约 2.1mm。体及足暗棕色。

头宽大于长，长于前胸，长 172μm，复眼处宽 206。复眼后交错横线纹较轻而疏，后脊线后的颈片光滑；颊略拱。复眼大，长 68，腹面向后延伸，长 109。复眼间鬃 8 对，眼后鬃 14 对，长 8-12，最长者 30。触角 9 节、较粗，节Ⅱ端部及节Ⅲ（最端部除外）淡黄色，其余各节棕色；节Ⅰ-Ⅸ长（宽）分别为：31（40），63（26-27），114-127（23-24），94-100（23-24），67-74（22-24），21-22（18-20），15-19（14-17），10（10），10（6），节Ⅵ-Ⅸ之和长 56-61，总长 427-456；长为宽的倍数：节Ⅲ 4.75-5.5，节Ⅳ 3.92-4.35，节Ⅴ 2.79-3.36；节Ⅴ长为节Ⅵ-Ⅸ之和的 1.10-1.32 倍，为节Ⅳ长的 0.67-0.79 倍，为节Ⅵ长的 3.05-3.52 倍。节Ⅲ、Ⅳ上具纵感觉域，节Ⅲ端半部背外侧纵感觉域长 38，约为该节长的 0.3 倍，节Ⅳ端半部腹面外侧纵感觉域端部膨大而略弯，长 42，约为该节长的 0.4 倍；口锥较长，端部较窄，长 172，中部宽 86，端部宽 43。

前胸长 163，宽 172。背片平滑，后侧和后缘有很少线纹；共约有小鬃 36 根，一般长 9，后缘长者长 17。后胸盾片前部有几条横线，中部网纹横而向前弯，侧区及后外侧区由纵线构成；前缘鬃长 31，间距 45；前部两侧 1 对鬃微小；后缘以前 1 对鬃，长 24；1 对细孔位于中部。前翅长 1042，宽：近基部 129，中部 137，近端部 125，长为中部宽的 7.61 倍；前翅基色白，翅瓣基部 1/4 暗棕色，近中部和近端部有互相分离的 2 个暗带，基部和端部暗带均约长（最长处）279，各占翅长约 0.27，分别为该处宽的 2.2 倍和 1.93 倍；横脉不可见；各脉鬃均小，长 14-19，前缘鬃 41 根，前脉鬃 22 根，后脉鬃 20 根；翅瓣前缘鬃 7-8 根；后翅灰白色。前足跗节钩齿较大。各足胫节刚毛较多，端部有粗鬃，尤以后足胫节为多。

腹部背片仅两侧有很少线纹；节Ⅰ-Ⅶ背片刚毛均细小，长 9-24，毛序：内Ⅰ和内Ⅱ在中部，内Ⅲ-Ⅵ或内Ⅲ、Ⅳ和Ⅴ在两侧近似三角形排列，内Ⅳ接近后缘；节Ⅱ-Ⅶ棕色前缘线粗。节Ⅸ背片长 275，后缘长鬃长：背中鬃 159，中侧鬃 181，侧鬃 159。腹片节Ⅱ后缘鬃 3 或 4 对，节Ⅲ-Ⅶ后缘鬃均 4 对，内Ⅰ和内Ⅱ对在后缘上，长于侧部的在后缘以前的内Ⅲ和内Ⅳ；节Ⅶ中对（内Ⅰ）后缘鬃间距大于内Ⅱ对后缘鬃与中对鬃的间距；2 对附属鬃长 24-26，分别在中对后缘鬃与内Ⅱ对后缘鬃之间，或其 1 对在后缘中对鬃内侧，另 1 对在后缘中对鬃与内Ⅱ对鬃之间。

寄主：刺榆、风轮菜、接骨木、马先蒿。

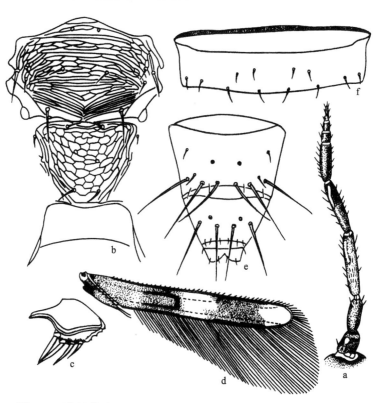

图 35 西藏纹蓟马 *Aeolothrips xizangensis* Han（仿韩运发，1997a）

a. 触角（antenna）；b. 中、后胸盾片（meso- and metanota）；c. 中胸背片齿（teeth on the mesothoracic tergite）；d. 前翅（fore wing）；e. 雌虫腹节Ⅸ-Ⅺ背片（tergites of abdominal segments Ⅸ-Ⅺ, female）；f. 雌虫腹节Ⅶ腹片（sternite of abdominal segment Ⅶ, female）

模式标本保存地：中国（IZCAS，Beijing）。

观察标本：未见。

分布：西藏（日喀则，2800m；米林县，3000m）。

(13) 云南纹蓟马 *Aeolothrips yunnanensis* Han, 1986（图36）

Aeolothrips yunnanensis Han, 1986a, *Acta Entomol. Sin.*, 29 (2): 200, 201.

雌虫：体长约2.2mm。体暗棕色。

头约长如宽，长于前胸，长215μm，宽：复眼后206，后缘215；复眼后交错横线纹密，后脊线后的颈片光滑。复眼大，宽大于长，腹面甚向后延伸。复眼间鬃10对，眼后鬃约20，长约9，后单眼间1对鬃长约20。触角9节，细长，触角节Ⅱ端部、节Ⅲ（最端部除外）淡黄色，其余均棕色。节Ⅰ-Ⅸ长（宽）分别为：39（41），57（28），147（26），106（22），82（21），35（20），21（15），12（11），13（8），节Ⅵ-Ⅸ长81，总长512；长为宽的倍数：节Ⅲ 5.7，节Ⅳ 4.8，节Ⅴ 3.9；节Ⅴ长约为节Ⅵ-Ⅸ总长，为节Ⅵ长的2.34倍，明显短于节Ⅳ。节Ⅲ、Ⅳ具纵感觉域，节Ⅲ端半部背外侧纵感觉域长为该节长的0.37倍；节Ⅳ端半部腹面外侧纵感觉域两端膨大，长为该节长的0.48倍。口锥较长。

前胸长180，宽258。背片较平滑，前、后缘和后侧有细交错线纹；共有56根小鬃，长7-11。后胸盾片密布纵向网纹，但前部为几个横向网纹，两侧为纵纹；前缘中部1对较长鬃，前部两侧1对鬃、近后缘1对鬃均较小；中侧具1对细孔。前翅长1161，宽：近基部129，中部146，近端部129，为中部宽的8.0倍；前翅翅瓣无色；端部约1/9色淡，中部内外各有1个暗带，约各占翅长2/9，两暗带后缘有狭暗带相连，其宽约为后缘与后脉间距的一半；后翅无色。基部暗带长315，宽131，长为宽的2.40倍，其上2横脉清晰，端部暗带长315，宽150，长为宽的2.1倍，其上仅前部横脉隐约可见；前缘鬃约54根，前脉鬃约30根 后脉鬃约21根，各脉鬃均小，长15-20。翅瓣前缘鬃7根。

腹部背片两侧有些轻微线纹，节Ⅰ-Ⅷ背片各鬃内Ⅰ和内Ⅱ在中部细孔两侧，节Ⅲ-Ⅵ或节Ⅲ-Ⅴ在两侧呈近似三角形排列，节Ⅳ接近后缘；均细小，一般长7-20，最长者长40。各足各节棕色，但前足胫节略淡，或边缘大部分较暗。前足跗节钩齿较小；各足胫节刚毛多，中、后足胫节端部有粗刺。节Ⅸ背片后缘有长鬃3对，长：背中鬃169，中侧鬃190，侧鬃169。腹片节Ⅰ和节Ⅱ后缘鬃3对，节Ⅰ短小，节Ⅱ的均在后缘之前，节Ⅲ-Ⅵ后缘鬃4对，仅侧部2对在后缘之前，节Ⅶ后缘鬃4对，均在后缘之前，侧部2对远离后缘，中部2对较长，中对内Ⅰ间距大于内Ⅱ与中鬃的间距；节Ⅶ附属鬃2对，分别位于中对后缘鬃两侧。

雄虫：体长约1.7mm。与雌虫相比，体色腹节Ⅹ-Ⅷ较淡，腹部背片有骨化板，节Ⅸ两侧有雄性抱钳。腹节Ⅰ背片两侧有宽棕纵条；节Ⅲ-Ⅵ背片后缘两侧有形状不同的棕色骨化板，节Ⅴ骨化板之前及节Ⅶ前缘两侧有棕色骨化线。节Ⅲ-Ⅶ背片鬃内Ⅳ有的接近后缘，有的在后缘上。节Ⅸ背片长232；两侧各有1根粗鬃，长108；其后有雄性抱钳，中部骨化板上有2对鬃，内Ⅰ对长21，内Ⅱ对长24；在侧部横三角形膜片上有鬃1对，长

57，腹片节Ⅶ无附属毛。

  寄主：小麦、豌豆、茴香、蒜、韭菜、葱。

  模式标本保存地：中国（IZCAS，Beijing）。

  观察标本：未见。

  分布：云南（文山市、元谋县、宾川县、昆明市）。

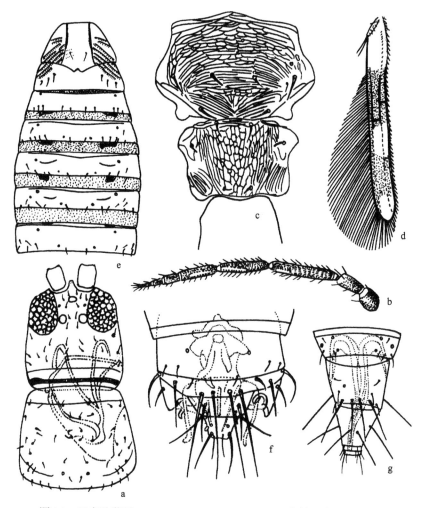

图 36　云南纹蓟马 *Aeolothrips yunnanensis* Han（仿韩运发，1997a）

a. 头和前胸（head and prothorax）；b. 触角（antenna）；c. 中、后胸盾片（meso- and metanota）；d. 前翅（fore wing）；e. 雄虫节 I -Ⅶ背片（tergites of abdominal segments I -Ⅶ, male）；f. 雄虫节Ⅶ-Ⅺ背片（tergites of abdominal segments Ⅶ-Ⅺ, male）；g. 雌虫节Ⅷ-Ⅺ背片（tergites of abdominal segments Ⅷ-Ⅺ, female）

Ⅱ. 长角蓟马族 Franklinothripini Bagnall, 1926

Franklinothripini Bagnall, 1926a, *Ann. Mag. Nat. Hist.*, (9) 17: 170.

触角很细长，线状，节Ⅲ长约为宽的 10 倍，感觉域很细长，侧位。翅横脉弱；翅窄，向端部略宽。下颚须 3 节。

分布：东洋界，非洲界，新热带界，澳洲界。

本族世界记录 1 属，本志记述 1 属。

2. 长角蓟马属 *Franklinothrips* Back, 1912

Franklinothrips Back, 1912, *Entomol. News*, 23: 75. **Type species**: *Aeolothrips vespiformis* Crawford.

Mitothrips Trybom, 1912, *Entomol. Zeits.*, 33 (3-4): 146. **Type species**: *Mitothrips megalops* Trybom.

Spathiothrips Richter, 1928, *Deut. Entomol. Zeits.*, 1: 31, 32. **Type species**: *S. bischoffi* Richter (= *F. megalops*).

属征：长翅型，性二型，体黑色。腹节Ⅰ、Ⅱ或多或少缢缩，有时呈灰白色，故呈现出蚂蚁的轮廓，触角 9 节，触角节Ⅲ-Ⅳ异常细长，节Ⅲ长至少是宽的 8 倍，其上有延长并弯曲或多层面的感觉域。头宽大于长，头部不具长鬃，常部分缩入前胸，复眼不突出，复眼前部稍微延长；前单眼小，是后单眼直径的一半；复眼向侧面延长，后缘单眼膨大；下颚须 3 节，节Ⅲ短。前胸背板无长鬃，后缘具粗短的横向突起。中胸前半部无刻纹，中部具 1 对突出的鬃。后胸中部无刻纹，前缘和中后部各具 1 对鬃。翅窄，有两条纵脉，无明显的横脉；前翅细长，前缘具缨毛但无鬃；爪片常具 5（4-7）根边缘刚毛。前足跗节具强烈内弯的侧钩。腹节Ⅰ缢缩；节Ⅲ-Ⅳ背板中对鬃小且分开；腹板靠近后缘处有 2 对鬃，侧面有 1-2 对盘状鬃（这可能为迁移的后缘鬃）；腹板Ⅶ亚中部有两对附属鬃；节Ⅹ背板上的毛点小。雄虫比雌虫小，腹部细长，翅颜色常比雌虫更灰，腹节Ⅰ背板具成对的纵脊，终止于方形或圆形端部，悬于节Ⅱ背板上。

分布：东洋界，非洲界，新热带界，澳洲界。

本属世界记录 14 种，本志记述 2 种。

种检索表

触角节Ⅰ-Ⅱ浅黄色；前翅具 3 个白斑··大长角蓟马 *F. megalops*

触角节Ⅰ-Ⅱ黑棕色；前翅具 2 个白斑··铃木凶蓟马 *F. suzukii*

(14) 大长角蓟马 *Franklinothrips megalops* (Trybom, 1912)（图 37）

Mitothrips megalops Trybom, 1912, *Entomol. Zeits.*, 33 (3-4): 147, Pl.

Franklinothrips megalops (Trybom): Bagnall, 1913c, *Trans. 2nd Ent. Congress Oxford*, 2: 397.

Franklinothrips aureus Moulton, 1936c, *Ann. Mag. Nat. Hist.*, (10) 17: 496.

雌虫：体长约 2.5mm。体形如蚁，棕和黄二色。头、前胸背板黑棕色。具翅胸节橙黄色，略带有棕色，特别是在后胸侧板。后胸中部灰黄色。腹节Ⅰ-Ⅳ灰黄色，节Ⅰ仅在侧面颜色变暗，前缘加厚，黑色；节Ⅱ前缘和两侧黑色，后缘只有很窄的黑色区域；节

Ⅲ、Ⅳ前后缘各有很窄的深黑色区域，节Ⅴ-Ⅷ黑色，节Ⅸ、Ⅹ灰黄色；前足股节中部橙黄色，外缘变深，中、后足股节灰棕色，两端灰黄色；中、后足胫节为不同程度的灰棕色，中间灰色变深，前足胫节内缘浅色，外缘黑色。触角节Ⅰ-Ⅳ浅黄色，其余各节黑色。前翅有 2 个分离的暗带，翅基部和翅瓣棕色，端部新月状，黑色；因此，翅具 3 个透明区域：倾斜的基部透明带、中部透明带和半圆形近端部透明带。

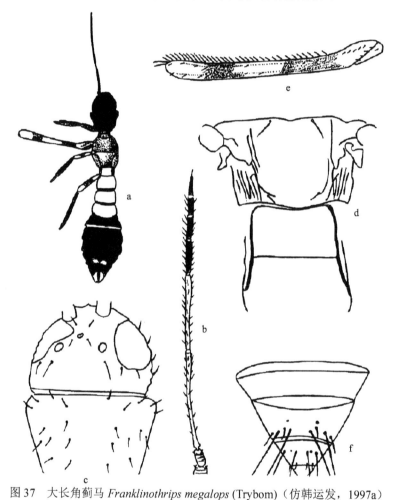

图 37　大长角蓟马 *Franklinothrips megalops* (Trybom)（仿韩运发，1997a）

a. 虫体（body）；b. 触角（antenna）；c. 头和前胸（head and prothorax）；d. 后胸盾片（metanota）；e. 前翅（fore wing）；
f. 腹节Ⅷ-Ⅺ背面（abdominal segments Ⅷ-Ⅺ, dorsal view）

头极度横向延长，轮廓为半圆形，从上看颊为弓形；复眼不突出。触角极度细长，节Ⅲ明显弯曲，节Ⅲ长为宽的 17.9 倍，感觉域不明显，在两侧形成纵向锯齿状带。节Ⅰ-Ⅸ长（宽）分别为：66（43），54（31），357（20），255（20），128（23），77（20），66（20），51（18），26（8）；前胸背板倒梯形，前部最宽，向基部极度变窄，无主要的鬃。具翅胸节与前胸前缘同宽，后胸盾片仅两侧有纵线纹。前翅前缘基部明显凸起，之后稍稍凹陷。前翅前缘刚毛较长，约 49。基部到中部的前缘脉鬃小，中部到端部的前缘脉鬃明显，长为 52-56，前缘无鬃。后缘具长缨毛。腹部基部窄，腹部梨形，端节为圆锥形。节Ⅸ上的鬃 1、2 长约为 270，基部后的侧鬃长 216，节Ⅹ上的鬃长 220-240。

雌虫量度：头长约 235，宽 335；前胸长 277，宽 380；中后胸长 433-450，宽 363-380；翅长 1195，宽 95-100；后足胫节长 554-570。

雄虫：前缘脉鬃（近端部的黑色暗带处）长 92-105。腹节Ⅸ上的鬃长 96-100（b.1）到 148（b.2）；翅长 1263；中后胸宽 311-330；触角节Ⅰ-Ⅸ长（宽）分别为：44（46），56（34），50（24），576（21），76（180），68（18），72（18），52（13），20（5）。

寄主：草本、木本植物；捕食温室网纹蓟马和其他蓟马。

模式标本保存地：瑞典（NHRS, Stockholm）。

观察标本：未见。

分布：湖北、福建、台湾、海南、云南；印度，利比亚，巴勒斯坦，索马里，坦桑尼亚，肯尼亚，莫桑比克，格洛里厄斯群岛，津巴布韦。

(15) 铃木长角蓟马 *Franklinothrips suzukii* Okajima, 1979（图 38）

Franklinothrips suzukii Okajima, 1979, *Kontyû*, 47: 399-401.

雌虫（长翅型）：体长 2.8-2.9mm。体黑棕色，腹部比头、胸稍浅；触角节Ⅲ、Ⅳ黄色，其余各节黑棕色，但比头部颜色浅；所有足几乎为黑棕色，转节和股节最基部颜色浅，跗节黄棕色；前翅上各有两个明显的白色纵带，基部的纵带窄且不规则，第二纵带变宽，跨过翅中部，端部无白色条带（仅颜色变浅或无）。

头长约是颊最宽处的 2/3，表面无明显的鬃；颊圆形，具一些小鬃；有 2 对或 3 对单眼前鬃；单眼间鬃发达，长于后单眼的直径，位于单眼三角形内；背中部有 2 对鬃，在复眼和单眼后方，内对比外对长，最长的鬃位于背部。背面观复眼稍长于头长的一半，侧面观是头长的 3/4；小眼彼此分开。单眼发达，前单眼直径约为 10μm，后单眼小，直径为 20-23；后单眼间距离约 70，与前单眼的距离 40。触角 9 节，很细长，是头长的 5.5-5.8 倍；节Ⅲ最长，约是近基部最宽处的 17 倍；节Ⅳ长为近基部最宽处的 11-12 倍，是节Ⅲ长度的 0.65 倍；节Ⅴ-Ⅸ总长短于节Ⅲ。口锥短，圆形。

前胸是头长的 1.4 倍，比头稍宽，近梯形，前缘最宽，具微刚毛，无明显条纹。中胸发达，后部有横条纹；后缘后侧部被纵条纹。前翅窄，边缘不平行，中部稍窄，具横脉，但不明显，足细长。

腹部基部很窄，节Ⅵ处最宽，背板无条纹；节Ⅸ背板近后缘处有 2 对长鬃；节Ⅹ背板中部有 2 对长鬃，排成横排；节Ⅺ具 1 对端鬃。

模式标本（长翅型）：体长 2850；头长 215（从复眼前缘到头基部），宽 330；复眼背面长 112，侧面长 140，背面宽 77；前胸长 280，前缘宽 340，后缘长 190；中后胸长约 550，宽 435；前翅长 1350；腹节Ⅰ-Ⅹ长（宽）分别为：155（250），110（320），130（370），140（440），170（550），200（560），180（530），140（440），200（260），130（170）。

触角总长约 1100。节Ⅰ-Ⅸ长（宽）分别为：58（60），110（320），55（40），415（27），260（25），75（24），60（23），60（20），20（7）。

寄主：草。

模式标本保存地：日本（TUA，Tokyo）。

观察标本：未见。

分布：台湾；韩国，日本。

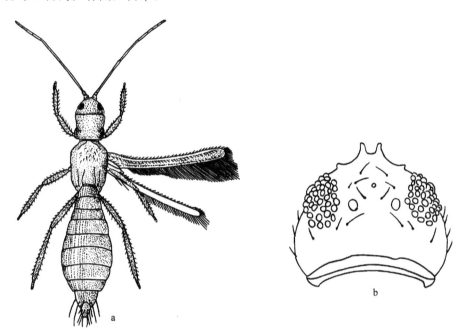

图 38　铃木长角蓟马 *Franklinothrips suzukii* Okajima（仿 Okajima，1979）

a. 雌虫虫体（the body of female）；b. 头背面观（dorsal view of the head）

（二）锤翅蓟马亚科 Mymarothripinae Bagnall, 1928

Mymarothripinae Bagnall, 1928a, *Ann. Mag. Nat. Hist.*, 10 (1): 305, 306.

前翅匙状，翅向端部极度增宽。触角有密排的硬鬃，前单眼前鬃长，下颚须 8 节，下唇须 4 节。

分布：东洋界，澳洲界。

本亚科世界记录 1 属，本志记述 1 属。

3. 扁角纹蓟马属 *Mymarothrips* Bagnall, 1928

Mymarothrips Bagnall, 1928a, *Ann. Mag. Nat. Hist.*, 10 (1): 306. **Type species**: *Mymarothrips ritchianus* Bagnall, 1928.

属征：翅向端部明显变宽。触角粗，密排有显著的硬鬃。前单眼前鬃长。下颚须 8 节，下唇须 4 节。

分布：东洋界，澳洲界。

本属世界记录 3 种，本志记述 1 种。

(16) 黄脊扁角纹蓟马 *Mymarothrips garuda* Ramakrishna & Margabandhu, 1931（图 39）

Mymarothrips garuda Ramakrishna & Margabandhu, 1931, *J. Bom. Nat. Hist. Soc.*, 34: 1031, pl.

Mymarothrips bolus Bhatti, 1967, *Thysanop. nova Indica*: 1-24.

Mymarothrips flavidonotus Tong & Zhang, 1995, *J. Sou. China Agric. Univ.*, 16 (2): 39-41.

雌虫：体长约 2.1mm。头、前胸背板和腹部黑棕色；中后胸黄棕色，从头顶部到腹部背板节 I 中部有 1 黄色的宽纵带。触角黑褐色。足黄色。前翅端部 1/3 棕色，靠近端部有 1 灰色横带；纵脉和翅瓣棕色；前翅鬃黑棕色。

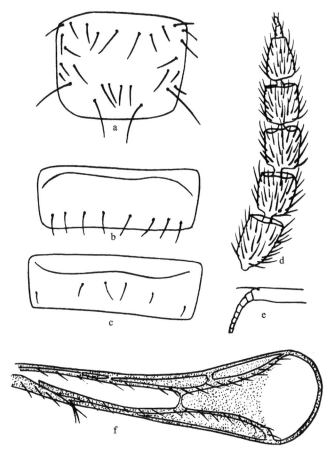

图 39 黄脊扁角纹蓟马 *Mymarothrips garuda* Ramakrishna & Margabandhu（仿 Tong & Zhang，1995）

a. 前胸背板（pronotum）；b. 腹板节Ⅵ（sternite Ⅵ）；c. 背板节Ⅵ（tergite Ⅵ）；d. 触角节Ⅲ-Ⅸ（antennal segments Ⅲ-Ⅸ）；

e. 下颚须（maxillary palpi）；f. 前翅（fore wing）

头长宽等长，复眼后方仅有轻微延长。无单眼。触角9节，节Ⅰ、Ⅱ圆柱状，节Ⅲ-Ⅶ矩形，扁平，节Ⅷ、Ⅸ小，锥状，端节与节Ⅷ紧密愈合；节Ⅲ-Ⅶ每节的端部具有1圈细带状的感觉器。口器圆锥形，弯曲；下颚须膝状弯曲，8-9节，有时各节愈合；下唇须4节。

前胸具长鬃。中后胸光滑无刻纹。前翅典型的匙状，端部明显变宽，基部收缩；前翅鬃18-23根，后缘鬃14-15根；前缘缨毛短直。

腹部基部收缩。腹部背板节Ⅱ-Ⅶ有3对鬃；腹部腹板节Ⅱ-Ⅶ有4对亚后缘鬃，无附属鬃；腹板节Ⅷ没有后缘梳。

量度（μm）：体总长2100。头长168，宽180。前胸背板后缘鬃76-78。前翅长848，宽：基部（包括翅瓣）64，中部144，端部（最宽处）272。触角节Ⅰ-Ⅸ的长（宽）分别为：34（40），48（32），100（72），78（64），80（64），68（64），64（50），16（12），16（5）。

寄主：樟树、葡萄、姜黄、桑树。

模式标本保存地：未知。

观察标本：未见。

分布：福建（武夷山）、广东（广州）、云南；印度。

二、黑蓟马科 Melanthripidae Bagnall, 1913

Melanthripidae Bagnall, 1913d, *J. Econ. Biol.*, 8: 155; Priesner, 1964b, *Best. Bod. Eur.*, 2: 163.

体粗壮，头顶至少有1对显著的较长鬃。下颚须和下唇须2-3节。触角末端数节分离。节Ⅲ和节Ⅳ感觉器细带状，但不纵向放置于端部；节Ⅲ两侧缘不完全平行。前胸至少在后缘有1列显著较长鬃。

分布：古北界，东洋界，新北界，非洲界，新热带界。

本科世界记录1亚科，本志记述1亚科。

（三）黑蓟马亚科 Melanthripinae Bagnall, 1913

Melanthripinae Bagnall, 1913d, *J. Econ. Biol.*, 8: 155; Priesner, 1964b, *Best. Bod. Eur.*, 2: 163.

体粗壮，头顶至少有1对显著的较长鬃。下颚须和下唇须2-3节。触角末端数节分离。节Ⅲ和节Ⅳ感觉器细带状，但不纵向放置于端部；节Ⅲ两侧缘不完全平行。前胸至少在后缘有1列显著较长鬃。

分布：古北界，东洋界，新北界，非洲界，新热带界。

本亚科世界记录6属76种，本志记述1属2种。

4. 黑蓟马属 *Melanthrips* Haliday, 1836

Melanthrips Haliday, 1836, *Ent. Mag.*, 3: 450. **Type species**: *Melanthrips obesa* Haliday, 1836.

Dichropterothrips Priesner, 1936a, *Bull. Soc. Roy. Entomol. Egy.*, 20: 29-52. **Type species**: *Melanthrips*
　　ficalbii Buffa, 1907.

属征：体有长鬃。触角端部数节不愈合；节Ⅲ不很长；节Ⅲ和节Ⅳ感觉域通常较窄，环形或扭曲。下颚须 3 节，下唇须 2 节。雌雄两性前足胫节端部有 1 个距。前足股节有点增大。前翅前缘有或无缨毛，总有 1 列鬃（即前缘鬃）。雄虫腹节Ⅰ延长，有 1 对隆起的脊；节Ⅸ无抱钳。

分布：古北界，东洋界。

本属世界记录 36 种，本志记述 2 种。

种检索表

触角节Ⅲ常向内部略凸起，节Ⅲ、Ⅳ上的感觉域不与端部边缘平行，外侧靠近边缘，内侧的两端

向基部延伸·· 内凸黑蓟马 *M. fuscus*

触角节Ⅲ不向内部略凸起，节Ⅲ、Ⅳ感觉域平行环绕在顶端，末端稍下倾·····················

······································· 基白黑蓟马 *M. pallidior*

(17) 内凸黑蓟马 *Melanthrips fuscus* (Sulzer, 1776)（图 40）

Thrips fuscus Sulzer, 1776, *Abg. Ges. Insek.*, 1: 113; 2: 22, pl. Ⅺ, fig. 12.

Melanthrips fuscus (Sulzer): Uzel, 1895, *Königgräitz*: 31, 46, 64, pl. Ⅴ, figs. 34-41.

雌虫：个体大，体色常为黑色，触角节Ⅲ常比节Ⅱ、Ⅳ颜色浅，黄色，有时稍带有灰色。节Ⅲ、Ⅳ上的感觉域线状，但不与端部边缘平行，外缘靠近边缘，内缘的两端向基部延伸；节Ⅴ、Ⅵ具 2 列不规则的载鬃孔（seta-bearing pore）；节Ⅲ常向内部略凸起。

头长 140-145μm，头鬃长度变化，单眼后鬃有时达到头顶后缘，但常较短，单眼间鬃至少长 60；触角总长 380-415，节Ⅰ-Ⅸ长（宽）分别为：36，52，68-72（28），72（26），46-50（22），54-57（24），36-40（20），24-25（14-15），32-34（12）。

前胸背板长 136-152；前角鬃 60-66，侧角鬃 64-84，后角鬃 80-100；具 6-7 对小鬃和 1 对（少有 2 对）前缘鬃，内侧的前缘鬃位于最内侧的后缘鬃前方，即位于从内侧数第二和第三后缘鬃之间。后足胫节长 250-268，具 1-2 根前端刚毛和一些钝刺。翅颜色暗淡，基部明显透明。

腹部腹板具多对附属鬃，节Ⅲ腹板 2-4 对，节Ⅳ 2-3 对，节Ⅴ 1-2 对，节Ⅵ 1-2 对；节Ⅸ背板的鬃长 104-124，最长的鬃（中侧部）128-145。

雄虫：感觉域和前胸后缘鬃同雌虫，但后缘鬃 5-6 对；节Ⅲ腹板具 2-3 对附属鬃，节Ⅳ 0-2 对，节Ⅴ 0-1 对，节Ⅵ无附属鬃。

二龄若虫黄色，触角、股节和胫节的基部（特别在基部）稍微带有灰色，触角节Ⅱ

最黑。触角细长，节III最长，节VI相对也很长；节 I -VII长（宽）分别为：19（30），35（24），65（18），54（18），51（17），38（14），51（11）。前胸宽是长的 1.6 倍，比纹蓟马的宽。节IX上的 4 个刺不等长，中间的刺比两侧的刺长、钝；中刺基部两侧具紧贴表皮的刺状鳞片，与侧刺等长，似具 8 根刺，2 大 6 小。

一龄若虫灰黄色，触角大部和足稍带灰色。腹节IX背板无刺，节 X 具 3 对长鬃，但比同龄期的纹蓟马若虫短。

寄主： 杂草、十字花科植物。

模式标本保存地： 英国（BMNH，London）。

观察标本： 未见。

分布： 江苏；日本，巴基斯坦，塞浦路斯，西班牙，法国，埃及，美国，加拿大。

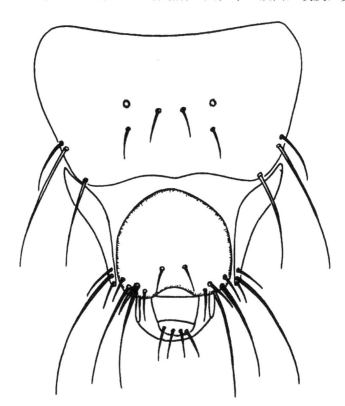

图 40　内凸黑蓟马 *Melanthrips fuscus* (Sulzer)（仿 Sulzer，1776）

雄虫腹部末端（apex of abdomen of male）

(18) 基白黑蓟马 *Melanthrips pallidior* Priesner, 1919（图 41）

Melanthrips fuscus var. *pallidior* Priesner, 1919a, *Sitz. Akad. Wiss. Wien.*, 128: 119.

Melanthrips pallidior: Priesner, 1936a, *Bull. Soc. Roy. Entomol. Egy.*, 20: 36, 50, 51, pl. I, fig. 2; pl. II, figs. 9-10.

Melanthrips (*Melanthrips*) *pallidior*: Priesner, 1964b, *Best. Bod. Eur.*, 2: 13, figs. 9-34; Jacot-Guillarmod,

1970, *Ann. Cap. Rov. Mus.*, 7 (1): 56.

Melanthrips pallidior Priesner: zur Strassen, 1967a, *Sen. Biol.*, 48: 87.

雌虫：体长约 1.6mm。体暗棕色，包括足和触角。体鬃暗。

头长 172μm，宽：复眼处 180，后缘 193。颊略拱。后头顶有横纹。复眼长 86。前单眼前鬃长 42，前侧鬃长 11。单眼间鬃长 64，位于前后单眼间中心连线上。眼后鬃最长者长 42，共 6 对。触角 9 节，触角节 III 较淡，节 III 梗显著；节 III、IV 端部较宽；节 I - IX 长（宽）分别为：48（30），46（32），69（25），64（24），48（21），59（21），42（19），29（13），32（11），总长 437。长/宽：节 III 2.76：1，节 IV 2.67：1。触角节 III 和节 IV 感觉域细，平行环绕在顶端，末端稍下倾；节 V 和节 VI 内外侧及节 VII 外侧，各有 1 简单感觉锥。

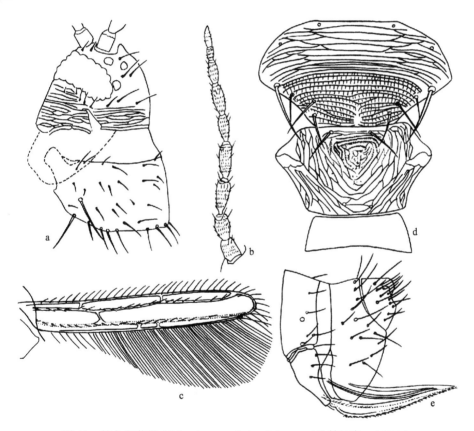

图 41　基白黑蓟马 *Melanthrips pallidior* Priesner（仿韩运发，1997a）

a. 头和前胸（head and prothorax）；b. 触角（antenna）；c. 前翅（fore wing）；d. 中、后胸盾片（meso- and metanota）；e. 雌虫腹节 VIII-X 侧面观（abdominal segments VIII-X, lateral view, female）

前胸长 155，宽 280。背片光滑，有 14 对较短鬃，各边缘鬃长：前缘鬃 21，亚前缘鬃 42，前角鬃 21，中侧鬃 88，后角鬃 95，后缘有鬃 5 对，最长者长 46。中胸盾片布满横纹。后胸盾片前中部呈桃形，近乎无纹，其间密排微毛，两侧和后部有纵、横纹，颇似重叠的玫瑰花瓣。前缘鬃消失，前部两侧角平滑，有 1 对小鬃，前中鬃靠近前缘，长 31.8，间距 38。前翅长 905，宽：近基部 129，中部 155，近端 129。前翅淡棕色，但基部淡白色。前缘缨毛消失，无任何缨毛状微刚毛。前缘鬃 32 根，前脉鬃 21 根，后脉鬃 20 根，均短小。前缘脉与前脉间有 3 条横脉，后脉与后缘脉间有 1 条横脉，后脉与后缘间亦有 2 条小横脉、后缘缨毛有部分交叉。仅中胸内叉骨有刺。前足股节增大，长约 217，前足胫节端部有 1 距；后足胫节长 279，近外端有 1 根长鬃，各足胫节内端有粗刺；中、后足跗节较淡。

腹部背片两侧有纹，节 II-VII 前部有细横条。中对鬃小，细孔在两侧，两侧横列短鬃 4 对。节 V 背片长 129，宽 326。节 XI 小。节 IX 后缘长鬃长：背鬃和背侧鬃各 106，侧鬃 138。腹片节 II-VII 有深色横带，其后有许多横纹。节 III 有附属鬃 1-2 对，其他节无。

寄主：油菜、夏枯草、小茄。

模式标本保存地：德国（SMF，Frankfurt）。

观察标本：未见。

分布：江苏、湖北、四川；外高加索，中亚，土耳其，巴勒斯坦，塞浦路斯，意大利，阿尔巴尼亚，南斯拉夫，保加利亚，瑞士，罗马尼亚，奥地利，捷克，斯洛伐克，德国。

大腿蓟马总科 Merothripoidea Hood, 1914

Merothripidae Hood, 1914a, *Insec. Inscit. Menstr.*, 2: 17.

Merothripoidea: Priesner, 1926, *Die Thysanopteren Europas*, 1: 80; Priesner, 1949a, *Bull. Soc. Roy. Entomol. Egy.*, 33: 34, 35, 39; Ananthakrishnan & Sen, 1980, *Handb. Ser. Zool. Surv. Indian*, (1): 16; Han, 1997a, *Economic Insect Fauna of China Fasc.*, 55: 120.

前胸背板有纵缝。翅面无微毛。触角 8 或 9 节，节 III 和节 IV 端部有 1 鼓膜状感觉域，感觉域常向腹面延伸。前、后足股节很粗大。腹部末端钝，产卵器弱。

分布：古北界，东洋界，新北界，非洲界，新热带界，澳洲界。

本总科世界记录 1 科，本志记述 1 科。

三、大腿蓟马科 Merothripidae Hood, 1914

Merothripidae Hood, 1914a, *Insec. Inscit. Menstr.*, 2: 17.

Merothripidae: Priesner, 1949a, *Bull. Soc. Roy. Entomol. Egy.*, 33: 34, 35, 39; zur Strassen, 1960, *J. Entomol. Soc. Sth. Afr.*, 23: 343; Priesner, 1964b, *Best. Bod. Eur.*, 2: 9, 128; Ananthakrishnan & Sen, 1980, *Handb. Ser. Zool. Surv. Indian*, (1): 16; Han, 1997a, *Economic Insect Fauna of China Fasc.*, 55: 120.

一般较小，淡黄棕色。触角 8 或 9 节，常呈念珠状，节 III 和节 IV 有淡色的鼓膜状感觉域，头壳幕骨较粗，多数种类幕骨桥中断。前胸背板有纵缝。后胸盾片与小盾片愈合。翅较窄，翅表面不具微毛，但有颗粒；纵脉显著，后足脉基部与前脉相连处有横脉。前、后足股节粗大。跗节 2 节。腹部末端钝；雌虫腹片节Ⅵ发育成为 1 对交搭的裂片，各自载有 1 对刚毛；产卵器弱或无机能；节Ⅹ背片后缘有 1 对发达的毛点，其特点为色淡，似杯形底的孔，外观略似气孔，较大，直径约 8μm。

分布：古北界，东洋界，新北界，非洲界，新热带界，澳洲界。

本科世界记录 2 亚科，本志记述 1 亚科。

（四）大腿蓟马亚科 Merothripinae Hood, 1914

Merothripidae Hood, 1914a, *Insec. Inscit. Menstr.*, 2: 17.

Merothripinae: Han, 1997a, *Economic Insect Fauna of China Fasc.*, 55: 120.

头通常长大于宽。单眼间鬃长，触角 8 节，节Ⅲ和节Ⅳ端部有圆形、卵形或横带状感觉域或仅背外端有或扩展到腹面。下颚须 3 节或 2 节，下唇须 2 节。前翅 2 条纵脉显著，腹部腹片有附属鬃。

分布：古北界，东洋界，新北界，非洲界，新热带界，澳洲界。

本亚科世界记录 1 属，本志记述 1 属。

5. 大腿蓟马属 *Merothrips* Hood, 1912

Merothrips Hood, 1912a, *Proc. Entomol. Soc. Wash.*, 14: 132. **Type species:** *Merothrips morgani* Hood, 1912 (U. S. A.); monobasic and designated; zur Strassen, 1959, *J. Entomol. Soc. Sth. Afr.*, 22 (2): 458; Priesner, 1964b, *Best. Bod. Eur.*, 2: 28; Ananthakrishnan & Sen, 1980, *Handb. Ser. Zool. Surv. Indian*, (1): 19; Han, 1997a, *Economic Insect Fauna of China Fasc.*, 55: 120.

属征：体细长，骨化弱。头通常长大于宽。长翅型有单眼而无翅型缺。单眼间鬃长，复眼在长翅型中大小普通，在短翅型中退化，有时仅有 4 个小眼面。触角 8 节，节Ⅲ和节Ⅳ端部有圆形、卵形或横带状感觉域，或仅背外端有或扩展到腹面。口锥短而宽圆，下颚须 3 节或 2 节，下唇须 2 节。前胸梯形，近侧缘有纵缝，通常长于头，仅后角有 1-2 根长鬃。前足胫节内端有 1 小至中等大的齿，雄虫中最大，某些雄虫前足股节内中部有 1 亚基齿。前翅 2 条纵脉显著，前脉长于后脉，脉鬃几乎均匀排列。腹部有横线纹，背片后缘无梳，腹片有附属鬃。雄虫腹片无腺域。节Ⅸ背片无角状鬃。

分布：主要分布于新热带界，有些种世界性分布。

本属世界记录 14 种，本志记述 1 种。

(19) 印度大腿蓟马 *Merothrips indicus* Bhatti & Ananthakrishnan, 1975（图 42）

Merothrips indicus Bhatti & Ananthakrishnan, 1975, *Orien. Insects*, 9 (1): 32, figs. 1-9, 14-16; Chen,

1976, *Plant Prot. Bull.* (*Taiwan*), 18: 242-249; Ananthakrishnan & Sen, 1980, *Handb. Ser. Zool. Surv. Indian*, (1): 52; Han, 1997a, *Economic Insect Fauna of China Fasc.*, 55: 121.

雌虫：体长约 1.1mm。体大致黄棕色，但头淡棕色，前胸较暗；前翅黄色而略微暗；各足各节黄色。

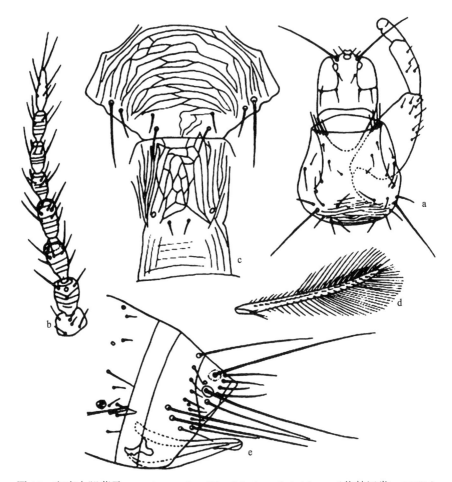

图 42　印度大腿蓟马 *Merothrips indicus* Bhatti & Ananthakrishnan（仿韩运发，1997a）
a. 头和前胸（head and prothorax）；b. 触角（antenna）；c. 中、后胸盾片（meso- and metanota）；d. 前翅（fore wing）；e. 雌虫腹部末端，侧面观（abdomen terminal of female，lateral view）

头长 9μm，复眼后宽 86，长为宽的 1.05 倍。两颊近乎直；眼后有稀疏横线纹；头前缘缓圆。复眼大，长 46，占据头长 1/2 强。后单眼接触复眼内缘，在复眼中线以前。前单眼前鬃和前外侧鬃小，长约 7；单眼间鬃很细长，长 77，在后单眼之前位于三角形外缘连线上；复眼后鬃 3 对，内 I-III 分别长：12、25、6。触角 8 节，触角节 I 黄色，其余淡棕色；节III梗显著，节VIII相当长，各节较短粗，节 I-VIII长（宽）分别为：19（27），24（23），38（20），37（18），25（14），28（12），27（11），36（10），总长 234，节III

长为宽的 1.9 倍。节Ⅰ和节Ⅳ有宽横带状感觉域绕外端大半圈，初看似鼓膜。口锥短，端宽圆，长 64，基部宽 83，中部宽 56。

前胸长 141，前部宽 110，后部宽 161。背片后部有几条交错横线纹。前缘两侧有鬃 4 对，内Ⅰ-Ⅲ长约 19，内Ⅳ（前角鬃）长 31，后角（内）有 1 长鬃，长 83，其他鬃（包括 12 根背片鬃）长 18-25。后胸盾片主要为纵线纹，中部有一些网纹；前缘鬃很小，前中鬃移位于后部，长 12。中胸气孔弯而长，后胸气孔较圆而小。中、后胸内叉骨均有刺。前翅长 586，近基宽 38，中部宽 25，近端部宽 19；两条纵脉似螺旋管构造；前缘鬃 26 根，前脉鬃 23 根，后脉鬃 16 根，各长 27-31。翅瓣较长，仅前缘近端 1 根鬃。前、后足股节均较粗大，前足胫节内端有 1 个三角形小齿。中足较短。前足胫节和各足胫节有长刚毛，长约 62。

腹节Ⅱ-Ⅷ有横线纹。节Ⅱ气孔很大，而节Ⅷ气孔小而圆。节Ⅱ-Ⅷ背片各有鬃 5-6 对。节Ⅸ和节Ⅹ短。节Ⅸ长鬃长 129-150。节Ⅹ长鬃长 126-141；其中 1 对鬃为感觉鬃，着生自 1 个色淡杯形孔内，这个孔称毛点，大于节Ⅷ气门。产卵器弱。腹片有附属鬃。

寄主：蒲草叶。

模式标本保存地：未知。

观察标本：未见。

分布：台湾、广东；印度。

蓟马总科 Thripoidea Stephens, 1829

Thripoidea Stephens, 1829, *Syst. Catal. Brit. Ins.*: 363; Karny, 1907, *Berl. Ent. Zeitscher.*, 52: 44; Wu, 1935, *Catalogue Insectorum Sinensium*, 1: 338; Priesner, 1957, *Zool. Anz.*, 159 (7/8): 167; Ananthakrishnan & Sen, 1980, *Handb. Ser. Zool. Surv. Indian*, (1): 3; Han, 1997a, *Economic Insect Fauna of China Fasc.*, 55: 122.

Thripides Bagnall, 1914c, *J. Econ. Biol.*, 9: 2.

Thripinae Handlirsch, 1925, *Schroder Handb. Ent.*, 3: 480.

前胸背板无清晰的纵缝。翅面有微毛。触角 5-10 节，节Ⅲ或节Ⅳ感觉锥简单、叉状或带状。腹部末端不钝，产卵器发达。

分布：古北界，东洋界，新北界，非洲界，新热带界，澳洲界。

本总科世界记录 2 科，本志记述 1 科。

四、蓟马科 Thripidae Stephens, 1829

Thripidae Stephens, 1829, *Syst. Catal. Brit. Ins.*: 363; Moulton, 1928a, *Trans. Nat. Hist. Soc. Formosa*, 18 (98): 288, 323; Steinweden & Moulton, 1930, *Proc. Nat. Hist. Soc. Fukien Christ. Univ.*, 3: 19; Wu, 1935, *Catalogue Insectorum Sinensium*, 1: 338; Han, 1997a, *Economic Insect Fauna of China Fasc.*, 55: 123.

Stenelytra Haliday, 1836, *Ent. Mag.*, 3: 443.

Stenoptera Burmeister, 1838, *Handb. Ent.*, 2: 411, 412.

Stenopteridae Beach, 1896, *Proc. Iowa Acad. Sci.*, 3: 214, 215.

Thripiden Coesfeld, 1898, *Abh. Nat. Ver. Brem.*, 14 (3): 470.

Ceratothripidae Bagnall, 1912a, *Ann. Mag. Nat. Hist.*, 10: 222.

触角 5-9 节，节III-IV感觉锥叉状或者为简单感觉锥；下颚须 2-3 节，下唇须 2 节；翅较窄，端部较窄尖，常略弯曲，有 2 根或者 1 根纵脉，少缺，横脉常退化；锯状产卵器腹向弯曲。

分布：古北界，东洋界，新北界，非洲界，新热带界，澳洲界。

本科世界记录 280 余属 2000 余种，分为 4 亚科，本志记述 67 属。

亚科检索表

1. 足常密被微毛列；后头区常发达，且具明显的相互交错的横纹；前胸在靠近后缘中部有一个大的骨化板；后胸腹板后半部常增厚··**绢蓟马亚科 Sericothripinae**
   足常无密被的微毛列，但常有相互交织的或者弱的横纹或网纹；后头区常不发达，很狭窄；前胸没有骨化板；后胸盾片一致，后半部没有增厚··2

2. 后胸内叉骨极度增大，伸至中胸，基部有横脊·····················**棍蓟马亚科 Dendrothripinae**
   后胸内叉骨常不极度增大，U 形或者 Y 形，常不发达，没有伸至中胸，如伸至中胸，则基部没有横脊··3

3. 头和足常有强烈的网纹（在 *Monilothrips* 中足常光滑）；触角节端部常细长且尖，顶部针状；前翅前脉常在基部与前缘脉愈合；中、后胸内叉骨常无刺；体强烈骨化···
   ··**针蓟马亚科 Panchaetothripinae**
   头和足常无网纹，如有网纹则触角端部不尖；前翅前脉在基部不与前缘脉愈合；中、后胸内叉骨有或无内叉骨刺；体常不强烈骨化···**蓟马亚科 Thripinae**

（五）棍蓟马亚科 Dendrothripinae Priesner, 1925

Sericothripinae: Priesner, 1924a, *Entomol. Mitt.*, 13: 139.

Dendrothripinae Priesner, 1925, *Konowia*, 4 (3-4): 144.

Pseudodendrothripini: Kurosawa, 1968, *Insecta Mat. Suppl.*, 4: 17, 18.

体宽而扁，具精致刻纹。头常在复眼间下陷。触角节 II 膨大。下颚须 2 节。中胸腹片与后胸腹片愈合。后胸腹片内叉骨极度增大，伸至中胸腹片；前翅后缘缨毛通常直；跗节通常 1 节。腹部背片两侧有网纹、横纹或微毛状线纹，中对鬃粗且互相靠近。

分布：古北界，东洋界，新北界，非洲界，新热带界，澳洲界。

本亚科世界记录 15 属 90 种，本志记述 3 属 14 种。

属检索表

1. 腹节 II-VI 背板中对鬃小，间距长于鬃长；有眼后鬃；前翅后缘缨毛弯曲；触角 8 节，节 III 和节 IV 感觉锥叉状；跗节 2 节 ·· **棘皮蓟马属 *Asprothrips***

   腹节 II-VI 背板中对鬃长于其间距；无眼后鬃；前翅后缘缨毛直 ·······················2

2. 后足跗节明显延长，是胫节的 0.6 倍················ **伪棍蓟马属 *Pseudodendrothrips***

   后足胫节不明显延长，是后足胫节的 0.4 倍；前翅端部圆，无长鬃，前缘脉鬃小，没有伸至前翅前缘；前翅前缘缨毛从腹面发出，远离前缘脉；前胸后角无长鬃 ·············· **棍蓟马属 *Dendrothrips***

6. 棘皮蓟马属 *Asprothrips* Crawford, 1938

Asprothrips Crawford, 1938, *Proc. Entomol. Soc. Wash.*, 40: 109-110.

Type species： *Asprothrips raui* Crawford, 1938 = *Asprothrips seminigricornis* (Girault, 1926).

属征： 头宽于长；顶端在复眼间下陷；复眼大；单眼前鬃 1 对；背鬃小；额上触角下端靠近复眼处有 1 对粗壮的鬃；口锥宽圆，适当长；下颚须 3 节。触角 8 节，短并粗壮；节 III 和节 IV 感觉锥叉状；节 III-V 有微毛。前胸背板宽大于长；具相互交织的横纹，在横纹间经常会有点状纹；没有明显的鬃；小腹片完整但中部窄；前刺腹片适度发育。中胸盾片前缘有钟形感器，中对鬃在后缘之前；中侧腹片无缝；中、后胸均有内叉骨刺。前翅端部边缘不向下弯曲，逐渐变细，有 2 根长鬃；前缘缨毛从前缘发出或靠近缘脉前翅端部。后缘缨毛或多或少弯曲，不直；鬃小。跗节 2 节，有时后足跗节不分节。腹节两侧有横纹或多角形刻纹，其内经常有刻点或刻纹；节 I-VIII 背中鬃小且距离很近；节 VIII 有或无后缘梳；节 IX 边缘通常有 1 对粗壮的鬃，但比节 X 的短；节 X 经常不纵裂。

分布： 古北界，东洋界。

本属世界记录 3 种，本志记述 1 种。

(20) 暗棘皮蓟马 *Asprothrips fuscipennis* Kudô, 1984（图 43）

Asprothrips fuscipennis Kudô, 1984, *Kontyû*, 52 (4): 487-505.

雌虫： 通体黑色或灰棕色，有红色的皮下色素；足和体色相同，跗节黄色；前翅和触角均为灰棕色，节 II 颜色最深，节 VIII 最浅，节 IV 较浅。

头宽大于长，具不规则网纹。单眼前鬃位于复眼和前单眼中间；触角 2.0-2.2 倍于头长，节 I 最宽；节 II 横纹上有脊和小的亚基背鬃；节 IV 梗短；节 V 梗状，内侧有细长的简单感觉锥，外侧有短而粗壮的感觉锥；节 VI 上有 7 根鬃，内侧长的感觉锥伸至节 VIII 顶端，外侧有 1 个短的感觉锥；节 VII 外侧的简单感觉锥超过了节 VIII 顶端；节 VIII 和节 VII 等长，顶端的鬃大约 1.5 倍于节 VIII 的长度；节 III 有 4 排微毛，节 IV 背面有 5 排，腹面有 3 排，节 V 有 4 排，节 VI 背面有 3 排，腹面有 4 排。

前胸宽大于长；前半部分刻有内部有刻点的横纹，后半部分 1/4 以上有无数小的刻

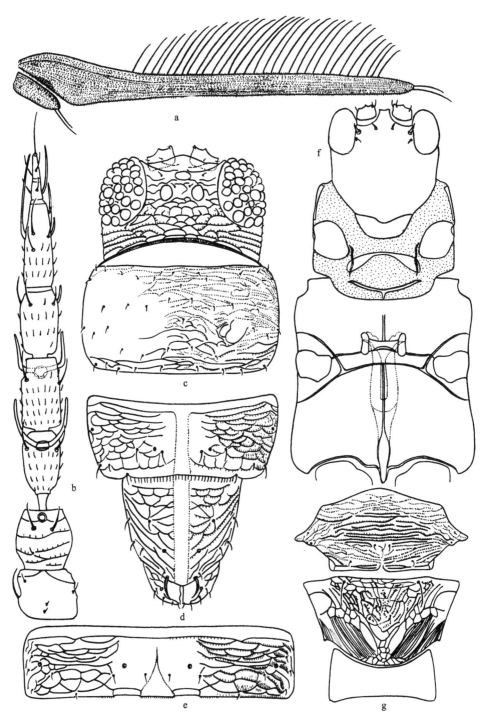

图 43　暗棘皮蓟马 *Asprothrips fuscipennis* Kudô（仿 Kudô，1984）

a. 前翅（fore wing）；b. 触角（antenna）；c. 头和前胸（head and pronotum）；d. 雌虫腹节Ⅷ-Ⅹ背片（female abdominal tergites Ⅷ-Ⅹ）；e. 腹节Ⅴ背片（abdominal tergite Ⅴ）；f. 头和胸（腹面）（head and thorax, ventral view）；g. 中、后胸盾片（meso- and metanota）

纹横纹；前胸背板有背片鬃 16-20 根，后缘有鬃 5 对。前刺腹片发达但比 *A. indicus* 窄一些。中胸背板有相互交织的横纹，中间无刻纹；后胸背板中部有弱的三角网纹，网纹内部有刻纹，中对鬃在中间，有钟形感器。前翅长/宽为 16.0-17.0，基部较宽；前缘缨毛长 26-30μm，后缘缨毛长 53-63 μm；前缘脉有鬃 29 根；前脉基部 6 根，端部 2 根，后脉鬃 7-8 根；后缘缨毛不如 *A. inducus* 弯曲，细长的弯曲，粗短的一般是直的；后翅有 65-72 根。跗节 2 节。

　　腹部　腹节背板中部几乎光滑；在前半部分有横的且部分相互交织的线纹，后半部分有大的网纹；背中鬃长度小于其间距；节Ⅳ-Ⅵ有 7 对鬃，侧片有 5-6 根；节Ⅷ中部 2/3 处有后缘梳；节Ⅸ前缘呈网状，中部内凹，后缘条纹状；节Ⅹ纵裂；腹板节Ⅱ后缘有 2 对鬃，节Ⅲ-Ⅶ有 3 对；产卵器大约 1.9 倍于前胸长。

　　雄虫：未明。

　　寄主：樟属植物。

　　模式标本保存地：未知。

　　观察标本：未见。

　　分布：福建、广东（罗浮山）；日本（本州岛、神奈川县、九州岛、鹿儿岛）。

7. 棍蓟马属 *Dendrothrips* Uzel, 1895

Dendrothrips Uzel, 1895, *Königgräitz*: 28, 36, 44, 52, 159; Priesner, 1921, *Wiener Ent. Zeitung*, 38: 116; Stannard, 1968, *Bull. Ill. Nat. Hist. Surv.*, 29 (4): 273, 304; Han, 1997a, *Economic Insect Fauna of China Fasc.*, 55: 160.

Euthrips Targioni-Tozzetti: Karny, 1914, *Zeit. Wiss. Insek.*, 10: 355.

Anaphothrips (*Neophysopus*) Schmutz: Priesner, 1926, *Die Thysanopteren Europas*, 1: 191.

Dendrothripiella Bagnall, 1927a, *Ann. Mag. Nat. Hist.*, (9) 19: 567.

Cerothrips Ananthakrishnan, 1961, *Zool. Anz.*, 167: 259.

Type species: *Dendrothrips ornatus* (Jabl., 1894).

　　属征：头宽甚大于长。复眼很大。触角长而细，8 节，节Ⅵ有时有横斜缝，似 9 节；节Ⅲ-Ⅳ感觉锥简单或叉状；下颚须和下唇须 2 节。前胸短，很宽；无大鬃，无或有 1 对较短后角鬃。后胸盾片有纵向网纹。中胸腹片与后胸腹片愈合；后胸腹片内叉骨特别增大。前翅后缘缨毛直，前缘端部向后弯曲；前缘鬃和脉鬃微小。足弱，跗节 1 节；后足跗节不特别长，内端有距。腹节Ⅰ及节Ⅱ-Ⅹ背片两侧网纹区内有颗粒。背片Ⅱ-Ⅷ前部中对鬃位置靠近；节Ⅷ有后缘梳；节Ⅸ部分纵裂；节Ⅸ、Ⅹ的长鬃较短。雄虫腹部腹片无腺域；节Ⅸ背片无角状鬃。

　　分布：古北界，东洋界，新北界，非洲界，新热带界，澳洲界。

　　本属世界记录 50 余种，本志记述 7 种。

种检索表

(21) 斑棍蓟马 *Dendrothrips guttatus* Wang, 1993（图 44）

Dendrothrips guttatus Wang, 1993b, *Chin. J. Entomol.*, 13: 251-257.

雌虫：长翅。头和胸黄棕色；腹部发白色，节Ⅱ背板和节Ⅶ-Ⅷ旁边一部分灰褐色，节Ⅲ-Ⅵ各节背板均有 3 对灰斑；触角浅黄色，节Ⅴ顶端和节Ⅵ-Ⅷ棕色；前足和中足灰褐色，后足胫节和跗节浅黄色，胫节中部灰褐色；前翅基部 1/10 透明，其余中部和亚基部颜色浅些；主要鬃浅褐色。

头部 头宽大于长，在触角基部向前伸；颊锯齿状；单眼鬃小；头呈不规则网纹状，内有小颗粒；下颚须 2 节。触角 8 节，节Ⅲ、Ⅳ感觉锥叉状，节Ⅲ-Ⅵ有微毛。

胸部 前胸宽大于长，前胸背板表面粗糙，布满网纹，无显著鬃，前半部分网纹方向横，后部则不规则；中胸盾片密布横纹；后胸背片在中间三角形区有网纹，内部有颗粒。前翅没有微毛覆盖，脉鬃小。

腹部 腹节Ⅱ-Ⅷ两侧有网纹，中间光滑；节Ⅱ-Ⅲ背板网纹明显且内有刻点，而节Ⅶ-Ⅷ网纹不明显，表现为显著横纹，节Ⅳ-Ⅵ形成一个囊泡状结构；中对鬃在节Ⅱ-Ⅷ逐渐变长，在节Ⅵ的距离很近；节Ⅷ后缘梳完整；节Ⅸ靠近后缘有 2 对主要鬃；节Ⅹ不纵裂。

　　雄虫：未明。

　　寄主：石栗。

　　模式标本保存地：中国（TARI，Taiwan）。

　　观察标本：未见。

　　分布：台湾。

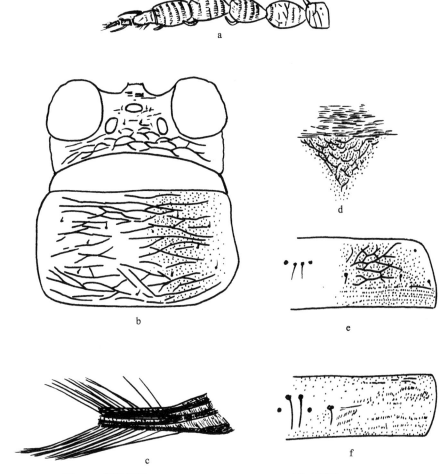

图 44　斑棍蓟马 *Dendrothrips guttatus* Wang（仿王清玲，1993b）

a. 触角（antenna）；b. 头和前胸（head and pronotum）；c. 前翅（部分）（fore wing, part）；d. 中、后胸盾片中部（the middle of meso- and metanota）；e. 腹节 II 背片（右半部）（the right part of abdominal tergite II）；f. 腹节 V 背片（右半部）（the right part of abdominal tergite V）

(22) 母生棍蓟马 *Dendrothrips homalii* Zhang & Tong, 1988（图 45）

Dendrothrips homalii Zhang & Tong, 1988, *Entomotax.*, 10 (3-4): 275.

雌虫：体红褐色，腹部中央略淡；触角节 I - II 与头同色，红褐色，节III-IV及节 V 基半部黄色，节 V 端半部及节VI-VIII淡褐色；翅褐色，基部淡；各足跗节黄色，股节和胫节同体色。

头部　头宽远大于长，复眼大，占头长 2/3，单眼区位于复眼后部，单眼呈扁三角形排列，头鬃短小，单眼区有网纹，网纹内有短线纹。触角 8 节，节III-IV近端部有叉状感觉锥。

胸部　前胸背板具网状纹，网纹内布满短线纹，背板无鬃，仅留有鬃孔。中胸背板密生连续横纹，后中鬃退化，但鬃孔明显，后缘鬃靠近后缘，不退化，但鬃小；后胸中部色深，布满大网纹，网纹内密生短皱纹，前中鬃退化，鬃孔明显，其后无亮孔；中胸腹板内叉骨具小刺，后胸内叉骨伸达中胸中部。前翅前脉基部鬃 4 根，端鬃 2-3 根，后脉鬃 9 根，腋片和翅面均布满微毛。后足胫节端部内侧有 2 根粗刺，跗节端部两侧有 1 根粗刺。

腹部 腹节 II-VIII 背板中央有 1 对相互靠近的粗鬃，两侧具网状纹；节 VIII 背板后缘梳完整，节 IX 背面有微刺，两侧比中间更明显，背片后缘有鬃 6 根，平行排列，内对鬃最粗长，向两侧逐渐变弱；节 II-VIII 腹面两侧有横纹，各节后缘鬃 3 对。

寄主：海南母生树。

模式标本保存地：中国（SCAU，Guangzhou）。

观察标本：5♀♀，广东广州石牌，800m，1974.XI.7，张维球采自海南母生树；2♀♀，海南尖峰岭，1980.IV.7，张维球采自母生树。

分布：广东、海南。

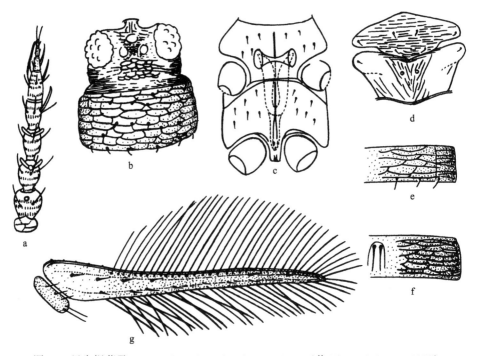

图 45   母生棍蓟马 Dendrothrips homalii Zhang & Tong（仿 Zhang & Tong，1988）

a. 触角（antenna）；b. 头和前胸（head and pronotum）；c. 中、后胸腹板（meso- and metasterna）；d. 中、后胸盾片（meso- and metanota）；e. 腹节 V 腹片（右半部）（the right part of abdominal sternite V）；f. 腹节 V 背片（右半部）（the right part of abdominal tergite V）；g. 前翅（fore wing）

(23) 桂棍蓟马 *Dendrothrips mendax* Bhatti, 1971

Dendrothrips mendax Bhatti, 1971b, *Orien. Insects*, 5: 353.

雌虫：体褐色，但有不规则红色区域；触角节Ⅰ-Ⅱ和节Ⅴ端部及节Ⅵ-Ⅷ褐色，节Ⅲ-Ⅳ和节Ⅴ基部黄色；翅灰褐色，近基部有 1 白色区，中部和端部各有 1 黄色区；各足跗节黄色。

头部　头宽大于长，单眼呈扁三角形排列于复眼间后部，单眼间鬃在前单眼中心水平线上，在后单眼上方，位于前后单眼外缘连线之外，头鬃均小；复眼间有线纹，纹间有颗粒。触角 8 节，节Ⅲ-Ⅳ有叉状感觉锥，感觉锥臂向前侧伸展。

胸部　前胸呈长方形，宽大于长的 2 倍，背板具短横纹，密被小的黑色颗粒。中胸背片有横纹，密布细颗粒；后胸布满网纹，中间网纹极粗，密布颗粒。中胸腹板内叉骨较粗且长，具小刺；后胸内叉骨极膨大，伸至中胸中部前方。前翅中央有 2 列微毛，其余部分无毛，前翅前脉基部鬃 4 根，端鬃 10 根，连续排列，后脉无鬃。各足股节和胫节有网纹，后足胫节端部内侧有 2 根粗刺，跗节端部有 1 根粗刺。

腹部　腹节Ⅱ-Ⅷ背板中央有 1 对相互靠近的粗鬃，自前向后逐渐变长，两侧具网状纹，纹内有明显的颗粒突起；节Ⅷ背片后缘梳毛完整；节Ⅸ背片后缘有鬃 3 对，内对鬃最大。腹片无附属鬃，后缘鬃 3 对。

寄主：桂花。

模式标本保存地：未知。

观察标本：3♀♀，广西桂林，1980.Ⅵ.3，陈守坚采自桂花叶。

分布：海南、广西；印度。

(24) 茶棍蓟马 *Dendrothrips minowai* Priesner, 1935（图 46）

Dendrothrips minowai Priesner, 1935a, *Philipp. J. Sci.*, 57 (3): 353; Han, 1997a, *Economic Insect Fauna of China Fasc.*, 55: 161.

雌虫：体长 1.1mm。体棕色，中胸有 1 亮区；触角节Ⅰ黄棕色，节Ⅱ、节Ⅵ-Ⅷ灰棕色，节Ⅲ-Ⅴ黄色，但节Ⅴ端半部颜色暗；跗节黄色；翅暗棕色。

头部　头宽甚大于长，两复眼间布满网纹或线纹，纹间布满颗粒；头鬃短小，单眼前侧鬃存在，单眼间鬃在前后单眼中心连线之外。触角 8 节，节Ⅲ-Ⅳ感觉锥简单，节Ⅵ有横斜缝。口锥伸至前胸腹板约 2/3 处。

胸部　前胸背板布满网状刻纹，中部刻纹最显著，网纹间布满短线和灰黑色颗粒，背片鬃小；后胸背片布满纵网纹，网纹间布满黑色颗粒；中后胸腹片愈合，中胸腹片内叉骨有刺，后胸腹片内叉骨极度增大，伸至中胸腹片；翅鬃弱，前缘缨毛着生于前缘脉之下，翅面布满微刺，缨毛直；跗节 1 节，后足跗节有端距 1 个。

腹部　腹节Ⅰ-Ⅷ背片两侧布满不规则线纹，线纹上和线纹间布满黑色颗粒，中部较光滑；节Ⅵ-Ⅷ背片后缘有不完整的细小微毛；节Ⅸ-Ⅹ背片中部有微毛；节Ⅷ背片后缘梳完整，中间长而两侧细小；节Ⅱ-Ⅶ腹片布满刻纹，节Ⅱ腹片后缘鬃 2 对，节Ⅲ-Ⅵ腹片 3 对，节Ⅶ腹片后缘鬃 4 对，均着生在后缘上，鬃小；腹片无附属鬃，节Ⅸ背片鬃几乎在一直线上。

雄虫：长翅型，似雌虫，较小；触角节Ⅰ和节Ⅲ-Ⅴ色暗于雌虫；腹节Ⅱ-Ⅳ和节Ⅸ-

Ⅹ淡黄色。腹节Ⅸ背片有5对鬃，沿后缘略呈弧形排列。腹片无腺域。

寄主：山茶、油茶、小叶胭脂、荷叶术。

模式标本保存地：未知。

观察标本：1♀，陕西安康，1986.Ⅴ.15，冯纪年采自山楂；4♀♀，海南尖峰岭，1985.Ⅳ.7，张维球采自山茶；1♂，广西，1982.Ⅳ.5，王向学采自荷术。

分布：陕西（安康）、湖南、广东、海南（尖峰岭）、广西、贵州（贵阳）；朝鲜、日本。

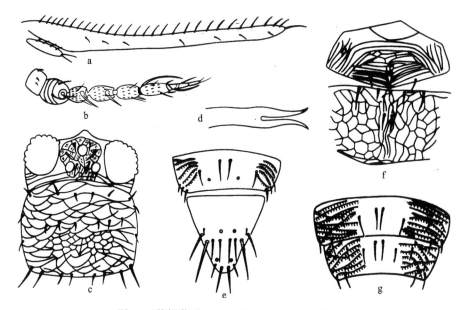

图46　茶棍蓟马 *Dendrothrips minowai* Priesner

a. 前翅（fore wing）；b. 触角（antenna）；c. 头和前胸（head and pronotum）；d. 后胸内叉骨（endofurcae on metasternum）；e. 腹节Ⅷ-Ⅸ背片（abdominal tergites Ⅷ-Ⅸ）；f. 中、后胸盾片（meso- and metanota）；g. 腹节Ⅵ-Ⅶ背片（abdominal tergites Ⅵ-Ⅶ）

(25) 饰棍蓟马 *Dendrothrips ornatus* (Jablonowski, 1894)（图47）

Thrips ornata Jablonowski, 1894, *Termes Fuzetek*, 17: 93. pl. Ⅳ, figs. a-e.

Dendrothrips tiliae Uzel, 1895, *Königgräitz*: 36, 52, 160, pl. Ⅱ, fig. 15; pl. Ⅵ, figs. 84-86.

Dendrothrips adusta Priesner, 1926, *Die Thysanopteren Europas*: 1-342.

Dendrothrips ornatus var. *schillei* Bagnall, 1927b, *Ann. Mag. Nat. Hist.*, (9) 20: 568.

Dendrothrips ornatus (Jablonowski): Mound *et al.*, 1976, *Handb. Ident. Brit. Ins.*, 1 (11): 4, 15, 28. fig. 69; Han, 1997a, *Economic Insect Fauna of China Fasc.*, 55: 162.

雌虫：体长约1.2mm。体棕和黄二色。棕色部分包括：头除了中部（有时较淡），触角节Ⅰ-Ⅱ和节Ⅳ-Ⅷ，前胸背片的斑，翅胸的大部分，足除了跗节和后足胫节端部，前翅基部的大部分，两个暗带和端部，腹节Ⅱ-Ⅷ背片中部及其两侧的斑；其余部分黄色至近乎无色。

头部　头宽大于长，眼间有皱纹，眼后有横纹。单眼间鬃位于后单眼之前，在前后单眼的中心连线上。所有头鬃短。触角较细，但节Ⅱ较大而圆，7 节，节Ⅵ有不完全缝，似 8 节。节Ⅲ-Ⅳ有简单感觉锥。

胸部　前胸宽大于长，各鬃均小。中胸盾片有横纹，鬃很小；后胸盾片有纵纹或纵网纹。前缘鬃距前缘 12，前中对鬃距前鬃 18-26。前翅长 638，中部宽 41。

腹部　腹节Ⅱ-Ⅷ背片两侧有网纹，纹内有微颗粒，中对鬃后面有几条横纹，中对鬃位置很靠近，显著长；背片节Ⅴ长 69，鬃长：内Ⅰ（中对鬃）40，内Ⅱ 19，内Ⅲ 13，内Ⅳ 6，内Ⅴ 6；内Ⅰ鬃间距 5，内Ⅱ鬃间距 77。节Ⅷ背片后缘梳完整，但两侧梳毛微小。节Ⅸ背片长鬃较短，长：中背鬃 38，中侧鬃 32，侧鬃 20。节Ⅹ背片长鬃长 18-24。腹片无附属鬃。

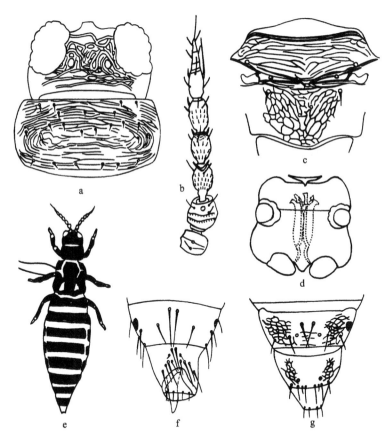

图 47　饰棍蓟马 *Dendrothrips ornatus* (Jablonowski)（仿韩运发，1997a）

a. 头和前胸（head and pronotum）；b. 触角（antenna）；c. 中、后胸盾片（meso- and metanota）；d. 中、后胸内叉骨（endofurcae on meso- and metasterna）；e. 雌虫全体（female body）；f. 雄虫腹节Ⅷ-Ⅹ背片（male abdominal tergites Ⅷ-Ⅹ）；g. 雌虫腹节Ⅷ-Ⅹ背片 (female abdominal tergites Ⅷ-Ⅹ)

雄虫：长翅型。体长约 0.7mm，体色一般较淡。一般结构相似于雌虫，腹部较细，节Ⅸ背片鬃约分两排，鬃长（自内向外）：前排内Ⅰ长 23，内Ⅱ长 6；后排内Ⅰ长 14，内 II 长 26，内 III 长 23。腹片无腺域。

寄主：丁香、花。

模式标本保存地：英国（BMNH，London）。

观察标本：1♀，北京中关村，1980.VI.13，韩运发采自紫丁香叶；3♂♂，北京，1991.VI.14，陈合晓采自丁香叶；1♂，云南，1959.V.6，张宝林采自花。

分布：辽宁、北京、云南；俄罗斯，匈牙利，波兰，捷克，斯洛伐克，奥地利，罗马尼亚，意大利，法国，荷兰，西班牙，德国，英国，美国。

(26) 六斑棍蓟马 *Dendrothrips sexmaculatus* Bagnall, 1916（图 48）

Dendrothrips sexmaculatus Bagnall, 1916a, *Ann. Mag. Nat. Hist.*, (8) 17: 401; Ananthakrishnan, 1969a, *Zool. Mon.*, 1: 124; Han, 1997a, *Economic Insect Fauna of China Fasc.*, 55: 164.

雌虫：体长 0.7mm。体栗棕色，但腹节 III 两侧和后部、节 IV-VI 黄色；各有 1 对暗斑在节 IV-VI 两侧，共 6 个暗斑，节 IV 和节 V 上的有时不显著暗；节 X 略淡。触角节 I 淡灰棕色，节 II 暗灰棕色，节 III 和节 IV 带黄而略灰，节 V 灰黄色，节 VI-VIII 灰棕色。前翅暗灰，但基部 1/5 白色。各足灰棕色到棕色，后足胫节和各足跗节黄色。

头部 头宽大于长。3 个单眼呈扁三角形排列于复眼间后部。头背面有颗粒物，单眼后有些网纹。单眼间鬃位于后单眼前，在单眼三角形连线外缘。各单眼鬃和眼后鬃均微小。触角 8 节，节 II 最大，球形；节 III 和节 IV 较粗，节 III 长为宽的 1.5 倍；节 VI 向端部渐细，端部宽如节 VIII 基部；节 III 和节 IV 叉状感觉锥在侧边；节 VI 内侧简单感觉锥伸到节 VIII 中部。口锥端部窄圆，长 77，中部宽 77，端部宽 38。

胸部 前胸宽大于长，背片布满横交错纹和少数网纹，纹中有颗粒，但两侧有光滑区。所有鬃均小。中胸盾片以横纹为主，两侧有些网纹，纹中有颗粒，鬃均微小。后胸盾片以纵线或纵网纹为主，纹中有颗粒。两侧光滑。前缘鬃在前缘两侧；前中鬃距前缘 10，后胸小盾片光滑。前翅前缘缨毛在基部和端部缺，翅端部无刚毛；前脉基中部鬃 5 根，端鬃 3 根，后脉鬃 5 根。后胸内叉骨很增大，伸入中胸。足较粗短，但后足胫节长于前、中足胫节。

腹部 腹节 I-VIII 背片中部和节 IX-X 光滑，其余部分有线纹和网纹，纹中有微颗粒，各背片中对鬃向后渐长。节 IV-VI 背片各有 1 对暗斑，共 6 个。节 VIII 背片后缘梳完整。

雄虫：相似于雌虫，但较小。触角节 I-IV 和节 V 基部半黄色，腹节 IV-V 和节 VIII-X 几乎黄色，节 VI-VII 两侧和节 X 暗，节 IV 和节 V 的暗斑几乎消失。

寄主：刺篱子、苏里南朱缨花。

模式标本保存地：英国（BMNH，London）。

观察标本：未见。

分布：海南（尖峰岭）；印度，斯里兰卡，毛里求斯。

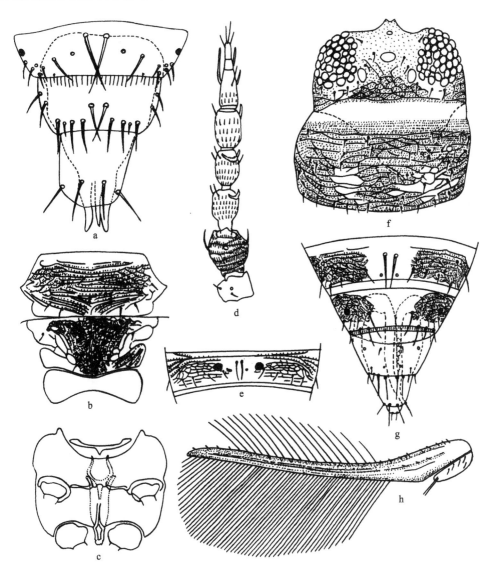

图 48　六斑棍蓟马 *Dendrothrips sexmaculatus* Bagnall（仿韩运发，1997a）

a. 雄虫腹节Ⅷ-Ⅹ背片（male abdominal tergites Ⅷ-Ⅹ）；b. 中、后胸盾片（meso- and metanota）；c. 中、后胸腹片（示内叉骨）（meso- and metasterna, shows the endofurcae）；d. 触角（antenna）；e. 腹节Ⅴ背片（abdominal tergite Ⅴ）；f. 头和前胸（head and pronotum）；g. 雌虫腹节Ⅶ-Ⅹ背片（female abdominal tergites Ⅶ-Ⅹ）；h. 前翅（fore wing）

(27) 棕翅棍蓟马 *Dendrothrips stannardi* (Ananthakrishnan, 1958)（图 49）

Dendrothripiella stannardi Ananthakrishnan, 1958, *J. Zool. Soc. India*, 9: 216, figs. 1-5.

Dendrothrips stannardi (Ananthakrishnan): Han, 1997a, *Economic Insect Fauna of China Fasc.*, 55: 165.

雌虫：体深褐色，体上某些区域黄色；触角节Ⅲ-Ⅳ淡褐色；前胸侧缘和背板上面有黄色部分，腹节Ⅰ-Ⅷ两侧及中央部分和节Ⅸ-Ⅹ中部有黄色区；各足胫节端部及跗节为黄色。

头部 头宽大于长，眼后有横线纹和横网纹，无颗粒。复眼稍呈扁三角形排列；单眼间鬃位于前后单眼中心连线与外缘连线之间；头鬃均短小。触角 7 节，节 II 最大，节 III-IV 内侧感觉锥伸至节 VII 中部。口锥端部尖，伸至中胸腹板中部。

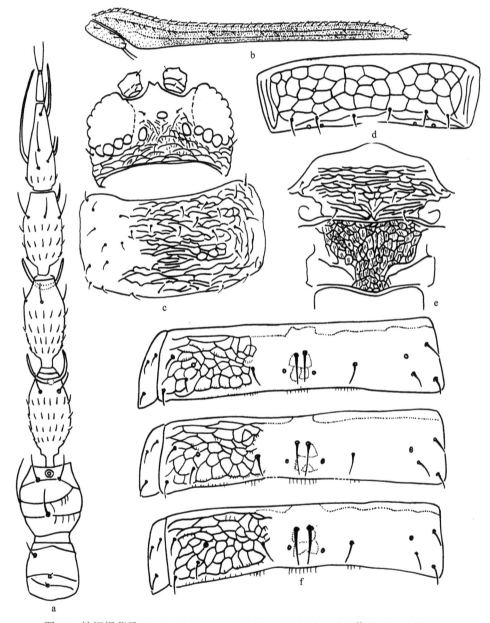

图 49 棕翅棍蓟马 Dendrothrips stannardi (Ananthakrishnan)（仿 Kudô，1989a）

a. 触角（antenna）；b. 前翅（fore wing）；c. 头和前胸（head and pronotum）；d. 腹节 VII 腹片（abdominal sternite VII）；e. 中、后胸盾片（meso- and metanota）；f. 腹节 III-V 背片（abdominal tergites III-V）

胸部　前胸前部窄，后部宽，背片无颗粒，有横线纹和网纹，两侧和中后部有无纹区，中后部两侧有大网纹；中胸盾片为横纹，鬃小；后胸盾片布满网纹；中胸内叉骨存在，后胸内叉骨伸至中胸；前翅前脉鬃 14 根，后脉鬃 3-5 根。各足较粗，后足各节细长。

腹部　腹节Ⅱ-Ⅷ背片两侧为网纹，网纹内无颗粒突起。各中对鬃自前向后逐渐变长；节Ⅷ后缘梳完整，节Ⅸ后缘鬃粗，平行排列。腹部腹片有大网纹，无附属鬃，后缘鬃 3对。

雄虫：体较小，色淡；触角节Ⅰ-Ⅱ黄色，节Ⅲ-Ⅳ暗黄色，节Ⅴ-Ⅷ棕色；头部和胸部暗棕色，腹部暗黄色；腹节Ⅸ背片鬃Ⅰ在前，鬃Ⅱ-Ⅴ在后缘；腹片无腺域。

寄主：杜鹃、羊耳朵树、草、树。

模式标本保存地：印度（IARI，Delhi）。

观察标本：2♀♀，云南景洪，1979.Ⅲ.20，胡国文采自紫花杜鹃；1♀，福建将乐县，1991.Ⅳ.15，韩运发采自草、树。

分布：福建（将乐县）、海南、云南（景洪）；印度。

8. 伪棍蓟马属 *Pseudodendrothrips* Schmutz, 1913

Pseudodendrothrips Schmutz, 1913, *Sit. Akad. Wiss.*, 122 (7): 992, 998; Kudô, 1984, *Kontyû*, 52 (4): 449; Han, 1997a, *Economic Insect Fauna of China Fasc.*, 55: 167.

Types species: *Pseudodendrothrips ornatissima* Schmutz, 1913; monobasic.

属征：体甚小，头宽甚大于长，前缘在复眼间凹陷。颊向基部收缩。复眼大而突出。触角 8 节或 9 节，节Ⅱ最大，节Ⅲ-Ⅳ感觉锥叉状；下颚须 2 节。前胸甚宽于长，背片有横纹。后角鬃 1 对，较长，后缘鬃 3 对。后胸盾片有纵纹，无亮孔（钟形感器）。前翅基部宽，端部尖，前缘缨毛着生在前缘上，后缘缨毛直；中胸腹片内叉骨具弱刺。中胸和后胸腹片被缝分离。后胸腹片内叉骨很大。各足跗节 1 节。后足跗节很长。后足胫节有 1 粗刚毛在端部。腹节背片侧部有细密横纹，略呈网状；节Ⅱ-Ⅷ背片中对鬃靠近，向后部渐长，6 对背鬃较长；节Ⅷ后缘梳不规则，节Ⅸ和节Ⅹ有微毛在后部。雄虫腹节Ⅸ背片无角状粗鬃，腹片无腺域。

分布：东洋界，非洲界，新热带界，澳洲界。

本属世界记录 19 种，本志记述 6 种。

种检索表

1. 腹节Ⅱ-Ⅷ背板两侧各有两暗褐色斑；前翅前脉鬃着生处有暗斑 ·················· **榆伪棍蓟马 *P. ulmi***
   腹节背板无褐色斑；前翅前脉着生处无暗斑 ··· 2
2. 头和前胸横线间无线纹，1 对长鬃位于前胸两侧；腹节腹板Ⅱ-Ⅶ两侧有成排微毛 ··················
   ··· **侧伪棍蓟马 *P. lateralis***
   前胸长鬃位于前胸后角 ··· 3
3. 前胸后缘有长鬃 2 对，短鬃 2 对 ·· 4

　　前胸后缘有长鬃 1 对，短鬃 3 对 ··· 5

4. 头和前胸横纹间有纵纹；腹节腹板 II-VI 有横纹和微毛；触角节 VI 长于节 IV 或节 V，节 VII 短于节 II
　　 ··· 灰伪棍蓟马 *P. fumosus*

　　前胸背片布满细交错横纹，但两侧后部有 2 个光滑的无纹区 ················· 桑伪棍蓟马 *P. mori*

5. 体淡褐色，触角各节灰褐色 ··· 葛藤伪棍蓟马 *P. puerariae*

　　体黄白色，触角节 I 和节 II 颜色明显比节 IV-VIII 颜色深 ···················· 巴氏伪棍蓟马 *P. bhatti*

(28) 巴氏伪棍蓟马 *Pseudodendrothrips bhatti* Kudô, 1984（图 50）

Pseudodendrothrips bhattii Kudô, 1984, *Kontyû*, 52 (4): 487-505.

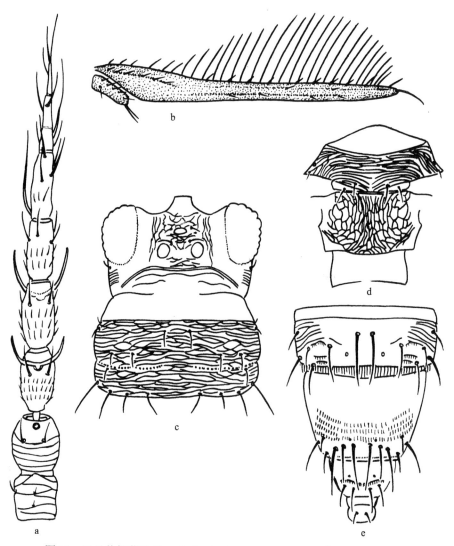

图 50   巴氏伪棍蓟马 *Pseudodendrothrips bhattii* Kudô（仿 Kudô，1984）

a. 触角（antenna）；b. 前翅（fore wing）；c. 头和前胸（head and pronotum）；d. 中、后胸盾片（meso- and metanota）；e. 腹
节 VIII-X 背片（abdominal tergites VIII-X）

雌虫：体黄白色。单眼前复眼间头部棕色。足黄色，前足胫节中部 1/3 浅棕色，中足胫节颜色稍浅；前翅包括翅瓣一致灰色，前缘缨毛灰褐色；触角节 I-III深灰色，节III梗部稍浅，节IV-VIII灰色，基部 1/3-1/2 处稍浅。

头部　头宽大于长，布满不规则横纹，在复眼间为纵的相互交织的纹。触角 2.5-2.8 倍于头长，节III几乎与节IV等长；节III和节IV的感觉锥臂比节长稍短；节 V 明显短于节III和节IV；节VI上有 5 根鬃，内侧长的感觉锥基本是节VI长度的 1.3 倍；节VII部分有缝但很少完整或缺少，外侧感觉锥基本 1.6 倍于节VII长；节III和节IV有 3 排微毛，节 V 有 2 排，节VI背面有 1-2 排，腹面有 2 排。

胸部　前胸宽大于长，比头部稍短，中部大约有 23 条线纹，有 6-8 根背片鬃；前胸后缘鬃对III常是 3 对中最长的，后角鬃常显著长于后缘鬃；后胸盾片有纵纹，两侧为网纹，前中鬃位于前部 1/3 处且相互靠近，后胸小盾片光滑；中胸腹板有 19-22 根鬃，后胸有 12-14 根。前翅前缘脉有鬃 19-22 根，前脉基部 3-4 根，端部 2-3 根；后足基跗节 0.72-0.77 倍于后足胫节。

腹部　腹节IV-VII后缘中部有一些微毛；节IX背中鬃和侧鬃近乎等长，约为节IX长度的 2/3；节 X 背中鬃短于节 X 长，比节IX的背侧鬃稍短。

雄虫：体长 0.7-0.8mm，颜色和雌虫相同。腹节IX背板背中鬃比其他排成 1 横排的鬃靠近前缘；阳茎端部尖，与阳茎基侧突等长，阳茎基侧突端部钝。

寄主：桑属植物、鸡桑、椰榆、香蕉。

模式标本保存地：未知。

观察标本：3♀1♂，浙江天目山，1986.VIII.19，童晓立采自椰榆；2♀♀2♂♂，广州石牌，1985.XII.4，童晓立采自香蕉。

分布：浙江（天目山）、台湾、广东（广州）；日本（北海道、本州岛、宫城县、福岛、东京、长野县）。

(29) 灰伪棍蓟马 *Pseudodendrothrips fumosus* Chen, 1980（图 51）

Pseudodendrothrips fumosus Chen, 1980, *Proc. Nat. Sci. Coun.*, 4 (2): 169-182.

雌虫：体长 0.95mm。棕黄色；触角节 I - II 棕色，节III棕黄色，节IV-VI浅黄色，端部深，节VII-IX棕黄色；股节棕色，所有胫节中部浅棕色，基部和端部黄色，所有跗节黄色；前翅灰色，基部和端部色浅；中胸盾片后缘 2/3 浅黄色；腹节两侧棕色，中部棕黄色，节III-VIII前缘有快伸至两侧的棕色横线。

头部　头在前部延伸，中部有横纹，其间有精细的线纹。单眼鬃 3 对。口锥圆，伸至前胸腹板后缘。下颚须 2 节。触角 9 节，节 II 有明显横纹，节 II-VI背面有微毛，节III-IV感觉锥叉状。

胸部　前胸宽大于长，布满横纹，横纹间有精细纵纹。后角有 2 对长鬃，外对长于内对。后缘鬃 2 对。中胸盾片完全横纹，中对鬃靠近后缘。后足跗节长于前、中足跗节。后足胫节有 1 根粗鬃，跗节有 2 根。前翅前缘鬃 28 根，前脉鬃 7 根，鬃粗壮。

腹部　腹节Ⅰ背板中部前缘、节Ⅱ-Ⅶ背板两侧，节Ⅷ前缘两侧有横纹，其中节Ⅱ-Ⅶ两侧更密，在横纹间有极其精细的纵刻纹；节Ⅱ-Ⅶ两侧和后缘中部、节Ⅷ两侧和后缘全部、节Ⅸ-Ⅹ后缘约一半都有微毛；节Ⅸ背鬃 3 对，节Ⅹ 1 对。腹节Ⅱ-Ⅵ整个腹板和节Ⅶ腹板两侧有横纹和微毛。

寄主：桑属植物。

模式标本保存地：中国（TARI，Taiwan）。

观察标本：未见。

分布：福建、台湾。

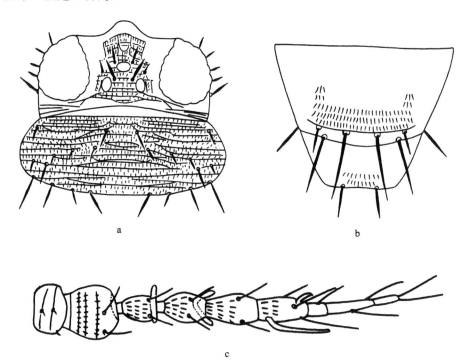

图 51　灰伪棍蓟马 *Pseudodendrothrips fumosus* Chen（仿 Chen，1980）

a. 头和前胸（head and pronotum）；b. 腹节Ⅸ-Ⅹ背片（abdominal tergites Ⅸ-Ⅹ）；c. 触角（antenna）

(30) 侧伪棍蓟马 *Pseudodendrothrips lateralis* Wang, 1993（图 52）

Pseudodendrothrips lateralis Wang, 1993b, *Chin. J. Entomol.*, 13: 251-257.

雌虫：长翅。头和胸橙棕色，腹部基本黄色，腹节Ⅱ-Ⅷ背板两侧 2/3 有暗灰色区域，在节Ⅱ-Ⅶ后缘颜色更深，微毛黑；触角节Ⅰ-Ⅲ黄棕色，节Ⅳ-Ⅵ灰褐色，基部色淡；股节和胫节基本棕色，胫节基部和亚端部黄色；跗节浅黄色，端部棕色；前翅颜色暗，基部和翅瓣较浅，缨毛棕色；主要鬃浅棕色。

头部　头显著宽大于长，在触角基部向前延伸；前单眼鬃小；1 对粗壮的单眼间鬃位于两后单眼的前半部分；头顶在复眼之间的部分有不规则横纹。下颚须 2 节。触角 9 节；

节Ⅲ-Ⅳ感觉锥叉状；在节Ⅵ基内部和节Ⅷ基外部分别有 1 个长的感觉锥，后者长度超过了节Ⅸ（副模的右触角是正常的，左触角节Ⅶ基部外端有 1 个长的感觉锥，伸至节Ⅸ中部）；节Ⅲ-Ⅵ有微毛。

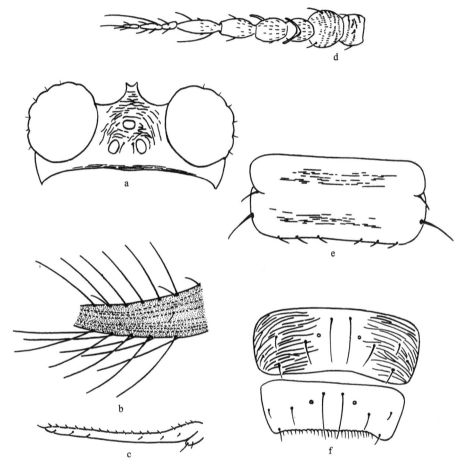

图 52　侧伪棍蓟马 *Pseudodendrothrips lateralis* Wang（仿王清玲，1993b）
a. 头（head）；b. 前翅（部分）（fore wing in part）；c. 前翅（fore wing）；d. 触角（antenna）；e. 前胸（pronotum）；f. 腹节Ⅶ-Ⅷ背片（abdominal tergites Ⅶ-Ⅷ）

胸部　前胸宽大于长，前胸背板为横线纹，1 对主要鬃位于后外侧缘，后缘有 3 对。后足胫节有 1 对距，跗节 2 节，后足跗节长于前足和中足跗节，有 2 个距。前翅前脉有 6 根相互分开的粗壮鬃，后脉无鬃，前缘脉 19-25 根，翅瓣有 2 根，在基部 1/4 和端部 1/9 前缘缨毛缺失。

腹部　腹节背板Ⅱ-Ⅲ有 4 对鬃，背中鬃位于前面，从节Ⅱ-Ⅷ逐渐变长；亚中鬃短，位于后中部；节Ⅱ-Ⅶ两侧有成排微毛，位于节Ⅱ和节Ⅴ-Ⅶ的比节Ⅲ和节Ⅳ的明显；节Ⅱ-Ⅶ中部具弱的网纹；节Ⅷ后缘梳完整；节Ⅸ后缘有 3 对主要鬃，中对最长；节Ⅹ有 1 对主要鬃。腹板无附属鬃。

雄虫：体长 0.67mm，和雌虫相似但腹部细长。头、胸和腹节Ⅰ-Ⅱ橙棕色，腹部其余各节黄白色，节Ⅵ-Ⅷ两侧灰色。

寄主：桑树、台湾相思。

模式标本保存地：中国（TARI，Taiwan）。

观察标本：未见。

分布：台湾。

(31) 桑伪棍蓟马 *Pseudodendrothrips mori* (Niwa, 1908)（图 53）

Belothrips mori Niwa, 1908, *Trans. Entomol. Soc. Japan*, 2: 180; Moulton, 1928b, *Ann. Zool. Jap.*, 11 (4): 337.

Pseudodendrothrips mori (Niwa): Stannard, 1968, *Bull. Ill. Nat. Hist. Surv.*, 29 (4): 237, 337; Zhang, 1982, *J. Sou. China Agric. Univ.*, 3 (4): 53, 54; Miyazaki & Kudô, 1988, *Misc. Publ. Nat. Inst. Agr. Sci.*, 3: 125; Han, 1997a, *Economic Insect Fauna of China Fasc.*, 55: 167.

雌虫：体长约 0.8mm，淡黄色至白色，一般头和前胸色较深；触角节Ⅰ常较淡；体鬃色淡；前翅淡黄色或带灰。

头部 头宽大于长，复眼凸出，头前缘触角间向前延伸至触角节Ⅰ中部，截断形，颊很短，后部有平滑颈状带，带内后部有模糊细横线纹。单眼区有不规则网纹和线纹，单眼间鬃位于前单眼两侧，在单眼三角形外缘连线之外。头背鬃均短小。触角 8 节，节Ⅶ有 1 斜缝，似 9 节，节Ⅱ最大，向端部逐渐变细；节Ⅰ-Ⅷ长（宽）分别为：17（22），27（24），30（17），29（17），25（13），29（10），20（15），13（3），节Ⅲ-Ⅳ上叉状感觉锥较长，节Ⅵ基部内侧感觉锥长是节Ⅵ的 1.3 倍，节Ⅶ外基部感觉锥长是节Ⅶ的 1.6 倍。口锥相当长，端部窄圆。下颚须基节长于端节。

胸部 前胸宽大于长，背片布满细交错横纹，两侧后部各有 2 个光滑无纹区，后角外鬃长于内鬃，前缘无鬃，前角鬃和 2 对后缘鬃及 5 对背片鬃均短小；中后胸两侧中部略收缩，后胸盾片中部有纵纹，两侧网纹略呈六角形，前缘鬃距前缘近，前中鬃距前缘 20，相互靠近，中、后胸盾片各鬃均短小；中胸内叉骨无刺，后胸内叉骨增大，并排向前延伸。前翅长 616，中部宽 34；前缘鬃约 30 根，前脉基部鬃 3 根，中部和端部鬃 4 根或 3 根，后脉鬃缺。足较细，后足胫节端部有 1 长距，后足跗节很长，是后足胫节长的 0.7 倍，端部有 2 个小距。

腹部 腹节Ⅱ-Ⅶ背片两侧有宽的线纹区，由横线和短纵线互相结合构成；节Ⅷ两侧横纹区较小；节Ⅴ背片长 74，宽 30；节Ⅱ-Ⅶ背片后缘中部有些微毛；节Ⅸ-Ⅹ后部有些微毛；节Ⅷ后缘梳完整；节Ⅱ-Ⅶ各背片有鬃约 10 对，有纹区内 8 对，对Ⅱ在纹区内缘，各中对鬃（对Ⅰ）相当长；节Ⅸ背鬃长：背中鬃 42，中侧鬃 32，侧鬃 25。腹片无附属鬃。

雄虫：体长约 0.6mm，一般形态和体色相似于雌虫，但体色一致淡。触角节Ⅰ-Ⅱ淡，其余灰色，但节Ⅲ-Ⅴ基部淡。腹节Ⅸ背片鬃略呈弧形排列，长：内对Ⅰ 19，内对Ⅱ 29，内对Ⅲ 34，内对Ⅳ 18，内对Ⅴ 32，腹片无腺域。

寄主：桑、柳。

模式标本保存地：美国（CAS，San Francisco）。

观察标本：3♀♀，陕西洛南，1989.Ⅷ.1，赵小蓉采自桑树；2♀♀，陕西恒口，1990.Ⅳ.13，赵小蓉采自桑树；1♀，河南，1957.Ⅳ.20，韩运发采自桑树叶、花；1♂，1980.Ⅶ.23，胡效刚采自桑树叶。

分布：北京、河北、河南、陕西（洛南）、江苏、浙江、湖北、湖南、福建、台湾、广东、海南、广西；朝鲜，日本，美国。

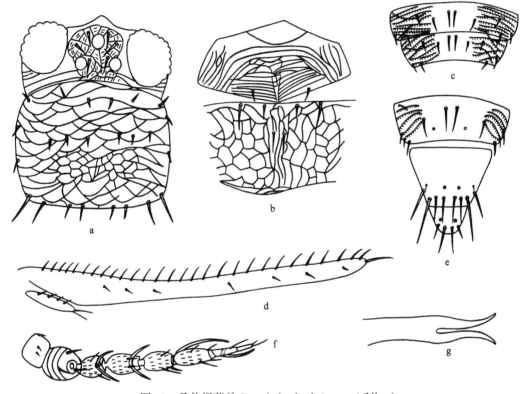

图 53　桑伪棍蓟马 *Pseudodendrothrips mori* (Niwa)

a. 头和前胸（head and pronotum）；b. 中、后胸盾片（meso- and metanota）；c. 腹节 Ⅴ-Ⅵ背片（abdominal tergites Ⅴ-Ⅵ）；
d. 前翅（fore wing）；e. 腹节Ⅷ-Ⅹ背片（abdominal tergites Ⅷ-Ⅹ）；f. 触角（antenna）；g. 后胸内叉骨（endofurcae on
metasternum）

(32) 葛藤伪棍蓟马 *Pseudodendrothrips puerariae* Zhang & Tong, 1990（图 54）

Pseudodendrothrips puerariae Zhang & Tong, 1990a, *Zool. Res.*, 11 (3): 193-198.

雌虫：体长 0.94mm。体淡褐色，头部中央及腹部中央色略淡，触角各节灰褐色，单眼月晕红色，各足各节均褐色，但中、后足胫节及跗节色略淡，前翅翅缘及前脉褐色，其余均淡褐色，翅鬃深褐色。

头部　头宽大于长，单眼前有短鬃 2 对，单眼间鬃短小，位于单眼三角形连线外缘。口锥伸至前胸后缘，下颚须 2 节，基节与端节等长。触角 9 节，节Ⅲ、Ⅳ近端部着生 1

叉状感觉锥，感觉锥长度略超着生节长度之半，节Ⅵ内侧具 1 颇长的感觉锥，伸达节Ⅷ中部。触角节Ⅰ-Ⅸ长（宽）分别为：20（30），32（28），32（20），36（18），36（12），40（8），16（6），18（6），16（6）。

胸部　前胸宽大于长，背板密生横线纹，中部前列短鬃 2 根，后列短鬃 8 根，后缘角鬃 1 根，鬃长 44，后缘具短鬃 3 对。前翅翅瓣外缘有鬃 4 根，端部长鬃 2 根，前缘鬃 22 根，前脉基部鬃 4 根，端鬃 1+2 根，脉鬃粗壮，黑褐色。中胸盾片有稀疏的横纹，中对鬃着生于侧对鬃后方。后胸盾板亦具稀疏纵纹，中对鬃远离后胸前缘处，无感觉孔，后胸腹板内叉骨向前伸达中胸后缘。后足胫节端部内侧具 1 粗距，第一跗节特别长，端部内侧具 2 距。

腹部　腹节Ⅰ-Ⅷ背板中部有 1 对相互靠近的粗鬃，两侧有细横纹并着生有细毛列，节Ⅸ背板近后缘着生粗鬃 3 对。

寄主： 葛藤。

模式标本保存地： 中国（SCAU，Guangzhou）。

观察标本： 正模♀，云南勐腊，1987.Ⅳ.3，张维球采自葛藤；副模 1♀，同正模。

分布： 云南（勐腊）。

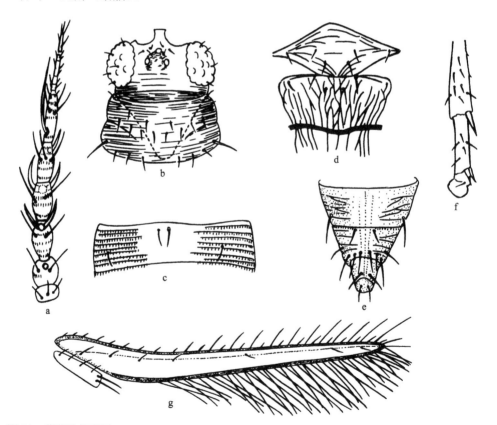

图 54　葛藤伪棍蓟马 *Pseudodendrothrips puerariae* Zhang & Tong（仿张维球和童晓立，1990a）
a. 触角（antenna）；b. 头和前胸（head and pronotum）；c. 腹节Ⅴ背片（abdominal tergite Ⅴ）；d. 中、后胸盾片（meso- and metanota）；e. 腹节Ⅷ-Ⅹ背片（abdominal tergites Ⅷ-Ⅹ）；f. 后足胫节及跗节（hind tibia and tarsus）；g. 前翅（fore wing）

(33) 榆伪棍蓟马 *Pseudodendrothrips ulmi* Zhang & Tong, 1988（图 55）

Pseudodendrothrips ulmi Zhang & Tong, 1988, *Entomotax.*, 10 (3-4): 275-282.

雌虫：头胸黄褐色，腹部黑色，腹节 II-Ⅷ 背板两侧各有两暗褐色斑；触角节 I 及节 III-V 黄褐色，节 II 及节 VI-Ⅷ 暗褐色；各足黄色，胫节略呈褐色；前翅黄色，翅脉黑褐色。

头部　复眼间有网纹，单眼区位于复眼间后部，单眼相互靠近，月晕红色，头鬃短小；口锥极长，伸至后胸前缘，下颚须 2 节；触角 8 节，节 III-IV 感觉锥叉状，节 Ⅶ 有横间缝，似将该节分为 2 节。

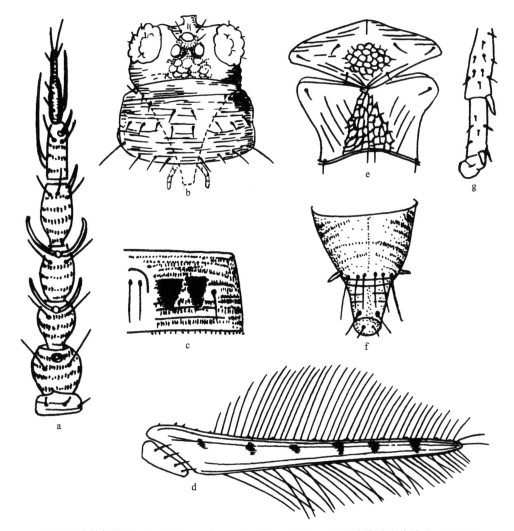

图 55　榆伪棍蓟马 *Pseudodendrothrips ulmi* Zhang & Tong（仿张维球和童晓立，1988）

a. 触角（antenna）；b. 头和前胸（head and pronotum）；c. 腹节 V 背片（部分）（abdominal tergite V, part）；d. 前翅（fore wing）；e. 中、后胸盾片（meso- and metanota）；f. 腹节 IX-X 背片（abdominal tergites IX-X）；g. 后足胫节及跗节（hind tibia and tarsus）

　　胸部　前胸背板密生横线纹，后角有 1 根长鬃，其他背鬃短；中胸两侧为横纹，仅中部有几个网纹；后胸中部为大网纹，两侧一小部分线纹模糊。翅黄色，翅瓣端部有 2 根粗鬃，前翅前缘鬃 23 根，前脉鬃 6 根，间距相等，脉鬃粗壮，黑褐色；中、后胸内叉骨无刺，后胸内叉骨伸至中胸后缘。各足细长，胫节端部有 1 粗鬃，跗节端部有 2 根粗鬃。

　　腹部　腹节 II-VIII 背板中对鬃相互靠近，自前向后逐渐变长，两侧有细横纹，并着生细毛列，节 VIII 后缘梳完整，节 IX 背片后缘着生 3 对粗鬃；腹片无附属鬃。

　　寄主：白榆。

　　模式标本保存地：中国（SCAU, Guangzhou）。

　　观察标本：2♀♀，浙江天目山，1986.VIII.18，童晓立采自白榆。

　　分布：浙江（天目山）。

（六）针蓟马亚科 Panchaetothripinae Bagnall, 1912

Panchaetothripinae Bagnall, 1912b, *Rec. Indian Mus.*, 7: 258; Han, 1997a, *Economic Insect Fauna of China Fasc.*, 55: 123.

Heliothripinae Karny, 1921, *Treubia*, 1 (4): 215, 236, 238.

Heliothripinae: Wu, 1935, *Catalogue Insectorum Sinensium*, 1: 338; Priesner, 1957, *Zool. Anz.*, 159 (7/8): 165.

　　体表通常有雕刻纹，头和前胸罕有平滑，常有隆起刻纹，体背和足常有网纹。触角 5-8 节；节 II 增大成球状；节 III 和 IV 通常端部收缩如瓶，而基部有梗；端部数节偶尔愈合为一体，节芒通常 2 节，针状。触角常缺微毛，节 III 罕有微毛，节 IV 偶有微毛。单眼罕有缺，单眼区常隆起。下颚须 2 节。中、后胸腹片内叉骨常很发达。前翅前脉与前缘脉常愈合，超过基部 1/3。腹节背片常具特化的刻纹，如成簇的圆纹、孔区或网结状突起；偶尔有反曲的握翅鬃或单个中刚毛。节 X 偶尔不对称，少数有延长的节 X，管状。腹部通常缺侧片。雄虫腹片腺域呈现单个而完整。

　　分布：古北界，东洋界，新北界，非洲界，新热带界，澳洲界。

　　Wilson（1975）将该亚科分为 3 族 34 属，记录了 110 种；张维球（1980）记录我国该亚科 11 属 16 种；张维球和童晓立（1993b）又发表了一新种；Chen（1981）记录台湾 1 新种和 1 新纪录种，1993 年又记录了 2 新纪录种；韩运发（1997a）记录我国 1 新纪录属和 1 新纪录种；张建民（2001）记录我国 1 新纪录种。本志记述 13 属 30 种。

族检索表

1. 头背较平滑，仅后部颈片有网纹；前胸有长鬃 ························· 圈针蓟马族 Monilothripini

　　头背有强皱纹，强网纹或网状凸起延伸成颊凸缘 ··· 2

2. 头背有强网纹或强皱纹但无网状隆起延伸成颊凸缘 ············· 针蓟马族 Panchaetothripini

　　头背有网状隆起延伸成颊凸缘 ································· 精针蓟马族 Tryphactothripini

III. 针蓟马族 Panchaetothripini Bagnall, 1912

Panchaetothripinae Bagnall, 1912b, *Rec. Indian Mus.*, 7: 258.

Panchaetothripini Wilson, 1975, *Mem. Amer. Entomol. Inst.*, 23: 22; Han, 1997a, *Economic Insect Fauna of China Fasc.*, 55: 124.

头背有强网纹，但无隆起的雕刻纹。触角多数 8 节，少数 6 或 7 节；各节背缝显著分离，但个别种端节愈合。前胸无隆起刻纹，前角无带有刻纹的扩张物；鬃短。前翅前缘缨毛缺，后缘缨毛直，端部常圆。胸内叉骨仅适度发达。中胸盾片完整，少有缺。腹节 II 宽，非腰状；各节背面通常完全网纹，罕有特殊刻纹；节 II 背面无特殊的表皮突起；节 X 对称，个别例外。

分布：古北界，东洋界，新北界，非洲界，新热带界，澳洲界。

本族世界记录 23 属，本志记述 7 属。

属检索表

1. 头背除后部颈片有网纹外，头和前胸仅有皱纹 ······························皱针蓟马属 *Rhipiphorothrips*
   头和前胸有强网纹 ··· 2
2. 前翅前缘无长缨毛；触角 7 节 ··缺缨针蓟马属 *Phibalothrips*
   前翅前缘有较长缨毛 ··· 3
3. 腹节 X 管状，节 VII- X 有长粗鬃 ··针蓟马属 *Panchaetothrips*
   腹节 X 非管状，节 VII- X 鬃不很长但粗 ··· 4
4. 翅窄但基部宽；触角 8 节，节 III 和节 IV 感觉锥简单；翅脉鬃小 ·············阳针蓟马属 *Heliothrips*
   翅较宽；触角节 III-IV 感觉锥叉状 ·· 5
5. 前胸不具网纹，较平滑，仅有横纹 ··滑胸针蓟马属 *Selenothrips*
   前胸具多角形网纹 ·· 6
6. 头背后部有凹且宽的颈片 ···领针蓟马属 *Helionothrips*
   头背后部有平滑后缘带，非宽颈片 ···巢针蓟马属 *Caliothrips*

9. 巢针蓟马属 *Caliothrips* Daniel, 1904

Heliothrips Haliday: Hinds, 1902, *Proc. U. S. Nat. Mus.*, 26: 133, 168.

Caliothrips Daniel, 1904, *Entomol. News*, 15: 296; Priesner, 1957, *Zool. Anz.*, 159 (7/8): 165; Stannard, 1968, *Bull. Ill. Nat. Hist. Surv.*, 29 (4): 273, 285; Wilson, 1975, *Mem. Amer. Entomol. Inst.*, 23: 69; Han, 1997a, *Economic Insect Fauna of China Fasc.*, 55: 125.

Hercothrips Hood: Steinweden & Moulton, 1930, *Proc. Nat. Hist. Soc. Fukien Christ.Univ.*, 3: 19.

Type species: *Caliothrips woodworthi* Daniel, 1904; monobasic; of *Hercothrips*: *Heliothrips striatus* Hood, 1904; by original designation from 20 species.

属征：前翅常有暗带，颊平行或向后部略拱。头背多角形网纹中有蠕虫状皱纹，后头顶有 1 横的平滑后缘带，常载有稀疏小点。下颚须 2 节。触角 8 节，节Ⅲ-Ⅳ感觉锥叉状，节Ⅳ-Ⅵ腹面有微毛。前胸盾片有多角形网纹，中间有蠕虫状线纹或粗；中胸盾片充满刻纹；后胸盾片完全网纹，缺一个中部三角形网纹构造；后胸小盾片横而显著，中部有网纹。后胸腹片内叉骨增大。前翅前缘有缨毛，后缘缨毛波曲；脉上刚毛列不完整，脉鬃常强而暗，翅端尖。跗节 1 节。靠近腹部背面节Ⅱ-Ⅶ背片两侧 1/3 有多角形网纹或有横纹，平滑或线纹内有蠕虫状皱波，各节背片一般中部平滑；缺前缘扇；节Ⅱ-Ⅷ背片两侧 1/3 后缘有不规则的鳍梳，梳的中部 1/3 有 1 个凸缘裂片；节Ⅷ背片后缘梳不完整。腹部腹片有横网纹。雌虫腹片 3 对后缘鬃间距宽。雄虫腹部背片节Ⅸ有 3 对明显的鬃；腹片腺域多样。

分布：东洋界，新北界，非洲界，新热带界，澳洲界。

本属世界记录 21 种，本志记述 2 种。

种检索表

腹背两侧 1/3 有菱形网纹；触角节Ⅲ和节Ⅳ端部收缩处白色；雄虫腹节Ⅲ-Ⅶ腹片各有 1 个小的椭圆形腺域；前翅前缘缨毛长于前缘鬃 ······························· **豆带巢针蓟马 *C. fasciatus***

腹背两侧 1/3 有长而不完全网纹，其内载有蠕虫状皱纹；雄虫腹节Ⅲ-Ⅶ腹片有横长腺域；前翅前缘缨毛短于前缘鬃 ····························· **印度巢针蓟马 *C. indicus***

(34) 豆带巢针蓟马 *Caliothrips fasciatus* (Pergande, 1895)（图 56）

Heliothrips fasciata Pergande, 1895, *Insect Life*, 7: 391.

Caliothrips woodworthi Daniel, 1904, *Entomol. News*, 15: 297.

Hercothrips fasciatus (Pergande): Steinweden & Moulton, 1930, *Proc. Nat. Hist. Soc. Fukien Christ. Univ.*, 3: 19.

Caliothrips (*Hercothrips*) *fasciatus* (Pergande): Morison, 1957, *Trans. Roy. Entomol. Soc. London*, 109 (16): 485; Stannard, 1968, *Bull. Ill. Nat. Hist. Surv.*, 29 (4): 273, 285; Wilson, 1975, *Mem. Amer. Entomol. Inst.*, 23: 69; Zhang, 1980a, *J. Sou. China Agric. Univ.*, 1 (3): 44; Han, 1997a, *Economic Insect Fauna of China Fasc.*, 55: 125.

雌虫：体长 1.2-1.4mm。体暗棕色，触角节Ⅰ-Ⅱ和节Ⅵ-Ⅷ暗棕色，节Ⅲ和节Ⅳ中部 1/3 和节Ⅴ端半部棕色，其余部分淡黄色；足棕色，但胫节基部和端部 1/3、各跗节黄色；前翅基部及近端部白色，中部及端部暗带暗棕色。

头部 头宽大于长，复眼处无尖的延伸物，无隆起刻纹，网纹中夹有蠕虫状皱纹，后头顶网纹平滑，其中夹有稀疏圆点。单眼在隆起的丘头上。触角 8 节，节Ⅲ-Ⅳ感觉锥叉状，节Ⅳ-Ⅵ腹面有横排微毛。触角节Ⅲ-Ⅷ长（宽）分别为：60（22）、50（21）、42（18）、30（17）、15（7）、30（5）。口锥较长。

胸部 前胸宽大于长。前胸及中、后胸网纹内亦夹有蠕虫状皱纹。前胸背鬃色淡，约等长。中胸盾片网纹完整。后胸盾片除前中部无纹外，网纹延伸到后胸小盾片上。前翅端尖，长 806，中部宽 53；前缘缨毛普通，很长，后缘缨毛波曲，脉显著，脉鬃与所在部位颜色一致；前缘鬃 24 根，前脉鬃基部 5 根，端部 2 根，后脉鬃 7 根。后足基节增大，互相靠近，各足跗节较长，1 节。

腹部　腹节Ⅱ-Ⅶ背片两侧及前部 1/3，菱形网纹中亦夹有蠕虫状皱纹，中部 1/3 平滑；节Ⅰ-Ⅷ有深色前缘线；节Ⅱ-Ⅷ背片两侧 1/3 后缘有规则齿梳，节Ⅷ后缘中部亦有梳；节Ⅹ纵裂不完全，后缘背中鬃长 37，中侧鬃长 45。腹片有横纹。

雄虫：相似于雌虫，但较小。足的黄色部分较多。腹节Ⅸ背片前对粗刺状鬃靠近，后对鬃较分离。腹节Ⅲ-Ⅶ腹片中部各有 1 个小的椭圆形腺域。

寄主：柑橘类、柿树、豆类、野莴苣、草。

模式标本保存地：美国（USNM, Washington）。

观察标本：1♀，福建（武夷山六曲），1984.Ⅷ.16，张维球采。

分布：福建（武夷山）、广东；日本，美国，墨西哥，巴西。

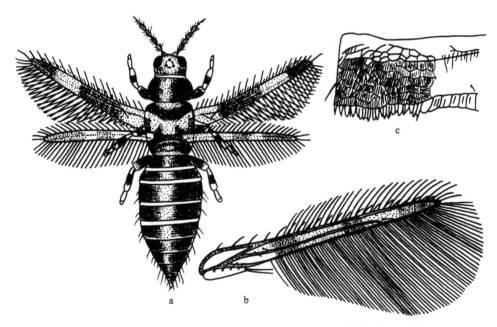

图 56　豆带巢针蓟马 *Caliothrips fasciatus* (Pergande)（仿韩运发，1997a）

a. 雌虫（female body）；b. 前翅（fore wing）；c. 腹节Ⅳ背片（abdominal tergite Ⅳ）

(35) 印度巢针蓟马 *Caliothrips indicus* (Bagnall, 1913)（图 57）

Heliothrips indicus Bagnall, 1913a, *Ann. Mag. Nat. Hist.*, (8) 12: 291.

Caliothrips indicus (Bagnall): Wilson, 1975, *Mem. Amer. Entomol. Inst.*, 23: 74, 80; Han & Cui, 1992, *Insects of the Hengduan Mountains Region*, 1: 420; Han, 1997a, *Economic Insect Fauna of China Fasc.*, 55: 127.

雌虫：体长约 1.2mm。体一致黑棕色，触角节Ⅰ、Ⅱ、Ⅵ-Ⅷ暗棕色，节Ⅲ-Ⅴ基半部淡黄色，端半部黄棕色；足股节暗棕色，端部 1/5 黄色，胫节棕色，端部 1/3 黄色，各足跗节黄色；前翅基部有 1 淡棕区，近基部及近端部有白带，自前、后脉分叉处至近端部白带处及端部为暗带。

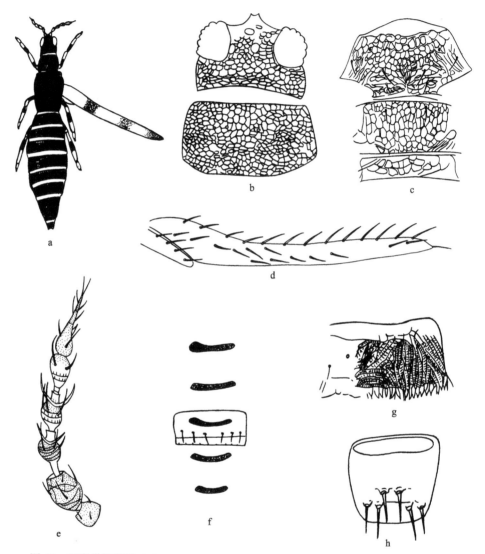

图 57　印度巢针蓟马 *Caliothrips indicus* (Bagnall)（a、f、g、h. 仿韩运发，1997a）

a. 雌虫全体（female body）；b. 头和前胸（head and pronotum）；c. 中、后胸盾片（meso- and metanota）；d. 前翅（fore wing）；
e. 触角（antenna）；f. 雄虫节Ⅴ腹片及节Ⅲ-Ⅶ腺域（male abdominal sternite Ⅴ and gland areas on abdominal segments Ⅲ-
Ⅶ）；g. 腹节Ⅵ背片（abdominal tergite Ⅵ）；h. 雄虫腹节Ⅸ背片（male abdominal tergite Ⅸ）

头部　头宽大于长，两颊直，后头顶网纹中无蠕虫状皱纹，但有小圆点。头、胸、腹网纹中均含有蠕虫状皱纹。单眼小，后单眼距复眼后缘近；前单眼前中对鬃缺，前外侧鬃 1 对。单眼鬃位于后单眼之前。触角 8 节，节Ⅳ和节Ⅴ腹面有横排微毛，节Ⅱ-Ⅳ有横纹线，节 II 粗，节 III、IV 两端细，节 I -VIII长（宽）分别为：18（23），32（29），46（20），41（20），31（19），25（18），10（7），28（5），总长 231，节 III 长为宽的 2.3 倍，节 III 和 IV 叉状感觉锥臂长 25，节 V 外端简单感觉锥 1 个，长 12，节 VI 外端及内侧各有简单感觉锥 1 个，分别长 12 和 25。口锥端圆。

胸部　前胸宽大于长，背片网纹多纵向，两侧有 2 对小的和 1 对大的无纹区，前胸鬃透明；后胸盾片网纹不形成三角区，两侧和后胸小盾片上网纹中无蠕虫状皱纹，前中鬃距前缘 12；前翅端尖，脉不显著，微毛密而小；前缘鬃 21 根，前脉基部鬃 5 根，端鬃 2 根，后脉鬃 5 根；前缘缨毛少，短于前缘鬃，后缘缨毛波曲，翅瓣前缘鬃 5 根。中胸前小腹片后缘中部延伸物短，端部分叉，后胸内叉骨呈两臂向前伸达中胸，臂端很宽。

腹部　腹节 II-VIII背片侧部 1/3 具长的不完全网纹和线纹，其中有蠕虫状皱纹，后缘有规则梳齿，中部 1/3 平滑，后缘有凸缘片，其上有梳齿；各背片鬃较短，中对鬃很小，间距近；节 V 背片各鬃均在后缘之前；节 II-VII腹片有横纹，内 I 和内 II 在后缘上，内 III 在后缘之前；节 X 纵裂很短。

雄虫：体色和一般结构相似于雌虫，但较细小，体长约 1.0mm。腹节 IX 背片鬃约为 2 横列，前排内 I 对较粗，长 24，内 II 和内 III 分别长 18 和 20，后排内 I 和内 II 较粗，分别长 38 和 25，内 III 长 45；节 X 背片鬃长 25、32 和 51。腹片节 III-VII雄性腺域横长形，节 V 腺域宽 41，中部长 5，端部长 6。

寄主：水稻、杂草。

模式标本保存地：英国（BMNH，London）。

观察标本：1♀，浙江清凉峰，2005.VIII.10，袁水霞采自杂草；2♂♂，浙江清凉峰，2005.VIII.10，袁水霞采自杂草；1♂，海南黎母山，2009.VIII.15，胡庆玲采自杂草；1♂，海南尖峰镇，2009.VII.18，胡庆玲采自杂草；1♂，海南铜鼓岭，2009.VIII.19，胡庆玲采自杂草；1♀，海南尖峰镇，2009.VII.18，胡庆玲采自杂草。

分布：浙江（清凉峰）、广东、海南（黎母山、尖峰镇、铜鼓岭）、云南（保山）；印度，喜马拉雅山南麓。

10. 领针蓟马属 *Helionothrips* Bagnall, 1932

Heliothrips Haliday: Priesner, 1926, *Die Thysanopteren Europas*, 1: 119, 125.

Helionothrips Bagnall, 1932a, *Ann. Mag. Nat. Hist.*, 10 (10): 506; Kurosawa, 1968, *Insecta Mat. Suppl.*, 4: 12, 13, 14, 62; Mound, 1968, *Bull. Brit. Mus. (Nat. Hist.) Entomol. Suppl.*, 11: 41; Wilson, 1975, *Mem. Amer. Entomol. Inst.*, 23: 116; Han, 1997a, *Economic Insect Fauna of China Fasc.*, 55: 129.

Type species: *Helionothrips brunneipennis* Bagnall, 1915; monobasic and designated.

属征：头通常宽，长如宽至宽为长的 2 倍；复眼大，两颊短；后头顶有粗脊，其后形成凹且宽的颈片，领之前部有六角形网纹；后领完全网纹，单眼大，通常位于强的单眼丘的边缘上；头鬃长。触角 8 节，节 III 和节 IV 多瓶形，叉状感觉锥长，节 V 和节 VI 有横排微毛。口锥适当长，端部圆；下颚须 2 节。前胸布满网纹。后胸盾片中央有 1 个网状刻纹构成的倒三角形区。前翅端部钝，前缘缨毛甚长于前缘鬃，整个翅表面盖以微毛，前脉鬃稀疏，后缘毛波曲。后胸腹片内叉骨膨大，琴形。跗节1节。腹部背片前缘线重，中部有扇状区，两侧网纹内有蠕虫状纹；节Ⅷ背片后缘梳多不完整；背片Ⅹ纵裂完全。腹片各节有网纹。雄虫腹节Ⅸ背片有前对和后对角状刺，通常有疣状结节。腹片通常有圆腺区。

分布：古北界，东洋界，新北界，非洲界，新热带界。

本属世界记录26种，本志记述12种。

种检索表

1. 前翅棕色（除亚基部有1白带）·················赤翅领针蓟马 *H. brunneipennis*
   前翅基部、端部和脉叉处棕色，近基部有1白带，中至近端由淡棕色逐渐变为白色·········2
2. 触角节Ⅰ和节Ⅱ从不棕色···3
   触角节Ⅰ和节Ⅱ棕色，从不黄色·······································6
3. 触角节Ⅰ浅黄棕色，节Ⅱ-Ⅵ浅黄白色，节Ⅵ端部1/3浅灰棕色，节Ⅶ-Ⅷ浅灰棕色·········
   ································安诺领针蓟马 *H. annosus*
   触角节Ⅰ和节Ⅱ均黄色，从不棕色·····································4
4. 头部前单眼之前和触角基部之间黄色；雄虫腹节Ⅷ腹板有腺域··········林达领针蓟马 *H. linderae*
   头完全棕色；雄虫至少腹节Ⅶ和节Ⅷ腹板有腺域··························5
5. 中、后足胫节最基部和最端部黄色；雄虫腹节Ⅶ-Ⅷ腹板有腺域，节Ⅸ背板前缘粗壮鬃基部距离很近··························安领针蓟马 *H. aino*
   中、后足胫节仅端部黄色；雄虫腹节Ⅵ-Ⅷ腹板有腺域，节Ⅸ背板前缘粗壮鬃基部距离很远······
   ································木领针蓟马 *H. mube*
6. 腹节Ⅷ后缘梳完整或仅缺1根梳毛······································7
   腹节Ⅷ后缘梳有间断··8
7. 前胸背片后缘向后拱圆，布满六角形网纹，后侧部有1对少纹平滑区；腹节Ⅰ-Ⅷ有粗前缘线，近侧缘1/3处凹入，似锯齿，中部向前拱向后延伸；节Ⅸ和Ⅹ普通·········游领针蓟马 *H. errans*
   前胸圆，无少纹平滑区；腹节Ⅰ-Ⅷ前缘线颜色深，中部几乎直；节Ⅸ和节Ⅹ相当长·········
   ································普通领针蓟马 *H. communis*
8. 前翅基部和翅瓣棕色，亚基部有1白色条带，其余部分棕色（除了顶端稍暗）·········
   ································褐头领针蓟马 *H. unitatus*
   前翅颜色非此颜色··9
9. 头和前胸网纹中有皱纹··10
   头和前胸网纹内无皱纹··11
10. 前翅端部1/2白色（最端部棕色）······················微领针蓟马 *H. parvus*
    前翅端部全部棕色·····························长头领针蓟马 *H. cephalicus*
11. 前翅前脉鬃9根，后脉鬃3-5根······················朴领针蓟马 *H. ponkikiri*
    前翅前脉基部鬃3+2根，端鬃2根，后脉鬃7根·········神农架领针蓟马 *H. shennongjiaensis*

(36) 安领针蓟马 *Helionothrips aino* (Ishida, 1931)（图58）

Heliothrips aino Ishida, 1931, *Insecta Mat.*, 6 (1): 34, fig. 2.

Helionothrips antennatus Kurosawa, 1968, *Insecta Mat. Suppl.*, 4: 15, 62, 70, 79, pl. Ⅳ, fig. 25. Synonymised by Wilson, 1975, *Mem. Amer. Entomol. Inst.*, 23: 122.

Helionothrips aino (Ishida): Wilson, 1975, *Mem. Amer. Entomol. Inst.*, 23: 122; Zhang, 1980a, *J. Sou. China Agric. Univ.*, 1 (3): 44, 48; Han, 1997a, *Economic Insect Fauna of China Fasc.*, 55: 129.

雌虫：体长约 1.4mm。体黑棕色，头完全棕色。触角节Ⅰ-Ⅴ和节Ⅵ基部 2/3 黄色，节Ⅵ端部 1/3 和节Ⅶ-Ⅷ棕色；前翅基部、前后脉分叉处和最端部棕色，其余部分淡棕色，或最端部也淡棕色；中、后足胫节最基部和最端部及跗节黄色。

头部　头宽大于长。复眼大，单眼在小丘上，间距小，近复眼后缘。颊短而略拱，后部窄，后头顶有粗脊，其后领（颈片）前缘拱，后缘直，领之前布满网纹，领上网纹、后部的网纹内有许多颗粒状小点。头鬃细，前单眼前外侧鬃长 25，后移于前单眼后缘的单眼丘和复眼之间，单眼间鬃长 25，位于前后单眼之中的三角形连线上。眼后鬃 5 对。触角 8 节，节Ⅳ的颈细而短于节Ⅲ，节Ⅶ很短，节Ⅶ和节Ⅷ较愈合；节Ⅳ线纹少但腹面有横排微毛；节Ⅰ-Ⅷ长（宽）分别为：23（28），32（36），72（25），54（28），46（23），25（20），7（9），29（3），总长 288。节Ⅲ和节Ⅳ的感觉锥为叉状，臂长分别为 64 和 80，节Ⅳ的伸达节Ⅴ端部；节Ⅳ背端另 1 简单感觉锥伸达节Ⅴ端部；节Ⅴ-Ⅶ的感觉锥均为简单的；节Ⅴ外端 1 个，长 19；节Ⅵ外端 1 个，长 16，内侧 1 个，长 61；节Ⅶ外端 1 个，长 41。口锥端部圆宽。

胸部　前胸宽大于长。背片布满网纹，但后部两侧有 1 对小的少纹区。网纹中无皱纹。中胸盾片完整，后部 1/3 有伪中纵裂；前部网纹中有蠕虫状皱纹；后胸盾片中部隆起刻纹构成倒三角形区，其两侧网纹细；前缘鬃长 19，前中鬃长距前缘 21，无细孔。后胸盾片后缘无延伸，布满网纹。前翅长 930，中部宽 51；端部钝；脉显著，前脉在与后脉分叉处与前缘脉愈合；前缘鬃 26 根，前脉基部鬃 6 根，端部 2 根，后脉鬃 6 根；中部鬃长：前缘鬃 33，后脉鬃 25；翅面微毛大小近似。前缘缨毛甚长，后缘缨毛波曲。翅瓣前缘鬃 4 根后翅有暗中纵脉。

腹部　腹节Ⅰ背片前缘线重，两侧 1/3 网纹隆起似齿，在中央前部缺网纹。节Ⅱ-Ⅷ背片前缘线重，节Ⅱ-Ⅶ两侧各有两处向后凹入，节Ⅱ-Ⅷ中部向前拱处有两细线向后延伸成海扇状；两侧网纹重，后缘延伸而开放似齿，海扇两侧网纹少。节Ⅷ后缘梳中间有间断，约 4 根梳毛的间距。节Ⅸ背板前缘粗壮鬃基部距离很近。背片中对鬃小。节纵裂完全。腹片节Ⅰ-Ⅹ均有网纹；后缘鬃均在后缘前。

雄虫：体色与一般结构相似于雌虫，但体较细。腹节Ⅸ背片鬃大约为 3 横列，前排 1 对较细，中排 2 对，内Ⅰ对呈粗刺状，内Ⅱ对较细；后排 3 对，内Ⅰ对粗刺状，其后约有 9 个尾向小圆瘤，内Ⅱ、Ⅲ对较细。腹片节Ⅶ-Ⅷ前中部各有 1 个椭圆腺域，节Ⅶ的 24（宽）×12，占腹片宽度 0.17；节Ⅷ的 25（宽）×15，占腹片宽度 0.19。

寄主：樟树、阴香、兰类、蓖麻、芋头、杂草、细叶桉。

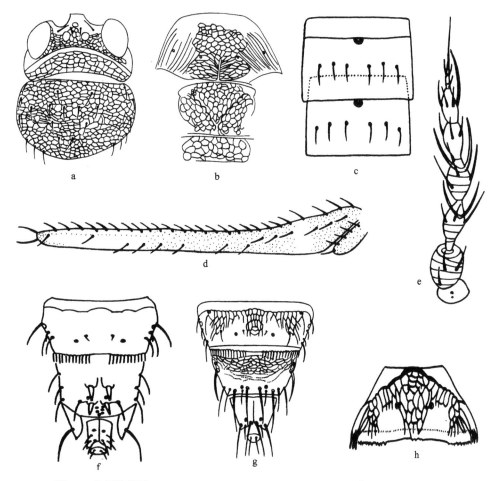

图 58　安领针蓟马 *Helionothrips aino* (Ishida)（c、f、g、h. 仿 Kudô，1992）

a. 头和前胸（head and pronotum）；b. 中、后胸盾片（meso- and metanota）；c. 雄虫节Ⅶ-Ⅷ腺域（male gland areas on abdominal segments Ⅶ-Ⅷ）；d. 前翅（fore wing）；e. 触角（antenna）；f. 雄虫节Ⅷ-Ⅹ背片（male abdominal tergites Ⅷ-Ⅹ）；g. 雌虫节Ⅷ-Ⅹ背片（female abdominal tergites Ⅷ-Ⅹ）；h. 雌虫节Ⅰ背片（female abdominal tergite Ⅰ）

模式标本保存地：日本（UH，Sapporo）。

观察标本：1♀，陕西秦岭，1962.Ⅷ.6，李法圣采；1♀，河南黄石庵林场，1998.Ⅶ.17，张建民采自杂草；1♀，广西大瑶山，2000.Ⅸ.5，沙忠利采自杂草；5♀♀4♂♂，广州石牌，1976.Ⅻ.7，张维球采自樟树；7♀♀，广东罗浮山，1976.Ⅻ.17，张维球采自细叶桉。

分布：河南（黄石庵林场）、陕西（秦岭）、江西、福建、台湾、广东（罗浮山、广州石牌）、广西（大瑶山）、云南；朝鲜，日本。

(37) 安诺领针蓟马 *Helionothrips annosus* Wang, 1993（图 59）

Helionothrips annosus Wang, 1993c, *Zool.*, 4: 389-398.

雌虫：长翅。体黑棕色，腹节Ⅱ-Ⅶ颜色最深。触角节Ⅰ浅黄棕色，节Ⅱ-Ⅵ浅黄白色，节Ⅵ端部 1/3 浅灰棕色，节Ⅶ-Ⅷ浅灰棕色。前翅基部和翅鬃深棕色，其余棕色，端部稍深。前足股节深棕色，端部 1/3 浅黄色，前足胫节黄色，内缘和外缘颜色深；中、后足股节和胫节深棕色，胫节端部黄色；所有跗节黄色。体鬃浅棕色。

头部　头宽大于长，单眼区鼓起，两颊近平行，在复眼后稍微凹；复眼间有多角形网纹；后头突前缘几乎与后缘平行；领区网纹内有黑色小颗粒。下颚须 2 节。触角 8 节，节Ⅲ、Ⅳ感觉锥叉状，节Ⅳ感觉锥伸至节Ⅵ基部；节Ⅳ-Ⅵ有微毛。

胸部　前胸圆，宽大于长；前胸有多角形网纹，后中部网纹内有皱纹；背鬃适当长。中胸盾片和后胸三角形盾片具多角形网状，内有皱纹。前翅被微毛；前脉基部鬃 6 根，端鬃 2 根，后脉鬃 5-9 根；后缘缨毛弯曲。

腹部　腹节背板具网纹；节Ⅲ-Ⅷ背板前缘线颜色深，中部形成 1 个强的 U 形；节Ⅱ-Ⅷ两侧网纹内有皱纹；节Ⅷ后缘梳中间缺；节Ⅸ后缘有 2 对长鬃；节Ⅹ背板完全纵裂。

雄虫：长翅。体色和外部形态和雌虫类似。腹节细长，节Ⅷ、Ⅸ前侧缘不像雌虫那样肿大；节Ⅸ有 2 对排成 2 排的刺状鬃，其后有一些深色瘤。

寄主：木姜子属植物。

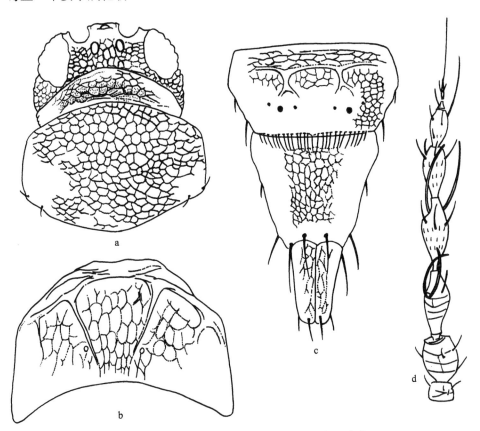

图 59　安诺领针蓟马 *Helionothrips annosus* Wang（仿王清玲，1993c）

a. 头和前胸（head and pronotum）；b. 腹节Ⅰ背片（abdominal tergite Ⅰ）；c. 雌虫腹节Ⅷ-Ⅹ背片（female abdominal tergites
Ⅷ-Ⅹ）；d. 触角（antenna）

模式标本保存地：中国（TARI，Taiwan）。

观察标本：未见。

分布：台湾。

(38) 赤翅领针蓟马 *Helionothrips brunneipennis* (Bagnall, 1915)（图 60）

Heliothrips brunneipennis Bagnall, 1915a, *Ann. Mag. Nat. Hist.*, (8) 15: 318.

Helionothrips brunneipennis (Bagnall): Takahashi, 1936, *Philipp. J. Sci.*, 60 (4): 428; Mound, 1968, *Bull. Brit. Mus. (Nat. Hist.) Entomol. Suppl.*, 11: 1-181.

雌虫：体色和形态都相似于 *Helionothrips kadaliphilus*。触角节Ⅰ、Ⅱ棕色，与节Ⅵ颜色相同；节Ⅳ感觉锥伸至节Ⅷ中部。*H. kadaliphilus* 中，触角节Ⅰ、Ⅱ颜色变化较大，但通常浅黄色，节Ⅵ棕色，相差较远，节Ⅳ感觉锥很少伸至节Ⅴ端部；节Ⅲ感觉锥长 108，节Ⅳ感觉锥长 121。

同 *H. kadaliphilus* 类似，前单眼前缘头部黄色。前翅亚基部有 1 个小的白带，其余棕色，前翅长 956。

寄主：木姜子。

模式标本保存地：英国（BMNH，London）。

观察标本：未见。

分布：台湾；斯里兰卡。

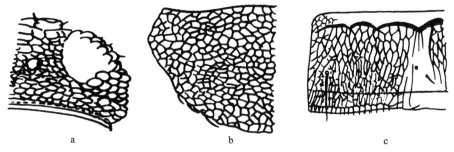

图 60　赤翅领针蓟马 *Helionothrips brunneipennis* (Bagnall)（仿 Wilson，1975）

a. 头（head）；b. 前胸背板（pronotum）；c. 腹节Ⅴ背片（abdominal tergite Ⅴ）

(39) 长头领针蓟马 *Helionothrips cephalicus* Hood, 1954（图 61）

Helionothrips cephalicus Hood, 1954a, *Proc. Entomol. Soc. Wash.*, 56: 188-193.

雌虫：体棕黑色。前足浅黄棕色，股节基部和外部深；中足棕色，股节基部和跗节端部浅黄色；后足棕褐色，胫节端部浅黄色；跗节浅黄棕色。前翅端部和基部深棕色，有一个狭的亚基部白色条带。触角节Ⅰ、Ⅱ棕色；节Ⅲ-Ⅴ黄色；节Ⅵ-Ⅷ棕色，节Ⅵ基部稍浅。

头部　头宽大于长，网纹中有很多明显的皱纹；后头领片具网纹，但在后缘沿基部网纹内有颗粒。触角节Ⅳ端部收缩，叉状感觉锥没有伸至节Ⅴ端部，简单感觉锥超过了叉状感觉锥的端部和节Ⅴ；节Ⅵ内感觉锥伸至节Ⅷ端部之外。

　　胸部　前胸宽大于长，网纹中有很多皱纹；背板中网纹大小相差不多。中胸盾片前中部网纹中有皱纹，其余无内刻纹；后胸盾片长和宽等长。前翅前缘缨毛 23-29 根，后缘55-64 根；前缘脉有鬃 25-30 根，前脉有鬃 8-12 根，后脉 6-8 根。后翅缨毛 65-81 根。

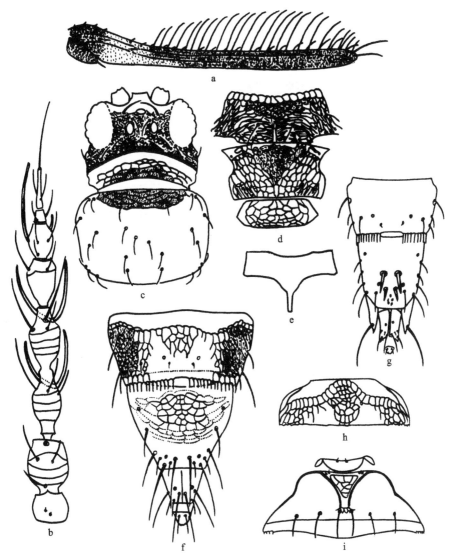

图 61　长头领针蓟马 *Helionothrips cephalicus* Hood（仿 Kudô，1992）

a. 前翅（fore wing）；b. 触角（antenna）；c. 头和前胸（head and pronotum）；d. 中、后胸盾片（meso- and metanota）；e. 前刺腹片（prospinasternum）；f. 雌虫腹节Ⅷ-Ⅹ背片（female abdominal tergites Ⅷ-Ⅹ）；g. 雄虫腹节Ⅷ-Ⅹ背片（male abdominal tergites Ⅷ-Ⅹ）；h. 腹节Ⅰ背片（abdominal tergite Ⅰ）；i. 腹节Ⅰ-Ⅱ腹片（abdominal sternites Ⅰ-Ⅱ）

　　腹部　腹节Ⅰ背板中部网纹强，亚中部光滑；节Ⅲ-Ⅷ背板前缘线横，没有形成扇贝状区；节Ⅷ背板后缘梳中部缺 4-6 根梳毛；相对于节Ⅹ来说节Ⅸ增大。

　　雄虫：体长 1.1mm。体色如雌虫。节Ⅸ背板有 2 对基部相距很宽的刺状鬃；腹板无腺域。

　　寄主：禾本科（迷身草、中国芒、球米草属等）植物。

　　模式标本保存地：美国（USNM，Washington）。

　　观察标本：未见。

　　分布：台湾、香港；日本（本州岛、四国岛、九州岛）。

(40) 普通领针蓟马 *Helionothrips communis* Wang, 1993（图 62）

Helionothrips communis Wang, 1993c, *Zool.*, 4: 389-398.

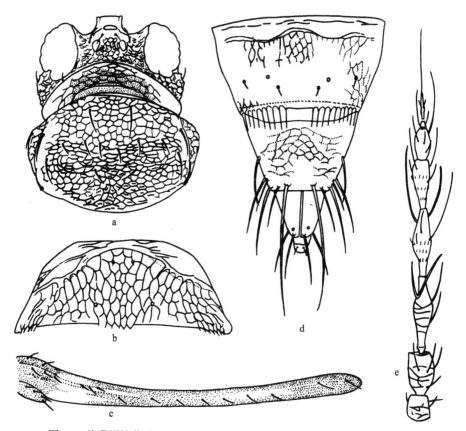

图 62　普通领针蓟马 *Helionothrips communis* Wang（仿王清玲，1993c）

a. 头和前胸（head and pronotum）；b. 腹节Ⅰ背片（abdominal tergite Ⅰ）；c. 前翅（fore wing）；d. 雌虫腹节Ⅷ-Ⅹ背片（female abdominal tergites Ⅷ-Ⅹ）；e. 触角（antenna）

　　雌虫：长翅。体深棕色，腹节Ⅱ-Ⅶ颜色最深。触角节Ⅰ、Ⅱ浅黄棕色，节Ⅲ-Ⅴ黄白色，节Ⅵ端部和节Ⅶ深棕色，节Ⅷ浅灰棕色。单眼有红色色素。前翅基部和翅鬃深棕色，其后有 1 个透明带，其余棕色，端部稍深。前足股节棕色，前足胫节浅黄棕色；中、后足股节和胫节深棕色，胫节端部 1/4 黄色；腹节黄色。体鬃浅棕色。

头部　头宽大于长，单眼区鼓起，两颊近平行，在复眼后稍微凹；复眼间有多角形网纹；后头突前缘几乎与后缘平行；领区网纹内有黑色小颗粒。下颚须 2 节。触角 8 节，节Ⅲ、Ⅳ感觉锥叉状，节Ⅳ感觉锥伸至节Ⅵ中部；节Ⅳ-Ⅵ有微毛。

胸部　前胸圆，宽大于长；前胸有多角形网纹，鬃小。中胸盾片和后胸三角形盾片具多角形网状。前翅被微毛；脉鬃小；后缘缨毛弯曲。

腹部　腹节背板网纹；节Ⅰ-Ⅷ前缘线颜色深，中部几乎直；节Ⅷ、Ⅸ前侧缘肿大；节Ⅷ后缘梳完整；与本属其他种相比，节Ⅸ和节Ⅹ相当长；节Ⅸ后缘有 2 对长鬃；节Ⅹ完全纵裂。

雄虫：长翅。体色和外部形态与雌虫类似。腹节细长，节Ⅷ、Ⅸ前侧缘不像雌虫那样肿大；节Ⅸ有 2 对排成 2 排的刺状鬃，其后有一些深色瘤。节Ⅶ、Ⅷ腹板各有 1 个小的圆形腺域。

寄主：茄子、月桃属植物、芋属植物、杜鹃。

模式标本保存地：中国（TARI，Taiwan）。

观察标本：未见。

分布：台湾。

(41) 游领针蓟马 *Helionothrips errans* (Williams, 1916)（图 63）

Heliothrips errans Williams, 1916a, *Entomol.*, 49: 243.

Hercinothrips errans (Williams): Priesner, 1935a, *Philipp. J. Sci.*, 57 (3): 351; Takahashi, 1936, *Philipp. J. Sci.*, 60 (4): 429.

Helionothrips errans (Williams): Wilson, 1975, *Mem. Amer. Entomol. Inst.*, 23: 121; Zhang, 1980a, *J. Sou. China Agric. Univ.*, 1 (3): 44; Han, 1997a, *Economic Insect Fauna of China Fasc.*, 55: 131.

雌虫：体长 1.1-1.4mm。体暗棕色，头前部黄色。触角节Ⅰ、Ⅱ、Ⅵ、Ⅶ棕色，节Ⅷ灰黄色，节Ⅲ-Ⅴ淡黄色。前翅基部、脉叉处及端部棕色，近基部有 1 白带，中至近端部淡棕色。足跗节黄色。

头部　头宽大于长。颊短，略拱。后头领片内有细网纹，头顶在领前盖布满网纹。头背各鬃均小。触角 8 节，节Ⅱ大，节Ⅲ、Ⅳ有长叉状感觉锥。节Ⅰ-Ⅷ长（宽）分别为：23（27）、39（34）、76（25）、59（27）、44（20）、34（23）、11（3）、21（2），总长 307。

胸部　前胸背片后缘向后拱圆，布满六角形网纹，后侧部有 1 对少纹平滑片。翅胸背片网纹强；中胸盾片完整；后胸盾片有 1 个粗的刻纹构成的倒三角形。中胸前小腹片突起较长；后胸腹片内叉骨增大，琴形。前翅端部钝，脉清晰，前脉基部鬃 3+3 根，端鬃 2 根；后脉鬃约 6 根。后缘缨毛波曲。各足跗节 1 节。

腹部　腹节背、侧、腹片网纹多呈纵向多角形网纹；节Ⅰ背片布满网纹，节Ⅱ-Ⅳ仅两侧有粗网纹；节Ⅰ-Ⅷ有粗前缘线，近侧缘 1/3 处凹入，似锯齿，中部向前拱处后延伸；节Ⅷ后缘梳仅中部有小间断；节Ⅰ-Ⅹ腹片均有网纹。

寄主：咖啡、兰类、蓖麻、非洲楝、茶叶、樟树、杂草。

模式标本保存地：南非（AM，Grahamstown）。

观察标本：1♀1♂，云南勐仑，1987.Ⅹ，冯纪年采自樟树；1♀，河南鸡公山，1997.Ⅶ.12，冯纪年采自杂草。

分布：河南（鸡公山）、台湾、广东、广西、云南（勐仑）；朝鲜，日本，英国，埃及，加拿大。

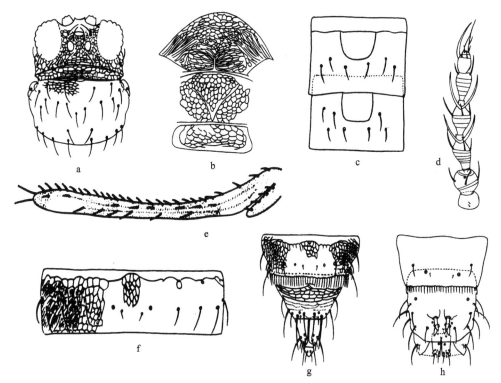

图 63　游领针蓟马 Helionothrips errans (Williams)（a、c、f、g、h. 仿 Kudô，1992）

a. 头和前胸（head and pronotum）；b. 中、后胸盾片（meso- and metanota）；c. 雄虫腹节Ⅶ-Ⅷ腺域（male abdominal gland areas on segments Ⅶ-Ⅷ）；d. 触角（antenna）；e. 前翅（fore wing）；f. 雌虫腹节Ⅴ背片（female abdominal tergite Ⅴ）；g. 雌虫腹节Ⅷ-Ⅹ背片（female abdominal tergites Ⅷ-Ⅹ）；h. 雄虫腹节Ⅷ-Ⅹ背片（male abdominal tergites Ⅷ-Ⅹ）

(42) 林达领针蓟马 *Helionothrips linderae* Kudô, 1992（图 64）

Helionothrips linderae Kudô, 1992, *Jap. J. Entomol.*, 60 (2): 271-289.

雌虫：长翅。体深棕色，头颜色最浅，腹节Ⅱ-Ⅵ色深。前单眼之前黄色。前足棕黄色，胫节内缘色深；中、后足色深，中足股节基部、中足胫节基部和端部，以及后足胫节最基部和端部 1/4 黄色。腹节黄色。前翅基部和端部深棕色，亚基部有 1 白色条带，向端部颜色渐浅。触角节Ⅰ、Ⅱ金黄色，颜色常深于节Ⅲ-Ⅴ，但绝不和节Ⅵ一样深；节Ⅲ-Ⅴ浅黄色；节Ⅵ、Ⅶ棕色，节Ⅵ基部淡黄色；节Ⅷ浅棕色。

头部　头宽大于长，网纹内无刻纹；后头突靠近复眼；在后头领中后部网纹中有很多小颗粒；触角 2.3-2.7 倍于头长；节Ⅳ叉状感觉锥不超过节Ⅴ端部，简单感觉锥常超过叉状感觉锥端部；节Ⅴ内感觉锥常超过节Ⅵ端部。

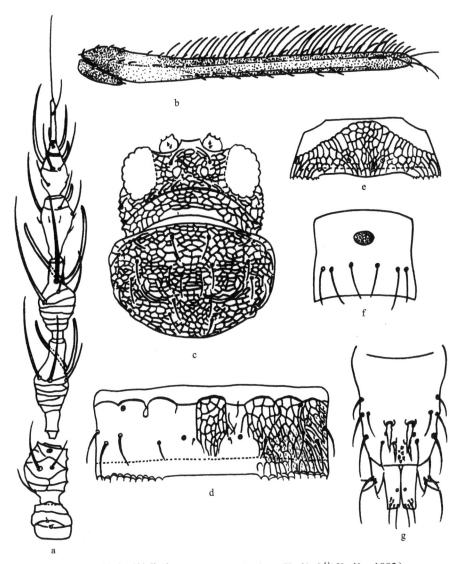

图 64　林达领针蓟马 *Helionothrips linderae* Kudô（仿 Kudô，1992）

a. 触角（antenna）；b. 前翅（fore wing）；c. 头和前胸（head and pronotum）；d. 雌虫腹节Ⅴ背片（female abdominal tergite Ⅴ）；
e. 腹节Ⅰ背片（abdominal tergite Ⅰ）；f. 雄虫腹节Ⅷ腺域（male gland area on abdominal segment Ⅷ）；g. 雄虫腹节Ⅸ-Ⅹ背
片（male abdominal tergites Ⅸ-Ⅹ）

　　胸部　前胸常大于宽，网纹内常无刻纹，有时中部网纹会有一些刻纹。前缘鬃和中对鬃之间有 2-3 横排的大于前缘及中部网纹的网纹，亚中鬃后的网纹同样也大。中胸背板中部网纹有弱的刻纹；后胸背板网纹内无刻纹。前翅长/宽为 17.7-19.9，前缘有缨毛 29-34 根，后缘有 63-71 根；前缘脉有鬃 27-33 根，前脉有鬃 8-9 根，后脉鬃 6-8 根；后翅缨毛

77-89 根。

腹部　腹节背板 B2 和 B3 鬃之间后部的网纹内有刻纹；节Ⅰ背板前缘线后缘全为网纹；节Ⅲ-Ⅷ背板前缘线分成几个由细线连接的宽的拱；节Ⅷ背板后缘梳中部缺 6-10 根梳毛。

雄虫：体长 1.2mm。体色与雄虫相似。节Ⅸ背板有 2 对基部分得很开的刺状鬃；节Ⅷ腹板有椭圆形的腺域。

寄主：樟科钓樟属植物。

模式标本保存地：未知。

观察标本：未见。

分布：台湾；日本（本州岛、东京、静冈县）。

(43) 木领针蓟马 *Helionothrips mube* Kudô, 1992（图 65）

Helionothrips mube Kudô, 1992, *Jap. J. Entomol.*, 60 (2): 275.

雌虫：体长 1.4-1.5mm。体完全黑棕色；触角节Ⅰ-Ⅴ灰白色，节Ⅵ-Ⅷ黄色；胫节最端部和跗节黄色；前翅基部棕色，亚基部有 1 白色区，其后是 1 淡棕色区，接着是黄色区，约占翅 2/3，最端部淡棕色。

头部　头宽大于长；复眼大；单眼在小丘上，近复眼后缘；颊短，平直；后头顶有粗脊，其后的领前缘拱、后缘直，领内布满网纹，网纹内有颗粒状小点。头鬃细，单眼前侧鬃后移，位于单眼间鬃之后外侧，在单眼区小丘和复眼中间。单眼间鬃位于前后单眼中心连线上，眼后鬃中，单眼后鬃最小，离后单眼较远，相互靠近，位于后单眼后内侧。复眼后鬃 4 对，较细小，长于单眼间鬃，靠近后头顶粗脊，前 3 个绕脊排列，最后 1 个在脊之前。触角 8 节，节Ⅳ的颈短于节Ⅲ的颈，但粗细相似，节Ⅵ和节Ⅶ较愈合，节Ⅳ-Ⅵ线纹少但腹面有横排微毛，节Ⅰ-Ⅷ长（宽）分别为：24（20）、38（30）、66（22）、52（22）、42（20）、28（18）、10（6）、32（3），节Ⅲ长为宽的 3 倍，节Ⅲ-Ⅳ感觉锥叉状，节Ⅲ叉状感觉锥伸至节Ⅳ端部，节Ⅳ叉状感觉锥长度超过节Ⅴ端部，伸至节Ⅵ中部，节Ⅵ上简单感觉锥伸过节Ⅷ。口锥端部钝圆，下唇须 2 节，节Ⅰ宽为节Ⅱ的 2 倍。

胸部　前胸背片布满网纹，网纹中无皱纹，后部中间似有 1 凹陷区，背鬃细。中胸盾片完整，后部 1/3 中部裂开，两侧为纵纹，中后部为网纹，网纹内光滑；中胸前侧片后缘长且窄，端部尖。后胸盾片中部隆起刻纹构成倒三角形，两侧为网纹，后缘两侧有两个小的纵线区。前缘鬃和前中鬃都在倒三角区内，均在前缘之后，其后无细孔。后胸小盾片与后胸盾片分开，其上布满网纹。前翅前脉鬃 6 根，端鬃 2 根，后脉鬃 5-6 根，后缘缨毛波曲。

腹部　腹节Ⅰ背片前缘片重，前缘线中部鼓起，呈半椭圆形；腹节背片除两侧的亚中部为光滑区外，其余部分为网纹；节Ⅷ后缘梳中间缺，两侧存在；节Ⅸ背片后缘鬃较粗长；节Ⅹ背片中部完全纵裂。节Ⅱ-Ⅷ腹片中部各有 3 对鬃，较细长，节Ⅶ后缘两侧还有 1 对靠近的短鬃。

雄虫：同雌虫；腹节Ⅵ-Ⅷ腹板有腺域，节Ⅸ背板前缘粗壮鬃基部距离很远。节Ⅸ上有 2 对刺状鬃，后缘有 6-8 个疣状突。

寄主：草、野木瓜属植物。

模式标本保存地：未知。

观察标本：2♀♀1♂，陕西太白山，2002.Ⅶ.15，张桂玲采自杂草。

分布：陕西（太白山）、台湾；日本。

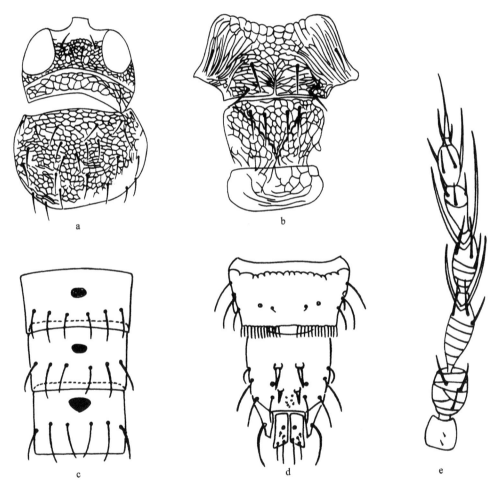

图 65　木领针蓟马 *Helionothrips mube* Kudô（c、d. 仿 Kudô，1992）

a. 头和前胸（head and pronotum）；b. 中、后胸盾片（meso- and metanota）；c. 雄虫腹节Ⅵ-Ⅷ腺域（male abdominal gland areas on segments Ⅵ-Ⅷ）；d. 雄虫腹节Ⅷ-Ⅹ背片（male abdominal tergites Ⅷ-Ⅹ）；e. 触角（antenna）

（44）微领针蓟马 *Helionothrips parvus* Bhatti, 1968（图 66）

Helionothrips parvus Bhatti, 1968, *Orien. Insects*, 2: 35-39.

雌虫：体长 1.2-1.3mm，体黑棕色。触角节Ⅰ-Ⅱ棕色，节Ⅲ-Ⅴ黄色，节Ⅵ-Ⅷ棕色，节Ⅶ有时基部色淡。前翅基部棕色，近基部有 1 白带，亚中部有 1 个短的棕色条带，端部 1/2 白色，最端部棕色。足胫节端部 2/3 和跗节黄色。

头部　头部宽大于长，头部网纹内布满短皱纹，头后部颈片内有网纹，两边网纹不明显，网纹内有小黑点。触角 8 节，节Ⅰ-Ⅷ长（宽）分别为：20（20）、36（32）、48（20）、42（20）、36（20）、24（18）、8（18）、25（4），节Ⅲ-Ⅳ较粗，节Ⅳ-Ⅵ腹面有微刺列。

胸部　前胸背片布满六角形网纹，网纹内布满短皱纹。中胸盾片中部网纹内有皱纹，后部网纹内无皱纹。后胸盾片倒三角形明显，倒三角形内的网纹里有短皱纹，两侧网纹无短皱纹。前翅前脉鬃 8 根，端鬃 2 根，后脉鬃 5 根。

腹部　腹节背侧片和腹片网纹呈纵向多角形，两侧网纹内有短皱纹。腹节Ⅰ背片前缘线弱，两侧 2/3 几乎直；节Ⅷ背片后缘梳中间有宽的间断。

雄虫：同雌虫，腹部细长，节Ⅷ背片后缘梳间断比雌虫小，节Ⅸ有 2 对刺状鬃，刺状鬃后有 1 组疣状突起，靠近后缘。节Ⅶ-Ⅷ腹板前部中间有 1 个大的圆形雄性腺域。

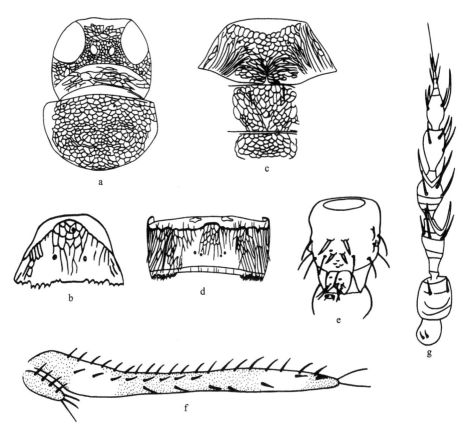

图 66　微领针蓟马 *Helionothrips parvus* Bhatti（b、d、e. 仿 Wilson，1975）

a. 头和前胸（head and pronotum）；b. 腹节Ⅰ背片（abdominal tergite Ⅰ）；c. 中、后胸盾片（meso- and metanotum）；d. 腹节Ⅴ背片（abdominal tergite Ⅴ）；e. 雄虫腹节Ⅸ-Ⅹ背片（male abdominal tergites Ⅸ-Ⅹ）；f. 前翅（fore wing）；g. 触角（antenna）

寄主：鳞毛蕨属植物、大荔花、杂草木槿。

模式标本保存地：印度（HRC，Delhi）。

观察标本：8♀♀1♂，广西花坪，2000.Ⅷ.24/30，海拔1500/1800m，沙忠利采自大荔花和杂草；1♀，湖北九宫山，2001.Ⅷ.6，张桂玲采自木槿；1♀，广西大瑶山，2000.Ⅸ.6，沙忠利采自杂草。

分布：湖北（九宫山）、广西（花坪、大瑶山）；印度。

(45) 朴领针蓟马 *Helionothrips ponkikiri* Kudô, 1992（图67）

Helionothrips ponkikiri Kudô, 1992, *Jap. J. Entomol.*, 60 (2): 284.

雌虫：体长约1.5mm，体黑棕色。头完全棕色；触角节Ⅰ-Ⅱ和节Ⅵ-Ⅶ棕色至黑棕色，节Ⅵ梗部偶尔色淡，节Ⅲ-Ⅴ黄色，节Ⅷ黄棕色。足股节棕色，前足胫节黄棕色；中足和后足黑棕色，但胫节端部1/3黄色，跗节黄色。前翅基部和端部黑棕色，近基部有1白色区，分叉处黑色，向端部逐渐变浅。

头部　头宽大于长。头背布满网纹，网纹内无皱纹。后头顶有粗脊，其颈片前缘中部拱，后缘直，颈片间布满网纹，后部网纹内有许多颗粒状小点。触角8节，节Ⅰ-Ⅷ长（宽）分别为：22（25）、37（32）、57（23）、48（23）、44（21）、30（19）、9（9）、35（6），节Ⅲ上叉状感觉锥伸至节Ⅳ中部，节Ⅳ上叉状感觉锥伸达节Ⅴ端部或超过端部，节Ⅳ上简单感觉锥伸至节Ⅴ中部；节Ⅳ端部细颈短于节Ⅲ端部细颈，但形状相似；节Ⅵ内侧感觉锥超过节Ⅷ端部；节Ⅳ上腹面有2-3排微刺列；节Ⅴ背面有1-2排微刺列，腹面有2-3排微刺列；节Ⅵ背面有1排或无微刺列，腹面有2排微刺列。

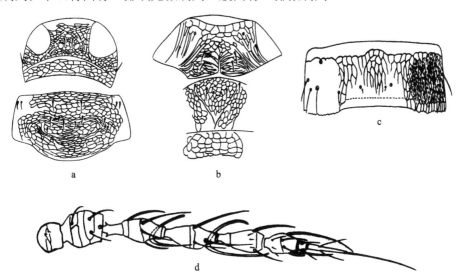

图67　朴领针蓟马 *Helionothrips ponkikiri* Kudô（c、d. 仿 Kudô，1992）

a. 头和前胸（head and pronotum）; b. 中、后胸盾片（meso- and metanota）; c. 腹节Ⅴ背片（abdominal tergite Ⅴ）; d. 触角（antenna）

胸部　前胸宽大于长；前面有多角形网纹，后缘有横向多角形网纹，中后缘网纹内有弱蠕虫状皱纹；前缘鬃和中部鬃之间有 2-3 排网纹。中胸和后胸盾片网纹内无皱纹。前翅前缘鬃 23-28 根，前脉鬃 9 根，后脉鬃 3-5 根。

腹部　腹节背面两侧 1/4 的网纹内有蠕虫状皱纹。腹节背板前缘线细且平，不向后延伸形成大的中央球囊；节 I 背面亚中部无网纹，节 II 几乎布满网纹；节Ⅷ背板后缘梳中部有 7-8 根鬃的间断。

雄虫：未明。

寄主：禾本科植物、杂草。

模式标本保存地：未知。

观察标本：3♀♀，广西大瑶山，2001.IX.7，沙忠利采自杂草；1♀，广西金秀，2000.IX.6，沙忠利采自杂草。

分布：广西（大瑶山、金秀）；日本。

(46) 神农架领针蓟马 *Helionothrips shennongjiaensis* Feng, Yang & Zhang, 2007（图 68）

Helionothrips shennongjiaensis Feng, Yang & Zhang, 2007, *Acta Zootaxon. Sin.*, 32: 451-454.

雌虫：体长 1.4-1.5mm，体棕色到黑棕色。头前部黄色，腹节Ⅷ- X 黄棕色；触角节 I 黄棕色，节 II 棕色，节Ⅲ- V 黄色，节Ⅵ-Ⅶ深棕色，节Ⅷ棕色。前翅基部、端部和脉叉处棕色，近基部有 1 白带，中至近端部由淡棕色逐渐变为白色，色白处同近基部白带。前足胫节浅棕色（边缘除外），中、后足股节和胫节最基部黄色，后足胫节端部及各足跗节黄色。

头部　头部宽大于长，颊短，平直；后头领片内有网纹，头顶领前布满网纹，网纹内无短皱纹。触角 8 节，节 I -Ⅷ长（宽）分别为：24（24）、36（30）、68（24）、58（24）、42（18）、24（18）、6（6）、29（4），节Ⅲ叉状感觉锥不超过节Ⅳ端部，节Ⅳ叉状感觉锥伸至节Ⅵ端部或超过端部，节Ⅵ简单感觉锥远超过节Ⅷ端部，节 V -Ⅶ腹面有微刺列。

胸部　前胸宽大于长。背面布满网纹，网纹内无皱纹，光滑，中部偏后两侧有两处大网纹，中部偏前处有 3-4 排规则的大网纹，该网纹比前缘和后缘的网纹均大。中胸盾片中部色淡，后部色深，呈棕色，中部两侧为纵斜纹，前缘和中后部为网纹，中部网纹有弱线纹。后胸盾片布满网纹，有些网纹内有皱纹。前翅前缘鬃 27 根，前脉基部鬃 3+2 根，端鬃 2 根，后脉鬃 7 根。

腹部　腹节 I 背片前缘线重，两侧 1/3 波曲似齿，中央前部网纹不明显；节 II -Ⅷ背片前缘线重，节 II -Ⅶ两侧各有两处向后凹陷；节 II -Ⅷ中部向前拱起处有两条细线向后延伸，两侧网纹重；节Ⅷ后缘梳中间有间断，6-9 根鬃的间距；节 X 背片中部纵裂完全。

雄虫：相似于雌虫，体较细长。腹节Ⅸ棕色，背片中部有 2 对粗角状刺，其后约有 8 个尾向疣突；腹节Ⅶ和Ⅷ腹片各有 1 个圆形腺域。

寄主：花。

模式标本保存地：中国（NWAFU, Shaanxi）。

观察标本：1♀，湖北神农架松柏镇，2001.Ⅷ.25，张桂玲采自花；8♀♀2♂♂，湖北神农架松柏镇，2001.Ⅷ.25，张桂玲采自花。

分布：湖北（神农架松柏镇）。

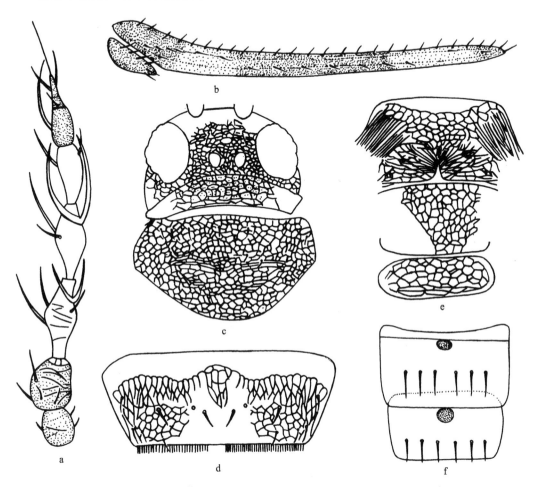

图 68　神农架领针蓟马 *Helionothrips shennongjiaensis* Feng, Yang & Zhang

a. 触角（antenna）；b. 前翅（fore wing）；c. 头和前胸（head and pronotum）；d. 腹节Ⅷ背片（abdominal tergite Ⅷ）；e. 中、
后胸盾片（meso- and metanota）；f. 腹节Ⅶ-Ⅷ腺域（gland areas on abdominal segments Ⅶ-Ⅷ）

(47) 褐头领针蓟马 *Helionothrips unitatus* Chen, 1981（图 69）

Helionothrips unitatus Chen, 1981, *Plant Prot. Bull.* (*Taiwan*), 23: 117-130.

雌虫：长翅。体长 1.35-1.55mm。体棕色。触角节Ⅰ-Ⅱ、Ⅵ棕色，节Ⅲ-Ⅴ浅黄色，节Ⅶ-Ⅷ浅棕色。前足黄色，中足胫节端部 1/2 和后足胫节端部 1/3 黄色，所有跗节均黄色。前翅亚基部有 1 个白带，端部 1/2 处有 1 个黄褐色条带，端部有 1 个深棕色条带。

头部　头宽大于长。刻纹和毛序与本属模式种相同。口锥圆，伸至前胸腹板中部。触角 8 节，节Ⅴ-Ⅵ背腹面有微毛，节Ⅳ微毛在腹面，节Ⅲ、Ⅳ感觉锥叉状。触角节Ⅰ-Ⅷ长（宽）分别为：19-21（21-25），30-32（28-30），56-59（22-24），46-48（21-23），41-43（20-22），27-28（17-18），10-11（7-8），33-35（5）。

胸部　前胸宽大于长，有多角形网纹。中胸背板完整，三角形显著。前翅长 875-898，中部宽 38-41；前缘脉鬃 22-24 根，前脉鬃 3+3+2 根，后脉鬃 6-8 根。

腹部　腹节除节Ⅷ背板亚中部光滑之外其余均具网纹，节Ⅲ-Ⅷ无纵向的扁平囊。

雄虫：长翅。体长 1.19-1.30mm。除腹节Ⅸ背板有 2 对刺状鬃外，颜色和形状均与雌性相似。

寄主：杂草。

模式标本保存地：中国（QUARAN，Taiwan）。

观察标本：未见。

分布：台湾。

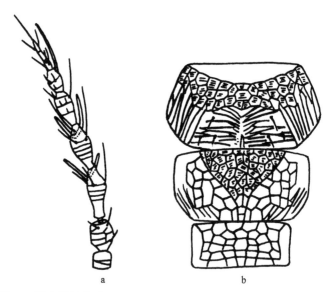

图 69　褐头领针蓟马 *Helionothrips unitatus* Chen（仿 Chen，1981）
a. 触角（antenna）；b. 中、后胸盾片（meso- and metanota）

11. 阳针蓟马属 *Heliothrips* Haliday, 1836

Heliothrips Haliday, 1836, *Ent. Mag.*, 3: 443; Priesner, 1949a, *Bull. Soc. Roy. Entomol. Egy.*, 33: 42, 132; Priesner, 1957, *Zool. Anz.*, 159 (7/8): 165; Stannard, 1968, *Bull. Ill. Nat. Hist. Surv.*, 29 (4): 273, 316; Wilson, 1975, *Mem. Amer. Entomol. Inst.*, 23: 142; Han, 1997a, *Economic Insect Fauna of China Fasc.*, 55: 132.

Aeliothrips Ribaga: Priesner, 1949a, *Bull. Soc. Fouad Ier Ent.*, 33: 118.

Type species: *Heliothrips abonidum* Haliday; monobasic. = *haemorrhoidalis* (Bouché).

属征：头部布满多角形网纹，后部收缩成颈状。鬃微小。单眼区不隆起，前单眼区有雕刻纹。触角 8 节，节Ⅲ-Ⅳ感觉锥简单，无微毛。口锥宽圆；下颚须 2 节。前胸背片小，宽而全部有网纹，鬃小而弱。中胸盾片完整；后胸盾片有明显三角形刻纹区。总是长翅；前翅端较截圆；鬃微小；前脉与前缘脉在交叉处愈合；前缘缨毛有或无，后缘缨毛直。足粗，跗节 1 节。腹节背片除后中部的平滑区外，盖以网纹，前缘线以前有 1 横列网纹，各背片中对鬃间距可变；节Ⅷ背片后缘梳完整，节Ⅹ背片完全纵裂。雄虫腹节Ⅸ背片后中部有 3 对角状刺。腹片节Ⅲ-Ⅶ腹片有圆的、长椭圆的或横的腺域；雄虫稀有或未明。

分布：古北界，东洋界，非洲界，新热带界，澳洲界。

本属世界记录 5 种，本志记述 1 种。

(48) 温室蓟马 *Heliothrips haemorrhoidalis* (Bouché, 1833)（图 70）

Thrips haemorhoidalis Bouché, 1833, *Naturg. Schadl. Nutzl. Gart.-Ins.*: 42.

Heliothrips haemorhoidalis (Bouché): Burmeister, 1838, *Handb. Ent.*, 2: 412; Wilson, 1975, *Mem. Amer. Entomol. Inst.*, 23: 146; Mound, 1976a, *Bull. Entomol. Res.*, 66 (1): 179-180; Zhang, 1980a, *J. Sou. China Agric. Univ.*, 1 (3): 45; Han, 1997a, *Economic Insect Fauna of China Fasc.*, 55: 133.

Heliothrips haemorrhoidalis var. *abdominalis* Reuter, 1891, *Meddel. Soc. Fauna Flora Feen.*, 17: 165.

Dinurothrips rufiventris Girault, 1929, *New Pests from Australia*, Ⅵ: 1.

雌虫：体长约 1.3mm，体棕色。腹部末端或全腹部色较淡；触角节Ⅰ-Ⅱ淡棕色，节Ⅲ-Ⅴ和节Ⅵ基部 1/3 淡黄色，节Ⅵ端部 2/3 棕色，节Ⅶ-Ⅸ黄色；足和翅黄色。

头部　头宽大于长；颊在复眼后收缩，后缘收缩成颈；头背面布满大网纹，单眼区在复眼间前半部；头鬃均小，单眼间鬃在前后单眼中心连线上；触角 8 节，节Ⅱ粗大，节Ⅲ-Ⅳ上感觉锥简单，节Ⅱ-Ⅵ上有横线纹，缺微毛；口锥端部宽圆，伸至前胸腹板近后缘，下颚须 2 节。

胸部　前胸宽是长的 2 倍，两侧较圆，布满网纹；中胸盾片完整，后部中间无纵缝，其上布满网纹；后胸盾片倒三角形明显，其两侧网纹轻；前翅前缘鬃退化，前脉鬃 14 根，后脉鬃 8 根，翅缘缨毛直。

腹部　腹节背片前缘线不重，节Ⅱ-Ⅷ两侧布满多角形网纹，前缘线前有横排网纹，中对鬃周围光滑无纹；节Ⅷ背片后缘梳完整，节Ⅸ布满多角形网纹，节Ⅹ背片纵裂完全，其上网纹模糊。

雄虫：中国尚未发现。

寄主：茶、柑橘、桃、柿、杧果、葡萄、槟榔、金鸡纳树、桑树、相思树、巴豆、樟树、棉花、柳树、变叶木、咖啡、腰果、杜鹃花、变叶木。

模式标本保存地：澳大利亚（QM, Brisbane）。

观察标本：1♀，浙江乌岩岭，680-1100m, 2005.Ⅶ.29，袁水霞采；10♀♀，福建德化水口，1974.Ⅺ.6，杨集昆采；2♀♀，海南那大，1963.Ⅳ.20，周尧采自腰果；1♀，云南思茅，1979.Ⅲ.20，胡国文采自紫花杜鹃；1♀，云南勐仑，1987.Ⅳ.15，张维球采自樟树；

1♀，北京，1996.Ⅹ.16，韩运发采自变叶木。

分布：北京、浙江（乌岩岭）、福建（德化）、台湾、广东、海南（那大）、广西、四川、贵州、云南（思茅、勐仑）；朝鲜，日本，越南，泰国，菲律宾，德国，法国。

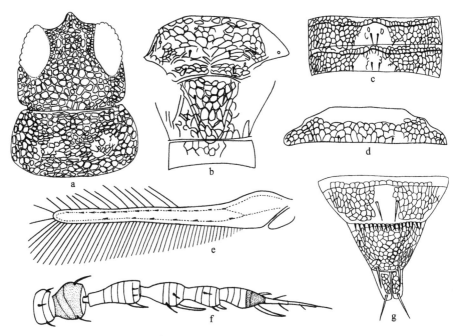

图 70 温室蓟马 *Heliothrips haemorrhoidalis* (Bouché)

a. 头和前胸（head and pronotum）；b. 中、后胸盾片（meso- and metanota）；c. 腹节Ⅴ-Ⅵ背片（abdominal tergites Ⅴ-Ⅵ）；
d. 腹节Ⅰ背片（abdominal tergite Ⅰ）；e. 前翅（fore wing）；f. 触角（antenna）

12. 针蓟马属 *Panchaetothrips* Bagnall, 1912

Panchaetothrips Bagnall, 1912b, *Rec. Indian Mus.*, 7: 258; Priesner, 1957, *Zool. Anz.*, 159 (7/8): 165;
　　Mound, 1968, *Bull. Brit. Mus. (Nat. Hist.) Entomol. Suppl.*, 11: 48; Wilson, 1975, *Mem. Amer.*
　　Entomol. Inst., 23: 185; Han, 1997a, *Economic Insect Fauna of China Fasc.*, 55: 134.

Type species: *Panchaetothrips Indicus* Bagnall, monobasic and designated.

属征：头宽于长，颊略外凸，向基部收缩。后头内突向前拱圆，侧部突出，形成一个宽的平行的颈片；有网纹。头鬃小。单眼区略微隆起，复眼区多毛。触角 8 节，节Ⅲ-Ⅳ有简单或者叉状感觉锥，无微毛。口锥适当长，端宽圆。下颚须和下唇须各 2 节。前胸背片有横刻纹，其上鬃小。中胸盾片有不规则网纹；后胸盾片平滑或有细纹。前翅鬃长而粗，后脉鬃缺。腹节Ⅶ-Ⅸ侧片和节Ⅹ端部有长而粗的鬃；节Ⅹ管状，背片中部纵裂完全，缺微毛。雄虫腹节Ⅷ长，中部收缩，节Ⅷ-Ⅸ有长而粗的侧鬃，节Ⅸ背片有长而粗的中对鬃。腹节Ⅲ-Ⅶ腹片各有 1 个向前拱的横线状腺域。

分布：东洋界，非洲界，新热带界。

本属世界记录 6 种，本志记述 2 种。

种检索表

触角节III-IV感觉锥叉状；腹节 II 背片中对鬃与亚中对鬃颜色、强弱、大小相当……………………
……………………………………………………………………………………鼎湖山针蓟马 *P. noxius*

触角节III-IV感觉锥简单；腹节 II 背片中对鬃比亚中对鬃浅，细且长约为其一半………………
…………………………………………………………………………………………印度针蓟马 *P. indicus*

(49) 印度针蓟马 *Panchaetothrips indicus* Bagnall, 1912（图 71）

Panchaetothrips indicus Bagnall, 1912b, *Rec. Indian Mus.*, 7: 258, pl. Ⅶ; Mound, 1968, *Bull. Brit. Mus.*
(Nat. Hist.) Entomol. Suppl., 11: 48; Wilson, 1975, *Mem. Amer. Entomol. Inst.*, 23: 188; Zhang, 1980a,
J. Sou. China Agric. Univ., 1 (3): 45, 48; Han, 1997a, *Insect Faun. China Fasc.*, 55: 135.

雌虫：体长 1.3mm，体暗棕色。触角节 I -II 、VI-VII棕色，节III-V 黄色，但节III-
IV（端部颈状部除外）和节 V 端部淡棕色，节Ⅷ黄棕色；前翅灰棕色，前后脉分叉处有
1 白色区；各足胫节端部和跗节黄色，其余部分棕色。

头部　头宽大于长，颊拱起，基部收缩；后头内突脊状，两侧略突出，形成 1 个宽的
平行领，其内有横交错线纹，纵间有微颗粒。背片具网纹，无皱纹单眼区略隆起，前部
低。复眼突出，单眼相互靠近。头鬃小，触角 8 节，细长，节上有环纹，环纹上均无微
毛，节III-IV感觉锥简单。口锥端部宽圆，伸至前胸腹板中部。

胸部　前胸宽大于长，背片布满不规则交错横纹，背鬃小。中胸背片无纵缝，前中部
具网纹，两侧和后部为线纹，后缘鬃前移，靠近后中鬃。后胸盾片中部为网纹三角区，
但无粗边缘线，两侧为纵线纹；前中鬃在前缘之后，其后有 1 对亮孔。中胸前小腹片后
缘延伸物较粗，中、后胸内叉骨无刺，后胸内叉骨向前伸。前翅翅面微毛细长，前脉与
前缘脉愈合，后脉无；脉鬃长而粗。跗节 2 节。

腹部　腹节 I 背片光滑，中对鬃小而相互靠近；节 II 背片自中对鬃向侧缘有隆起刻纹，
中对鬃以内平滑。节 I -Ⅷ背片前缘线细；节 II -IV中对鬃短于亚中对鬃，节 V -IX中对鬃
长于其他鬃，节 IX 背鬃为 2 横列，后排鬃粗而长；节 X 管状，背面纵裂完全。

雄虫：似雌虫，但节Ⅶ-Ⅷ侧片上的鬃比雌虫的粗壮，节 IX 背片后缘鬃有 4 对长的侧
鬃和 1 对弱的中对鬃；节III-Ⅶ腹片有横且直的雄性腺域。

寄主：禾本科作物、香蕉、咖啡。

模式标本保存地：英国（BMNH, London）。

观察标本：6♀♀，海南尖峰岭，1980.Ⅳ.5，张维球采自禾本科杂草；1♀，广西龙州
县，1985.Ⅶ.31，张维球采自禾本科杂草。

分布：海南（尖峰岭）、广西（龙州县）；印度，喜马拉雅山南麓。

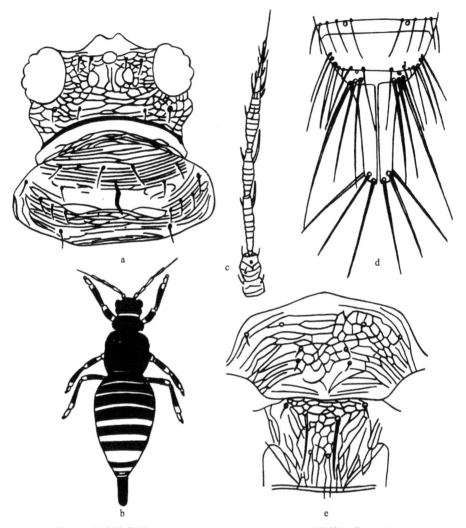

图 71 印度针蓟马 *Panchaetothrips indicus* Bagnall（仿韩运发，1997a）

a. 头和前胸（head and pronotum）；b. 雌虫（female body）；c. 触角（antenna）；d. 雌虫腹节Ⅸ-Ⅹ背片（female abdominal tergites
Ⅸ-Ⅹ）；e. 中、后胸盾片（meso- and metanota）

(50) 鼎湖山针蓟马 *Panchaetothrips noxius* Priesner, 1937

Panchaetothrips noxius Priesner, 1937a, *Rev. Zool. Bot. Afr.*, 30: 172.

雌虫：体长 0.9mm，体形扁，体棕色。触角节Ⅲ-Ⅴ大部分黄色，节Ⅰ-Ⅱ、节Ⅲ-Ⅴ
端部及节Ⅵ-Ⅷ棕色；前翅棕色，但中部有 1 亮带。

头部 头宽大于长，头背布满网纹，新月形颈片则布满横交错线纹，后头内突脊状，
在两侧略突出，形成 1 个宽的平行的颈片；两复眼远离，单眼区位于其间隆起的小丘上，
在两复眼间中部，单眼前外侧鬃存在，单眼间鬃位于前后单眼外缘连线之上，头背鬃细
小；触角 8 节，节Ⅲ-Ⅳ感觉锥叉状，节Ⅲ有柄，节Ⅳ长于节Ⅲ，节Ⅵ简单感觉锥伸至节

Ⅷ，节Ⅲ-Ⅳ有环纹，但无微毛；口锥端部钝圆，伸至前胸腹板 2/3 处。

胸部　前胸宽大于长，两侧中部凸出，背板布满横线纹，鬃小；中胸背片完整；后胸有三角区，其顶角远离后缘，其内为网纹，其外有稀疏的纵条纹，前中鬃远离前缘，在三角区内，无鬃孔靠近后部，后胸小盾片光滑；中后胸腹片内叉骨无刺；前翅前缘鬃 16 根，前脉鬃 8 根，前脉鬃与前缘鬃愈合，后脉鬃缺，翅端尖，翅面布满微毛，缨毛弯曲。跗节 2 节。

腹部　腹节背片光滑，仅节Ⅱ背片密布线纹，背片鬃 3 对，较粗；背片中对鬃远离；节Ⅷ背片无后缘梳；节Ⅸ背片鬃呈 2 排排列，节Ⅹ管状，背片完全纵裂，后缘有 4 根长而粗的鬃。

寄主：禾本科植物、咖啡。

模式标本保存地：比利时（RMCA，Tervuren）。

观察标本：1♀，广东鼎湖山，1978.Ⅰ.19，张维球采自禾本科植物叶片。

分布：广东（鼎湖山）；埃及。

13. 缺缨针蓟马属 *Phibalothrips* Hood, 1918

Phibalothrips Hood, 1918, *Mem. Queensland Mus.*, 6: 125; zur Strassen, 1960, *J. Entomol. Soc. Sth. Afr.*, 23: 336; Wilson, 1975, *Mem. Amer. Entomol. Inst.*, 23: 195; Han, 1997a, *Economic Insect Fauna of China Fasc.*, 55: 136.

Reticulothrips Faure, 1925, *South Afr. J. Nat. Hist.*, 5: 144.

Type species： *Phibalothrips exilis* Hood, monobasic and designated; of *Reticulothrips peringueyi* Faure; monobasic and designated.

属征：体二色，头部后缘显著收缩成颈状；头鬃小，触角 7 节，节Ⅲ-Ⅳ感觉锥简单；微毛缺；口锥适当长，下颚须 2 节；前胸网纹弱于头部，鬃细小；中胸盾片完整，后胸背片中部有 1 刻纹粗的倒三角形区；前翅细长，前缘缺缨毛和缘鬃；前脉难辨，与前缘脉愈合；脉鬃小；后缘缨毛直。跗节 1 节。腹部两侧 1/3 有多角形网纹，其中又有纵皱纹，中部平滑。节Ⅷ背片后缘鬃缺。节Ⅸ背片长鬃超过节Ⅹ，节Ⅹ纵裂完全。腹节Ⅱ前部有多角形网纹。雄虫相似于雌虫，节Ⅸ背片长鬃距离宽，中部平滑。腹节Ⅲ-Ⅶ腹片前中部有圆形或椭圆形腺域。

分布：古北界，东洋界，非洲界。

本属世界记录 4 种，本志记述 1 种。

(51) 二色缺缨针蓟马 *Phibalothrips peringueyi* (Faure, 1925)（图 72）

Reticulothrips peringueyi Faure, 1925, *South Afr. J. Nat. Hist.*, 5: 145, pl. ⅩⅣ, figs. 5, 7-11.

Phibalothrips peringueyi (Faure): zur Strassen, 1960, *J. Entomol. Soc. Sth. Afr.*, 23: 336; Wilson, 1975, *Mem. Amer. Entomol. Inst.*, 23: 197; Zhang, 1980a, *J. Sou. China Agric. Univ.*, 1 (3): 45, 48; Han, 1997a, *Economic Insect Fauna of China Fasc.*, 55: 137.

雌虫：体长 1.0-1.2mm。头部、胸部、触角节Ⅴ端部和节Ⅵ-Ⅶ及各足股节棕色；触角节Ⅰ-Ⅳ和节Ⅴ基半部，各足胫节、跗节和腹部黄色；前翅基部和翅瓣棕色，其后黄色，中部颜色略浅。

头部 头近方形，长大于宽；颊较直，长于眼前部分，后缘收缩成颈状。背片网纹粗，围墙状，鬃小；单眼小，间距小，位于隆起丘上；单眼间鬃位于前后单眼中心连线上，眼后鬃距眼远，呈不规则排列；触角7节，节Ⅱ粗而桶状，节Ⅲ-Ⅳ较细长，管形，两端细，节Ⅴ-Ⅶ较愈合，但节间缝清晰，节Ⅴ、Ⅵ呈纺锤形，节Ⅱ-Ⅴ有横纹但无微毛，仅节Ⅱ、Ⅵ-Ⅶ有短鬃；节Ⅰ-Ⅶ长（宽）分别为：23（25），38（36），76（16），60（16），71（20），25（14），43（5），总长336，节Ⅲ长为宽4.75倍。节Ⅲ-Ⅳ感觉锥简单；口锥伸至前胸腹板中部。

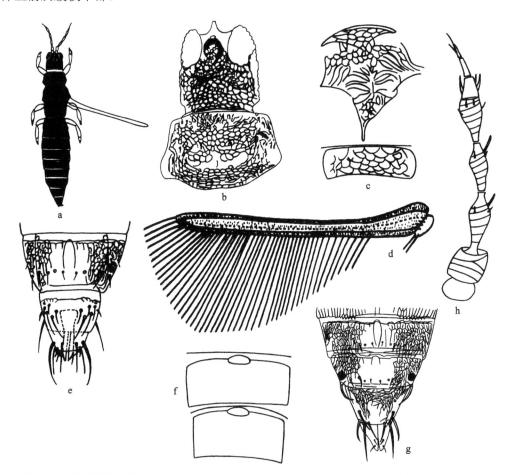

图72 二色缺缨针蓟马 Phibalothrips peringueyi (Faure)（a、d、e、f、g. 仿韩运发，1997a）

a. 雌虫整体（female body）；b. 头和前胸（head and pronotum）；c. 中、后胸盾片（meso- and metanota）；d. 前翅（fore wing）；
e. 雄虫腹节Ⅷ-Ⅹ背片（male abdominal tergites Ⅷ-Ⅹ）；f. 雄虫腹节Ⅵ-Ⅶ腺域（male gland areas on abdominal segments Ⅵ-Ⅶ）；g. 雌虫腹节Ⅶ-Ⅹ背片（female abdominal tergites Ⅶ-Ⅹ）；h. 触角（antenna）

胸部 前胸宽大于长，背板布满网纹，侧缘有薄缘片，后角显著，鬃小而稀疏。中胸背片前部有 1 明显的三角形，其内为横网纹，两侧为纵线纹，后部为横线纹。后胸盾片三角区内刻纹隆起，前中鬃及其后亮孔位于三角区内，三角形外为稀疏弱纹，后胸小盾片大，横而有弱网纹，后胸内叉骨无刺，且不向前延伸；前翅狭长，前后缘直，前脉与前缘合并，后脉不可见；翅面有微毛；脉鬃退化，仅前脉鬃基部有痕迹；前缘无缨毛，后缘缨毛直。足粗，跗节 2 节。

腹部　腹节 I 背片具网纹，各节背片前缘线细，腹片前缘线粗，节 II-VIII 背片两侧 1/3 有的网纹内有纵皱纹，两侧后缘有网纹延伸成齿状梳，中部无纹，自前缘线有条线向后延伸；各背片鬃均在后缘之前，中对鬃微小而相互靠近；节 VIII 后缘梳不完整，中间间断；节 II-VIII 腹片有网纹或线纹，各后缘鬃均在后缘之前。

雄虫：似雌虫，但较小。腹节 III-VII 腹片前部有横卵形腺域，节 II 的较圆，有时变成 2 个小圆点；节 V 的中央长 12，两端长 11，宽（横）42；各腺域占该节腹片的比值为：节 III 占腹片宽度 0.22，节 IV 占 0.26，节 V 占 0.3，节 VI 占 0.26，节 VII 占 0.3。

寄主：茅草、玉米、狗尾草、禾本科杂草及其他杂草。

模式标本保存地：中国（TARI，Taiwan）。

观察标本：1♀，海南铜鼓岭，2009.VIII.17，胡庆玲采自杂草；1♀，陕西佛坪县，200m，1998.VII.29，姚健网捕。

分布：河南、陕西（佛坪县）、福建（将乐县）、广东、海南（铜鼓岭）、广西、云南；印度，埃及。

14. 皱针蓟马属 *Rhipiphorothrips* Morgan, 1913

Rhipiphorothrips Morgan, 1913, *Proc. U. S. Nat. Mus.*, 46: 17; zur Strassen, 1960, *J. Entomol. Soc. Sth. Afr.*, 23: 337; Wilson, 1975, *Mem. Amer. Entomol. Inst.*, 23: 218; Han, 1997a, *Economic Insect Fauna of China Fasc.*, 55: 138.

Retithrips Marchal: Bagnall, 1913a, *Ann. Mag. Nat. Hist.*, (8) 12: 290.

Type species：*Rhipiphorothrips pulchellus* Morgan, monobasic and designated.

属征：体表多皱纹，颊长，中部略平，新月形颈片内有几排不规则网纹；单眼区不隆起，触角 8 节，节 III-IV 感觉锥简单或叉状，其上无微毛；口锥短圆，下颚须 2 节。体和前翅刚毛微小，但腹部端节鬃粗。前胸圆形，多皱纹，鬃小。中胸盾片宽，中间完全纵裂；后胸倒三角形刻纹区隆起，侧部网纹细弱。前翅缺前缘缨毛；脉鬃微小；翅面微毛基部增大。足粗，多网纹，股节膨胀；跗节 1 节。腹节 I-IX 背片向各侧缘增加皱纹，有 1 中纵低平区，包含了界限清晰的多角形弱网纹和 1 中对鬃，位于结瘤上。节 III-VIII 沿中纵低平区前缘有横列微毛，中后部 1/3 具稀疏微毛，节 VII、VIII 背片后缘有 2 组梳毛，由大约 5 根齿构成，中纵低平区有增大的中对鬃。节 IX、X 后缘鬃粗，有的端部扇形。背片节 X 锥形，中纵裂完全。雄虫节 III-IV 腹片前缘线中部有圆形小腺域。

分布：古北界，东洋界，非洲界，新热带界。

本属世界记录 5 种，本志记述 4 种。

种检索表

(52) 非洲皱针蓟马 *Rhipiphorothrips africanus* Wilson, 1975（图 73）

Rhipiphorothrips africanus Wilson, 1975, *Mem. Amer. Entomol. Inst.*, 23: 1-354.

雌虫：长翅。体完全深棕色，胫节端部 1/3，跗节黄色。触角节 I -VI亮黄色；节VI最端部微棕；节VII-VIII棕色。前翅白色，翅脉黄色。腹节 X 端鬃黄色。

头部 头有强皱纹；后缘收缩成 1 个宽的带有多角形网纹的领。颊宽，中部凹。单眼瘤很大，强烈地升起，头鬃很小，刻纹和毛序为此属典型。触角 8 节，触角总长 370，节 I -VIII长（宽）分别为：22（28），48（35），84（27），76（29），54（24），42（22），8（8），36（6）；形状相似于 *R. cruentatus*，节III、IV有叉状的稍有柄的感觉锥；无微毛。下颚须 2 节。

胸部 前胸圆，有网纹；中部凹陷部位大，鬃小。中胸背板完全分开。后胸背板刻纹向后延伸，超过了后胸背片。前翅窄，端部钝尖；前缘无缨毛；前脉和后脉相互独立，脉鬃小；后缘缨毛直。跗节 1 节。

腹部 腹节 I 背板有明显的多角形网纹。节II-VII背板两侧有强皱纹，中部有 1 个窄的、布满小网纹的、伸至整个背板长度的条带，与其相接的是光滑区，前缘线中部有由毛状齿组成的梳，中对鬃大且呈刚毛状。节VII-VIII背板后缘各有 1 对端部 1/3 膨大的后中鬃。节 X 短，锥状，后缘有端部 1/3 膨大的短鬃。节II中部腹板有网纹。节III-VII腹板各有 1 个中部升高的网纹区。

雄虫：长翅。体长 1.57mm。一般形态和雌虫相同。体二色，头和胸部深棕色，腹节黄，其余和雌虫相似。

寄主：*Brachystegia filiformis*。

模式标本保存地：南非（AM, Grahamstown）。

观察标本：未见。

分布：台湾；扎伊尔，津巴布韦。

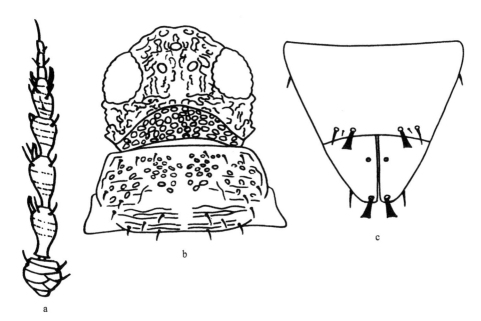

图73　非洲皱针蓟马 *Rhipiphorothrips africanus* Wilson（仿 Chen，1981）

a. 触角（antenna）；b. 头和前胸（head and pronotum）；c. 腹节Ⅸ-Ⅹ背片（abdominal tergites Ⅸ-Ⅹ）

(53) 同色皱针蓟马 *Rhipiphorothrips concoloratus* Zhang & Tong, 1993（图74）

Rhipiphorothrips concoloratus Zhang & Tong, 1993b, *J. Sou. China Agric. Univ.,* 14 (2): 52, 53.

　　雌虫：体棕色，触角节Ⅰ-Ⅵ黄白色，节Ⅵ端部和节Ⅶ-Ⅷ暗灰色，各足跗节黄色，腹部中央色略淡；前翅周缘色暗，中央色略淡。

　　头部　头宽大于长，中央隆起，单眼着生于隆起处，颊略外突，头部背面具不规则的皱状刻纹；头前缘向前凸起，后部颈片有 3-4 排网纹；触角 8 节，节Ⅲ-Ⅳ感觉锥叉状；口锥端部钝圆，伸至前胸中部；下颚须 2 节。

　　胸部　前胸背板具不规则皱纹；中胸背片中部分离，前半部具大网纹，后半部具蠕虫状皱纹和卵形小网纹；后胸盾片倒三角形明显，其内布满不规则皱纹和卵形小网纹，其外为大网纹；前翅狭长，翅尖钝圆，前缘缺缨鬃及缨毛，前脉基部鬃 7 根，端鬃 2 根，后脉鬃 9 根。

　　腹部　腹节Ⅰ背片具不清晰网纹，节Ⅱ-Ⅷ背片两侧有棕色纵皱纹，中央较平滑，色较淡；各节中对鬃靠近，鬃间距离自前向后逐渐加宽。节Ⅱ-Ⅷ后缘两侧有梳毛，节Ⅸ-Ⅹ背片具网纹，节Ⅺ背板近后缘有 1 对无鬃孔，后缘有 1 对扁钝的鬃；节Ⅹ背片纵裂完全，后缘具 1 对扁钝的鬃。

　　雄虫：似雌虫，腹节Ⅲ-Ⅶ腹片前缘有小圆形腺域。

　　寄主：木槿叶。

　　模式标本保存地：中国（SCAU, Guangzhou）。

　　观察标本：4♀♀3♂♂，云南景洪，1987.Ⅳ.11，张维球采自木槿叶。

分布：云南（景洪）。

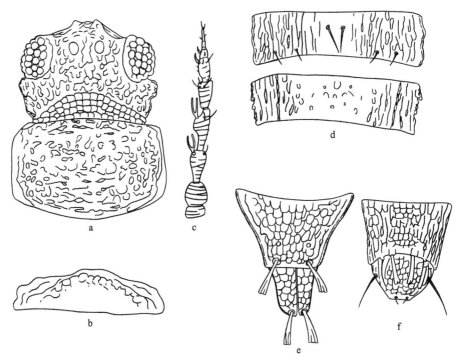

图 74　同色皱针蓟马 *Rhipiphorothrips concoloratus* Zhang & Tong（仿 Zhang & Tong，1993b）

a. 头和前胸（head and pronotum）；b. 腹节Ⅰ背片（abdominal tergite Ⅰ）；c. 触角（antenna）；d. 腹节Ⅴ背片及腹片（abdominal tergite and sternite Ⅴ）；e. 雌虫节Ⅸ-Ⅹ背片（female abdominal tergites Ⅸ-Ⅹ）；f. 雄虫节Ⅸ-Ⅹ背片（male abdominal tergites Ⅸ-Ⅹ）

(54) 腹突皱针蓟马 *Rhipiphorothrips cruentatus* Hood, 1919（图 75）

Rhipiphorothrips cruentatus Hood, 1919a, *Insec. Inscit. Menstr.*, 7 (4-6): 94; Wilson, 1975, *Mem. Amer. Entomol. Inst.*, 23: 222; Zhang, 1980a, *J. Sou. China Agric. Univ.*, 1 (3): 45, 48; Han, 1997a, *Economic Insect Fauna of China Fasc.*, 55: 139.

Rhipiphorothrips karna Ramakrishna, 1928, *Mem. Dep. Agr. India Entomol. Ser.*, 10 (7): 245, 252, fig. 16.

雌虫： 体棕色；触角节Ⅰ-Ⅴ及节Ⅵ基部黄色，节Ⅵ端部及节Ⅶ-Ⅷ棕色；前翅白色或淡黄色，但基部淡棕色，翅瓣暗棕色；足黄色。

头部　头前缘宽圆，背面布满不规则皱纹，新月形颈片有 3-4 排不规则网纹；领前有强皱纹，复眼突出，单眼区位于复眼间前中部，头鬃均小；触角 8 节，节Ⅲ-Ⅳ感觉锥简单，节Ⅱ-Ⅳ有环纹，环纹上无微毛；口锥端部圆，伸至前胸腹部 2/3 处。

胸部　前胸宽圆，背片具强皱纹，鬃微小；中胸背片宽，前侧缘 1/3 膨胀，气孔增大，中胸盾片后侧角向外延伸，皱纹强，沿中线完全纵裂，鬃微小；后胸盾片强皱纹形成倒三角形区，侧缘粗，后角延伸至后胸小盾片上，两侧网纹细弱，鬃微小；后胸腹片内叉骨无刺，不甚向前延伸；前翅无翅鬃，前缘无缨毛，后缘缨毛弯曲；跗节1节。

腹部 腹节Ⅰ-Ⅸ背片前缘线粗；背片节Ⅰ中部有轻网纹，两侧缘有皱纹；节Ⅱ-Ⅶ两侧1/3、节Ⅷ和节Ⅸ两侧缘有强皱纹，中部网纹区前几节低平，节Ⅶ-Ⅷ呈凹槽状，中对鬃节Ⅰ的微小，节Ⅱ-Ⅷ的各向后各节的逐渐增大。节Ⅶ-Ⅷ背片后缘两侧有2组梳毛，节Ⅸ呈锥状，后缘有鬃3对，节Ⅹ背片为网纹，背片纵向裂开，背中鬃端部钝扁；节Ⅱ-Ⅹ腹片具网纹，后缘鬃在后缘上均小。

雄虫：前胸黄棕色，腹部两侧红橙色，腹节Ⅳ后侧缘各有1齿状突起，节Ⅲ-Ⅶ腹板前中部各有1圆形雄性腺域。

寄主：杧果叶、腰果、油梨、玫瑰、莲雾。

模式标本保存地：美国（USNM，Washington）。

观察标本：4♀♀4♂♂，海南乐东县，1979.Ⅶ.6，卓少明采自杧果；2♀♀1♂，云南景洪植物所，1987.Ⅳ.10，张维球采自杧果叶；1♀，海南崖县，1978.Ⅶ.2，张维球采自腰果；1♂，海南崖县，1978.Ⅶ.2，卓少明采自腰果；1♀，云南景洪，陈守坚采。

分布：台湾、广东、海南（乐东县、崖州区）、云南（景洪）；印度，巴基斯坦，斯里兰卡，南非。

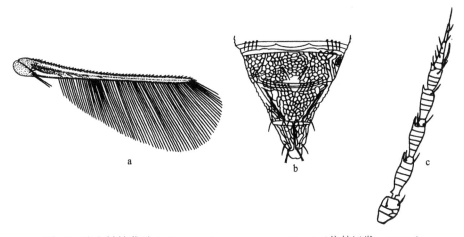

图 75 腹突皱针蓟马 *Rhipiphorothrips cruentatus* Hood（仿韩运发，1997a）
a. 前翅（fore wing）；b. 雌虫腹节Ⅷ-Ⅹ背片（female abdominal tergites Ⅷ-Ⅹ）；c. 触角（antenna）

(55) 丽色皱针蓟马 *Rhipiphorothrips pulchellus* Morgan, 1913（图 76）

Rhipiphorothrips pulchellus Morgan, 1913, *Proc. U. S. Nat. Mus.*, 46: 17-19.
Retithrips bicolor Bagnall, 1913a, *Ann. Mag. Nat. Hist.*, 8 (12): 290-291.

雌虫：体长 1.4mm，体黄棕色，触角节Ⅰ-Ⅴ和节Ⅵ基部黄色，节Ⅵ端部和节Ⅶ-Ⅷ淡棕色；前翅黄色，近基部和端部各有1白色区，翅瓣边缘黑色，各足颜色相同，股节、胫节颜色同体色，跗节黄色。

头部 头部有强皱纹，新月形领中有网纹；颊在眼后有缺刻，复眼突出，各鬃微小；

触角 8 节，节Ⅲ-Ⅳ感觉锥简单；口锥端圆，伸至前胸腹面 3/4 处。

胸部　前胸接近梯形，前缘较近，但后缘略呈弧形，后角有 1 黄色延伸区，其上无纹，背面有网纹和皱纹；中胸背片宽，前部 1/3 网纹增大，中胸盾片后侧角向外延伸，皱纹强，沿中线完全纵裂，鬃微小；后胸盾片中部倒三角形边缘为强皱纹，内部有亮网纹，倒三角形较细长，后角延伸到后胸小盾片上，两侧网纹弱，仅后部有明显棕色皱纹，小盾片上皱纹较明显；后胸内叉骨较小，无刺，不延伸。

腹部　腹节Ⅰ-Ⅸ背片前缘线不明显；节Ⅱ-Ⅷ两侧 1/3 有皱纹，节Ⅲ-Ⅷ中部网纹区的中部低平，无明显凹区；节Ⅰ中对鬃微小，靠近后缘；节Ⅱ中对鬃最长，位于中部，节Ⅲ-Ⅷ中对鬃渐长，位于中部偏后；节Ⅷ后缘中对鬃之间的后缘无梳；节Ⅸ背片布满网纹，后缘有 3 对长鬃；节Ⅹ布满长网纹，中部纵裂完全，后缘鬃短。

寄主：蔓草、孟加拉菩提树、杧果、咖啡、海南槿、杂草。

模式标本保存地：美国（USNM，Washington）。

观察标本：1♀，海南儋县，1986.Ⅵ.11，黄卫乐采自海南槿；1♀，海南尖峰岭，2009.Ⅶ.22，胡庆玲采自杂草；2♀♀，海南尖峰镇，2009.Ⅶ.19，胡庆玲采自杂草。

分布：海南（儋州市、尖峰岭）；印度，斯里兰卡，菲律宾，爪哇。

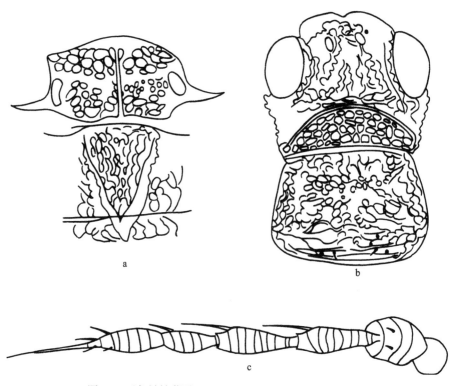

图 76　丽色皱针蓟马 *Rhipiphorothrips pulchellus* Morgan

a. 中、后胸盾片（meso- and metanotum）；b. 头和前胸（head and pronotum）；c. 触角（antenna）

15. 滑胸针蓟马属 *Selenothrips* Karny, 1911

Heliothrips (*Selenothrips*) Karny, 1911, *Entomol. Run.*, 28 (23): 179, 180.

Selenothrips Karny: Hood, 1913, *Insec. Inscit. Menstr.*, 1: 150; Steinweden & Moulton, 1930, *Proc. Nat. Hist. Soc. Fukien Christ. Univ.*, 3: 19; Wilson, 1975, *Mem. Amer. Entomol. Inst.*, 23: 227; Han, 1997a, *Economic Insect Fauna of China Fasc.*, 55: 141.

Type species: *Physopus rubrocincta* Giard, designated from tow species by Hood, 1913.

属征：头方形，后部略低平，收缩成 1 假颈片；单眼大。触角 8 节，节Ⅲ、Ⅳ瓶状，有叉状感觉锥，各节上无横排微毛。下颚须 2 节。前胸宽约为长的 2 倍，鬃发达，无网纹仅有横纹为显著特征。中胸盾片完整。后胸盾片有倒三角形网纹区，其中有 1 对中对鬃较粗而长。前翅前缘鬃发达，前后脉鬃多，表面有横排微毛，后缘缨毛波曲。跗节 1 节。腹部两侧 1/3 有多角形网纹，中对鬃发达；中间数节背片后中部有微毛；节Ⅷ后缘梳完整，梳毛长；节Ⅸ、Ⅹ背片平滑，节Ⅹ不纵裂。

分布：东洋界，非洲界，新热带界，澳洲界。

本属世界仅记录 1 种，本志有记述。

(56) 红带滑胸针蓟马 *Selenothrips rubrocinctus* (Giard, 1901)（图 77）

Physopus rubrocincta Giard, 1901, *Bull. Soc. Entomol. France*, 15: 264.

Selenothrips rubrocinctus (Giard): Karny, 1911, *Entomol. Run.*, 28 (33): 179; Steinweden & Moulton, 1930, *Proc. Nat. Hist. Soc. Fukien Christ. Univ.*, 3: 20; Takahashi, 1936, *Philipp. J. Sci.*, 60 (4): 429; Mound, 1970, *Bull. Brit. Mus.* (*Nat. Hist.*) *Entomol.*, 24: 89; Wilson, 1975, *Mem. Amer. Entomol. Inst.*, 23: 230; Zhang, 1980a, *J. Sou. China Agric. Univ.*, 1 (3): 46; Han, 1997a, *Economic Insect Fauna of China Fasc.*, 55: 141.

Brachyurothrips indicus Bagnall, 1926b, *Ann. Mag. Nat. Hist.*, (9) 18: 98.

雌虫：体长 1.0-1.4mm，体暗棕色，腹部基节有时有红色素。触角节Ⅰ-Ⅱ、节Ⅴ端部 2/3 和节Ⅵ呈棕色，节Ⅲ和节Ⅳ中部 1/3 与节Ⅶ-Ⅷ呈淡棕色，节Ⅲ-Ⅳ两端和节Ⅴ基半部为淡黄色，各足棕色，但胫节端部和跗节为淡黄色。各长体鬃（包括翅脉鬃）暗棕色，但腹节Ⅹ鬃较淡。前翅为黄色但基部暗。

头部　头宽大于长，背面单眼间有网纹，后部有交错横纹，颊略外拱，后部收缩成 1 伪领（颈片），其前半部有横纹，后半部光滑。单眼间鬃在后单眼前，位于前后单眼中心连线外缘，单眼和复眼后鬃呈 1 横列。触角 8 节，节Ⅱ粗大，节Ⅲ-Ⅳ两端细，节Ⅳ端部颈状部长于节Ⅲ的，仅节Ⅱ有线纹，各节普通刚毛粗而长，节Ⅲ-Ⅳ的长于该节，节Ⅰ-Ⅷ长（宽）分别为：18（25），38（38），59（25），64（24），38（23），25（23），11（11），25（5），总长 278，节Ⅲ长为宽的 2.36 倍，节Ⅲ、Ⅳ上的感觉锥叉状，节Ⅴ-Ⅶ的感觉锥简单，节Ⅴ外端 1 个，长 12，节Ⅵ外端 1 个，长 12，内端 1 个，长 87，节Ⅶ外端 1 个，长 46。

胸部　前胸短而宽，背片布满粗的交错横纹。中胸盾片无纵缝，布满横交错线纹，后胸盾片载有稀疏横纹的倒三角区边缘暗，其两侧网纹细，前中鬃较粗，向后移，距前缘45，其后细孔1对；后胸小盾片横宽，具弱网纹，中胸前小腹片后缘延伸物较粗短；后胸内叉骨以两粗臂向前伸，与中胸内叉骨接触。前翅长858，中部宽58。翅面微毛长度近似。脉不凸。脉鬃列完整，前脉鬃12根，后脉鬃9根。前缘缨毛长于前缘鬃，后缘缨毛波曲。足上网纹粗。

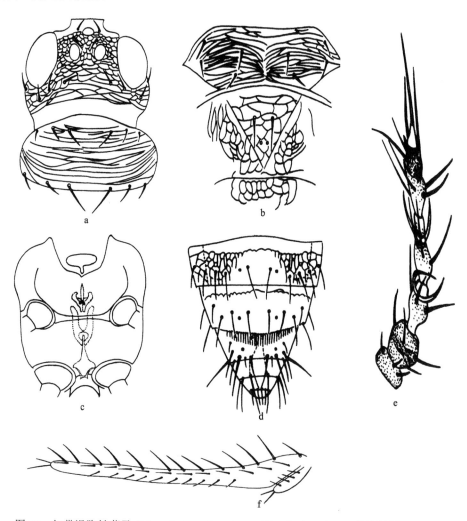

图 77　红带滑胸针蓟马 *Selenothrips rubrocinctus* (Giard)（c、d、e. 仿韩运发，1997a）

a. 头和前胸（head and pronotum）；b. 中、后胸盾片（meso- and metanotum）；c. 中、后胸腹片（示内叉骨）（meso- and metasterna, shows the endofurcae）；d. 雌虫腹节Ⅷ-Ⅹ背片（female abdominal tergites Ⅷ-Ⅹ）；e. 触角（antenna）；f. 前翅（fore wing）

腹部　腹节Ⅰ背片网纹弱；节Ⅰ-Ⅷ前缘线略粗而起伏不平，节Ⅱ中部和两侧有网纹，前缘线之前有细弱横网纹，中后部平滑，节Ⅸ除前侧缘有弱网纹外，其他部分和节Ⅸ平滑。节Ⅰ背片中对鬃小而靠近，节Ⅱ-Ⅷ背片各鬃均不在后缘上，鬃向后渐加长，节Ⅴ背片长108；中对鬃（内Ⅰ）41，内Ⅱ 25，内Ⅲ 36，内Ⅳ 60，内Ⅴ 60，节Ⅳ-Ⅷ背片后中部各有一片微毛，尤以节Ⅷ为多，节Ⅷ后缘梳发达，仅两侧缘缺，节Ⅸ背片长 129，后缘长鬃较粗而长；节Ⅹ背片不纵裂。节Ⅲ-Ⅶ腹片前缘线细，后缘以前有向前拱的深色横线，其后光滑；各后缘鬃均在后缘之前，节Ⅴ的长：内Ⅰ41，内Ⅱ49，内Ⅲ51。

雄虫：体色和一般结构相似于雌虫，但较细小，腹节Ⅸ背片有 3 对角状刺。腹节Ⅲ-Ⅶ有腺域。腹节Ⅸ背片鬃排列不甚规则，大致可分 3 组，中部组、左侧组和右侧组，鬃长如下。中部组：前粗刺的前外侧鬃（较粗）63，前粗角刺 38，中粗角刺 16，后粗角刺 19；左（右）侧鬃组：前部较细，6 根长 25-32，后部较粗，内Ⅰ和内Ⅱ分别长 445 和 61。节Ⅲ-Ⅶ腹片腺域在前中部，呈圆点状，节Ⅲ-Ⅶ的腺域直径 8-12，占腹片宽度的 0.04-0.06。

寄主：杧果、荔枝、龙眼、柑橘、咖啡、板栗、油茶、泡桐、油桐、梧桐、柿树、金合欢、台湾赤杨、乌桕、栓皮栎、酸枣、相思树、桃、二球悬铃木、漆树、木荷、香蕉、杂草、洒金榕。

模式标本保存地：美国（USNM, Washington）。

观察标本：1♀，广西桂林，2000.Ⅷ.24，沙忠利采自杂草；1♀，海南兴隆，1963. Ⅴ.7，周尧采；1♀1♂，湖南衡山，1963.Ⅶ.11/12，周尧采；1♂，广西，1973.Ⅶ.23，韩运发采自酸枣；1♀，云南勐腊县，1988.Ⅺ.20，韩运发采自洒金榕叶。

分布：浙江、福建、台湾、广东、海南、广西、云南；东南亚，埃及，肯尼亚，墨西哥，巴西，哥伦比亚。

Ⅳ. 精针蓟马族 Tryphactothripini Wilson, 1975

Tryphactothripini Wilson, 1975, *Mem. Amer. Entomol. Inst.*, 23: 23; Han, 1997a, *Economic Insect Fauna of China Fasc.*, 55: 144.

头背有网状隆起刻纹，两颊延伸成侧扇（偶有弱的）；后头区有横列网纹，少有缺；单眼区强烈抬起，鬃小；触角端部节常愈合为一体；前翅前脉与前缘愈合，脉鬃强；后缨毛波曲。后胸内叉骨增大明显。前胸背片通常有隆起刻纹，鬃微小。跗节 1 节，个别 2 节。腹节Ⅱ收缩成腰状。节Ⅱ背片有强微毛、结节或网结状突起，节Ⅲ-Ⅶ背片偶尔有特殊的刻纹，前中部有横条，节Ⅹ少有对称，肛鬃小至微小。

分布：东洋界，非洲界，新热带界，澳洲界。

本族世界记录 8 属 30 余种，本志记述 4 属。

属检索表

1. 头背隆起刻纹较少，至多在头前部或单眼区有隆起刻纹 ·· 2
  头背隆起刻纹较多，至少在头顶和单眼区有隆起刻纹 ·· 3
2. 前翅前缘鬃长于前缘缨毛，前胸鬃矛形 ·· **矛鬃针蓟马属 *Copidothrips***
  前翅前缘鬃短于前缘缨毛，前胸鬃普通 ·· **藤针蓟马属 *Elixothrips***

3. 头背后部无 1 列大网纹，前胸几乎无隆起刻纹，脉上微毛大于脉间微毛·····················
·····················异毛针蓟马属 *Anisopilothrips*
头背后部有 1 列大网纹，前胸有隆起刻纹··························· 星针蓟马属 A*strothrips*

16. 异毛针蓟马属 *Anisopilothrips* Stannard & Mitri, 1962

Hercothrips Hood: Moulton, 1932, *Rev. de Entomol.*, 2 (4): 479.

Astrothrips Karny: Moulton, 1932, *Rev. de Entomol.* 2 (4): 455, 484.

Anisopilothrips Stannard & Mitri, 1962, *Trans. Amer. Entomol. Soc.*, 88: 186; Wilson, 1975, *Mem. Amer. Entomol. Inst.*, 23: 28, 31; Han, 1997a, *Economic Insect Fauna of China Fasc.*, 55: 144.

Type species: *Heliothrips venustulus* Priesner, designated and monobasic.

属征：头顶和单眼区有隆起刻纹。头后部背面收缩，但不形成 1 宽颈片。头鬃小。触角 8 节，节III、IV有简单感觉锥，缺横排微毛。下颚须 2 节。前胸背片除前缘角外缺隆起刻纹；鬃端部扁。中胸盾片中部纵裂线完整，中对鬃适度长，位于前半部。前翅前缘缨毛普通，甚长于前缘鬃；脉上微毛大于脉间微毛，是其显著特征；足长，跗节 1 节。腹节 I 背片平滑，节 II 两侧有密的疣状物；节III-VII背片和腹片两侧有成对的网眼状空隙群。

分布：东洋界，非洲界，新热带界，澳洲界。

这是一个独模属，世界已知仅 1 种，本志有记述。

(57) 丽异毛针蓟马 *Anisopilothrips venustulus* (Priesner, 1923)（图 78）

Heliothrips venustulus Priesner, 1923a, *Tij. Entomol.*, 66: 89. fig. 1; Stannard & Mitri, 1962, *Trans. Amer. Entomol. Soc.*, 88: 187.

Anisopilothrips venustulus (Priesner): Stannard & Mitri, 1962, *Trans. Amer. Entomol. Soc.*, 88: 187, figs. 2, 8, 23, 29, 34, 35, 47, 49, 54; Wilson, 1975, *Mem. Amer. Entomol. Inst.*, 23: 28, 32; Zhang, 1980a, *J. Sou. China Agric. Univ.*, 1 (3): 43; Han, 1997a, *Economic Insect Fauna of China Fasc.*, 55: 145.

Astrothrips angulatus Hood, 1925a, *Psyche*, 32: 50. Synonymised by Wilson, 1975, *Mem. Amer. Entomol. Inst.*, 23: 32.

雌虫：体长 1.1-1.2mm，体大致棕色。触角节 I -VI黄色（但节III-IV端部淡棕），节VII-VIII棕色，或节 II 棕色，其余黄棕色；足股节棕色，或前足股节黄棕色，前、中足胫节棕色，但基部或两端黄色，后足胫节黄色，但端部膨大处较暗，各足跗节黄色；腹节 II -VIII前缘较暗，节IX、X略淡；前翅棕色，但近基部、中端部和端部有 3 个短白色区。

头部 头宽大于长，头顶布满网纹，前部网纹强，隆起，单眼区小，接近复眼后缘；后单眼后外侧各有 1 光滑区，单眼区位于两复眼间中部靠前，单眼相互靠近，复眼大，头鬃小。触角 8 节，节 II 膨大，节III-IV感觉锥简单。口锥端部尖，伸至前胸腹板后缘。

胸部 前胸宽大于长，背片布满多角形网纹，背鬃少，后胸盾片中部为长网纹，两侧为纵纹，中部倒三角形不明显，前中鬃在前缘之后，离前缘鬃近，其后中部有 1 亮孔，后胸内叉骨向前伸至中胸内叉骨，前翅翅面密布微毛，前缘鬃 11 根，前脉基部鬃 8 根，端鬃 2 根，后脉鬃 6-7 根。

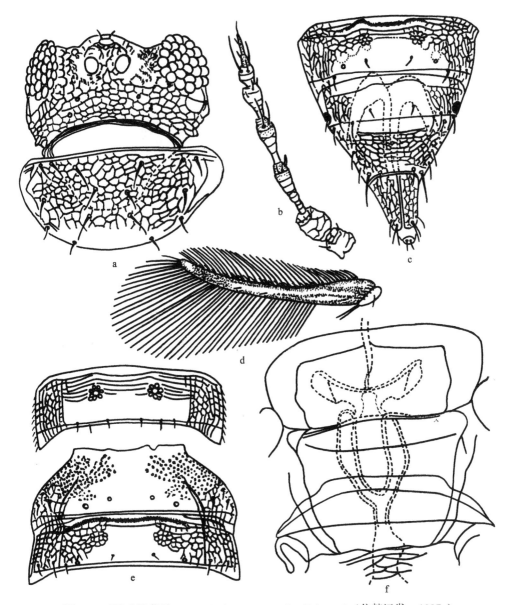

图 78　丽异毛针蓟马 *Anisopilothrips venustulus* (Priesner)（仿韩运发，1997a）

a. 头和前胸（head and pronotum）；b. 触角（antenna）；c. 雌虫腹节Ⅶ-Ⅹ背片（female abdominal tergites Ⅷ-Ⅹ）；d. 前翅（fore wing）；e. 腹节Ⅴ腹片及腹节Ⅰ-Ⅱ背片（abdominal sternite Ⅴ and tergites Ⅰ-Ⅱ）；f. 中、后胸腹片（meso- and metasterna）

　　腹部　腹节基半部收缩成腰状，后中部平滑，侧缘有分离的瘤状物。节Ⅲ-Ⅷ背片两侧 1/3 有网纹，前中部有稀疏横纹。背片和腹片两侧近中部各有 1 成簇瘤状物，节Ⅸ背片有 3 对粗而短的后缘鬃，节 X 不对称，背片纵裂完全，后缘鬃 2 对，内对长而粗。节 II 腹片后缘鬃 2 对，节III-VI后缘鬃 3 对，均在后缘上。

寄主：樟树、玉兰、洒金榕、阴香、紫茉莉。

模式标本保存地：德国（SMF，Frankfurt）。

观察标本：10♀♀，云南勐仑，1987.IV.15，张维球采自樟树；1♀，海南，1983.V.18，硕茂彬采。

分布：台湾、广东、海南、云南（勐仑）；美国，墨西哥，巴西，哥伦比亚。

17. 星针蓟马属 *Astrothrips* Karny, 1921

Astrothrips Karny, 1921, *Treubia*, 1 (4): 215, 239 (no species included); Stannard & Mitri, 1962, *Trans. Amer. Entomol. Soc.*, 88: 186, 190; Wilson, 1975, *Mem. Amer. Entomol. Inst.*, 23: 39; Han, 1997a, *Economic Insect Fauna of China Fasc.*, 55: 146.

Tryphactothrips Bagnall: Ramakrishna, 1928, *Mem. Dep. Agr. India Entomol. Ser.*, 10 (7): 245, 247, 271.

Astrothrips (*Gamothrips*) (Bagnall): Priesner, 1949a, *Bull. Soc. Roy. Entomol. Egy.*, 33: 41, 131.

Type species：*Heliothrips globiceps* Karny, monobasic. In Karny, 1923, of *Gamothrips connaticornis* Srannard & Mitri (= *Astrothrips pentatoma*, Hood).

属征：头有显著隆起的刻纹网状构造，后部颈片有 1 横列的大网纹；头鬃小；触角 6-8 节，但端数节紧密，节III-IV感觉锥简单，偶尔叉状；下颚须 2 节。前胸背片前中部有显著隆起的刻纹，两前侧延伸成缘片；中胸盾片前缘和后缘刻纹呈网状，但绝不完全纵裂；前翅细，脉显著并有长而尖的鬃；前缘缨毛普通，甚长于前缘鬃；后缘缨毛波曲；翅面微毛等长；胫节端部有 2 个强距；跗节 1 节；腹节 I 背片具网纹或横纹，刻纹伸过后缘；节 II 基部收缩成腰状，背片中部平滑，在侧部有圆突起，节III-VII背板亚侧的前缘线有小的纵向的增厚；节VIII背片缺完整梳毛；节 X 完全纵裂。节IV-VII腹片前缘线中部向后凹。雄虫相似于雌虫，较小；腹节IX背片有 3 对细长鬃，呈 1 横列；腹片前缘线中部向后凹入，有 U 或 V 形腺域。

分布：东洋界，非洲界，新热带界。

本属世界记录 12 种，本志包括 3 种。

种检索表

1. 触角 8 节 ·· 斯氏星针蓟马 *A. strasseni*
　触角 7 节 ·· 2
2. 节 X 鬃端部膨大 ·································· 七星寮星针蓟马 *A. chisinliaoensis*
　节 X 鬃普通 ·· 珊星针蓟马 *A. aucubae*

(58) 珊星针蓟马 *Astrothrips aucubae* Kurosawa, 1932（图 79）

Astrothrips aucubae Kurosawa, 1932, *Kontyû*, 5: 230, fig. 1 (1-4); Wilson, 1975, *Mem. Amer. Entomol. Inst.*, 23: 46; Zhang, 1980a, *J. Sou. China Agric. Univ.*, 1 (3): 44, 47; Han, 1997a, *Economic Insect Fauna of China Fasc.*, 55: 147.

雌虫: 体棕色。触角节Ⅰ-Ⅴ和节Ⅵ基半部黄色,节Ⅵ端半部及节Ⅶ棕色;前翅棕色,近基部和近端部有暗带,前后缘间有淡纵带。

头部 头宽大于长,头背布满网纹,头后部颈片有 1 排大网纹,两颊有延伸缘片,单眼区位于两复眼间前部。触角 7 节,节Ⅲ-Ⅳ上有环纹,环纹上无微毛,感觉锥简单,节Ⅵ、Ⅷ连接紧密,但分节缝清晰。口锥端部钝圆,伸至前胸腹板 2/3 处。

胸部 前胸宽大于长,背板前半部和后部为隆起网纹,后中部有 1 无纹区,背板前缘向前拱,后缘向后拱,两侧有缘片,各鬃粗扁,端尖。中胸盾片完整,具网纹,前缘线呈Ⅴ形,仅后半部存在中纵缝;后胸背片倒三角形明显,中部有纵脊,顶角伸至后胸小盾片,其外围和后胸小盾片网纹模糊;中胸腹片内叉骨膨大,两臂向前伸。前翅前缘鬃16 根,前脉基部鬃 7 根,端鬃 3 根,后脉鬃 9-11 根。

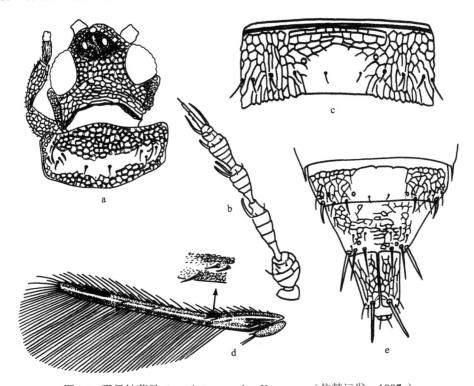

图 79　珊星针蓟马 *Astrothrips aucubae* Kurosawa（仿韩运发,1997a）
a. 头和前胸（head and pronotum）；b. 触角（antenna）；c. 腹节Ⅴ背片（abdominal tergite Ⅴ）；d. 前翅（fore wing）；e. 雌虫腹节Ⅷ-Ⅹ（female abdominal tergites Ⅷ-Ⅹ）

腹部 腹节Ⅰ背片有模糊的网纹,节Ⅱ背片两侧有隆起的结节瘤,节Ⅲ-Ⅷ背片两侧有网纹，中部前缘有横线纹或网纹，中后部光滑，节IX背片后部及节X背片为网纹。各节背片中对鬃细小，靠后但在后缘前，其他背片鬃均着生在后缘之前，节VIII后缘无梳，节X背片纵裂完全，后缘有 1 对粗的中对鬃，鬃端部钝。腹片前缘线中部向后凹，后缘鬃细小，均在后缘之前。

雄虫：体型和颜色相似于雌虫，但较小。腹节III-VII腹板有 U 形腺域；节IX背板后缘有 2 对鬃，中鬃较长；节X背板完全纵裂，对称，后缘有 1 对较尖的鬃。

寄主：玉兰、樟树、象耳豆、槲蕨、茶叶、橡树、豆科植物。

模式标本保存地：未知。

观察标本：1♀，海南尖峰岭，840m，2009.VII.22，胡庆玲采自杂草；1♀，海南铜鼓岭，42m，2009.VIII.17，胡庆玲采自杂草；2♀♀，广东石牌，1976.XII.26，张维球采自樟树；14♀♀4♂♂，云南勐仑，1987.IV，张维球采自茶叶；1♀，广东罗浮山，1976.XII.7，张维球采自樟树；8♀♀2♂♂，云南勐仑，1987.IV.15，张维球采自樟树；1♀，广东石牌，1978.XII.24，张维球采自橡树；4♀♀4♂♂，广西龙州县，1985.VII.28，张维球采自玉兰叶；2♀♀，云南思茅，1987.IV.17，张维球采自豆科叶；1♀，福建将乐县，1991.IV.15，韩运发采自草、树。

分布：福建（将乐县）、广东（石牌村、罗浮山）、海南（尖峰岭、铜鼓岭）、广西（龙州县）、贵州、云南（勐仑、思茅）；日本，菲律宾。

(59) 七星寮星针蓟马 *Astrothrips chisinliaoensis* Chen, 1980（图 80）

Astrothrips chisinliaoensis Chen, 1980, *Proc. Nat. Sci. Coun.*, 4 (2): 169-182.

雌虫：长翅。体长 1.36-1.41mm，体棕色。触角节 I - V 黄色，节IV- V 端部色深，节VI-VII棕色，节VII端半部色浅。前足黄色，胫节两边稍深；中足除胫节和跗节端部黄色外，其余均为褐色；后足股节棕色，胫节和跗节黄色，亚基部稍深。前翅黄色，有 2 条黄褐色纵脉，亚基部和亚端部各有 1 个棕色条带；在棕色区鬃色深，浅色区色浅。

头部　头前部有 1 个瘤状的延伸物，覆盖住了触角节 I，宽大于长，背面有突起的刻纹，后缘为细纹，鬃小。口锥圆，伸至前胸腹板中部之外。下颚须 2 节。触角 7 节，无微毛，节III-IV感觉锥简单。

胸部　前胸宽大于长；有突起的刻纹；鬃粗壮。中胸盾片后缘 1/3 有突起刻纹。后胸盾片三角形明显，刻纹向后伸超过后胸小盾片前缘。足为本属一般情况，后足跗节内缘和端部各有 1 粗鬃。前翅前缘脉 12-14 根，前脉 10-12 根，后脉 9-10 根。

腹部　腹节 I、IX-X 全部背板、节 II-VIII背板两侧和前中部网状，节 II 两侧有突起的小瘤状粗的微毛，节IX有 2 对背鬃和 1 对侧鬃，节 X 有 1 对鬃，端部膨大。

雄虫：未明。

寄主：桑属植物、葡萄属植物。

模式标本保存地：中国（QUARAN, Taiwan）。

观察标本：未见。

分布：台湾。

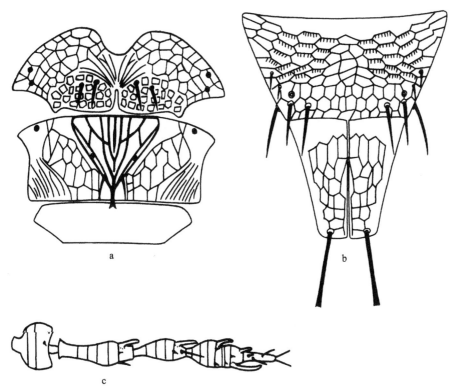

图80　七星寮星针蓟马 *Astrothrips chisinliaoensis* Chen（仿 Chen，1980）

a. 中、后胸盾片（meso- and metanotum）；b. 腹节Ⅸ-Ⅹ背片（abdominal tergites Ⅸ-Ⅹ）；c. 触角（antenna）

(60) 斯氏星针蓟马 *Astrothrips strasseni* Kudô, 1979（图81）

Astrothrips strasseni Kudô, 1979b, *Orien. Insects*, 13 (3-4): 345.

雌虫：体棕色，腹节Ⅷ-Ⅹ色稍淡。触角节Ⅰ-Ⅱ棕色，节Ⅲ和节Ⅴ基部黄色，节Ⅳ和节Ⅴ端部棕色，节Ⅵ-Ⅷ棕色，节Ⅵ基部色淡；各足胫节和跗节黄色；前翅近基部和近端部各有1深色横斑，将前翅分成三部分。

头部　头宽大于长，头背布满网纹，后头部颈片有1排连续大网纹，单眼区轻度隆起，在两复眼间后部，眼后鬃明显。触角8节，节Ⅱ膨大，节Ⅲ-Ⅳ感觉锥呈Y状，位于前侧缘，节Ⅶ外侧简单感觉锥伸至节Ⅷ中部，节Ⅲ-Ⅳ上有环纹，环纹上无微毛，节Ⅴ-Ⅵ有微刺列。口锥端部钝圆，伸至前胸腹板后缘。

胸部　前胸极大于长，约为长的3倍，前半部分有刻纹，后部有无规则的弱线纹或脊，背板散布较长鬃，中部有1对孔，后角无长鬃，后缘鬃2对。中胸背片完整，布满网纹；后胸背片有倒三角形，顶角伸至后胸小盾片，三角形内网纹清晰，外部为纵线纹；中、后胸内叉骨无刺，后胸内叉骨膨大，伸达中胸内叉骨臂；前缘脉鬃22-23根，前脉鬃12-15

根，后脉鬃 11-12 根。

腹部　腹节 I 背片网纹弱，有明显横纹，节 II-Ⅷ背片两侧有网纹，中部前缘有横纹，后部无，节Ⅲ-Ⅶ背片宽的前缘线两侧有向后的凹陷，节Ⅷ背片后缘无梳，节Ⅸ-Ⅹ背片布满网纹，节Ⅹ背片纵向裂开；腹片前缘线向后凹陷程度大于背片。

雄虫：色如雌虫，节Ⅲ-Ⅳ有叉状感觉锥，腹节Ⅳ-Ⅶ腹片前缘有宽的 U 形腺域。

寄主：竹子、干树叶、壳斗科植物。

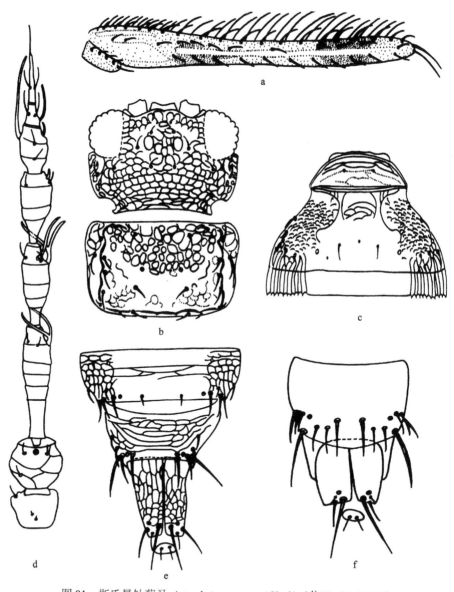

图 81　斯氏星针蓟马 *Astrothrips strasseni* Kudô（仿 Kudô，1979b）

a. 前翅（fore wing）；b. 头和前胸（head and pronotum）；c. 腹节 I-II 背片（abdominal tergites Ⅰ-Ⅱ）；d. 触角（antenna）；
e. 雌虫腹节Ⅷ-Ⅹ背片（female abdominal tergites Ⅷ-Ⅹ）；f. 雄虫腹节Ⅸ-Ⅹ背片（male abdominal tergites Ⅸ-Ⅹ）

模式标本保存地：未知。

观察标本：1♀，云南勐仑，1987.IV.10，童晓立采自壳斗科植物。

分布：云南（勐仑）；缅甸。

18. 矛鬃针蓟马属 *Copidothrips* Hood, 1954

Copidothrips Hood, 1954a, *Proc. Entomol. Soc. Wash.*, 56: 188; Wilson, 1975, *Mem. Amer. Entomol. Inst.*, 23: 27, 99; Han, 1997a, *Economic Insect Fauna of China Fasc.*, 55: 148.

Mesostenothrips Stannard & Mitri, 1962, *Trans. Amer. Entomol. Soc.*, 88: 186, 210.

Type species: *Copidothrips formosus* Hood; monobasic and designated; of *Mesostenothrips*: *Mesostenothrips kraussi* Stannard & Mitri, (Gibbert Islands); monobasic and designated = *C. formosus* Hood.

属征：头部两颊略外拱，后部收缩但缺明显宽颈片。隆起刻纹仅在于小的单眼丘上。触角 8 节，各节间隙清晰，节III、IV感觉锥简单，节V-VI有横排微毛。下颚须 2 节。前胸宽，有网纹，但缺隆起刻纹，有长度近似的矛形鬃。中胸盾片前缘完整。后胸盾片无清晰的倒三角形刻纹，前中对鬃长于后胸盾片，矛形。前翅前缘鬃长于前缘缨毛，前脉与前缘愈合，翅面微毛等长，各脉鬃列完整。跗节 2 节。腹节II基部收缩为腰状，每边有成片长绒毛基于表皮突上；节III-VII背片在前半部有近平行线纹，后半部平滑，每侧有网纹，缺圆网眼状刻纹；节VIII后缘无梳；节 X 长，略不对称，有长而尖的鬃。腹片节III-VII前缘线在中部向后凹。

分布：东洋界，加勒比海。

本属为独模属，世界仅记录 1 种，本志有记述。

(61) 剑矛鬃针蓟马 *Copidothrips octarticulatus* Schmutz, 1913（图 82）

Heliothrips (Parthenothrips) octarticulata Schmutz, 1913, *Sit. Akad. Wiss.*, 122 (7): 991-1089+6 plates; Bhatti, 1990a, *Zool. (J. Pure and Appl. Zool.)*, (4) 2: 205-352.

Copidothrips formosus Hood, 1954a, *Proc. Entomol. Soc. Wash.*, 56 (4): 190. figs. 1-5; Mound, 1970, *Bull. Brit. Mus. (Nat. Hist.) Entomol.*, 24: 52; Wilson, 1975, *Mem. Amer. Entomol. Inst.*, 23: 100; Zhang, 1980a, *J. Sou. China Agric. Univ.*, 1 (3): 44; Han, 1997a, *Economic Insect Fauna of China Fasc.*, 55: 149.

Mesostenothrips kraussi Stannard & Mitri, 1962, *Trans. Amer. Entomol. Soc.*, 88: 211; Bhatti, 1990a, *Zool. (J. Pure and Appl. Zool.)*, (4) 2: 205-352.

雌虫：体长 1.0-1.2mm，体黄棕色，翅胸侧缘较暗。触角节 I、III-V 和节VI基部 1/3 黄色，节 II、VI端部 1/3 和节VII-VIII淡棕色。足和腹部端节黄棕色，鬃与所在部位颜色一致。前翅基色黄，有 3 个淡色带，基部金棕色，中部和近端部有黄棕色暗带。

头部　头宽大于长，复眼突出，单眼小，间距小。单眼鬃均小，矛形。触角 8 节，节VIII为节VII的 3 倍；节 I-IV有横纹，节 I-VIII长（宽）分别为：25（28），31（33），77（18），

55（18），45（21），37（20），15（7），49（6），总长334，节Ⅲ长为宽的4.3倍，感觉锥均简单，节Ⅲ外端1个，节Ⅳ外端1个，节Ⅴ外端1个，节Ⅵ外端1个，内侧1个，长51，节Ⅶ外端1个。口锥端部窄圆。

胸部 前胸背片布满多角形网纹，后部有1横表皮内突，后缘和侧缘具平滑缘片，共约10对矛形鬃，其中前缘3对，侧缘1对，后角1对，后缘1对。中胸盾片前部网纹轻，前缘无V形缺口，鬃矛形，较短，后缘鬃移向前，与中后鬃平行。后胸盾片网纹延伸至后胸小盾片，两侧较光滑，前缘鬃靠近前缘角，前中对鬃略矛形，伸至后胸小盾片，1对钟形感器在钟部。后胸小盾片短而很宽。中胸前小腹片大，后缘突起长，端部有叉，后胸内叉骨两臂向前伸。前翅长930，翅表面密盖长微毛，脉显著，前脉在与后脉分叉处始与前缘脉合并，前缘鬃18根，前脉鬃14根，后脉鬃10根，脉鬃长而粗。足上网纹显著。

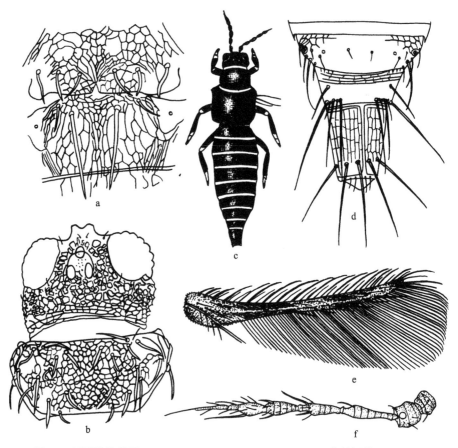

图82 剑矛鬃针蓟马 Copidothrips octarticulatus Schmutz（仿韩运发，1997a）

a. 中、后胸盾片（meso- and metanota）；b. 头和前胸（head and pronotum）；c. 雌虫全体（female body）；d. 雌虫腹节Ⅷ-Ⅹ背片（female abdominal tergites Ⅷ-Ⅹ）；e. 前翅（fore wing）；f. 触角（antenna）

腹部 腹节Ⅰ背片线纹少，亚前缘线粗。节Ⅸ后部有细横纹，节Ⅹ有纵网纹。节Ⅱ

Ⅷ背片后缘两侧有齿状梳，而中部无。节Ⅰ-Ⅷ背片中对鬃细小；腹片后缘鬃短，均在后缘之前。节Ⅹ略管状，背纵裂完全。腹节Ⅱ-Ⅷ腹板前缘线中部向后凹，前半部有线纹和网纹。

寄主：兰类、狗尾草和鸢尾属植物。

模式标本保存地：美国（USNM，Washington）。

观察标本：1♀，广西，1973.Ⅹ.23，韩运发采自狗尾草。

分布：台湾、广西；吉尔伯特群岛（太平洋）。

19. 藤针蓟马属 *Elixothrips* Stannard & Mitri, 1962

Elixothrips Stannard & Mitri, 1962, *Trans. Amer. Entomol. Soc.*, 88: 186, 202; Wilson, 1975, *Mem. Amer. Entomol. Inst.*, 23: 27, 110; Han, 1997a, *Economic Insect Fauna of China Fasc.*, 55: 150.

Types species: *Tryphactothrips brevisetis* Bagnall.

属征：头上隆起刻纹限于头前部，头表面盖有较大的六角形网纹，单眼丘小，头后部背面缺宽颈片，头鬃小。触角 8 节，节Ⅲ、Ⅳ有简单感觉锥，节Ⅳ-Ⅵ有微毛。下颚须 2 节。前胸横，完全盖有网纹，刚毛小。中胸盾片纵分完全。后胸刻纹伸至中胸小盾片。前翅翅脉粗凸；刚毛不规则排列；前缘缨毛长于前缘刚毛；后缘缨毛波曲；前脉与前缘愈合在脉叉处；微毛等长。跗节 1 节。腹节Ⅰ背片后缘缺刻纹凸缘；节Ⅱ背片侧部 1/3 具密的载毛突起；节Ⅲ-Ⅶ背片前中半部有长的平行纹，侧部有网纹，缺圆网眼状刻纹。节Ⅷ背片后缘梳缺。节Ⅹ不对称，背纵裂完全；背片端对鬃的端部膨大。腹片Ⅳ-Ⅶ前缘线中部向后凹。

分布：东洋界，非洲界，新热带界，澳洲界。

本属世界仅记录 1 种，本志有记述。

(62) 短鬃藤针蓟马 *Elixothrips brevisetis* (Bagnall, 1919)（图 83）

Tryphactothrips brevisetis Bagnall, 1919, *Ann. Mag. Nat. Hist.*, (9) 4: 257.

Asterothrips angulatus Hood: Takahashi, 1936, *Philipp. J. Sci.*, 60 (4): 429.

Dinurothrips guamensis Moulton, 1942, *Bishop Mus. Bull.*, 172: 7.

Elixothrips brevisetis (Bagnall): Stannard & Mitri, 1962, *Trans. Amer. Entomol. Soc.*, 88: 203. figs. 4, 10, 26, 31, 36, 37, 52, 59; Mound, 1968, *Bull. Brit. Mus. (Nat. Hist.) Entomol. Suppl.*, 11: 35; Wilson, 1975, *Mem. Amer. Entomol. Inst.*, 23: 111; Zhang, 1980a, *J. Sou. China Agric. Univ.*, 1 (3): 45, 48; Han, 1997a, *Economic Insect Fauna of China Fasc.*, 55: 151.

雌虫：体长约 1.2mm，体棕色。触角节Ⅰ-Ⅱ、Ⅵ-Ⅷ棕色，节Ⅲ-Ⅴ黄色；足棕色，胫节端部 1/3 黄棕色，各足跗节黄色；前翅近基部色淡，有 1 白色区，中部和端部白色，近基部和中部白色带两端为棕色，鬃全棕色。

头部　头部颊较拱，眼后显著向内凹，后缘收缩但不成颈片，前部低。头背板布满网纹，前部呈现隆起刻纹，单眼小，间距近，后单眼距复眼后缘近，单眼鬃和眼后鬃小。触角 8 节，节Ⅵ、Ⅶ较愈合，节间缝不是很清晰，节Ⅱ-Ⅵ基部梗显著，节Ⅲ和节Ⅳ端部颈状部短，节Ⅰ-Ⅵ有线纹；节Ⅰ-Ⅷ长（宽）分别为：25（23），32（23），51（16），40（19），36（19），27（19），10（10），25（5），总长 246，节Ⅲ长为宽的 3.2 倍，感觉锥均为简单的，节Ⅲ外端 1 个，长 12，节Ⅳ外端 1 个，长 19，节Ⅴ外端 1 个，长 5，节Ⅵ外端 1 个，长 6，内侧 1 个，长 51，节Ⅶ外端侧 1 个，长 25。口锥端部宽圆。

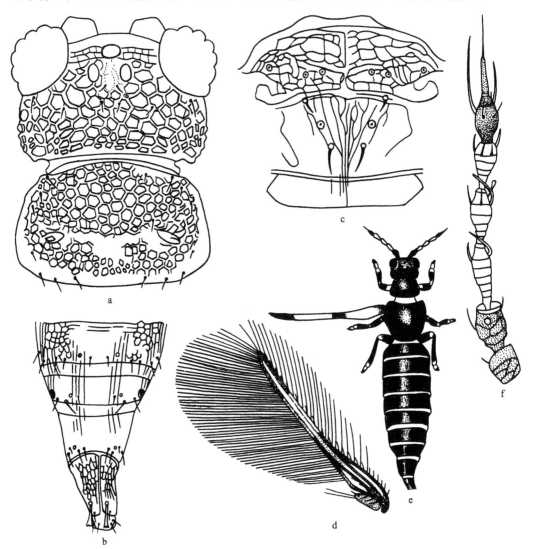

图 83 短鬃藤针蓟马 *Elixothrips brevisetis* (Bagnall)（仿韩运发，1997a）

a. 头和前胸（head and pronotum）；b. 雌虫腹节Ⅷ-Ⅹ背片（female abdominal tergites Ⅷ-Ⅹ）；c. 中、后胸盾片（meso- and metanota）；d. 前翅（fore wing）；e. 雌虫全体（female body）；f. 触角（antenna）

胸部 前胸宽大于长，仅前侧角有少数隆起刻纹，后缘有表皮内突，各鬃小。中胸盾片有网纹，前部的很大，后部的较小，中纵缝完全，后缘鬃向前移，与中后鬃平行。后胸盾片由纵线纹构成倒三角区，延伸至后胸小盾片上，两侧光滑，前缘鬃小，前中鬃移向后部，后胸小盾片宽而短。中胸前小腹片后缘突出物端叉向两侧平伸，后胸内叉骨两臂向前伸，臂端较大。前翅端部较尖，长 610，脉粗，前缘鬃 17 根，前脉基部鬃 6 根，端鬃 2 根，后脉鬃 6 根，翅瓣前缘鬃 4 根。足多网纹。

腹部　腹节 I 背片前缘线显著，完全平滑，节 II 基部收缩，腰状，中部平滑，节III-VII背片前缘线显著，前半部有近乎平行的横线，后半部平滑，两侧具网纹，节 II-VIII背片鬃较小，除节VIII外，各鬃均在后缘之前，节VIII仅两侧有少数弱纹，节IX长 82，光滑，后缘各长鬃长约 25，节 X 布满网纹，长 103，后缘背中鬃端部扁而宽，是其显著特征。腹片节 II-VII前缘线在中部向后凹，后缘鬃均在后缘之前。

寄主： 榕树、樟树。

模式标本保存地： 英国（BMNH，London）。

观察标本： 未见。

分布： 台湾、广东；菲律宾，马绍尔群岛，关岛，吉尔伯特群岛，马里亚纳群岛（均属太平洋），塞舌尔（印度洋）。

V. 圈针蓟马族 Monilothripini Wilson, 1975

Monilothripini Wilson, 1975, *Mem. Amer. Entomol. Inst.*, 23: 23; Han, 1997a, *Economic Insect Fauna of China Fasc.*, 55: 152.

头背相当平滑，仅后部颈片有网纹。单眼区不凸，鬃长。触角 8 节，节间缝明显。前胸有长鬃。前翅前缘鬃长于前缘缨毛；纵脉有完全的鬃列。腹节 II 不收缩；背片完全有网纹；节 X 对称。

分布： 东洋界，新北界，非洲界。

本族世界记录 2 属 2 种，本志记述 2 属 2 种。

属检索表

前胸每后角具 1 根长鬃；跗节 2 节·······························**圈针蓟马属 *Monilothrips***
前胸前缘每侧有 1 根，后缘每侧有 3 根长鬃；跗节 1 节···············**胸鬃针蓟马属 *Zaniothrips***

20. 圈针蓟马属 *Monilothrips* Moulton, 1929

Monilothrips Moulton, 1929a, *Rec. Indian Mus.*, 31 (2): 93; zur Strassen, 1960, *J. Entomol. Soc. Sth. Afr.*, 23: 335; Wilson, 1975, *Mem. Amer. Entomol. Inst.*, 23: 172; Han, 1997a, *Economic Insect Fauna of China Fasc.*, 55: 152.

Type species: *Monilothrips kempi* Moulton, monobasic.

属征： 头正方形，后部载有网纹的宽颈片。口锥适当长而端圆。下颚须 2 节。触角

8 节，节Ⅲ、Ⅳ瓶形，具叉状感觉锥，节Ⅳ-Ⅵ有微毛。前胸较宽而平滑，每后角有 1 根长鬃。中胸盾片网纹完全。后胸盾片有网纹，中部不形成三角形。前翅鬃较细，前缘鬃长于前缘缨毛，前、后脉鬃列完全。足长，跗节 2 节。腹节背片布满网纹，鬃小。腹端节有长刚毛。节Ⅹ纵裂完全，偶有在基部 1/4 愈合。腹片节Ⅱ、Ⅲ有完全的后凸缘。雄虫罕有，腹节Ⅸ背片有 2 对粗角状鬃。腹片腺域缺。

分布：东洋界，新北界，非洲界。

本属世界仅记录 1 种，本志有记述。

(63) 指圈针蓟马 *Monilothrips kempi* Moulton, 1929（图 84）

Monilothrips kempi Moulton, 1929a, *Rec. Indian Mus.*, 31 (2): 94, fig. 1; zur Strassen, 1960, *J. Entomol. Soc. Sth. Afr.*, 23: 335; Wilson, 1975, *Mem. Amer. Entomol. Inst.*, 23: 173; Han, 1997a, *Economic Insect Fauna of China Fasc.*, 55: 153.

Monilothrips montanus Jacot-Guillarmod, 1942, *J. Entomol. Soc. Sth. Afri.*, 5: 64, figs. 1, 2.

雌虫：体长约 2.0mm，体暗棕色至黑色。触角节Ⅰ棕节，节Ⅱ、Ⅲ黄色，节Ⅳ、Ⅴ棕色但基部的梗黄色，节Ⅵ-Ⅷ棕色；足棕色，但各足胫节端部及各足跗节黄色；前翅基部棕色，接着有一片淡色区，前脉分叉区棕色，脉淡棕色，脉间淡，翅端暗。

头部 头宽大于长，单眼前有细网纹，向后有些横线纹，复眼大，单眼距复眼后缘近，相互间距近，单眼间鬃位于前后单眼之中的中心连线上。触角 8 节，节Ⅲ-Ⅳ前端细如瓶颈，节Ⅳ的比节Ⅲ的细而长，节Ⅰ-Ⅵ纹少而细，节Ⅰ-Ⅷ长（宽）分别为：27（36），58（36），103（31），90（31），71（27），41（21），21（15），58（10），总长 469，节Ⅲ长为宽的 3.3 倍。节Ⅲ、Ⅳ的感觉锥叉状，其余为简单的，节Ⅲ的长 54，节Ⅳ的长 61，节Ⅴ外端 1 个，长 12，节Ⅵ外端 1 个，长 12，内侧 1 个，长 45，节Ⅶ外端 1 个，长 29。口锥端圆。

胸部 前胸宽大于长，背片较平滑，网纹和线纹轻而不甚规则，鬃较细长。中胸盾片无中纵缝，前中部为网纹，两侧和后部为线纹。后胸盾片具网纹，两侧有少数线纹，前缘鬃接近前缘，向内移至近中部，前中对鬃向后移至近后缘，其前具 1 对细孔。后胸小盾片后外角略延伸，中部网纹很弱。前翅长 1395，中部宽 103，脉显著，具隐约项圈构造，前脉与前缘和后脉与后缘的间距占翅宽的 1/4，有完整的鬃列，前缘鬃 35 根，前脉鬃 23 根，后脉鬃 17 根，后缘缨毛波曲。中胸前小腹片后缘延伸物大。后胸内叉骨无向前伸的臂。足长，多皱纹，跗节Ⅱ（即端跗节）端部有 1 细指状突起（后足上的明显），此特征在针蓟马亚科中少有。

腹部 腹节Ⅰ背片中部前缘线向前拱，形成 1 个大扇形区。节Ⅰ-Ⅸ背片布满网纹，节Ⅱ-Ⅷ前缘线粗，节Ⅲ-Ⅷ的在两侧向后凹，节Ⅱ-Ⅲ、Ⅷ全部及节Ⅳ-Ⅶ两侧 1/3 的后缘有板状物，节Ⅷ的板状后缘形成三角形齿梳及梳毛，背片中对鬃小而间距很宽，节Ⅹ背片无网纹，中纵裂完全。后缘长鬃长 105 和 103。腹节Ⅱ-Ⅶ腹板仅两侧有轻线纹，节Ⅷ、Ⅸ布满网纹，节Ⅹ无纹，节Ⅱ-Ⅷ前缘线清晰，各有 3 对后缘鬃，节Ⅱ的内Ⅰ对、节Ⅲ的内Ⅱ对、节Ⅵ-Ⅶ的内Ⅲ对在后缘上，其他则靠近后缘。

雄虫：体长约 1.7mm，体色和一般结构相似于雌虫，腹节Ⅸ背片有 2 对粗刺，无雄性腺域。腹节Ⅸ长 103，背片鬃大致为四横列：前排 1 对，在两侧；中排 2 对，内Ⅰ对在中部，内Ⅱ对在两侧；三排 1 对（呈粗刺），后排 3 对，内Ⅰ对呈粗刺状，内Ⅱ对呈略粗刺状。

寄主：草芬狗香（蕨类）、小膜盖蕨属植物。

图 84　指圈针蓟马 *Monilothrips kempi* Moulton（仿韩运发，1997a）

a. 头和前胸（head and pronotum）；b. 雄虫腹节Ⅷ-Ⅹ背片（male abdominal tergites Ⅷ-Ⅹ）；c. 前翅（fore wing）；d. 腹节Ⅴ背片（abdominal tergite Ⅴ）；e. 雌虫腹节Ⅷ-Ⅹ背片（female abdominal tergites Ⅷ-Ⅹ）；f. 腹节Ⅴ腹片（abdominal sternite Ⅴ）；g. 雄虫腹节Ⅳ-Ⅹ腹片（male abdominal sternites Ⅳ-Ⅹ）；h. 触角（antenna）

模式标本保存地：南非（AM，Grahamstown）。

观察标本：1♀，浙江莫干山，700m，2005.Ⅶ.22，袁水霞采自杂草；1♀，四川万县，1993.Ⅶ.12，姚建采。

分布：浙江（莫干山）、台湾、重庆（万州区）、云南（昆明）；印度，埃及，美国。

21. 胸鬃针蓟马属 *Zaniothrips* Bhatti, 1967

Zaniothrips Bhatti, 1967, *Thysanop. nova Indica:* 6; Wilson, 1975, *Mem. Amer. Entomol. Inst.*, 23: 243;
　　　Han, 1997a, *Economic Insect Fauna of China Fasc.*, 55: 155.
Type species: *Zaniothrips ricini* Bhatti, designated and monobasic.

属征：头宽于长；后缘有宽颈片，其上有网纹；单眼在一个小丘上；后单眼后有 2 对长鬃。触角 8 节，有时似 7 节。下颚须 2 节。前胸宽，无网纹；有 8 根长鬃，2 根在前 6 根在后。中胸盾片完整。翅胸盾片无网纹。前翅前缘鬃甚长于前缘缨毛，2 纵脉鬃长，鬃列完整；后缘缨毛波曲。跗节 1 节。腹节Ⅱ背片两侧有密排微毛，节Ⅲ-Ⅶ前缘线扇形，前缘有横列网纹；节Ⅷ-Ⅹ背片无网纹；节Ⅹ背片纵裂完整；各节中背鬃小。

分布：东洋界。

本属世界仅记录 1 种，本志有记述。

(64) 蓖麻胸鬃针蓟马 *Zaniothrips ricini* Bhatti, 1967（图 85）

Zaniothrips ricini Bhatti, 1967, *Thysanop. nova Indica*: 6; Wilson, 1975, *Mem. Amer. Entomol. Inst.*, 23:
　　　243; Han, 1997a, *Economic Insect Fauna of China Fasc.*, 55: 155.
Type species: *Zaniothrips ricini* Bhatti, designated and monobasic.

雌虫：体长约 1.6mm，体黄白色或白色。触角节Ⅰ-Ⅲ（但节Ⅲ略暗）和节Ⅳ细颈状部白色，节Ⅳ基半鳞茎状部淡棕色，节Ⅴ-Ⅶ棕色，节Ⅷ灰色，或节Ⅰ、Ⅷ淡黄色，节Ⅱ和节Ⅲ端部大部分黄色，节Ⅲ基部梗和节Ⅳ最基部和细颈状部白色，节Ⅳ鳞茎状部和节Ⅴ-Ⅵ灰棕色，节Ⅶ灰黄色；足黄色；体鬃白黄色；前翅围脉除端部灰棕色外，其余黄色，脉间白色。

头部 头宽大于长，颊近乎直，后缘宽领之前缘略向前拱，领内中部有些网纹，头前部至领平滑，后单眼距复眼后缘近。单眼间鬃短，位于后单眼两侧。触角 8 节，线纹少，无微毛，普通刚毛大，节Ⅲ-Ⅶ的长于该节，节Ⅲ、Ⅳ两端细，节Ⅳ前端细颈部甚长，占节Ⅳ长的 1/2 多；节Ⅰ-Ⅷ长（宽）分别为：23（31），46（38），54（28），78（28），36（19），38（19），19（7），34（6），总长 328，节Ⅲ长为宽的 1.9 倍，感觉锥节在Ⅲ、Ⅳ上为叉状，其他节为简单感觉锥，节Ⅲ臂长 58，节Ⅳ臂长 51，节Ⅴ外端 1 个，臂长 12，节Ⅵ外端 1 个，内侧 1 个，节Ⅶ外端 1 个。口锥端部宽圆。

胸部 前胸宽大于长，略圆，背片仅边缘有少数细线纹，有长鬃 4 对，后角外鬃长于内鬃。中胸盾片完整，两侧有稀疏弱纵纹，后部有弱横纹，前外侧鬃、中后鬃均移至后缘前，与后缘鬃接近。后胸盾片线纹细弱，倒三角区前缘有少数横纹，侧缘有几条纵纹；三角外两侧纵纹稀疏，后外侧纵纹密集，前缘鬃在前缘上，前中鬃移向后角，距前缘68，1对细孔在其前面。后胸小盾片宽大，有弱网纹。中胸前小腹片后缘无突起。前翅细长，端尖，长1059，中部宽56，翅前缘、前缘内、中部、后部共有4条纵列微毛，围脉宽，前缘鬃23根，前脉鬃19根，后脉鬃15根，脉鬃大，翅瓣前缘鬃4根，外Ⅰ、Ⅲ长而粗，外Ⅱ、Ⅳ微小，后翅沿中脉前、后缘有2排纵列微毛，基半部尚有散生微毛，前、后缘长缨毛间有细小缨毛。足无线纹，较细，后足胫节内缘仅有3根刺和1端距。

腹部　腹节Ⅰ背片仅有线纹，节Ⅱ两侧有成片细长微毛，节Ⅱ-Ⅷ前部有大而略方的

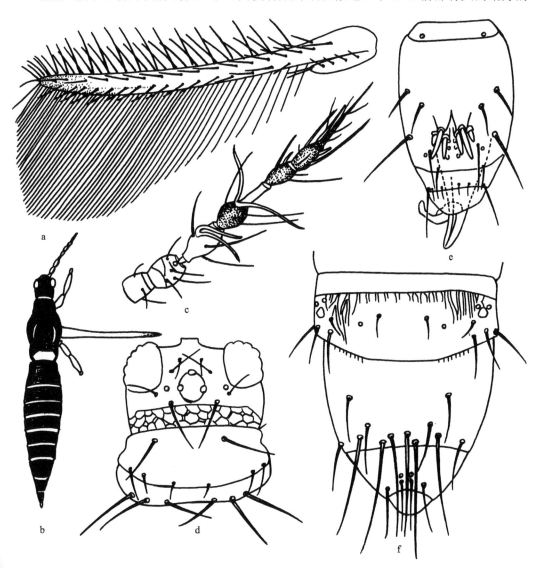

图 85　蓖麻胸鬃针蓟马 *Zaniothrips ricini* Bhatti（仿韩运发，1997a）

a. 前翅（fore wing）；b. 雌虫全体（female body）；c. 触角（antenna）；d. 头和前胸（head and pronotum）；e. 雄虫腹节Ⅸ-Ⅹ背片（male abdominal tergites Ⅸ-Ⅹ）；f. 雌虫腹节Ⅷ-Ⅹ背片（female abdominal tergites Ⅷ-Ⅹ）

网纹，向后开放，节Ⅸ两侧有纵网纹，节Ⅹ光滑，各节中对鬃小；节Ⅷ后缘无梳。腹片网纹不明显，各节后缘鬃向前移至腹片中部。

雄虫：体色和一般结构相似于雌虫，但较小，腹部较细。腹节Ⅸ长 180，背鬃可分 3组：侧（左、右）组共 4 对，2 对短的；中部组 3 对粗角状刺，前对最粗大，其后外侧 1对；后部有疣 4 对。腹片无腺域。

寄主：慈姑，在印度有蓖麻和一种榄仁树属植物。

模式标本保存地：印度（ZSI，Kolkata）。

观察标本：1♀1♂，广州石牌，1958.Ⅲ.14，采自慈姑。

分布：广东；印度。

（七）绢蓟马亚科 Sericothripinae Karny, 1921

Sericothripinae Karny, 1921, *Treubia*, 1 (4): 214, 236, 237.

Sericothripini Priesner, 1925, *Konowia*, 4 (3-4): 144.

头通常比较短，宽于长。触角 7-8 节，节Ⅱ不特别增大。节Ⅲ和节Ⅳ感觉锥叉状。下颚须通常 3 节。前胸通常具有特殊纹和无纹区，中胸腹片与后胸腹片被缝分离，中胸内叉骨有刺。足股、胫节上常密被微环列微毛。跗节 2 节。前翅后缘缨毛波曲。腹部有密排微毛；中对鬃互相靠近。腹部密被微毛是这个亚科的主要特征。

分布：古北界，东洋界，新北界，非洲界，新热带界，澳洲界。

本亚科世界记录 3 属 140 余种，本志记述 3 属 20 种。

属检索表

1. 常短翅，雌虫很少长翅；后胸后部 1/3 处有横排的微毛；腹节背板中部和两侧均密被微毛，主要鬃由亚缘伸出；腹节背板后缘梳完整 ·· **绢蓟马属 *Sericothrips***

   常长翅；后胸无横排的微毛，刻纹为纵纹；腹节背板仅两侧均密被微毛；腹节背板后缘梳中间存在或缺失 ··· 2

2. 后胸腹板前缘边界为深深的 U 形内凹，常深于这片骨片长度的一半（图 86a）·················· ·· **裂绢蓟马属 *Hydatothrips***

   后胸腹板前缘边界横，或者仅有浅的内凹（图 86b）·················· **新绢蓟马属 *Neohydatothrips***

22. 裂绢蓟马属 *Hydatothrips* Karny, 1913

Hydatothrips Karny, 1913b, *Wiss. Ergeb. Deutsch. Zentr. Afr. Exp.*, 1907-1908, 4 (10): 281; Bhatti, 1973, *Orien. Insects*, 7: 412; Han, 1997a, *Economic Insect Fauna of China Fasc.*, 55: 169.

Zonothrips Priesner, 1926, *Die Thysanopteren Europas*, 260. Synonymised by Wang, 2007, *Zootaxa*, 1575: 48.

Corcithrips Bhatti, 1973, *Orien. Insects*, 7: 409. Synonymised by Wang, 2007, *Zootaxa*, 1575: 48.

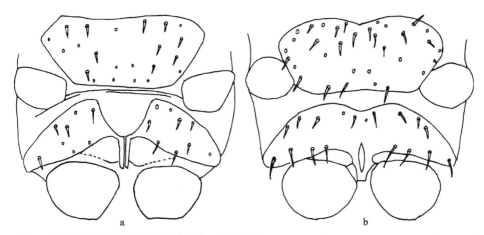

图 86　裂绢蓟马属和新绢蓟马属的中、后胸腹板 (meso- and metasterna of *Hydatothrips* and *Neohydatothrips*)

a. 裂绢蓟马属 *Hydatothrips*；b. 新绢蓟马属 *Neohydatothrips*

Faureana Bhatti, 1973, *Orien. Insects*, 7: 411. Synonymised by Wang, 2007, *Zootaxa*, 1575: 48.

Sariathrips Bhatti, 1990a, *Zool. (J. Pure and Appl. Zool.)* (4) 2: 247. Synonymised by Wang, 2007, *Zootaxa*, 1575: 48.

Type species: *Hydatothrips adolfifriderici* Karny, by monotype.

属征：头宽，后头区呈新月形；触角 7 节或 8 节，节Ⅲ、Ⅳ感觉锥叉状，节Ⅵ有 1 个线状感觉锥。前胸有骨化板。头和前胸密布横纹或网纹。Ⅴ形内突后胸腹片分为两臂。两性翅均发达，前翅前脉鬃完全，后脉鬃 0-2 根。腹节Ⅰ-Ⅶ背板两侧 1/3 密被微毛；腹节Ⅱ-Ⅶ背板后缘有梳毛，两侧长，中间短或无；节Ⅷ后缘梳完整。节Ⅱ-Ⅳ背板中对鬃相互靠近，节Ⅴ-Ⅷ中对鬃相距很宽。

分布：古北界，东洋界，新北界，非洲界，新热带界，澳洲界。

本属世界记录 40 余种，本志记述 10 种。

种检索表

1. 触角 7 节 ·· 缘裂绢蓟马 *H. meriposa*
   触角 8 节 ·· 2
2. 前翅后脉有端鬃 2 根 ··· 3
   前翅后脉无鬃 ··· 4
3. 雄虫节Ⅵ-Ⅶ腹板有横的腺域 ···································· 黄色裂绢蓟马 *H. flavidus*
   雄虫腹板无腺域 ··· 琉球裂绢蓟马 *H. liquidambara*
4. 腹节至少 5 节（节Ⅱ-Ⅵ或节Ⅰ-Ⅵ）色浅 ·· 5
   腹节至多 2 节（节Ⅴ或节Ⅳ-Ⅴ）色浅 ··· 6
5. 腹节Ⅱ-Ⅵ色浅 ·· 侣金裂绢蓟马 *H. heteraureus*
   腹节Ⅰ-Ⅵ色浅 ··· 齿裂绢蓟马 *H. dentatus*

6. 腹节Ⅴ色浅 ·· **伏牛山裂绢蓟马 *H. funiuensis***
　　腹节Ⅳ-Ⅴ浅于其余各节 ·· 7
7. 腹部腹板无微毛 ·· **中华裂绢蓟马 *H. chinensis***
　　腹部腹板有微毛 ·· 8
8. 腹节Ⅱ-Ⅵ腹板完全密被微毛，且后缘梳完整，雌虫节Ⅶ腹板后缘梳中间缺 ·······················
　　··· **黄细心裂绢蓟马 *H. boerhaaviae***
　　腹板仅部分密被微毛，后缘梳不完整 ··· 9
9. 雄虫节Ⅴ-Ⅶ腹板有腺域 ·· **尊裂绢蓟马 *H. ekasi***
　　雄虫节Ⅵ-Ⅶ腹板有腺域 ······································ **基裂绢蓟马 *H. proximus***

(65) 黄细心裂绢蓟马 *Hydatothrips boerhaaviae* Seshadri & Ananthakrishnan, 1954（图 87）

Sericothrips boerhaaviae Seshadri & Ananthakrishnan, 1954, *Indian J. Entomol.*, 16: 210-226; Wang, 2007, *Zootaxa*, 1575: 47-68.

Sericothrips arenarius Priesner, 1965, *Publications In. Des. Egy.*, 13: 1-549. Synonymised by zur Strassen, 2003, *Die Tier. Deut.*, 74: 1-121.

　　雌虫：体黄色，带棕色区的有：头部复眼之间，后胸盾片，腹节Ⅰ（仅在两侧）、Ⅱ、Ⅲ、Ⅳ。触角节Ⅳ仅在端部区略带棕色，节Ⅴ-Ⅷ棕色。前翅在翅瓣区和端部 3/4 棕色，基部 1/4 深色区颜色非常深，其余色浅，经常和基部浅色区颜色一致。

　　头部　单眼间鬃位于前后单眼外缘的切线上。

　　胸部　前胸有相互交织的横纹，骨化板区线纹更密；线纹间有纵的皱纹。骨化板边缘明显但有时不明显，常和前胸其余部分颜色一致，有时浅棕色。前翅前缘脉有鬃 24-27 根，副模雌虫有 23 根。前脉和原始描述 16 根不同，副模雌虫有 21（3+18）根，上脉鬃变化范围为 21-24。翅瓣鬃 4+1 根或 5+1 根。

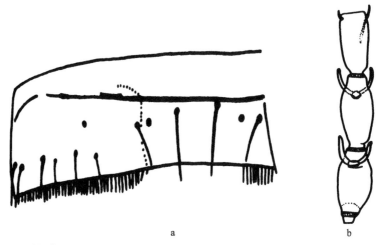

a　　　　　　　　　b

图 87　黄细心裂绢蓟马 *Hydatothrips boerhaaviae* Seshadri & Ananthakrishnan（仿 Bhatti，1973）
a. 腹节Ⅴ背片（abdominal tergite Ⅴ）；b. 触角节Ⅲ-Ⅴ（antennal segments Ⅲ-Ⅴ）

腹部　腹节背板 S2 两侧有密排微毛。腹节背板鬃均不在后缘上；节Ⅳ-Ⅵ背板鬃 S2 两侧有 7-9 根鬃。各节背板鬃式：Ⅱ 2+6，Ⅲ 2+6-7，Ⅳ-Ⅵ 2+7-9，Ⅶ 2+6-7。腹节Ⅱ-Ⅵ腹板完全密被微毛，且后缘梳完整，雌虫节Ⅶ腹板后缘梳中间缺。

雄虫：节Ⅵ、Ⅶ腹板各有 1 个狭深棕色的明显区别于浅黄色腹板的横腺域，或者为浅黄色几乎与腹板其余部分区别不明显。

寄主：杂草。

模式标本保存地：印度（ZSI，Kolkata）。

观察标本：未见。

分布：北京（妙峰山）；印度。

(66) 中华裂绢蓟马 *Hydatothrips chinensis* Chou & Feng, 1990（图 88）

Hydatothrips chinensis Chou & Feng, 1990, *Entomotax.*, 12 (1): 9-13.

雌虫：体褐色，腹节Ⅳ-Ⅴ黄色，背板前缘线黑色，触角节Ⅰ-Ⅱ淡黄色，节Ⅲ黄色，节Ⅳ和节Ⅴ基部黄色，端部褐色，节Ⅵ-Ⅶ褐色；足除基节及后足股节中部褐色外，其余各节均黄色；前翅褐色，亚基部有透明带。

头部　触角 8 节，节Ⅲ-Ⅳ上有弯曲感觉锥，端部钝。

胸部　前胸背板膜片域前缘角尖锐，膜片域网纹线之间有皱纹；前胸背板后缘有 3 对鬃。前翅前缘有鬃 26 根，上脉鬃 24 根，排列为 3+20+1，下脉鬃无，翅瓣鬃 4+1 根。

腹部　腹节背板在亚中对鬃两侧有很密的微毛，节Ⅰ-Ⅴ背板在中对鬃之间无微毛，鬃Ⅲ位于背板后缘，节Ⅲ背板中对鬃之间的间距明显大于节Ⅱ，节Ⅳ-Ⅶ背板有 3 根侧鬃，最后 1 根位于边缘，鬃式如下：节Ⅱ-Ⅲ为 2+1（后缘）+2，节Ⅳ-Ⅶ为 2+1（后缘）+2+1（后缘）；节Ⅰ-Ⅵ背板后缘中部无梳状毛，节Ⅶ-Ⅷ背板后缘梳状毛完整。节Ⅱ-Ⅶ腹板无微毛。

雄虫：腹节Ⅷ后缘有完整的梳状毛。节Ⅴ-Ⅶ腹板有横向腺域。

寄主：禾本科杂草。

模式标本保存地：中国（NWAFU，Shaanxi）。

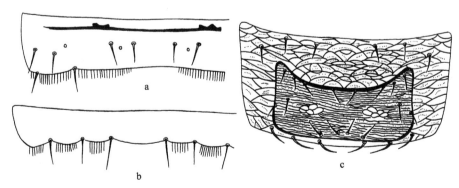

图 88　中华裂绢蓟马 *Hydatothrips chinensis* Chou & Feng

a. 腹节Ⅵ背片（abdominal tergite Ⅵ）；b. 腹节Ⅵ腹片（abdominal sternite Ⅵ）；c. 前胸背板（pronotum）

观察标本：5♀♀1♂，贵州贵阳，1986.Ⅵ.10，冯纪年采自杂草。

分布：贵州（贵阳）。

(67) 齿裂绢蓟马 *Hydatothrips dentatus* (Steinweden & Moulton, 1930)（图 89）

Sericothrips dentatus Steinweden & Moulton, 1930, *Proc. Nat. Hist. Soc. Fukien Christ.Univ.*, 3: 20.

Hydatothrips dentatus (Steinweden & Moulton): Han, 1990a, *Sinoz.*, 7: 121, 122.

雌虫：体长约 1.1mm。体棕和黄二色，黄色部分包括：头背复眼后，触角节Ⅰ、Ⅱ和Ⅲ的基部，前胸前部及两侧网纹区，前翅近基部，腹节Ⅰ-Ⅵ。

头部　头背后部有网纹。触角 8 节，较细，节Ⅲ、Ⅳ较细，有叉状感觉锥。

胸部　前胸前部和两侧有网纹，中后部的骨化板前缘和两侧较内凹，板内有线纹。中、后胸盾片线纹间有颗粒。后胸腹片有 1 个强 V 形内突。

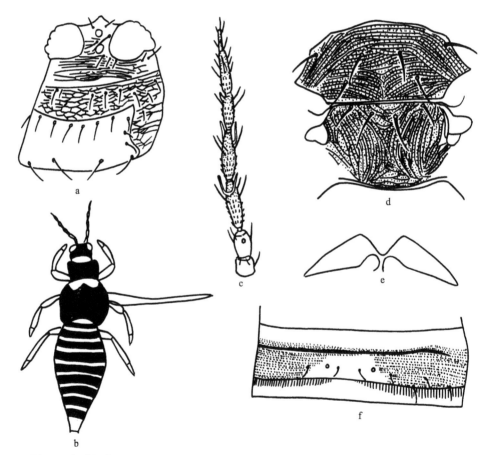

图 89　齿裂绢蓟马 *Hydatothrips dentatus* (Steinweden & Moulton)（仿韩运发，1997a）

a. 头和前胸（head and pronotum）；b. 雌虫全体（female body）；c. 触角（antenna）；d. 中、后胸盾片（meso- and metanota）；

e. 后胸腹片的 V 形内突（apodeme on metasternum）；f. 腹节 V 背片（abdominal tergite Ⅴ）

腹部　腹节Ⅱ-Ⅵ背片两侧密被微毛；节Ⅰ-Ⅵ背片两侧后缘有梳毛；节Ⅶ、Ⅷ后缘梳列完整；背片横列刚毛对Ⅲ着生在后缘上。腹板无微毛。

寄主：野豌豆属植物、红豆、胡枝子、菊科、禾本科植物。

模式标本保存地：美国（CAS，San Francisco）。

观察标本：1♂，湖北兴山县，1300m，1994.Ⅴ.26，姚健网捕；1♀，四川万县，1200m，1994.Ⅹ.1，姚健网捕；1♀，湖北神农架，1300m，1994.Ⅴ.5，姚健网捕。

分布：河北、河南、浙江、湖北（兴山县、神农架）、福建、重庆（万州区）。

(68) 尊裂绢蓟马 *Hydatothrips ekasi* Kudô, 1991（图90）

Hydatothrips ekasi Kudô, 1991, *Jap. J. Entomol.*, 59 (3): 517, 520.

雌虫：体长1.0-1.1mm，体棕色，但前胸骨化板处和腹节Ⅶ-Ⅸ深棕色，腹节Ⅳ-Ⅴ黄色，前翅棕色或灰棕色，近基部有1白色区，翅瓣色深，近端部变淡；触角节Ⅰ-Ⅲ黄色，但节Ⅲ色较深，触角节Ⅳ基部黄色，端部棕色，其余棕色。

头部　头宽大于长。单眼区隆起，位于复眼中部，具细横线纹。头后部有网纹，其余光滑。口锥端部尖，很长，伸出前胸腹板。单眼前鬃在前单眼正上方，靠近头顶。单眼侧鬃靠近复眼，单眼间鬃位于前后单眼外缘连线上，眼后鬃5对。触角8节，节Ⅲ最长，节Ⅰ-Ⅷ长（宽）分别为：24（26）、36（28）、60（20）、48（20）、42（18）、48（20）、8（4）、12（3），节Ⅲ-Ⅳ上有叉状感觉锥，节Ⅴ-Ⅵ上感觉锥基部增大。

胸部　前胸宽大于长，前部和两侧有网纹，前面网纹内有稀少的颗粒，中后部骨化板明显，板内布满横线纹，两侧有两个无线区，纹内有许多颗粒。中胸布满横线纹，线纹里有颗粒。后胸前部和后面为横线纹，中部和两侧为纵纹。前翅前缘鬃23-29根，前脉鬃21-28根，后脉无鬃。

腹部　腹节Ⅱ-Ⅴ背板在中对鬃和亚中对鬃之前有微刺列，节Ⅱ-Ⅷ背板亚中对鬃之前有微刺，中部在前缘线之前有少量较短的微刺列，节Ⅸ背板无微刺列，节Ⅹ背面中部有微刺列。节Ⅰ-Ⅵ后缘中部无梳毛，节Ⅶ-Ⅷ后缘有完整梳毛，但节Ⅶ中部梳毛短。各节背面每侧鬃数：节Ⅱ-Ⅲ 2+1（后缘）+2，节Ⅳ-Ⅶ 2+1（后缘）+2+1（后缘）。节Ⅱ-Ⅶ腹面后缘中对鬃之间的腹板无微刺列，中对鬃之间无梳毛，后缘梳比腹面上的微刺列长，两侧后缘梳被后缘鬃间隔，后缘鬃均着生在后缘上。

雄虫：体如雌虫，但色淡。腹节Ⅰ-Ⅶ背面后缘梳中间间断，节Ⅹ背面后半部有微刺列，节Ⅴ-Ⅶ有延长的横腺域，分别约宽96、108、102。

寄主：玉米。

模式标本保存地：未知。

观察标本：1♀1♂，湖北松柏，2001.Ⅶ.25，张桂玲采自玉米。

分布：湖北（松柏）；日本。

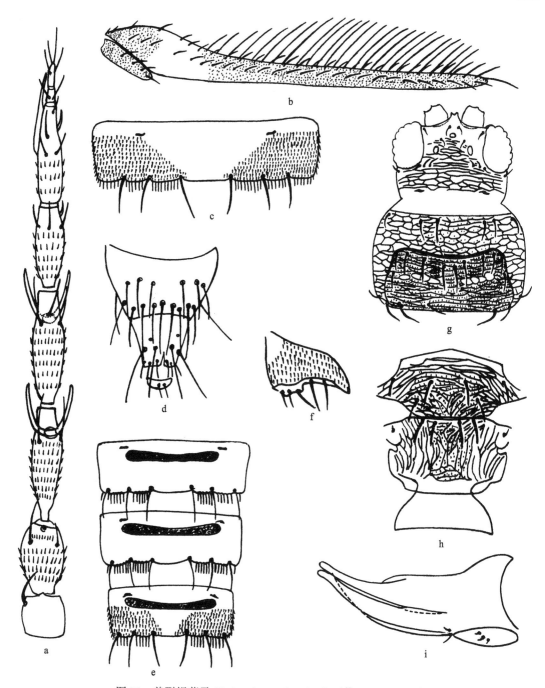

图 90 尊裂绢蓟马 *Hydatothrips ekasi* Kudô（仿 Kudô，1991）

a. 触角（antenna）；b. 前翅（fore wing）；c. 腹节 V 腹片（abdominal sternite V）；d. 腹节Ⅸ-Ⅹ背片（abdominal tergites Ⅸ-Ⅹ）；
e. 雄虫节 V-Ⅶ腹片（示腺域）（male abdominal sternites V-Ⅶ, shows gland area）；f. 翅基片（tegula）；g. 头和前胸（head and
pronotum）；h. 中、后胸盾片（meso- and metanota）；i. 雄虫生殖器（侧面观）（male genitalia, lateral view）

(69) 黄色裂绢蓟马 *Hydatothrips flavidus* Wang, 2007（图 91）

Hydatothrips flavidus Wang, 2007, *Zootaxa*, 1575: 47-68.

雌虫：长翅。体浅黄色至棕黄色，腹节Ⅱ、Ⅲ、Ⅴ、Ⅵ灰褐色，节Ⅳ黄白色，节Ⅶ-Ⅹ黄色，节Ⅱ-Ⅵ前缘线深棕色，节Ⅶ前缘线灰褐色；触角节Ⅰ-Ⅲ黄色，节Ⅳ和节Ⅴ基部灰褐色，节Ⅵ-Ⅷ棕色；前翅棕色但至端部稍浅，有 1 个发白的亚基部区；足黄色。

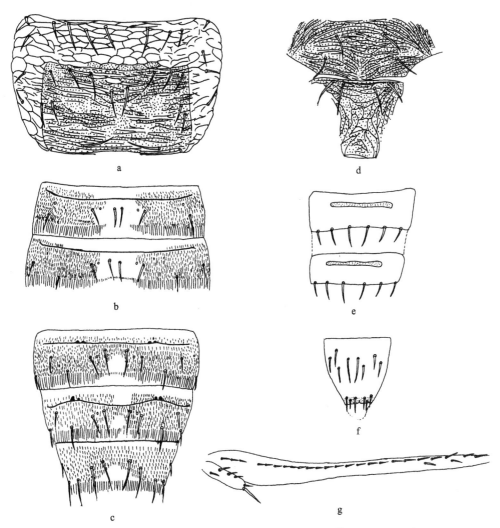

图 91　黄色裂绢蓟马 *Hydatothrips flavidus* Wang（仿 Wang，2007）

a. 前胸背板（pronotum）；b. 腹节Ⅲ-Ⅳ背片（abdominal tergites Ⅲ-Ⅳ）；c. 腹节Ⅵ-Ⅷ背片（abdominal tergites Ⅵ-Ⅷ）；d. 中、后胸盾片（meso- and metanota）；e. 雄虫腹节Ⅵ-Ⅶ腹片（示腺域）（male abdominal sternites Ⅵ-Ⅶ, shows gland area）；f. 雄虫腹节Ⅹ背板（male abdominal tergite Ⅹ）；g. 前翅（fore wing）

头部　头短，背面密被横纹，之间有刻纹。后头大，后头突与复眼后缘相接，前部有横纹，之后为网状刻纹，内有弱的刻纹。单眼间鬃位于单眼后缘前方，在单眼三角形之外。口锥狭长，伸至前胸背板后缘；下颚须 3 节。触角 8 节，节 V、VI 各具 1 个线状感觉锥。

胸部 前胸骨化板外为网纹，有些网纹内有刻点；前缘中对鬃之间的距离小于或等于鬃长。骨化板被横纹覆盖，其上有 3 对前缘，1 对亚前缘鬃，两侧各有 1 根鬃，2 对后缘鬃。中胸背板密被横纹，后胸背板中部为不规则网纹，内有刻纹。前翅前脉鬃列完整，后脉有 2 根端鬃。

腹部 腹节 I 背板两侧有成排微毛；节 II-VII 亚中鬃两侧区域有密排微毛，节 II-VI 后缘有梳，但中间小；节 VII-VIII 后缘梳长而完整，节 II-VII 前缘线亚两侧有向前凸起的斑点。腹板无附属鬃。

雄虫：体长 0.96mm，外部形态和形状与雌虫相同。节 VI-VII 腹板有横的腺域。

寄主：台湾相思、竹属植物。

模式标本保存地：中国（TARI，Taiwan）。

观察标本：未见。

分布：台湾。

(70) 伏牛山裂绢蓟马 *Hydatothrips funiuensis* Duan, 1998（图 92）

Hydatothrips funiuensis Duan, 1998, *Insects of the Funiu Mountains Region*: 53-58.

雌虫：体长 0.94-1.10mm，体暗褐色。腹节 II-VI 背板前缘线黑褐色，腹节 III、IV、VI 黄褐色，节 V 黄色；触角节 I、II 黄色，节III黄白色，节IV、V 基部黄色，其余部分及节 VI-VIII暗褐色。足基节暗褐色，前足股节端部 1/3 黄色，其余暗褐色，而且两色逐渐过渡。前足胫节黄褐色，中、后足股节暗褐色，各自基部和端部黄褐色；中、后足胫节褐色，各自基部和端部黄色；全部跗节黄色，前翅褐色，亚基部有透明带。

头部 头宽大于长，具横网纹；后头内突沿着眼后鬃；后头具横网纹，网纹线间光滑。触角 8 节，长是头长的 3.5-4.2 倍，节 III、IV 上感觉锥叉状。

胸部 前胸宽大于长。前胸骨化板前缘角较尖锐，前缘中部凹，网纹线之间有皱纹，骨化板外缘网纹线暗褐色，线纹之间无皱纹，前胸背板后缘鬃 3 对。中胸盾板具间隙接近的网纹，纹间具点；前中鬃距前缘 27.5；后中鬃距后缘 22.5。后胸盾片前中部和后中部具横网纹，两侧及中部具相接近的纵纹，纹间有刻点。前翅长 850，近基宽 25；前缘鬃 30 根，前脉鬃 29 根，排列为 3+25+1；后脉无鬃，翅瓣鬃 4+1 根。

腹部 腹节背板在鬃 S2 侧密布微毛，节 I-IV 中部除中对鬃之间和近前缘有退化的微毛斑外无微毛；节 IX-X 背板无微毛，背板 S3 鬃位于后缘上，节 IV-VII 背板 S3 鬃的侧面有 3 根鬃，最后 1 根位于边缘。节 I-V 背板后缘中部梳毛退化，节 VI-VIII 背板后缘梳发达而完整，节 II-VII 腹板 S1 之间无微毛，后缘无梳，节 II-III 腹板后缘 S1-S2 之间梳毛不发达，节 IV-VII 腹板后缘 S1-S2 之间梳毛发达，与 S2-S3 之间的梳毛相同。

雄虫：体长 0.77mm，体色如雌虫，但较浅。腹节 I-VII 背板后缘中部梳毛微小或无，节Ⅷ背板后缘梳完整；节Ⅹ背板具疏的微毛。节Ⅴ-Ⅶ腹板有横向的腺域，节Ⅷ腹板后缘S1 长于 S2。阳茎端逐渐变细，顶端稍呈匙形，阳茎基侧突端钝，基部仅有 2 根短鬃。

寄主： 禾本科杂草。

模式标本保存地： 中国（BLRI，Inner Mongolia）。

观察标本： 未见。

分布： 河南（栾川县龙峪湾林场）。

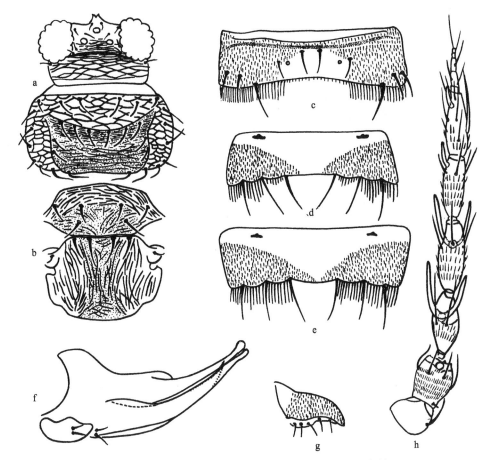

图 92　伏牛山裂绢蓟马 *Hydatothrips funiuensis* Duan（仿段半锁，1998）

a. 头和前胸（head and pronotum）；b. 中、后胸盾片（meso- and metanotum）；c. 腹节Ⅳ背片（abdominal tergite Ⅳ）；d. 腹节Ⅲ腹片（abdominal sternite Ⅲ）；e. 腹节Ⅴ腹片（abdominal sternite Ⅴ）；f. 雄虫阳茎（侧面观）（male phallus, lateral view）；g. 翅基片（tegula）；h. 触角（antenna）

(71) 侣金裂绢蓟马 *Hydatothrips heteraureus* Han, 1990（图 93）

Hydatothrips heteraureus Han, 1990a, *Sinoz.*, 7: 119, 121, fig. 1: a-f; Han, 1997a, *Economic Insect Fauna of China Fasc.*, 55: 171-173.

雌虫： 体长 1.0mm，体棕色。触角节Ⅰ-Ⅲ黄色，但节Ⅲ端部略微暗，节Ⅳ-Ⅷ棕色，但节Ⅳ基部略淡。各足股节两端、各足胫节及跗节暗黄色。腹节Ⅱ-Ⅵ中部淡棕色，但中央各有 1 个棕色斑，节Ⅱ-Ⅶ近前缘线粗而暗棕色，几乎占背片整个宽度。前翅棕色，但近基部翅瓣端处有 1 无色白带，约占翅长 1/9，端半部略微淡。

　　头部　头宽大于长，单眼间有横线纹，其间又有极短线，沿复眼后缘的深色切线（内突）把头后切割为 1 个宽的后头区，其前部有些横交错纹，后部为细网纹；复眼较突出；单眼间鬃位于前单眼后外侧的前后单眼外缘连线上。触角 8 节，节Ⅲ、Ⅳ感觉锥叉状，节Ⅴ、Ⅵ各有 2 个简单感觉锥；节Ⅴ和节Ⅵ内端（缘）简单感觉锥有较长的与该节愈合的基部。下颚须 3 节。

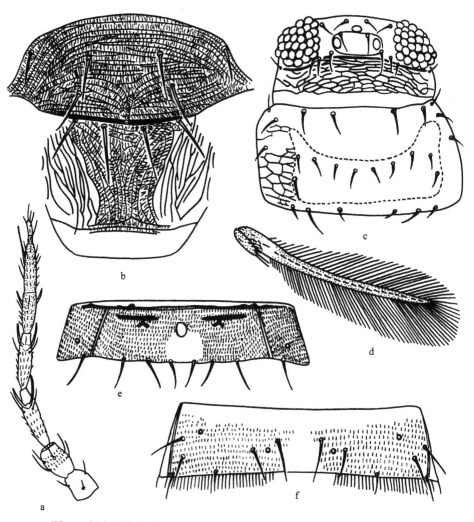

图 93　侣金裂绢蓟马 *Hydatothrips heteraureus* Han（仿韩运发，1997a）

a. 触角（antenna）；b. 中、后胸盾片（meso- and metanota）；c. 头和前胸（head and pronotum）；d. 前翅（fore wing）；e. 腹节Ⅴ腹片（abdominal sternite Ⅴ）；f. 腹节Ⅴ背片（abdominal tergite Ⅴ）

　　胸部　前胸宽大于长，后部的骨化板前角甚延伸，呈角状，后缘平行，后角略扩展。

骨化板前部和两侧具横网纹，前部网纹中有极短线，板内有密交错横纹，同时由几个小无纹区，板内密布微颗粒，板内鬃与边缘鬃近似。中胸盾片密布横交错纹，横线纹中又有极短线条，后缘鬃移位向前。后胸盾片前部有几条向后弯的横线纹，两侧为纵线纹，后部有 2-3 条横纹，后外侧区有斜纵线纹，除两侧外，长线纹中夹以极短线纹，前缘鬃在前缘上，前中鬃距前缘 5，前中鬃自身间距大于前缘鬃间距。翅基片密布微毛，前翅长 850，中部宽 40；前缘鬃 2+28 根，前脉鬃 3+20 根，后脉无鬃。中胸内叉骨有刺，后胸腹片中部呈 V 形向后凹，V 形骨化线（内突）连接两侧骨片。中后胸背片及腹片两侧具多角形网纹，网中密布微颗粒。各足股、胫节密布弱微毛，另有长刚毛，但胫节的内缘无成排的刺。前足股节不增大。

　　腹部　腹节Ⅰ-Ⅷ、Ⅹ背片密被微毛，但节Ⅰ-Ⅷ中部微毛细弱，甚至有光滑无毛区，节Ⅹ微毛短而稀疏，微毛间绝无纵皱纹。节Ⅰ-Ⅵ背片两侧后缘有梳毛，仅中部减弱，中部缺，节Ⅶ、Ⅷ后缘梳完整。节Ⅰ-Ⅷ背片中对鬃长度和间距向后逐渐增大，各节背片鬃式如下。节Ⅲ和Ⅳ：2+1（后缘）+2，节Ⅴ-Ⅷ：2+1（后缘）+2+1（后缘），节Ⅸ前部 3+后部 3（长）+2（短）。腹片无附属鬃。节Ⅱ-Ⅶ腹片两侧密被微毛和后缘毛。

　　寄主：棉花、木蓝属植物。

　　模式标本保存地：中国（IZCAS，Beijing）。

　　观察标本：1♀，湖南石门，1978.Ⅶ.6，韩运发采自棉花。

　　分布：湖南（石门）、四川。

(72) 琉球裂绢蓟马 *Hydatothrips liquidambara* Chen, 1977（图 94）

Hydatothrips liquidambara Chen, 1977a, *Bull. Inst. Zool.*, 16 (2): 145-149.

　　雌虫：体长 1.2mm，黑棕色。触角节Ⅰ-Ⅲ黄色，节Ⅳ棕色，基部黄色；节Ⅴ-Ⅷ黑棕色。前翅近基部有 1 黄色区域。腹节Ⅰ-Ⅳ和节Ⅵ淡棕色；节Ⅴ黄色，中部暗；节Ⅶ-Ⅸ黑棕色；节Ⅹ浅黄色。

　　头部　单眼区间有横线纹，其间布满颗粒，眼后有多角形网纹；半月形切割区紧靠近后单眼；复眼大而突出，头鬃小。口锥长而窄，伸过前胸腹板后缘，下唇须 3 节，较细。触角 8 节，节Ⅲ-Ⅳ感觉锥叉状，较细。

　　胸部　前胸前缘和两侧有多角形网纹，网纹内分布不均匀颗粒，中后部有大的骨化板，板内有横条纹，密布颗粒；板前缘鬃 3 对，侧缘和后缘鬃各 2 对。中后胸有刻纹，纹内有皱纹。前翅前缘鬃 32 根，前脉鬃 27-30 根，后脉鬃 1 根或 2 根（仅一个翅上有），翅瓣鬃 4+1 根。

　　腹部　腹节亚中对鬃两侧密被微毛，中部中对鬃之前有稀微毛，节Ⅵ-Ⅷ背面布满微毛，但中部稀，中部后缘较光滑。

　　雄虫：同雌虫，体较小、色较浅；无雄性腺域。

　　寄主：桑。

　　模式标本保存地：中国（QUARAN，Taiwan）。

观察标本：1♀，广西花坪，2000.Ⅷ.24，沙忠利采自杂草；1♂，广西金秀，2000.Ⅸ.4，沙忠利采自杂草。

分布：台湾、广西（花坪、金秀）。

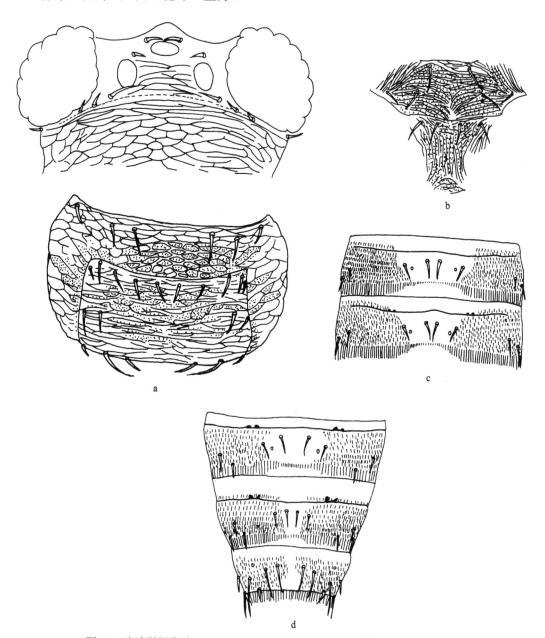

图 94　琉球裂绢蓟马 *Hydatothrips liquidambara* Chen（仿 Chen，1977a）

a. 头和前胸（head and pronotum）；b. 中、后胸盾片（meso- and metanotum）；c. 腹节Ⅲ-Ⅳ背片（abdominal tergites Ⅲ-Ⅳ）；d. 腹节Ⅵ-Ⅷ背片（abdominal tergites Ⅵ-Ⅷ）

(73) 缘裂绢蓟马 *Hydatothrips meriposa* Wang, 2007（图 95）

Hydatothrips meriposa Wang, 2007, *Zootaxa*, 1575: 47-68.

雌虫：长翅。体棕黄色，腹节Ⅰ-Ⅴ灰褐色，节Ⅳ黄白色，节Ⅶ-Ⅹ棕色，节Ⅱ-Ⅵ前缘线深棕色；触角节Ⅰ、Ⅱ和节Ⅲ-Ⅴ基半部黄白色，节Ⅳ、Ⅶ灰褐色；前翅棕色但至端部稍浅，有1个发白的亚基部区；足黄色，中足股节中部棕色，后足股节棕色端部浅。

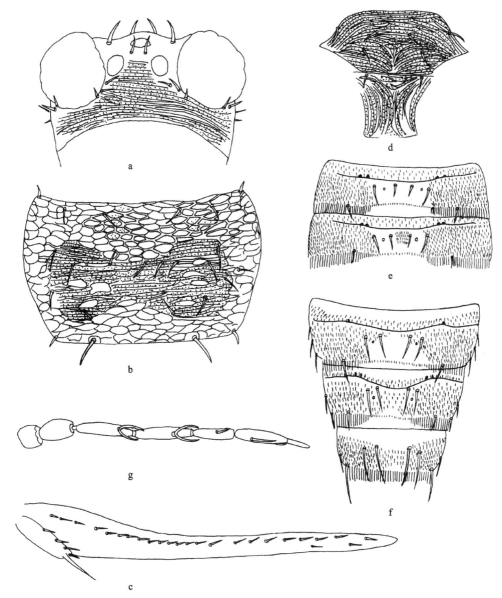

图 95　缘裂绢蓟马 *Hydatothrips meriposa* Wang（仿 Wang，2007）

a. 头（head）；b. 前胸（pronotum）；c. 前翅（fore wing）；d. 中、后胸盾片（meso- and metanota）；e. 腹节Ⅲ-Ⅳ背片（abdominal tergites Ⅲ-Ⅳ）；f. 腹节Ⅵ-Ⅷ背片（abdominal tergites Ⅵ-Ⅷ）；g. 触角（antenna）

头部　头短，背面密被横纹之间有刻纹。后头很短，有密横纹，后头突不与复眼后缘相接；单眼间鬃位于后单眼前方，在单眼三角形之内。口锥伸至前胸后缘；下颚须 3 节。触角 7 节，节Ⅴ、Ⅵ各具 1 个线状感觉锥。

胸部　前胸骨化板外为网纹，有些网纹内有刻点；前缘中对鬃之间距离很宽，缘长于鬃长。骨化板前缘和后缘内凹，中部长为两侧长的 1/2，被横纹覆盖，其上有 1 对前缘中对鬃，2 对亚前缘鬃，两侧各有 23 根鬃，1 对后缘鬃。中胸背板和后胸背板密被横纹，内有刻纹。前翅前脉鬃列完整，后脉有 2 根端鬃。

腹部　腹节Ⅰ背板两侧有成排微毛；节Ⅱ-Ⅶ亚中鬃两侧区域有密排微毛，节Ⅱ-Ⅵ后缘两侧有梳毛，中间缺，亚中部梳毛小；节Ⅶ后缘中部梳毛短，节Ⅷ后缘梳长而完整，节Ⅱ-Ⅶ前缘线亚两侧有向前凸起的斑点。腹板无附属鬃。

雄虫：未明。

寄主：九里香。

模式标本保存地：中国（TARI，Taiwan）。

观察标本：未见。

分布：台湾。

(74) 基裂绢蓟马 *Hydatothrips proximus* Bhatti, 1973（图 96）

Hydatothrips proximus Bhatti, 1973, *Orien. Insects*, 7: 403-449.

Hydatothrips jiawuensis Chou & Feng, 1990, *Entomotax.*, 12 (1): 11. Synonymised by Mirab-balou et al., 2011, *Zootaxa*, 3009: 57.

雌虫：长翅。体深棕色。腹节Ⅳ、Ⅴ浅黄色，但背板前缘线颜色深。触角节Ⅰ、Ⅱ浅黄色，节Ⅲ浅棕色浅于端部（但通常全部黄色），节Ⅳ端半部深棕色，基部有 1 个深色环，节Ⅴ-Ⅷ深棕色，节Ⅴ亚基部色常浅。前翅翅瓣、翅基部至亚端部色深，之后为一个和翅瓣差不多长的透明横带，之后是深色区，向端部逐渐变浅。足除后足股节色深外其余黄色，有弱的棕色斑，股节和胫节除基部和端部外浅棕色，胫节有浅的棕色斑；跗节黄色；前足除股节的深色区外常浅黄色。

头部　触角 8 节，正模节Ⅲ-Ⅷ长（宽）分别为：70（19），60-62（18），47（16），54（16），12（6），16（4）。前胸骨化板角钝；骨化板内线纹间有皱纹，骨化板外无皱纹。

胸部　前翅前缘脉鬃 25-29 根，前脉 22-26 根，基部 3-4 根，端部 19-23 根，后脉无鬃；翅瓣鬃 4+1 根。

腹部　腹节背板鬃 S2 两侧有密排微毛，节Ⅰ-Ⅴ除中对鬃之间和之前有一片小的不明显的小微毛外中部无鬃。背板鬃 S3 位于后缘上，节Ⅳ-Ⅶ背板鬃 S3 两侧有鬃 3 根。各节背板鬃式：Ⅱ和Ⅲ 2+1m+2；Ⅳ-Ⅶ 2+1m+2+1m。节Ⅶ、Ⅷ背板后缘梳常完整，正模节Ⅶ背板后缘不完整；腹板中部（中对鬃以内）无微毛；后缘梳中间缺，在鬃 S2 两侧后缘梳存在。体长 1122。

雄虫：体长 884，体色和雌虫相似。触角节Ⅲ长（宽）为 60-64（16-18），节Ⅳ为 50-54（17-19），节Ⅴ为 39-42（15-16）。翅瓣鬃 3 根或 4 根。腹节Ⅷ背板后缘梳完整。节Ⅵ、

Ⅶ腹板各有 1 个横的腺域。节Ⅷ腹板后缘中对鬃非常长。

寄主：羊齿植物、桦树、松属植物等。

模式标本保存地：中国（NWAFU，Shaanxi）。

观察标本：1♀，陕西嘉舞台，1987.Ⅶ.22，冯纪年采。

分布：陕西（嘉舞台）；印度。

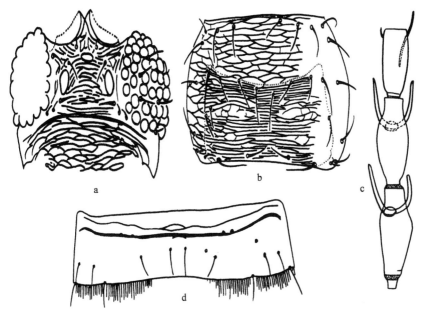

图 96　基裂绢蓟马 *Hydatothrips proximus* Bhatti（仿 Bhatti，1973）

a. 头（head）；b. 前胸（pronotum）；c. 触角Ⅲ-Ⅴ（antennal segments Ⅲ-Ⅴ）；d. 腹节Ⅳ背片（abdominal tergite Ⅳ）

23. 新绢蓟马属 *Neohydatothrips* John, 1929

Neohydatothrips John, 1929, *Bull. Ann. Soc. Entomol. Bel.*, 69: 33; Han, 1997a, *Economic Insect Fauna of China Fasc.*, 55: 175.

Elbuthrips Bhatti, 1973, *Orien. Insects*, 7: 410. Synonymised by Wang, 2007, *Zootaxa*, 1575: 56.

Kazinothrips Bhatti, 1973, *Orien. Insects*, 7: 432. Synonymised by Wang, 2007, *Zootaxa*, 1575: 56.

Type species: *Neohydatothrips latereostriatus* John, monobasic and designated.

属征：新绢蓟马属形态特征相似于裂绢蓟马属，区别仅在于后胸腹板内叉骨中间不分开或仅在前部分开，形成一个 Y 形内突。

分布：古北界，东洋界，新北界，非洲界，新热带界，澳洲界。

本属世界记录 90 余种，本志记述 9 种。

种检索表

1. 触角 7 节 ·· 2

(75) 细角新绢蓟马 *Neohydatothrips gracilicornis* (Williams, 1916)（图 97）

Sericothrips gracilicornis Williams, 1916a, *Entomol.*, 49: 222.

Hydatothrips (*Neohydatothrips*) *gracilicornis* (Williams): Kudô, 1991, *Jap. J. Entomol.*, 59 (3): 526-528.

雌虫：长翅。头和前胸深棕色。翅胸稍浅。腹节 I-VI 棕色；节 VII-X 深棕色。所有基节深棕色；股节深棕色，股节端部稍浅；前足胫节棕色，中、后足胫节除端部外稍深；跗节黄棕色。前翅棕色，基部有透明横带；后翅基本透明，上有棕色纵脉。触角深棕色，前 2 节明显白，节 III 基部白，端部棕。

头部　头宽为长的 1.6 倍，与前胸等长。额在前单眼前凹陷。额、单眼周围和头后部有横纹。头后两侧缘至复眼后缘有 1 个粗的、明显的几丁质脊线。复眼大，在前面延伸，长 72，宽 58；复眼间距离 75，约 1.3 倍于眼宽；从复眼到头后缘 42。单眼前鬃和单眼前侧鬃粗壮，单眼后鬃 1 对，复眼后鬃 4 对。口锥伸至前胸腹板末端。下颚须 3 节，下唇须 2 节，短。触角 8 节，约 2.9 倍于头长。节 I 短，管状；节 II 稍长，但不如节 I 宽，端部变细，但在基部更明显；节 III 细长，3.5 倍于宽，基部梗状；节 IV 短于节 III，约 3 倍于宽；节 V 约 2.6 倍于宽，中部最宽；节 VI 约与节 IV 等长；节 VII、VIII 短，节 VIII 长于节 VII。节 III、IV 感觉锥叉状，节 V 端部和节 VI 外部有更短的简单感觉锥。

胸部　前胸约 2.3 倍于宽，与头等长。前角和后角各有 2 根粗鬃；前缘有 2 对鬃；后缘有 3 对鬃，鬃 II 最长。前胸有很多横纹。翅胸普通。足细长；尤其是前足胫节短，后足胫节长，长约 8 倍于宽。前翅约 18 倍于中部宽，基部较宽。后脉无鬃；前脉基部鬃 3

根，端鬃 13-16 根；前缘脉 23 根。

　　腹部　腹节普通，节Ⅰ-Ⅷ有横纹，足上有小鬃。腹节背板中后部无条纹和鬃背板后缘有缘膜。腹节每节背前缘板有明显前缘线。节Ⅱ-Ⅷ背板后缘靠近两侧长有相当结实的刺。节Ⅰ-Ⅷ背板后缘有梳毛，中间完整。腹节Ⅱ-Ⅵ腹板后缘梳完整，中间间插 6 根长的后缘鬃。

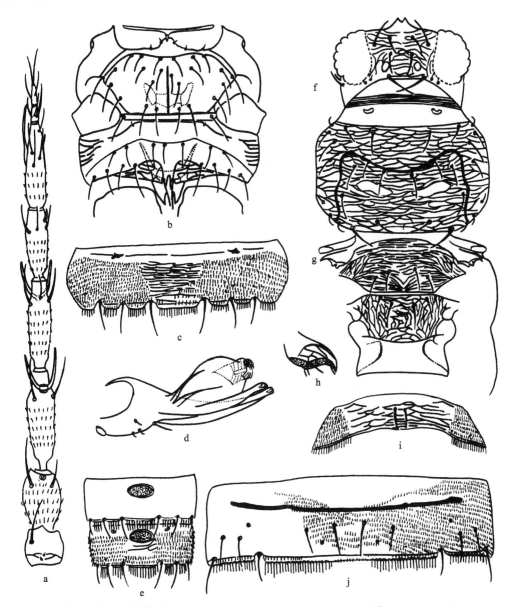

图 97　细角新绢蓟马 *Neohydatothrips gracilicornis* (Williams)（仿 Kudô，1991）

a. 触角（antenna）；b. 中、后胸腹面（meso- and metasterna）；c. 腹节Ⅴ腹片（abdominal sternite Ⅴ）；d. 阳茎（背侧面观）（phallus, lateral view）；e. 腹节Ⅵ-Ⅶ腹片（abdominal sternites Ⅵ-Ⅶ）；f. 头和前胸（head and pronotum）；g. 中、后胸盾片（meso- and metanota）；h. 翅基片（tegula）；i. 腹节Ⅰ背片（abdominal tergite Ⅰ）；j. 腹节Ⅴ背片（abdominal tergite Ⅴ）

雄虫：未见。

寄主：广布野豌豆、海边香豌豆。

模式标本保存地：南非（AM，Grahamstown）。

观察标本：未见。

分布：内蒙古、宁夏；土耳其，以色列，伊朗，欧洲，摩洛哥。

(76) 纤细新绢蓟马 *Neohydatothrips gracilipes* (Hood, 1924)（图98）

Sericothrips gracilipes Hood, 1924, *Can. Ent.*, 56: 149.

Neohydatothrips gracilipes (Hood): Wang, 2007, *Zootaxa*, 1575: 59.

雌虫：长翅。体黄色，前胸背板骨化板有棕色刻纹；腹节Ⅱ-Ⅵ前缘线深棕色，前缘线后两侧有棕色区域；触角节灰褐色，节Ⅲ和节Ⅳ-Ⅴ基半稍暗；足灰黄色，前翅灰黄色，亚基部有1个白色带。

头部　头短，颊和眼长相同；单眼间鬃位于前单眼后，位于单眼三角形之内。触角8节，节Ⅶ长为节Ⅷ的一半。

胸部　前胸骨化板骨化程度弱，无清晰边缘，骨化板上后角鬃发达，长度和骨化板长几乎相同。中、后胸背板上布满密的横纹或纵纹。后胸腹板前缘直。前翅前脉鬃列完整，后脉无端鬃。

腹部　腹节Ⅱ-Ⅶ后缘两侧有后缘梳，中间无；节Ⅶ-Ⅷ有长且完整的后缘梳。节Ⅰ-Ⅷ腹板后缘梳完整，无附属鬃。

寄主：棉属植物、杂草。

模式标本保存地：美国（USNM，Washington）。

观察标本：1♀，海南尖峰岭，170m，2009.Ⅶ.18，胡庆玲采自杂草。

分布：台湾、海南（尖峰岭）。

(77) 棕色新绢蓟马 *Neohydatothrips medius* Wang, 1994（图99）

Neohydatothrips medius Wang, 1994a, *Chin. J. Entomol.*, 14: 255-259.

Hydatothrips (*Neohydatothrips*) *pectinarius* Kudô, 1997, *Jap. J. Sys. Entomol.*, 3: 325-365.

雌虫：长翅。体深棕色，腹节Ⅴ、Ⅵ淡黄色；所有股节深棕色，胫节棕色。前翅棕色，亚基部有1个透明带；触角节Ⅰ、Ⅱ浅黄色，节Ⅲ、Ⅳ灰黄色，节Ⅴ-Ⅷ深灰色，节Ⅴ基部浅；体主要鬃深棕色。

头部　头宽大于长，复眼稍微有些前突，占据了整个头长的多一半，后头突靠近复眼后缘；头和后头为密的横纹所覆盖，横纹内有刻纹；1对单眼间鬃位于后单眼前；2对眼后鬃在后单眼之后，内对较长。口锥伸至中胸腹板前缘，下颚须3节。触角细长，8节，节Ⅲ、Ⅳ感觉锥叉状，节Ⅵ、Ⅶ有纵的感觉域，节Ⅱ-Ⅵ有微毛。

胸部　前胸网纹横，内有刻纹；前胸骨化板长方形，其上密布横纹，前缘有4对鬃。1对长鬃位于后侧角，1对位于后缘；前胸和骨化板上覆盖有小的刻纹。中、后胸背板上布满密的横纹，其内有刻纹；后胸腹板完整，不分割成 2 个侧片。前翅前脉鬃 3+18 根，后脉有 2 根端鬃。

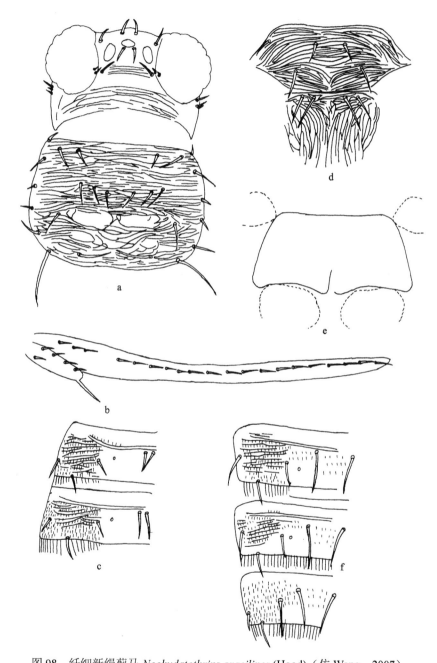

图 98　纤细新绢蓟马 *Neohydatothrips gracilipes* (Hood)（仿 Wang，2007）

a. 头和前胸（head and pronotum）；b. 前翅（fore wing）；c. 腹节Ⅱ-Ⅲ背片（abdominal tergites Ⅱ-Ⅲ）；d. 中、后胸盾片（meso- and metanota）；e. 后胸腹板（metasternum）；f. 腹节Ⅵ-Ⅷ背片（abdominal tergites Ⅵ-Ⅷ）

　　腹部　腹节Ⅰ背板有密排微毛，后缘两侧有梳毛；节Ⅱ-Ⅳ有粗壮微毛和刻纹在亚中鬃两侧的区域，在亚中鬃之间区域前缘有弱的微毛；除了节Ⅴ、Ⅵ亚中鬃之间区域后缘，节Ⅴ-Ⅷ密被微毛；节Ⅱ-Ⅶ背板后缘有完整的微毛；节Ⅰ-Ⅳ背板中对鬃相互靠近，节Ⅴ-Ⅷ背板相互分开一些；节Ⅹ背板后部有缘纵裂。

　　雄虫：长翅。体色和雌虫相同。腹部无腺域。节Ⅸ背板有 4 对主要鬃，节Ⅹ有微毛。

　　寄主：樟树。

　　模式标本保存地：中国（TARI，Taiwan）。

　　观察标本：未见。

　　分布：台湾。

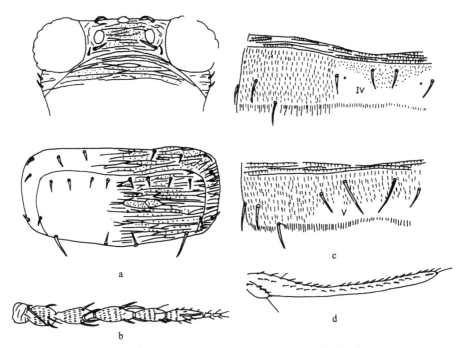

图 99　棕色新绢蓟马 *Neohydatothrips medius* Wang（仿王清玲，1994a）

a. 头和前胸（head and pronotum）；b. 触角（antenna）；c. 腹节Ⅳ-Ⅴ背片（abdominal tergites Ⅳ-Ⅴ）；d. 前翅（fore wing）

(78) 浅脊新绢蓟马 *Neohydatothrips plynopygus* (Karny, 1925)（图 100）

Anaphothrips plynopygus Karny, 1925, *Bull. Van het deli Proef. Med.*, 23: 29.

Zonothrips luridus Ananthakrishnan, 1967, *Orien. Insects*, 1: 115. Synonymised by Wang, 2007, *Zootaxa*, 1575: 62.

Neohydatothrips plynopygus (Karny): Mound & Tree, 2009, *Zootaxa*, 1983: 1-22; Wang, 2007, *Zootaxa*, 1575: 47-68.

　　雌虫：长翅。体棕色，腹节Ⅴ-Ⅵ全部和节Ⅰ-Ⅳ中部 1/4-1/3 棕黄色，节Ⅹ黄色；除节Ⅳ和节Ⅴ端部灰色外，触角节Ⅰ-Ⅴ灰白色，节Ⅵ-Ⅶ灰褐色；所有股节深棕色，胫节和跗节黄色；前翅棕色，亚基部、亚中部和端部有白色条带。

头部　单眼间鬃位于前后单眼之间、单眼三角形之外；后头突靠近复眼后缘，但不相接。

胸部　前胸包括骨化板在内覆盖横网纹，横网纹内部有明显的纵纹。前翅前脉鬃完全，后脉有 2 根端鬃。

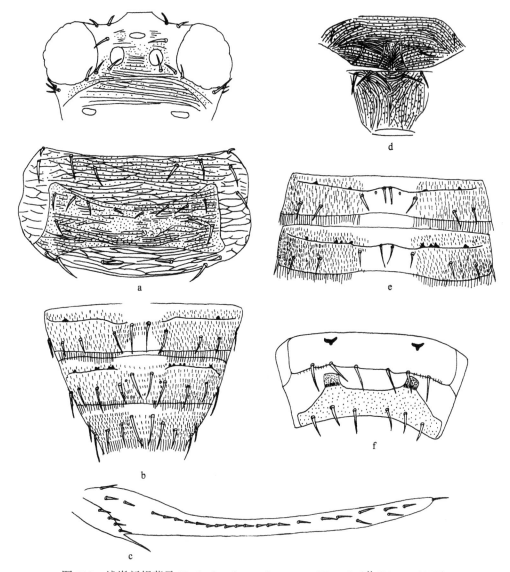

图 100　浅脊新绢蓟马 *Neohydatothrips plynopygus* (Karny)（仿 Wang，2007）

a. 头和前胸（head and pronotum）；b. 腹节Ⅵ-Ⅷ背片（abdominal tergites Ⅵ-Ⅷ）；c. 前翅（fore wing）；d. 中、后胸盾片（meso- and metanota）；e. 腹节Ⅲ-Ⅳ背片（abdominal tergites Ⅲ-Ⅳ）；f. 腹节Ⅵ-Ⅶ腹片（abdominal sternites Ⅵ-Ⅶ）

腹部　腹节Ⅱ-Ⅶ背板中对鬃位于前缘线上，至少腹节Ⅱ-Ⅶ背板前缘线颜色浅或缺；节Ⅱ-Ⅵ后缘中部无梳毛；节Ⅶ和Ⅷ背板后缘有长而完整的梳毛。腹节Ⅱ-Ⅵ腹板两侧有成对的骨片，节Ⅶ腹板前部有 2 个突起，腹板无附属鬃。

雄虫：外部形态和颜色与雌虫相似。节Ⅲ-Ⅵ腹板有大的腺域，节Ⅶ腹板正常无突起，无腺域。

寄主：白茅花、杂草。

模式标本保存地：德国（SMF，Frankfurt）。

观察标本：未见。

分布：台湾。

(79) 萨满新绢蓟马 *Neohydatothrips samayunkur* Kudô, 1995

Hydatothrips pseudoannulipes Kudô, 1995, *Appl. Entomol. Zool.*, 30 (1): 169.

Neohydatothrips samayunkur (Kudô): Wang, 2007, *Zootaxa*, 1575: 47-68; Mound & Tree, 2009, *Zootaxa*, 1983: 1-22.

雌虫：长翅。体一般二色，腹节Ⅰ-Ⅲ、Ⅳ-Ⅵ中部颜色浅。触角节Ⅰ、Ⅱ棕色，节Ⅲ-Ⅴ淡黄色，端部有深色区，节Ⅵ-Ⅷ棕色。前翅有 3 个浅色区，分别位于亚基部、中部和端部。

头部　单眼间鬃位于单眼三角形之外。后头突与复眼还有一定的距离。

胸部　前胸在骨化板密被横纹，在骨化板外有弱的网纹。前翅后脉无鬃。

腹部　腹节Ⅱ-Ⅵ后缘梳在中间缺，节Ⅶ、Ⅷ后缘梳完整。腹片无附属鬃。

寄主：万寿菊、艾属植物等。

模式标本保存地：未知。

观察标本：未见。

分布：台湾；日本，肯尼亚，澳大利亚，美国，哥斯达黎加。

(80) 鲁弗斯新绢蓟马 *Neohydatothrips surrufus* Wang, 2007（图 101）

Neohydatothrips surrufus Wang, 2007, *Zootaxa*, 1575: 47-68.

雌虫：长翅。体有红色色素；头背、前胸骨化板、中后胸背板、腹节Ⅰ-Ⅴ背板灰褐色，节Ⅵ灰白色；节Ⅶ-Ⅹ棕色；节Ⅰ-Ⅷ前缘线色深；触角节Ⅰ-Ⅲ灰白色，除节Ⅳ基部灰色之外节Ⅳ-Ⅶ棕色；胫节和跗节黄色，前足股节灰褐色，中、后足股节灰褐色。前翅棕色，亚基部有 1 白色条带。

头部　头短，前半部有横纹，后头突与复眼后缘相接；头和后头上的横纹里有小的刻纹；单眼间鬃位于前单眼一侧，位于单眼三角形之外；下颚须 3 节。触角 8 节，节Ⅱ-Ⅳ有微毛，节Ⅶ与节Ⅷ等长。

胸部　前胸骨化板之外有横的网纹，骨化板有横纹，横纹之间有小的刻纹；骨化板前缘两边各有 4 根鬃，两侧有 12 根鬃，后角有 2 对鬃，外对较长。中后胸背板有密的横纹或纵纹和弱的刻纹。前翅前脉鬃完整，后脉端鬃 2 根。

腹部　腹节Ⅰ背板两侧有微毛；节Ⅱ-Ⅷ在亚中鬃之外两侧有密排微毛，节Ⅱ-Ⅴ背板微毛之间有纵刻纹；节Ⅱ-Ⅶ中部后缘有梳毛，但节Ⅱ-Ⅳ中间梳毛很小；节Ⅷ后缘梳长而完整。节Ⅱ-Ⅶ亚两侧到前缘线之间有向前凸起的骨化状物；节Ⅲ-Ⅵ腹板有由特殊骨片形成的2个突起；腹部无附属鬃。

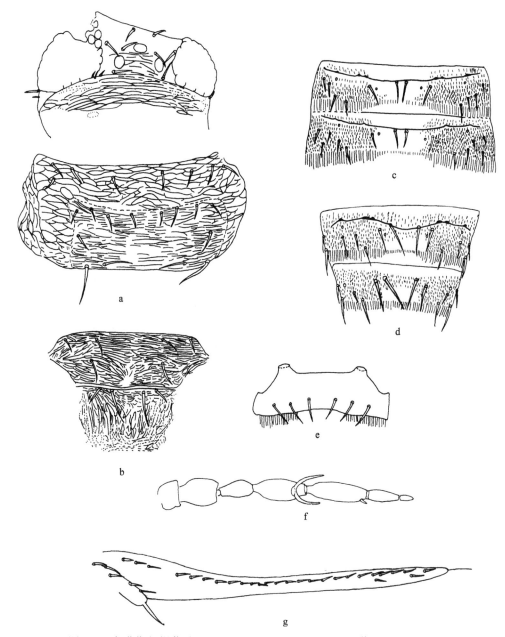

图 101　鲁弗斯新绢蓟马 *Neohydatothrips surrufus* Wang（仿 Wang，2007）

a. 头和前胸（head and pronotum）；b. 中、后胸盾片（meso- and metanota）；c. 腹节Ⅲ-Ⅳ背片（abdominal tergites Ⅲ-Ⅳ）；d. 腹节Ⅶ-Ⅷ背片（abdominal tergites Ⅶ-Ⅷ）；e. 腹节Ⅶ上的突起（protuberances on sternite Ⅶ）；f. 触角（antenna）；g. 前翅（fore wing）

寄主：白茅花。

模式标本保存地：中国（TARI，Taiwan）。

观察标本：未见。

分布：台湾（屏东）。

(81) 塔崩新绢蓟马 *Neohydatothrips tabulifer* (Priesner, 1935)（图 102）

Sericothrips tabulifer Priesner, 1935a, *Philipp. J. Sci.*, 57 (3): 351-375.

Hydatothrips tabulifer (Priesner): Kudô, 1997, *Jap. J. Sys. Entomol.*, 3 (2): 343.

Neohydatothrips tabulifer (Priesner): Wang, 2007, *Zootaxa*, 1575: 65.

雌虫：长翅。体二色，腹节 Ⅱ、Ⅲ、Ⅵ背板两侧有明显的卵圆形或椭圆形的棕色区；触角节 Ⅰ-Ⅲ、节 Ⅳ 基部 2/3、节 Ⅴ 基部 1/2 黄色，节 Ⅳ 和节 Ⅴ 端部、节 Ⅵ-Ⅷ棕色；前翅棕色，亚基部有 1 透明条带。

头部 后头突与复眼后缘相接；单眼间鬃位于后单眼之前，单眼三角形之外。

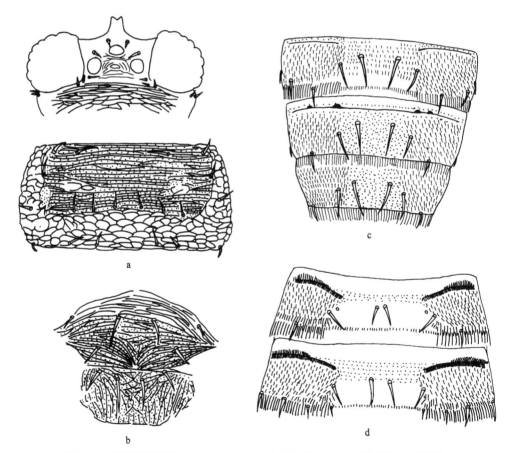

图 102 塔崩新绢蓟马 *Neohydatothrips tabulifer* (Priesner)（仿 Wang，2007）

a. 头和前胸（head and pronotum）；b. 中、后胸盾片（meso- and metanota）；c. 腹节Ⅵ-Ⅷ背片（abdominal tergites Ⅵ-Ⅷ）；d. 腹节Ⅱ-Ⅲ背片（abdominal tergites Ⅱ-Ⅲ）

胸部 前胸骨化板之外有网纹，骨化板有横纹，横纹之间有弱的刻纹。前翅后脉无鬃。

腹部 腹节II-VI背板后缘梳完整，中间小，节VII和节VIII后缘梳完整，节VII后缘中部短。

寄主：披针叶算盘子、大叶桉。

模式标本保存地：德国（SMF，Frankfurt）。

观察标本：未见。

分布：台湾；日本。

(82) 雅新绢蓟马 *Neohydatothrips trypherus* Han, 1991（图 103）

Neohydatothrips trypherus Han, 1991a, *Acta Zootaxon. Sin.*, 16 (4): 451, 453, fig. 2: A-H; Han, 1997a, *Economic Insect Fauna of China Fasc.*, 55: 177-179.

雌虫：体长约 1.2mm，体浅黄色，但触角节IV端半部和节V-VIII黄棕色，头部复眼前暗棕色，后头顶淡棕色，中胸盾片及两侧前翅着生处、后胸盾片大部（后部呈半月形向前缩）暗棕色。后胸月形腹片橙黄色，腹节II、III背板两侧毛区淡棕色，节VII后部大部分及节VIII-IX暗棕色，节X黄色。前翅基部淡棕色，翅瓣暗棕色，中部 1 个淡棕色横带约占翅长 1/5，端部略暗黄，约占翅长 1/5。

头部 头宽大于长，仅单眼后至复眼后有交错横纹，复眼突出。单眼间鬃位于前后单眼内缘连线上。触角 8 节，节III和节IV基部有梗，端部不显著细缩，节III、IV感觉锥叉状，口锥端部较窄，伸达前足基节后缘。

胸部 前胸宽大于长，背板密布交错横线纹，但前部和中后部有几个光滑区，骨化板因色浅隐约可见，前缘略凹，两侧向前外方延伸成臂。后胸盾片前部有几个横网纹，其后多为纵网纹，两侧密布交错纵线纹，前部横、纵网纹中有极短线纹，前缘鬃距前缘 4，前中鬃距前缘 3，无细孔。前翅狭长，长 793，中部宽 38；前缘鬃 29 根，前脉鬃 19 根，后脉无鬃，翅瓣前缘鬃 4 根。中、后胸内叉骨均有刺。腹片新月形。

腹部 腹节I-VI背片两侧在内II鬃以外密被微毛，节V-VI背片除两侧外，中部前缘 1/4 亦有少数微毛，节VII背片全部和节VIII背片除中部后缘外均密被微毛，节IX、X背片无微毛，节I-VII背片中对鬃间距互相靠近，但向后中对鬃间距和长度逐渐增加。节I-VIII背片各鬃均在后缘以前，后缘无鬃，但节I-VI后缘两侧及节VII-VIII后缘全部有梳毛。腹板无附属鬃。腹节I-VII腹片微毛的分布与背片微毛分布相似，节VIII-X无微毛。

雄虫：体色和形态与雌虫相似，但体较细小，腹节IX背片毛序不同。节IX背片后缘鬃排成 3 横列，内III排列在前，内I、IV、V排列在后，内II排列在最后。背片和腹片微毛排列与雌虫相似。腹板无腺域。

寄主：亮叶猴耳环。

模式标本保存地：未知。

观察标本：正模♀，海南尖峰岭，1983.V.18，顾茂彬采自亮叶猴耳环；副模♂，同正模。

分布：海南（尖峰岭）。

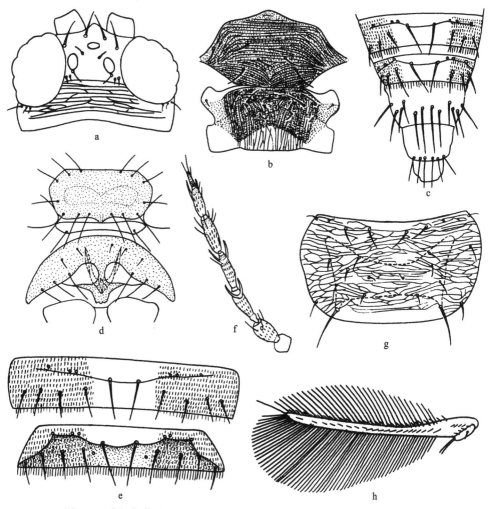

图 103　雅新绢蓟马 *Neohydatothrips trypherus* Han（仿韩运发，1997a）

a. 头（head）；b. 中、后胸盾片（meso- and metanota）；c. 雄虫腹节Ⅶ-Ⅹ背片（male abdominal tergites Ⅶ-Ⅹ）；d. 中、后胸腹片（meso- and metasterna）；e. 腹节Ⅵ-Ⅶ背片（abdominal tergites Ⅵ-Ⅶ）；f. 触角（antenna）；g. 前胸（prothorax）；h. 前翅（fore wing）

(83) 滑甲新绢蓟马 *Neohydatothrips xestosternitus* (Han & Cui, 1991)（图 104）

Kazinothrips xestosternitus Han & Cui, 1991, *Entomotax.*, 13 (1): 1-7; Han, 1997a, *Economic Insect Fauna of China Fasc.*, 55: 173-175.

Neohydatothrips xestosternitu (Han & Cui): Wang, 2007, *Zootaxa*, 1575: 47-48.

雌虫：体长 1.1mm，体暗棕色，但触角节Ⅰ-Ⅲ及节Ⅳ大部分淡黄色，节Ⅳ端部和节Ⅴ-Ⅷ暗黄色；各足股节基部、胫节端部及跗节黄色，腹节Ⅴ、Ⅵ黄色，节Ⅱ-Ⅷ背、腹片近前缘线深棕色；体和附肢的毛色与所在部位一致；前翅棕色，近基部有 1 无色淡带，后翅黄色，中部有棕色纵带纹。

头部 头宽大于长，约长如前胸，头顶眼间及后部有较细网纹，复眼较突出。触角 7 节，节Ⅰ-Ⅶ长（宽）分别为：26（28），40（25），59（18），55（16），53（18），59（20），26（6），总长 318，节Ⅲ、Ⅳ的叉状感觉锥细而短，节Ⅴ、Ⅵ内侧感觉锥分别长 20 和 38，基部较长一段与该节愈合。

胸部 前胸宽大于长，背片近后部有 1 个清晰的哑铃形板，板被多角形网纹包围，板内有较细的横交错线，线间又有短线，后角外鬃长于内鬃，后缘鬃 1 对。中胸盾片横纹间有短皱纹，后胸盾片前部有几条弯曲横线，中部两侧和后外侧有纵错线，少数似网纹，前中部线纹间有些短皱纹，无细孔，前中鬃距前缘 6。前翅上各鬃及翅面上微毛较粗，毛窝突出，前缘鬃 29 根，前脉鬃 2+18 根，后脉无鬃。中胸腹片内叉骨有刺。半月形后胸腹片前缘中部向后凹，腹片内叉骨有刺。

腹部 腹节Ⅰ-Ⅷ背片两侧密被微毛，节Ⅰ-Ⅷ背片中部（侧鬃内Ⅰ之内）的前半部有微弱梳，节Ⅸ、Ⅹ无微毛，节Ⅰ-Ⅵ背片两侧后缘有长梳毛，中部常缺或弱，节Ⅶ、Ⅷ后缘梳完整，各节中对鬃自前向后长度逐渐加长且间距逐渐加大，节Ⅱ-Ⅷ背片除中对鬃外的微毛区侧鬃数：节Ⅱ和节Ⅲ，亚中对鬃 1+后缘鬃 1+倒鬃 2；节Ⅳ，2+后缘鬃 1+2+后缘鬃 1；节Ⅴ-Ⅷ，1+后缘 1+2+后缘鬃 1。节Ⅸ背片鬃大致为 2 横列，前列 3 对，长鬃 2 对，长 55，短鬃 1 对，长 32，后缘鬃列长鬃 3 对，夹有短鬃 2 对，背中鬃长 65，中侧鬃 73，侧鬃 66。节Ⅹ背片纵裂短，长鬃长 63。背侧片与背片愈合，侧片很狭窄。腹片各节均无密排微毛。

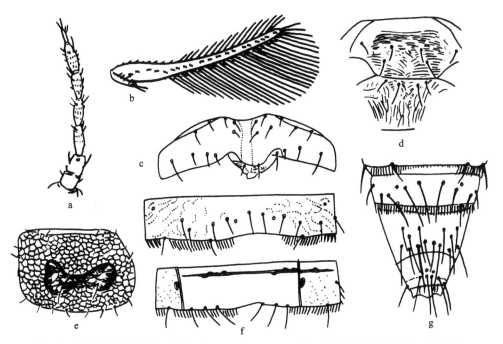

图 104 滑甲新绢蓟马 *Neohydatothrips xestosternitus* (Han & Cui)（仿韩运发，1997a）

a. 触角（antenna）；b. 前翅（fore wing）；c. 后胸腹片（metasternum）；d. 中、后胸盾片（meso- and metanota）；e. 前胸（pronotum）；f. 腹节Ⅴ背片及腹片（abdominal tergite and sternite Ⅴ）；g. 雌虫腹节Ⅶ-Ⅹ背片（female abdominal tergites Ⅶ-Ⅹ）

寄主：葫芦科植物。

模式标本保存地：中国（IZCAS，Beijing）。

观察标本：正模♀，四川泸定县新兴横断山，1900m，1983.Ⅵ.13，崔云琦采自葫芦科植物。

分布：四川（泸定县新兴横断山）。

24. 绢蓟马属 *Sericothrips* Haliday, 1836

Sericothrips Haliday, 1836, *Ent. Mag.*, 3: 439-451.

Rhytidothrips Karny, 1910, *Mitt. Nat. Ver. Univ. Wien*, 8: 41-57.

Sussericothrips Han, 1991b, *Acta Entomol. Sin.*, 34: 208-211.

Type species: of *Sericothrips* by *Sericothrips staphylinus*, monobasic; of *Rhytidothrips* by *Rhytidothrips bicornis*, monobasic; of *Sussericothrips* by *Sussericothrips melilotus*, monobasic.

属征：常短翅，雌虫很少长翅；后胸后部 1/3 处有横排的微毛；腹节背板中部和两侧均密被微毛，主要鬃由亚缘伸出；腹节背板后缘梳完整。

分布：古北界，东洋界，新北界，非洲界。

本属世界记录 9 种，本志记述 1 种。

(84) 后稷绢蓟马 *Sericothrips houjii* (Chou & Feng, 1990)（图 105）

Hydatothrips houjii Chou & Feng, 1990, *Entomotax.*, 12 (1): 9-13.

Sussericothrips melilotus Han, 1991b, *Acta Entomol. Sin.*, 34: 208-211.

Sericothrips houjii (Chou & Feng): Mirab-balou *et al.*, 2011, *Zootaxa*, 3009: 55-61.

雌虫：体长 1.0-1.3mm。头、胸、腹节Ⅶ-Ⅹ和触角节Ⅳ-Ⅷ棕色；腹节Ⅰ-Ⅲ浅棕色，节Ⅳ-Ⅵ颜色浅，节Ⅱ-Ⅶ背板前脊深棕色。前翅亚基部有 1 白色条带；足被微毛，胫节和腹节黄棕色，基节和股节棕色。

头部 头宽大于长；单眼鬃 3 对，单眼间鬃位于单眼三角形之外；后头突非常靠近复眼后缘。触角 8 节，节Ⅲ、Ⅳ感觉锥叉状。

胸部 前胸布满网纹，有 1 个大的骨化板；跗节 2 节。前翅后脉无鬃。

腹部 腹节背板密被微毛；腹节Ⅰ-Ⅷ背板后缘梳完整，中对鬃等距排列。腹板无附属鬃；腹节Ⅱ-Ⅶ腹板后缘有鬃，节Ⅶ位于后缘之前。

雄虫：体较雌虫小，腹末节颜色浅，为黄色；腹节Ⅳ-Ⅶ腹面中部前缘有小的椭圆形腺域。

寄主：杂草。

模式标本保存地：中国（NWAFU，Shaanxi）。

观察标本：1♀，陕西嘉舞台，1987.Ⅶ.22，冯纪年采；55♀♀3♂♂，陕西太白山，2002 Ⅶ.13/15，张桂玲采自杂草；19♀♀11♂♂，河南安阳，1957.Ⅶ.13，孟祥玲采自草木犀

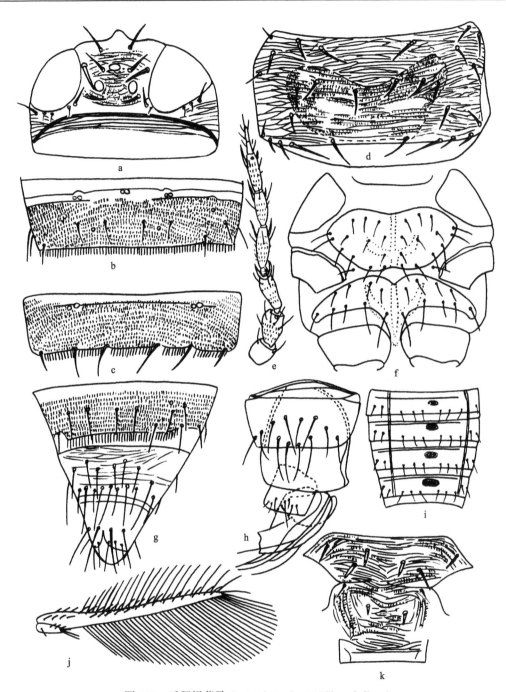

图 105　后稷绢蓟马 *Sericothrips houjii* (Chou & Feng)

a. 头（head）；b. 腹节Ⅴ背片（abdominal tergite Ⅴ）；c. 腹节Ⅴ腹片（abdominal sternite Ⅴ）；d. 前胸（pronotum）；e. 触角（antenna）；f. 中、后胸腹片（meso- and metasterna）；g. 雌虫腹节Ⅷ-Ⅹ背片（female abdominal tergites Ⅷ-Ⅹ）；h. 雄虫腹节Ⅸ-Ⅹ（male abdominal tergites Ⅸ-Ⅹ）；i. 雄虫腹节Ⅳ-Ⅶ（male abdominal tergites Ⅳ-Ⅶ）；j. 前翅（fore wing）；k. 中、后胸盾片（meso- and metanotum）

（*Melilotus officinalis*）上；1♀3♂♂，河南安阳，1957.Ⅶ.26，韩运发采自草木犀上；2♀♀，陕西武功，1963.Ⅴ.24，孟祥玲采自紫苜蓿（*Medicago sativa*）上；1♀，北京，1964.Ⅴ.26，韩运发采自杂草上。

分布：北京、河南（安阳）、陕西（嘉舞台、太白山、武功）、台湾、广东、海南、广西。

（八）蓟马亚科 Thripinae Stephens, 1829

Thripinae Stephens, 1829, *Syst. Catal. Brit. Ins.*: 363; Karny, 1921, *Treubia*, 1 (4): 215, 236, 239; Han, 1997a, *Economic Insect Fauna of China Fasc.*, 55: 157.

Mycterothripinae: Ramakrishna & Margabandhu, 1940, *Catalogue of Indian Insects*, 25: 26.

Belothripinae: Ramakrishna & Margabandhu, 1940, *Catalogue of Indian Insects*, 25: 27.

体表常有简单刻纹，通常有横交错纹，有时局部有网纹。足少有网纹。触角 6-9 节，节Ⅱ通常长方形，节Ⅲ、Ⅳ少有很长，并呈瓶形，其上一般有微毛；端节罕有愈合，节芒 1 或 2 节，非针状。下颚须通常 3 节，少有 2 节。无翅型或缺翅型中单眼缺。头和前胸无隆起刻纹，常有长鬃。长翅、缺翅或无翅。前翅罕有缺前缘缨毛，前脉少有与前缘愈合。后胸内叉骨少有很大的，中、后胸内叉骨常有刺。腹部各节至少有 1 对侧片，通常有背侧片；背片通常无特殊刻纹；节Ⅹ对称，罕有管状的。雄虫腹部腹片腺域偶尔分成几部分。

分布：古北界，东洋界，新北界，非洲界，新热带界，澳洲界。

本亚科下设 2 族 2 亚族，约包括 280 属 1970 余种。世界性分布。少数捕食性。绝大多数食叶或在花中活动并以花粉作为主要食物源。

族检索表

体较扁；头小，常在复眼前缘和触角基部间延伸；颊前部窄；复眼扁；触角节Ⅱ外端常呈指状延伸……………………………………………………………………… 指蓟马族 Chirothripini

体稍扁；头罕在眼前延伸；颊前部不狭；复眼不扁；触角节Ⅱ外端不呈指状延伸…………………………………………………………………………………………… 蓟马族 Thripini

Ⅵ. 指蓟马族 Chirothripini Karny, 1921

Chirothripinae Karny, 1921, *Treubia*, 1 (4): 214, 236, 237.

Chirothripini Priesner, 1957, *Zool. Anz.*, 159 (7/8): 166; Ananthakrishnan & Sen, 1980, *Handb. Ser. Zool. Surv. Indian*, (1): 57; Han, 1997a, *Economic Insect Fauna of China Fasc.*, 55: 192.

Thripini: Stannard, 1968, *Bull. Ill. Nat. Hist. Surv.*, 29 (4): 273, 274.

体较扁。头常在复眼前缘和触角基部间延伸。颊在前部收缩。触角节Ⅱ外端常呈指状延伸，少有不延伸的。复眼扁。前胸有时呈梯形。

分布：古北界，东洋界，新北界，非洲界，新热带界，澳洲界。

本族其中多半是指蓟马属 *Chirothrips* Haliday 种类。美洲分布最多，其次是非洲和欧洲，亚洲和大洋洲种类较少。以禾本科植物上较多。

属检索表

中胸内叉骨退化，两臂分开 ··· 安柔拉蓟马属 *Arorathrips*

中胸内叉骨正常，不退化 ·· 指蓟马属 *Chirothrips*

25. 安柔拉蓟马属 *Arorathrips* Bhatti, 1990

Arorathrips Bhatti, 1990b, *Zool. (J. Pure and Appl. Zool.)*, 2: 193-200.
Type species: *Chirothrips mexicanus* (Crawford, 1909).

属征：触角节 I 明显宽大于长，触角节 II 不对称，外缘延伸。前胸明显梯形，基部明显宽于前部；中胸内叉骨退化，两臂分开。前足胫节腹面外缘向前延伸。腹节背板后缘有连续缘膜或短齿，但绝不呈齿状裂片。腹板无缘膜。

分布：东洋界，新北界，非洲界，新热带界，澳洲界。

本属世界记录 8 种，标志记述 1 种。

(85) 墨西哥安柔拉蓟马 *Arorathrips mexicanus* (Crawford, 1909)（图 106）

Chirothrips mexicanus Crawford, 1909b, *Pom. Coll. J. Entomol.*, 1: 114.
Chirothrips floridensis Watson, 1920, *Flor. Entomol.*, 4: 22.
Chirothrips catchingsi Watson, 1924, *Bull. Agr. Exp. Stat. Univ. Flor.*, 168: 76.
Chirothrips saltensis Tapia, 1952, *Anal. Soc. Cien. Arg.*, 54: 109.
Arorathrips mexicanus (Crawford): Bhatti, 1990b, *Zool. (J. Pure and Appl. Zool.)*, 2: 193-200.

雌虫：长翅，体深棕色。触角 8 节，节 II 向外突出，延伸部具 1 个端感觉锥，节 III-IV 简单感觉锥粗壮。

头部　头小，在眼前延伸，头顶有 3 对鬃。

胸部　前胸梯形，后角有 2 对长鬃。中、后胸内叉骨退化。前足基节横，增大；前足股节膨大，胫节伸出前足跗节前缘。前翅细长，端部尖，前脉端鬃 3 根，后脉有 3-4 根相距很宽的鬃。

腹部　腹节背板中部有横纹；节 II-V 背板前缘线有小的贝壳状的纹；节 I-VIII 后缘有完整的缘膜。产卵器弱，无小齿；节 II-IV 背板中部有许多小贝壳状的纹。

雄虫：无翅，黄色。腹节III-VII腹板中部有大而圆的腺域。

寄主：禾本科杂草心叶内。

模式标本保存地：美国（FSCA，Gainesville）。

观察标本： 10♀♀5♂♂，海南铜鼓岭，42m，2009.Ⅷ.19，胡庆玲采自杂草。

分布： 广东（广州）、海南（铜鼓岭）；菲律宾，美国，墨西哥，西印度群岛，澳大利亚，非洲，古巴，巴西。

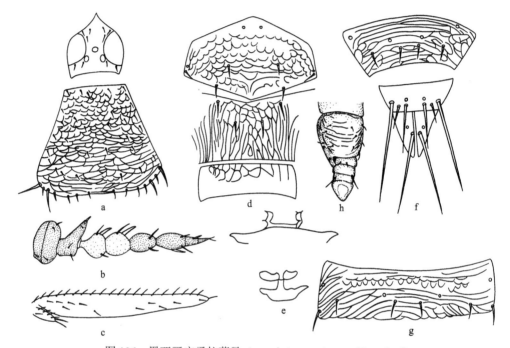

图 106　墨西哥安柔拉蓟马 *Arorathrips mexicanus* (Crawford)

a. 头和前胸（head and pronotum）；b. 触角（antenna）；c. 前翅（fore wing）；d. 中、后胸盾片（meso- and metanota）；e. 中、后胸内叉骨（endofurcae on meso- and metasterna）；f. 雌虫腹节Ⅷ-Ⅹ背片（female abdominal tergites Ⅷ-Ⅹ）；g. 腹节Ⅴ背片（abdominal tergite Ⅴ）；h. 前足胫节（fore tibia）

26. 指蓟马属 *Chirothrips* Haliday, 1836

Thrips (Chirothrips) Haliday, 1836, *Ent. Mag.*, 3: 444.

Chirothrips Haliday: Amyot & Serville, 1843, *Histoire Naturelle des Insectes*: 642; Mound & Houston, 1987, *Sys. Ent.*, 4: 6; Han, 1997a, *Economic Insect Fauna of China Fasc.*, 55: 192.

Type species: *Thrips (Chirothrips) manicata* Haliday.

属征： 头小，前缘常延伸至触角间。复眼相当大。单眼位于复眼间后部，雌虫有，但雄虫有时无。触角 8 节，节Ⅰ通常增大；节Ⅱ外端部大多数种类呈指状向外延伸；节Ⅲ上感觉锥简单，节Ⅳ上的简单或叉状。下颚须 3 节，下唇须 2 节。前胸梯形，后角鬃通常发达。前胸基部腹片之前的三角形板状物由致密细纹构成。中胸腹片被 1 宽缝于后胸腹片分离。前足增大。各足跗节 2 节。雌虫长翅，雄虫无翅或短翅。前翅窄，有纵脉 2 条，两脉鬃间断。缨毛波曲。腹部有侧片。背、腹片无微毛，常在后缘有起伏分离的扇形物。背片无后缘梳。腹片无附属鬃。背片中对鬃互相远离。雌虫背片Ⅹ完全纵裂。

雄虫有或无腺域。

分布：古北界，东洋界，新北界，非洲界，新热带界，澳洲界。

本属世界记录 50 多种，本志记述 3 种。

种检索表

1. 触角节 II 不显著向外延伸，在外缘无凹陷，端部尖·······················非洲指蓟马 *C. africanus*
   触角节 II 显著向外延伸，在外缘有凹陷···2
2. 腹部背板和腹板有明显的黑色横向刻纹·····················袖指蓟马 *C. manicatus*
   腹部背板和腹板无横向刻纹·····································周氏指蓟马 *C. choui*

(86) 非洲指蓟马 *Chirothrips africanus* Priesner, 1932（图 107）

Chirothrips africanus Priesner, 1932c, *Bull. Soc. Roy. Entomol. Egy.*, 16 (1-2): 45-51.

Chirothrips aethiops Bagnall, 1932b, *Entomol. Mon. Mag.*, 68: 183-187.

Chirothrips ramakrishnai Ananthakrishnan, 1957, *Zool. Anz.*, 159 (5-6): 92-102.

图 107　非洲指蓟马 *Chirothrips africanus* Priesner（仿 Ananthakrishnan，1957）

a. 头和前胸（head and pronotum）；b. 触角（antenna）；c. 腹节腹板（abdominal sternum）

雌虫：体棕色至深棕色，胸部有橘黄色色素，触角颜色深，节III黄色，节IV浅于之后各节。

头部　头在复眼前延伸很少，比 *C. pallidicornis* 多、比袖指蓟马 *C. manicatus* 少。头顶除单眼鬃外，有 4 根短鬃；后单眼位于复眼后缘几条横纹之后；单眼间鬃位于前单眼之前；靠近复眼前角仅有 1 对小鬃。触角 8 节；触角节 II 不显著向外延伸，在外缘无凹陷，端部尖，且突起上无任何感觉区或感觉板，边缘完全骨化；节III、IV感觉锥简单。

胸部　前胸短于其他种，后角鬃分别长 32-35 和 20-32。前翅长 657，前脉基部鬃 4+3 根，端鬃 1+1 根，后脉鬃 3-4 根。前足胫节和前足跗节端部浅黄色，中、后足胫节浅灰黄色。翅棕灰色，基部浅。

腹部　腹节端部短尖，和袖指蓟马 *C. manicatus* 差不多，短于 *C. meridionalis*；节IX鬃长 52-76。

雄虫：总是短翅，比雌虫色浅，尤其是触角节 II 和胸部。复眼更扁，更小，无单眼；2 对单眼前鬃位于复眼前角，颊长 16-20。触角总长 148-151，节 I -VIII长（宽）分别为：28（31），22（25），22（22），25（24），17（18），21-22（15），7-8（6），6-7（3）。前胸长 154，宽 190。翅胸宽 200-208。翅瓣长 44-48。腹节III-VII腹板有小的点状腺域，宽约 20。

寄主：禾本科和莎草科植物。

模式标本保存地：英国（BMNH，London）。

观察标本：未见。

分布：陕西（太白山）、西藏；印度，塞浦路斯，埃及。

(87) 周氏指蓟马 *Chirothrips choui* Feng & Li, 1996（图 108）

Chirothrips choui Feng & Li, 1996, *Entomotax.*, 18 (3): 175-177.

雌虫：体褐色。触角节 II -III色淡，黄色；复眼黑色，单眼月晕红色；足跗节和翅灰白色；腹节 I -VIII具淡橘黄色色素，腹部黄褐色具有黑色横向刻纹线。

头部　头三角形，复眼大三角形；单眼区位于复眼间后部，单眼鬃 3 对，单眼前鬃和前侧鬃几乎平行，远离前单眼，靠近头顶单眼间鬃，单眼间鬃前移，位于前单眼前外侧；眼后鬃 3 对，不在一条直线上；触角 8 节，节 II 外侧有 1 尖锐指状突起，节III-IV感觉锥简单，端部钝；下颚须 3 节。

胸部　前胸梯形，后角有 2 对长鬃，内角鬃略长于外角鬃，后缘鬃 8 对；前足股节和胫节膨大；前翅纤细，剑状，前缘鬃 14 根，前脉基部鬃 4 根，端鬃 2 根，后脉鬃 4 根。

腹部　腹节背板和腹板无横向刻纹线，腹节IV腹板后缘有小型扁状片 14 个，其他各节无。节VIII背片后缘无梳。腹片无附属鬃。

雄虫：未明。

寄主：杂草。

模式标本保存地：中国（NWAFU，Shaanxi）。

观察标本：正模 1♀，陕西秦岭，1986.Ⅷ.23，冯纪年采自杂草。

分布：陕西（秦岭）。

图 108　周氏指蓟马 *Chirothrips choui* Feng & Li

a. 触角（antenna）；b. 头和前胸（head and pronotum）

(88) 袖指蓟马 *Chirothrips manicatus* (Haliday, 1836)（图 109）

Thrips (Chirothrips) manicata Haliday, 1836, *Ent. Mag.*, 3: 444.

Chirothrips antennatus Osborn, 1883, *Can. Ent.*, 15 (8): 154.

Chirothrips manicatus (Haliday): Hinds, 1902, *Proc. U. S. Nat. Mus.*, 26: 133, 134, pl. Ⅱ, figs. 14-16;
　　zur Strassen, 1967b, *J. Entomol. Soc. Sth. Afr.*, 29: 32; Mound, 1968, *Bull. Brit. Mus. (Nat. Hist.)*

Entomol. Suppl., 11: 31; Mound & Houston, 1987, *Sys. Ent.*, 4: 6; Han, 1997a, *Economic Insect Fauna of China Fasc.*, 55: 192-193.

Chirothrips similis Bagnall, 1909, *J. Econ. Biol.*, 4: 34, 35.

Chirothrips laingi Bagnall, 1932b, *Entomol. Mon. Mag.*, 68: 185.

Chirothrips bagnalli Hood: Priesner, 1949b, *Bull. Soc. Roy. Entomol. Egy.*, 33: 167, 173.

雌虫：体长约 1.2mm，体暗棕色，但触角节 II 外端部及节 III 或节 III-IV、前足胫节端部及各足跗节呈黄色至淡棕色。体鬃暗。前翅棕灰色，或近基部微淡或有淡色部分。

头部 头长大于宽或等于宽，自后向前渐窄，后部有横纹。单眼区位于两复眼间后部，单眼鬃 3 对，单眼前鬃和前侧鬃位于复眼前缘内和触角后，单眼间鬃位于前单眼前外侧，眼后有 3 对鬃不在一条直线上排列。触角 8 节，节 I 增大，节 II 外侧有 1 指形突起，端部尖，节 III-IV 感觉锥简单，端部钝。下颚须 3 节。

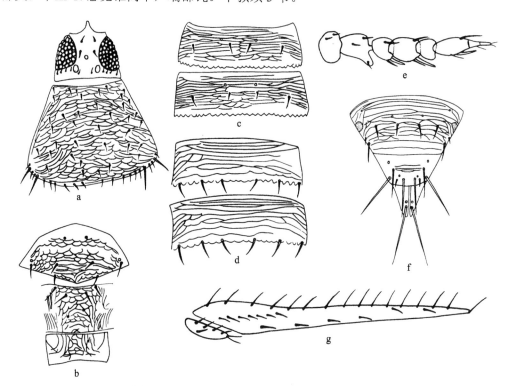

图 109 袖指蓟马 *Chirothrips manicatus* (Haliday)

a. 头和前胸（head and pronotum）；b. 中、后胸盾片（meso- and metanota）；c. 腹节 V-VI 背片（abdominal tergites V-VI）；d. 腹节 V-VI 腹片（abdominal sternites V-VI）；e. 触角（antenna）；f. 雌虫腹节 VIII-X 背片（female abdominal tergites VIII-X）；g. 前翅（fore wing）

胸部 前胸梯形，背片布满横纹和短鬃，后角有 2 对长鬃，外侧稍长于内侧，后缘鬃 7 对。中胸盾片有横纹，其上有短鬃。后胸盾片中部有向后弯的横纹，两侧为纵纹，前中鬃远离前缘，前缘鬃靠近前缘，中后部有 1 对小亮孔，不在同一水平线上，间距大。

中后胸内叉骨均无刺。前足股节和胫节膨大。前翅纤细，剑状，前缘鬃 16 根，前脉基部鬃 4 根，端鬃 2 根，后脉鬃 3-4 根。

　　腹部　腹部背板和腹板有明显的黑色横向刻纹；背板节 I-Ⅷ或节 I-Ⅸ背片后缘无三角形齿，但有膜片，膜片后缘有时呈现三角形。节Ⅷ背片后缘无梳。腹片无附属鬃，节 II-V 有退化的三角形痕迹。

　　雄虫：似雌虫，较小，短翅型。无单眼，后胸盾片无纵纹，腹节Ⅲ-Ⅶ腹板有腺域。

　　寄主：稗、茭茭草、燕麦等禾本科植物。

　　模式标本保存地：美国（CAS，San Francisco）。

　　观察标本：2♀♀，陕西嘉舞台，1987.Ⅶ.22，冯纪年采自杂草；1♀1♂，内蒙古，1991.Ⅷ.2，韩运发采自茭茭草。

　　分布：吉林、辽宁、内蒙古、河北、河南、陕西（嘉舞台）、宁夏、台湾；蒙古，朝鲜，日本，欧洲，北美洲，夏威夷，西印度群岛，澳大利亚，新西兰，阿根廷。

Ⅶ. 蓟马族 Thripini Stephens, 1829

Thripidae Stephens, 1829, *Syst. Catal. Brit. Ins.*: 363; Karny, 1921, *Treubia*, 1 (4): 213, 215, 236, 239.

Thripini Priesner, 1949a, *Bull. Soc. Roy. Entomol. Egy.*, 33: 34; Han, 1997a, *Economic Insect Fauna of China Fasc.*, 55: 194-195.

Type genus: *Thrips* Linnaeus, 1758.

　　体稍扁，头罕有向前延伸，复眼不扁。单眼少有缺。触角常 7-8 节，节 II 普通；中胸腹片和后胸腹片常分离，后胸内叉骨有刺，罕有增大。前翅后缘缨毛通常波曲。除了某些无翅型，跗节常 2 节。腹部无密排微毛，至多侧片有微毛，腹背片中对鬃间距大。

　　分布：古北界，东洋界，新北界，非洲界，新热带界，澳洲界。

　　本族 160 余属近 1000 种，世界性分布，包括许多植食性害虫。

亚族检索表

前胸无长鬃，有时后角有适当长的鬃，1 对或多于 1 对；翅鬃比较弱小……… **缺翅蓟马亚族 Aptinothripina**

前胸后角至少有 1 对长鬃；翅鬃通常强大……………… **蓟马亚族 Thripina**

（Ⅰ）缺翅蓟马亚族 Aptinothripina Karny, 1921

Aptinothripinae: Karny, 1921, *Treubia*, 1 (4): 216, 236, 242.

Belothripinae: Karny, 1921, *Treubia*, 1 (4): 217, 237, 243.

Dendrothripini: Moulton, 1929b, *Bull. Brook. Entomol. Soc.*, 24: 231.

Anaphothripina Priesner, 1957, *Zool. Anz.*, 159 (7/8): 166; Jacot-Guillarmod, 1974, *Ann. Cape Prov. Mus. (Nat. Hist.)*, 7 (3): 517; Han, 1997a, *Economic Insect Fauna of China Fasc.*, 55: 195.

前胸无长鬃，有时后角有适当长的鬃，1 对或多于 1 对。翅鬃比较弱小。

分布：古北界，东洋界，新北界，非洲界，新热带界，澳洲界。

本亚族世界记录 50 余属，本志记述 9 属。

属检索表

1. 前翅前缘无缨毛·· **裸蓟马属 Psilothrips**
   前翅前缘有缨毛或无翅·· 2
2. 腹节背板两侧 1/3 密被微毛 ··· 3
   腹节背板两侧 1/3 无密被微毛；腹节背板两侧很少有微毛 ·· 4
3. 腹节背板两侧 1/3 微毛相距不近，不成规则排；腹节III-VII背板两侧 1/3 有很多宽的基部粗壮的微
   毛 ··· **背刺蓟马属 Dendrothripoides**
   腹节背板两侧 1/3 微毛距离很近，成排排列 ······················· **镰蓟马属 Drepanothrips**
4. 无翅；触角 6 节或 8 节；触角节III、IV感觉锥简单·················· **缺翅蓟马属 Aptinothrips**
   有翅；其他特征多变·· 5
5. 触角节VI和节VII形成一节；前翅前缘脉和前脉之间有 1 个很明显的横脉，另一个在前后脉之间基
   部 1/4 处；雄虫节IX背板中部有 2 对角状突起··························· **角突蓟马属 Eremiothrips**
   触角节VI和节VII不形成一节；前翅无横脉；雄虫节IX背板中部无 2 对角状突起··············· 6
6. 中、后胸内叉骨均有刺 ·· **奥克突蓟马属 Octothrips**
   后胸内叉骨无刺，或有刺但不明显；中胸内叉骨有或无刺 ·· 7
7. 体色多变，暗黄色或者体二色等；雄虫腹板有卵形或月牙形或 C 形腺域 ·· **呆蓟马属 Anaphothrips**
   体常黄色；长翅；雄虫背板后缘缘膜有齿，腹板无腺域 ··· 8
8. 头不显著小于前胸；口锥短，不伸至中胸·························· **突蓟马属 Exothrips**
   头显著小于前胸；口锥细长，伸至中胸·························· **长嘴蓟马属 Rhamphothrips**

27. 呆蓟马属 *Anaphothrips* Uzel, 1895

Thrips (*Thrips*) section *Gymnopterae* Haliday, 1852, *Walker List Homop. Ins. Brit. Mus.*, 4: 1107.

Anaphothrips Uzel, 1895, *Königgräitz*: 29, 35, 44, 51, 142; Han, 1997a, *Economic Insect Fauna of China Fasc.*, 55: 195.

Sericothrips Haliday: Moulton, 1907, *USDA Bur. Entomol.* (*Tech. Ser.*), 12/3: 42, 43, 49.

Pseudoarticulella Shumsher, 1942, *India. J. Entomolo.*, 4 (2): 123.

Type species: *Anaphothrips virgo* Uzel = *Thrips obscura* Müller, 1776, *Zool. Dan. Prod. Anim.*: 96 (Europe); designated from six species by Hood, 1914b, *Proc. Entomol. Soc. Wash.*, 16: 36.

属征：长翅型、短翅型或无翅型。头和宽等长。长翅型和短翅型有单眼，无翅型缺单眼。触角 8-9 节，节III、IV有叉状感觉锥。头有 2 对前单眼鬃，眼后鬃单列。下颚须 3 节。前胸无强刻纹，无特别长的鬃。后胸盾片网纹，中胸腹片内叉骨有刺。跗节 2 节。长翅型前翅前脉鬃列有宽的间断。后脉鬃 6-11 根，后缘缨毛波曲。背侧片存在，腹板没

有附属鬃。腹节 Ⅱ-Ⅷ背片中对鬃微小，间距宽；节Ⅷ背片后缘有梳毛或密的延伸物；节Ⅹ背片有纵裂。节Ⅱ腹片后缘鬃 2 对，节Ⅲ-Ⅶ各有 3 对后缘鬃。雄虫节Ⅲ-Ⅵ腹片（或节Ⅶ）各有 1 个卵形或月牙形或 C 形腺域；节Ⅸ背片有 2 对粗短角状鬃。

分布：世界性分布，多分布于古北界。

本属世界记录约 78 种，本志记述 3 种。

种检索表

1. 触角 8 节，节Ⅵ上无横间缝 ··· 苏丹呆蓟马 *A. sudanensis*
   触角似 9 节，节Ⅵ上有横间缝 ··· 2
2. 体暗色；前翅前脉基部鬃 8-10 根，端鬃 2 根；后脉鬃 7-8 根 ············ 玉米黄呆蓟马 *A. obscurus*
   体棕褐色；前翅前脉基部鬃 4+4 根或 4+4+1 根，端鬃 3 根；后脉鬃 12-13 根··· 杨呆蓟马 *A. populi*

(89) 玉米黄呆蓟马 *Anaphothrips obscurus* (Müller, 1776)（图 110）

Thrips obscura Müller, 1776, *Zool. Dan. Prod. Anim.*: 96.

Thrips striata Osborn, 1883, *Can. Ent.*, 15 (8): 155.

Anaphothrips virgo Uzel, 1895, *Königgräitz*: 35, 52, 148, pl. Ⅱ, fig. 11; pl. Ⅵ, figs. 75-77.

Anaphothrips discrepans Bagnall, 1933, *Ann. Mag. Nat. Hist.*, (10) 11: 651.

Anaphothrips obscurus (Müller): Bhatti, 1978a, *Sen. Biol.*, 59 (1-2): 89; Zhang, 1982, *J. Sou. China Agric. Univ.*, 3 (4): 53, 55; Han, 1997a, *Economic Insect Fauna of China Fasc.*, 55: 196.

雌虫：长翅型。体暗黄色，胸部有不定形的暗灰色斑，腹部背片较暗；触角节Ⅰ淡白色，节Ⅱ-Ⅳ黄色，但逐渐暗，节Ⅴ-Ⅷ灰棕色；口锥端部棕色，前翅灰黄色。足黄色，股节和胫节外缘略暗。腹部鬃较暗。

头部 头宽略大于长；头前部较圆，后部背面有横纹；单眼区在复眼间前中部，单眼间鬃位于前后单眼三角形外缘连线之外。触角 8 节，节Ⅱ较大，节Ⅲ有梗，节Ⅳ-Ⅵ基部和端部较细，节Ⅲ-Ⅳ叉状感觉锥较短，节Ⅵ端部有淡而亮的斜缝。

胸部 前胸宽大于长，背片光滑，仅边缘有少数线纹和鬃；中胸盾片线纹不密；后胸盾片中部有模糊网纹，两侧为纵纹，其后有 1 对亮孔。前翅前缘鬃 21 根，前脉基部鬃 8-10 根，端鬃 2 根，后脉鬃 7-8 根。仅中胸腹片内叉骨有刺。

腹部 腹节背片两侧有少数线纹，节Ⅴ-Ⅷ背片两侧无微弯梳，节Ⅷ后缘梳完整。腹部无附属鬃，后缘鬃较长。

雌虫：短翅型似长翅型，仅翅短。

雄虫：长翅，腹节Ⅲ-Ⅳ有 C 形腺域。

寄主：玉米、水稻、小麦、谷子、淡竹叶、蟋蟀草、狗尾草、棉花。

模式标本保存地：英国（BMNH, London）。

观察标本：3♀♀，河南新乡，1978.Ⅹ.7，石生福采自玉米；1♀，西藏林芝，1976.Ⅶ，陈若篪采自小麦；1♀，陕西杨陵，2002.Ⅷ，李武高采自玉米。

分布：内蒙古、河北、山西、河南（新乡）、陕西（杨凌）、宁夏、甘肃、新疆、江苏、浙江、福建、台湾、广东、海南、四川、贵州、西藏（林芝）；俄罗斯，蒙古，朝鲜，日本，马来西亚，瑞士，瑞典，阿尔巴尼亚，法国，荷兰，罗马尼亚，匈牙利，意大利，奥地利，波兰，芬兰，德国，捷克，斯洛伐克，英国，丹麦，美国，加拿大，澳大利亚，新西兰。

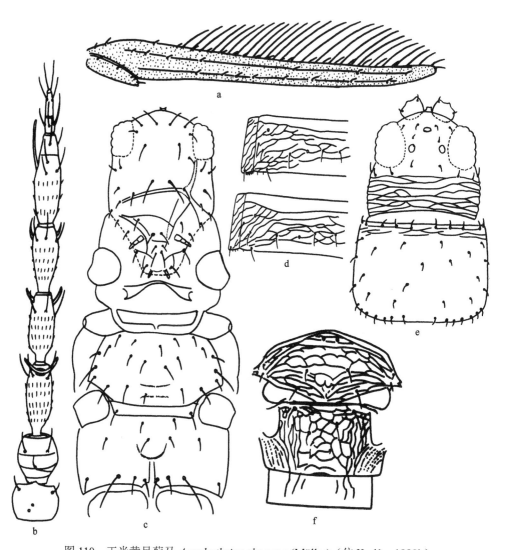

图 110　玉米黄呆蓟马 *Anaphothrips obscurus* (Müller)（仿 Kudô，1989b）
a. 前翅（fore wing）；b. 触角（antenna）；c. 头和胸（腹面观）（head and thorax, ventral view）；d. 腹节Ⅲ-Ⅳ背片（部分）（abdominal tergites III-IV in part）；e. 头和前胸（head and pronotum）；f. 中、后胸盾片（meso- and metanota）

(90) 杨呆蓟马 *Anaphothrips populi* Zhang & Tong, 1992（图 111）

Anaphothrips populi Zhang & Tong, 1992a, *Acta Zootaxon. Sin.*, 17 (1): 71-74.

雌虫：体长 1.1-1.2mm。体棕褐色；触角各节与体同色，节Ⅰ色略淡；各足均褐色，跗节色略淡；前翅及翅瓣暗灰色，前脉和后脉明显；单眼 3 个，具红色月晕。

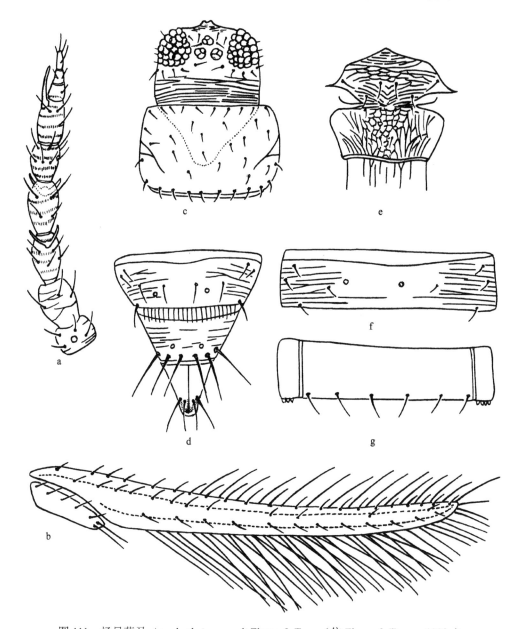

图 111　杨呆蓟马 *Anaphothrips populi* Zhang & Tong（仿 Zhang & Tong，1992a）

a. 触角（antenna）；b. 前翅（fore wing）；c. 头和前胸（head and pronotum）；d. 雌虫腹节Ⅷ-Ⅹ背片（female abdominal tergites Ⅷ-Ⅹ）；e. 中、后胸盾片（meso- and metanota）；f. 腹节Ⅴ背片（abdominal tergite Ⅴ）；g. 腹节Ⅴ腹片（abdominal sternite Ⅴ）

　　头部　头宽大于长，单眼前鬃 2 对，单眼间鬃和单眼前鬃等长，鬃长 113，位于单眼三角形连线外缘，复眼后缘各有鬃 5 根，除最内的Ⅰ鬃略长外，其余的复眼后鬃均与单眼间鬃等长。头部后区具明显横纹，口锥伸至前胸之半，下颚须 3 节。触角 8 节，节Ⅲ-

Ⅳ感觉锥叉状，节Ⅵ近端部有1横间缝，将该节分为2节。

胸部 前胸宽大于长，前缘及后缘各有等长的5对短鬃，背板亦散生不规则且与后缘鬃等长的短鬃。中胸背片有网状横纹，侧角鬃与中对鬃等长，中对鬃远离中胸背板后缘，亚中鬃位于中对鬃外侧，靠近中胸背板后缘。后胸背片中部有多角形网状刻纹，两侧为纵线纹，1对中鬃远离前缘，其后有1对无鬃孔。仅中胸腹片内叉骨有刺。翅鬃弱，前缘鬃23-24根，前脉基部鬃4+4根或4+4+1根，端鬃1+2根或2+2根，后脉鬃12-13根，翅瓣前缘鬃5根。跗节2节。

腹部 腹节Ⅲ-Ⅶ背片近前缘有完整深褐色的横线，各节两侧有不规则横纹。节Ⅱ-Ⅶ腹板后缘有等长的缘鬃3对，节Ⅶ腹片后缘中对鬃在后缘之前。节Ⅴ-Ⅷ背片无微弯梳；节Ⅷ后缘梳完整；节Ⅸ背板后缘有粗鬃3对，排成1列，节Ⅹ背板近后缘有粗鬃4根。

寄主：野麦草、羊草、杨树。

模式标本保存地：中国（SCAU，Guangzhou）。

观察标本：10♀♀，河南辉县，1979.Ⅳ.6，石生福采自杨树嫩叶。

分布：河南（辉县市）。

(91) 苏丹呆蓟马 *Anaphothrips sudanensis* Trybom, 1911（图112）

Anaphothrips sudanensis Trybom, 1911, *Physapoden aus Ägypten und dem Sudan*, 1: pl. Ⅰ, fig. 1;
    Bhatti, 1978a, *Sen. Biol.*, 59 (1-2): 89; Han, 1997a, *Economic Insect Fauna of China Fasc.*, 55: 198.
Anaphothrips transvaalensis Faure, 1925, *South Afr. J. Nat. Hist.*, 5: 150, pl. ⅩⅤ, figs. 13, 14.
Anaphothrips flavicinctus f. *brachyptera* Priesner, 1935a, *Philipp. J. Sci.*, 57 (3): 355.

雌虫：长翅型。体棕黄二色，以棕色为主，前胸、腹节Ⅲ-Ⅳ或节Ⅲ-Ⅴ或节Ⅲ-Ⅵ黄色；触角棕色，节Ⅲ-Ⅳ黄色，节Ⅴ淡棕色；前翅基部1/4和端部2/4淡黄色，近中部1/4淡棕色，呈暗带。

头部 头和宽约等长，颊略凸，头前缘约延伸至触角间。头背在眼后有稀疏横纹，单眼区位于复眼后部，3对单眼鬃均存在，单眼间鬃位于前后单眼三角形外缘连线之外；头背眼后有些稀疏横线纹；前单眼鬃均远离前眼，在触角后和复眼前缘；触角8节，节Ⅲ感觉锥简单或叉状，节Ⅳ感觉锥叉状，节Ⅵ无横间缝。

胸部 前胸较窄，宽大于长；背面平滑，无长鬃，前缘有5对，侧缘有3对，后缘有6-7根小鬃。中胸盾片横纹稀疏。后胸盾片前、中、后部有横纹或网纹，两侧为纵纹，后部的亮孔小。仅中胸腹片内叉骨有刺。前翅前缘鬃19根，前脉基部鬃6-7根，端鬃3-4根，后脉鬃8根。

腹部 腹节Ⅰ背片和节Ⅱ-Ⅷ背片两侧有弱横纹，中对鬃微小而间距宽；节Ⅷ后缘梳完整，节Ⅹ背片纵裂完全。腹片无附属鬃。

短翅型，一般似长翅型，但翅胸黄色，腹节Ⅵ有时仅后部暗，足黄色；单眼缺或很小。无后翅。

雄虫：短翅型似雌虫短翅型，缺单眼。腹节Ⅲ-Ⅷ腹片有横的不完全环形腺域。节Ⅸ背片中部有1对尾向栗棕色角状粗鬃，其后还有1对短粗角状鬃。

寄主：玉米、水稻、小麦、高粱、谷子、野燕麦、淡竹叶、蟋蟀草、狗尾草、大蓟、小叶菊、棉花、豌豆、花生、蒜、黄连木、车前草、大丽花、向日葵。

模式标本保存地：美国（CAS，San Francisco）。

观察标本：4♀♀，重庆，1986.Ⅵ.3，冯纪年采自禾本科杂草和车前草；2♀♀，山东泰山，1988.Ⅶ.29，冯纪年采自杂草；14♀♀4♂♂，广西花坪，2000.Ⅷ.27，海拔1600m，沙忠利采自大荔花和杂草；4♀♀，广西大瑶山，2000.Ⅸ.12，沙忠利采；1♀，广西猫尔山，2000.Ⅸ.5，沙忠利采；4♀♀，广西金秀，2000.Ⅸ.8，沙忠利采；1♀，湖北松柏，2001.Ⅶ.25，张桂玲采自向日葵；1♀，湖北九宫山，2001.Ⅷ.9，张桂玲采自花。

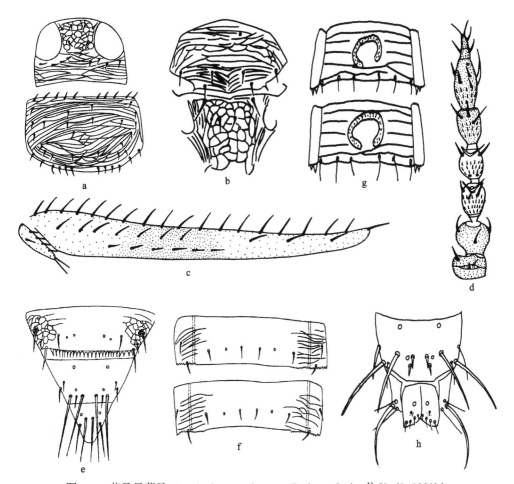

图112　苏丹呆蓟马 *Anaphothrips sudanensis* Trybom（g-h. 仿 Kudô, 1989b）

a. 头和前胸（head and pronotum）；b. 中、后胸盾片（meso- and metanota）；c. 前翅（fore wing）；d. 触角（antenna）；e. 雌虫腹节Ⅷ-Ⅹ背片（female abdominal tergites Ⅷ-Ⅹ）；f. 腹节Ⅴ-Ⅵ背片（abdominal tergites Ⅴ-Ⅵ）；g. 腹节Ⅴ-Ⅵ腹片（abdominal sternites Ⅴ-Ⅵ）；h. 雄虫腹节Ⅸ-Ⅹ背片（male abdominal tergites Ⅸ-Ⅹ）

分布：山东（泰山）、江苏、浙江、湖北（松柏、九宫山）、湖南、福建、台湾、广东、海南、广西（花坪、大瑶山、猫儿山、金秀）、重庆、四川、贵州、云南；中亚，巴基斯坦，印度，印度尼西亚，塞浦路斯，澳大利亚，埃及，苏丹，摩洛哥，非洲南部。

28. 缺翅蓟马属 *Aptinothrips* Haliday, 1836

Aptinothrips Haliday, 1836, *Ent. Mag.*, 3: 439-451; Han, 1997a, *Economic Insect Fauna of China Fasc.*, 55: 200.

Thrips (*Aptinothrips*) Haliday, 1836, *Ent. Mag.*, 3: 444, 445.

Uzeliella Bagnall, 1908, *Entomol. Mon. Mag.*, 44: 5.

Carinopleuris Bagnall, 1908, *Entomol. Mon. Mag.*, 44: 5.

Type species: *Thrips* (*Aptinothrips*) *rufus* Haliday, by subsequent designation.

属征：体小而细长。体表有细线纹和网纹。头较长，眼前略延伸。复眼小，单眼缺。触角 6 节或 8 节，节Ⅲ、Ⅳ有简单感觉锥。下颚须 3 节。除腹节Ⅸ、Ⅹ外，体上无长鬃。翅胸窄，中、后胸背片分界限不明显。中胸腹片和后胸腹片被一条缝分开。总是无翅。足短粗，跗节 1 节或 2 节。腹节背片有许多疏散小鬃；背孔（即无鬃孔）间距宽，位于近两侧后部。节Ⅷ背片缺后缘梳。腹板有附属鬃。雄虫腹部腹片无腺域。

分布：古北界，东洋界，新北界，非洲界，新热带界，澳洲界。

本属世界记录 4 种，本志记述 2 种。

种检索表

触角 6 节，跗节 1 节 ···································· 淡红缺翅蓟马 *A. rufus*

触角 8 节，跗节 2 节 ···································· 芒缺翅蓟马 *A. stylifer*

(92) 淡红缺翅蓟马 *Aptinothrips rufus* Haliday, 1836（图 113）

Thrips (*Aptinothrips*) *rufa* Haliday, 1836, *Ent. Mag.*, 3: 445; Uzel, 1895, *Königgrätz*: 35, 52, 152, pl. Ⅱ fig. 17; pl. Ⅵ, figs. 78, 79.

Aptinothrips rufa var. *stylifera* Trybom: Priesner, 1920, *Jahr. Ober. Mus. Fran. Car.*, 78: 52.

Aptinothrips rufus (Haliday): Bailey, 1957, *Bull. Calif. Insect Surv.*, 4 (5): 166; Mound & Palmer, 1974 *Bull. Zoolo. Nomencl.*, 31: 229; Mound & Marullo, 1996, *Mem. Entomol. Int.*, 6: 93.

Aptinothrips rufa stylifera Trybom: Mound *et al.*, 1976, *Handb. Ident. Brit. Ins.*, 1 (11): 5, 20. figs. 25 31; Han & Zhang, 1981, *Insects of Xizang*, 1: 295.

雌虫：无翅，体黄色。

头部　头部无单眼，长大于宽。触角 6 节，节Ⅲ-Ⅳ感觉锥简单，节Ⅵ 2 倍长于节Ⅴ，节Ⅵ少鬃。

胸部　前胸无长鬃，背片鬃多变，2-20 根。中后胸背板横。跗节 1 节。

腹部　背板和腹板均无缘膜。节Ⅸ背板后缘中对鬃短，约 0.2 倍于侧鬃长。腹板有很多附属鬃。

雄虫：相似于雌虫。腹板无腺域。节Ⅸ腹板有 2 对粗壮的刺状鬃。

寄主：禾本科植物。

模式标本保存地：丹麦（SNM，Copenhagen）。

观察标本：1♀，内蒙古贺兰山水磨沟后沟，2251m，2010.Ⅷ.17，李维娜采自杂草；2♀♀，内蒙古贺兰山水磨沟后沟，2028m，2010.Ⅷ.6，胡庆玲采自薹草；1♀，内蒙古贺兰山金星沟高山草甸，2327m，李维娜采自针茅。

分布：内蒙古；蒙古，朝鲜，韩国，日本，美国。

图 113　淡红缺翅蓟马 *Aptinothrips rufus* Haliday

a. 中、后胸盾片（meso- and metanota）；b. 腹节Ⅷ-Ⅹ背片（abdominal tergites Ⅷ-Ⅹ）；c. 头和前胸（head and pronotum）；
d. 腹节Ⅴ背片（abdominal tergite Ⅴ）；e. 触角（antenna）

(93) 芒缺翅蓟马 *Aptinothrips stylifer* Trybom, 1894（图 114）

Aptinothrips stylifer Trybom, 1894, *Entomol. Tid.*, 15 (1): 43, 44, 51, 52; Mound *et al.*, 1976, *Handb. Ident. Brit. Ins.*, 1 (11): 5, 20; Han & Zhang, 1981, *Insects of Xizang*, 1: 295; Han, 1997a, *Economic Insect Fauna of China Fasc.*, 55: 200, 201.

Aptinothrips rufa (Gmelin): Uzel, 1895, *Königgrätz*: 35, 52, 152.

Aptinothrips rufa var. *stylifer* Trybom: Priesner, 1920, *Jahr. Mus. Fran. Car.*, 78: 52.

雌虫：体长约 1.3mm。两性均无翅。体和足黄色。触角节Ⅰ、Ⅲ淡黄色，节Ⅱ、Ⅳ略暗，节Ⅴ暗黄色，触角节Ⅵ-Ⅷ棕黄色，腹部端部深棕色。

头部 头长大于宽。无单眼，颊略微外拱。两眼间有细微网纹，后部有横纹。复眼小。头背鬃均微小。触角 8 节，节Ⅱ-Ⅴ似球形，节Ⅰ-Ⅷ长（宽）分别为：18（29），29（23），32（18），26（19），29（18），23（18），11（7），15（5），总长 183，节Ⅲ长为宽的 1.78 倍。节Ⅲ、Ⅳ简单，感觉锥在外端，节Ⅵ梗状，1.5 倍长于节Ⅴ，节Ⅶ、Ⅷ形成节芒。口锥端宽圆。

胸部 前胸宽大于长，无长鬃，背片线纹模糊，鬃微小。中、后胸盾片因缺翅几乎就是中、后胸背片，鬃微小。中、后胸腹片内叉骨上仅中胸有很短的刺。跗节 2 节。

腹部 腹节背板和腹板后缘无缘膜。节Ⅸ背板后缘中对鬃约 0.6 倍于侧鬃。背板后缘有弱的齿状缘膜。腹板有很多附属鬃。

寄主：青稞、小麦等禾本科植物。

模式标本保存地：未知。

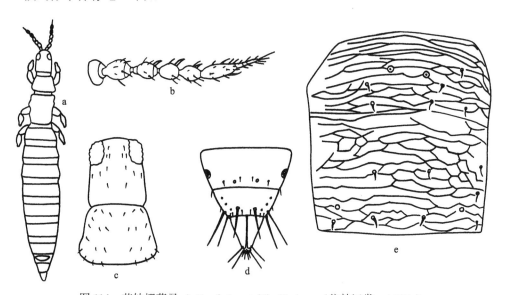

图 114　芒缺翅蓟马 *Aptinothrips stylifer* Trybom（仿韩运发，1997a）

a. 雌虫全体（female body）；b. 触角（antenna）；c. 头和前胸（head and pronotum）；d. 腹节Ⅷ-Ⅹ背片（abdominal tergites Ⅷ-Ⅹ）；e. 中、后胸盾片（meso- and metanota）

观察标本：1♀，西藏拉萨，1983.Ⅷ，陈卫东采自青稞；5♀♀，陕西火地塘平河良，2012m，2010.Ⅶ.5，胡庆玲采自杂草。

分布：陕西（火地塘平河良）、宁夏、西藏（拉萨）；蒙古，朝鲜，韩国，日本，美国。

29. 背刺蓟马属 *Dendrothripoides* Bagnall, 1923

Dendrothripoides Bagnall, 1923a, *Ann. Mag. Nat. Hist.*, (9) 12: 624; Ramakrishna, 1928, *Mem. Dep. Agr. India Entomol. Ser.*, 10 (7): 245, 247, 271; Priesner, 1957, *Zool. Anz.*, 159 (7/8): 165 (placed in Heliothripinae); Wilson, 1975, *Mem. Amer. Entomol. Inst.*, 23: 26, 102, 103 (placed in Anaphothripina of Thripinae); Kudô, 1977b, *Kontyû*, 45 (4): 499; Han, 1997a, *Economic Insect Fauna of China Fasc.*, 55: 202.

Type species: *Dendrothripoides ipomeae* Bagnall; monobasic and designated; *Tryphactothrips mundus* Karny (India); monobasic and designated.

属征：头宽，后部有颈状区；口锥长而尖。下颚须 3 节。触角 8 节，节Ⅲ、Ⅳ有叉状感觉锥，端节非针状。前胸近乎平滑或有粗糙刻纹。翅胸有细网纹。中胸盾片完整。前翅窄，在基部 1/3 处有小的革质瘤状突。翅脉常不清晰。中、后胸内叉骨均无刺。足相当粗而长；附节 2 节。腹节Ⅱ-Ⅸ背片两侧 1/3 大的微突呈 V 形。中对鬃小而间距宽，但在后部节上的增大，节Ⅷ上的呈披针形。节Ⅸ、Ⅹ的鬃呈刺状。节Ⅹ背片纵裂完全。雄虫节Ⅸ背片基部伸出 1 对靠近的短剑状粗刺。节Ⅲ-Ⅶ腹片前中部各有 1 小的线状腺域。

分布：古北界，东洋界，非洲界。

本属世界记录 4 种，本志记述 2 种。

种检索表

前胸后角鬃长如背片鬃；触角节Ⅷ 1.5 倍长于节Ⅶ；腹部背片节Ⅸ、Ⅹ长鬃黄色；前胸背片鬃非矛形···**无害背刺蓟马 *D. innoxius***

前胸后角鬃长为背片鬃的 2 倍；触角节Ⅷ 2 倍长于节Ⅶ；腹部背片节Ⅸ、Ⅹ长鬃栗棕色；前胸背片鬃矛形···**矛鬃背刺蓟马 *D. poni***

94) 无害背刺蓟马 *Dendrothripoides innoxius* (Karny, 1914)（图 115）

Euthrips innoxius Karny, 1914, *Zeit. Wiss. Insek.*, 10: 359.

Dendrothripoides ipomeae Bagnall, 1923a, *Ann. Mag. Nat. Hist.*, (9) 12: 625; Kudô, 1977b, *Kontyû*, 45: 495-500; Zhang, 1982, *J. Sou. China Agric. Univ.*, 3 (4): 52, 54.

Tryphactothrips mundus Karny, 1926, *Mem. Dep. Agr. India Entomol. Ser.*, 9: 190, pl. ⅩⅥ, fig. 4; text fig. 2.

Heliothrips ipomoeae (sic) Bondar, 1930, *Ocampo Rio de Janeiro*, 1 (no. 9): 18.

Dendrothripoides innoxius (Karny): Mound & Marullo, 1996, *Mem. Entomol. Int.*, 6: 113.

雌虫：体长 1.2mm。体橙黄色。触角节Ⅰ淡，节Ⅱ-Ⅴ黄色，但端部较暗，节Ⅵ-Ⅷ暗棕色。前翅淡黄色但中部有暗棕带，占翅长 1/4-1/3，基部疣突处暗棕色。后胸盾片中部及两侧和腹部Ⅰ背片暗棕色。

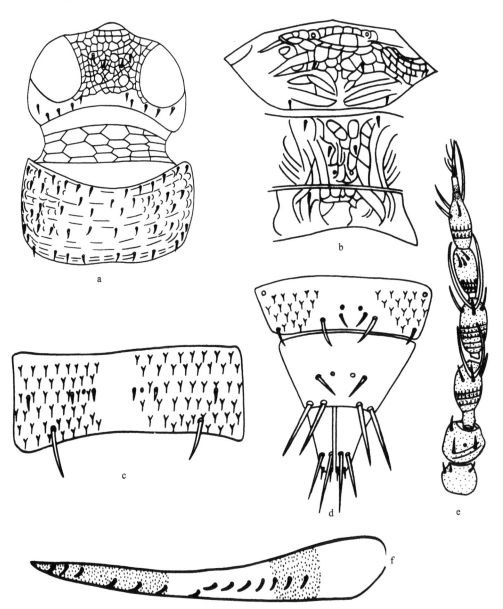

图 115　无害背刺蓟马 *Dendrothripoides innoxius* (Karny)

a. 头和前胸（head and pronotum）；b. 中、后胸盾片（meso- and metanota）；c. 腹节Ⅴ背片（abdominal tergite Ⅴ）；d. 腹节
Ⅷ-Ⅹ背片（abdominal tergites Ⅷ-Ⅹ）；e. 触角（antenna）；f. 前翅（fore wing）

头部　头宽大于长，背面布满网纹；单眼在复眼间呈三角形排列。触角 8 节，节Ⅲ-
Ⅴ基部梗显著，端节非针状，节Ⅰ-Ⅷ长（宽）分别为：24（27），29（24），44（29），

46（24），36（24），44（19），10（5），15（5），节III长为宽的 1.5 倍，节VIII长为节VII的 1.5 倍。节III、VI叉状感觉锥较长，臂长 40-50。口锥端部较尖。下颚须 3 节。

胸部　前胸宽大于长，背片有不规则线纹，鬃长 5-10。中胸盾片有网纹和线纹。后胸盾片中部有网纹，两侧有纵纹。鬃均微小。前翅长 581，中部宽 24。前脉基部鬃 6-7 根，端鬃 3 根；后脉鬃 4 根，均微小，但端缘有 1 根基半部很粗的长鬃，长 185。中、后胸内叉骨及刺均不明显。

腹部　腹部背片中对鬃自前向后逐渐加长，间距也逐渐加宽。节IV-VII中对鬃显著长，略反曲。节VIII中对鬃及两侧 1 对鬃较反曲。节VIII背片无后缘梳。

雄虫：腹节IX背片中部有 1 对互相靠近的剑状粗刺，其外侧有 1 对长鬃，端部扁，呈扇形。节III-VII腹片前中部各有 1 个线状腺体。

寄主：猴耳环、番薯叶、月光花、蕨类。

模式标本保存地：德国（SMF，Frankfurt）。

观察标本：1♀，云南景洪，1987.X，冯纪年采自蕨类。

分布：福建、台湾、广东、海南、香港、云南（景洪）；朝鲜，日本，印度，菲律宾，约旦，墨西哥，美国夏威夷，西印度群岛，澳大利亚。

(95) 矛鬃背刺蓟马 *Dendrothripoides poni* Kudô, 1977（图 116）

Dendrothripoides poni Kudô, 1977b, *Kontyû*, 45 (4): 497, 499; Han, 1997a, *Economic Insect Fauna of China Fasc.*, 55: 204.

雌虫：体长约 1.2mm。体黄色，包括足，中胸两前角及翅基部有暗斑，腹部V向后渐橙黄色，节VIII-X淡棕色。触角黄色但节VI端半部及节VII-VIII烟棕色。前翅淡黄色，但翅基部有圆形淡棕斑及翅中有 1 短棕带，约占翅长 1/4。腹节IX、X背鬃栗棕色，其余鬃黄色。

头部　头宽大于长。颊在复眼后收缩，中部较外拱，后部收缩。头背单眼区有网纹，眼后有横纹。复眼长 61。3 个单眼间距小，呈等边三角形排列于复眼中部。单眼间鬃长 7，位于前后单眼三角形外缘连线内。前单眼前鬃缺。前侧鬃长于单眼间鬃。眼后鬃微小而少。触角 8 节，节III-V有梗，节VII很短。节 I -VIII长（宽）分别为：24（24），29（29），40（18），39（18），34（17），39（16），5（10），10（5），总长 220；节III长为宽的 2.2 倍。节III、IV叉状感觉锥臂长分别约 32 和 19。口锥细长。下颚须细长。

胸部　前胸宽大于长，背片近乎平滑，约有鬃 22 根，略矛形。1 对后角鬃长 34，长约为背片鬃的 2 倍。中胸盾片有横网纹和线纹，鬃微小。后胸盾片中部有少数网纹，两侧为纵纹。前缘鬃距前缘 7；前中鬃距前缘 12；后部有亮孔 1 对。前翅窄，长 514，中部宽 19。前缘鬃约 13 根，前脉基部鬃 7 根，端鬃 3 根，后脉鬃 4 根，端缘 1 根鬃普通，不很粗但长。中、后胸内叉骨小，不显著。足粗，有网纹。

腹部　腹节背片两侧微毛刺在节IX、X缺。各背片中对鬃小，间距宽，节IV-VII的中对鬃仅略微大，尖而直。节VIII背片中对鬃和其两侧鬃发达而反曲；节VIII背片后缘梳缺；节V-VIII背片两侧无微弯梳。腹片无附属鬃。

寄主：梧桐。

模式标本保存地：未知。

观察标本：1♀，云南，1980.V.6，韩运发采自梧桐。

分布：云南（西双版纳）；泰国。

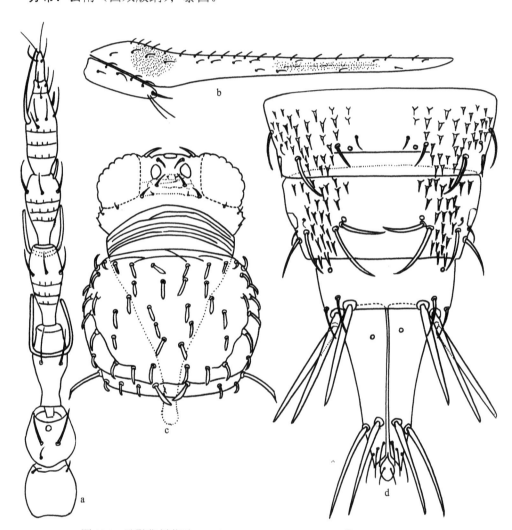

图 116　矛鬃背刺蓟马 *Dendrothripoides poni* Kudô（仿 Kudô，1977b）

a. 触角（antenna）；b. 前翅（fore wing）；c. 头和前胸（head and pronotum）；d. 腹节Ⅶ-Ⅹ背片（abdominal tergites Ⅶ-Ⅹ）

30. 镰蓟马属 *Drepanothrips* Uzel, 1895

Drepanothrips Uzel, 1895, *Königgräitz*: 213.

Type species: *Drepanothrips reuteri* Uzel, 1895, monobasic.

属征：雌虫长翅，浅棕色。头宽大于长；单眼鬃 3 对，单眼间鬃位于单眼三角形内。

触角 6 节，节Ⅲ、Ⅳ感觉锥叉状。前胸有横纹，后角有长鬃 1 对；中胸中对鬃远位于后缘之前；后胸有不规则网纹，中对鬃靠近前缘；中、后胸内叉骨均有长刺。腹节背片中部无刻纹，两侧 1/3 有相距很近的成排的微毛；节Ⅷ背板后缘有长的梳毛。雄虫比雌虫小，相似于雌虫；节Ⅸ背板两侧有成对的深棕色的伸出腹节最端部之外的刺突。

分布：古北界，新北界。

本属世界仅记录 1 种，本志记述 1 种。

(96) 葡萄镰蓟马 *Drepanothrips reuteri* Uzel, 1895（图 117）

Drepanothrips Uzel, 1895, *Königgräitz*: 213.

雌虫：长翅。浅棕色。腹节背板前缘线颜色深；前翅颜色浅。触角 6 节，节Ⅲ、Ⅳ感觉锥叉状。

头部　头宽大于长，单眼区有刻纹；单眼鬃 3 对，单眼间鬃距离近，位于单眼三角形内。触角 6 节，节Ⅲ、Ⅳ感觉锥叉状。

胸部　前胸有横纹，后角有长鬃 1 对。中胸中对鬃远位于后缘之前。后胸有不规则网纹，中对鬃靠近前缘。中、后胸内叉骨均有长刺。前翅前脉端鬃 3 根，后脉鬃 4 根，相距很宽。

腹部　腹节背板中部无刻纹，两侧 1/3 有相距很近的成排的微毛；节Ⅱ-Ⅵ背板中对鬃小且相距很宽，节Ⅷ中对鬃长于中对鬃的间距；节Ⅷ背板后缘有长的梳毛。

雄虫：比雌虫小，相似于雌虫。节Ⅸ背板两侧有成对的深棕色的伸出腹节最端部之外的刺突。

寄主：栎属植物、葡萄。

模式标本保存地：未知。

观察标本：未见。

分布：甘肃；俄罗斯，德国，瑞士，法国，英国，美国（加利福尼亚州、伊利诺伊州），智利。

31. 角突蓟马属 *Eremiothrips* Priesner, 1950

Eremiothrips Priesner, 1950a, *Bull. Soc. Roy. Entomol. Egy.*, 34: 25-37; Bhatti, 1988, *Zool. (J. Pure and Appl. Zool.)*, 1: 117-125; zur Strassen, 2003, *Die Tier. Deut.*, 74: 123-126; Bhatti *et al.*, 2003, *Thrips*, 2: 51-55.

Type species: *Eremiothrips imitator* Priesner, 1950, monobasic.

属征：触角常 9 节，节Ⅲ、Ⅳ感觉锥叉状或简单。头在复眼前不延伸，复眼大，单眼发达。头部鬃极小。前单眼鬃 2 对。口锥普通，下颚须 2 节，细长。体鬃浅。前胸无长鬃，翅胸宽短。翅适当长，阔，翅脉明显，在前缘脉和前脉之间有 1 个很明显的横脉，另一个横脉在前后脉之间基部 1/4 处，翅脉鬃小而少。足，尤其是跗节，细长。腹节无

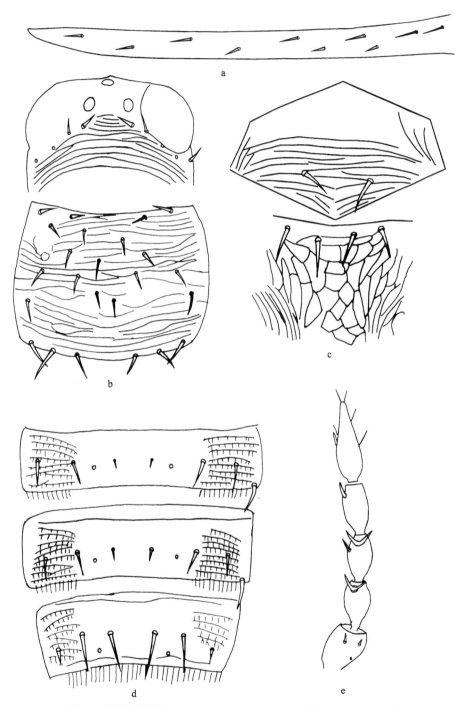

图 117　葡萄镰蓟马 *Drepanothrips reuteri* Uzel（仿 Mound，1996）

a. 前翅（fore wing）；b. 头和前胸（head and pronotum）；c. 中、后胸盾片（meso- and metanota）；d. 腹节Ⅵ-Ⅷ背片（abdominal

tergites Ⅵ-Ⅷ）；e. 触角（antenna）

微毛。腹节Ⅸ背板中对鬃位于中部；腹节背板和腹板后缘无缘膜；腹板无附属鬃；节Ⅹ不纵裂，端部圆。雄虫节Ⅸ背板中部有2对角状突起。

分布：古北界，东洋界。

本属世界记录17种，本志记述1种。

(97) 安利雅角突蓟马 *Eremiothrips arya* (zur Strassen, 1975)

Ascirotothrips arya zur Strassen, 1975, *Sen. Biol.*, 56: 257-282.

Eremiothrips arya (zur Strassen): Bhatti *et al.*, 2003, *Thrips*, 2: 49-110.

雌虫：体棕色。单眼色素黄色，有6个黄色小眼。翅色浅，浅黄色。鬃色浅。

头部　头宽大于长，两边几乎平行，鬃不明显，具有横线纹。

胸部　前胸接近方形，两侧直，后角有明显或不明显的长鬃，其上布满背片鬃。中胸布满横条纹，后胸为网纹，中对鬃和亚中鬃均位于前缘之后。中胸内叉骨有刺，后胸内叉骨无刺。跗节细长。

腹部　腹节背片及腹片无缘膜。节Ⅶ腹板后缘中对鬃在后缘之前。腹板无附属鬃。

雄虫：体色和雌虫相似。腹节Ⅸ背板中部有1对长的深色的羊角形刺突。

寄主：草木犀、花花柴、洋葱、沙蒿、刺豆花。

模式标本保存地：德国（SMF，Frankfurt）。

观察标本：1♀1♂，西藏日土县多玛乡，1976.Ⅷ.13，黄复生采自刺豆花。

分布：内蒙古、宁夏、西藏（日土县多玛乡）；蒙古，伊朗。

32. 突蓟马属 *Exothrips* Priesner, 1939

Exothrips Priesner, 1939, *Rev. Zool. Bot. Afr.*, 32: 154-175.

Dantabahuthrips Shumsher, 1942, *Indian J. Entomol.*, 4 (2): 111-135.

Catina Faure, 1956, *J. Entomol. Soc. Sth. Afr.*, 19: 100.

Pexothrips Bhatti, 1967, *Thysanop. nova Indica*: 1-24.

Type species: *Exothrips monstrosus* Priesner, 1939, monobasic.

属征：长翅。体常黄色。头不显著小于前胸，前单眼鬃2对。口锥短，不伸至中胸。前胸无长鬃，前基腹片发达，宽而横。腹节背板和腹板后缘有宽的强裂片状缘膜。雌虫腹节Ⅶ腹板 S1 和 S2 鬃相互靠近。腹板无附属鬃。雄虫背板后缘缘膜有齿，腹板无腺域。

分布：古北界，东洋界，非洲界。

本属世界记录18种，本志记述1种。

(98) 蔗突蓟马 *Exothrips sacchari* (Moulton, 1936)

Anaphothrips (*Dantabahuthrips*) *sacchari* Moulton, 1936a, *Philip. J. Agr.*, 7: 263-273.

Exothrips sacchari (Moulton): Bhatti, 1975, *Orien. Insects*, 9: 45-82; Bhatti, 1990a, *Zool. (J. Pure and*

Appl. Zool.), (4) 2: 205-352.

雌虫：头部 单眼前鬃 2 对，单眼间鬃短，位于单眼三角形之内、后单眼前缘。

胸部 中胸盾片中对鬃远在后缘之前；侧鬃粗壮，色深，比中对鬃和亚中鬃粗壮；三侧鬃小，不明显。后胸盾片中对鬃非常粗壮，远离前缘；钟形感器明显存在。前翅后脉有 4-5 根鬃；翅瓣鬃 5+1 根。

腹部 腹节 II 背板后缘两侧有 4 根鬃。节 VI-VIII 背板鬃 S4 不短于节 V 的 S3。

雄虫：节 VII 腹板中对鬃和亚中对鬃等长。

寄主：甘蔗花、竹子。

模式标本保存地：美国（CAS，San Francisco）。

观察标本：未见。

分布：云南；菲律宾。

33. 奥克突蓟马属 *Octothrips* Moulton, 1940

Octothrips Moulton, 1940, *Occ. Pap. Bis. Mus.*, 15: 243-244; Mound, 2002, *Austral. Jour. Entomol.*, 41: 217-219.

Apollothrips Wilson, 1972, *Ann. Entomol. Soc. Amer.*, 65: 49-52.

Type species: *Octothrips suspensus* Moulton, 1940, monobasic.

属征：触角 8 节，节 I 无背顶鬃；节 III、IV 感觉锥叉状；节 III-VI 有微毛；在一些种的雄虫中，节 I 增大，节 IV 或节 V 中部弯曲并凹陷。头和前胸相比非常小，前单眼鬃 2-3 对。口锥圆锥形但不细长。下颚须 3 节。前胸长等于宽或稍长，无长鬃，后缘有 6-7 对鬃（常 7 对），最外侧那对经常长于其余鬃。羊齿中间相连，不分开。基腹片退化，无鬃。中胸腹侧缝存在。中、后胸内叉骨均有刺。后胸盾片中部有纵纹，在一些种中为相互交织的网纹。跗节 2 节。前翅后脉经常仅 4 根鬃（很少 3 根或 5 根）；后缘缨毛波曲。雌虫腹节 VII 腹板鬃 S1 和鬃 S2 接近。腹节背板和腹板后缘有明显的缘膜；在一些种的雄虫中，节 IV-VII 背板后缘两侧的缘膜形成齿；侧板的延伸物端部形成锯齿状。雌、雄虫节 X 均纵裂。雄虫腹板无腺域。阳茎上常有超过生殖孔的两个裂状突起，两个突起上各有尖刺，阳基侧突细长，端部骤尖。

分布：东洋界。

本属世界记录 3 种，本志记述 1 种。

(99) 巴氏奥克突蓟马 *Octothrips bhatti* (Wilson, 1972)

Apollothrips bhatti Wilson, 1972, *Ann. Entomol. Soc. Amer.*, 65: 52-54.

Octothrips lygodii Mound, 2002, *Austral. Jour. Entomol.*, 41: 219-220. Synonymised by Wang, 2008, *Zootaxa*, 1941: 67-68.

Octothrips bhatti (Wilson): Bhatti, 2003, *Thysanoptera*, 2003: 15-24.

雌性：长翅。体浅棕色，腹节和触角颜色多变。触角浅棕色，节Ⅲ-Ⅳ一致浅棕色或端部黄。前翅棕色，所有足黄色。

头部 头和前胸有密纹，颊短于复眼。单眼间鬃着生于前后单眼间。

胸部 前胸后角有 1 对鬃，后缘鬃 4 对。中胸盾片有密纹；中对鬃位于亚中鬃之前。后胸盾片有纵网纹；钟形感器缺。前翅前脉有端鬃 2 根，后脉鬃完全。

腹部 腹节Ⅱ-Ⅷ背板中部和两侧有刻纹，背板有深棕色前缘线，背片前部棕色至中部 1/3 棕色但两侧黄。节Ⅷ后缘无梳。

雄虫：与雌虫相似。腹节Ⅲ-Ⅶ腹板有 50-70 个小的圆形腺域。

寄主：肾蕨。

模式标本保存地：英国（BMNH，London）。

观察标本：22♀♀2♂♂，台湾花莲，1993.Ⅸ.22，肾蕨；2♀♀2♂♂，海金沙，2006.Ⅶ，马来西亚，吉隆坡，马来亚大学；正模♀，*Apollothrips bhatti* 异性模式标本♂，印度，1969.Ⅺ.24，肾蕨属。

分布：台湾、广东、海南、香港、云南（西双版纳）；日本，印度，泰国，菲律宾，马来西亚，新加坡。

34. 裸蓟马属 *Psilothrips* Hood, 1927

Psilothrips Hood, 1927, *Proc. Boil. Soc. Wash.*, 40: 198; O'Neill, 1960, *Proc. Entomol. Soc. Wash.*, 62: 88; Han, 1997a, *Economic Insect Fauna of China Fasc.*, 55: 205.

Thamnothrips Priesner,1932a, *Bull. Soc. Roy. Entomol. Egy.*, 1-2: 2.

Type species: *Psilothrips pardalotus* Hood, designated and monobasic; of *Thamnothrips*: *Thamnothrips bimaculatus* Priesner, designated and monobasic.

属征：体色淡，有斑，小而短，腹部宽。头横，在前面凹陷，无长鬃。单眼区隆起，无长鬃。口锥向下弯，下颚须 2 节。触角 8 节。前胸无长鬃。翅宽，端部尖；两纵脉显著，脉鬃小，稀疏排列；前缘无缨毛。腹节Ⅰ-Ⅷ背片近前缘有 1 对中背鬃。腹部端部鬃短。足，特别是跗节，细。

分布：古北界，东洋界，新北界，新热带界，澳洲界。

本属世界记录 5 种，本志记述 1 种。

(100) 双斑裸蓟马 *Psilothrips bimaculatus* (Priesner, 1932)（图 118）

Thamnothrips bimaculatus Priesner, 1932a, *Bull. Soc. Roy. Entomol. Egy.*, 1-2: 2.

Psilothrips bimaculatus (Priesner): Priesner, 1949a, *Bull. Soc. Roy. Entomol. Egy.*, 33: 150.

Psilothrips indicus Bhatti, 1967, *Thysanop. nova Indica*: 12; Ananthakrishnan, 1969a, *Zool. Mon.*, 1: 130; Han, 1997a, *Economic Insect Fauna of China Fasc.*, 55: 205.

雌虫：体长 0.9mm。体淡黄色，夹杂些灰色。头后缘较灰暗，前胸两侧共有 6 个界限不清的灰斑，中胸盾片两侧有 1 对灰色斑，后胸盾片两侧灰色，翅胸前缘和两侧灰色。

腹节Ⅰ-Ⅶ背片中部2/3、节Ⅷ前部少部分灰暗，节Ⅰ-Ⅶ背片两侧的斑及背侧片前部及两侧斑灰暗。触角节Ⅰ淡白，节Ⅱ最暗，节Ⅲ、Ⅳ较淡，节Ⅴ-Ⅷ灰暗。足淡，但股节中部暗，胫节基半部（最基部除外）暗，跗节端部暗。前翅无色，但基部有翅脉处有1小灰斑，再向端部前后脉分叉处有1较大灰斑。鬃色与所在部位颜色近似。本种酒精浸后的标本，暗斑颜色易褪，翅斑有时几乎不可见。

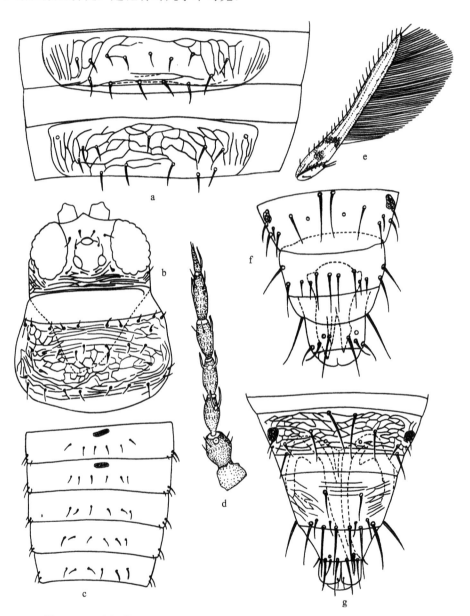

图118 双斑裸蓟马 *Psilothrips bimaculatus* (Priesner)（仿韩运发，1997a）

a. 雌虫腹节Ⅳ-Ⅴ腹片（female abdominal sternites Ⅳ-Ⅴ）；b. 头和前胸（head and pronotum）；c. 雄虫腹节Ⅲ-Ⅶ腹片（male abdominal sternites Ⅲ-Ⅶ）；d. 触角（antenna）；e. 前翅（fore wing）；f. 雄虫腹节Ⅷ-Ⅹ背片（male abdominal tergites Ⅷ-Ⅹ）；g. 雌虫腹节Ⅷ-Ⅹ背片（female abdominal tergites Ⅷ-Ⅹ）

头部　头宽大于长；后部有横纹。复眼长 64μm。单眼在丘上，位于复眼间后部。前单眼前鬃、前外侧鬃，单眼间鬃长 12-14，复眼后鬃长 5-10。单眼间鬃位于前单眼后外侧，在单眼三角形外缘连线之外。复眼后鬃仅复眼后内缘及后外缘各有小鬃 1 对。触角 8 节，节 I、II 较宽，节 III 基部有梗，节 IV 基部细，节 III-IV 端部较细。节 I-VIII 长（宽）分别为：15（23），31（23），35（15），35（15），37（15），40（15），8（7），13（6）。节 III 感觉锥叉状或简单，节 IV 感觉锥叉状，臂长 13。口锥宽，端部宽。下颚须 2 节。

胸部　前胸宽明显大于长，背线纹和网纹不规则。后角鬃 2 对，后缘鬃 3 对，背片鬃约 5 对，后角外鬃最长。中胸盾片布满横线纹。后胸盾片中部为不规则网纹，两侧为纵线纹。前缘鬃距前鬃 5；前中鬃距前缘 24；亮孔缺。中、后胸内叉骨刺很长。前翅长 740，中部宽 68。前缘缨毛缺，脉清晰；前缘鬃 31 根，中部鬃长 28；前脉基部鬃 6 根，端鬃 2 根，后脉鬃 10 根；均微小。

腹部　腹节 I-VIII 背片两侧有横线纹，中部有横线纹和纵线纹，但弱。节 II-VIII 背片中对鬃位于近前缘，自前向后渐长，间距渐大。无鬃孔在中对鬃后外侧。节 II-VII 背侧除后缘鬃外尚有 2 根附属鬃。节 V 背片鬃 IV 在后缘上，鬃 III-V 排列方式近似纵列。节 VIII 背片无后缘梳。节 X 背片不纵裂。节 II-VIII 腹片有线纹，各有附属鬃 2-4 对，均小而尖。节 II 腹片后缘鬃 2 对，节 III-VII 3 对。有的后缘鬃在后缘以前。

雄虫：相似于雌虫，但体小而色淡。长翅型。节 IX 背鬃，中部 2 对稍在前，后部有 3 对。腹节 III、IV 腹片有横腺域，节 III 的腺域有时圆形或分为 2 个圆形腺域。

寄主：枸杞、白茨。

模式标本保存地：德国（SMF，Frankfurt）。

观察标本：3♀♀2♂♂，甘肃兰州，1600m，36°0′N，103°7′E，1990.IX.19，韩运发采自枸杞叶，1♂，宁夏中宁，1980.VII.20，高兆宁采自枸杞叶；2♀♀，宁夏中宁，1980.VII.20，高兆宁采自枸杞叶。

分布：宁夏（中宁）、甘肃（兰州）；印度。

35. 长嘴蓟马属 *Rhamphothrips* Karny, 1913

Rhynchothrips Karny, 1912a, *Zool. Anz.*, 40: 297.

Rhamphothrips Karny, 1913c, *Bull. Jar. Bot. Buit.*, 10: 123; Han, 1997a, *Economic Insect Fauna of China Fasc.*, 55: 207.

Perissothrips Hood, 1919a, *Insect. Inscit. Menstr.*, 7 (4-6): 91. Synonymised by Bhatti, 1978b, *Orien. Insects*, 12 (3): 281-303.

Perissothrips (*Bdalsidothrips*) Priesner, 1936b, *Bull. Soc. Roy. Entomol. Egy.*, 20: 85. Synonymised by Bhatti, 1978b, *Orien. Insects*, 12 (3): 281-303.

Type species: *Rhynchothrips tenuirostris* Karny, designated and monobasic; of *Rhamphothrips* Karny: *Rhynchothrips tenuirostris* Karny, designated and monobasic; of *Perissothrips*: *Perissothrips parviceps* Hood, designated and monobasic; of *Perissothrips* subgenus *Bdalsidothrips*: *Perissothrips* (*Bdalsidothrips*) *levis* Priesner, designated and monobasic; of *Pyctothrips*: *Pyctothrips albizziae* Priesner, designated and monobasic.

属征：头显著小于前胸，宽于长。前单眼鬃 2 对。单眼间鬃微小。眼后毛退化。触角 8 节，节Ⅰ背端缘无中背毛，节Ⅲ、Ⅳ有叉状感觉锥，节Ⅲ-Ⅵ有微毛。雄虫触角节不增大。口锥长而窄。下颚须 3 节。前胸长甚大于宽，后缘鬃 4-5 对，后角鬃有时较长，背片鬃显著。后胸盾片有纵线纹。中、后胸腹片内叉骨刺缺。跗节 2 节。两性前足股节增大。前足胫节端部常有齿。前翅前脉列有宽的间断，基部鬃 7-8 根，端鬃 3 根；后脉鬃 4 根；翅瓣前缘鬃 5 根；前翅基鬃显著粗于端部鬃；后翅缨毛强烈波曲。腹节Ⅱ-Ⅷ背片和节Ⅱ-Ⅶ（♀）或Ⅱ-Ⅷ（♂）腹片后缘有凸缘（即膜片）。背片和腹片有线纹。两性节Ⅹ背片纵裂。节Ⅱ腹片有 2 对后缘鬃，节Ⅲ-Ⅶ（♂节Ⅲ-Ⅷ）有 3 对后缘鬃。腹板无附属鬃。雄虫腹片无腺域。节Ⅸ背片无角状鬃。

分布：古北界，东洋界，新北界，非洲界，新热带界，澳洲界。

本属世界记录约 14 种，本志记述 2 种。

种检索表

雄虫腹节Ⅴ背板后缘齿的形状完整，节Ⅸ背板有小的瘤状突起··············昆长嘴蓟马 *R. quintus*

雄虫腹节Ⅴ背板后缘齿的形状不完整，节Ⅸ背板无瘤状突起··············微长嘴蓟马 *R. parviceps*

(101) 微长嘴蓟马 *Rhamphothrips parviceps* (Hood, 1919)（图 119）

Perissothrips parviceps Hood, 1919a, *Insect. Inscit. Menstr.*, 7 (4-6): 92, pl. Ⅲ, figs. 3-6;

Rhamphothrips parviceps (Hood): Bhatti, 1978b, *Orien. Insects*, 12 (3): 291; Han, 1997a, *Economic Insect Fauna of China Fasc.*, 55: 208.

雌虫：体长 0.9mm。体黄色，包括足。触角节Ⅰ-Ⅲ黄色，节Ⅳ-Ⅷ棕色，但节Ⅳ-Ⅴ基部略淡。前翅淡棕色，但近基部（占翅长约 1/6）和端部（占翅长 1/4）淡黄色。前胸、翅胸和腹部两侧长鬃、翅鬃暗，腹节Ⅸ、Ⅹ长鬃较黄。

头部 头宽大于长，头背后部有少数线纹。复眼大。单眼呈三角形排列于复眼中部。头鬃均微小，单眼间鬃位于后单眼前内缘，在三角形内缘连线上。触角 8 节，节Ⅲ基部有梗，节Ⅰ-Ⅷ长（宽）分别为：17（20），24（19），39（15），37（15），29（13），37（12），8（3），8（3），总长 199，节Ⅲ长为宽的 2.6 倍；节Ⅲ、Ⅳ感觉锥叉状。口锥长 161，基部宽 109，中部宽 69，端部宽 20。下颚须 3 节。

胸部 前胸宽大于长，背片有线纹，鬃均很短，唯后角外鬃较长。中胸盾片有横纹；后胸盾片有密纵纹，前缘鬃在前缘上，前中鬃距前缘 7，有亮孔。前翅长 543，中部宽 32；前缘鬃 19 根；前脉基部鬃 7 根，端鬃 3 根，后脉鬃 4 根。中、后胸内叉骨模糊。前足粗；股节增大。

腹部 腹节Ⅰ背片布满横纹。节Ⅱ-Ⅷ背片两侧有横纹。节Ⅴ-Ⅷ背片两侧有模糊微弯梳。节Ⅱ-Ⅶ背片中对鬃在前半部，退化，几乎不可见；无鬃孔在背片中线稍后，间距宽。节Ⅴ背片鬃Ⅳ在后缘上。节Ⅷ后缘梳缺。

雄虫：相似于雌虫，但较小。腹节Ⅴ-Ⅶ背片的后缘两侧有锯齿，节Ⅳ和节Ⅷ的锯齿几乎已退化；前足胫节内端延伸成齿。

寄主：大叶柳、华南毛枪、海南悬钩子、高脚罗伞。

模式标本保存地：美国（USNM，Washington）。

观察标本：未见。

分布：海南、云南；印度。

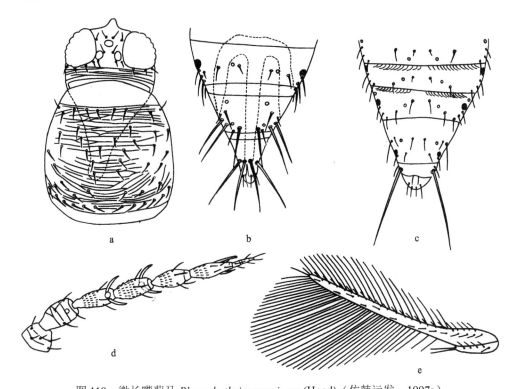

图 119 微长嘴蓟马 *Rhamphothrips parviceps* (Hood)（仿韩运发，1997a）

a. 头和前胸（head and pronotum）；b. 雌虫腹节Ⅷ-Ⅹ背片（female abdominal tergites Ⅷ-Ⅹ）；c. 雄虫腹节Ⅵ-Ⅹ背片（male abdominal tergites Ⅵ-Ⅹ）；d. 触角（antenna）；e. 前翅（fore wing）

(102) 昆长嘴蓟马 *Rhamphothrips quintus* Wang, 1993（图 120）

Rhamphothrips quintus Wang, 1993d, *Chin. J. Entomol.*, 13: 341-345.

雌虫：体包括足黄色。触角节Ⅰ-Ⅴ浅黄色，节Ⅳ和节Ⅴ端部浅棕色，节Ⅵ-Ⅷ棕色，节Ⅵ基部黄色。翅脉鬃棕色。体主要鬃棕色。

头部 头横，和前胸相比小。颊短于复眼长。后头有横纹。单眼前鬃2对，均小。单眼间鬃小，位于单眼三角形之内。口锥长，鸟喙状，伸至前胸后缘。下颚须细长，3节。触角8节，节Ⅲ、Ⅳ感觉锥叉状，节Ⅲ-Ⅵ有微毛。

胸部 前胸长大于宽，表面沿前缘有些（4-5）条线纹；前缘有4对鬃，背片鬃约30根，后缘有7对鬃，次外鬃最短。中胸盾片完整，中部有一向前的延伸，中对鬃位于后缘之前，间距大于鬃长；后胸盾片有纵的近乎平行的线纹，中对鬃比亚中鬃粗壮，远离

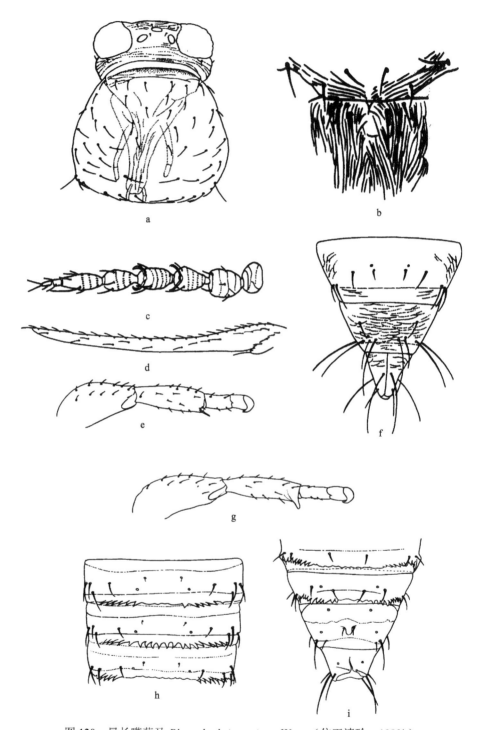

图 120　昆长嘴蓟马 *Rhamphothrips quintus* Wang（仿王清玲，1993b）

a-f. ♀：a. 头和前胸（head and pronotum）；b. 中、后胸盾片（meso- and metanota）；c. 触角（antenna）；d. 前翅（fore wing）；
e. 前足（fore leg）；f. 腹节Ⅷ-Ⅹ背片（abdominal tergites Ⅷ-Ⅹ）。g-i. ♂：g. 前足（fore leg）；h. 腹节Ⅳ-Ⅵ背片（abdominal
tergites Ⅳ-Ⅵ）；i. 腹节Ⅷ-Ⅹ背片（abdominal tergites Ⅷ-Ⅹ）

前缘。中、后胸均无内叉骨刺。前足胫节内缘有 1 不明显的齿，齿的端部有 1 根鬃，在一些标本上这个齿很难观察到；后足胫节内缘有 1 排刺状鬃（5-6 根），最端部的粗些；跗节均 2 节，前翅前脉鬃 10 根，基部鬃 4 根，中部 3 根，端鬃 3 根，后脉鬃 4 根，前缘鬃 24 根，后缘缨毛波曲。

腹部　腹节Ⅰ背板有横纹；节Ⅱ背板有 4 根侧鬃，大小相等；节Ⅷ后缘无梳，中鬃和亚中鬃在气孔之后；节Ⅸ背板后缘有 4 根长鬃，亚中鬃比其他鬃弱；节Ⅹ背板完全纵裂。

雄虫： 长翅。体色和形态与雌虫相似。前足胫节端部腹面有 1 向内的齿。腹节Ⅳ、Ⅵ-Ⅷ背板后缘有齿，在中部向后，在两侧外侧；节Ⅸ背板中部有 1 个瘤状的突起，每侧有 1 根小鬃。

寄主： 芦苇、杉木、山黄麻、云南樟、福木。

模式标本保存地： 中国（TARI，Taiwan）。

观察标本： 未见。

分布： 台湾。

（Ⅱ）蓟马亚族 Thripina Stephens, 1829

Thripidae Stephens, 1829, *Syst. Catal. Brit. Ins.*: 363.

Thripina Priesner, 1957, *Zool. Anz.*, 159 (7/8): 166; Han, 1997a, *Economic Insect Fauna of China Fasc.*, 55: 209.

Thripini: Djadetshko, 1964, *Tripsy Bachrom. Nasekom. Evrop. SSSR*: 230.

前胸后角有 1 对或 2 对长鬃，后缘有 2-6 对长鬃。翅鬃通常强大。

分布： 古北界，东洋界，新北界，非洲界，新热带界，澳洲界。

本亚族 100 余属近 700 余种，世界性分布，许多害虫包括在本亚族中，因此本亚族是一个非常重要的类群。

属检索表

1. 前翅前脉鬃列完全，脉鬃端部头状；前胸后角鬃端部头状；头和前胸有强网纹；腹节背板中对鬃长且相互靠近，两侧刻纹间有许多微毛·····················棘蓟马属 *Echinothrips*

   前翅无此类鬃或无翅；前胸亦无此类鬃；其他特征多变·································2

2. 前胸有 6 对非常长的鬃·························食螨蓟马属 *Scolothrips*

   前胸长鬃从不多于 5 对··3

3. 前胸后角各有 1 对粗鬃，自基部向端部逐渐加粗，端部呈锯齿状·······长吻蓟马属 *Salpingothrips*

   前胸后角无此类鬃··4

4. 腹节背板两侧 1/3 密被微毛···5

   腹节背板两侧 1/3 无微毛；腹节背板两侧很少有微毛·······························8

5. 触角 7 节·································类硬蓟马属 *Anascirtothrips*

   触角 8 节··6

6. 触角节Ⅷ延长，长约 10 倍于宽，4 倍于节Ⅶ长 ············· **腹毛梳蓟马属 *Projectothrips***
   触角节Ⅷ普通，不延长 ··· 7
7. 前胸后角长鬃 1 对；腹节腹片无附属鬃 ···································· **硬蓟马属 *Scirtothrips***
   前胸后角长鬃 2 对；腹节腹片常有附属鬃 ····························· **喙蓟马属 *Mycterothrips***
8. 前胸无长的后角鬃 ··· 9
   前胸至少有 1 对长的后角鬃 ·· 10
9. 腹节 Ⅴ-Ⅶ 背板两侧有成对的微弯梳 ··························· **蓟马属 *Thrips*（部分）**
   腹节 Ⅴ-Ⅶ 背板两侧无成对的微弯梳 ················· **二鬃蓟马属 *Dichromothrips*（部分）**
10. 前胸前缘有 1 对或 2 对鬃长于背片鬃 ·· 11
    前胸前缘无长鬃 ·· 14
11. 前翅前脉鬃有宽的间断，前翅有 2 个宽的深色条带，后脉有相距很宽的长鬃；腹节无微弯梳；腹
    节背板和腹板有明显网纹 ··· **毛蓟马属 *Ayyaria***
    前翅前脉和后脉鬃列完全 ··· 12
12. 腹节 Ⅵ-Ⅷ 背板两侧无成对微弯梳；腹节背板和腹板布满六角形网纹；节 Ⅹ 呈管状 ···········
    ··· **梳蓟马属 *Ctenothrips***
    腹节 Ⅵ-Ⅷ 背板两侧有成对微弯梳 ··· 13
13. 后胸盾片有刻纹 ··· **花蓟马属 *Frankliniella***
    后胸盾片中部几乎光滑 ··························· **拟斑蓟马属 *Parabaliothrips*（部分）**
14. 雌虫产卵器短而弱，无锯齿；触角 7 节，节Ⅲ、Ⅳ感觉锥叉状（雄虫触角节Ⅳ-Ⅵ长，且有很多长
    鬃） ··· **伸顶蓟马属 *Plesiothrips***
    雌虫产卵器长，明显锯齿状 ··· 15
15. 腹节 Ⅴ-Ⅷ 背板两侧有成对微弯梳 ··· 16
    腹节背板无微弯梳 ··· 21
16. 腹节背板后缘无缘膜 ·· 17
    腹节背板有缘膜 ·· 19
17. 前单眼前鬃存在；节Ⅷ微弯梳位于气孔前侧方 ··············· **拟斑蓟马属 *Parabaliothrips*（部分）**
    前单眼前鬃缺；节Ⅷ微弯梳位于气孔后中部 ··· 18
18. 前单眼前侧鬃长于单眼间鬃 ································· **直鬃蓟马属 *Stenchaetothrips***
    前单眼前侧鬃短于或约等于单眼间鬃 ································· **蓟马属 *Thrips***
19. 腹板有许多附属鬃，无缘膜；基腹片有鬃 ················· **小头蓟马属 *Microcephalothrips***
    腹板无附属鬃，后缘有缘膜；基腹片无鬃 ·· 20
20. 腹节 Ⅱ-Ⅶ 背板缘膜完整；节Ⅷ背板后缘缘膜上着生有细长的后缘梳 ········· **片膜蓟马属 *Ernothrips***
    腹节 Ⅱ-Ⅷ 背板缘膜齿状 ··· **腹齿蓟马属 *Fulmekiola***
21. 黄色短翅种类；缺单眼；触角 7 节；节Ⅲ、Ⅳ上感觉锥叉状；中、后胸内叉骨均有刺 ···········
    ··· **横断蓟马属 *Hengduanothrips***
    非黄色短翅种类；特征非以上组合 ··· 22
22. 腹节Ⅷ背板后缘梳完整或无梳但是有宽的缘膜 ··· 23

36. 类硬蓟马属 *Anascirtothrips* Bhatti, 1961

Anascirtothrips Bhatti, 1961, *Bull. Entomol. India*, 2: 26; Mound & Palmer, 1981, *Bull. Entomol. Res.*, I. 71: 473; Han, 1997a, *Economic Insect Fauna of China Fasc.*, 55: 181.

Type species: *Anascirtothrips arorai* Bhatti; monobasic and designated.

属征：头宽大于长，在复眼前和触角间略延伸。单眼鬃 3 对。触角 7 节。前胸无大鬃。翅长而尖，有 2 条纵脉。翅面有密排微毛。腹部密排微毛。本属相似于硬蓟马属 *Scirtothrips*，但后者触角 8 节，前胸背片有较长鬃，可与本属相区别。

分布：东洋界。

本属世界记录 4 种，本志记述 2 种。

种检索表

触角节Ⅰ-Ⅴ浅黄色，节Ⅵ-Ⅶ灰色；前翅前缘脉鬃 25 根，前脉鬃 10 根，后脉鬃 3 根……………
………………………………………………………………………… 阿柔类硬蓟马 *A. arorai*

触角节Ⅰ-Ⅱ浅黄色，节Ⅲ-Ⅶ棕色；前翅前缘脉鬃 16 根，前脉鬃 9 根，后脉鬃 3 根；腹节Ⅲ-Ⅶ有棕色的前缘线……………………………………………………… 迪斯类硬蓟马 *A. discordiae*

(103) 阿柔类硬蓟马 *Anascirtothrips arorai* Bhatti, 1961（图 121）

Anascirtothrips arorai Bhatti, 1961, *Bull. Entomol. India*, 2: 26-29.
Anascirtothrips ficus Bhatti, 1967, *Thysanop. nova Indica*: 11.

雌虫：体长约 1mm。体淡黄色，翅胸两侧和腹节Ⅲ-Ⅶ背片两侧带有棕色。腹节Ⅲ-Ⅶ腹片有棕色前缘线。触角节Ⅰ、Ⅱ淡白色，节Ⅲ-Ⅶ棕色。体鬃、翅鬃和缨毛较暗。足跗节端部和口锥端部棕色。

头部 头宽大于长，头背后部有几条横线。单眼间鬃在后单眼前，位于三角形外缘连线之外。单眼和复眼后鬃 4 对。头背鬃均短小。触角 7 节，节Ⅲ、Ⅳ感觉锥叉状；节Ⅰ-Ⅶ长（宽）分别为：18（22），31（24），40（19），38（17），31（15），40（13），22（6），总长 220。口锥显著窄。

胸部 前胸宽大于长，背片横纹细，仅后部有。无长鬃，后缘鬃 3 对。背片鬃约 8 对。中胸盾片中后鬃、后缘鬃距后缘甚远，稍后于前外侧鬃。后胸盾片前、中部似无纹，仅后外侧有斜纵纹。前中鬃距前缘 13，前缘鬃距前缘 4。前翅长 540，中部宽 26；翅面盖满微毛；前缘鬃 25 根，前脉基中部鬃 7 根，端鬃 3 根，后脉鬃 3 根。中胸内叉骨无刺，后胸内叉骨有刺。

腹部 腹节Ⅱ-Ⅷ背片两侧有微毛，各有 7-8 排，亚中鬃（鬃Ⅱ）内光滑；节Ⅱ-Ⅶ背片后缘两侧有长梳毛，中部梳毛退化，细微；节Ⅷ后缘梳完整。节Ⅱ-Ⅷ中对鬃（鬃Ⅰ）长度大于其间距。节Ⅴ背片鬃Ⅳ在后缘上。腹片后缘鬃Ⅱ以外有微毛。腹板无附属鬃。

雄虫：据原始记述，雄虫腹部无棕色部分。触角节Ⅲ-Ⅶ较暗，但节Ⅲ、Ⅴ（有时…

Ⅵ）基部较淡。

　　寄主：哈曼榕。

　　模式标本保存地：印度（ZSI，Kolkata）。

　　观察标本：未见。

　　分布：海南（尖峰岭）；印度。

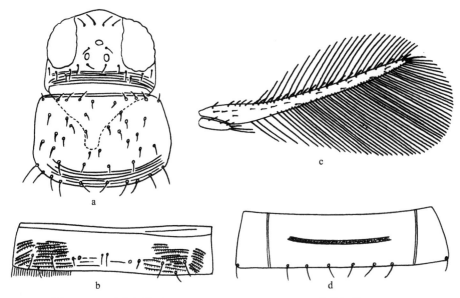

图 121　阿柔类硬蓟马 *Anascirtothrips arorai* Bhatti（仿韩运发，1997a）

a. 头和前胸（head and pronotum）；b. 腹节Ⅴ背片（abdominal tergite Ⅴ）；c. 前翅（fore wing）；d. 腹节Ⅴ腹片（abdominal sternite Ⅴ）

(104) 迪斯类硬蓟马 *Anascirtothrips discordiae* Chen & Lu, 1994（图 122）

Anascirtothrips discordiae Chen & Lu, 1994, *Chin. J. Entomol.*, 14 (1): 89-91.

　　雌虫：长翅。体浅棕色。触角节Ⅰ-Ⅱ浅黄色，节Ⅲ基部梗色浅，节Ⅲ-Ⅶ棕色，节Ⅴ-Ⅶ端部色深。复眼紫红色，单眼新月形，棕色。足淡棕色。翅稍深。腹节Ⅱ-Ⅶ一致色深，节Ⅲ-Ⅶ腹板有棕色的前缘线。

　　头部　单眼形成一个等边三角形。1 对单眼间鬃短，2 对前单眼鬃在每个触角基部。触角长 252，触角节Ⅲ、Ⅳ感觉锥叉状。触角节Ⅰ-Ⅶ长（宽）分别为：20（31），38（34），35（36），42（25），42（23），49（21），26（7）。

　　胸部　前胸宽大于长，无长鬃。前翅长 568，前缘脉有 16 根鬃，前脉有 9 根，后脉有 3 根；翅瓣有 1 列鬃，4 根，后缘缨毛波曲。

　　腹部　腹节背板两侧有密排微毛。腹节Ⅷ背板后缘梳完整，节Ⅰ-Ⅶ背板后缘中部无梳毛。

　　雄虫：长翅，小于雌虫。触角总长 227。腹节长 498，无前缘线。前翅长 520，其余特征相似于雌虫。

寄主：山葡萄、稜果榕。

模式标本保存地：中国（PQD，Taiwan）。

观察标本：未见。

分布：台湾。

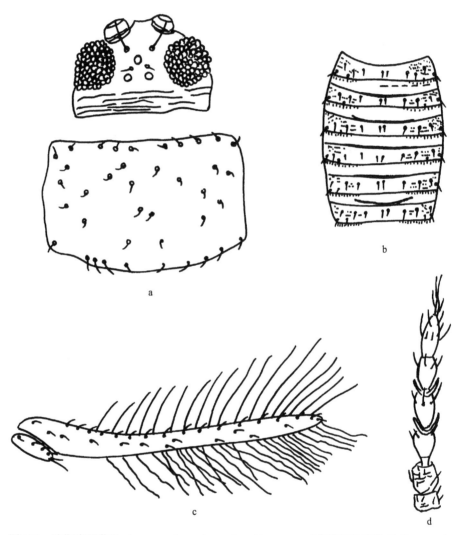

图 122　迪斯类硬蓟马 Anascirtothrips discordiae Chen & Lu（仿陈连胜和陆凤鸣，1994）

a. 头和前胸（head and pronotum）；b. 腹节 II-VII 背片（abdominal tergites II-VII）；c. 前翅（fore wing）；d. 触角（antenna）

37. 毛蓟马属 *Ayyaria* Karny, 1926

Ayyaria Karny, 1926, *Mem. Dep. Agr. India Entomol. Ser.*, 9: 193; Priesner, 1949a, *Bull. Soc. Roy*
Entomol. Egy., 33: 47, 49, 57, 121; Ananthakrishnan, 1969a, *Zool. Mon.*, 1: 29, 77, 127; Han, 1997a

Economic Insect Fauna of China Fasc., 55: 209.

Bussothrips Moulton, 1935, *Philip. J. Agr.*, 6: 475; Priesner, 1949a, *Bull. Soc. Roy. Entomol. Egy.*, 33: 123.

Type species： *Ayyaria chaetophora* Karny, monobasic; of *Bussothrips*: *Bussothrips claratibia* Moulton, monobasic.

属征： 体中等大小。头在复眼处不延伸，后部有横纹。单眼鬃 3 对。触角细而长，8 节。下颚须 2 节。前胸背片无网纹，前缘和前角各有 1 对较长鬃，前缘鬃大于前角鬃，后角有 2 对长鬃，后缘鬃 1 对。前翅有两个宽的深色条带，后脉鬃少。中、后胸内叉骨均有刺。腹部腹板和背板有明显的多角形网纹，节Ⅷ背片后缘梳完整。雄虫节Ⅸ背片有 1 对剑状粗刺，其后有几排结节。

分布： 古北界，东洋界，澳洲界。

本属世界记录 1 种，本志记述 1 种。

(105) 豇豆毛蓟马 *Ayyaria chaetophora* **Karny, 1926**（图 123）

Ayyaria chaetophora Karny, 1926, *Mem. Dep. Agr. India Entomol. Ser.*, 9: 193, pl. ⅩⅦ; Kurosawa, 1968, *Insecta Mat. Suppl.*, 4: 24, 63; Zhang, 1982, *J. Sou. China Agric. Univ.*, 3 (4): 51, 55; Han, 1997a, *Economic Insect Fauna of China Fasc.*, 55: 210.

Parafrankliniella fasciatus Kurosawa, 1937, *Kontyû*, 11: 271, pl. Ⅰ, figs. 1-3.

雌虫： 体长 1.63mm，体黑棕色，头和胸部色淡于腹部；触角Ⅲ-Ⅷ黄色，节Ⅲ-Ⅵ端部 1/2 和节Ⅶ-Ⅷ色深，稍显褐色；各足股节端部、胫节和跗节黄色；前翅透明，端部第 2 个和第 4 个 1/5 处有暗棕色带；主要体鬃与所在部位同色。

头部 头宽大于长，后部有横纹；单眼位于复眼后部，单眼前鬃和前侧鬃离单眼较远，几乎在同一水平线上；单眼鬃 3 对，单眼间鬃在后单眼前内侧，位于单眼三角形内缘连线上；眼后鬃 5 对，鬃Ⅱ最短，鬃Ⅴ最长。触角 8 节，细长，节Ⅰ-Ⅷ长（宽）分别为：24（36），48（36），80（18），60（22），48（22），68（22），18（8），22（6），节Ⅲ-Ⅳ叉状感觉锥较细。口锥较短且钝，伸至两足基间。下颚须 2 节，下唇须 1 节。

胸部 前胸宽大于长，背片无网纹，后角内鬃长于外鬃，后缘鬃 1 对。中胸盾片有横纹，前中鬃远离前缘，后缘鬃靠近后缘，但不在前缘上，二者极小。后胸盾片中部网纹模糊，两侧有斜纵纹，前缘鬃和前中鬃都在前缘之后，前中鬃距前缘鬃近。中、后胸内叉骨有刺。前翅端部向前弯，自基部第 2 个和第 4 个 1/5 处颜色和胸部处同呈棕色，其余 3 个 1/5 色淡，呈黄色；前缘鬃 21 根，前脉基部鬃 7 根，端鬃 3 根，翅瓣前缘鬃 4 根。后足细长。

腹部 腹节Ⅲ-Ⅶ背片有多角形网纹，但每节后部无纹；节Ⅱ-Ⅷ背片中对鬃微小，与无鬃孔并列在背片中部，间距较小；节Ⅷ后缘梳完整，梳毛细。背片两侧无微弯梳；腹片无附属鬃。腹片后缘鬃在后缘上，节Ⅶ后缘鬃在后缘之前。

雄虫： 相似于雌虫，但体较小，细长。腹节Ⅷ背片后缘梳细小，节Ⅸ背片有 1 对剑状粗鬃，其后有 6 个结节；节Ⅶ腹片后缘鬃均在后缘上；腹板无腺域。

寄主：毛蔓豆、豇豆、苎麻、棉花、大豆、杂草、花。

模式标本保存地：德国（SMF，Frankfurt）。

观察标本：6♀♀，湖北武当山，2001.Ⅶ.23，张桂玲采自大豆；24♀♀1♂，湖北房县，2001.Ⅶ.31，张桂玲采自杂草；1♀，湖北横石，2001.Ⅷ.9，张桂玲采自花；1♀，四川万县，1994.Ⅹ.1，姚健网捕。

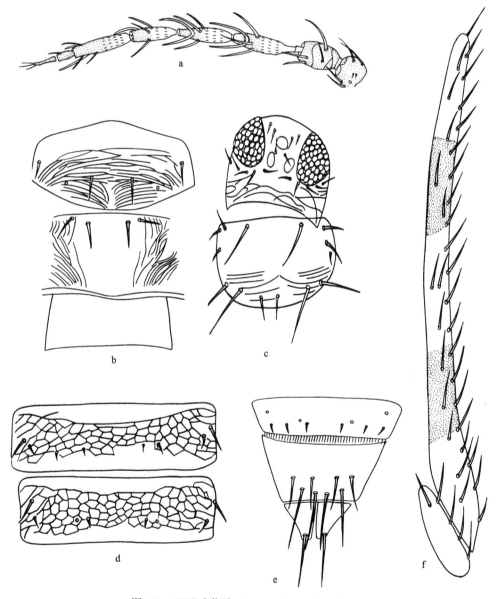

图 123 豇豆毛蓟马 *Ayyaria chaetophora* Karny

a. 触角（antenna）；b. 中、后胸盾片（meso- and metanota）；c. 头和前胸（head and pronotum）；d. 腹节Ⅴ-Ⅵ背片（abdominal tergites Ⅴ-Ⅵ）；e. 腹节Ⅷ-Ⅹ背片（abdominal tergites Ⅷ-Ⅹ）；f. 前翅（fore wing）

分布：湖北（武当山、房县、横石）、福建、重庆（万州区）、台湾、广东、海南、广西、云南；日本，印度，菲律宾，新加坡，印度尼西亚，塔希提岛。

38. 贝蓟马属 *Bathrips* Bhatti, 1962

Bathrips Bhatti, 1962, *Bull. Entomol. India*, 3: 34.

Type species: *Taeniothrips melanicornis* Shumsher, designated and monobasic.

属征： 触角 8 节，节 III、IV感觉锥叉状。前单眼前鬃缺，单眼间鬃细长。下颚须 3 节。前胸背板前缘无长鬃，后角有 2 对长鬃；后胸内叉骨无刺。前翅有 2 条翅脉，前脉基部鬃 5 根，端鬃 3 根，下脉鬃排列不连续，只有 4-5 根，翅瓣鬃 3 根；腹节Ⅷ背板后缘无梳。

分布： 东洋界，澳洲界。

本属世界记录 3 种，本志记述 2 种。

种检索表

胸部中线两侧有褐色纵带纹 ·· 旋花贝蓟马 **B. ipomoeae**
胸部中线两侧无褐色纵带纹 ·· 黑角贝蓟马 **B. melanicornis**

(106) 旋花贝蓟马 *Bathrips ipomoeae* (Zhang, 1981)（图 124）

Taeniothrips ipomoeae Zhang, 1981, *Acta Zootaxon. Sin.*, 6 (3): 324.

Bathrips ipomoeae: Zhang & Tong, 1993a, *Zool.* (*J. Pure and Appl. Zool.*), 4: 419.

雌虫： 体长 1.2mm。体黄色或橙黄色，足各节均黄色，复眼黑色，胸部中线两侧有褐色纵带纹，腹节 II-VII背板前方具弧形暗褐色带纹。

头部　头宽于长；单眼内缘月晕橙红色，单眼间鬃位于单眼三角形连线内缘。触角 8 节全褐色，节 I-Ⅷ长（宽）分别为：22（22），35（26），43（19），51（19），38（16），48（16），9（6），13（5）。

胸部　前胸背板后缘角内鬃长于外鬃。前翅暗灰色，翅鬃粗壮，黑褐色，前缘鬃 20 根，前脉基部鬃 6 根，端鬃 3 根。

腹部　节Ⅷ腹板后缘缺后缘梳。

雄虫： 体长 0.95mm，形态与雌虫相似，唯体色较暗。

寄主： 甘薯、五爪金龙。

模式标本保存地： 中国（SCAU, Guangzhou）。

观察标本： 正模♀，广东（广州），1974.Ⅹ.30，张维球采；副模 1♀1♂，海南（陵水），1976.Ⅲ.9，任佩瑜采自甘薯。

分布： 广东（广州）、海南。

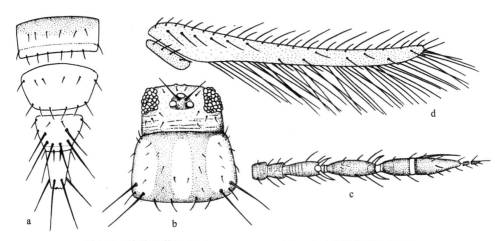

图 124 旋花贝蓟马 Bathrips ipomoeae (Zhang)（仿张维球，1981）

a. 腹节Ⅶ-Ⅹ背片（abdominal tergites Ⅶ-Ⅹ）；b. 头和前胸（head and pronotum）；c. 触角（antenna）；d. 前翅（fore wing）

(107) 黑角贝蓟马 *Bathrips melanicornis* (Shumsher, 1946)（图 125）

Taeniothrips melanicornis Shumsher, 1946, *Indian J. Entomol.*, 7: 166, 179.
Bathrips melanicornis (Shumsher): Bhatti, 1962, *Bull. Entomol. India*, 3: 34.

雌虫：体长约 1.4mm，体色主要为黄色和褐色，头淡黄色，触角黑褐色；头淡黄色，后头区淡褐色；前胸淡黄色，中、后胸淡黄色，偶有夹杂淡褐色；腹部淡黄色，各节背板中央淡褐色，节Ⅲ-Ⅷ形成前宽后窄的 T 形褐色斑纹；前翅褐色，翅瓣褐色。

头部 头宽大于长，两颊平滑，后头区有数排横网纹。单眼前鬃缺，单眼间鬃显著长且粗于单眼间鬃，位于两后单眼后缘连线之上；眼后鬃Ⅱ明显短于其他眼后鬃。触角 8 节，节Ⅲ-Ⅳ有叉状感觉锥。

胸部 前胸宽大于长，背片有不均匀的弱横线纹，背片鬃约 12 根，前胸背板后角有 2 对长鬃，后角外鬃长于后角内鬃，前胸后缘鬃 2 对，内侧 1 对显著长。中胸盾片有微弱的横线纹，1 对中对鬃位于中部；后胸盾片仅两侧有纵线纹，其余部分光滑；后胸盾片前缘鬃着生于前缘上，1 对前中鬃位于前缘之后，前中鬃与前缘鬃距离比两前缘鬃间距显著小，钟形感觉孔缺。中胸内叉骨刺长大于内叉骨宽，后胸内叉骨无刺。前翅前脉鬃间断，基部鬃 5 根，端鬃 3 根，后脉鬃 4-5 根。

腹部 腹节Ⅰ、Ⅱ及节Ⅲ-Ⅷ两侧背片两侧有横纹；各节背板中对鬃短小，位于无鬃孔前内侧方；节Ⅷ背片无后缘梳；节Ⅸ背片有 2 对无鬃孔。腹片无附属鬃，节Ⅶ腹板中对后缘鬃着生于后缘之前，其余各节后缘鬃均着生在后缘上。

雄虫：据 Wang（2002）描述，雄虫颜色相似于雌虫，体型较小；触角节Ⅰ淡褐色，节Ⅱ淡黄色，节Ⅲ-Ⅷ深褐色；腹节Ⅸ背板中央有 1 对矛形鬃，节Ⅶ腹板有 1 椭圆形腺域。

寄主：桂花、茄子、马缨丹、牵牛花、茉莉、草、树。

模式标本保存地：未知。

观察标本：2♂♂，福建将乐，1990.Ⅳ.25，韩运发采自草、树。

分布：福建（将乐）、台湾（高雄）、广西（钦州）、云南（红河）；印度，缅甸，马来西亚，印度尼西亚，澳大利亚。

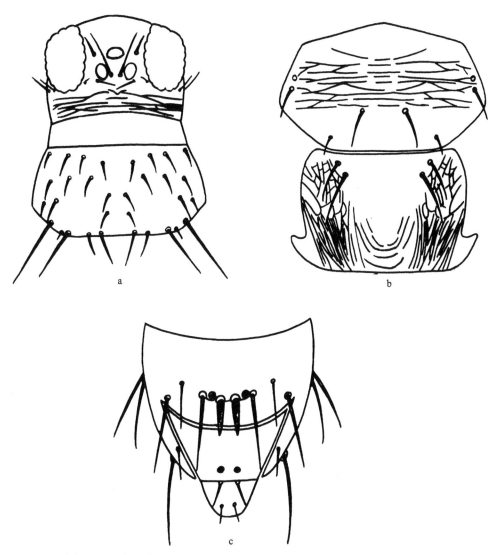

图 125　黑角贝蓟马 *Bathrips melanicornis* (Shumsher)（仿 Chen，1979a）
a. 头和前胸（head and pronotum）；b. 中、后胸盾片（meso- and metanota）；c. 腹节Ⅸ-Ⅹ背片（male abdominal tergites Ⅸ-Ⅹ）

39. 前囟蓟马属 *Bregmatothrips* Hood, 1912

Bregmatothrips Hood, 1912b, *Proc. Biol. Soc. Wash.*, 25: 66; Stannard, 1968, *Bull. Ill. Nat. Hist. Surv.*, 29 (4): 275, 284, 320; Mound, 1968, *Bull. Brit. Mus.* (*Nat. Hist.*) *Entomol. Suppl.*, 11: 28; Han, 1997a, *Economic Insect Fauna of China Fasc.*, 55: 213.

Oxythrips Uzel: Priesner, 1919b, *Zeit. Österr. Entomol. Ver. Wien*, 4: 89.

Limocercyothrips Watson, 1926, *Flor. Entomol.*, 10: 9.

Neolimothrips Shumsher, 1942, *Indian J. Entomol.*, 4 (2): 112, 118.

Type species: *Bregmatothrips venustus* Hood, designated from two species; of *Limothrips*: *Limocercyothrips bicolor* Watson, designated and monobasic; of *Neolimothrips*: *Neolimothrips brachycephalus* Schumsher Singh, designated and monobasic.

属征：头在复眼前相当突出。长翅型有单眼，短翅型单眼退化或缺。触角8节，节III、IV感觉锥简单。口锥尖。下颚须3节，偶有愈合为2节。前胸背片有线纹，每后角有1对长鬃。跗节2节，长翅者前翅有2条纵脉，前脉鬃列有间断，后脉鬃均匀排列；后缘缨毛波曲。雄虫总是短翅。腹部有侧片。中间腹节背片中对鬃间距大。腹片无附属鬃。节VIII背片后缘无梳。雌虫节X短于节IX。雄虫腹节IX背片无角状鬃；腹片无腺域。

分布：古北界，东洋界，新北界，非洲界，新热带界，澳洲界。

本属世界记录8种，本志记述1种。

(108) 二型前囟蓟马 *Bregmatothrips dimorphus* (Priesner, 1919)（图126）

Oxythrips dimorphus Priesner, 1919b, *Zeit. Österr. Entomol. Ver. Wien*, 4: 89, 96.

Bregmatothrips dimorphus (Priesner): Han, 1997a, *Economic Insect Fauna of China Fasc.*, 55: 214.

雌虫：体长约1.5mm。体暗棕色，触角节III-V基半部黄色，节I、II暗棕色，节VI端半部和节VII-VIII淡棕色。各足胫节及跗节黄色，其余部分暗棕色，但胫节基部及边缘略暗。前翅及鬃一致微黄。腹节IV-VII背片有棕色前缘线。体鬃暗。

头部 头背光滑，仅后部有几条线纹。头前缘向前延伸至触角节I中部，略呈长方形板片状。前单眼鬃2对，单眼间鬃位于前后单眼外缘连线上。触角8节，各节上有较长鬃，节III-VI有横排微毛。下颚须3节。

胸部 前胸宽大于长；背片平滑，仅后部有几条横纹；背片鬃稀疏，约10根；前缘鬃3对；后角鬃内对长于外对，后缘鬃3对。羊齿不分开。中胸盾片后部有横纹；前外侧鬃短小，中后鬃距后缘远，后缘鬃亦在后缘之前。后胸盾片以横纹为主，在中部两侧为纵纹；无亮孔；前中鬃距前缘 5；前缘鬃靠近前缘。中、后胸内叉骨很宽但无刺，后胸腹片后中部尖。前翅较窄，前缘鬃19根，前脉基部鬃4+3根，端鬃3根；后脉鬃8根；翅鬃较细长，中部鬃长。足无钩齿，不很增大。

腹部 腹节I、II-VIII背片两侧有横纹。节II-VIII背片无鬃孔间距大，靠近后缘；中对鬃细小，后部节亦不增大，在前部位于无鬃孔前内方。背、腹片后缘无延伸的凸缘。侧片后缘无翅。节VIII后缘梳缺。节III-VII腹片后缘鬃均3对，节VII中对鬃略在后缘之前。节V腹板后缘鬃长。

寄主：禾本科草。

模式标本保存地：德国（SMF，Frankfurt）。

观察标本：11♀♀5♂♂，河北小五台山杨家坪，1000m，2005.VIII.20，郭附振采自杂草。

分布：北京、河北（小五台山杨家坪）；乌克兰，南斯拉夫，法国，非洲南部。

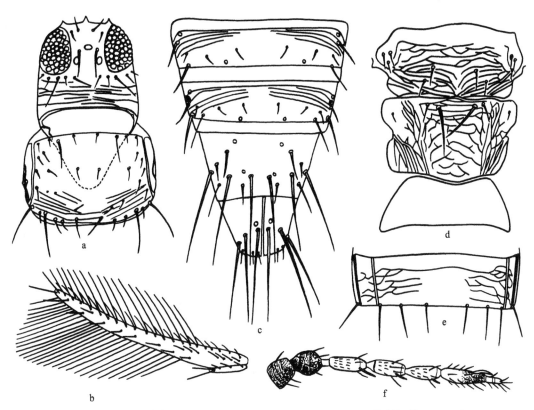

图 126　二型前囟蓟马 *Bregmatothrips dimorphus* (Priesner)（仿韩运发，1997a）

a. 头和前胸（head and pronotum）；b. 前翅（fore wing）；c. 雌虫腹节Ⅶ-Ⅹ背片（female abdominal tergites Ⅶ-Ⅹ）；d. 中、
后胸盾片（meso- and metanota）；e. 腹节Ⅴ腹片（abdominal sternite Ⅴ）；f. 触角（antenna）

40. 毛呆蓟马属 *Chaetanaphothrips* Priesner, 1926

Euthrips Targioni-Tozzetti: Moulton, 1907, *USDA Bur. Entomol.* (*Tech. Ser.*), 12/3: 42, 43, 52.

Physothrips Karny, 1914, *Zeit. Wiss. Insek.*, 10: 364.

Anaphothrips (*Chaetanaphothrips*) Priesner, 1925, *Konowia*, 4 (3-4): 145. (No description; one species included.)

Chaetanaphothrips: Mound & Houston, 1987, *Sys. Ent.*, 4: 6; Han, 1997a, *Economic Insect Fauna of China Fasc.*, 55: 215.

Scirtothrips Shull: Ramakrishna & Margabandhu, 1940, *Catalogue of Indian Insects*, 25: 6.

Type species: *Euthrips orchidii* Moulton, monobasic.

属征: 头宽大于长，单眼前鬃存在或缺，鬃小。触角 8 节，节Ⅲ-Ⅳ感觉锥叉状，偶有简单。口锥短而宽圆，下颚须 3 节。前胸无长鬃，有时有 1 对或 2 对较长的后角鬃。前翅窄，前缘端刚毛长至少为亚端刚毛的 5 倍，前翅前脉基部鬃通常 7 根，端鬃 3 根，后脉鬃 4 根，偶有 3 根。腹节背片和腹片有凸缘，节Ⅷ气孔周围有大的刻点区，后缘梳不完整，雌虫节Ⅹ背片纵裂完全；节Ⅱ腹片上常有附属鬃。中间节中对鬃互相远离。雄虫有腺域。

　　分布：古北界，东洋界，新北界，新热带界。

　　本属世界记录 20 种，本志记述 5 种。

种检索表

(109) 长鬃毛呆蓟马 *Chaetanaphothrips longisetis* Nonaka & Okajima, 1992（图 127）

Chaetanaphothrips longisetis Nonaka & Okajima, 1992, *Jap. J. Entomol.*, 60 (2): 433-447.

　　雌虫：体橘黄色至黄色（包括足）；前翅浅棕色基部和中部有 2 个棕色区；触角几乎黄色，但节Ⅳ端部 1/4、节Ⅴ端部 1/3、节Ⅵ端半部和整个节Ⅶ、Ⅷ棕色。

　　头部　头宽大于长，后部 1/4 有近似平行的横纹，单眼前鬃 1 对，眼后鬃 5 对；触角 2.6 倍于头长；节Ⅲ梗状，叉状感觉锥伸至节Ⅳ基部 1/4；节Ⅳ叉状感觉锥伸至节Ⅴ基部 1/3；节Ⅴ基半部比端半部狭，有 2 个感觉锥，其中内感觉锥伸至节Ⅵ基部 1/3；节Ⅵ有 2 个感觉锥，内感觉锥伸至节Ⅷ基部；触角节Ⅲ无成排微毛，节Ⅳ背面有 3 排、腹面有 2 排微毛，节Ⅴ、Ⅵ各有 3 排微毛。

　　胸部　前胸宽大于长，前部 1/6 有线纹，中部有很弱的线纹，有背片鬃 5 对（边缘鬃除外）；后缘有鬃 5 对，B5 粗壮且明显长于其余鬃；前基腹片有 2 对鬃。中胸盾片有狭的横纹，但前缘 1/4 光滑，前缘上有 1 对钟形感器；后胸盾片中部普遍网纹，两侧普遍纵纹，中部前缘 1/3 处有 1 对鬃，后缘 1/4 处有 1 对钟形感器。前翅前缘有缨毛 22 根，后缘有 55 根，前缘脉有鬃 20 根，前脉基部有鬃 6 根，端部有 3 根，后脉有鬃 4 根；后翅缨毛 59 根。

　　腹部　腹节Ⅰ-Ⅶ背板有弱的横纹，中部区更弱；节Ⅷ背板有横纹，刻点伸至前缘线且稍沿前缘线延伸；节Ⅸ背板近乎光滑，但有非常弱的横纹，无 SB2，B3 明显长于其余鬃和节Ⅸ长；节Ⅹ背板一致网纹，B1 明显长于节Ⅹ。节Ⅱ腹板有 2 根附属鬃；节Ⅲ腹板无腺域。

雄虫：未明。

寄主：栎属植物。

模式标本保存地：日本（TUA，Tokyo）。

观察标本：未见。

分布：台湾。

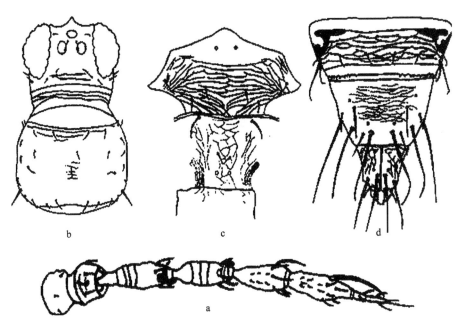

图 127　长鬃毛呆蓟马 *Chaetanaphothrips longisetis* Nonaka & Okajima（仿 Nonaka & Okajima，1992）
a. 触角（antenna）；b. 头和前胸（head and pronotum）；c. 中、后胸盾片（meso- and metanota）；d. 腹节Ⅷ-Ⅹ背片（abdominal tergites Ⅷ-Ⅹ）

(110) 楠毛呆蓟马 *Chaetanaphothrips machili* Hood, 1954（图 128）

Chaetanaphothrips machili Hood, 1954b, *Proc. Biol. Soc. Wash.*, 67: 215; Kudô, 1985a, *Kontyû*, 53 (2): 311-328.

雌虫：体黄棕色，仅中胸和后胸两侧深褐色。触角节Ⅰ-Ⅱ浅褐色，节Ⅲ-Ⅳ黄色，节Ⅴ和节Ⅵ端部及节Ⅶ-Ⅷ褐色。前翅亚基部 1/5 和端部 1/5 有两个黄色区，基部 1/5 和中部 2/5 棕色。各足黄色。

头部　长与宽约等长，头后部有少数几条横线纹，颊在眼后收缩，后部直，复眼间鬃位于复眼间前中部，单眼月晕红色，前鬃存在，与前侧鬃几乎在同一水平线上，头鬃均短小。触角 8 节，节Ⅲ-Ⅳ感觉锥叉状，呈 U 形，节Ⅲ叉状感觉锥伸至前节 1/2，节Ⅳ伸过前节 1/2 处。口锥端部钝，伸至前胸腹部中部，下颚须 3 节。

胸部　前胸宽大于长，背片光滑，鬃小，后角鬃 1 对，与其他鬃约等长，均短小。中胸盾片有模糊横纹，鬃小。后胸盾片中部为网纹，两侧为纵纹，前缘鬃和前中鬃均在前

缘上，且相互靠近，1 对亮孔在后部。中胸内叉骨刺长，后胸内叉骨模糊。前翅前缘鬃
20 根，前脉鬃 7 根，端鬃 2 根，后脉鬃 4 根。

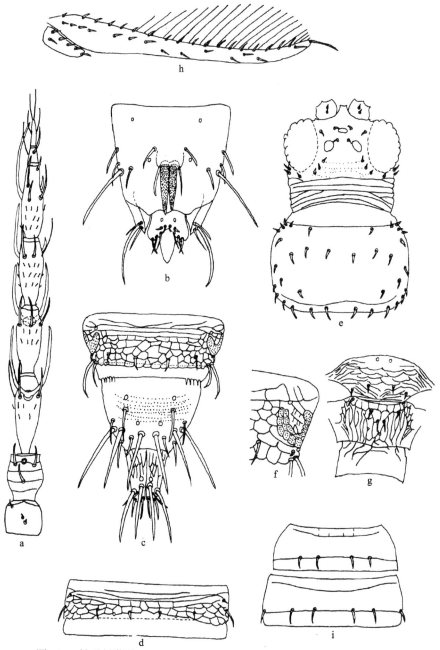

图 128　楠毛呆蓟马 *Chaetanaphothrips machili* Hood（仿 Kudô，1985a）

a. 触角（antenna）；b. 雄虫腹节Ⅸ-Ⅹ背片（male abdominal tergites Ⅸ-Ⅹ）；c. 雌虫腹节Ⅷ-Ⅹ背片（female abdominal tergites Ⅷ-Ⅹ）；d. 腹节Ⅴ背片（abdominal tergite Ⅴ）；e. 头和前胸（head and pronotum）；f. 腹节Ⅷ背片的刻点区（stippled areas of abdominal tergite Ⅷ）；g. 中、后胸盾片（meso- and metanota）；h. 前翅（fore wing）；i. 腹节Ⅱ-Ⅲ腹片（abdominal sternites Ⅱ-Ⅲ）

腹部　腹节背片两侧有横纹，节Ⅰ-Ⅶ背片鬃微小，节Ⅷ背片后缘无梳，后角有 1 对长鬃，端部向里弯，节Ⅸ背片后缘有 3 对长鬃，节Ⅹ有 1 对长鬃。腹片无附属鬃。

雄虫：未明。

寄主：鼠刺桉。

模式标本保存地：美国（USNM，Washington）。

观察标本：8♀♀，海南尖峰岭，1980.Ⅳ.7，张维球采自鼠刺桉。

分布：台湾、海南（尖峰岭）；日本，马来西亚。

(111) 兰毛呆蓟马 *Chaetanaphothrips orchidii* (Moulton, 1907)（图 129）

Euthrips orchidii Moulton, 1907, *USDA Bur. Entomol. (Tech. Ser.)*, 12/3: 43, 52.

Taeniothrips (*Physothrips*) *orchid* (sic) (Moulton): Watson, 1924, *Bull. Agr. Exp. Stat. Univ. Flor.*, 168: 41, 42.

Anaphothrips (*Chaetanaphothrips*) *orchidii* (Moulton): Priesner, 1925, *Konowia*, 4 (3-4): 145.

Chaetanaphothrips orchidii (Moulton): Zhang, 1982, *J. Sou. China Agric. Univ.*, 3 (4): 53, 55; Mound & Houston, 1987, *Sys. Ent.*, 4: 6; Han, 1997a, *Economic Insect Fauna of China Fasc.*, 55: 216.

雌虫：体黄色，头色略深。触角黄色，节Ⅳ-Ⅵ端半部和节Ⅶ-Ⅷ淡棕色。前翅淡棕色，近基部和端部各有 1 淡色区。

头部　头宽大于长，后头部有几条横线纹。单眼前鬃缺，单眼间鬃位于前后单眼三角形内缘连线附近，眼后鬃 5 对，头鬃均小。触角 8 节，节Ⅲ-Ⅳ感觉锥叉状，伸达前节 1/3 处，节Ⅴ内侧简单感觉锥伸至节Ⅵ中部，节Ⅵ内侧简单感觉锥伸达节Ⅷ中部。

胸部　前胸背片光滑，鬃少，后缘鬃 2 对，后角有 2 对长鬃，内对长于外对，其他背鬃均小。前基部腹片有 4 根刚毛，中胸背片有横纹，后胸盾片中部为网纹，两侧为纵纹，前中鬃距前缘较远，后部有 1 对亮孔，较小。中胸内叉骨刺较长，后胸内叉骨尾端尖。前翅基鬃 7 根，端鬃 3 根，后脉鬃 4 根。

腹部　腹节背片两侧有弱横纹，背片节Ⅰ-Ⅶ鬃微小，节Ⅷ后角鬃较长；节Ⅱ腹片有 2-3 根附属鬃。

雄虫：未明。

寄主：兰类、柑橘、耳草、菅兰。

模式标本保存地：美国（CAS，San Francisco）。

观察标本：3♀♀，广东南昆山，1986.Ⅷ.3，张维球采自耳草；7♀♀，广东封开，1986.Ⅴ.26，童晓立采自菅兰。

分布：台湾、广东（南昆山、封开）、海南；日本，印度，尼泊尔，缅甸，斯里兰卡，马来西亚，印度尼西亚，乌克兰，捷克，斯洛伐克，芬兰，瑞典，挪威，丹麦，法国，荷兰，比利时，英国，美国，墨西哥，澳大利亚。

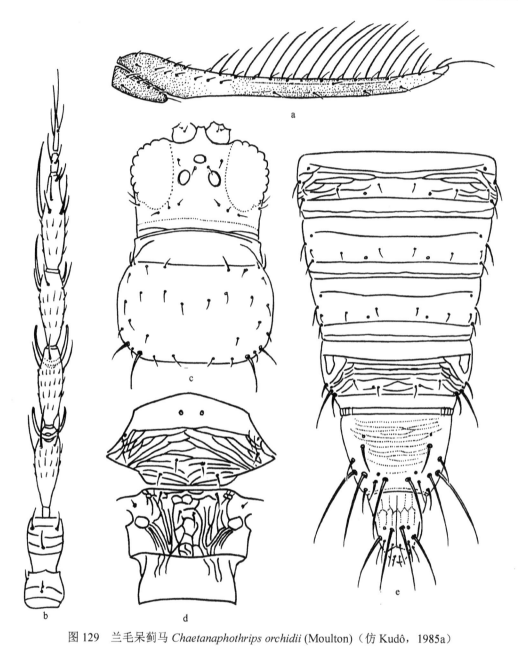

图 129　兰毛呆蓟马 *Chaetanaphothrips orchidii* (Moulton)（仿 Kudô，1985a）

a. 前翅（fore wing）；b. 触角（antenna）；c. 头和前胸（head and pronotum）；d. 中、后胸盾片（meso- and metanota）；e. 腹
节 V-X 背片（abdominal tergites V-X）

(112) 栎树毛呆蓟马 *Chaetanaphothrips querci* Kudô, 1985（图 130）

Chaetanaphothrips querci Kudô, 1985a, *Kontyû*, 53 (2): 311-328.

雌虫：体黄色，包括足；前翅浅黄色，基部和中部有棕色带，翅瓣棕色。触角黄色，节Ⅳ和节Ⅴ最端部棕色，节Ⅵ端半部和节Ⅶ、Ⅷ棕灰色。

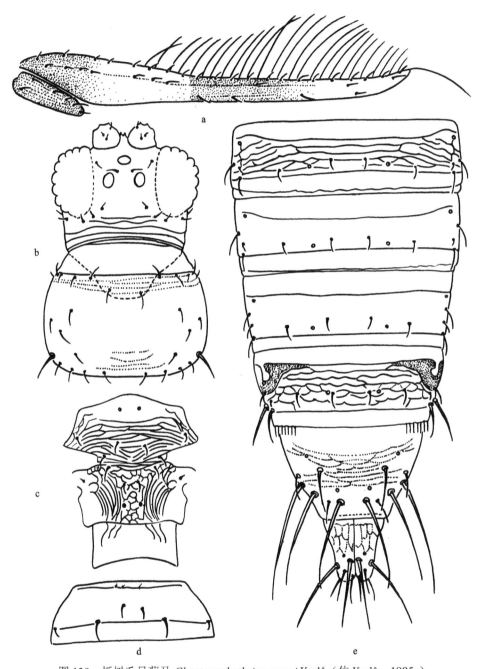

图 130　枥树毛呆蓟马 Chaetanaphothrips querci Kudô（仿 Kudô，1985a）

a. 前翅（fore wing）；b. 头和前胸（head and pronotum）；c. 中、后胸盾片（meso- and metanota）；d. 腹节Ⅱ腹片（abdominal sternite Ⅱ）；e. 腹节Ⅴ-Ⅹ背片（abdominal tergites Ⅴ-Ⅹ）

头部　头宽大于长，后部 1/3 有横纹，上有 1 对前单眼鬃，眼后鬃 5 对，B1 鬃在 B3

鬃前面；单眼间鬃从后单眼前缘连线上发出；触角细长，节Ⅲ叉状感觉锥伸至节Ⅳ基部1/3 处；节Ⅳ叉状感觉锥伸至节Ⅴ基部 1/3-1/2 处，节Ⅴ内侧感觉锥伸至节Ⅵ基部 1/3，节Ⅵ有 8 根鬃，内侧感觉锥仅伸至节Ⅷ基部；节Ⅲ无微毛，节Ⅳ背面有 0-1 排、腹面有 1-2 排微毛；节Ⅴ、Ⅵ各有 4 排微毛。

胸部 前胸宽大于长，前缘 1/3 处和中后部 1/4 处有横纹；背片鬃 8-9 根；后缘鬃 5 对，B5 鬃总是长于其他鬃；前基腹片有 3 对鬃，很少 2 对鬃。后胸盾片中部为网纹，中对鬃位于前缘 1/3，钟形感器位于后缘 1/3 处；中胸腹板有 26-31 根鬃，后胸腹板有 16-20 根鬃。前翅长/宽为 15.6-18.5，前缘有缨毛 19-23 根，后缘有 50-55 根；前缘脉有 20-25 根，前翅有基部鬃 7 根，很少 6 根，端鬃 3 根，后脉鬃 4 根，很少 3 根。后翅有缨毛 57-66 根。

腹部 腹节背片有横纹，后缘中部光滑。节Ⅷ刻点区达前缘线，部分沿前缘线延伸；节无 SB2 鬃，B1-B3 鬃逐渐变长。节Ⅱ腹板有 2-3 根附属鬃。

雄虫：未明。

寄主：青冈。

模式标本保存地：未知。

观察标本：未见。

分布：台湾；日本。

(113) 长点毛呆蓟马 *Chaetanaphothrips signipennis* (Bagnall, 1914)（图 131）

Scirtothrips signipennis Bagnall, 1914a, *Ann. Mag. Nat. Hist.*, (8) 13: 22-31.

Chaetanaphothrips signipennis (Bagnall): Stannard, 1962, *Ann. Ent. Soc. Ameri.*, 55: 384-385.

Euthrips biguttaticorpus Girault, 1924, *Privately Published, Gympie*: 1 pp.

Euthrips musae Tryon in Girault, 1925, *Queensl. Agr. J.*, 23: 471-517.

Physothrips citricorpus Girault, 1927a, *Published Privately, Brisbane*: 1-2.

雌虫：长翅。体黄色，前翅基部和中部有棕色横带，触角节Ⅴ、Ⅵ端部棕色。

头部 头宽大于长。单眼鬃 3 对，单眼间鬃位于后单眼前内缘。触角 8 节，节Ⅲ-Ⅳ感觉锥细长且叉状。节Ⅶ、Ⅷ细长。

胸部 前胸后角有 1 对长鬃。后胸盾片有弱的网纹，中对鬃小且位于前缘之后。前翅细长，前脉端鬃 3 根，后脉鬃 3-4 根。

腹部 腹节背板中部无线纹，后缘有完整缘膜，节Ⅷ线纹伸至前中部。除了节Ⅶ中部，腹节均有叶状缘膜；节Ⅶ腹板中对鬃着生于后缘之前。

雄虫：与雌虫相似。节Ⅸ背板有非常粗壮的刺状鬃，其后为一些小的突起。节Ⅲ-Ⅶ腹板有横的腺域。

寄主：兰花、香蕉。

模式标本保存地：英国（BMNH，London）。

观察标本：未见。

分布：广东、海南；印度，斯里兰卡，菲律宾，印度尼西亚，墨西哥，巴拿马，特立尼达岛，哥斯达黎加，洪都拉斯，夏威夷，斐济，澳大利亚，新几内亚，巴西。

图 131 长点毛呆蓟马 *Chaetanaphothrips signipennis* (Bagnall)（仿 Pitkin，1977）

a. 头和前胸（head and pronotum）；b. 腹节 II-III 腹片（abdominal sternites II-III）

41. 膨锥蓟马属 *Chilothrips* Hood, 1916

Chilothrips Hood, 1916a, *Proc. Biol. Soc. Wash.*, 29: 109-124.

Type species: *Chilothrips pini* Hood, designated and monobasic.

属征：成虫黄色至黄棕色。雌虫头部膨大，单眼间鬃长，触角 8 节，但节 VI 有时会被 1 条缝部分或全部再分开，触角节 III、IV 感觉锥叉状。雌虫口锥很长，伸至前胸腹板后缘之外。前胸长，仅有 1 对长鬃。前足不增大，胫节有刺状鬃。前翅有 2 条纵脉，前脉鬃有间断，后脉鬃均匀排列，缨毛弯曲。腹节有侧板，背板中对鬃间距很宽；节 VIII 背板无后缘梳。雄虫腹节 III-VI（很少节 III-IV）腹板有小的圆形腺域，雄虫节 IX 背板有 2 对刺状鬃。雌性腹板有时也会有腺域。

分布：古北界，新北界。

本属世界记录 5 种，本志记述 1 种。

(114) 球果膨锥蓟马 *Chilothrips strobilus* Tong & Zhang, 1994（图 132）

Chilothrips strobilus Tong & Zhang, 1994, *Cour. Fors. Senck.*, 178: 29-31.

雌虫：体浅黄棕色至棕色；头、胸和足浅黄棕色，腹节棕色。触角节 I、II 浅黄棕色，节 III-VIII（除节 III 梗部浅黄棕色外）棕色，前翅浅棕色。

头部 头颊部最宽，在复眼前稍延伸。单眼前鬃 2 对；单眼间鬃长，为单眼前鬃的 3.0-3.5 倍。口锥长，伸至前胸腹板后缘之外。下颚须 3 节。触角 8 节，节 III、IV 各有 1 个叉状感觉锥；节 VI 最长，有 2 个简单感觉锥，无梗和缝。

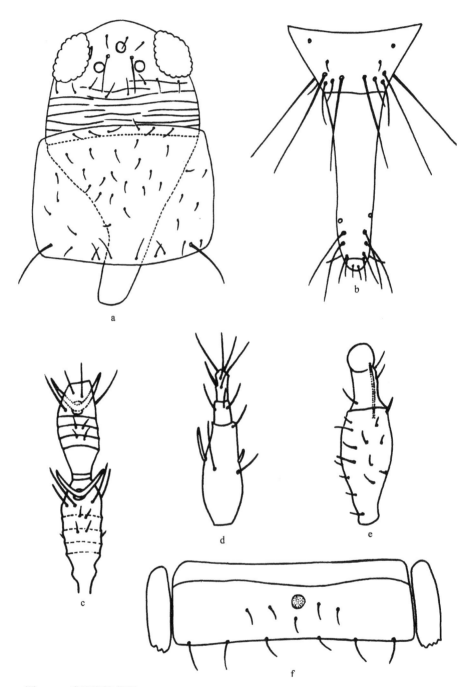

图 132 球果膨锥蓟马 Chilothrips strobilus Tong & Zhang（仿 Tong & Zhang，1994）

a. 头和前胸（head and pronotum）；b. 腹节IX-X背片（abdominal tergites IX-X）；c. 触角节III-IV（antennal segments III-IV）；d. 触角节VI-VIII（antennal segments VI-VIII）；e. 前足胫节和跗节（fore tibia and tarsus）；f. 腹节IV腹片（abdominal sternite IV）

胸部 前胸长，两边平行，长宽比约为 1∶1；除后缘附近有弱的相互交织的横纹外前胸光滑；后角鬃仅 1 对。中胸有横纹，后胸有不规则网纹；中胸腹板有内叉骨刺，后胸内叉骨无。前足胫节在端部内缘各有 1 根粗鬃。前翅前脉有基部鬃 10-11 根，端鬃 2 根；后脉鬃 13-14 根。

腹部 腹节背板和腹板有弱的横纹，但节 X 背板光滑；节Ⅷ背板无后缘梳，节Ⅸ主要鬃远短于管（节 X）的长度，没有伸至管后缘感觉孔。管细长，端鬃没有增大。节Ⅲ、Ⅳ腹板各有一些附属鬃和 1 个小的圆形腺域。节Ⅶ腹板有 2-3 根附属鬃，中对鬃在后缘之前。

雄虫：未明。

寄主：油松。

模式标本保存地：中国（SCAU，Guangzhou）。

观察标本：副模2♀♀，辽宁省兴城，1992.Ⅴ，温俊宝采自油松雄球花内。

分布：辽宁（兴城）。

42. 梳蓟马属 *Ctenothrips* Franklin, 1907

Ctenothrips Franklin, 1907, *Entomol. News*, 1: 247; Stannard, 1968, *Bull. Ill. Nat. Hist. Surv.*, 29 (4): 274, 302; Han, 1997a, *Economic Insect Fauna of China Fasc.*, 55: 211.

Type species: *Ctenothrips bridwelli* Franklin, monobasic.

属征：头长略微大于宽，单眼大。单眼间鬃和眼后鬃仅适当长，或短。触角 8 节，节Ⅲ-Ⅳ感觉锥叉状。下颚须 3 节；下唇须 2 节。前胸背片有弱纹或几乎平滑，主要鬃适当长，后角鬃最长。中、后胸及腹部具有六角形网纹。跗节 2 节。前翅有 2 条纵脉，均有完全和大致规则的鬃列；后缘缨毛波曲。腹部背板和腹板具有强的六角形网纹。腹节Ⅷ背片后缘梳完整；雌虫腹节 X 呈管状，完全纵裂。雄虫节Ⅲ-Ⅷ腹板各有 1 个很宽的腺域；节Ⅸ背片无角状粗鬃。

分布：古北界，新北界。

本属世界记录 11 种，本志记述 6 种。

种检索表

1. 前胸光滑，几乎无刻纹 ·· 2
   前胸有横纹或弱的刻纹，绝不光滑 ··· 5
2. 触角节Ⅲ颜色较深；前胸后缘鬃 3 对 ·····················开山梳蓟马 *C. kwanzanensis*
   触角节Ⅲ黄色；前胸后缘鬃 2 对 ··· 3
3. 前翅基部颜色深 ···角翅梳蓟马 *C. cornipennis*
   前翅基部稍浅或灰色 ··· 4
4. 中胸无多角形网纹；腹节Ⅶ腹板后缘鬃在后缘之前 ·············太白梳蓟马 *C. taibaishanensis*
   中胸为多角形网纹；腹节Ⅶ腹板后缘鬃在后缘上；触角节Ⅲ-Ⅳ黄色·······滑背梳蓟马 *C. leionotus*

5.　单眼间鬃位于单眼三角形之后；前胸有明显横纹··························**横纹梳蓟马 C. transeolineae**
　　单眼间鬃位于单眼三角形之内；触角节III黄色；前胸有弱的横纹·········**杰别梳蓟马 C. distinctus**

(115) 角翅梳蓟马 *Ctenothrips cornipennis* Han, 1997（图 133）

Ctenothrips cornipennis Han, 1997b, *Insects Three Gorge Reserv. Area Yangtze River*: 531-571.

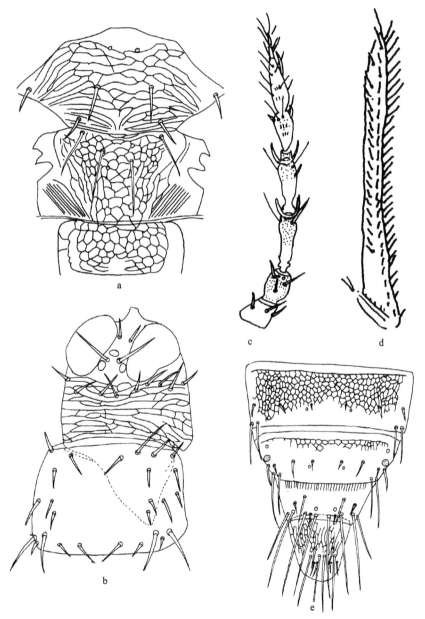

图 133　角翅梳蓟马 *Ctenothrips cornipennis* Han（仿韩运发，1997b）

a. 中、后胸盾片（meso- and metanota）；b. 头和前胸（head and pronotum）；c. 触角（antenna）；d. 前翅（fore wing）；e. 雌
虫腹节VII-X背片（female abdominal tergites VII-X）

雌虫：体长约 2mm。体暗棕色；黄色部分包括触角节Ⅲ-Ⅳ两端大部分和各足跗节；前翅基部及翅瓣前缘一部分淡棕色，其余部分无色；前足胫节淡棕色；体长鬃黄色。

头部　头宽大于长，复眼后不内缩。复眼间光滑，眼后为横纹和网纹。前单眼鬃位于复眼前内方。单眼间鬃位于后单眼前内方。眼后有 5 对鬃，内Ⅲ距眼最近。触角 8 节，较细，节Ⅰ-Ⅷ长（宽）分别为：56（36），51（33），105（26），89（26），64（20），87（23），13（10），23（8），总长 488。感觉锥长：节Ⅲ、Ⅳ叉状锥 25，节Ⅵ内端锥 41。

胸部　前胸宽稍大于长。背面较光滑，鬃少，包括边鬃总数约 24 根，各鬃长：前缘鬃 44；前角鬃 33；后角（外）64，（内）69；后缘内Ⅰ鬃长 46，内Ⅱ鬃长 25。后胸盾片中部为网纹，两侧为纵纹；前缘鬃和前中鬃各长 52，前中鬃距前缘约 20；有 1 对亮孔（钟形感器）。前翅长 1513，中部宽 77；前缘鬃长 132，前脉鬃 83，后脉鬃 97；前缘鬃 33 根，前脉鬃 23 根，后脉鬃 19 根；胸部内叉骨刺仅中胸存在。

腹部　腹节Ⅰ-Ⅶ背片有众多六角形网纹，但节Ⅱ-Ⅶ近后缘平滑，节Ⅷ仅前缘有网纹，节Ⅸ光滑，节Ⅹ网纹纵向，相对应的腹片网纹相似。节Ⅷ背片后缘梳完整，梳毛细。腹片无附属鬃。

雄虫：未明。

寄主：杂草。

模式标本保存地：中国（IZCAS，Beijing）。

观察标本：正模♀，四川巫山梨子坪，1800m，1994.Ⅴ.19，姚健采。

分布：四川（巫山梨子坪）。

(116)　杰别梳蓟马 *Ctenothrips distinctus* (Uzel, 1895)（图 134）

Physopus distincta Uzel, 1895, *Königgräitz*: 33, 49, 121.

Taeniothrips distinctus (Uzel): Karny, 1912b, *Zool. Ann.*, 4: 343.

Ctenothrips distinctus (Uzel): Priesner, 1925, *Konowia*, 4 (3-4): 159; Han, 1997a, *Economic Insect Fauna of China Fasc.*, 55: 212.

雌虫：体长约 1.6mm。体暗棕色，但胸部、腹部末端及足略淡。触角节Ⅲ-Ⅴ黄色，节Ⅴ略微暗，节Ⅰ、Ⅱ、Ⅳ-Ⅷ暗棕色到淡棕色。前翅淡棕色，但基部 1/4 白色。腹节Ⅲ-Ⅷ背板前缘线细但色深。

头部　头背在眼后有横纹，颊略外拱。前单眼前鬃缺。单眼间鬃位于前后单眼内缘连线以内，单眼后鬃与复眼后缘在一条直线上。复眼后鬃 5 根，呈 1 横列围绕复眼排列。触角 8 节较细长，节Ⅲ有梗，节Ⅲ-Ⅵ基部较细，节Ⅲ-Ⅴ端部较细，节Ⅲ-Ⅳ鬃长，感觉锥叉状。下颚须 3 节。

胸部　前胸宽大于长，后角鬃 2 对，外对长于内对，后缘鬃 2 对，背片鬃少，约 8 根。羊齿宽，内端细，连接为一体。中胸盾片有网纹和线纹，中后鬃远离前缘，后缘鬃亦在后缘之前。后胸盾片以网纹为主，两侧有纵线纹。前缘鬃距前缘 3-5；前中鬃距前缘 19；1 对亮孔在后部。仅中胸内叉骨有刺。前翅前缘鬃 25 根，前脉鬃大致连续排列，18 根；后脉鬃 15 根；翅瓣前缘鬃 5 根。各足上线纹较多，较粗，无钩齿。

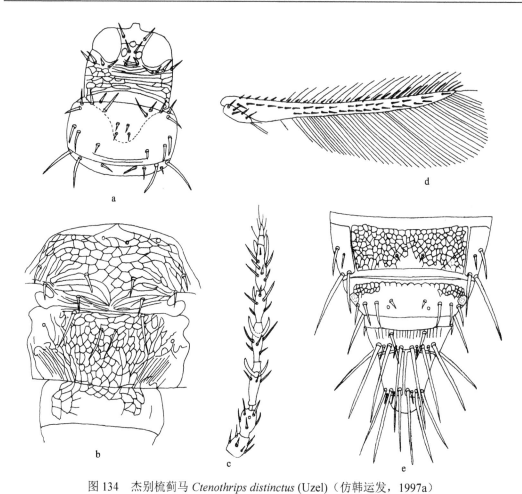

图 134　杰别梳蓟马 *Ctenothrips distinctus* (Uzel)（仿韩运发，1997a）

a. 头和前胸（head and pronotum）；b. 中、后胸盾片（meso- and metanota）；c. 触角（antenna）；d. 前翅（fore wing）；e. 腹
节Ⅶ-Ⅹ背片（abdominal tergites Ⅶ-Ⅹ）

　　腹部　腹节腹片网纹不如背片网纹重。背片中对鬃小，间距大，几乎在背片中线上，位于无鬃孔前内方。节Ⅴ背片鬃Ⅲ在后缘，鬃Ⅲ-Ⅴ不呈三角形排列。节Ⅳ、Ⅶ背片内Ⅳ鬃显著变小。节Ⅷ后缘梳细，不很密但完整。侧片后缘齿退化，仅内侧有 1-3 个。腹片各后缘鬃均着生在后缘上。

　　雄虫：未明。

　　寄主：草。

　　模式标本保存地：未知。

　　观察标本：未见。

　　分布：山东；俄罗斯，乌克兰，捷克，斯洛伐克，芬兰，瑞典，荷兰，瑞士，德国。

(117) 开山梳蓟马 *Ctenothrips kwanzanensis* Takahashi, 1937

Ctenothrips kwanzanensis Takahashi, 1937, *Thent.*, 1 (3): 339, 349, 350.

雌虫：体长 1.85mm，黑色。股节黑色，中足股节基部黄色；胫节黑黄色，基部深黄色；前足胫节除基部外比中、后足胫节色浅，跗节深黄色，端部浅黑色。触角基节黑色，节Ⅱ棕黑色；节Ⅲ黄色，除端部外明显色深，基部浅；节Ⅳ基部浅黄色，端半部色深；节Ⅴ浅黄色，端部 2/3 色深；节Ⅵ-Ⅷ棕黑色，节Ⅵ基部稍浅。翅棕色。头部鬃黑色，胸鬃灰色或浅黑色，基部腹节鬃灰色，倒数两节腹节浅黄色。

头部　头在复眼后强收缩，颊部微凹，头后部稍狭，眼后鬃之后为弱的网纹和很多横纹，头顶无网纹和横纹，前单眼鬃远离单眼，远短于单眼间鬃；单眼间鬃位于后单眼之前；眼后鬃长，复眼后各有 4 根，最侧面的最短，弯曲，位于颊上。口锥端部圆，伸至前胸腹板后缘。触角非常短，节Ⅰ端部狭；节Ⅱ稍长于节Ⅰ；节Ⅱ基部鬃弯曲，长 37；节Ⅲ端部收缩，基部很少如此，长 14，端部宽 6，基部有 1 个明显的收缩，节Ⅲ有 5 根长约 46 的长鬃；节Ⅳ端部收缩，但程度小于节Ⅲ，有 4 长 1 短 5 根鬃；节Ⅴ基部微收缩，端部不狭；节Ⅵ基部狭；节Ⅶ长大于宽。

胸部　前胸宽大于长，无网纹。前角鬃非常弯曲，外对粗壮，内对小；后角鬃弯曲，外对长于内对，后缘鬃 3 对远离后缘（侧对除外），靠近侧缘有鬃 1 根，中部鬃 1 对。中后胸盾片中部为网纹。足无网纹。前足跗节无齿。

腹部　腹节背板网状，节Ⅷ背板后缘梳完整。前翅前脉端鬃 9（1+5+3）根，基部鬃 2（8+4）根，后脉鬃 14 根，后缘缨毛波曲。

寄主：菊科花。

模式标本保存地：未知。

观察标本：未见。

分布：台湾。

118) 滑背梳蓟马 *Ctenothrips leionotus* Tong & Zhang, 1992（图 135）

Ctenothrips leionotus Tong & Zhang, 1992, *J. Sou. China Agric. Univ.* 13 (4): 48-51.

雄虫：体长 2.3mm。长翅。体深棕色；前胸比头色稍浅；3 对足股节棕色，基部棕黄色，前足胫节棕黄色，中、后足胫节棕色，所有跗节黄色；触角节Ⅰ、Ⅱ深棕色，和头颜色相同，节Ⅲ-Ⅳ黄色，节Ⅵ棕色（基部浅黄色），节Ⅶ、Ⅷ棕色；前翅灰色，主要鬃浅黄色。

头部　头部长宽比约为 1，头背为不规则横纹，但在复眼间几乎光滑。颊微锯齿状，复眼后不收缩。1 对单眼前鬃；单眼间鬃发达，在单眼三角形之内；5 对后缘鬃长度几乎相同。触角 8 节，节Ⅲ、Ⅳ感觉锥叉状，节Ⅴ、Ⅵ各有 1 小的感觉锥，节Ⅰ-Ⅷ长（宽）分别为：40（32）、48（32）、97（33）、87（33）、56（34）、80（33）、20（14）、29（12）。口锥伸至前胸腹板中部。下颚须 3 节。

胸部　前胸宽大于长，长比头稍短，背片光滑；前缘有 2 对鬃，后角 2 对鬃发达，外对稍长于内对；后缘在后角鬃之间有 2 对鬃。中、后胸背板有多角形网纹；中胸背板 2 对鬃发达，中对鬃（内对）在后缘之前，中胸背板前缘有 1 对无鬃孔；后胸背板 2 对鬃长度几乎相等，后胸背板两侧鬃几乎位于前缘，中对鬃在前缘之后；后胸中部有 1 对无鬃孔。中、后胸内叉骨均无刺。前翅细长，端部变尖狭，前缘脉具 29 根鬃，前脉鬃 23 根，后脉鬃 19 根。

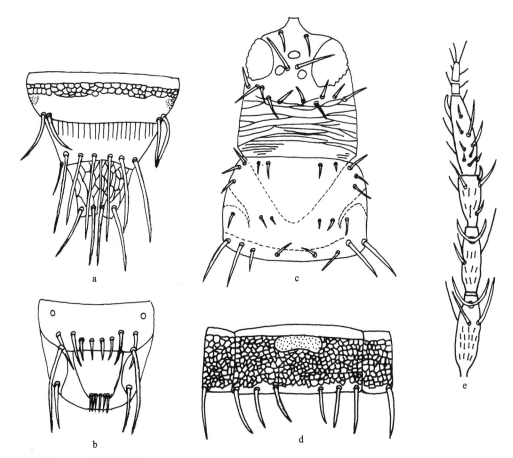

图 135　滑背梳蓟马 *Ctenothrips leionotus* Tong & Zhang（仿童晓立和张维球，1992）
a. 雌虫腹节Ⅷ-Ⅹ背片（female abdominal tergites Ⅷ-Ⅹ）；b. 雄虫腹节Ⅸ-Ⅹ背片（male abdominal tergites Ⅸ-Ⅹ）；c. 头和
前胸（head and pronotum）；d. 雄虫腹节Ⅴ腹片（female abdominal sternite Ⅴ）；e. 触角（antenna）

腹部　腹节Ⅰ-Ⅷ有多角形网纹，但除节Ⅰ外每节背板后缘附近光滑，节Ⅸ背板只有前缘有网纹，节Ⅹ网纹很弱；节Ⅷ后缘梳完整，节Ⅸ无刺状鬃，后缘两侧有 1 对非常长的鬃。节Ⅱ-Ⅶ腹板有多角形网纹，每节后缘有 3 对后缘鬃，无附属鬃；节Ⅲ-Ⅶ每节有 1 延长的靠近前缘的椭圆形腺域；腺域从节Ⅲ-Ⅶ逐渐变小。

雌虫：长翅。体长 2.45mm。一般外部形态和体色（除腹节Ⅸ光滑无网纹外）与雄虫相似，节Ⅹ管状，上有多角形网纹。

寄主：杂草。

模式标本保存地：中国（SCAU, Guangzhou）。

观察标本：正模♂，湖北（神农架），1987.Ⅶ.15，沈淑平网捕于杂草上；副模 2♀♀，同正模。

　　分布：湖北（神农架）。

(119) 太白梳蓟马 *Ctenothrips taibaishanensis* Feng, Zhang & Wang, 2003（图 136）

Ctenothrips taibaishanensis Feng, Zhang & Wang, 2003, *Entomotax.*, 25 (3): 175-177.

　　雌虫：体长 2.0mm，深棕色，但胸部、足的胫节和跗节略淡。触角节Ⅰ和节Ⅱ深棕色，节Ⅲ-Ⅳ色淡，节Ⅲ自基部起 3/4 处淡棕色；节Ⅳ中部 2/3 淡棕色，基部和端部黄色，节Ⅴ基部黄色；节Ⅵ-Ⅷ棕色。前翅近基部处色淡。腹节Ⅱ-Ⅷ背板前缘线黑色。

　　头部　头长大于宽，头顶在眼后有横线纹，颊外拱。单眼呈三角形排列在复眼间后部，单眼前鬃缺，前外侧鬃长 48，单眼间鬃长 60，在后单眼前缘线以内，位于前后单眼内缘连线以内；单眼后鬃远离后单眼；复眼后鬃 5 对，鬃Ⅰ、Ⅱ、Ⅳ、Ⅴ排列在一条直线上。触角 8 节，节Ⅰ-Ⅷ长（宽）分别为：38（32）、48（34）、94（22）、76（22）、60（20）、82（24）、12（8）、22（6）。口锥长，伸过前胸腹板 1/2 处，达前足基部后缘。下颚须 3 节，分别长：Ⅰ 24、Ⅱ 12、Ⅲ 24。下唇须 1 节。

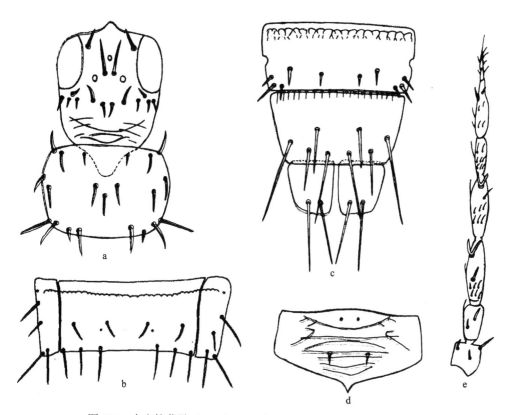

图 136　太白梳蓟马 *Ctenothrips taibaishanensis* Feng, Zhang & Wang
头和前胸（head and pronotum）；b. 腹节Ⅶ腹片（abdominal sternite Ⅶ）；c. 腹节Ⅷ-Ⅹ背片（abdominal tergites Ⅷ-Ⅹ）；
d. 中胸盾片（mesonota）；e. 触角（antenna）

胸部 前胸宽大于长，背面光滑，鬃少；后角有 1 对长鬃，后角内鬃长 54，后角外鬃长 60；后缘鬃 2 对。中胸盾片中部有横线纹，在两侧分叉向后倾斜，前部有 1 对亮孔；后中鬃远离后缘，后缘鬃接近后缘，距离后缘 4。后胸两侧有少数纵纹，中后部为多角形网纹，延至后胸小盾片；前缘鬃距前缘 2-4；前中鬃距前缘 18；中部有 1 对亮孔。中、后胸内叉骨均无刺。前翅前缘鬃 26 根，前脉鬃 21 根，后脉鬃 14 根，翅瓣鬃 4+1 根。各足细长，其上无线纹，有众多小刚毛。

腹部 腹节 I-VIII 背板有网纹，且节 II-VII 背面的网纹呈多角形，后部光滑，节VIII背面前的网纹排成 2 排，节IX上无网纹，节 X 上有较大网纹。背片中对鬃短小，在无鬃孔前内侧。节VIII后缘梳细长，完整；节IX背鬃长：背中鬃 168，中侧鬃 192，侧鬃 168；节 X 背中鬃长 156，侧鬃长 144。腹面各节有后缘鬃 3 对，无附属鬃。除节VII后缘中鬃着生在后缘之前外，其他均着生在后缘上。侧片有附属鬃 2 根，后缘齿大多退化，仅内侧有 1-3 个。

雄虫：同雌虫，较小。腹节III-VIII腹板前缘有椭圆形腺域。

寄主：杂草。

模式标本保存地：中国（NWAFU, Shaanxi）。

观察标本：正模♀，陕西太白山，2002.VII.15，张桂玲采自杂草；副模1♀1♂，同正模。

分布：陕西（太白山）。

(120) 横纹梳蓟马 *Ctenothrips transeolineae* Chen, 1979（图 137）

Ctenothrips transeolineae Chen, 1979b, *Plant Prot. Bull.* (Taiwan), 21: 184-187.

雄虫：体长 1.45-1.50mm。长翅。体深棕色，翅胸稍浅；触角节 I、II 深棕色，节III黄色，基部 1/4 深棕色；节IV- V 浅黄色，节 V 端部微黑，节VI棕色，节VII-VIII浅棕色。前翅棕色，基部 1/4 稍浅。股节深棕色；胫节深棕色，端部黄色，跗节黄色。腹节 X 棕黄色。

头部 头稍微前伸，长大于宽，复眼后强烈收缩，眼后有横纹。复眼大，单眼普通。头背上鬃长度几乎相同，1 对前单眼鬃长，1 对单眼间鬃刚好位于后单眼后缘连线中部，4 对眼后鬃，1 对远离后单眼。口锥圆，伸至前胸腹板中部之外。下颚须 3 分节。触角 8 节，节 I-VIII长（宽）分别为：27-30（25-27）、32-35（24-25）、56-51（17-18）、47-55（17-20）、40-42（16-17）、56-60（17-18）、10-12（7-8）、18-20（5-6）。

胸部 前胸宽大于长，背片全为横纹，后缘之前有 4 个刻点区，后角有 2 对主要鬃，外对长于内对，后角鬃之间有 1 对鬃（♂在一边有 2 对鬃）。中、后胸背板中部有网纹。中、后胸内叉骨均无刺。前翅剑状，长 720-830，中部宽 40-42。前缘脉具 21-22 根鬃，前脉 12-16 根，后脉 11-14 根。

腹部 腹节 I-VIII腹板和背板有多角形网纹，节IX- X 较弱。节 I-VIII背板中对鬃距离很宽，位于无鬃孔的后面，无鬃孔靠近后缘，节VIII后缘梳完整，节IX有 1 对刺状鬃，长 15-17。腹板无附属鬃，节III-VII每节有 1 靠近前缘的圆柱形腺域。

雌虫：体长 1.65mm。长翅。一般外部形态和体色（除节Ⅸ管状外）与雄虫相似，节Ⅷ仅在前缘有网纹，节Ⅹ整节有网纹，节Ⅸ无刺状鬃。腹部无腺域。

寄主：杂草。

模式标本保存地：中国（QUARAN，Taiwan）。

观察标本：未见。

分布：台湾。

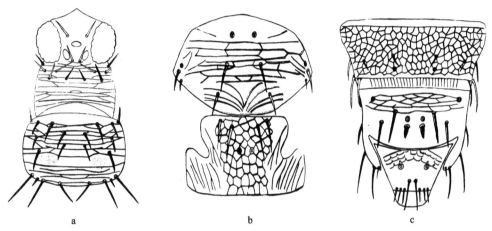

图 137　横纹梳蓟马 *Ctenothrips transeolineae* Chen（仿 Chen，1979b）

a. 头和前胸（head and pronotum）；b. 中、后胸盾片（meso- and metanota）；c. 雄虫腹节Ⅷ-Ⅹ背片（male abdominal tergites Ⅷ-Ⅹ）

43. 丹蓟马属 *Danothrips* Bhatti, 1971

Danothrips Bhatti, 1971c, *Orien. Insects*, 5: 337.

Type species: *Danothrips setifer* Bhatti, 1971, designated and monobasic.

属征：体小到中型，黄色。触角 8 节，节Ⅰ无背顶鬃，节Ⅲ、Ⅳ感觉锥叉状或简单。头长于宽，单眼前鬃 1 对。口锥短，下颚须 3 节。前胸后缘有鬃 7 对，其中有 2 对位于后角，稍长；中胸中对鬃靠近后缘；仅中胸内叉骨有刺，或无；跗节 2 节；前翅有 0-3 个灰褐色横带；前翅前脉有大的间断，基部鬃 7 根，端部 3 根；后脉鬃 4 根。腹板和背板无后缘膜，很少情况下背板会有断的缘膜（如 *D. moundi*）；节Ⅷ背板气孔周围的微毛区适度发达；腹节腹板无附属鬃；雌、雄虫背板节Ⅹ均不纵裂。雄虫腹节Ⅸ背板有 1-2 根刺状鬃；腹板无腺域。

分布：古北界，东洋界，新北界，澳洲界。

本属世界记录 10 种，本志记述 3 种。

种检索表

1.　眼后鬃单排，后头前部正中间无鬃 ······························ **豆纹丹蓟马 *D. vicinus***

在后头前部正中间有 1 对眼后鬃 ··· 2

2.　前胸后角及后缘共有鬃 7 对；中胸盾片有稀疏的纵纹，后胸盾片亦具稀疏的纵纹 ·················
　　··· **桔梗兰丹蓟马 *D. dianellae***

　　前胸有 2 对短的后角鬃和 4 对后缘鬃；后胸背板有横纹，中对鬃靠近骨片中心 ·····················
　　··· **三带丹蓟马 *D. trifasciatus***

(121) 桔梗兰丹蓟马 *Danothrips dianellae* Zhang & Tong, 1991（图 138）

Danothrips dianellae Zhang & Tong, 1991, *Acta Zootaxon. Sini.*, 34 (4): 465-467.

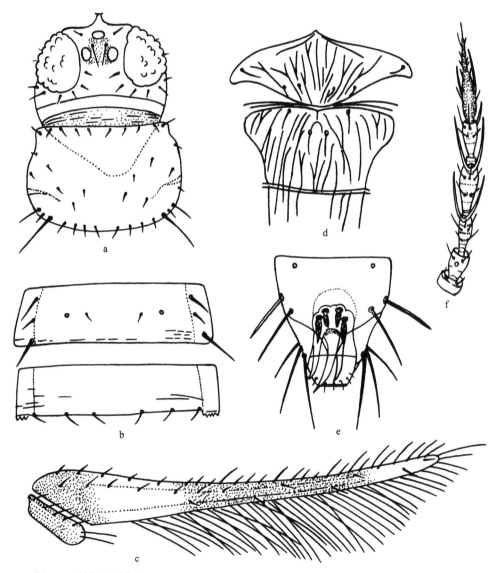

图 138　桔梗兰丹蓟马 *Danothrips dianellae* Zhang & Tong（仿 Zhang & Tong，1991）

a. 头和前胸（head and pronotum）；b. 腹节 V 背片及腹片（abdominal tergite and sternite V）；c. 前翅（fore wing）；d. 中、
后胸盾片（meso- and metanota）；e. 腹节Ⅸ-Ⅹ背片（male abdominal tergites Ⅸ-Ⅹ）；f. 触角（antenna）

雄虫：体长 1.0-1.1mm。体黄色，后胸背板两侧呈淡褐色；触角节 I 淡黄，节 II - V 黄色，节 VI-VII 褐色，节 VIII 黄色。单眼月晕红色。前翅翅瓣、前翅基部（占翅长 1/6）及翅中部（占翅长 3/6）淡褐色，其余为淡黄色。

头部　头宽大于长。单眼前鬃 1 对，单眼间鬃长为单眼前鬃的 3 倍，位于单眼三角形连线上，复眼后鬃各 6 根，内 II 鬃靠近复眼内缘。触角 8 节，节 III-VI 基部有短梗，节 I - VIII 的长（宽）分别为：18（26），22（24），50（20），56（18），32（16），54（18），14（4），16（4）；节 III-VI 近端部各有 1 对颇长的叉状感觉锥，锥长 44，节 V 近端部内侧有感觉锥 1 个，节 VI 外侧具有 1 个较短感觉锥，内侧有 1 个长感觉锥，锥长伸达节 VIII 中部。口锥伸至前胸中部。下颚须 3 节。

胸部　前胸宽大于长，后角及后缘共有鬃 7 对，后缘角内鬃长于外鬃，内对长于外对。前缘（连同前角鬃）共 5 对短鬃，背板亦散生不规则端鬃。中胸盾片有稀疏的纵纹，中鬃和侧鬃等长，排成 1 列。后胸盾片亦具稀疏的纵纹，中鬃 1 对着生于远离后胸背板前缘，后胸盾片无感觉孔。中、后胸腹板内叉骨均无刺。前翅前缘鬃 15-16 根，前脉基部鬃 4+3 根，端鬃 3 根，后脉鬃 4 根，翅瓣鬃 4+1 根。

腹部　腹节 III-VII 腹板后缘有鬃 3 对，无腹腺域。节 IX 背板有 2 对深褐色的刺状突，前对刺长 20，刺间距 20；后对刺长 26，刺间距 28。

雌虫：体色、形态与雄虫相似，但比雄虫大。节 VIII 背板后缘无梳，节 IX 腹板后缘有鬃 3 对，I、III 鬃长，II 鬃短。

寄主：山菅。

模式标本保存地：中国（SCAU, Guangzhou）。

观察标本：正模♂，广东省广州，1985.XI.17，童晓立采自桔梗兰叶；1♀，同正模。

分布：广东（广州）。

(122) 三带丹蓟马 *Danothrips trifasciatus* Sakimura, 1975（图 139）

Danothrips trifasciatus Sakimura, 1975, *Proc. Haw. Entomol. Soc.*, 22: 125-132.

雌虫：长翅。体黄色，触角节 VI 端部 2/3 棕色。前翅发白，基部和中部棕色，亚基部有 1 个深色区。

头部　头长和宽等长，有 2 对单眼鬃，单眼间鬃位于单眼三角区之前。触角 8 节，节 III-IV 感觉锥细长、叉状，节 VII-VIII 细长，

胸部　前胸无刻纹，有 2 对短的后角鬃和 4 对后缘鬃。后胸背板有横纹，中对鬃靠近骨片中心。中、后胸内叉骨均无刺。前翅细长，前脉有端鬃 3 根，后脉有鬃 4 根。

腹部　腹节背板中部约有 6 条横线纹，后缘有缘膜不长于鬃基部宽。腹板无缘膜，有 3 对后缘鬃，节 VII 中对鬃着生于后缘。

雄虫：和雌性相似，但比雌虫小，节 IX 背板有 2 对粗壮的刺状鬃，之间是两排小的小瘤，腹板无腺域。

寄主：木香、香蕉及火鹤花等花烛属植物的叶和花。

模式标本保存地：美国（BPBM，Honolulu）。

观察标本：未见。

分布：台湾；夏威夷，苏门答腊岛，西印度群岛，美国（佛罗里达州）。

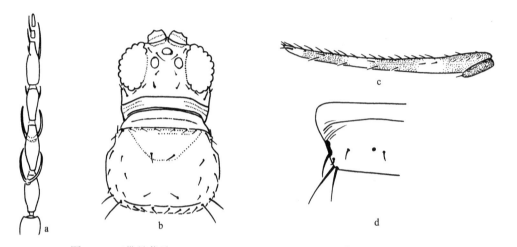

图 139 三带丹蓟马 *Danothrips trifasciatus* Sakimura（仿 Edwards，1996）

a. 触角（antenna）；b. 头和前胸（head and pronotum）；c. 前翅（fore wing）；d. 腹节Ⅷ背片（左半部）（the left part of abdominal tergite Ⅷ）

(123) 豆纹丹蓟马 *Danothrips vicinus* Chen, 1979（图 140）

Danothrips vicinus Chen, 1979a, *Proc. Nat. Sci. Coun. (Taiwan)*, 3: 414-428.

雌虫：体长 1.35-1.37mm。长翅。体浅黄色；触角节Ⅵ端部 1/2 棕色，节Ⅶ-Ⅷ浅棕色；前翅基部、中部和亚端部共有 3 个浅棕色条带。

头部 头宽大于长，头背靠近复眼部位有横纹，单眼前鬃 1 对，位于前单眼两侧，单眼间鬃位于单眼三角形连线上。口锥圆，伸至前胸腹板中部。下颚须 3 节。触角 8 节，节Ⅲ、Ⅳ感觉锥叉状，节Ⅵ背面有 3 排微毛；节Ⅰ-Ⅷ长（宽）分别为：20-21（31-32），28-30（27-30），47-50（20-21），53-57（18-20），36-37（15-16），55-57（18-19），12-13（10-11），20-21（5）。

胸部 前胸宽大于长，仅在靠近前缘有 2 条横纹，后角有 2 对长鬃，内对长于外对，后缘鬃3-4 对。前基腹片有鬃 2 根。中、后胸背板普通。足粗短，跗节 2 节。前翅长 651-658，中部宽 39-40，前缘鬃 21-22 根，前脉鬃 9-10 根，后脉鬃 4 根。

腹部 腹节Ⅰ-Ⅷ整个背板均有横纹，节Ⅷ两侧有大刻点区，后缘无梳。节Ⅸ有鬃 3 对。节Ⅹ有 2 对几乎等长的鬃。

雄虫：未明。

寄主：台湾相思。

模式标本保存地：中国（QUARAN，Taiwan）。

观察标本：未见。

分布：台湾。

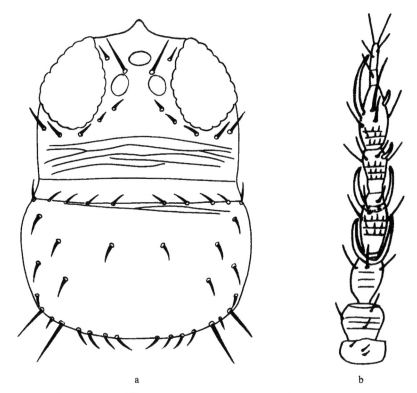

图 140　豆纹丹蓟马 *Danothrips vicinus* Chen（仿 Chen，1979a）

a. 头和前胸（head and pronotum）；b. 触角（antenna）

44. 二鬃蓟马属 *Dichromothrips* Priesner, 1932

Physothrips Karny, 1914, *Zeit. Wiss. Insek.*, 10: 364.

Dichromothrips Priesner, 1932b, *Stylops*, 1: 110; Sakimura, 1955, *Proc. Haw. Entomol. Soc.*, 15: 583; Mound & Houston, 1987, *Sys. Ent.*, 4: 6; Miyazaki & Kudô, 1988, *Misc. Publ. Nat. Inst. Agr. Sci.*, 3: 100; Han, 1997a, *Economic Insect Fauna of China Fasc.*, 55: 220.

Type species: *Dichromothrips orchidis* Priesner, designated and monobasic.

属征：头近乎方形。前单眼前鬃缺，复眼后鬃不发达，与前单眼前侧鬃及后单眼后鬃的长度接近，单眼间鬃相当长。触角 8 节细而长，节III、IV甚长于其余各节，有很长而细的叉状感觉锥，呈 U 形，口锥普通，下颚须细，3 节。前胸宽，长约如头，通常甚宽于头，每侧后缘有 5 根鬃，1 根内后角鬃相当长或很长，其他短，不长于背片鬃。后胸盾片前中鬃在前缘上或接近前缘。中、后胸腹片内叉骨有刺。前翅前、后脉鬃较长；前脉基、中部有鬃群，端鬃 1+2 根，后脉鬃 10-20 根。腹部普通。雄虫节III-VII腹板每节由 2 个腺域构成一组。

分布：古北界，东洋界，新北界，非洲界，新热带界，澳洲界。

本属世界记录约 14 种，本志记述 2 种。

种检索表

前胸无长的后角鬃···兰花二鬃蓟马 *D. corbetti*

前胸有 1 对长的后角鬃··· 斯密二鬃蓟马 *D. smithi*

(124) 兰花二鬃蓟马 *Dichromothrips corbetti* (Priesner, 1936)（图 141）

Anaphothrips corbetti Priesner, 1936c, *Proc. Roy. Entomol. Soc. Lond.*, 5: 209.

Dichromothrips corbetti (Priesner): Sakimura, 1955, *Proc. Haw. Entomol. Soc.*, 15: 586, 588, 590, 592, 597.

雌虫：长翅。体棕黑色，胫节端部和跗节黄色；前翅棕色基部白色。触角 8 节，节 III和节IV端部狭，感觉锥长，叉状。

头部 头宽大于长，单眼鬃 2 对，单眼间鬃位于单眼三角形外。

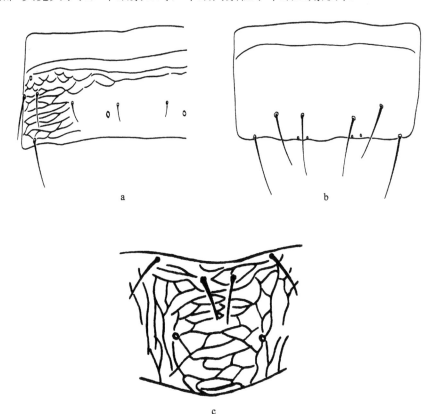

图 141 兰花二鬃蓟马 *Dichromothrips corbetti* (Priesner)（仿 Mound, 1976b）

a. 腹节V背片（abdominal tergite Ⅴ）; b. 腹节Ⅶ腹片（abdominal sternite Ⅶ）; c. 后胸盾片（metanotum）

胸部　前胸有强横纹，无长鬃。后胸盾片有明显的横刻纹，中对鬃着生于前缘之后。前翅前脉端鬃 2 根，后脉鬃至少 15 根。

腹部　腹节背板中部无刻纹，但两侧 1/3 有许多横纹。节Ⅷ后缘梳长。节Ⅹ不纵裂。节Ⅶ腹板中对鬃和亚中鬃着生于后缘之前，且亚中鬃比中鬃稍浅。

雄虫：节Ⅸ背板无粗鬃。节Ⅲ-Ⅶ腹板每节各有 1 对腺域。

寄主：兰花。

模式标本保存地：德国（SMF，Frankfurt）。

观察标本：未见。

分布：台湾；分布于东方各国，但通过果品贸易传至世界各地。

(125) 斯密二鬃蓟马 *Dichromothrips smithi* (**Zimmermann, 1900**)（图 142）

Physopus smithi Zimmermann, 1900, *Bull. Ins. Bot. Buitenzorg*, 7: 10.

Taeniothrips smithi (Zimmermann): Steinweden, 1933, *Trans. Amer. Entomol. Soc.*, 59: 228.

Dichromothrips smithi (Zimmermann): Sakimura, 1955, *Proc. Haw. Entomol. Soc.*, 15: 586, 588, 596, 597; Mound, 1976b, *Biol. J. Linn. Soc.*, 8: 245-265; Mound & Houston, 1987, *Sys. Ent.*, 4: 6; Han, 1997a, *Economic Insect Fauna of China Fasc.*, 55: 220.

雌虫：体长约 1.4mm。体暗棕色，但触角节Ⅲ两端和节Ⅳ、Ⅴ基部黄色。跗节、前足胫节和中、后足胫节端半部黄色。前翅暗，近基部（占翅长 1/5）色淡。腹节Ⅱ-Ⅸ背片和腹片均有深棕色前缘线。体鬃暗。

头部　头宽大于长，眼后略外鼓，眼后有横纹。复眼不突出，较长。单眼呈三角形排列于复眼间后部。前单眼前鬃缺。单眼间鬃位于前单眼后外侧的较后单眼中心连线外缘。单眼后鬃和复眼后鬃 6 对，呈 1 横列。触角 8 节，节Ⅰ-Ⅷ长（宽）分别为：28（38），42（28），92（35），87（30），53（21），57（21），13（9），16（6），总长 388；节Ⅲ、Ⅴ长于其余各节，端部细缩部分较长，颈状；叉状感觉锥 U 形。下颚须 3 节。

胸部　前胸宽大于长，背片布满横线纹，有鬃约 28 根，后缘鬃 2 对，后角每侧有 1 根长鬃，长 53，其余各鬃长 11-15。中胸盾片布满横纹，中后鬃在后缘之前甚远。后胸盾片以横线纹和横网纹为主，两侧纵线纹细弱；前缘鬃在前缘上，前中鬃几乎亦在前缘上，1 对微小亮孔在后部。中、后胸内叉骨刺长 64-71。前翅剑形，长 860，中部宽 57；前缘鬃 29 根；前脉基部鬃 4+6 根或 4+8 根，端鬃 2+1 根；后脉鬃 13 根。翅中部鬃长：前缘鬃 37，前脉鬃 32，后脉鬃 34。

腹部　腹节Ⅰ、Ⅱ背片有横纹，节Ⅲ-Ⅷ背片两侧有横纹。各节背片两侧无微弯梳。背片、背侧片和侧片清晰。各节背片中对鬃小，在无鬃孔前内侧。节Ⅴ背片鬃Ⅲ在后缘上。节Ⅱ背片侧缘鬃 3 根。节Ⅷ背片后缘梳完整，梳毛细长而密。腹片无附属鬃，仅有后缘鬃，节Ⅱ 2 对，节Ⅲ-Ⅶ 3 对；节Ⅶ内Ⅰ和内Ⅱ后缘鬃在后缘之前，其他均在后缘上。

寄主：墨兰、甘蔗、兰花。

模式标本保存地：未知。

观察标本：1♀，厦门植物园，1982.Ⅻ.14，采自兰花；1♀，海南长征，2002.Ⅷ.12，王培明采自花；1♀，海南长征，1982.Ⅷ.15，王培明采自花。

分布：福建（厦门植物园）、台湾、广东、海南（长征）；日本，印度，印度尼西亚，澳大利亚。

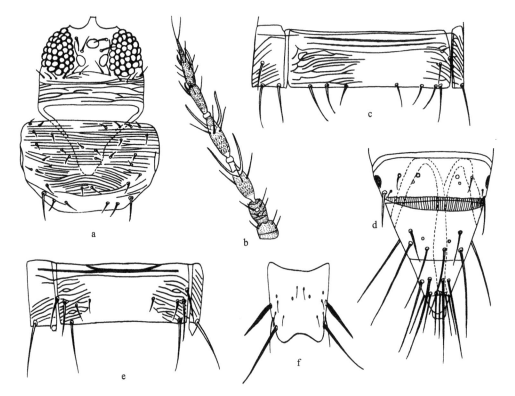

图 142　斯密二鬃蓟马 *Dichromothrips smithi* (Zimmermann)（a-e. 仿韩运发，1997a；f. 仿 Mound，1976b）
a. 头和前胸（head and pronotum）；b. 触角（antenna）；c. 腹节Ⅴ腹片（abdominal sternite Ⅴ）；d. 雌虫腹节Ⅷ-Ⅹ背片（female abdominal tergites Ⅷ-Ⅹ）；e. 腹节Ⅴ背片（abdominal tergite Ⅴ）；f. 雄虫节Ⅸ背片（male abdominal tergite Ⅸ）

45. 棘蓟马属 *Echinothrips* Moulton, 1911

Echinothrips Moulton, 1911, *Tech. Ser. USDA Bur. Entomol.*, 21: 11, 24, 37.
Ctenothrips Franklin: Watson, 1924, *Bull. Agr. Exp. Stat. Univ. Flor.*, 168: 11, 36.

Type species: *Echinothrips mexicanus* Moulton, monobasic.

属征：体棕色，长翅。触角 8 节，节Ⅰ无背顶鬃，节Ⅲ、Ⅳ感觉锥叉状。单眼前鬃存在，复眼后通常有 2 对长鬃；前胸有 2 对后角鬃；后胸背板中对鬃由前缘后发出。前翅前缘脉、前脉鬃头状，连续排列，后脉无鬃。腹节Ⅰ-Ⅷ背板中对鬃长且相互靠近；背板两侧刻纹上一般有微毛；节Ⅷ后缘梳长；腹板后缘鬃常着生在后缘之前。雄虫腹节Ⅱ-Ⅷ腹板有许多小的腺域。

分布：古北界，东洋界，新北界，非洲界，新热带界，澳洲界。

本属世界记录 7 种，本志记述 1 种。

(126) 美洲棘蓟马 *Echinothrips americanus* Morgan, 1913（图 143）

Echinothrips americanus Morgan, 1913, *Proc. U. S. Nat. Mus.*, 46: 14.

雌虫：长翅。体深棕色至黑色，节Ⅰ、Ⅱ深棕色，节Ⅲ、Ⅳ和节Ⅴ基半部色浅，其余节淡棕色。腹节有红的皮下色素，胫节端部、跗节黄色。

头部　头部有复杂的网状刻纹，3 对单眼鬃均存在，复眼内缘有 2 对粗壮的眼后鬃。触角 8 节，节Ⅲ、Ⅳ感觉锥叉状，节Ⅵ长于节Ⅶ和节Ⅷ的总和。

胸部　前胸有强网纹，后角有 2 对重要鬃；后胸背板网状，中对鬃小，着生于前缘附近。前翅尖，向前弯曲；前缘脉和前脉鬃头状，后脉无鬃。

腹部　腹节Ⅱ-Ⅷ背板中对鬃长且相互靠近，背板两侧 1/3 处有明显微毛；节Ⅷ背片后缘梳完整。腹板后缘鬃着生于后缘之前。

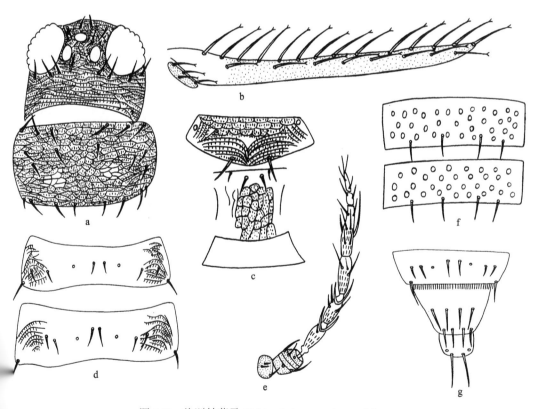

图 143　美洲棘蓟马 *Echinothrips americanus* Morgan

a. 头和前胸（head and pronotum）；b. 前翅（fore wing）；c. 中、后胸盾片（meso- and metanota）；d. 腹节Ⅴ-Ⅵ背片（abdominal tergites Ⅴ-Ⅵ）；e. 触角（antenna）；f. 腹节Ⅴ-Ⅵ腹片（示腺域）（abdominal sternites Ⅴ-Ⅵ, shows gland areas）；g. 腹节Ⅷ-Ⅹ背片（abdominal tergites Ⅷ-Ⅹ）

　　雄虫：比雌虫小，颜色浅些。腹节III-VIII腹板每节有数个小的圆形腺域。

　　寄主：杂草、马兜铃。

　　模式标本保存地：美国（FSCA，Gainesville）。

　　观察标本：4♀♀1♂，海南霸王岭，210m，2008.V.17.，郑建武采自杂草；1♀，海南七仙岭，220m，2009.VII.26，胡庆玲采自杂草；1♀，海南铜鼓岭，42m，2009.VIII.17，胡庆玲采自杂草；1♀，陕西西北农林科技大学昆博温室，220m，2008.VII.20，郑建武采自马兜铃。

　　分布：北京（海淀）、陕西（西北农林科技大学昆博温室）、海南（霸王岭、七仙岭、铜鼓岭）；俄罗斯，日本，泰国，捷克，波兰，保加利亚，塞尔维亚，美国（夏威夷），加拿大，澳大利亚，刚果，百慕大群岛。

46. 片膜蓟马属 *Ernothrips* Bhatti, 1967

Thrips (Ernothrips) Bhatti, 1967, *Thysanop. nova Indica*: 18; Ananthakrishnan, 1969a, *Zool. Mon.*, 1: 34, 132; Jacot-Guillarmod, 1974, *Ann. Cape Prov. Mus. (Nat. Hist.)*, 7 (3): 752; Han, 1997a, *Economic Insect Fauna of China Fasc.*, 55: 269.

Type species: *Thrips lobatus* Bhatti, designated and monobasic.

　　属征：前单眼前鬃缺，前单眼前外侧鬃不长于单眼间鬃。眼后鬃在复眼后排成 1 列。口锥圆形，下颚须 3 节。触角 7 节，节III-IV感觉锥叉状。前胸背板每后角有 2 根长鬃，后缘鬃3-6 对；仅中胸内叉骨有刺。腹节 II-VII腹片后缘有膜片，膜片被分割成小块，后缘鬃着生在分割线处。

　　分布：古北界，东洋界。

　　本属世界记录 4 种，本志记述 2 种。

种检索表

单眼间鬃位于前后单眼外缘连线之外；后胸盾片中部为网纹；前胸背板后缘鬃 5 对·· 裂片膜蓟马 *E. lobatus*

单眼间鬃位于前后单眼中心连线上；后胸盾片前中部有下凹的横纹，其后及两侧为纵线纹；前胸背板后缘鬃 4 对·· 纵纹片膜蓟马 *E. longitudinalis*

(127) 裂片膜蓟马 *Ernothrips lobatus* (Bhatti, 1967)（图 144）

Thrips (Ernothrips) lobatus Bhatti, 1967, *Thysanop. nova Indica*: 18.

Taeniothrips immsi (Bagnall): Mound, 1968, *Bull. Brit. Mus. (Nat. Hist.) Entomol. Suppl.*, 11: 54, 57.

Ernothrips lobatus (Bhatti): Ananthakrishnan & Sen, 1980, *Handb. Ser. Zool. Surv. Indian*, (1): 68; Han 1997a, *Economic Insect Fauna of China Fasc.*, 55: 27.

　　雌虫：体长约 1mm，体棕色。触角节III黄色，节IV黄棕色；各足胫节端部大部和跗节黄色；前翅棕色，基部 1/3 较淡；所有鬃棕色。

头部　头部单眼前部和复眼后有众多横纹，后单眼靠近复眼，单眼间鬃在前后单眼外缘连线之外，眼后鬃围复眼，呈单行排列。两颊微拱。触角 7 节，节III-IV上叉状感觉锥短而粗。口锥伸至前足基节间。下颚须 3 节。

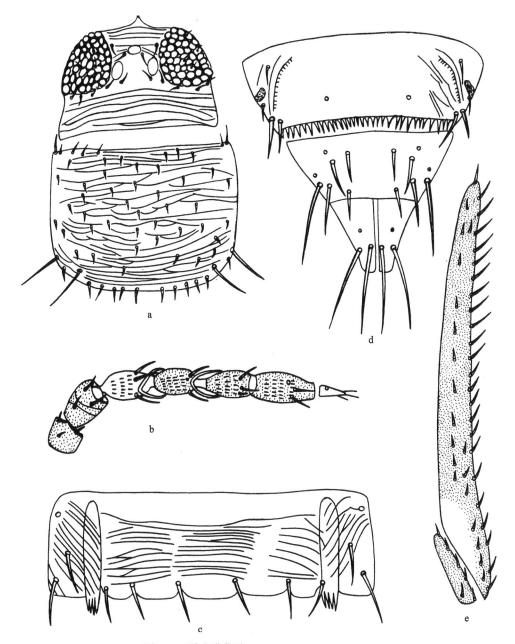

图 144　裂片膜蓟马 *Ernothrips lobatus* (Bhatti)

头和前胸（head and pronotum）；b. 触角（antenna）；c. 腹节Ⅴ腹片（abdominal sternite Ⅴ）；d. 腹节Ⅷ-Ⅹ背片（abdominal tergites Ⅷ-Ⅹ）；e. 前翅（fore wing）

胸部 前胸背面布满清晰横纹，其上有众多短鬃，后角外鬃稍短于后角内鬃，后缘鬃5 对。中胸盾片横纹清晰；后胸盾片前中鬃之前有 3-4 条倾斜的横纹，并向后开口成纵纹，两侧为纵密纹，前缘鬃在前缘上，前中鬃在前缘之后，1 对亮孔靠近后部。仅中胸内叉骨有刺。前翅前缘鬃23 根，前脉鬃4+3 根，端鬃2 根；后脉鬃12 根，翅瓣前缘鬃5 根。前足较粗壮。

腹部 腹节背片两侧有线纹，节Ⅴ-Ⅷ背片两侧微弯梳清晰，节Ⅷ后缘梳完整，节Ⅰ-Ⅸ背片后缘有膜状缘片，其上有横细纹。节Ⅱ-Ⅶ腹片后缘有裂片状膜片，着生在缘膜裂缝基部。腹板无附属鬃。

雄虫：据 Masumoto 和 Okajima（2002）描述，雄虫相似于雌虫，但体型小于雌虫。腹部背板节Ⅸ具有 1 对感觉孔；腹部腹板无附属鬃，后缘裂片状缘膜的宽度小于后缘鬃之间的距离。

寄主：月季、豆科藤本植物、沿阶草、枇杷、乌桕花。

模式标本保存地：英国（BMNH，London）。

观察标本：1♀，湖北九宫山，2001.Ⅷ.7，张桂玲采自花；1♀，湖南慈利县，1988.Ⅸ.6，黄春梅采自豆科；1♀1♂，河南信阳，1985.Ⅶ.20，韩运发采自乌桕花。

分布：河南（信阳）、湖北（九宫山）、湖南（慈利县）、台湾、海南；印度。

(128) 纵纹片膜蓟马 *Ernothrips longitudinalis* Zhou, Zhang & Feng, 2008（图 145）

Ernothrips longitudinalis Zhou, Zhang & Feng, 2008, *Entomotax.*, 30 (2): 91-94.

雌虫：体长约 0.9mm，体棕色。触角节Ⅲ-Ⅳ黄色，但节Ⅳ颜色暗；前翅棕色，基部颜色淡；各足胫节端部及跗节黄色；腹节Ⅰ-Ⅷ背片前缘线褐色。

头部 头宽大于长，单眼区前后均有横线纹分布。单眼区位于两复眼间后部，前单眼前鬃缺，前单眼前外侧鬃长9，单眼间鬃长 12，在前后单眼中心连线上，单眼后鬃长 12，位于两后单眼之后，眼后鬃紧紧围绕复眼排列，鬃Ⅰ短于鬃Ⅱ。触角 7 节，节Ⅲ明显有梗，节Ⅲ-Ⅳ感觉锥叉状，节Ⅰ-Ⅶ长（宽）分别为：16（21）、26（23）、32（19）、26（19）、26（17）、37（19）、12（7）。口锥端部尖，伸至两前足基节间，下颚须 3 节。

胸部 前胸宽大于长，前胸背板布满清晰的横纹，背片鬃小，后缘内角鬃长于外角鬃，后缘鬃4 对，长度近乎相等。中胸背片布满横线纹，前外侧鬃长于中后鬃和后缘鬃。后胸盾片前中部有下凹的横纹，其后及两侧为纵线纹，小盾片上有 4 条纵纹，前缘鬃短于前中鬃，前中鬃远离前缘，在其末端有 1 对无鬃孔。中后胸腹片分离。仅中胸腹片内叉骨有刺。前翅全长 545，前缘鬃 21 根，前脉基部鬃 4＋3 根，端鬃 2 根；后脉鬃 10-11根，翅瓣鬃4+2 根。跗节 2 节。

腹部 腹节Ⅰ背片布满交错线纹，节Ⅱ-Ⅶ背片仅两侧有横线纹；节Ⅴ-Ⅷ背片微弯梳清晰，节Ⅷ背片后缘梳完整；腹片布满横交错线纹，节Ⅲ-Ⅶ腹片后缘鬃3 对，但节Ⅶ腹片后缘中对鬃在后缘之前。腹板无附属鬃。

雄虫：似雌虫，较小，腹部细；触角节Ⅱ端部大部分黄色，边缘色深；节Ⅷ背片后缘无梳；腹节III-VII腹板前中部有横形腺域。

　　寄主：油菜、花、香菜。

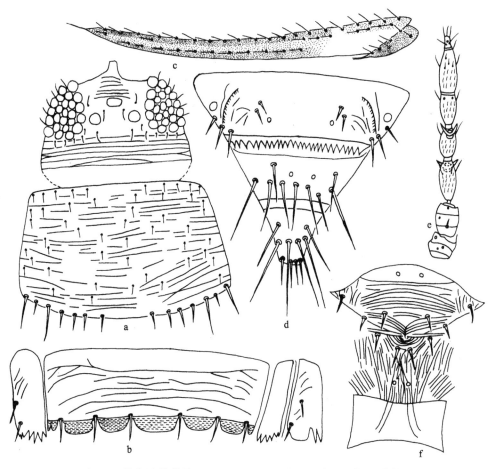

图145　纵纹片膜蓟马 *Ernothrips longitudinalis* Zhou, Zhang & Feng

a. 头和前胸（head and pronotum）；b. 腹节 V 腹片（abdominal sternite V）；c. 前翅（fore wing）；d. 腹节VIII- X 背片（abdominal tergites VIII- X）；e. 触角（antenna）；f. 中、后胸盾片（meso- and metanota）

　　模式标本保存地：中国（NWAFU，Shaanxi）。

　　观察标本：正模♀，河南西峡县黄石庵林场，1996.VII.17/19，张建民采自油菜；副模7♀♀3♂♂，同正模；1♀，河南内乡宝天曼，1998.VII.14，张建民采自花；1♀，湖北九宫山，2001.VIII.06，张桂玲采自花；1♀，陕西汉阴，1990.IV.15，赵小蓉采自油菜；1♀，陕西安康，1990.IV.09，赵小蓉采自香菜。

　　分布：河南（西峡县黄石庵林场、内乡县宝天曼）、陕西（汉阴、安康）、湖北（九宫山）。

47. 花蓟马属 *Frankliniella* Karny, 1910

Frankliniella Karny, 1910, *Mitt. Nat. Ver. Univ. Wien*, 8: 46 (footnote) (no species included by name);
Steinweden & Moulton, 1930, *Proc. Nat. Hist. Soc. Fukien Christ. Univ.*, 3: 21; Han, 1997a,
Economic Insect Fauna of China Fasc., 55: 263.

Frankliniella group *tritici* Hood, 1925b, *Bull. Brook. Entomol. Soc.*, 20: 73.

Frankliniella group *intonesa* Hood, 1925b, *Bull. Brook. Entomol. Soc.*, 20: 76.

Type species: *Thrips intonesa* Trybom, designated by Hood, 1914b, *Proc. Ent. Soc. Wash.*, 16: 37.

属征： 触角 8 节。前单眼前鬃、前外侧鬃和单眼间鬃并存，单眼间的鬃发达。下颚须 3 节。前胸前缘、前角各有 1 对长鬃，但前角长鬃长于前缘长鬃，后角有 2 对长鬃，后缘有 1 对较长鬃，其外有 2 对短鬃，其内有 1 对短鬃。前翅两条纵脉鬃大致连续排列。腹节 V-Ⅷ 背片两侧有微弯梳，节Ⅷ背板微弯梳的气孔在前侧。节Ⅷ背板后缘有梳或无梳。雄虫腹板节Ⅲ-Ⅶ有腺域。

分布： 古北界，东洋界，新北界，非洲界，新热带界，澳洲界。

本属世界记录约 150 种，本志记述 7 种。

种检索表

1. 腹节腹板无附属鬃，但节Ⅱ腹板中部有 1 根或 2 根长鬃 ·················· 玉米花蓟马 *F. williamsi*
   腹节腹板均无附属鬃 ··· 2
2. 腹节Ⅷ后缘梳完整 ·· 3
   腹节Ⅷ后缘梳缺或较退化，仅留痕迹 ··· 5
3. 后胸盾片有钟形感器 ·· 西花蓟马 *F. occidentalis*
   后胸盾片无钟形感器 ··· 4
4. 单眼间鬃位于前后单眼中心连线与内缘连线之间；触角节Ⅷ短于节Ⅶ ····························
   ··· 山楂花蓟马 *F. hawksworthi*
   单眼间鬃位于前后单眼外缘连线上；触角节Ⅷ长于节Ⅶ ············ 花蓟马 *F. intonsa*
5. 腹节Ⅷ后缘梳较退化，仅留痕迹；腹节Ⅳ-Ⅷ有微弯梳 ············ 禾蓟马 *F. tenuicornis*
   腹节Ⅷ后缘梳缺；腹节微弯梳分布于节 V-Ⅷ ··· 6
6. 单眼间鬃着生于后单眼之间；后胸盾片无钟形感器 ··········· 海南花蓟马 *F. hainanensis*
   单眼间鬃位于前后单眼外缘连线上，没有着生于后单眼之间；后胸盾片有钟形感器 ············
   ·· 菱笋花蓟马 *F. zizaniophila*

(129) 海南花蓟马 *Frankliniella hainanensis* Zheng, Zhang & Feng, 2009（图 146）

Frankliniella hainanensis Zheng, Zhang & Feng, 2009, *Entomotax.*, 31 (3): 173-175.

雌虫： 体长约 1.5mm。体棕色，头部和前胸淡棕色；前翅黄色，各足胫节和股节基半部淡棕色。体和翅鬃为棕色。

头部 头宽大于长，前缘平滑，无突起。单眼形成三角区，位于复眼间中部；单眼鬃3对，鬃Ⅰ和鬃Ⅱ弱小，鬃Ⅱ紧邻复眼，单眼间鬃发达，位于后单眼间中部中心连线上；眼后鬃6对，紧围绕复眼呈弧形排列，鬃Ⅳ显著，但短于单眼间鬃。触角8节，长294，节Ⅰ-Ⅷ长（宽）分别为：30（23），38（28），50（23），53（20），48（19），50（19），10（9），15（5）；节Ⅲ有梗，明显，节Ⅲ、Ⅳ具叉状感觉锥，节Ⅲ-Ⅴ基部收缩。口锥延伸至前胸腹片中部，端部钝圆。下颚须3节，节Ⅰ长15，节Ⅱ长11，节Ⅲ长10。

胸部 前胸宽大于长。前缘角鬃长76，前缘鬃长60，后角2对长鬃，内对长于外对，后缘鬃5对；背片鬃稀少，靠近前缘有一些横线纹，靠近两侧缘有几条纵纹，后部密布纵线纹。中胸前外侧鬃长32，中后鬃和后缘鬃弱小，均位于后缘上。后胸盾片前部有几条横纹，其后和两侧布满纵线纹，前中鬃和前缘鬃均位于前缘上，钟形感器缺。中胸腹片内叉骨具刺，粗长，延伸至中胸腹片前缘，后胸腹片内叉骨无刺。前翅长810，前缘鬃20根，前后脉鬃均匀排列；翅瓣鬃5+1根。

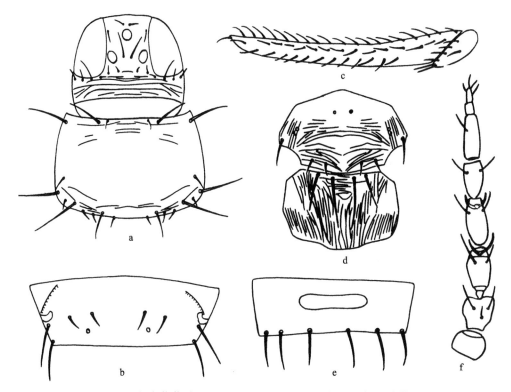

图146 海南花蓟马 *Frankliniella hainanensis* Zheng, Zhang & Feng
a. 头和前胸（head and pronotum）；b. 腹节Ⅷ背片（abdominal tergite Ⅷ）；c. 前翅（fore wing）；d. 中、后胸盾片（meso- and metanota）；e. 雄虫腹节Ⅴ腹片（male abdominal sternite Ⅴ）；f. 触角（antenna）

腹部 腹节Ⅲ-Ⅶ背片靠近前缘各有1条暗棕色横条带，其后还有1条横线纹；节Ⅰ、Ⅱ背片布满横线纹，节Ⅲ-Ⅷ背片仅两侧有一些模糊横线纹；节Ⅴ背片中对鬃位于背片中部，间距77，其后有1对无鬃孔；节Ⅷ背片后缘梳缺。背侧片布满横纹。节Ⅰ-Ⅶ腹片两侧有一些模糊纵纹。节II腹片后缘鬃2对，节III-VII腹片后缘鬃3对，仅节VII腹片后缘中对鬃位于后缘之前，其余各节后缘鬃均位于后缘上。腹板无附属鬃。

雄虫：体长约1.0mm，相似于雌虫，但体较小，体淡黄色。腹节III-VII腹片具腺域，略呈哑铃形，各腹片腺域宽度几乎相等，长约61。

寄主：禾本科杂草。

模式标本保存地：中国（NWAFU，Shaanxi）。

观察标本：1♂2♀♀，海南东方市大田镇，海拔115m，2008.III.21，郑建武采自禾本科杂草；2♀♀，海南昌江黎族自治县霸王岭，海拔130m，2008.III.2，郑建武采自禾本科杂草。

分布：海南（东方市大田镇、昌江黎族自治县霸王岭）。

(130) 山楂花蓟马 *Frankliniella hawksworthi* O'Neill, 1970（图147）

Frankliniella hawksworthi O'Neill, 1970, *Proc. Entomol. Soc. Wash.*, 72: 457.

雌虫：体长1.2mm，体色棕色。头部和胸部颜色淡；触角节III-IV及节V基部黄色；翅淡黄色；足黄色；腹节II-VIII背片前缘线褐色。

头部 头长小于宽，头前缘不凸，复眼后有横刻纹；单眼间鬃在前后单眼中心连线与内缘连线之间，后单眼后鬃在两后单眼后，复眼后鬃4对，鬃III最长。触角8节，节III-IV叉状感觉锥小，节III基部明显有梗，节III-IV上有微毛4排，节I-VIII长（宽）分别为：21（28），33（23），42（19），42（19），33（16），44（16），10（7），9（5）。口锥端部钝圆，伸至前足基间。下颚须3节，下唇须1节。

胸部 前胸长小于宽，前胸背板有极度弱的横纹，前缘亚中对鬃长49，前角鬃长63，后缘鬃5对，亚中对鬃长26，其内有1对短鬃，后角鬃2对，内角鬃长70，外角鬃长51。中胸背片布满横线纹，前外侧鬃长26，后缘鬃和中后鬃均接近后缘。后胸背片前缘有几条横线纹，其后为多角形网纹，两侧为纵线纹，前缘鬃长26，前中鬃在前缘上，其间距离大于其与前缘鬃的距离，其后无鬃孔。中后胸腹片愈合。仅中胸内叉骨有刺。前翅全长409，前缘鬃23根，前脉鬃15+2根，后脉鬃11根，翅瓣鬃5+1根。

腹部 腹节I背片布满横线纹；节II-VIII背片仅两侧有横线纹；节V-VIII背片微弯梳存在；节VIII背片后缘梳完整。腹板布满横线纹。腹片和背侧片无附属鬃。

寄主：美人蕉、菊科植物。

模式标本保存地：美国（USNM，Washington）。

观察标本：1♀，陕西杨陵，1987.VII.20，冯纪年采自美人蕉。

分布：陕西（杨陵）；美国。

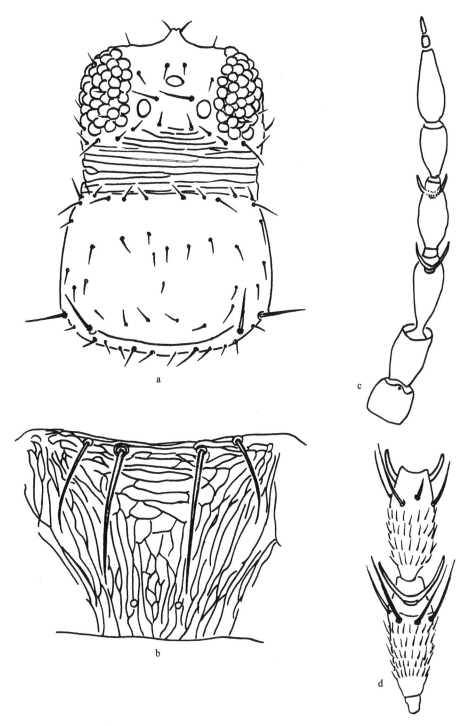

图 147 山楂花蓟马 *Frankliniella hawksworthi* O'Neill

a. 头和前胸（head and pronotum）；b. 后胸盾片（metanotum）；c. 触角（antenna）；d. 触角节III-IV（antennal segments III-IV）

(131) 花蓟马 *Frankliniella intonsa* (Trybom, 1895)（图 148）

Physapus ater De Geer, 1744, *Svensk. Wet. Akad. Handl.*, 5: 6.

Thrips intonesa Trybom, 1895, *Entomol. Tid.*, 16: 182, 188.

Thrips pallida Karny, 1907, *Berl. Ent. Zeitscher.*, 52: 49.

Physapus brevistylis Karny, 1908a, *Wien. Ent. Zeit.*, 27: 278.

Frankliniella breviceps Bagnall, 1911, *J. Econ. Biol.*, 6 (1): 2, 10.

Frankliniella vulgatesimus (Haliday): Bagnall, 1911, *J. Econ. Biol.*, 6 (1): 10.

Frakliniella formosae Moulton, 1928b, *Ann. Zool. Jap.*, 11 (4): 291, 324, figs. 2-3.

Frankliniella intonsa: Han, 1997a, *Economic Insect Fauna of China Fasc.*, 55: 264.

雌虫：体长约 1.4 mm，体棕色。头、胸稍淡，前足股节端部和胫节淡棕色；触角节 III-IV 和节 V 基半部黄色，节 I - II、VI-VIII 棕色；前翅微黄色；腹节 I -VII 前缘线暗棕色；体鬃和翅鬃暗棕色。

头部 头宽大于长，颊后部窄，头顶前缘仅中央突出，背片在眼后有横纹。单眼间鬃较粗，在后单眼前内侧，位于前后单眼中心连线上。眼后鬃仅复眼后鬃 III 较长而粗，其他均细小。触角 8 节，较粗，节 III 有梗节，节 III-V 基部较细，节 III-IV 端部略细缩；节 I -VIII 长（宽）分别为：24（32），41（29），61（24），56（22），41（22），55（22），9（7），17（5），总长 304，节 III 长为宽的 2.54 倍；节 III、IV 感觉锥叉状。口锥长 151，基部宽 136，中部宽 97，端部宽 49。下颚须长：I（基节）10，II 10，III 24。

胸部 前胸宽大于长，背片横线纹弱，中部更模糊。背片鬃 10 根，前缘鬃 4 对，内 II 对长；后缘鬃 5 对，内 II 较长，长鬃长：前缘鬃 53，前角鬃 61，后角外鬃 90，内鬃 88，后缘鬃 51；其他各鬃长 7-19。羊齿内端细，互相接触。中胸盾片布满细横纹；中后鬃和后缘鬃均在后缘稍前，较细。后胸盾片前部为横线，约 3 条，其后为网纹，两侧为纵纹；前缘鬃较细，在前缘上；前中鬃较粗，靠近前缘；亮孔（钟形感器）缺。中胸内叉骨刺长大于内叉骨宽。前翅长 977，中部宽 78；前缘鬃 27 根；前脉鬃均匀排列，21 根；后脉鬃 18 根。

腹部 腹节 I 背片布满横纹，节 II -VIII 背片仅两侧有横线纹；腹片亦有线纹。节 V -VIII 背片两侧微弯梳清晰。节 V 背片中对鬃在背片中横线稍后，位于无鬃孔前内侧。节 VIII 背片后缘梳完整，梳毛基部略为三角形，梳毛稀疏而小。腹片仅有后缘鬃，节 II 2 对，节 III-VII 3 对，除节 VII 中对鬃略微在后缘之前外，其余均着生在后缘上。

雄虫：相似于雌虫，但小而黄。节 IX 背片鬃几乎为 1 横列，各鬃长：内对 I 34，内对 II 7，内对 III 19，内对 IV 17，内对 V 80（很粗），侧鬃长 59（亦粗），节 X 内对鬃细，外对很粗。节 III-VII 腹片有近似哑铃形腺域，节 V 的中央长 15，两端长 17，宽 61，约占腹片宽的 0.43 倍。

寄主：紫花苜蓿、紫云英、红花草、蓝花草、苕子、山野豌豆、红豆草、黄花草木犀、刀豆、蚕豆、紫穗槐、夫人菊、大波斯菊、大丽菊、野菊花、金盏菊、毛连车菊、绣线菊、刺儿菜、大蓟、小蓟、棉花、木芙蓉、粉红小花芙蓉、扶桑、木槿、芸芥、白菜、油菜、萝卜、甘蓝、玉米、水稻、小麦、石蒜、葱、鸢尾、唐菖蒲、丝瓜、南瓜、

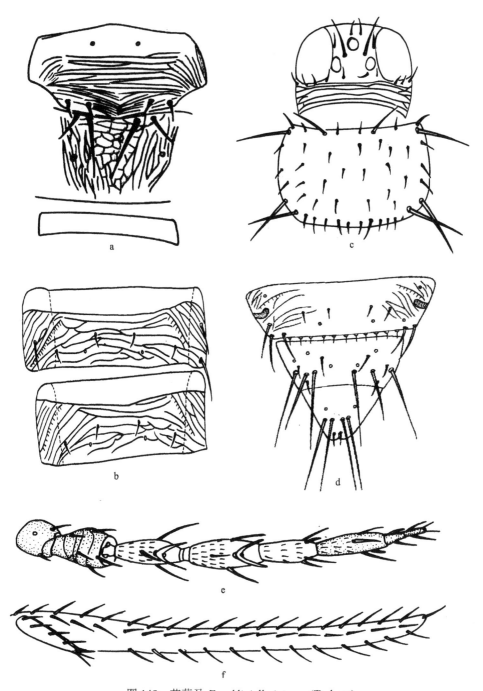

图 148　花蓟马 *Frankliniella intonsa* (Trybom)

a. 中、后胸盾片（meso- and metanota）；b. 腹节 V-VI背片（abdominal tergites V-VI）；c. 头和前胸（head and pronotum）；
d. 腹节Ⅷ-Ⅹ背片（abdominal tergites Ⅷ-Ⅹ）；e. 触角（antenna）；f. 前翅（fore wing）

冬瓜、西瓜、西葫芦、月季、山梅花、刺梅、五色梅、苹果、梨、杜梨、白刺花、雪柳、
忍冬、偃伏红瑞木、野地黄、月香、金带长、梅氏萱草、胡麻、白屈菜、茜草、耧斗菜、

紫陵菜、波叶大黄、白苏、槭树属、午时花、烟草、紫鸭趾草、九里香、硬骨凌霄、玉花、夹竹桃、白花夹竹桃、荷花、灰菜、凤仙花、美女樱、金茉莉、美人蕉、兰花、银薇、青葙、茄、西红柿、瑞香、牵牛花、毛叶大丽、石榴、绿墙莉、海棠、沙柳、紫苑、木草夜来香、紫藤、土豆、地黄、甘蔗、小旋花、牡丹、辣椒、菠菜、慈姑、露珠草、毛茛、夏枯草、半边莲、益母草、美国凌霄、香菜、石竹、非洲橘、紫薇、荷花千里光、沙枣、马先蒿、葛缕子的花、河柏的花、灰藜、豆科植物。

模式标本保存地：美国（CAS，San Francisco）。

观察标本：2♀♀，内蒙古贺兰山水磨沟后沟，2251m，2010.Ⅷ.17，胡庆玲采自杂草；2♀♀，内蒙古贺兰山哈拉乌，2300m，2010.Ⅷ.13，胡庆玲采自荷叶千里光；1♀，内蒙古贺兰山金星管护站，2660m，2010.Ⅶ.27，李维娜采自葛缕子的花；3♀♀，内蒙古贺兰山哈拉乌，2300m，2010.Ⅷ.13，李维娜采自马先蒿；3♀♀，内蒙古贺兰山乌拉本水泥厂，1847m，2010.Ⅷ.11，胡庆玲采自河柏的花；1♀，内蒙古贺兰山黄粱口，1950m，2010.Ⅶ.31，胡庆玲采自沙枣。

分布：黑龙江、吉林、辽宁、内蒙古（贺兰山）、北京、河北、山东、河南、陕西、宁夏、甘肃、新疆、江苏、安徽、浙江、湖北、江西、湖南、福建、台湾、广东、海南、广西、四川、贵州、云南、西藏；俄罗斯，蒙古，朝鲜，日本，印度，格鲁吉亚，拉脱维亚，乌克兰，爱沙尼亚，立陶宛，阿尔巴尼亚，南斯拉夫，捷克，斯洛伐克，波兰，匈牙利，罗马尼亚，瑞士，法国，意大利，德国，丹麦，瑞典，奥地利，荷兰，芬兰，英国，格陵兰，塞尔维亚，希腊，土耳其。

(132) 西花蓟马 *Frankliniella occidentalis* (Pergande, 1895)（图149）

Euthrips occidentalis Pergande, 1895, *Insect Life*, 7 (5): 392.

Euthrips helianthi Moulton, 1911, *Tech. Ser. USDA Bur. Entomol.*, 21: 16, 27, 40; Karny, 1912b, *Zool. Ann.*, 4: 336.

Frankliniella tritici var. *moultoni* Hood, 1914b, *Proc. Entomol. Soc. Wash.*, 16: 38.

Frankliniella claripennis Morgan, 1925, *Can. Ent.*, 57: 138, 142.

Frankliniella dahliae Moulton, 1948, *Rev. Entomol.*, 19: 70, 97.

雌虫：长翅。身体和足颜色多变。触角节Ⅲ-Ⅴ黄色但端部棕色。前翅白色，鬃色深。

头部　头宽大于长。单眼鬃3对，单眼间鬃长于后单眼外缘之间的距离，着生于单眼三角形前部；眼后鬃Ⅰ存在，鬃Ⅳ长于后单眼之间的距离。触角8节，节Ⅲ、Ⅳ感觉锥叉状，节Ⅷ长于节Ⅶ。

胸部　前胸有5对主要鬃。前缘鬃稍短于前角鬃，1对小鬃位于后缘亚中鬃之内。后胸背板前缘有2对鬃，钟形感器通常存在。前翅鬃列完全。

腹部　腹节Ⅴ-Ⅷ背板有成对的微弯梳，有时在节Ⅳ不明显，节Ⅷ微弯梳在气孔前外侧；节Ⅷ后缘梳完整。节Ⅲ-Ⅶ腹板无附属鬃。

雄虫：小于雌虫，颜色稍白。腹节Ⅷ背板无后缘梳。节Ⅲ-Ⅶ腹板有横的腺域。

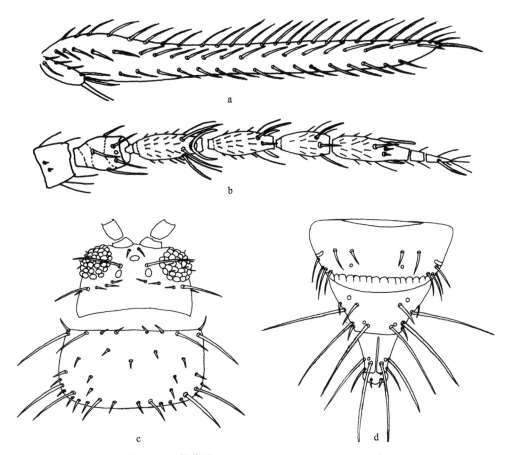

图 149　西花蓟马 *Frankliniella occidentalis* (Pergande)

a. 前翅（fore wing）；b. 触角（antenna）；c. 头和前胸（head and pronotum）；d. 腹节Ⅷ-Ⅹ背片（abdominal tergites Ⅷ-Ⅹ）

寄主： 广泛。

模式标本保存地： 美国（CAS，San Francisco）。

观察标本： 3♀♀，陕西咸阳，2008.Ⅶ.20，冯纪年采自花卉。

分布： 北京、山东、河南、陕西、江苏、安徽、浙江、湖北、福建、广东、海南、广西、重庆、四川、贵州、云南；世界性分布。

(133) 禾蓟马 *Frankliniella tenuicornis* (Uzel, 1895)（图 150）

Physopus tenuicornuis Uzel, 1895, *Königgräitz*: 32, 48, 99.

Physopus nervosa Uzel, 1895, *Königgräitz*: 32, 48, 102.

Thrips (Euthrips) maidis Beach, 1896, *Proc. Iowa Acad. Sci.*, 3: 218, 219.

Frankliniella nervosa (Uzel): Karny, 1912b, *Zool. Ann.*, 4: 335.

Frankliniella tenuicornis (Uzel): Steinweden & Moulton, 1930, *Proc. Nat. Hist. Soc. Fukien Christ. Univ.*, 3: 22; Wu, 1935, *Catalogue Insectorum Sinensium*, 1: 341; Mound *et al.*, 1976, *Handb. Ident. Brit. Ins.*, 1 (11): 5, 31; Han, 1997a, *Economic Insect Fauna of China Fasc.*, 55: 266.

雌虫：体长 1.3-1.4mm，体灰褐色至黑褐色。头、胸、腹灰色部分不甚规则；腹节Ⅲ-Ⅷ前缘较暗，腹端常很暗；触角节Ⅲ、Ⅳ或节Ⅲ、Ⅳ和节Ⅴ基部黄色，其余灰褐色；前翅灰白色或微黄；体鬃和翅鬃暗灰。

头部 头宽大于长，头背在眼前和眼后有横纹，前缘向前拱圆，两颊平行。单眼呈三角形排列于复眼间后部。前单眼前鬃、前侧鬃长 19-22。单眼间鬃长 52，在前后单眼之中，位于单眼外缘连线上。后单眼后内侧有 1 小鬃，复眼后鬃围眼排列。触角 8 节，较瘦细，节Ⅲ有梗；节Ⅰ-Ⅷ长（宽）分别为：24（37），39（53），66（22），59（22），59（17），68（19），10（7），15（5），总长 340，节Ⅲ长为宽的 3 倍；节Ⅲ、Ⅳ叉状感觉锥长 24。口锥长 107，基部宽 158，中部宽 97，端部宽 49。下颚须长：节Ⅰ（基节）17，节Ⅱ 12，节Ⅲ 22。

胸部 前胸宽大于长，背片前半部和后缘有横纹，背片鬃 12 根，其中近后角的 1 根较长而粗；长鬃长：前缘鬃 43，前角鬃 73，后角外鬃 73，后角内鬃 97，后缘鬃 37，后缘鬃共 5 对，后缘长鬃内有 1 对，略小于其他各短后缘鬃。中胸盾片有横纹，中对鬃与后缘鬃几乎在一条横线上，距后缘约 20，鬃长：前外侧鬃 24，中后鬃 15，后缘鬃 19。后胸盾片中前部有横纹，其后和两侧为纵纹，1 对亮孔（钟形感器）在后部，前缘鬃较细，前中鬃较粗，均靠近前缘，前缘鬃长 29，间距 44；前中鬃长 58，间距 17。中胸内叉骨刺较长但弱。前翅长 822，中部宽 73。前缘鬃 24 根，前脉鬃 19 根，后脉鬃 15 根。

腹部 腹节Ⅰ-Ⅷ背片和腹片布满横线纹；节Ⅳ-Ⅷ背片两侧微梳长而不弯；节Ⅴ背片中对鬃在背片中横线上，位于无鬃孔（在后部 1/3 以内）前内侧；节Ⅴ背片鬃长：内Ⅰ（中对鬃）7，内Ⅱ 7，内Ⅲ 24，内Ⅳ（后缘上）49，内Ⅴ 46，内Ⅵ（后缘上）63，鬃Ⅲ-Ⅴ呈三角形排列；节Ⅵ-Ⅶ背片鬃Ⅳ退化。节Ⅷ背片后缘梳退化，常仅可见痕迹。腹片无附属鬃。节Ⅱ后缘鬃 2 对，节Ⅲ-Ⅶ 3 对，均着生在后缘上。

雄虫：一般形态相似于雌虫，但较小而黄。腹节Ⅸ背鬃：对Ⅱ在最后，其他在前，约呈 1 横列，对Ⅲ和对Ⅴ较粗而长。侧鬃 1 对亦较粗。节Ⅲ-Ⅶ腹片有横腺域，少数略微呈哑铃形；节Ⅴ腺域中部长 10，端部长 12，宽 58，约占腹片宽的 0.34 倍。

寄主：小麦、玉米、谷子、大麦、水稻、高粱、稗、狗尾草、露珠草、糜子、紫花苜蓿、西红柿、洋葱、白蒿、曼陀罗、地稔、蟋蟀草、狼尾草、枸杞、耧斗菜、马齿苋、葱、葛缕子的花、花。

模式标本保存地：未知。

观察标本：1♀，陕西西北农林科技大学校园，2001.Ⅹ.2，张桂玲采自花；1♀，陕西太白山鹦鸽镇，1999.Ⅶ.18，曹兵伟采；1♀，陕西杨陵，2002.Ⅷ.15，李武高采自玉米；1♀，内蒙古贺兰山金星管护站，2660m，2010.Ⅶ.27，李维娜采自葛缕子的花；1♀，黑龙江东宁县，2010.Ⅷ.13，门秋雷采自杂草。

分布：黑龙江（东宁市）、吉林、辽宁、内蒙古（贺兰山）、北京、河北、山西、山东、河南、陕西（杨陵、太白山鹦鸽镇）、宁夏、甘肃、青海、新疆、江苏、湖北、江西、湖南、福建、台湾、广东、广西、四川、贵州、云南、西藏；俄罗斯（西伯利亚），朝鲜，日本，蒙古，巴基斯坦，乌克兰，立陶宛，乌兹别克斯坦，爱沙尼亚，南斯拉夫，波兰，匈牙利，罗马尼亚，阿尔巴尼亚，捷克，斯洛伐克，德国，瑞士，瑞典，法国，荷兰，奥地利，丹麦，意大利，芬兰，英国，土耳其，美国，加拿大。

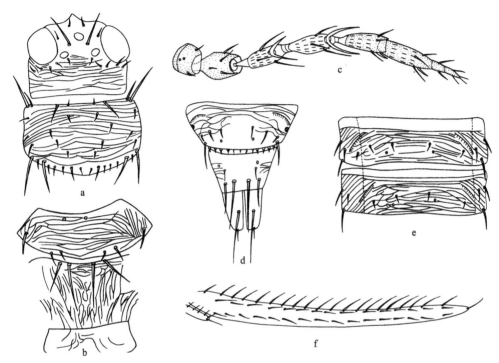

图 150　禾蓟马 *Frankliniella tenuicornis* (Uzel)

a. 头和前胸（head and pronotum）；b. 中、后胸盾片（meso- and metanota）；c. 触角（antenna）；d. 腹节Ⅷ-Ⅹ背片（abdominal tergites Ⅷ-Ⅹ）；e. 腹节Ⅵ-Ⅶ背片（abdominal tergites Ⅵ-Ⅶ）；f. 前翅（fore wing）

(134) 玉米花蓟马 *Frankliniella williamsi* Hood, 1915（图 151）

Frankliniella williamsi Hood, 1915b, *Insect. Inscit. Menstr.*, 3 (1-4): 19.
Frankliniella flavens Moulton, 1928c, *Proc. Haw. Entomol. Soc.*, 7 (1): 108, 132.
Frankliniella spinosa Moulton, 1936d, *Bull. Brook. Entomol. Soc.*, 31: 61.

雌虫：长翅。体色和足均黄色，触角端部浅棕色；前翅白色。

头部　头宽大于长，单眼鬃 3 对，单眼仅鬃长于单眼三角形的一边，着生于前后单眼中心连线上。单眼后鬃 I 存在，鬃Ⅳ和后单眼间距离相等。触角 8 节，节Ⅲ-Ⅳ感觉锥叉状，节Ⅷ约 2 倍长于节Ⅶ。

胸部　前胸背板有 5 对长鬃，前缘鬃和前角鬃几乎等长，在后缘亚中鬃之间有 1 对小鬃。后胸盾片钟形感器存在。前翅翅脉鬃全。

腹部　腹节Ⅴ-Ⅷ背板有成对微梳；节Ⅷ微梳位于气孔前外侧；节Ⅷ背板后缘梳细长。节Ⅲ-Ⅶ腹板无附属鬃，但节Ⅱ腹板中部通常有 1 根或 2 根长鬃。

雄虫：长翅。小于雌虫。节Ⅷ背板后缘梳完整。节Ⅱ腹板中部有 1-2 根附属鬃，节

III-Ⅶ腹板有小的卵圆形腺域。节Ⅶ腹板后缘有齿。

　　　寄主：玉米及其他禾本科植物包括甘蔗。

　　　模式标本保存地：美国（CAS，San Francisco）。

　　　观察标本：未见。

　　　分布：台湾；广泛分布于热带和亚热带国家。

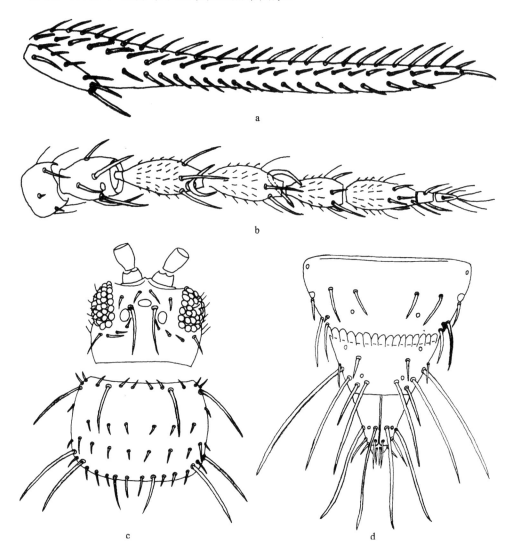

图 151　玉米花蓟马 Frankliniella williamsi Hood（仿 Hood, 1915）

a. 前翅（fore wing）；b. 触角（antenna）；c. 头和前胸（head and pronotum）；d. 腹节Ⅷ-Ⅹ（abdominal tergites Ⅷ-Ⅹ）

(135) 茭笋花蓟马 *Frankliniella zizaniophila* Han & Zhang, 1982（图 152）

Frankliniella zizaniophila Han & Zhang, 1982a, *Acta Zootaxon. Sin.*, 7 (2): 210, 211; Han, 1997a, *Economic Insect Fauna of China Fasc.*, 55: 268-269.

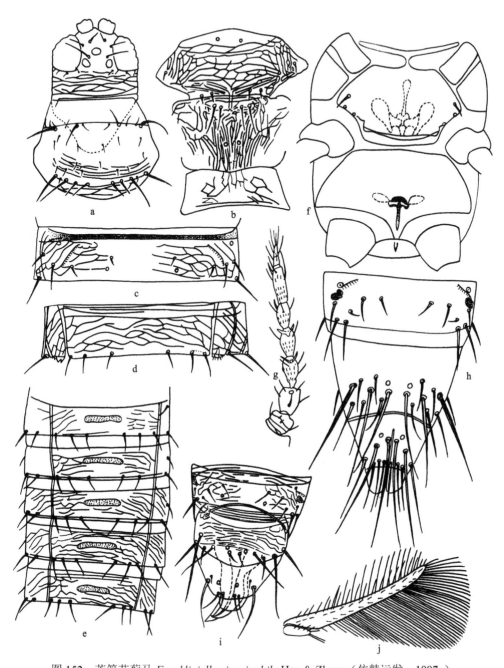

图 152　荻笋花蓟马 *Frankliniella zizaniophila* Han & Zhang（仿韩运发，1997a）

a. 头和前胸（head and pronotum）；b. 中、后胸盾片（meso- and metanota）；c. 腹节 Ⅴ 背片（abdominal tergite Ⅴ）；d. 腹节 Ⅴ 腹片（abdominal sternite Ⅴ）；e. 雄虫腹节Ⅲ-Ⅶ腹片（male abdominal sternites Ⅲ-Ⅶ）；f. 中、后胸腹片（meso- and metasterna）；g. 触角（antenna）；h. 雌虫腹节Ⅷ-Ⅹ背片（female abdominal tergites Ⅷ-Ⅹ）；i. 雄虫腹节Ⅷ-Ⅹ背片（male abdominal tergites Ⅷ-Ⅹ）；j. 前翅（fore wing）

雌虫：体长约 1.2mm，体淡棕色至暗棕色。足大致黄色；触角节Ⅲ-Ⅴ或包括节Ⅵ基半部黄色，节Ⅲ最淡，其余各节同体色；体鬃暗；前翅淡黄色；腹节Ⅲ-Ⅶ背板前缘线深棕色。

头部 头宽大于长。单眼间鬃位于后单眼之前，在前后单眼三角形外缘连线上。前单眼前鬃和前侧鬃及腹眼后鬃小。眼后有线纹。触角8节，较短粗，节Ⅰ-Ⅷ长（宽）分别为：22（30），29（28），37（21），31（20），32（20），43（18），9（9），14（6）。节Ⅲ、Ⅳ上感觉锥叉状；各节刚毛尖。口锥伸达前胸中部，端部圆。下颚须长：节Ⅰ（基节）12，节Ⅱ11，节Ⅲ 13。

胸部 前胸宽大于长，略短于头，背片仅后部有少数线纹，长鬃长：前缘鬃 28，前角鬃35，后角内鬃43，后角外鬃34，背片几乎无鬃（边缘鬃除外），后缘鬃2对。中胸盾片有横纹，中后鬃亦接近后缘，各鬃均小。后胸盾片前部有几条横纹，其后和两侧为纵纹，前缘鬃前缘5，前中鬃距前缘6，前中鬃后端部有1对亮孔（钟形感器）。仅中胸腹片内叉骨有刺。前翅长645，中部宽52。前缘鬃17-21根，前脉鬃11-15根，后脉鬃9-12根，脉鬃大体连续排列，但偶有不规则的小间断，亦有左右翅不一致现象。

腹部 腹节Ⅱ-Ⅶ背片两侧有线纹；背片Ⅴ-Ⅷ两侧有微弯梳；中对鬃小，间距宽，几乎在背片中线上，在无鬃孔正前方。背侧片无附属鬃。各后缘鬃除节Ⅶ中对以外均着生在后缘上。节Ⅷ背片后缘梳缺。

雄虫：一般形态与雌虫相似，但较小，常色淡。腹节Ⅲ-Ⅶ腹板有雄性腺域，宽横带状，端部稍阔圆，但不甚规则，占腹片宽的0.29；节Ⅸ背片鬃约呈1横列。

寄主：茭笋。

模式标本保存地：中国（IZCAS，Beijing）。

观察标本：未见。

分布：江苏、浙江、湖北、福建。

48. 腹齿蓟马属 *Fulmekiola* Karny, 1925

Fulmekiola Karny, 1925, *Bull. Van het deli Proef. Med.*, 23: 18; Han, 1997a, *Economic Insect Fauna of China Fasc.*, 55: 271.

Thrips (*Saccharothrips*) Priesner, 1934, *Nat. Tijd. Ned.-Indië*, 94 (3): 282.

Saccharothrips Priesner: Priesner, 1949a, *Bull. Soc. Roy. Entomol. Egy.*, 33: 147.

Baliothrips Uzel: Jacot-Guillarmod, 1974, *Ann. Cape Prov. Mus.* (*Nat. Hist.*), 7 (3): 696-700.
Type species： *Fulmekiola interrupta* Karny, designated from two species.

属征：单眼前外侧鬃远长于单眼间鬃。触角7节，节Ⅲ、Ⅳ有叉状感觉锥。下颚须3节。前胸后角有2对长鬃，后缘鬃3对。中、后胸内叉骨均无刺。两性长翅型，前翅前缘鬃4根。各足跗节2节，后足胫节无特别长的刚毛。腹节Ⅰ-Ⅷ背片和节Ⅱ-Ⅶ腹片有长角齿。雄虫腹节Ⅱ-Ⅷ腹片后缘有角状齿；腹节Ⅲ-Ⅶ腹片有横腺域。

分布：古北界，东洋界，新热带界。

本属世界记录1种，本志记述1种。

(136) 蔗腹齿蓟马 *Fulmekiola serrata* (Kobus, 1892)（图 153）

Thrips serrata Kobus, 1892, *Meded. Proef. Oost-Java*, 43: 16.

Physothrips serratus (Kobus): Karny, 1914, *Zeit. Wiss. Insek.*, 10: 369.

Stenothrips minutus Karny, 1915, *Zeit. Wiss. Insek.*, 11: 85; Moulton, 1928b, *Ann. Zool. Jap.*, 11: 307, 329.

Fulmekiola interrupta Karny, 1925, *Bull. Van het deli Proef. Med.*, 23: 19, 55.

Thrips (Saccharothrips) serrata Kobus: Priesner, 1934, *Nat. Tijd. Ned.-Indië*, 94 (3): 280, 289.

Thrips (Fulmekiola) serratus Kobus: Takahashi, 1936, *Philipp. J. Sci.*, 60 (4): 440.

Fulmekiola serrata (Kobus): Priesner, 1938b, *Konowia*, 17: 29; Zhang, 1982, *J. Sou. China Agric. Univ.*, 3 (4): 50, 58; Han, 1997a, *Economic Insect Fauna of China Fasc.*, 55: 272.

Baliothrips serratus (Kobus): Jacot-Guillarmod, 1974, *Ann. Cape Prov. Mus. (Nat. Hist.)*, 7 (3): 716.

雌虫：体细长，灰褐色，胸部和腹节Ⅰ淡；触角节Ⅰ-Ⅱ、节Ⅵ端部和节Ⅶ灰褐色；头部和腹部颜色一致，节Ⅲ-Ⅴ和节Ⅵ基部黄色；前翅淡棕色，基部黄色；各足胫节和跗节黄色。

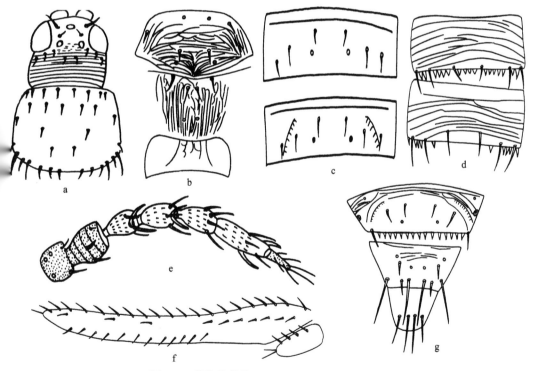

图 153　蔗腹齿蓟马 *Fulmekiola serrata* (Kobus)

头和前胸（head and pronotum）；b. 中、后胸盾片（meso- and metanota）；c. 腹节Ⅴ-Ⅵ背片（abdominal tergites Ⅴ-Ⅵ）；腹节Ⅵ-Ⅶ腹片（abdominal sternites Ⅵ-Ⅶ）；e. 触角（antenna）；f. 前翅（fore wing）；g. 腹节Ⅷ-Ⅹ背片（abdominal tergites Ⅷ-Ⅹ）

头部 头后部有横线纹，单眼月晕红色，单眼间鬃细长，位于前后单眼三角形外缘连线之外，单眼前侧鬃粗，眼后鬃均细小，单眼后鬃远离后单眼，在其他鬃之后，其他鬃紧围复眼排列。触角 7 节，节Ⅲ-Ⅳ有短的叉状感觉锥。口锥端部钝，伸至前胸腹板1/3 处。

胸部 前胸背板有横纹，背鬃稀疏，很短，后角有 2 对长鬃，后缘鬃 3 对，很小。中胸盾片有横纹，前面有 1 对亮孔。后胸盾片前部有横纹，其后和两侧为纵密纹，前缘鬃和前中鬃靠近，1 对亮孔在中后部。中、后胸内叉骨均无刺。前翅前缘鬃 22 根，前脉基部鬃 4+3 根，端鬃 3 根；后脉鬃 9 根。

腹部 腹节Ⅱ-Ⅷ背片有弧形线纹，节Ⅴ-Ⅷ背片两侧有微弯梳，节Ⅱ-Ⅷ背片中对鬃微小，节Ⅵ-Ⅷ中对鬃较长，各中对鬃在无鬃孔前内方或正上方，节Ⅷ背片后缘无梳。腹板无附属鬃，节Ⅴ-Ⅶ腹面后缘有粗齿，被后缘鬃分开。

雄虫： 相似于雌虫，但体较细小，色常较淡。前足较粗，前足股节增大。腹节Ⅲ-Ⅶ腹板有横腺域；节Ⅸ背鬃内Ⅲ在最前，其余在其后，大致呈弧形排列。

寄主： 甘蔗、荻、马铃薯叶。

模式标本保存地： 美国（CAS，San Francisco）。

观察标本： 1♀，陕西太白山，2002.Ⅶ.13，张桂玲采自马铃薯叶；1♂，湖南汉寿县，1991.Ⅶ.28，王宗典采自荻叶；1♀1♂，福建漳州，1979.Ⅳ.18，黄盈采自甘蔗心叶。

分布： 陕西（太白山）、江苏、浙江、湖南（汉寿县）、福建（漳州）、台湾、广东、海南、广西、四川、云南；日本，巴基斯坦，印度，孟加拉国，越南，菲律宾，马来西亚，印度尼西亚，毛里求斯。

49. 草蓟马属 *Graminothrips* Zhang & Tong, 1992

Graminothrips Zhang & Tong, 1992b, *Entomotax.*, 14 (2): 81-86.

Type species: *Graminothrips cyperi* Zhang & Tong, 1992, designated from two species.

属征： 头稍短于前胸。触角 8 节，节Ⅲ、Ⅳ感觉锥简单，节Ⅵ有 3 个感觉锥。单眼间鬃发达，位于单眼三角形之外。雄虫无单眼。口锥适当长，伸至前胸腹板近端部，下颚须 3 节。前胸基本无刻纹，有 2 对发达的后角鬃，长于其他鬃。中、后胸内叉骨有刺。前足胫节内缘有 1 个手状的突起；跗节 2 节。前翅前缘鬃等于或稍短于翅宽。腹节Ⅰ-Ⅶ背板后缘两侧有齿，节Ⅲ-Ⅶ背板各有 5 对鬃；节Ⅷ背板后缘有完全或不完全的梳。节Ⅱ-Ⅶ腹板后缘有不规则齿，有 3 对后缘鬃；节Ⅱ-Ⅶ侧片有锯齿；腹板无附属鬃。雄虫后缘无几丁质的附属物；节Ⅲ（有时是节Ⅱ）-Ⅶ腹板有不规则形状散布的腺域。

分布： 中国（广东、海南、广西）。

本属世界记录 2 种，本志记述 2 种。

种检索表

体黄和棕二色；眼后鬃和前胸后缘鬃小；单眼间鬃在前单眼之前；雄虫腹节Ⅲ-Ⅷ各有 9-14 个不规则的腺域 ·· 莎草草蓟马 *G. cyperi*

体棕色，有红色的皮下色素；眼后鬃和前胸后缘鬃长；单眼间鬃在前单眼之后；后胸中对鬃靠近前缘；雄虫腹节Ⅱ有 4 个腺域，节Ⅲ-Ⅷ各有分两行排列的 8 个腺域……………………………
…………………………………………………………………………………**长鬃草蓟马 *G. longisetosus***

(137) 莎草草蓟马 *Graminothrips cyperi* Zhang & Tong, 1992（图 154）

Graminothrips cyperi Zhang & Tong, 1992b, *Entomotax.*, 14 (2): 81-86.

雌性（长翅）：体黄和棕二色。头深棕色，翅胸和腹节Ⅱ棕色，腹节Ⅲ-Ⅴ黄色，节Ⅵ-Ⅹ深棕色。触角节Ⅰ、Ⅱ深棕色，和头同色，节Ⅲ黄色，节Ⅳ端部 1/3、节Ⅴ端部 2/3棕色，节Ⅵ-Ⅷ深棕色；前翅中部 1/4 和端部 1/4 有 2 个浅棕色的条带，其余浅黄色。所有足黄色。

头部　头在眼前延伸，单眼月晕红色，单眼前鬃 1 对，前单眼在触角下、复眼之前，单眼间鬃发达，远位于单眼三角形之外，4 对眼鬃短。头基部有弱的不规则的横线纹。口锥伸至前胸腹板中部；下颚须 2 节。触角 8 节，1.9 倍于头长，节Ⅵ最长，3.1 倍于宽；节Ⅲ-Ⅴ各有 1 个简单感觉锥，节Ⅵ有 3 个感觉锥。

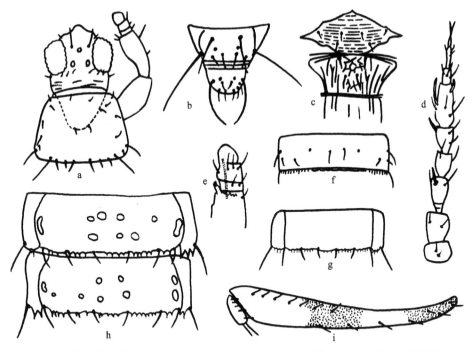

图 154　莎草草蓟马 *Graminothrips cyperi* Zhang & Tong（仿 Zhang & Tong，1992b）
a. 头和前胸（head and pronotum）；b. 雄虫节Ⅸ-Ⅹ背片（male abdominal tergites Ⅸ-Ⅹ）；c. 中、后胸盾片（meso- and metanota）；d. 触角（antenna）；e. 前足胫节和跗节（fore tibia and tarsus）；f. 腹节Ⅵ背片（abdominal tergite Ⅵ）；g. 腹节Ⅵ腹片（abdominal sternite Ⅵ）；h. 雄虫腹节Ⅵ-Ⅶ腹片（示腺域）（male abdominal sternites Ⅵ-Ⅶ, shows gland areas）；i. 前翅（fore wing）

胸部　前胸约 1.1 倍于头长，表面光滑，前缘和前角各有 1 对小鬃，后缘在后角之间有 3 对鬃，2 对后角鬃发达且细长，内对长于外对。中胸背板有不规则横纹；后胸背板有不规则网纹，无感觉孔，后胸背板中对鬃远离后缘。中、后胸腹板无内叉骨刺。前翅前缘脉鬃 12 根，前缘脉鬃的长度几乎和前翅宽度等长；前脉鬃基部鬃 3+4 根，端部 2 根；后脉鬃 5-6 根；翅瓣鬃 4-5 根。跗节 2 节；前足胫节端部内角有 1 个手状突起，所有胫节端部有 3-5 个基部宽的齿，后足胫节内缘有 1 排 4-5 根粗壮的鬃。

腹部 腹节背板有弱的由横纹组成的不规则网纹；节Ⅰ和节Ⅶ背板后缘有微毛，节Ⅱ-Ⅵ后缘两侧有微毛，节Ⅷ背板后缘梳完整；节Ⅹ完全纵裂。节Ⅱ-Ⅶ侧板有锯齿。节Ⅱ-Ⅶ腹板后缘有不规则的齿和 3 对后缘鬃。腹板无附属鬃。

雄虫：体色和外部形态相似于雌虫，与雌虫的不同点：头和腹节Ⅶ-Ⅸ深棕色，翅胸，腹节Ⅱ-Ⅵ和所有足黄色。无单眼和翅。节Ⅲ-Ⅷ腹板各有 9-14 个不规则分布的腺域；节Ⅸ背板后缘无 1 对几丁质的附属物。

寄主：莎草属植物。

模式标本保存地：中国（SCAU，Guangzhou）。

观察标本：副模 2♀♀1♂，广州五山，1986.Ⅶ.31，童晓立采自莎草。

分布：广东（广州）、海南（尖峰岭）。

(138) 长鬃草蓟马 *Graminothrips longisetosus* Zhang & Tong, 1992（图 155）

Graminothrips longisetosus Zhang & Tong, 1992b, *Entomotax.*, 14 (2): 81-86.

雌虫：长翅。体棕色，有红色的皮下色素。触角节Ⅰ、Ⅱ棕色，节Ⅲ-Ⅴ黄色，节Ⅵ-Ⅷ棕色，但节Ⅵ基部 1/3 浅棕色。除跗节和前足胫节外，所有足黄色。前翅除中部 1/4 黄色外其余浅棕色。

头部 头宽等于长。单眼前鬃 2 对，单眼间鬃长，位于单眼三角形之外；3 对眼后鬃发达，鬃Ⅰ（内对）和鬃Ⅲ（外对）几乎等长，鬃Ⅱ最长，几乎和单眼间鬃等长。头基部有弱的不规则的横线纹。口锥长，伸至前足基节之间。触角 8 节，2.0 倍于头长，节Ⅲ-Ⅴ各有 1 个简单感觉锥，节Ⅵ有 3 个感觉锥。

胸部 前胸几乎无刻纹。有 2 对后角鬃，外对短于内对，后缘鬃 3 对，内对最长，几乎和单眼间鬃等长，外 2 对几乎等长。后胸背板有不规则网纹，中对鬃靠近前缘。中、后胸腹板无内叉骨刺。前翅前缘脉鬃 11 根，前缘脉鬃的长度稍长于前翅宽；前脉鬃基部鬃 3+4 根，端部 2 根；后脉鬃 8-9 根；翅瓣鬃 5 根。跗节 2 节；前足胫节端部内角有 1 个手状突起；后足胫节内缘有 1 排 6-7 根粗壮的鬃；所有胫节端部有 2-4 根基部宽的齿。

腹部 腹节背板有弱刻纹；节Ⅱ-Ⅷ背板后缘两侧和侧片后缘有基部很宽的齿；节Ⅷ背板后缘梳完整；节Ⅹ不完全纵裂。节Ⅱ-Ⅶ侧板有锯齿。节Ⅱ-Ⅶ腹板后缘有不规则的齿和 3 对后缘鬃；腹板无附属鬃。

雄虫：体色和外部形态相似于雌虫，与雌虫的不同点：翅胸棕黄色；无单眼和翅；腹节Ⅱ腹板有 4 个不规则腺域，节Ⅲ-Ⅷ腹板分为 2 排的 8 个腺域。

寄主：杂草。

模式标本保存地：中国（SCAU，Guangzhou）。

观察标本：正模♀，广西龙州县南岗自然保护区，1985.Ⅶ.30，张维球采自杂草；副模1♀1♂，同正模。

分布：广西（龙州县南岗自然保护区）。

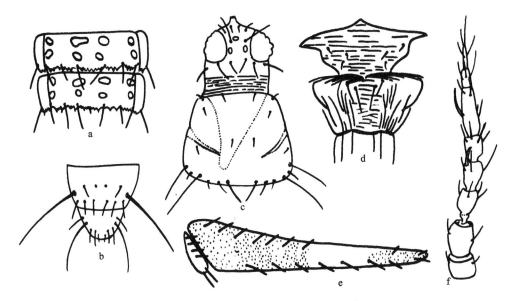

图155　长鬃草蓟马 *Graminothrips longisetosus* Zhang & Tong（仿 Zhang & Tong，1992b）

a. 雄虫腹节Ⅵ-Ⅶ腹片（示腺域）（male abdominal sternites Ⅵ-Ⅶ, shows gland areas）；b. 雄虫腹节Ⅸ-Ⅹ背片（male abdominal tergites Ⅸ-Ⅹ）；c. 头和前胸（head and pronotum）；d. 中、后胸盾片（meso- and metanota）；e. 前翅（fore wing）；f. 触角（antenna）

50. 横断蓟马属 *Hengduanothrips* Han & Cui, 1992

Hengduanothrips Han & Cui, 1992, *Insects of the Hengduan Mountains Region*, 1: 427, 433; Han, 1997a, *Economic Insect Fauna of China Fasc.*, 55: 261.

Type species: *Hengduanothrips chrysus* Han & Cui, monobasic and designated.

属征：黄色。短翅。头宽大于长，短于前胸。缺单眼，但具前单眼前鬃、前外侧鬃和单眼间鬃。触角7节，节Ⅲ、Ⅳ上感觉锥叉状。口锥伸至前足基节间，下颚须3节。前胸后角有近似的2对长鬃。中、后胸内叉骨均有刺，但后胸的内叉骨刺较模糊。腹节Ⅱ-Ⅶ背片鬃均较长，各节中对鬃（内Ⅰ）长度不短于该节背片长度的一半，节Ⅴ-Ⅷ背片两侧无弯梳。

分布：中国（云南）。

本属世界记录1种，本志记述1种。

(139) 金横断蓟马 *Hengduanothrips chrysus* Han & Cui, 1992（图 156）

Hengduanothrips chrysus Han & Cui, 1992, *Insects of the Hengduan Mountains Region*, 1: 427, 434;
    Han, 1997a, *Economic Insect Fauna of China Fasc.*, 55: 262-263.

雌虫：体长约 1.2mm。全体黄色，包括足，但触角节III-VII淡棕色，口锥端部棕色。

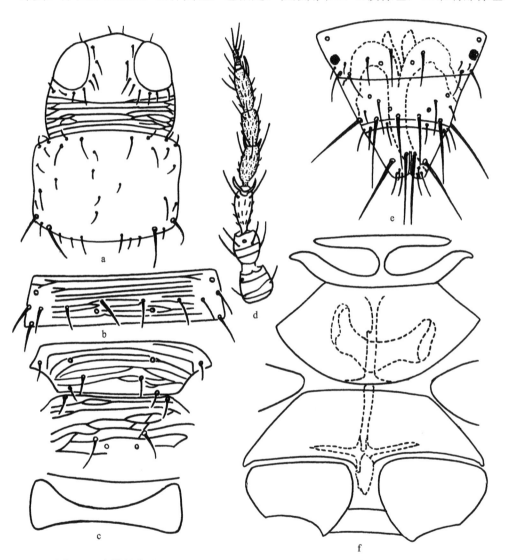

图 156 金横断蓟马 *Hengduanothrips chrysus* Han & Cui（仿韩运发，1997a）

a. 头和前胸（head and pronotum）；b. 腹节 V 背片（abdominal tergite V）；c. 中、后胸盾片（meso- and metanota）；d. 触角
（antenna）；e. 雌虫腹节VIII-X背片（female abdominal tergites VIII-X）；f. 中、后胸腹片（meso- and metasternum）

头部 头宽大于长，眼后有几条横纹。单眼缺。近复眼前内缘 1 对鬃（对 II）长 20，
近复眼内缘 1 对鬃（对III相当于单眼间鬃）长 35。触角 7 节，普通，仅节III的梗较长

节Ⅰ-Ⅶ长（宽）分别为：25（32），40（25），50（18），45（18），38（16），50（18），18（7），总长266，节Ⅲ长为宽的2.78倍。感觉锥较短，节Ⅲ、Ⅳ的叉状感觉锥臂长19和18，节Ⅵ内侧简单感觉锥长19。口锥较长，端部窄，长90，基部宽129，中部宽81，端部宽25。下颚须长：节Ⅰ14，节Ⅱ13，节Ⅲ19。

胸部　前胸近方形，线纹少而轻微；后角鬃内对长于外对；后缘鬃3对；其他背片鬃12根。中胸盾片有几条横纹，少有交错；前外侧鬃长12；中后鬃长14，距后缘12；后缘鬃长14，接近后缘。后胸盾片有几条横纹，少有交错；前缘鬃接近前缘；前中鬃距前缘28；细孔在后侧部，间距宽。后胸小盾片横，两端大，中部收缩。前翅短，芽状，长90，边缘共有鬃11根。中胸内叉骨有刺，后胸内叉骨刺隐约。足较粗。

腹部　腹节Ⅰ-Ⅷ背片有横线纹，两侧斜伸，细而清晰。节Ⅱ背片侧缘鬃3根；背片中对鬃较长，间距宽；节Ⅷ背片后缘梳缺。背侧片光滑，仅有后缘鬃。腹片后缘鬃：节Ⅱ2对，节Ⅲ-Ⅶ3对，节Ⅶ中对在后缘之前。

寄主：菊科植物花。

模式标本保存地：中国（IZCAS，Beijing）。

观察标本：正模♀，云南德钦梅里雪山东坡，3180m，1982.Ⅶ.21，崔云琦采于菊科植物花上。

分布：云南（德钦县梅里雪山东坡）。

51. 三鬃蓟马属 *Lefroyothrips* Priesner, 1938

Taeniothrips (*Lefroyothrips*) Priesner, 1938c, *Treubia*, 16 (4): 499.

Ceratothrips Reuter: Jacot-Guillarmod, 1974, *Ann. Cape Prov. Mus.* (*Nat. Hist.*), 7 (3): 726, 727.

Lefroyothrips Priesner: Han, 1997a, *Economic Insect Fauna of China Fasc.*, 55: 224.

Type species: *Taeniothrips* (*Lefroyothrips*) *lefroyi* (Bagnall).

属征：触角8节，节Ⅲ、Ⅳ感觉锥叉状，节Ⅵ感觉锥较细。单眼鬃3对。眼后鬃呈2排。下颚须3节。前胸后角有2对长鬃，后缘有3对鬃。翅发达，有2条纵脉。体鬃和翅鬃发达，腹端鬃长。腹节Ⅷ背片后缘梳完整而梳毛细长。雄虫腹节Ⅸ背片后部有角状刺；腹片有腺域。

分布：东洋界，非洲界。

本属世界记录4种，本志记述1种。

(140) 褐三鬃蓟马 *Lefroyothrips lefroyi* (Bagnall, 1913)（图157）

Physothrips lefroyi Bagnall, 1913a, *Ann. Mag. Nat. Hist.*, (8) 12: 292.

Taeniothrips (*Physothrips*) *lefroyi* (Bagnall): Ramakrishna, 1928, *Mem. Dep. Agr. India Entomol. Ser.*, 10 (7): 258.

Taeniothrips lefroyi (Bagnall): Moulton, 1928b, *Ann. Zool. Jap.*, 11 (4): 301, 326.

Taeniothrips (*Lefroyothrips*) *cuscutae* Priesner, 1938c, *Treubia*, 16 (4): 500, 517, 525. Synonymised by

Bhatti 1978c, *Orien. Insects*, 12 (2): 194.

Taeniothrips (*Lefroyothrips*) *lefroyi* (Bagnall): Priesner, 1938c, *Treubia*, 16 (4): 499, 501, 517, 526.

Amblythrips cuscutae (Priesner): Bhatti, 1969a, *Orien. Insects*, 3 (4): 374.

Lefroyothrips lefroyi (Bagnall): Ananthakrishnan, 1969a, *Zool. Mon.*, 1: 119, 131; Bhatti, 1978c, *Orien. Insects*, 12 (2): 194; Han, 1997a, *Economic Insect Fauna of China Fasc.*, 55: 224.

Amblythrips lefroyi (Bagnall): Bhatti, 1969a, *Orien. Insects*, 3 (4): 374.

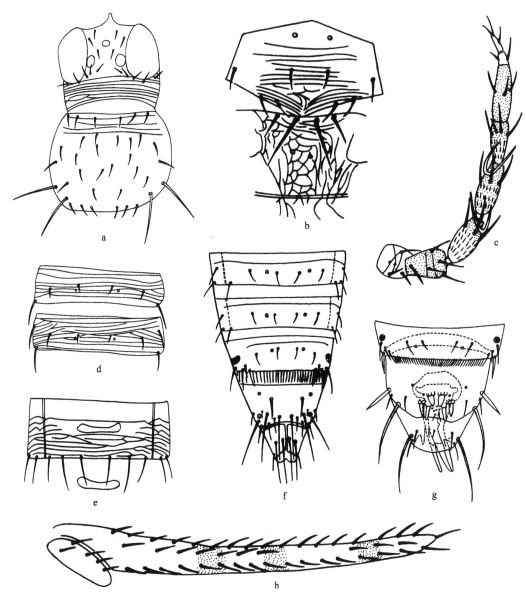

图 157　褐三鬃蓟马 *Lefroyothrips lefroyi* (Bagnall)（e-g. 仿韩运发，1997a）

a. 头和前胸（head and pronotum）；b. 中、后胸盾片（meso- and metanota）；c. 触角（antenna）；d. 腹节 Ⅴ-Ⅵ背片（abdomina tergites Ⅴ-Ⅵ）；e. 腹节 Ⅴ-Ⅵ腹片（abdominal sternites Ⅴ-Ⅵ）；f. 雌虫腹节Ⅵ-Ⅹ背片（female abdominal tergites Ⅵ-Ⅹ）；g. 雄虫腹节Ⅷ-Ⅹ背片（male abdominal tergites Ⅷ-Ⅹ）；h. 前翅（fore wing）

雌虫：体长 1.4-1.7mm，体黄色至橙黄色，包括足。触角节Ⅰ、节Ⅲ两端、节Ⅳ基部、节Ⅴ基半部黄色，节Ⅲ大部分淡棕色，其余各部分棕色。前翅前后交叉处、中部有鬃处及近端部第二端鬃处有界限不清的暗黄带。腹节Ⅱ-Ⅷ背片前中部暗黄色，前缘线棕色。触角、翅和显著长体鬃棕色。

头部　头宽大于长。单眼前后具细横纹。后头顶横线纹粗糙。单眼排列于复眼间后部。各鬃均小。单眼间鬃在前后单眼中部的外缘连线之内。后单眼后方有小鬃1对，向后又有小鬃1对，大致与5对复眼后鬃呈1横列，复眼后鬃距复眼较远。触角8节，节Ⅲ基部有梗，节Ⅳ和节Ⅴ基部较细，节Ⅲ和节Ⅳ端部收缩显著，如瓶颈状；节Ⅰ-Ⅷ长（宽）分别为：37（37），46（32），85（27），85（24），58（19），58（19），10（7），19（5），总长398，节Ⅲ长为宽的3.15倍；节Ⅲ、Ⅳ叉状感觉锥臂长37，节Ⅵ内端简单感觉锥伸达节Ⅶ端部。口锥长137，基部宽158，中部宽97，端部宽49。下颚须长：节Ⅰ（基节）19，节Ⅱ15，节Ⅲ24。

胸部　前胸明显宽大于长。背片线纹较多，背片鬃约20根；后缘鬃3对，大小近似，有时左侧2根，右侧3根；前角鬃较长而粗；后角内鬃长于外鬃，显著粗而暗。中胸盾片有横纹。后胸盾片中部为网纹，两侧为纵线纹；1对亮孔在鬃后；前缘鬃在前缘上，较细；前中鬃距前缘很近，显著粗而暗。仅中胸内叉骨有刺。前翅长1028，中部宽63；翅鬃不很长但显著粗而暗，前缘鬃40根；前脉基部鬃7根，端鬃3根；后脉鬃17根。足较粗。

腹部　腹节Ⅰ-Ⅷ背片和腹片均有横线纹。背片、背侧片和侧片界限清晰。各中对鬃微小，与无鬃孔在一条横线上，在背片中部以前。节Ⅴ背片长50，宽240。节Ⅴ背片鬃；中对鬃间距73；鬃长：鬃Ⅰ（中对鬃）17，鬃Ⅱ27，鬃Ⅲ（后缘上）68，鬃Ⅳ44，鬃Ⅴ66，鬃Ⅵ（背侧片后缘上）41。节Ⅴ-Ⅷ背片无微弯梳；节Ⅷ背片后缘梳完整，梳毛细；节Ⅸ背片鬃长：背中鬃和中侧鬃各160，侧鬃175；节Ⅹ背片鬃长122-153。腹片无附属鬃。腹片后缘鬃均在后缘上。

雄虫：一般形态相似于雌虫，但较小，体色较黄。腹节Ⅸ背片后部有6根短粗角状刺，呈前2后4排列；前2长24，后4长37，前2粗于后4。角状刺两侧有1对细鬃，长24，侧缘1对粗鬃，另1对粗鬃在前。节Ⅲ-Ⅶ腹片有横腺域。节Ⅴ腹片腺域中央长12，两端长15，宽88，占腹片宽度（226）的0.39。

寄主：茶、山茶、车轮梅、鹤顶兰、西蜀山柳、厚朴、马褂木。

模式标本保存地：英国（BMNH, London）。

观察标本：1♂，云南勐腊县，1988.Ⅺ.20，韩运发采；1♂，云南思茅，1988.Ⅺ.29，韩运发采自茶叶花；1♀，浙江松阳县，1987.Ⅵ，韩运发采自厚朴；1♀，浙江松阳县，1987.Ⅵ，韩运发采自马褂木。

分布：浙江（松阳县）、江西、福建、台湾、广东、广西、贵州、云南（勐腊县、思茅、西双版纳）；日本，印度，印度尼西亚。

52. 大蓟马属 *Megalurothrips* Bagnall, 1915

Megalurothrips Bagnall, 1915b, *Ann. Mag. Nat. Hist.*, (8) 15: 589; Bhatti, 1969b, *Orien. Insects*, 3 (3):
240; Han, 1997a, *Economic Insect Fauna of China Fasc.*, 55: 226.

Taeniothrips (*Pongamiothrips*) Ananthakrishnan, 1962, *Proc. Roy. Entomol. Soc. Lond.*, 31: 90.

Taeniothrips Amyot & Serville: Mound, 1968, *Bull. Brit. Mus.* (*Nat. Hist.*) *Entomol. Suppl.*, 11: 53.

Type pecies: *Megalurothrips typicus* Bagnall (Sarawak), designated and monobasic.

属征：触角 8 节，节Ⅰ有 1 对背顶鬃，节Ⅲ-Ⅳ感觉锥叉状，节Ⅵ简单感觉锥基部不
膨大；雌虫触角较粗，雄虫触角较细，主要表现在节Ⅲ-Ⅳ上。头背有 3 对单眼鬃，眼后
鬃呈单列。口锥不长，下颚须 3 节。前胸每后角有 2 根长鬃。前足无钩齿；前翅基部和
近端部有淡色区；腹部背片无凸缘延伸成膜片。雌虫背片中部和两侧均有线纹。腹节Ⅷ
背片气孔上面有成片微毛，后缘梳仅两侧存在，中部缺。雄虫腹节腹片通常无腺域但有
时有众多附属鬃。

分布：古北界，东洋界，新北界，非洲界，澳洲界。

本属世界记录 30 余种，本志记述 8 种。

种检索表

1. 腹节Ⅱ-Ⅶ后缘鬃均着生在后缘上 ······················· 模大蓟马 *M. typicus*
   腹节Ⅶ后缘中对鬃均着生在后缘之前 ································· 2
2. 触角一致褐色 ··· 3
   触角棕和黄二色 ··· 6
3. 腹节Ⅷ背板后缘无梳 ···························· 蒿坪大蓟马 *M. haopingensis*
   腹节Ⅷ背板后缘两侧梳毛存在，中间缺 ································· 4
4. 前翅前脉端鬃 3 根 ······························· 等鬃大蓟马 *M. equaletae*
   前翅前脉端鬃 2 根 ··· 5
5. 单眼间鬃在前后单眼中心连线上；后胸背片中部为网纹；后胸小盾片有网纹；后胸背片前中鬃在
   前缘上 ····································· 贵州大蓟马 *M. guizhouensis*
   单眼间鬃在前后单眼内缘连线上；后胸背片中部为横线纹；后胸小盾片为几条纵纹；后胸背片前
   中鬃在前缘后 ································· 端大蓟马 *M. distalis*
6. 腹节Ⅷ背板后缘无梳 ······························ 基毛大蓟马 *M. basiseta*
   腹节Ⅷ背板后缘两侧梳毛存在，中间缺 ································· 7
7. 前翅近端部有 1 个小的不明显的淡色区；单眼间鬃互相靠近，在前后单眼中心连线上 ·········
   ··· 台湾大蓟马 *M. formosa*
   前翅近端部淡色区显著；单眼间鬃长度为其基部间距的 1.7-3.3 倍（通常约 2.5 倍），位于前后单眼
   中心连线之外 ······························· 普通大蓟马 *M. usitatu*

(141) 基毛大蓟马 *Megalurothrips basisetae* Han & Cui, 1992（图 158）

Megalurothrips basisetae Han & Cui, 1992, *Insects of the Hengduan Mountains Region*, 1: 420-434.

雌虫：体长约 1.3mm。体暗棕色，但触角节Ⅲ略淡；前翅黄色，仅在近基部前第一组鬃和第二组鬃之间的后方有 1 单色区，后翅淡黄色；前足胫节（边缘除外）及各足跗节黄色。

头部 头宽大于长，眼后有横交错网纹。单眼间鬃位于前后单眼之间的内缘连线上。复眼后鬃 5 对。触角 8 节，节Ⅰ-Ⅷ长（宽）分别为：25.6（25.6），35.8（24.3），53.8（19.2），41.0（19.2），38.4（17.9），46.1（17.9），9.0（7.7），15.4（6.4），总长 265.1，节Ⅲ长为宽的 2.8 倍，节Ⅲ长为节Ⅳ的 1.3 倍。

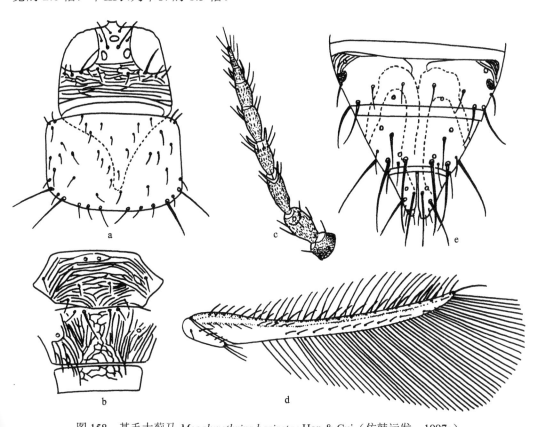

图 158 基毛大蓟马 *Megalurothrips basisetae* Han & Cui（仿韩运发，1997a）

a. 头和前胸（head and pronotum）；b. 中、后胸盾片（meso- and metanota）；c. 触角（antenna）；d. 前翅（fore wing）；e. 雌虫腹节Ⅷ-Ⅹ背片（female abdominal tergites Ⅷ-Ⅹ）

胸部 前胸宽大于长，背片有细的交错横纹，后角内鬃长于外鬃，后缘鬃 3 对，除边缘鬃外，背片鬃 11 根。中胸盾片有横纹，前中鬃位于中后部；后胸盾片前中部有些网纹，后部有几条横线，两侧及后外侧为纵线，并延伸到后胸小盾片上；前缘鬃位于前缘上，前中鬃距前缘 2.4；1 对无鬃孔在较后部。仅中胸内叉骨有刺。前翅前缘鬃 24 根，前脉基部鬃 5+4 根，鬃列不超过翅中部，端鬃 2 根；后脉鬃 11 根。

腹部 腹节背片线纹较重。节 II 背片每侧缘有鬃 3 根。背片两侧无微弯梳和微毛。节 VIII 背片后缘无梳。节 X 背片纵裂伸达基部。背侧片仅有后缘鬃。腹片无附属鬃。

雄虫：未明。

寄主：杂草。

模式标本保存地：中国（IZCAS，Beijing）。

观察标本：正模♀，四川乡城柴柯，3000m，1982.VI.19，崔云琦采；副模 1♀，同正模。

分布：四川（乡城柴柯）。

(142) 端大蓟马 *Megalurothrips distalis* (Karny, 1913)（图 159）

Taeniothrips distalis Karny, 1913d, *Arc. Naturg.*, 79 (2): 122; Zhang, 1982, *J. Sou. China Agric. Univ.*, 3 (4): 51, 57.

Frankliniella vitata Schmutz, 1913, *Sitz. Akad. Wiss.*, 122 (7): 1019, 1023.

Physothrips brunneicornis Bagnall, 1916b, *Ann. Mag. Nat. Hist.*, (8) 17: 218.

Taeniothrips morosus Priesner, 1938c, *Treubia*, 16 (4): 476, 511, 526; Bhatti, 1969b, *Orien. Insects*, 3 (3): 242.

Taeniothrips ditissimus Ananthakrishnan & Jagadish, 1966, *Indian J. Entomol.*, 28: 250, fig. 1.

Taeniothrips nigricornis (Schmutz): Mound, 1968, *Bull. Brit. Mus.* (*Nat. Hist.*) *Entomol. Suppl.*, 11: 54, 59.

Megalurothrips distalis (Karny): Bhatti, 1969b, *Orien. Insects*, 3 (3): 240; Sakimura, 1972a, *Kontyû*, 40 (3): 189, figs. 1-6; Han, 1997a, *J. Sou. China Agric. Univ.*, 55: 227.

雌虫：体长 1.8mm，体褐色，黄褐色到黑褐色。触角一致褐色，前翅黄褐色，近基部和近端部各有 1 淡色区。

头部 头长小于宽，后部有横纹。单眼呈扁三角形排列于复眼间后部，单眼前鬃和前侧鬃约等长，但前鬃稍粗于前侧鬃，单眼间鬃在后单眼前内侧，位于前后单眼内缘连线上。眼后鬃 6 对，前 4 根排成 1 列。触角 8 节，节 III-IV 叉状感觉锥呈 U 形，伸达前节中部。

胸部 前胸宽大于长，背片前后部有横纹，每后角有 2 根长鬃，后缘鬃 4 对，内对最长。中胸布满横线纹，中后鬃和后缘鬃较小，都靠近后缘。后胸盾片前部中部为横纹，后部线纹模糊，两侧为稀纵纹，1 对亮孔在中部；前中鬃和前缘鬃均在前缘之后，相互靠近，前中鬃较粗且长。前翅前缘鬃 31 根，前脉鬃 21 根，端鬃 2 根；后脉鬃 19 根，翅瓣前缘鬃 4 根。

腹部 腹节 II-VIII 背片两侧布满横纹，节 VIII 背片前部两侧有几排微毛，后缘两侧有梳毛，中部无。背侧片无附属鬃，后缘有齿 7-9 个。节 II 腹片后缘鬃 2 对，节 III-VII 后缘鬃 3 对，节 VII 后缘中对鬃在后缘之前。

雄虫：相似于雌虫，但体较小；头两颊略缩窄，触角较雌虫细，腹部背片布满横纹；腹片有众多矛形附属鬃。触角节 III-IV 基半部较黄，体较黄，足全黄色。

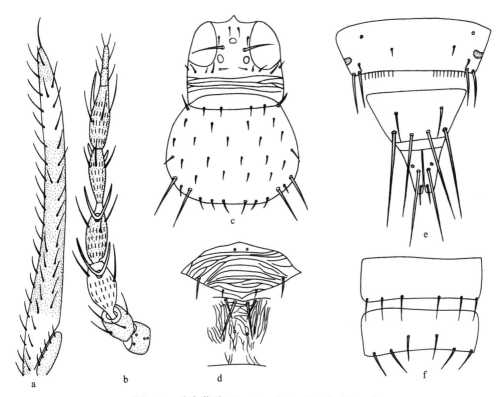

图 159　端大蓟马 *Megalurothrips distalis* (Karny)

a. 前翅（fore wing）；b. 触角（antenna）；c. 头和前胸（head and pronotum）；d. 中、后胸盾片（meso- and metanota）；e. 雌
虫腹节Ⅷ-Ⅹ背片（female abdominal tergites Ⅷ-Ⅹ）；f. 腹节Ⅵ-Ⅶ腹片（abdominal sternites Ⅵ-Ⅶ）

寄主：紫花苜蓿、紫云英、红花草、洋槐、紫藤、胡枝子、小麦、玉米、豆类、刺
儿菜、向日葵、万寿菊、油菜、月季、樱花、烟草、木芙蓉、洋紫荆、樟树、麦冬、槭
树、柑橘、石榴、大麻、钩藤、杜果、酸杷、苹果、羊蹄甲。

观察标本：4♀♀，陕西太白山，2002.Ⅶ.12，张桂玲采自杂草；2♀♀，陕西太白山鹦
鸽镇，1999.Ⅶ.18，郭兵伟采自杂草；2♀♀，陕西武功，1956.Ⅵ，周尧采自紫云英和苹果。

模式标本保存地：英国（BMNH，London）。

分布：辽宁、河北、山东、河南、陕西（太白山、武功）、江苏、湖北、湖南、福建、
台湾、广东、海南、广西、四川、贵州、云南、西藏；朝鲜，日本，斯里兰卡，菲律宾，
印度尼西亚，斐济。

(143) 等鬃大蓟马 *Megalurothrips equaletae* Feng, Chao & Ma, 1999（图 160）

Megalurothrips equaletae Feng, Chao & Ma, 1999, *Entomotax.*, 21 (4): 261-264.

雌虫：体长 2.1mm。体深褐色，触角深褐色；腹节Ⅸ-Ⅹ颜色略深；前足胫节、跗节
黄色，中、后足跗节黄色；前翅灰色，基部有 1 明显的透明带。

头部　头宽大于长。触角 8 节，节Ⅰ-Ⅷ长（宽）分别为：34（35），43（27），60（25），

64（33），40（18），61（30），19（12），22（6）。单眼间鬃长，着生在单眼三角形连线内，眼后鬃排列成一线，鬃Ⅴ长于鬃Ⅰ、Ⅱ和Ⅳ，鬃Ⅲ最短。口锥端部尖达前胸长度的2/3。

胸部 前胸背板后缘角鬃长，2 对，内对长于外对，其内侧后缘鬃 4 对，S1 长 29，约为 S2、S3、S4 的 2 倍。前翅前缘鬃 30 根，上脉基部鬃 19 根，端鬃 3 根等距离分布，下脉基部鬃 17 根。

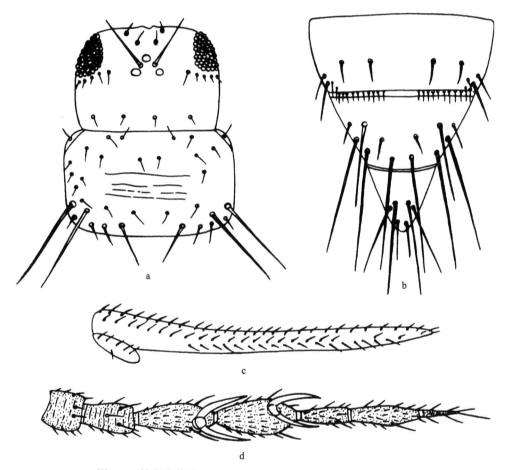

图 160 等鬃大蓟马 *Megalurothrips equaletae* Feng, Chao & Ma

a. 头和前胸（head and pronotum）；b. 雌虫腹节Ⅷ-Ⅹ背片（female abdominal tergites Ⅷ-Ⅹ）；c. 前翅（fore wing）；d. 触角（antenna）

腹部 腹节Ⅱ-Ⅸ腹板后缘鬃发达，除节Ⅱ腹板外各节有 4-6 根后缘鬃。腹节Ⅷ背板后缘梳状毛发达，中部缺；节Ⅸ背板后缘鬃 S1、S2、S3 分别长为 175、174、176；节Ⅹ背板后缘鬃 S1、S2 分别长为 180、178。节Ⅱ-Ⅷ背板前缘各有 1 黑色横带。

雄虫：未明。

寄主：杂草。

模式标本保存地：中国（NWAFU，Shaanxi）。

观察标本：正模♀，陕西太白山，1997.Ⅷ.14，晁平安采自杂草；副模2♀♀，同正模。

分布：陕西（太白山）。

(144) 台湾大蓟马 *Megalurothrips formosae* (Moulton, 1928)（图 161）

Taeniothrips formosae Moulton, 1928b, *Ann. Zool. Jap.*, 11 (4): 298, 325; Steinweden, 1933, *Trans. Amer. Entomol. Soc.*, 59: 59, 276.

Megalurothrips formosae (Moulton): Bhatti, 1969b, *Orien. Insects*, 3 (3): 241; Sakimura, 1972b, *Pac. Insects*, 14 (4): 665; Han, 1997a, *Economic Insect Fauna of China Fasc.*, 55: 229.

雌虫：体长约 1.65mm。体暗棕色；触角除节Ⅲ和节Ⅳ的基部及节Ⅴ最基部的淡黄色外，其余部分棕色。前翅棕色，基部 1/5 色淡，近端部不明显的色淡。各足股节暗棕色；前足胫节仅上下缘暗棕色，大部分黄色；各足跗节黄色。体鬃和翅鬃暗棕色。

头部　头宽大于长，头背面前部及眼后有些横纹。复眼长度占头长约 2/3。单眼处于复眼间后半部。前单眼前鬃、前外侧鬃、单眼和复眼后鬃均细小；单眼间鬃较粗而长，位于前后单眼中心连线上。触角 8 节，节Ⅲ基部有梗，节Ⅳ和节Ⅴ基部较细，节Ⅲ和节Ⅳ端部较细，近占该节长度的 1/6；节Ⅰ-Ⅷ长（宽）分别为：30（33），39（30），72（27），66（21），45（18），66（21），15（10），21（6），总长 354；节Ⅲ、Ⅳ的叉状感觉锥臂长 42-48，节Ⅵ内侧感觉锥长 33，伸达节Ⅶ中部。下颚须 3 节。

胸部　前胸宽大于长，背片有些模糊横纹；前缘鬃、侧缘鬃、背片鬃均细小；背片鬃约 16 根；前角鬃长 30，后角内鬃长于外鬃；后缘鬃 4 对。中胸盾片前外侧鬃长 34，中后鬃和后缘鬃均细小，互相间距较小，几乎均在后缘上。后胸盾片前中部有 10-12 条横纹，后部似有几个网纹，两侧为纵线纹；前缘鬃长约如中胸前外侧鬃，在前缘上；前中鬃粗而长，亦在前缘上；1 对细孔在前中部。前翅长 843，中部宽 64；前缘鬃 23 根，前脉基、中部鬃共 16 根，端鬃 2 根，后脉鬃 15 根。

腹部　腹节背片两侧有弱横纹。节Ⅱ-Ⅷ背片前缘线较粗，深棕色；节Ⅴ-Ⅷ两侧无微梳；节Ⅷ后缘梳在两侧弱，中间缺。节Ⅴ背片中对鬃间距 80，靠近细孔。节Ⅴ背片中对鬃（对Ⅰ）接近细孔。在前内方，间距 58，各鬃长：内Ⅰ9，内Ⅱ16，内Ⅲ24，内Ⅳ（在后缘上）40，内Ⅴ37。节Ⅸ背片后缘鬃长：背中鬃 143，侧中鬃 142，侧鬃 165。节Ⅹ背片长鬃长：中背鬃 169，侧中鬃 148。腹片无附属鬃。

雄虫：体长 1.35mm。形态与雌虫相似，但体较小。触角节Ⅰ-Ⅱ暗棕色；节Ⅲ-Ⅳ和节Ⅴ的基部黄色，但节Ⅳ外部淡灰棕色，节Ⅴ外部和节Ⅵ-Ⅷ暗棕色。前胸棕色。各足股节暗棕色，前足胫节中部带黄色，边缘略微暗；中、后足胫节暗棕色，但最基部和最端部淡；各足跗节黄色。前翅如同雌虫近端部有 1 个不明显淡区。触角较细，节Ⅰ-Ⅷ长（宽）分别为：21（33），36（27），72（21），69（21），42（18），60（21），12，18，总长 330。节Ⅲ长为宽的 3.4 倍，节Ⅳ长为宽的 3.3 倍。腹片无腺域。

寄主：海刀豆。

模式标本保存地：美国（CAS，San Francisco）。

观察标本：未见。

分布：台湾；印度尼西亚。

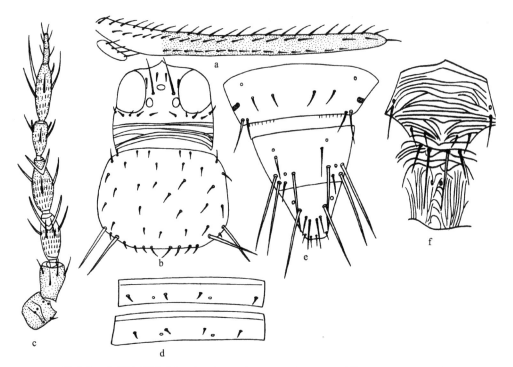

图 161　台湾大蓟马 *Megalurothrips formosae* (Moulton)（仿 Moulton，1928）

a. 前翅（fore wing）；b. 头和前胸（head and pronotum）；c. 触角（antenna）；d. 腹节 V-VI 背片（abdominal tergites V-VI）；
e. 雌虫腹节Ⅷ-X 背片（female abdominal tergites Ⅷ-X）；f. 中、后胸盾片（meso- and metanota）

(145) 贵州大蓟马 *Megalurothrips guizhouensis* Zhang, Feng & Zhang, 2004（图 162）

Megalurothrips guizhouensis Zhang, Feng & Zhang, 2004, *Entomotax.*, 26 (3): 163-165.

雌虫：体长 1.4mm。体黄棕色；触角棕色，节Ⅲ基部颜色略淡；前足胫节及各足跗节黄色；腹节 I-Ⅷ背片前缘线褐色。

头部　头宽大于长，两触角基部间略微凸起，头背复眼前后有横交错线纹，两复眼间光滑。单眼前鬃长 14；前侧鬃长 18，在前单眼前缘水平连线之后，靠近复眼；单眼间鬃长 40，位于前后单眼中心连线之上；眼后鬃 5 对，紧紧围绕复眼后缘排列。触角 8 节，节 I 背端部有 1 对短鬃，节Ⅲ基部明显有梗，节Ⅲ-Ⅳ感觉锥叉状，伸至后节前中部，节Ⅵ内侧简单感觉锥基部不膨大，节 I-Ⅷ长（宽）分别为：23（30），35（28），63（28），65（28），40（19），56（21），14（12），21（8）；口锥端部尖，伸至两前足基节间；下颚须 3 节，下唇须 1 节。

胸部　前胸宽大于长，前胸背板布满横线纹。前缘鬃 3 对，前角鬃 1 对，后缘角鬃 2 对，内角鬃长于外角鬃，后缘鬃 4 对，后缘中对鬃长于其他各鬃。中胸背片布满横纹，接近前缘处和前外侧鬃前内侧各有 1 对无鬃孔，后缘鬃和后中鬃接近后缘，均短于前外侧鬃；后胸背片前中部有横线纹，其后及后胸小盾片为网纹，两侧为纵纹，前缘鬃和前中鬃在前缘上，前中鬃短于前胸背板后角鬃，后胸背片中部有 1 对无鬃孔。中后胸腹片愈合，仅中胸腹片内叉骨有刺。前翅长 221，前缘鬃 25 根，前脉鬃 15+2 根，后脉鬃 15 根，翅瓣鬃 5+1 根。跗节 2 节。

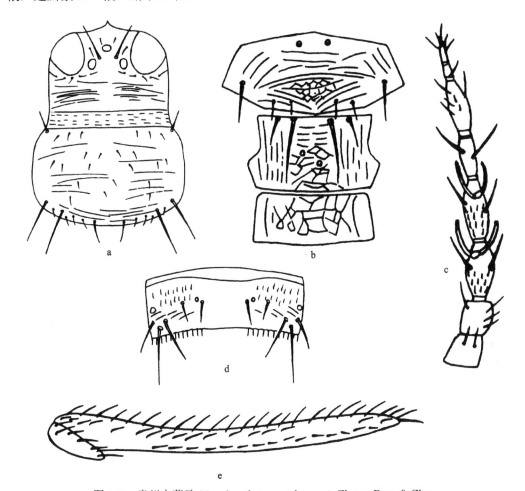

图 162　贵州大蓟马 *Megalurothrips guizhouensis* Zhang, Feng & Zhang

a. 头和前胸（head and pronotum）；b. 中、后胸盾片（meso- and metanota）；c. 触角（antenna）；d. 腹节Ⅷ背片（abdominal tergite Ⅷ）；e. 前翅（fore wing）

腹部　腹节Ⅰ-Ⅷ背片前缘线粗，节Ⅰ背片除后缘外皆有横纹；节Ⅱ-Ⅷ背片仅两侧有横线纹；节Ⅴ-Ⅷ无微弯梳；节Ⅷ背片后缘梳仅两侧存在，中间缺；节Ⅷ背片两侧有成片微毛。节Ⅱ腹片有 2 对后缘鬃；节Ⅱ-Ⅶ后缘鬃 3 对；节Ⅶ后缘中对鬃在后缘之前。腹片布满横线纹。腹片和背侧片无附属鬃。

雄虫：未明。

寄主：杂草。

模式标本保存地：中国（NWAFU，Shaanxi）。

观察标本：正模♀，贵州贵阳，1986.VI.07，冯纪年采自杂草；副模6♀♀，同正模。

分布：贵州（贵阳）。

(146) 蒿坪大蓟马 *Megalurothrips haopingensis* Feng, Chao & Ma, 1999（图 163）

Megalurothrips haopingensis Feng, Chao & Ma, 1999, *Entomotax.*, 21 (4): 261-264.

雌虫：体长 2.1mm。体橘黄色到浅褐色，头褐色，触角褐色；腹部橘黄色至浅褐色，节IX-X颜色略深；各足跗节黄色；前翅灰色，基部色淡，有透明带，端部色一致。

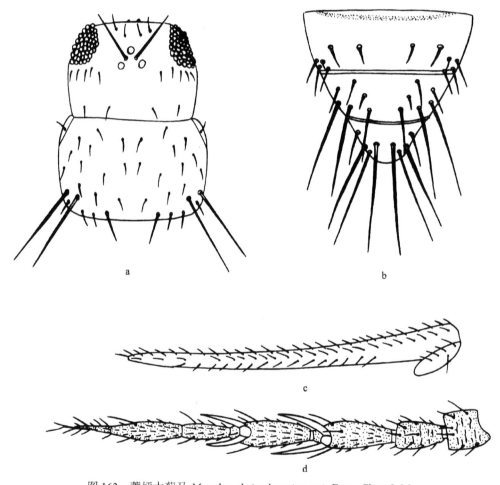

图 163　蒿坪大蓟马 *Megalurothrips haopingensis* Feng, Chao & Ma

a. 头和前胸（head and pronotum）；b. 腹节Ⅷ-Ⅹ背片（abdominal tergites Ⅷ-Ⅹ）；c. 前翅（fore wing）；d. 触角（antenna）

头部　头宽大于长。触角 8 节，节Ⅰ-Ⅷ长（宽）分别为：35（36），41（28），60（26），67（27），41（20），68（23），17（11），20（6）。单眼间鬃长，着生在单眼三角形连线内；眼后鬃Ⅱ、Ⅲ、Ⅳ、Ⅴ排成一直线，且大小相等，鬃Ⅰ远离Ⅱ、Ⅲ、Ⅳ及Ⅴ。口锥端部尖达前胸 2/3 处。

　　胸部　前胸背板后缘角鬃长，2 对，内对长于外对；后缘鬃 4 对，S1 长 39，约为 S2、S3、S4 的 2 倍。前翅前缘鬃 28 根，上脉基部鬃 20 根，端鬃 3 根，下脉鬃 15 根。

　　腹部　腹节 II-VIII 背板前缘前缘线黑色；节VIII背板后缘无梳；节IX背板 S1、S2、S3 长分别为 180、196、184；节 X 背板 S1、S2、S3 分别长 190、175、150。腹节 II-IX 腹板后缘鬃发达，除节 II 外，各为 6 根。产卵器长 348。

　　寄主：棉花。

　　模式标本保存地：中国（NWAFU, Shaanxi）。

　　观察标本：正模♀，陕西眉县蒿坪寺，1997.VIII.14，晁平安采自野棉花；副模 1♀，同正模。

　　分布：陕西（眉县蒿坪寺）。

(147) 模大蓟马 *Megalurothrips typicus* Bagnall, 1915（图 164）

Megalurothrips typicus Bagnall, 1915b, *Ann. Mag. Nat. Hist.*, (8) 15: 590; Bhatti, 1969b, *Orien. Insects*, 3 (3): 243; Han, 1997a, *Economic Insect Fauna of China Fasc.*, 55: 231.

Megalurothrips setipennis Karny, 1925, *Bull. Van het deli Proef. Med.*, 23: 32, 54.

Taeniothrips varicornis Moulton, 1928a, *Trans. Nat. Hist. Soc. Formosa*, 18 (98): 292, pl. V.

Taeniothrips centrispinosus Priesner, 1938c, *Treubia*, 16 (4): 474, 511, 525.

Taeniothrips typicus (Bagnall): Mound, 1968, *Bull. Brit. Mus.* (*Nat. Hist.*) *Entomol. Suppl.*, 11: 54, 61.

　　雌虫：体长约 1.7mm。体暗棕色，包括各足股节和中、后足胫节，前足胫节基部和边缘棕色但中部黄；各足跗节黄色。触角节 I-II 及节 VI-VIII 暗棕色，节 III 黄色；节 IV 基部和端部黄色；节 V 基部 1/3 灰黄色，外部 2/3 暗灰棕色；其余棕色。前翅基部灰棕色，中部及端部棕色，近基部有 1 淡色带，中部以外较淡。各大鬃及翅鬃暗棕色。

　　头部　头宽大于长，略短于前胸。两颊近乎直。头顶后部有横纹。前单眼前鬃及前外侧鬃长约 10，单眼间鬃长 63，在前后单眼之间，位于前后单眼的中心连线上。单眼和复眼后鬃长约 5、13 或 21，围眼排列。触角 8 节，节 IV 和节 V 基部较细，节 III 和节 IV 端部细缩如颈，分别为该节长的 1/4 和 1/3。节 I-VIII 长（宽）分别为：18 (30)，36 (27)，57 (24)，57 (21)，33 (18)，57 (21)，12 (10)，18 (6)，总长 288，节 III 长为宽的 2.4 倍，节 IV 长为宽的 2.7 倍；节 III、IV 的叉状感觉锥臂长 50，伸达前节中部，节 VI 内侧感觉锥长 50，伸达节 VII 端部。口锥较窄而长，伸达前足基节后部间。下颚须 3 节，分别长 24、15、26。

　　胸部　前胸宽大于长，背片光滑，有疏落的短鬃 16 根；前缘鬃较长，内对长 33，外对长 18。前角鬃长 26，侧鬃长 37，后角外鬃长于内鬃；后缘鬃 4 对。中胸盾片前外侧鬃显著长，长 69，中后鬃长 21，后缘鬃长 22。后胸盾片前中部有几条横纹，两侧纵纹延伸至后胸小盾片上，中后部光滑；前缘鬃在前缘上；前中鬃距前缘 3。前翅长 824，中部宽 57；前缘鬃 28 根，前脉基部鬃 4 根，中部鬃 9-11 根，端鬃 2 根，后脉鬃 14 根。

　　腹部　腹节背片两侧有稀疏横纹。节 I-VIII 前缘有栗色横条；节 II 侧缘纵列鬃 3 根，其内有 1 根；节Ⅴ-Ⅷ两侧无微梳；节Ⅷ后缘两侧梳毛弱，中间缺；节Ⅴ背片中对鬃间距 80，靠近细孔；节Ⅴ背片鬃长度：内对Ⅰ（中对鬃）13，内对Ⅱ19，内对Ⅲ 40，内对Ⅳ（在后缘上）64，内对Ⅴ61。节Ⅸ背片后缘长鬃长：背中鬃 161，侧中鬃 177，侧鬃 178；节Ⅹ背片纵裂短，不达背中鬃基部，后缘长鬃长：中背鬃 195，侧中鬃 181。腹片无附属鬃。腹板各后缘鬃均在后缘上。

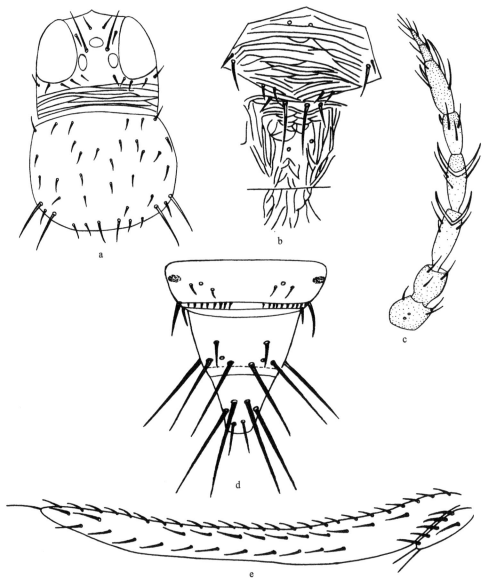

图 164　模大蓟马 *Megalurothrips typicus* Bagnall（仿 Bagnall，1915）

a. 头和前胸（head and pronotum）；b. 中、后胸盾片（meso- and metanota）；c. 触角（antenna）；d. 腹节Ⅷ-Ⅹ背片（abdominal tergites Ⅷ-Ⅹ）；e. 前翅（fore wing）

　　雄虫：一般形态与雌虫相似，但体较小，触角节Ⅲ、Ⅳ两端和节Ⅴ基部较淡，各足胫节和腹部色较淡。触角节Ⅲ、Ⅳ较细，节Ⅰ-Ⅷ长（宽）分别为：26（26），38（26），72（15），63（15），38（18），64，10（9），15（6.4），节Ⅲ长为宽的 4.8 倍，节Ⅳ长为宽的 4.2 倍。腹节Ⅸ背片后缘有 1 对刚毛状延伸物，鬃内对Ⅱ、Ⅴ在前，内对Ⅰ、Ⅲ在其后，内对Ⅳ在最后；鬃长：内Ⅰ29，内Ⅱ85，内Ⅲ26，内Ⅳ120，内Ⅴ50。侧鬃110。腹片无腺域。

　　寄主：杧果、鳄梨、丝瓜。

　　模式标本保存地：英国（BMNH，London）。

　　观察标本：未见。

　　分布：台湾；印度，菲律宾，印度尼西亚，关岛和马里亚纳群岛（太平洋）。

(148) 普通大蓟马 *Megalurothrips usitatus* (Bagnall, 1913)（图 165）

Physothrips usitatus Bagnall, 1913a, *Ann. Mag. Nat. Hist.*, (8) 12: 293.

Frankliniella nigricornis Schmutz, 1913, *Sitz. Akad. Wiss.*, 122 (7): 1018, 1020.

Frankliniella obscuricornis Schmutz, 1913, *Sitz. Akad. Wiss.*, 122 (7): 1019, 1022.

Physothrips usitatus var. *cinctipennis* Bagnall, 1916b, *Ann. Mag. Nat. Hist.*, (8) 17: 217.

Taeniothrips nigricornis (Schmutz): Priesner, 1938c, *Treubia*, 16 (4): 470, 473, 511, 526; Mound, 1968, *Bull. Brit. Mus. (Nat. Hist.) Entomol. Suppl.*, 11: 54, 59, fig. 14; Bhatti, 1969b, *Orien. Insects*, 3 (3): 240.

Megalurothrips usitatus (Bagnall): Sakimura, 1972a, *Kontyû*, 40 (3): 192, figs. 7-10; Han, 1997a, *Economic Insect Fauna of China Fasc.*, 55: 232-233.

　　雌虫：体长 1.6mm。体棕色至暗棕色，触角节Ⅲ及节Ⅳ、Ⅴ最基部黄色，其余棕色。前翅基部和近端部有 2 个淡色区，端部淡色区较大。前足胫节自基部向端部逐渐变淡，各足跗节黄色。体鬃较暗。

　　头部　头宽大于长，头前缘两触角间略向前延伸，两颊近乎直，复眼后有横纹，复眼大，约占头长和宽的 2/3。单眼位于复眼中后部，单眼间鬃位于前单眼后外侧，在前后单眼中心连线和外缘连线之间；眼后鬃小，紧绕复眼排列。触角 8 节，节Ⅲ-Ⅳ基部有梗，端部细缩为颈状，其上叉状感觉锥伸至前节中部，节Ⅵ内侧感觉锥伸达节Ⅶ基半部。口锥伸达前胸腹片中部，下颚须 3 节。

　　胸部　前胸背片有稀疏模糊横纹，背片鬃细且短，前角鬃较粗且长，后角 2 对长鬃，内对大于外对，后缘鬃 4 对，最内对最长。中胸布满横纹，中后鬃几乎在一水平线上，靠近后缘。后胸盾片中部前边是横纹，后面为不规则且较模糊的纹，两侧为纵纹，伸至后胸小盾片上。前缘鬃和前中鬃均在前缘上，1 对亮孔在中部。前翅前缘鬃 25 根，前脉基部和中部鬃共 15 根，端鬃 2 根，后脉鬃 14 根。

　　腹部　腹节背片两侧有横纹，节Ⅷ后缘梳仅两侧存在，中部仅留痕迹，背片两侧有微毛；节Ⅱ腹片后缘鬃 2 对，节Ⅲ-Ⅶ后缘鬃 3 对，节Ⅶ后缘中对鬃在后缘之前。腹片无附属鬃。

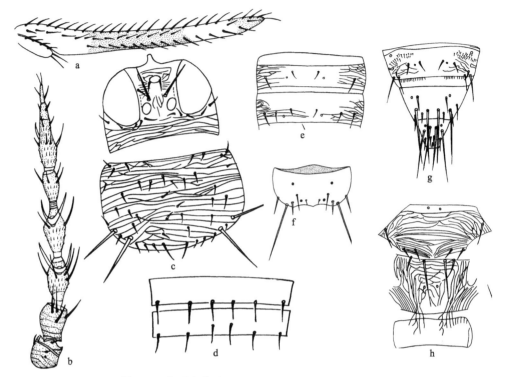

图 165　普通大蓟马 *Megalurothrips usitatus* (Bagnall)

a. 前翅（fore wing）；b. 触角（antenna）；c. 头和前胸（head and pronotum）；d. 腹节VI-VII腹片（abdominal sternites VI-VII）；e. 腹节 V-VI腹片（abdominal sternites V-VI）；f. 雄虫腹节IX背片（male abdominal tergite IX）；g. 雌虫腹节VIII-X背片（female abdominal tergites VIII- X）；h. 中、后胸盾片（meso- and metanota）

雄虫：体色相似于雌虫，但较细小。触角较雌虫为细，节III淡黄色，节IV基部灰黄色，前胸淡黄色，前足股节较粗而长于雌虫，且暗棕色。节IX背片后缘无刚毛延伸物；背鬃内对II、V在最前，内对I居中，内对III、IV在最后。腹节IX阳茎基部之前有 2 对粗黑刺。阳茎短，基部亚球形。

寄主：丝瓜、大豆及其他豆类花中、杂草、菜叶。

模式标本保存地：瑞典（NR，Stockholm）。

观察标本：1♀，陕西凤县桑园，1988.VII.19，冯纪年采自杂草；1♀，广西猫儿山，2000.IX.5，沙忠利采自杂草；1♀，云南勐仑植物所，1987.IV.15，张维球采自菜叶；2♂♂，湖北归县，1994.IX.10，姚健网捕。

分布：陕西（凤县）、湖北（归县）、台湾、广西（猫儿山）、云南（勐仑）；日本，印度，斯里兰卡，菲律宾，澳大利亚。

53. 小头蓟马属 *Microcephalothrips* Bagnall, 1926

Microcephalothrips Bagnall, 1926b, *Ann. Mag. Nat. Hist.*, (9) 18: 113; Steinweden & Moulton, 1930,
　　Proc. Nat. Hist. Soc. Fukien Christ. Univ., 3: 27; Mound & Houston, 1987, *Sys. Ent.*, 4: 7; Han, 1997

Economic Insect Fauna of China Fasc., 55: 273-274.

Stylothrips Ramakrishna: Karny, 1926, *Mem. Dep. Agr. India Entomol. Ser.*, 9: 205.

Paraphysopus Girault, 1927b, *Some New Wild Animals from Queensland*: 2.

Aureothrips Raizada, 1966, *Zool. Anz.*, 176: 277.

Type species: *Microcephalothrips* (*Thrips*) *abdominalis* (Crawford), designated and monobasic.

属征：头小，宽略大于长。复眼大。前单眼与后单眼远离。头鬃小。触角 7 节，节III、IV感觉锥简单或叉状。口锥适当大。下颚须 3 节。前胸背板鬃小，后缘鬃 5-6 对；中胸腹片与后胸腹片被一条缝分离；中胸腹片内叉骨有刺；后胸盾片具纵纹；前翅有 2 条纵脉，前脉鬃有大间断，后脉鬃连续排列，后缘缨毛波曲；翅瓣前缘鬃 5 根。跗节 2 节。腹部背片后缘有三角形扇状片。腹片有附属鬃。雄虫节III-VII有腺域。

分布：古北界，东洋界，新北界，非洲界，新热带界，澳洲界。

本属世界记录 4 种，本志记述 4 种。

种检索表

1. 中胸背片后缘有刺·······························中华小头蓟马 *M. chinensis*
   中胸背片后缘无刺···2
2. 腹节VIII背片后缘梳仅两侧存在，中部缺·········鸡公山小头蓟马 *M. jigongshanensis*
   腹节VIII背片后缘梳完整···3
3. 触角节III-IV感觉锥叉状·························腹小头蓟马 *M. abdominalis*
   触角节III感觉锥简单，节IV感觉锥叉状·······杨陵小头蓟马 *M. yanglingensis*

(149) 腹小头蓟马 *Microcephalothrips abdominalis* (Crawford, 1910)（图 166）

Thrips abdominalis Crawford, 1910, *Pom. Coll. J. Entomol.*, 2: 157.

Thrips crenatus Watson, 1922, *Flor. Entomol.*, 6: 35.

Thrips microcephalus Priesner, 1923b, *Entomol. Mitt.*, 12: 116.

Thrips (*Ctenothripella*) *gillettei* Moulton, 1926, *Trans. Amer. Entomol. Soc.*, 52: 126, figs. 14-17.

Stylothrips brevipalipis Karny, 1926, *Mem. Dep. Agr. India Entomol. Ser.*, 9: 206, pl. XIX. 10.

Paraphysopus burnsi Girault, 1927b, *Some New Wild Animals from Queensland*: 2.

Thrips (*Ctenothripella*) *abdominalis* Crawford: Moulton, 1928c, *Proc. Haw. Entomol. Soc.*, 7 (1): 110.

Thrips (*Microcephalothrips*) *abdominalis* Crawford: Moulton, 1928b, *Ann. Zool. Jap.*, 11 (4): 305, 328.

Microcephalothrips abdominalis (Crawford): Steinweden & Moulton, 1930, *Proc. Nat. Hist. Soc. Fukien Christ. Univ.*, 3: 27; Zhang, 1982, *J. Sou. China Agric. Univ.*, 3 (4): 50, 56; Mound & Houston, 1987, *Sys. Ent.*, 4: 7; Han, 1997a, *Economic. Insect Fauna of China Fasc.*, 55: 274-275.

Thrips oklahomae Watson, 1931, *Publ. Univ. Oklah. Boil. Surv.*, 3 (4): 324, 343, figs. 5, 6.

雌虫：体长 1.0mm。体棕色，头较暗；触角节III-IV颜色淡；前翅淡棕色，前足胫节和各足跗节淡棕色。

头部　头宽大于长，单眼区前后有横线纹。头鬃小。单眼间鬃在前单眼后两侧，位于前后单眼外缘连线之外，单眼后鬃在后单眼后内侧；复眼后鬃 4 对。触角 7 节，节III-IV感觉锥叉状。口锥端部钝圆，伸至前足基节间。羊齿分离。下颚须 3 节。

胸部 前胸宽大于长，背片较光滑，后缘处有横线纹，背片鬃小，后缘鬃 6 对，后角鬃 2 对，内角鬃长于外角鬃。羊齿分离。中胸背片布满横交错线纹，后缘无刺；后胸背片前中部有几条横纹，其后及两侧为纵纹，前缘鬃长 16，前中鬃远离前缘，长 19，其间距离大于其与前缘鬃的水平距离，中后部有 1 对无鬃孔。中后胸腹片分离。仅中胸腹片内叉骨有刺。前翅前缘鬃 21 根，前脉基部鬃 4+3 根，端鬃 3 根，后脉鬃 7 根，翅瓣鬃 4+1 根。

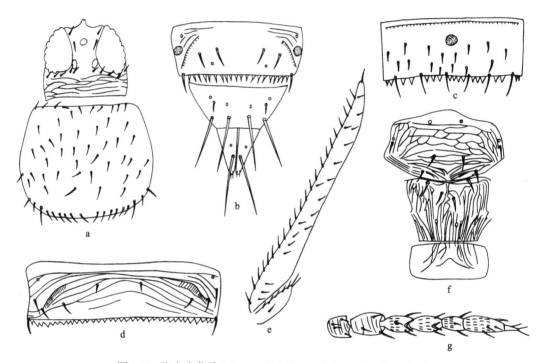

图 166　腹小头蓟马 *Microcephalothrips abdominalis* (Crawford)

a. 头和前胸（head and pronotum）；b. 雌虫腹节VIII-X背片（female abdominal tergites VIII-X）；c. 腹节V腹片（abdominal sternite V）；d. 腹节V背片（abdominal tergite V）；e. 前翅（fore wing）；f. 中、后胸盾片（meso- and metanota）；g. 触角（antenna）

腹部 腹节I背片布满横线纹；节II-VIII背片仅两侧有横线纹，后缘有三角形扇片；节II背片背侧鬃 3 根，节V-VIII微弯梳存在。节II腹片后缘鬃 2 对，节III-VII腹片后缘鬃 对，节VII后缘中对鬃在后缘之前；腹片有附属鬃。

雄虫：似雌虫，较小而色淡；腹节II-VII腹片各有 1 个近圆形或横椭圆形腺域。腹片的附属鬃比雌虫的少。

寄主：松柏、菊科花、蔷薇科、豆科、杂草。

模式标本保存地：美国（CAS，San Francisco）。

观察标本：1♀，陕西杨陵，1997.VII.23，晁平安采自松柏；1♀，陕西杨陵，1997 VIII.10，晁平安采自豆类；8♀♀，广西猫儿山，2000.IX.5，沙忠利采自杂草；3♀♀，陕西西北农林科技大学校园，1995.IX.3，郭宏伟采自菊花；2♀♀，陕西杨陵，1998.VIII.13，马彩霞采自万寿菊；1♂，福建，1991.IV.27，韩运发采自万寿菊；1♂，北京中关园，1984.VIII.28，韩运发采自万寿菊。

分布：北京（中关园）、河南、陕西（杨陵）、江苏、上海、浙江、湖北、湖南、福建、台湾、广东、海南、广西（猫儿山）、四川、贵州、云南；朝鲜，日本，印度，菲律宾，印度尼西亚，澳大利亚，新西兰，埃及等。

(150) 中华小头蓟马 *Microcephalothrips chinensis* Feng, Nan & Guo, 1998（图 167）

Microcephalothrips chinensis Feng, Nan & Guo, 1998, *Entomotax.*, 20 (4): 257-259.

雌虫：体长 1.0mm。体棕色；触角节III-IV颜色淡；前翅淡棕色。

头部　头宽大于长，单眼间鬃几乎与前单眼平行，在前后单眼外缘连线之外，眼后鬃4 对，鬃 I -III呈一条直线排列。触角 7 节，节III-IV感觉锥简单。口锥端部尖，下颚须3 节。

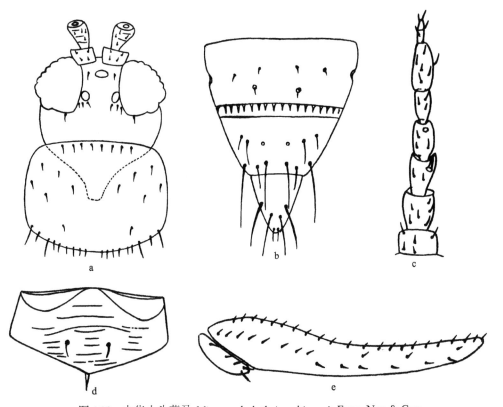

图 167　中华小头蓟马 *Microcephalothrips chinensis* Feng, Nan & Guo
a. 头和前胸（head and pronotum）；b. 雌虫腹节VIII- X背片（female abdominal tergites VIII- X）；c. 触角（antenna）；d. 中胸
背板（mesonotum）；e. 前翅（fore wing）

胸部　前胸宽大于长，后缘处有几条横线纹，后缘角鬃 2 对，外角鬃长于内角鬃，后缘鬃 6 对。中胸背片有横刻纹，后缘中部具小刺；后胸背片前中部有几条横纹，其后及两侧为纵纹，前缘鬃长 16，前中鬃远离前缘，长 19，其间距离大于其与前缘鬃的水平距离，中后部有 1 对无鬃孔。前翅前缘鬃 21 根，前脉基部鬃 4+3 根，端鬃 3 根，后脉鬃 7 根，翅瓣鬃 4+1 根。

腹部　节 I -VIII背片后缘有扇状片；节 II 背侧鬃 3 根，节 V -VIII背片微弯梳存在；节VIII背片侧缘有腺孔，后缘梳完整。节 II 腹片后缘鬃 2 对，节III-VII腹片后缘鬃 3 对，节VII腹片后缘中对鬃在后缘之前。腹片有附属鬃。

雄虫： 未明。

寄主： 菊花、万寿菊、杂草。

模式标本保存地： 中国（NWAFU，Shaanxi）。

观察标本： 13♀♀，陕西杨陵，1995.IX.3，郭宏伟采自菊科植物。

分布： 河南、陕西（杨陵）。

(151) 鸡公山小头蓟马 *Microcephalothrips jigongshanensis* Feng, Nan & Guo, 1998（图 168）

Microcephalothrips jigongshanensis Feng, Nan & Guo, 1998, *Entomotax.*, 20 (4): 257-259.

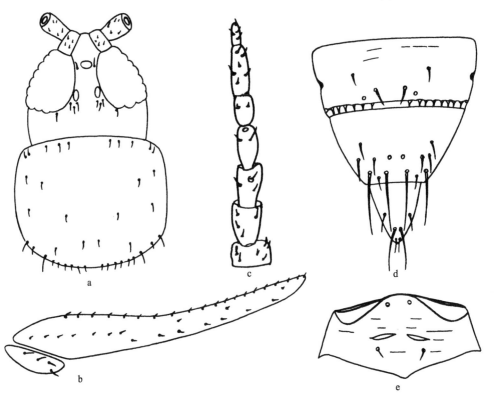

图 168　鸡公山小头蓟马 *Microcephalothrips jigongshanensis* Feng, Nan & Guo

a. 头和前胸（head and pronotum）；b. 前翅（fore wing）；c. 触角（antenna）；d. 雌虫腹节VIII-X背片（female abdominal tergite VIII-X）；e. 中胸盾片（mesonotum）

雌虫：体长 1.0mm。体灰褐色；触角节III-IV颜色淡；前翅灰色，基部 1/4 处有 1 透明区。

头部　头宽大于长。单眼间鬃几乎与前单眼平行，在前后单眼外缘连线之外，后单眼与复眼靠近，眼后鬃排列成倒三角形；触角 7 节，节III-IV感觉锥简单。口锥端部尖，下颚须 3 节。

胸部　前胸宽大于长；后缘角鬃 2 对，外角鬃长于内角鬃。中胸背片后缘中部不具刺，后胸背片中后部有 1 对无鬃孔。前翅前缘鬃 20 根，前脉基部鬃 4+3 根，端鬃 3 根，后脉鬃 7 根，翅瓣鬃 3+1 根。

腹部　节 I -VIII背片后缘有扇状片；节 II 背侧鬃 3 根；节 V -VIII背片微弯梳存在；节VIII背片侧缘有腺孔，后缘梳中部缺。节 II 腹片后缘鬃 2 对，节III-VII腹片后缘鬃 3 对，节VII腹片后缘中对鬃在后缘之前。腹片有附属鬃。

雄虫：未明。

寄主：杂草。

模式标本保存地：中国（NWAFU，Shaanxi）。

观察标本：7♀♀，河南鸡公山，1997.VII.12，冯纪年采自杂草。

分布：河南（鸡公山）。

(152) 杨陵小头蓟马 Microcephalothrips yanglingensis Feng, Zhang & Sha, 2002（图169）

Microcephalothrips yanglingensis Feng, Zhang & Sha, 2002, *Entomotax.*, 24 (3): 167-169.

雌虫：体长 1.1mm。体色棕色；触角节III-IV颜色淡；前翅淡棕色；腹部背片无褐色前缘线。

头部　头宽大于长，单眼区前后有横纹，头鬃短小。单眼间鬃在前单眼稍后两侧，位于前后单眼外缘连线之外，眼后鬃 3 对，紧紧围绕复眼排列。触角 7 节，节III-IV明显有梗，节III感觉锥简单，节IV感觉锥叉状；节 I -VII长（宽）分别为：16（21），23（21），35（16），28（19），23（16），33（19），14（7）；口锥短，端部钝圆，下颚须 3 节。

胸部　前胸宽大于长，背片鬃短，后角鬃 2 对，外角鬃小于内角鬃，后缘鬃 6 对。中胸背片具横线纹，后缘中部无刺；后胸前中部有几条横线纹，其后及两侧为纵纹，前缘鬃长 28，前中鬃 14，远离前缘，其间距离大于其与前缘鬃的水平距离，中后部有 1 对无鬃孔。中后胸腹片分离，仅中胸腹片内叉骨有刺。前翅前缘鬃 19 根，前脉鬃 5+2 根，端鬃 3 根，后脉鬃 7 根，翅瓣鬃 4+1 根。

腹部　节 I -III背片布满横线纹；节 II 背侧鬃 3 根；节IV-VIII背片仅两侧有线纹；节 I -VIII背片后缘着生有锯齿状扇片；节 V -VIII背片微弯梳存在。节 II -VII腹片有横线纹，节 II 腹片后缘鬃 2 对，节III-VII后缘鬃 3 对，节VII后缘中对鬃在后缘之前。腹片有附属鬃。

雄虫：未明。

寄主：月季、万寿菊。

模式标本保存地：中国（NWAFU，Shaanxi）。

观察标本：4♀♀，陕西杨陵，1998.Ⅷ.3，马彩霞采自月季、万寿菊。

分布：陕西（杨陵）。

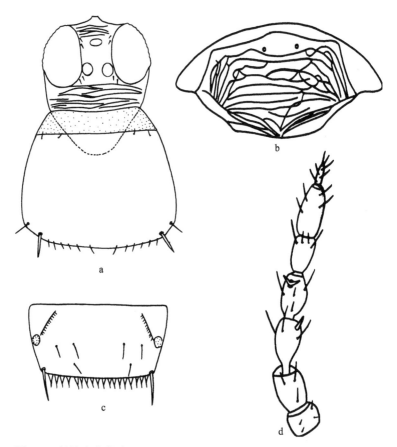

图 169　杨陵小头蓟马 *Microcephalothrips yanglingensis* Feng, Zhang & Sha

a. 头和前胸（head and pronotum）；b. 中胸盾片（mesonotum）；c. 腹节Ⅷ背片（abdominal tergite Ⅷ）；d. 触角（antenna）

54. 喙蓟马属 *Mycterothrips* Trybom, 1910

Mycterothrips Trybom, 1910, *Denk. Med. Nat. Ges. Jena*, 16: 158; Bhatti, 1969a, *Orien. Insects*, 3 (4):
378; Mound *et al.*, 1976, *Handb. Ident. Brit. Ins.*, 1 (11): 5, 36; Han, 1997a, *Economic Insect Fauna of
China Fasc.*, 55: 235.

Euthrips Targioni-Tozzetti: Karny, 1910, *Mitt. Nat. Ver. Univ. Wien*, 8: 45.

Physothrips Karny, 1912b, *Zool. Ann.*, 4: 336.

Taeniothrips Amyot & Serville: Priesner, 1920, *Jahr. Ober. Mus. Fran. Car.*, 78: 54, 62; Steinweden,
1933, *Trans. Amer. Entomol. Soc.*, 59: 269.

Taeniothrips (*Physothrips*): Karny, 1921, *Treubia*, 1 (4): 215, 241.

Taeniothrips (*Rhopalandrothrips*) Priesner, 1922, *Sitz. Akad. Wiss.*, 131: 68.

Oxythrips Uzel: Stannard, 1968, *Bull. Ill. Nat. Hist. Surv.*, 29 (4): 330.

Type species: *Mycterothrips laticauda* Trybom, monobasic.

属征：触角8节，节Ⅰ背顶鬃1对。单眼鬃3对。口锥长或普通。下颚须3节。前胸每后角有2根粗而长的鬃，其内后缘鬃2对。中、后胸内叉骨有刺，有时仅后胸有刺。跗节2节。前翅前脉鬃有大间断，端鬃2根或3根。腹节Ⅴ-Ⅷ背片两侧无微梳，后缘无梳膜；各背片两侧和背侧片有时有微毛；节Ⅲ-Ⅴ背片后缘两侧通常有梳毛；背片Ⅷ后缘梳毛长而规则；节Ⅹ较宽。部分种类触角为性二态，雄虫触角节Ⅴ、Ⅶ-Ⅷ甚小，而节Ⅵ甚大而多毛。

分布：古北界，东洋界，新北界，非洲界，澳洲界。

本属世界记录25种，本志记述9种。

种检索表

153) 双毛喙蓟马 *Mycterothrips araliae* (Takahashi, 1936)（图 170）

Taeniothrips araliae Takahashi, 1936, *Philipp. J. Sci.*, 60 (4): 434.

Mycterothrips araliae (Takahashi): Bhatti, 1978c, *Orien. Insects*, 12 (2): 185; Wang, 1999, *Chin. J. Entomol.* 19: 231-232.

雌虫：长翅。体黄色；触角节Ⅰ浅黄色，触角节Ⅱ-Ⅷ大部分棕色，节Ⅲ基部 1/3、节Ⅳ最基部浅黄色；前翅颜色深；足黄色；体主要鬃深棕色。

头部　头宽大于长，复眼后有横纹。单眼间鬃粗壮，位于后单眼前缘线上；眼后鬃 5 对，位于复眼后的那对鬃稍长。下颚须 3 节。触角 8 节，节Ⅲ最长，节Ⅲ和节Ⅳ感觉锥叉状。

胸部　前胸后角有 2 对鬃，长度几乎相等；后缘有 2 对鬃；背片鬃几乎有 60 根，前缘有 8 根。中、后胸腹板内叉骨存在。前翅前脉基部有 7-8 根鬃，端鬃 2 根，后脉鬃有 13 根，排列均匀。

腹部　节Ⅱ-Ⅶ两侧条纹区和后两侧边缘无微毛；节Ⅷ后缘梳完整。节Ⅶ中对鬃在后缘之前，腹板无附属鬃。

雄虫：长翅。体黄色。触角节Ⅰ浅黄色，节Ⅱ-Ⅷ棕色，节Ⅲ比节Ⅱ和节Ⅳ浅。腹节Ⅷ背板后缘梳完整；节Ⅸ背板主要鬃 3 对。触角正常，节Ⅵ短于节Ⅲ或者节Ⅳ。

寄主：楤木属植物。

模式标本保存地：中国（TARI，Taiwan）。

观察标本：未见。

分布：台湾。

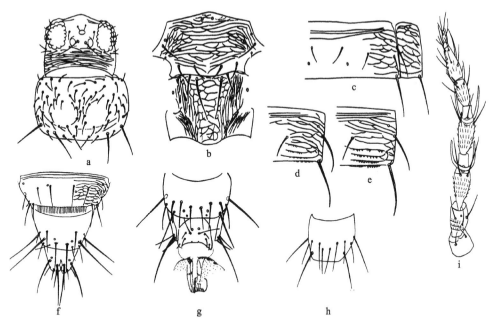

图 170　双毛喙蓟马 *Mycterothrips araliae* (Takahashi)（仿 Masumoto & Okajima，2006）

a. 头和前胸（head and pronotum）；b. 中、后胸盾片（meso-and metanota）；c. 腹节Ⅴ背片（右半部）及侧片（right part of abdominal tergite Ⅴ and pleura）；d. 腹节Ⅶ背片(示后缘无微毛)(abdominal tergite Ⅶ, shows absence of microtrichia on posterior margin）；e. 腹节Ⅶ背片（示后缘有微毛）（abdominal tergite Ⅶ, shows presence of microtrichia on posterior margin）；f. 雌虫腹节Ⅷ-Ⅹ背片（female abdominal tergites Ⅷ-Ⅹ）；g. 雄虫腹节Ⅸ-Ⅹ背片（male abdominal tergites Ⅸ-Ⅹ）；h. 腹节Ⅸ背片（abdominal tergite Ⅸ）；i. 触角（antenna）

(154) 金双毛喙蓟马 *Mycterothrips auratus* Wang, 1999（图 171）

Mycterothrips auratus Wang, 1999, *Chin. J. Entomol.*, 19: 229-238.

雌虫：长翅。头和翅胸棕黄色，腹部黄色；触角节Ⅰ浅黄色，触角节Ⅱ、Ⅲ棕褐色，节Ⅱ稍深，节Ⅳ-Ⅷ棕色；前翅微黄色；足黄色。

头部　头宽大于长，复眼后有横纹。单眼间鬃粗壮，位于 2 后单眼前缘线上；眼后鬃 5 对，位于复眼后的那对鬃稍长。下颚须 3 节。触角 8 节，节Ⅲ最长，节Ⅲ和节Ⅳ感觉锥叉状。

胸部　前胸后角有 2 对鬃，长度几乎相等；后缘有 2 对鬃，内对稍长；背片鬃几乎有 46-48 根。中、后胸内叉骨存在。前翅前脉基部有 7-8 根鬃，端鬃 2 根，后脉鬃 13-14 根，排列均匀。

腹部　腹节背板两侧区线纹弱，不明显，无微毛；节Ⅷ后缘梳完整；节Ⅸ有 2 对无鬃孔。节Ⅶ腹板中对鬃在后缘之前；节Ⅳ-Ⅵ、节Ⅶ（有时）有 1 对背片鬃。

雄虫：长翅。体小，灰褐色；触角节棕色，节Ⅴ短，碗状，节Ⅵ延长且多毛，节Ⅶ、Ⅷ小。腹节Ⅷ背板后缘梳完整；节Ⅸ背板主要鬃 3 对。腹节Ⅳ-Ⅶ腹板有附属鬃。

寄主：桑属植物。

模式标本保存地：中国（TARI，Taiwan）。

观察标本：未见。

分布：台湾。

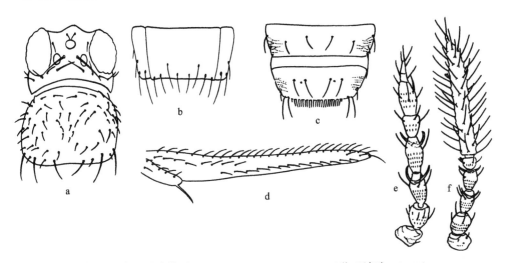

图 171　金双毛喙蓟马 *Mycterothrips auratus* Wang（仿王清玲，1999）

a. 头和前胸（head and pronotum）；b. 腹节Ⅶ腹片（abdominal sternite Ⅶ）；c. 腹节Ⅶ-Ⅷ背片（abdominal tergites Ⅶ-Ⅷ）；
d. 前翅（fore wing）；e. 雌虫触角（female antenna）；f. 雄虫触角（male antenna）

155) 桦树喙蓟马 *Mycterothrips betulae* (Crawford, 1939)（图 172）

Taeniothrips betulae Crawford, 1939, *J. New York Entomol. Soc.*, 47: 69-81.

Physothrips betulae (Crawford): Priesner, 1957, *Zool. Anz.*, 159 (7/8): 156-157.

Mycterothrips betulae (Crawford): Bhatti, 1969a, *Orien. Insects*, 3 (4): 373-382.

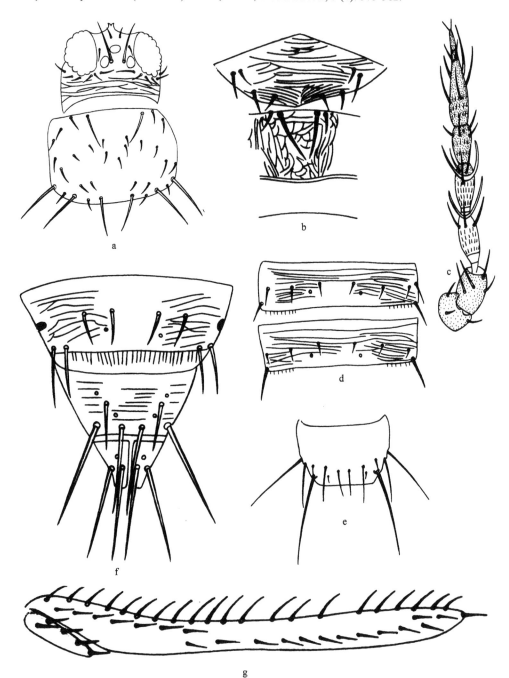

图 172　桦树喙蓟马 *Mycterothrips betulae* (Crawford)

a. 头和前胸（head and pronotum）；b. 中、后胸盾片（meso- and metanota）；c. 触角（antenna）；d. 腹节Ⅴ-Ⅵ背片（abdominal tergites Ⅴ-Ⅵ）；e. 雄虫腹节Ⅸ背片（male abdominal tergite Ⅸ）；f. 雌虫腹节Ⅷ-Ⅹ背片（female abdominal tergites Ⅷ-Ⅹ）；g. 前翅（fore wing）

雌虫：体长 1.3-1.4mm。体一致棕色；触角节Ⅰ、Ⅲ、Ⅳ色淡，节Ⅲ黄色，节Ⅰ、Ⅳ黄棕色，其余节深褐色。前翅基部黄色（不包括翅瓣）。各足自胫节到跗节逐渐变淡，褐色至黄褐色。颊部稍圆。触角节Ⅱ有微毛，节Ⅵ平截。

头部　头宽大于长，颊在复眼后处稍收缩，其后颊直，眼后有横纹。单眼区位于复眼间中后部，单眼月晕深红色；单眼前鬃小，远离前单眼，靠近头顶，二者相互靠近；单眼间鬃长68，位于后单眼前内缘，在内缘连线上；眼后鬃6对，鬃Ⅰ最长。触角8节，节Ⅰ-Ⅷ长（宽）分别为：14（26），36（24），48（18），38（20），24（16），48（18），8（6），16（4）；节Ⅲ-Ⅳ叉状感觉锥较小。口锥端部宽，较短，伸至前胸前缘，下颚须3节。

胸部　前胸宽大于长，背片仅前后有少数横纹，背片鬃20根，前缘鬃6根，中对鬃稍延长；后角有2根长鬃，约等长，约72；后缘鬃2对，内对长48，外对长18。中胸盾片有横纹，前中部有1对钟形感器；中后鬃和后缘鬃约等长，均靠近后缘。后胸盾片中部有横的网纹，两侧为稀纵纹，后中部像同心网纹；中部前缘有2根横纹，中部为大网纹，中对鬃靠近前缘，缺无鬃孔。前缘鬃长24，距前缘2，间距50，前中鬃长34，距前缘8，间距36。中、后胸内叉骨均有刺。前翅前缘鬃22根，前脉鬃有大的间断，基部鬃7根，端鬃2根，后脉鬃11根。各足胫节细长。

腹部　腹节背板刻纹上无微毛。背片中对鬃两侧有线纹，整个腹面布满横线纹。节Ⅱ背板后缘有4根侧鬃；节Ⅱ-Ⅶ背板后缘两侧有细梳毛，自前向后逐渐变长；节Ⅵ-Ⅷ背板 B4 鬃小，背片中对鬃在节Ⅵ-Ⅷ间距逐渐变小，长度逐渐变大；节Ⅴ-Ⅷ背片两侧无微弯梳；节Ⅷ背片后缘梳完整；节Ⅸ背板前缘和后缘各有1对钟形感器；鬃长：背中鬃114、中侧鬃128、侧鬃120；节Ⅹ上鬃长120和74。腹片无附属鬃，节Ⅱ后缘鬃2对，节Ⅲ-Ⅶ后缘鬃3对，节Ⅶ后缘中对鬃在后缘之前。节Ⅱ侧缘鬃4根，侧片无附属鬃，后缘齿退化，内缘有齿2-5个。

雄虫：触角节Ⅵ稍长于雌虫，有11根鬃，背片和腹面有成排微毛。腹节Ⅴ-Ⅷ背板 B4 鬃小；节Ⅸ背板 SB1 鬃小。

寄主：桦树、柳树。

模式标本保存地：美国（USNM，Washington）。

观察标本：2♀♀，河南西峡县黄石庵林场，1998.Ⅶ.17，张建民采自杂草。

分布：河南（西峡县黄石庵林场）；美国。

156) 褐尾双毛喙蓟马 *Mycterothrips caudibrunneus* Wang, 1999（图173）

Mycterothrips caudibrunneus Wang, 1999, *Chin. J. Entomol.*, 19: 229-238.

雌虫：长翅。头和翅胸棕黄色，腹部靠近翅胸处灰褐色，节Ⅶ-Ⅹ节变深；触角节Ⅰ灰褐色，节Ⅱ棕色，节Ⅲ和节Ⅳ基部灰褐色，其余各节棕色；前翅和足灰褐色；体主要鬃深棕色。

头部　头宽大于长，复眼后有横纹。单眼间鬃粗壮，位于2后单眼前缘线上；眼后鬃

5 对，位于复眼后的那对鬃稍长。下颚须 3 节。触角 8 节，节Ⅲ、Ⅳ基本等长，节Ⅲ和节Ⅳ感觉锥叉状。

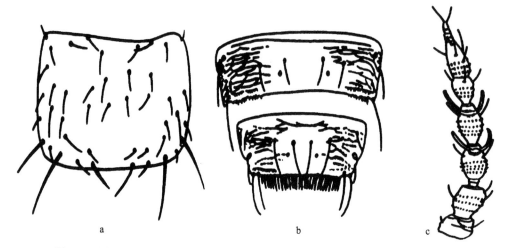

图 173　褐尾双毛喙蓟马 *Mycterothrips caudibrunneus* Wang（仿王清玲，1999）

a. 前胸（pronotum）；b. 腹节Ⅶ-Ⅷ背片（abdominal tergites Ⅶ-Ⅷ）；c. 触角（antenna）

　　胸部　前胸后角有 2 对鬃，长度几乎相等；后缘有 2 对鬃，内对稍长；背片鬃超过 40 根。中、后胸内叉骨存在。前翅前脉基部有 7-8 根鬃，端鬃 2 根，后脉鬃 10-11 根，排列均匀。股节和胫节鬃显著。

　　腹部　腹节Ⅱ-Ⅷ背板两侧有横纹，节Ⅷ（有时节Ⅶ和节Ⅷ）仅后部有横纹，节Ⅱ-Ⅶ后两侧后缘梳逐渐变粗壮，节Ⅵ和节Ⅶ梳毛基部呈三角形；节Ⅷ后缘梳完整。节Ⅸ有 2 对无鬃孔。节Ⅶ腹板中对鬃在后缘之前；腹部腹板无附属鬃。

　　雄虫：长翅。体小，灰褐色；触角节棕色，节Ⅴ短，碗状，节Ⅵ延长且多毛，节Ⅶ、Ⅷ小。腹节Ⅷ背板后缘梳完整；节Ⅸ背板主要鬃 3 对；腹节Ⅳ-Ⅶ腹板有附属鬃。

　　寄主：五节芒、山葡萄、杂草等。

　　模式标本保存地：中国（TARI，Taiwan）。

　　观察标本：未见。

　　分布：台湾。

(157) 并喙蓟马 *Mycterothrips consociatus* (Targioni-Tozzetti, 1887)（图 174）

Thrips (Euthrips) consociatea Targioni-Tozzetti, 1887, *Bull. Soc. Entomol. Ital.*, 18 (4): 425.

Physopus ulmifoliorum var. *obscurea* Uzel, 1895, *Königgräitz*: 123, 124; Coesfeld, 1898, *Abh. Nat. Ver.*
　　Brem., 14 (3): 472.

Physothrips schillei Priesner, 1919a, *Sitz. Akad. Wiss. Wien.*, 128: 122 (footnote), 123.

Taeniothrips schillei (Priesner): Priesner, 1920, *Jahr. Ober. Mus. Fran. Car.*, 78: 54.

Taeniothrips (Rhopalandrothrips) obscureus f. *pallens* Priesner, 1922, *Sit. Akad. Wiss.*, 131: 69.

Rhopalandrothrips consociateus (Targioni-Tozzetti): Priesner, 1925, *Konowia*, 4: 148.

Mycterothrips consociatus (Targioni-Tozzetti): Mound *et al*., 1976, *Handb. Ident. Brit. Ins.*, 1 (11): 36; Han, 1997a, *Economic Insect Fauna of China Fasc.*, 55: 236.

雄虫：体长约 1mm。体淡棕色至棕色，而触角节Ⅲ-Ⅴ、前翅、足胫节和跗节较淡。

头部　头宽大于长，眼后有横线纹。前单眼前鬃和前外侧鬃长9，单眼间鬃位于后单眼内缘，长51；单眼后鬃长25，复眼后鬃长10-19。触角8节，节Ⅴ短，节Ⅵ甚长而多毛，节Ⅶ、Ⅷ细小；节Ⅰ-Ⅷ长（宽）分别为：25（28），36（25），39（19），27（20），14（18），175（21），5（5），6（4），总长327，节Ⅰ-Ⅴ长141，节Ⅲ长约为宽的 2 倍；本种节Ⅵ长度虽常有个体差异（长143-178），但均长于节Ⅰ-Ⅴ长之总和；节Ⅲ、Ⅳ感觉锥叉状，节Ⅴ、Ⅵ有简单感觉锥。口锥端部窄圆，伸达前胸腹片近后缘。下颚须 3 节。

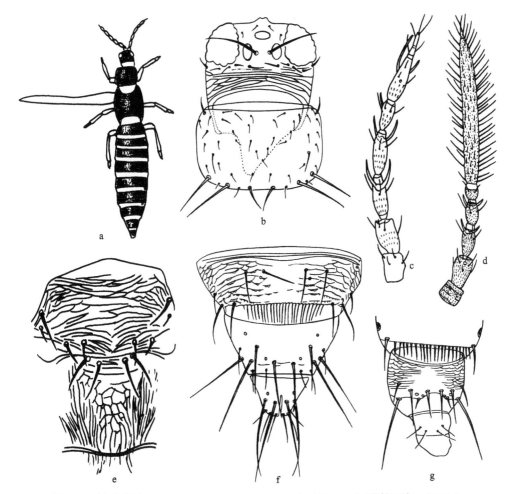

图 174　并喙蓟马 *Mycterothrips consociatus* (Targioni-Tozzetti) (仿韩运发，1997a)

a. 雌虫全体（female body）；b. 头和前胸（head and pronotum）；c. 雌虫触角（female antenna）；d. 雄虫触角（male antenna）；e. 中、后胸盾片（meso- and metanota）；f. 雌虫腹节Ⅷ-Ⅹ背片（female abdominal tergites Ⅷ-Ⅹ）；g. 雄虫腹节Ⅷ-Ⅹ背片（male abdominal tergites Ⅷ-Ⅹ）

胸部 前胸宽大于长，背片边缘有稀疏线纹。后角长鬃 2 对，内对长于外对，后缘鬃 2 对；除边缘鬃外，背片鬃约 26 根。后胸盾片前中部有 5-6 条横线纹，其后有 3-4 个模糊网纹，中后部和两侧为纵线纹；前缘鬃长 28，间距 31，位于近基前缘；前中鬃长 30，间距 16，距前缘 4。中、后胸内叉骨均有刺。前翅长 713，中部宽 49；前缘鬃 26 根，前脉基部鬃 4+4 根，端鬃 2 根或偶尔一侧 3 根，后脉鬃 10 根。

腹部 腹节 II 背片侧缘纵列鬃 4 根。节 II-VIII 背片两侧线纹上有模糊或清晰且极短的线纹（或称微毛）；节 II-VII 背片后缘两侧有短梳毛，节 VIII 后缘梳完整，梳毛较长。背片鬃位于背片前半部，长度和间距自前部节向后逐渐增加；节 V 背片鬃长（自内向外）：中对鬃（内 I）22，II 17，III 21，IV（在后缘上）39，V 33。节 IX 背片长 64，后对鬃约 2 横列，内 I、III、V 在前部，鬃长：内 I 37，内 II 22，内 III 49，内 IV 94，内 V 36。腹片无腺域，各节有 1-4 根附属鬃。

雌虫：相似于雄虫，但体较大，色较深。触角、足和翅一致棕色，腹部粗，触角各节普通，腹部比较粗，节 II-VIII 有深色前缘线。头长 103，单眼间鬃长 55，眼后鬃长 13-27。触角节 I-VIII 长（宽）分别为：31（27），39（28），54（20），51（18），36（19），54（19），10（9），18（6），总长 293，节 III 长为宽的 2.6 倍，节 VI 内侧有 1 较长简单感觉锥。前胸长 138；后缘内 I 鬃长 39，内 II 鬃长 32；后角内鬃长 67，外鬃长 61。前翅长 827。腹节 V 背片鬃长：内 I 21，内 II 27，内 III 36，内 IV（后缘上）62，内 V 41，节 IX 背片长鬃长：背中鬃 95，中侧鬃 123，侧鬃 112。各腹片无附属鬃。

寄主：九里香、苦楝、毛枵、肖蒲桃、海南杨桐、山毛榉科之一种、黄桐、三白草。曾发现它捕食叶螨。

模式标本保存地：未知。

观察标本：未见。

分布：广东、海南、四川；苏联，日本，捷克，斯洛伐克，南斯拉夫，匈牙利，阿尔巴尼亚，罗马尼亚，波兰，德国，奥地利，意大利，瑞士，英国，丹麦，西西里海峡。

(158) 豆喙蓟马 *Mycterothrips glycines* (Okamoto, 1911)（图 175）

Euthrips glycines Okamoto, 1911, *Wien. Ent. Zeit.*, 30: 221.

Taeniothrips (*Physothrips*) *glycines* (Okamoto): Moulton, 1928b, *Ann. Zool. Jap.*, 11 (4): 326.

Taeniothrips glycines (Okamoto): Priesner, 1938c, *Treubia*, 16 (4): 513; Kurosawa, 1968, *Insecta Mat Suppl.*, 4: 27; Zhang, 1982, *J. Sou. China Agric. Univ.*, 3 (4): 51, 57.

Mycterothrips glycines (Okamoto): Bhatti, 1969a, *Orien. Insects*, 3 (4): 378; Han, 1997a, *Economic Insect Fauna of China Fasc.*, 55: 237.

雌虫：体长约 1.1mm。体黄至橙黄色；触角节 I 淡黄色，节 III 和节 IV 基部黄色而略暗，节 II、IV 端部及节 V-VIII 灰棕色（有时节 II 较淡）；前翅无色至淡黄色；腹节 II-VIII 前缘线色稍深；体鬃和翅鬃烟棕色。

头部 头宽大于长，两颊近乎平行，头背眼后有横纹。前单眼前鬃长 19，前侧鬃长

6，单眼间鬃长 51，在两后单眼间内缘。单眼后鬃和复眼后鬃绕眼呈弧形排列为一行。触角 8 节，形状普通，节Ⅲ有梗，节Ⅳ和节Ⅴ基部较细，节Ⅲ和节Ⅳ端部稍细，节Ⅰ-Ⅲ长（宽）分别为：24（34），34（29），49（17），49（17），29（17），54（22），10（10），9（4），总长 268，节Ⅲ长为宽的 2.9 倍，节Ⅲ、Ⅳ叉状感觉锥臂长 30。口锥长 122，基部宽 146，中部宽 73，端部宽 32。下颚须长：节Ⅰ（基节）15，节Ⅱ10，节Ⅲ15。

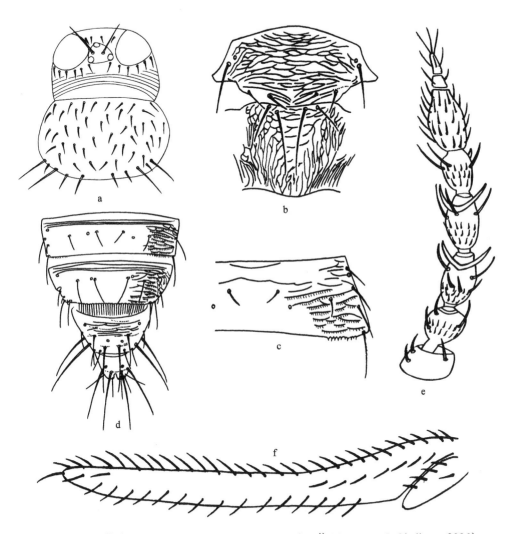

图 175　豆喙蓟马 *Mycterothrips glycines* (Okamoto)（c. 仿 Masumoto & Okajima，2006）

a. 头和前胸（head and pronotum）；b. 中、后胸盾片（meso- and metanota）；c. 腹节Ⅱ背片（右半部）（the right part of abdominal tergite Ⅱ）；d. 腹节Ⅶ-Ⅹ背片（abdominal tergites Ⅶ-Ⅹ）；e. 触角（antenna）；f. 前翅（fore wing）

胸部　前胸宽大于长，背片仅前后缘有少数横纹，背片鬃约 38 根，后角内鬃长于外鬃，后缘鬃 2 对。羊齿内端相连。中胸盾片有横纹，鬃长：前外侧鬃 36，中后鬃和后缘鬃（靠近后缘）均 19。后胸盾片中部有网纹，两侧为纵纹；前缘鬃在前缘上；前中鬃距前缘 10。中、后胸内叉骨均有刺。前翅长 786，中部宽 54。前缘鬃 25 根；前脉基部鬃 7 根，端鬃 2 根；后脉鬃 14 根。

腹部 腹节 II-VIII 整个背片有横线纹，背片两侧和背侧片横纹上有极短微毛；节 III-V 背片后缘两侧有细梳毛；背片中对鬃自节 VI-VIII 间距逐渐增大，长度逐渐变长；节 V-VIII 背片两侧无微梳；节 V 背片长 73，宽 303；中对鬃间距 58（在前半部，位于无鬃孔前内方）；鬃长：内 I 鬃（中对鬃）20，II 24，III 56，IV 34，V 49，VI（背侧片后缘上）61；节 VIII 背片后缘梳完整。节 IX 背片鬃长：背中鬃长 97，中侧鬃 114，侧鬃 97；节 X 背中鬃和侧鬃分别长 97 和 107。腹片无附属鬃；后缘鬃：节 II 有 2 对，节 III-VII 有 3 对。节 VII 中对后缘鬃在后缘之前。

雄虫：相似于雌虫，但较细小。触角节 I-III 黄色，节 IV 和节 V 基部较淡。节 IX 背片鬃长：27、49、73；腹片无附属鬃。

寄主：大豆、豆角、黄瓜、青瓜、木槿、茄子、二月兰、蓖麻、玉米、向日葵。

模式标本保存地：未知。

观察标本：15♀♀，湖北松柏，2001.VII.25，张桂玲采自大豆、玉米、向日葵；1♀，湖北九宫山，2001.VIII.6，张桂玲采自木槿。

分布：北京、江苏、浙江、湖北（松柏、九宫山）、福建、台湾、广东、四川；朝鲜，日本。

(159) 褐腹双毛喙蓟马 *Mycterothrips nilgiriensis* (Ananthakrishnan, 1960)（图 176）

Rhopalandrothrips nilgriensis Ananthakrishnan, 1960, *Pan-Pacific Entomol.*, 36: 37.

Rhopalandrothrips orchidii Ananthakrishnan, 1961, *Zool. Anz.*, 167: 263.

Physothrips crotus Bhatti, 1962, *Bull. Entomol. India*, 3: 37.

Mycterothrips nilgriensis (Ananthakrishnan): Bhatti, 1969a, *Orien. Insects*, 3 (4): 378.

Mycterothrips ravidus Wang, 1999, *Chin. J. Entomol.*, 19: 229-238.

雌虫：长翅。体灰褐色，翅胸和腹部有不规则的深色区域，尤其是腹节 II-VII 两侧的更明显；触角节 I 棕色，节 II-VIII 棕色；前翅颜色稍深；足灰褐色。

头部 头宽大于长，复眼后有横纹。单眼间鬃粗壮，位于 2 后单眼前缘线上；眼后鬃 5 对，位于复眼后的那对鬃稍长。下颚须 3 节。触角 8 节，节 III 端部狭窄成瓶状，节 III 和节 IV 感觉锥叉状。

胸部 前胸后角有 2 对长鬃，长度几乎相等；后缘有 2 对鬃，内对稍长；背片鬃 46-48 根。中、后胸内叉骨存在。前翅前脉基部有 7-8 根鬃，端鬃 2 根；后脉鬃 15-16 根，排列均匀。股节和胫节鬃显著。

腹部 腹节背板两侧有横纹和微毛，最后一排微毛位于后缘上；节 VIII 后缘梳完整；节 IX 有 2 对无鬃孔。节 VII 腹板中对鬃在后缘之前；腹部腹板无附属鬃。

雄虫：长翅。体小，灰褐色；触角节棕色，节 V 短，碗状，节 VI 延长且多毛，节 VII、VIII 小。腹节 VIII 背板后缘梳完整；节 IX 背板主要鬃 3 对。腹节 IV-VII 腹板有附属鬃。

寄主：胶皮糖香树。

模式标本保存地：中国（TARI，Taiwan）。

观察标本：未见。

分布：台湾。

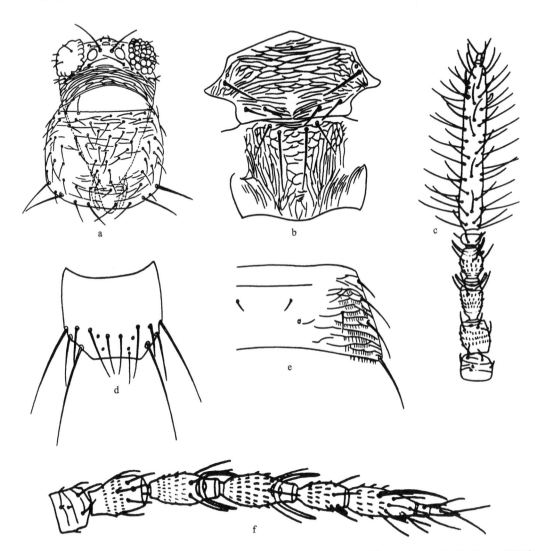

图 176　褐腹双毛喙蓟马 *Mycterothrips nilgiriensis* (Ananthakrishnan)（仿 Masumoto & Okajima，2006）

　a. 头和前胸（head and pronotum）；b. 中、后胸盾片（meso- and metanota）；c. 雄虫触角（male antenna）；d. 雄虫腹节Ⅸ背片（male abdominal tergite Ⅸ）；e. 腹节Ⅱ背片（右半部）（the right part of abdominal tergite Ⅱ）；f. 雌虫触角（female antenna）

(160) 蓖麻喙蓟马 *Mycterothrips ricini* (Shumsher, 1946)（图 177）

Taeniothrips (Rhopalandrothrips) ricini Shumsher, 1946, *Indian J. Entomol.*, 7: 176.

Rhopalandrothrips ricini (Shumsher): Ananthakrishnan, 1960, *Pan-Pacific Entomol.*, 36: 39.

Mycterothrips ricini (Shumsher): Bhatti, 1969a, *Orien. Insects*, 3 (4): 378; Ananthakrishnan & Sen, 1980, *Handb. Ser. Zool. Surv. Indian*, (1): 71; Han, 1997a, *Economic Insect Fauna of China Fasc.*, 55: 239.

雄虫：体长约 0.8mm。体一致黄白色，包括足；触角节Ⅰ-Ⅲ淡黄色，节Ⅳ基部淡，向端部渐暗，节Ⅳ端部和节Ⅴ-Ⅷ暗棕色；前翅淡黄色；口锥端部和跗节端部橙黄色；体鬃和翅鬃淡黄色。

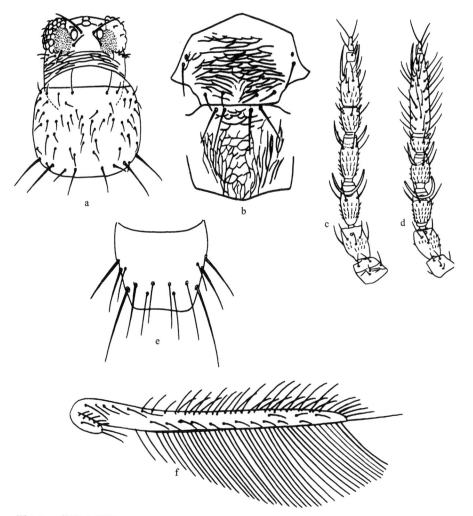

图 177　蓖麻喙蓟马 *Mycterothrips ricini* (Shumsher)（仿 Masumoto & Okajima，2006）

a. 头和前胸（head and pronotum）；b. 中、后胸盾片（meso- and metanota）；c. 雌虫触角（female antenna）；d. 雄虫触角（male antenna）；e. 雄虫腹节Ⅸ背片（male abdominal tergite Ⅸ）；f. 前翅（fore wing）

头部　头宽大于长。单眼排列于复眼间中后部。前单眼前鬃长 13，前侧鬃长 14；单眼间鬃长 52，位于后单眼内缘；复眼后鬃Ⅱ离眼较远，其他鬃均围眼排列。触角 8 节，节Ⅰ-Ⅲ普通形状，节Ⅴ杯形，节Ⅵ长而多软毛，节Ⅶ和Ⅷ甚小。节Ⅰ-Ⅷ长（宽）分别为：21（27），31（23），38（14），34（20），19（19），83（23），5（5），9（4），总长240，节Ⅰ-Ⅴ长之和143，节Ⅵ长为节Ⅰ-Ⅴ之和的0.58倍；节Ⅲ、Ⅳ叉状感觉锥呈U形。口锥长90，基部宽103，中部宽68，端部宽23。下颚须长：节Ⅰ（基节）16，节Ⅱ13，节Ⅲ18。

胸部　前胸宽大于长，背片有鬃28根，后外侧有1根较长鬃，长21。前缘鬃长26，后角内鬃长于外鬃，后缘鬃2对。其他鬃长13-17。中胸盾片前外侧鬃较粗，长34；中后鬃和后缘鬃距后缘13-14，长9-10。后胸盾片前缘鬃距前缘13，前中鬃距前缘14。前翅长561，中部宽39。前缘鬃25根，前脉基部鬃7根，端鬃2根；后脉鬃11根。

腹部　腹节Ⅴ背片长39，宽160。节Ⅴ背鬃长：内Ⅰ（中对鬃）8，内Ⅱ14，内Ⅲ14，内Ⅳ32，内Ⅴ30。节Ⅸ背鬃长：内Ⅰ32，内Ⅱ35，内Ⅲ39，内Ⅳ56，内Ⅴ16。节Ⅹ背鬃内长61，外长65。腹片无腺域，无附属鬃。

雌虫：体橙黄色。触角节Ⅱ-Ⅴ渐暗，节Ⅵ-Ⅷ灰棕色。头长90，宽150。复眼长如颊。后头顶有细颗粒。触角细长，节Ⅵ多毛，节Ⅰ-Ⅷ长（宽）分别为：25（18），36（27），50（18），48（20），36（16），50（18），10（9），13（7）；节Ⅲ、Ⅳ感觉锥马掌形。前胸长130，宽200；背片密排刚毛；后角鬃长约50，后缘鬃2对，内长40，外长20。前翅前缘鬃25根；前脉基部鬃7根，端鬃2根；后脉鬃3根。

寄主：莎草属植物、蓖麻叶、芸芥。

模式标本保存地：未知。

观察标本：未见。

分布：海南；日本，印度。

(161) 毛腹喙蓟马 *Mycterothrips setiventris* (Bagnall, 1918)（图178）

Physothrips setiventris Bagnall, 1918, *Bull. Entomol. Res.*, 9: 61.

Mycterothrips setiventris (Bagnall): Bhatti, 1969a, *Orien. Insects*, 3 (4): 378; Ananthakrishnan & Sen, 1980, *Handb. Ser. Zool. Surv. Indian*, (1): 71; Han, 1997a, *Economic Insect Fauna of China Fasc.*, 55: 240.

雄虫：体长约1.2mm。体棕黄色；触角节Ⅰ-Ⅲ及节Ⅳ最基部橙黄色，其余部分棕色；前翅暗黄色，但基部1/3和端部1/7淡，近乎无色；足黄色；体鬃和翅鬃暗；腹节Ⅱ-Ⅷ前缘线略暗，背中部各有1个暗圆斑，但节Ⅱ-Ⅲ暗斑不甚显著，节Ⅸ、Ⅹ黄棕色。

头部　头宽大于长，头背眼后有横纹。单眼在复眼间后部。前单眼前鬃和前侧鬃分别长19和24。单眼间鬃长61，在后单眼间前内缘；眼后鬃大致呈1横列围眼排列，单眼后鬃长29，复眼后鬃Ⅰ长15，Ⅱ长24，Ⅲ-Ⅴ长19。触角8节，形状普通，节Ⅰ-Ⅷ长（宽）分别为：22（29），37（27），57（19），54（19），34（17），44（19），7（7），12（5），总长267，节Ⅲ长为宽的3.0倍。节Ⅲ、Ⅳ叉状感觉锥臂长36。口锥伸达前胸腹片中部。下颚须长：节Ⅰ（基部）15，节Ⅱ10，节Ⅲ19。

胸部　前胸宽大于长，背片仅后缘有些横线纹，背片鬃较多，后角内外鬃长度近似，后缘鬃2对。羊齿内端接触。中胸盾片有横纹，前外侧鬃较粗；中后鬃和后缘鬃各长24，均靠近后缘。后胸盾片前中部有几条横线纹，其后似光滑，两侧有纵线纹；前缘鬃长在前缘上；前中鬃长而粗，靠近前缘。中、后胸内叉骨刺均较长。前翅长771，中部宽49；前缘鬃29根，前脉基部鬃7根，端鬃2根，后脉鬃13根。

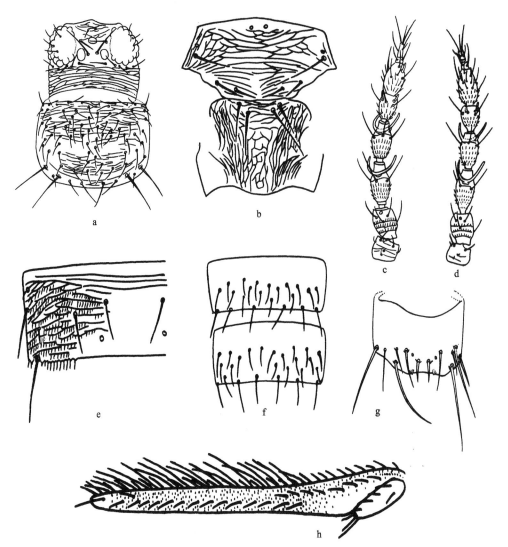

图178　毛腹喙蓟马 *Mycterothrips setiventris* (Bagnall)（仿 Masumoto & Okajima，2006）

a. 头和前胸（head and pronotum）；b. 中、后胸盾片（meso- and metanota）；c. 雌虫触角（female antenna）；d. 雄虫触角（male antenna）；e. 腹节Ⅶ背片（左半部）（the left part of abdominal tergite Ⅶ）；f. 雄虫腹节Ⅵ-Ⅶ腹片（male abdominal sternites Ⅵ-Ⅶ）
g. 雄虫腹节Ⅸ背片（male abdominal tergite Ⅸ）；h. 前翅（fore wing）

　　腹部　腹节Ⅱ-Ⅷ背片两侧有横纹；背片两侧和背侧片线纹上有微毛，背片后缘两侧有细梳毛；节Ⅴ-Ⅷ背片无微梳；节Ⅷ背片后缘梳细，在两侧缺。中对鬃自节Ⅴ向后渐长。节Ⅴ背片长68，宽243；中对鬃间距68，鬃长：中对鬃（鬃Ⅰ）68，鬃Ⅱ27，鬃Ⅲ63，鬃Ⅳ39，鬃Ⅴ66，鬃Ⅵ（背侧片后缘上）54，鬃Ⅲ-Ⅴ不显著呈三角形排列；节Ⅵ-Ⅶ

背片鬃Ⅳ退化变小；节Ⅸ背片长鬃长：背中鬃 117，中侧鬃 134，侧鬃 122；节 X 背片鬃长 129 和 122。节Ⅱ-Ⅶ腹片有附属鬃 7 根、10 根或 12 根。

　　雄虫：相似于雌虫，但体较小，色较淡。最暗部分为触角节Ⅳ-Ⅷ，棕色；前翅中部仅略微暗；腹节Ⅸ、X 橙黄色，长体鬃和翅鬃暗棕色。腹节Ⅸ背片背中鬃（内鬃Ⅰ）短而粗，在鬃Ⅰ、Ⅱ之间后部有 1 个三角形齿。鬃长：内Ⅰ 15（粗），内Ⅱ 29，内Ⅲ 27，内Ⅳ 78，内 V 39，内Ⅵ 73。腹片无腺域。

　　寄主：华南毛枪。

　　模式标本保存地：英国（BMNH，London）。

　　观察标本：未见。

　　分布：海南；印度。

55. 齿蓟马属 *Odontothrips* Amyot & Serville, 1843

Odontothrips Amyot & Serville, 1843, *Histoire Naturelle des Insectes*: 642; Karny, 1907, *Berl. Ent. Zeitscher.*, 52: 45; Pitkin, 1972, *Bull. Brit. Mus. (Nat. Hist.) Entomol.*, 26 (9): 373, 379; Han, 1997a, *Economic Insect Fauna of China Fasc.*, 55: 242.

Physopus (De Geer) Amyot & Serville: Uzel, 1895, *Königgräitz*: 29, 32, 44, 47, 94.

Euthrips Targioni-Tozzetti: Moulton, 1907, *USDA Bur. Entomol. (Tech. Ser.)*, 12/3: 42, 43, 52.

Type species: *Odontothrips phalerata* (= *Thrips phalerata* Haliday).

　　属征：体棕色至暗棕色。触角节Ⅲ黄色，节Ⅳ常部分黄色，跗节和前足胫节黄色。触角 8 节，节Ⅲ、Ⅳ感觉锥叉状，节Ⅵ上感觉锥基部常特别增大，与该节愈合。下颚须 3 节，下唇须 2 节。前单眼鬃 2 对，单眼间鬃发达。前胸后角有 2 对长鬃。前足粗，前足胫节内缘端部有 1 个或 2 个爪状突起，偶有缺；跗节 2 节；前足跗节端节内缘有 1 个或 2 个小钩齿或结节。总是长翅，通常暗，前翅纵脉 2 条，前脉端鬃常 2 根。腹部有侧片；腹部背板和腹板缺微毛。雌虫腹节Ⅷ背片后缘有梳，背片 X 背面纵裂不完整；腹片无附属鬃。雄虫腹部末端背面有对角状鬃或无；腹片无腺域；生殖器常包含 1 个内阳茎基鞘，通常具刺。

　　分布：古北界，新北界，澳洲界。

　　本属世界记录 30 余种，本志记述 5 种。

种检索表

4.　前足胫节有 1 个粗壮的齿 ·· **牛角花齿蓟马 *O. loti***
　　前足胫节有 2 个粗壮的齿 ··· **双钩齿蓟马 *O. biuncus***

(162) 双钩齿蓟马 *Odontothrips biuncus* John, 1921

Odontothrips biuncus John, 1921, *Fau. Petrop. Catal. Petrog. Agr. Inst.*, 2 (1): 7.

Taeniothrips konumensis Ishida, 1931, *Insecta Mat.*, 6 (1): 32-42.

Odontothrips konumensis: Pitkin, 1972, *Bull. Brit. Mus.* (*Nat. Hist.*) *Entomol.*, 26 (9): 391.

雌虫：体黄棕色，部分较浅；触角节Ⅲ黄色，其余黄棕色；前翅棕色，近基部颜色较浅；前足胫节和各足跗节黄色；主要鬃暗。

头部　头宽大于长，颊略拱。单眼前鬃 1 对，前外侧鬃 1 对，单眼间鬃位于前后单眼外缘连线上；眼后鬃 5 对，对Ⅳ-Ⅴ较长，其后有横线纹。口锥端部较尖；下颚须 3 节。触角 8 节，节Ⅲ、Ⅳ感觉锥叉状，节Ⅵ内侧感觉锥基部膨大并且与该节愈合。

胸部　前胸宽大于长，背片几乎光滑，背片鬃约 18 根，后缘鬃 4 对。羊齿不分开。中胸背板布满横线纹，两端向后弯曲延伸，前外侧鬃稍短于中后鬃；后胸背板前中部为不规则的横纹，中后部为简单网纹，两侧为纵纹，钟形感器存在，前缘鬃与前中鬃均位于前缘上。中胸内叉骨具骨刺；后胸内叉骨无骨刺。前足股节粗大，胫节前内缘有 2 个齿状突起，前足跗节内缘有 1 个或 2 个小齿；后足胫节内缘有 7-8 根刺。前翅前缘鬃 24-27 根，前脉鬃 4+10-15+2 根，后脉鬃 14-16 根；翅瓣鬃 5+1 根。

腹部　腹节Ⅰ背板布满线纹，节Ⅱ-Ⅷ背板中对鬃两侧有线纹；节Ⅷ背板后缘梳不完整，仅两侧存在，气孔前内侧有稀疏微刺；节Ⅹ纵裂不完全；各节腹板均有弱的横纹；腹片均无附属鬃。

雄虫：相似于雌虫，但较小。腹节Ⅷ背板后缘梳较稀少；节Ⅸ背鬃 6 对，对Ⅱ后有 1 对角状齿；外生殖器有由 1 对较细的微管支撑着 1 对阳茎基刺，基刺位于微管的末端。

寄主：广布野豌豆、牡丹。

模式标本保存地：日本（UH，Sapporo）。

观察标本：6♀♀1♂，陕西太白山，2002.Ⅶ.15，张桂玲采自杂草。

分布：内蒙古、陕西（太白山）、宁夏；俄罗斯，法国，德国，英格兰，荷兰，罗马尼亚，瑞典，丹麦，芬兰，加拿大。

(163)　间齿蓟马 *Odontothrips intermedius* (Uzel, 1895)（图 179）

Physopus intermedia Uzel, 1895, *Königgrätz*: 33, 49, 114.

Odontothrips intermedius (Uzel): Dyadechko, 1964, *Urozhai Publishers, Kiev*: 167; Pitkin, 1972, *Bull. Brit. Mus.* (*Nat. Hist.*) *Entomol.*, 26 (9): 375, 382, 389; Jacot-Guillarmod, 1974, *Ann. Cape Prov. Mus.* (*Nat. Hist.*), 7 (3): 908; Schiephake & Klim, 1979, *Die Tier. Deut.*, 66: 192, 193.

雌虫：体棕色。触角节Ⅲ浅黄色，其余节棕色，头后缘有深色条带。前翅基部和亚端部各有 1 个浅色条带，后翅颜色很浅，有 1 个纵线。前足胫节和中足胫节中、端部黄褐色，后足棕色。

头部　头宽大于长。单眼鬃 3 对，单眼间鬃着生于单眼三角形中心连线上，眼后鬃 5 对，眼后有横纹。口锥接近三角形，下颚须 3 节。触角 8 节，节Ⅲ长 3 倍于宽，节Ⅲ和节Ⅳ感觉锥叉状，节Ⅵ感觉锥基部增大。

胸部　前胸光滑，背鬃 17 根，前角鬃 3 对，后角长鬃 2 对，后缘鬃 4 对，鬃Ⅰ稍长。中胸背板中部有横纹，两侧有纵纹，中胸腹板内叉骨存在。后胸背板前缘有横纹，两侧有纵纹，中对鬃不位于前缘，中部有 1 对钟形感器。前足股节粗壮，胫节有 1 粗壮的齿，内缘为 1 鬃，跗节无瘤状突起；中、后足正常，后足胫节内缘有 7-8 根粗壮鬃。前翅正常，前缘脉有鬃 24-29 根，前脉鬃 4-5+11-13+2 根，后脉鬃 16-18 根，翅瓣鬃 5+1 根。

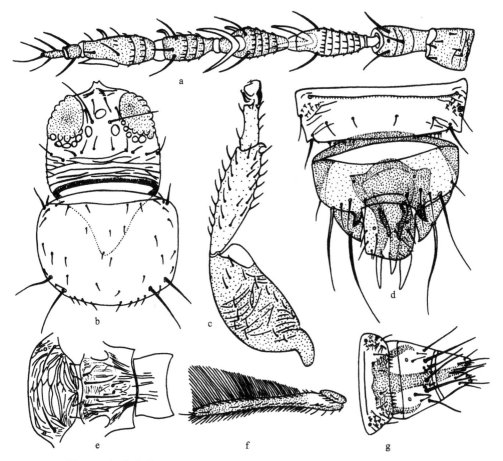

图 179　间齿蓟马 Odontothrips intermedius (Uzel)（仿 Dang et al.，2010）

a. 触角（antenna）；b. 头和前胸（head and pronotum）；c. 前足（fore leg）；d. 雄虫腹节Ⅷ-Ⅹ背片（male abdominal tergites Ⅷ-Ⅹ）；e. 中、后胸盾片（meso- and metanota）；f. 前翅（fore wing）；g. 雌虫腹节Ⅷ-Ⅹ背片（female abdominal tergites Ⅷ-Ⅹ）

腹部　腹节Ⅰ背板布满刻纹，有 1 对小鬃和 1 对钟形感器，节Ⅱ-Ⅶ两侧有一些刻纹，中部平滑。节Ⅷ有后缘梳，但中部和最两边缺，节Ⅸ有 3 对排成一排的鬃，节Ⅹ中部纵裂。节Ⅲ-Ⅷ腹板有弱的横纹，有 3 对后缘鬃。

雄虫：外部形态和雌虫相似。腹节IX有 6 对鬃，其中 1 对呈刺状突起。雄虫生殖器有 2 对由微管支持的着生于微管端部且相互靠近的内阳茎刺。

　　寄主：豆科植物花。

　　模式标本保存地：未知。

　　观察标本：未见。

　　分布：北京、陕西；俄罗斯，乌克兰，英国，捷克，芬兰，匈牙利，罗马尼亚，瑞典，澳大利亚。

(164) 牛角花齿蓟马 *Odontothrips loti* (Haliday, 1852)（图 180）

Thrips loti Haliday, 1852, *Walker List Homop. Ins. Brit. Mus.*, 4: 1108.

Physopus ulicis (Haliday): Uzel, 1895, *Königgräitz*: 33, 49, 115.

Euthrips ulicis var. *californicus* Moulton, 1907, *USDA Bur. Entomol. (Tech. Ser.)*, 12/3: 44, 55.

Euthrips ulicis californicus Moulton, 1911, *Tech. Ser. USDA Bur. Entomol.*, 21: 16, 27.

Odontothrips loti (Haliday): Williams, 1916a, *Entomol.*, 49: 277; Pitkin, 1972, *Bull. Brit. Mus. (Nat. Hist.) Entomol.*, 26 (9): 375, 381, 391; Han, 1997a, *Economic Insect Fauna of China Fasc.*, 55: 242-243.

Odontothrips uzeli Bagnall, 1919, *Ann. Mag. Nat. Hist.*, (9) 4: 262.

Odontothrips anthillidis Bagnall, 1928b, *Entomol. Mon. Mag.*, 64: 96.

Odontothrips thoracicus Bagnall, 1934d, *Entomol. Mon. Mag.*, 70: 59.

Odontothrips quadricmanus Bagnall, 1934d, *Entomol. Mon. Mag.*, 70: 60.

Odontothrips brevipes Bagnall, 1934c, *Ann. Mag. Nat. Hist.*, 14 (10): 481, 489.

　　雌虫：体长约 1.5mm。体暗棕色，包括足和触角，但前足胫节及中、后足胫节最基部暗黄色；各足跗节和触角节III黄色，节IV有时淡棕色；前翅灰暗，包括最基部及翅瓣，但基部约 1/7 无色透明；主要鬃暗。

　　头部　头宽大于长，颊略外拱。背片眼后有横纹。单眼呈三角形排列于复眼间中后部。单眼间鬃位于前后单眼中间，在三角形外缘连线上；前单眼前中鬃长 34，前侧鬃长 21；眼后鬃长约 18。触角 8 节，节III有梗，节IV基部较细；节III、IV端部较细缩。节 I-VIII长（宽）分别为：19（34），40（27），62（20），57（20），42（17），59（18），12（7），17（5），总长 308；节III长为宽的 3.1 倍；节III、IV叉状感觉锥臂长 25-28；节IV内侧感觉锥长 27，其中基部 9/10 与节体愈合，口锥端部窄圆，长 110，基部宽 110，中部宽 89，端部宽 50。下颚须 3 节。

　　胸部　前胸宽大于长，背片较光滑，线纹很少，背片鬃约 16 根；前角鬃较长，后角内鬃长于外鬃。后缘鬃 3 对。中胸盾片横纹稀。后胸盾片中部仅为稀疏横线，两侧为纵纹；前缘鬃长 34，间距 49，距前缘 3，前中鬃长 59，间距 18，距前缘 5。前翅长 804 中部宽 61；前缘鬃 24 根，前脉鬃端部有小间断，端鬃 2 根，共 16+2 根；后脉鬃 12 根；翅瓣鬃 5 根。中胸腹片内叉骨刺清晰。前足胫节内端有 1 齿和 1 根粗鬃，附节内端有小齿。

　　腹部　腹节 II-VII背片两侧横纹稀疏；中对鬃小，间距宽；节 V 背片长 100，宽 395

节 V 中对鬃间距 105，各鬃长：内 I 鬃（中对鬃）15，II 24，III 46，IV 63，V 45；节 Ⅷ背片后缘中部缺后缘梳；节 Ⅸ背鬃长：背中鬃 142，中侧鬃 171，侧鬃 180；节 X 背鬃 160-168；节 V -Ⅷ背片两侧无弯梳。腹片无附属鬃。

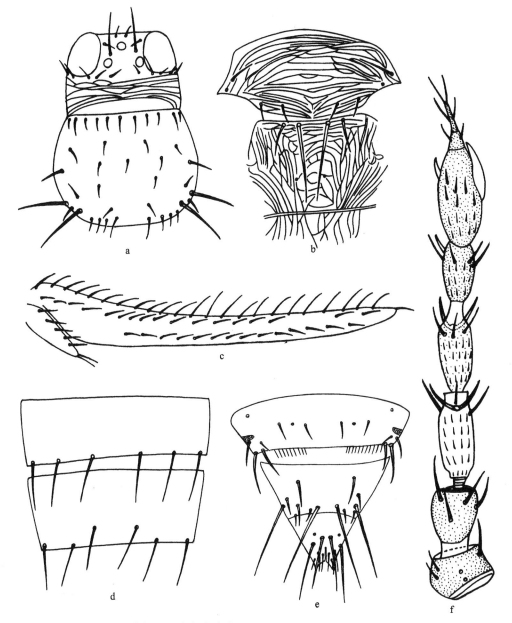

图 180　牛角花齿蓟马 *Odontothrips loti* (Haliday)

头和前胸（head and pronotum）；b. 中、后胸盾片（meso- and metanota）；c. 前翅（fore wing）；d. 腹节 VI-Ⅶ腹片（abdominal sternites VI-Ⅶ）；e. 腹节Ⅷ- X 背片（abdominal tergites Ⅷ- X）；f. 触角（antenna）

雄虫：相似于雌虫但较小，节Ⅸ背片鬃 5 对，大致呈弧形排列，长：内 I 19，内 II 51，内III 34，内IV 126，内V 49，IV最粗最长。鬃II后边有 1 对短粗角状齿。雄性生殖器有 1 对粗内阳茎基刺，被一个发达的微管支撑。

寄主：苜蓿、草木犀、车轴草属植物。

模式标本保存地：英国（BMNH，London）。

观察标本：40♀♀1♂，宁夏六盘山，2230m，2008.VII.6，郑建武采自黄花苜蓿；2♀♀，山东泰山南天门，1988.VII.30，冯纪年采自杂草；3♂♂，山西五台山，2006.VIII.3，郭付振采；2♀♀，陕西太白山，2002.VII.15，张桂玲采自杂草。

分布：内蒙古、河北、山西（五台山）、山东（泰山）、河南、陕西（太白山）、宁夏（六盘山）、甘肃；俄罗斯（西伯利亚），蒙古，日本，爱沙尼亚，乌克兰，格鲁吉亚，立陶宛，瑞士，法国，前南斯拉夫，芬兰，丹麦，瑞典，罗马尼亚，荷兰，德国，匈牙利，奥地利，波兰，意大利，捷克，斯洛伐克，英国，美国。

(165) 蒙古齿蓟马 *Odontothrips mongolicus* Pelikán, 1985（图 181）

Odontothrips mongolicus Pelikán, 1985, *Ann. Hist. Nat. Mus. Nat. Hung.*, 77: 130-133.

雌虫：体黄棕色。触角节III浅黄色，节IV深于节III浅于节V，节V-VIII一致棕色。前翅棕色，基部 1/4 浅，后翅很浅，有 1 个深色的纵线。前足胫节浅棕色，所有跗节黄色。腹节II-VII背板前缘有深色条带。体鬃棕黄色。

头部 头宽 1.4 倍于长，单眼鬃 3 对，单眼间鬃着生于单眼三角形外缘连线上，眼后鬃 5 对，眼后有横纹。口锥接近三角形，下颚须 3 节。触角 8 节，节III长 3 倍于宽，节III和节IV感觉锥叉状，节VI感觉锥基部增大。

胸部 前胸前和后中部有一些横纹，背鬃 25 根，前角鬃 3 对，后角长鬃 2 对，后缘鬃 4 对，鬃I稍长。中胸背板中部有横纹，两侧有纵纹，中胸腹板内叉骨存在。后胸背板前缘有横纹，两侧有纵纹，中对鬃不位于前缘，中部有 1 对钟形感器。前足股节粗壮，胫节有 1 小齿，内缘为 1 鬃，跗节无瘤状突起；中、后足正常，后足胫节内缘有 7 根粗壮鬃。前翅正常，前缘脉有鬃 24-34 根，前脉 4+11-18+2 根，后脉鬃 13-16 根，翅瓣鬃 5+1 根。

腹部 腹节I背板布满刻纹，有 1 对小鬃和 1 对钟形感器，节VIII有后缘梳，但中部和最两边缺，节VII有时也有相同的后缘梳但较细，节IX有 3 对排成 1 排的鬃，节X中部纵裂，约 0.33 倍于节长。节III-VIII腹板有弱的横纹，有 3 对后缘鬃。

雄虫：外部形态和雌虫相似。腹节IX有 6 对鬃，其中 1 对呈刺状突起。雄虫生殖器无微管和内阳茎刺，每个阳基侧突外缘有 1 齿。

寄主：草原上的葱属植物，锦鸡儿属、针茅属、荨麻属等许多植物的花，白簕、白榆和梓树的树叶上。

模式标本保存地：匈牙利（HNHM，Budapest）。

观察标本：未见。

分布：内蒙古、宁夏；蒙古。

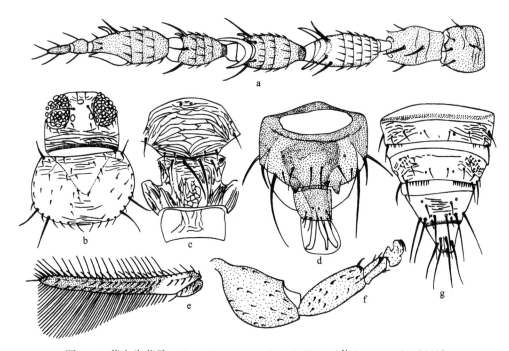

图 181　蒙古齿蓟马 *Odontothrips mongolicus* Pelikán（仿 Dang *et al.*，2010）

a. 触角（antenna）；b. 头和前胸（head and pronotum）；c. 中、后胸盾片（meso- and metanota）；d. 雄虫腹节Ⅷ-Ⅹ背片（male abdominal tergites Ⅷ-Ⅹ）；e. 前翅（fore wing）；f. 前足（fore leg）；g. 雌虫腹节Ⅶ-Ⅹ背片（female abdominal tergites Ⅶ-Ⅹ）

(166) 五毛齿蓟马 *Odontothrips pentatrichopus* Han & Cui, 1992（图 182）

Odontothrips pentatrichopus Han & Cui, 1992, *Insects of the Hengduan Mountains Region*, 1: 422, 433; Han, 1997a, *Economic Insect Fauna of China Fasc.*, 55: 244-246.

雌虫：体长约 1.3mm。体棕色，触角棕色，仅节Ⅲ黄色；前翅淡棕，基部约 1/4 淡黄色；前足股节端部、胫节（除边缘棕色）暗黄色，各跗节黄色；腹节Ⅱ-Ⅶ近前缘有深色横条。

头部　头宽大于长，颊略拱。前缘和复眼后有 3-4 条横纹。复眼长 84。前单眼前鬃长 8，前外侧鬃长 15；单眼间鬃长 48，间距 22，距后单眼较近，位于前后单眼的中心连线上；眼后鬃较小。触角 8 节，节Ⅰ-Ⅷ长（宽）分别为：40（31），37（27），66（23），63（23），38（19），57（23），10（8），18（7），总长 331；节Ⅲ长为宽的 2.9 倍，节Ⅲ长为节Ⅵ的 1.2 倍；节Ⅲ、Ⅳ的叉状感觉锥臂长 42，简单感觉锥长：节Ⅴ内端的长 21，外端长 10，节Ⅵ内侧长 33（基部与该节愈合部分长 24），外侧长 11，外下侧长 21，节Ⅶ外侧长 21。口锥长 127，基部宽 121，中部宽 63，端部宽 31；下颚须长：节Ⅰ（基节）25，节Ⅱ 14，节Ⅲ 21。

胸部　前胸宽大于长，背片光滑，背片鬃约 26 根，后角内鬃长于外鬃，后缘鬃 4 对。中胸盾片横线纹稀少，前中部横线在两端处模糊，后部线纹亦模糊；前外侧鬃长 31，中后鬃和后缘鬃均长 21，且均在后缘上。后胸盾片线纹轻，前中部约有 5 条横线，两侧有些纵线；无细孔；前缘鬃在前缘上；前中鬃长而粗，在前缘上。前翅长963，中部宽70；前缘鬃33根，前脉基中鬃5+11根或4+13根，超过翅中部有一个较大间隔，端鬃5-6根均匀排列，后脉鬃17根；中部翅鬃长：前缘鬃47，前脉鬃42，后脉鬃55。翅瓣前缘鬃5根。中胸内叉骨有刺，后胸内叉骨无刺。前足胫节内端缘有1小钩和1粗鬃；前足跗节无小齿。

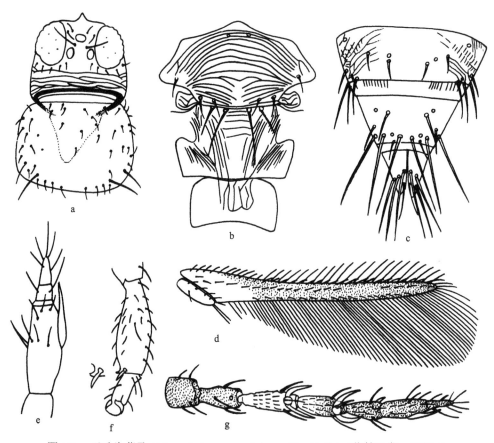

图182　五毛齿蓟马 Odontothrips pentatrichopus Han & Cui（仿韩运发，1997a）

a. 头和前胸（head and pronotum）；b. 中、后胸盾片（meso- and metanota）；c. 腹节Ⅷ-Ⅹ背片（abdominal tergites Ⅷ-Ⅹ）；d. 前翅（fore wing）；e. 触角Ⅵ-Ⅷ（antennal segments Ⅵ-Ⅷ）；f. 前足胫节（fore tibia, shows the thick seta）；g. 触角（antenna）

腹部　腹节Ⅰ背片布满横纹，节Ⅱ-Ⅷ前缘线1-2条，侧部线纹限于有侧鬃区；节Ⅸ、Ⅹ光滑；节Ⅱ-Ⅵ背片中对鬃小，节Ⅶ、Ⅷ的较大；背片节Ⅱ侧缘鬃4对（包括后缘鬃），节Ⅴ背片长102，宽396；节Ⅴ背鬃：中对鬃长10，间距106；侧鬃长（自内向外）：Ⅰ 21，Ⅱ 37，Ⅲ 47，后缘鬃长53；各节背片两侧缘均有微弯梳。节Ⅷ后缘梳不完全，在中部和两侧缺；背片Ⅸ长鬃长度：背中鬃127，侧中鬃129，侧鬃125；节Ⅹ纵裂很短，鬃长121。背侧片无微毛，无附属鬃，仅有后缘鬃。腹片无附属鬃。

雄虫：未明。

寄主：未明。

模式标本保存地：中国（IZCAS，Beijing）。

观察标本：正模♀，四川乡城县中热乌，2900m，1982.VI.25，崔云琦采。

分布：四川（乡城县）。

56. 敏蓟马属 *Oxythrips* Uzel, 1895

Oxythrips Uzel, 1895, *Königgräitz*: 29, 34, 44, 51, 133.

Type species：*Oxythrips ajugae* Uzel, designated from five species by Hood, 1916b, *Insect. Inscit. Menstr.*, 4: 37.

属征：触角 8 节，有时节VI端部有 1 缝，似 9 节，节III、IV感觉锥叉状。口锥普通。下颚须 3 节，下唇须 2 节。前胸宽大于长，后角有长鬃 1 对。跗节 2 节。前翅有 2 条纵脉，前脉鬃有间断，后脉鬃规则排列；缨毛波曲。腹节有侧板；节VIII背板后缘无梳；节IX背鬃弱或者退化；节 X 长且管状。雄虫有腺域，节IX背板有 2 对粗壮的刺状鬃。

分布：古北界，东洋界，新北界，澳洲界。

本属世界记录 50 种，本志记述 1 种。

(167) 榆敏蓟马 *Oxythrips ulmifoliorum* (Haliday, 1836)

Thrips ulmifoliorum Haliday, 1836, *Ent. Mag.*, 3: 442.

Scirtothrips ulmi Bagnall, 1913b, *J. Econ. Biol.*, 8: 232.

Oxythrips caespiticola Priesner, 1928, *Die Thysanopteren Europas. Abteilung IV*: 716.

Oxythrips occitanus Bournier, 1962, *Bull. Soc. Entomol. France*, 67: 42.

雌虫：体长约 1mm。体灰褐色或黄棕色；触角灰棕色，节 I 、III灰黄色，节IV端半部色深，节 V 仅基部色浅；足浅黄色，股节和胫节微黄棕色；腹节端部色深；翅灰黄色。

头部　头宽大于长。单眼间鬃小，触角 8 节，有小的叉状感觉锥。前胸几乎横；后角鬃浅黄色，后缘鬃 3-4 对。后胸盾片感觉孔存在。

胸部　翅发达；前脉和后脉各有 8-9 根鬃。

腹部　腹节VIII背板后缘无梳；节IX背板侧鬃 70-100，节 X 侧鬃 64-76。腹节腹板无附属鬃。

雄虫：体黄色。触角端部色深。节IX背板有 2 对小且粗壮的鬃。

寄主：紫花苜蓿、榆树、丁香花、茉莉花。

模式标本保存地：未知。

观察标本：未见。

分布：内蒙古（呼和浩特）；英国，匈牙利，罗马尼亚。

57. 拟斑蓟马属 *Parabaliothrips* Priesner, 1935

Parabaliothrips Priesner, 1935b, *Stylops*, 4 (6): 125.

Yehiella Chen, 1976, *Plant Prot. Bull.* (*Taiwan*), 18: 242-249. Synonymised by Bhatti, 1990a, *Zool.* (*J. Pure and Appl. Zool.*), (4) 2: 244.

Krasibothrips Kudô, 1977a, *Kontyû*, 45: 1-8. Synonymised by Bhatti, 1979, *Ber. Nat.-Med. Vereins in Innsbruck*, 66: 26.

Type species: *Parabaliothrips takahashii* Priesner.

属征：触角 8 节，节Ⅲ-Ⅳ感觉锥叉状。单眼鬃 3 对，单眼间鬃位于单眼三角形后缘。前胸前缘有 1 对长鬃，长于前角鬃，后角有 2 对长鬃。后胸背板中央无线纹，中对鬃位于前缘。前翅前脉连续。雌虫腹节Ⅵ-Ⅷ背片两侧有微弯梳，节Ⅵ-Ⅶ微弯梳终止于后缘中对鬃两侧，节Ⅷ位于前外侧；节Ⅵ-Ⅶ背板后角鬃着生于后角中部；节Ⅷ后缘梳存在，弱或缺；腹板无附属鬃。节Ⅹ纵裂不完全。雄虫腹节腹板Ⅲ-Ⅶ有或无腺域。

分布：古北界，东洋界，澳洲界。

本属世界记录 6 种，本志记述 1 种。

(168) 栎拟斑蓟马 *Parabaliothrips coluckus* (Kudô, 1977)（图 183）

Krasibothrips coluckus Kudô, 1977a, *Kontyû*, 45: 1-8.

Parabaliothrips coluckus (Kudô): Bhatti, 1979, *Ber. Nat.-Med. Vereins in Innsbruck*, 66: 21-27.

雌虫：体褐色，单眼月晕红色，触角节Ⅰ-Ⅱ同体色，褐色，节Ⅲ-Ⅷ黄色；前翅基部 1/3 和端部 1/3 黄色，中部 1/3 灰褐色。各足股节和胫节同体色，深褐色，但前足胫节端部略淡，各足跗节黄色。

头部 头长略大于宽，颊平直，头部前缘在触角间向前延伸。单眼区位于复眼间中部偏后，单眼呈扁三角形排列。单眼前鬃存在，略长于前侧鬃，单眼间鬃位于后单眼后内侧，在后单眼后缘切线上，长于单眼前鬃。单眼后鬃小，远离后单眼；复眼后鬃 3 对，离复眼较远，鬃Ⅰ和鬃Ⅲ长如单眼前鬃，鬃Ⅱ小于鬃Ⅰ和鬃Ⅲ。眼后有横纹。触角 8 节，节Ⅲ-Ⅳ有很小的叉状感觉锥，节Ⅲ-Ⅴ上各有 1 对长的简单感觉锥。口锥端部钝，深至两足基节间。

胸部 前胸前部宽，后部窄，侧缘在后部呈弧形收缩，前后缘均平直，背片前缘有几条横纹，其余光滑，仅侧缘有鬃，中部无鬃；前缘鬃 1 对，前角鬃 2 对，侧缘 2 对，后角有 2 对长鬃，前缘鬃 4 对；前缘鬃和侧鬃短于后角鬃，长于后缘鬃。后胸仅两侧有纵纹，其余部分光滑，前缘鬃和前中鬃均在前缘上，且相互靠近，其后无亮孔。中、后胸内叉骨均无刺。前翅前缘鬃 16 根，前脉鬃 15 根，连续排列，后脉鬃 10 根。

腹部 腹节Ⅰ背片有清晰横纹；节Ⅱ-Ⅷ背片两侧有模糊横纹；节Ⅴ-Ⅷ两侧有模糊的微弯梳；节Ⅱ-Ⅷ背片无鬃孔和中对鬃相距远，中对鬃在无鬃孔前内侧；节Ⅷ后缘梳稀疏但完整；节Ⅸ背片后缘鬃 3 对，中对鬃最短，节Ⅹ背片后缘有 2 对长鬃。腹片无附属鬃，节Ⅲ-Ⅶ后缘鬃 3 对，均在后缘上。

雄虫：相似于雌虫，但色较淡。胸部色浅，前足胫节和跗节均黄色；节 Ⅴ-Ⅷ背片两侧有微刺列，节Ⅷ背片中对鬃和中侧鬃粗短；腹节Ⅲ-Ⅶ腹片有大的横行雄性腺域。

寄主：苦槠、枫香、杂草。

模式标本保存地：未知。

观察标本：2♀♀1♂，四川泸定海螺沟，2400m，2009.Ⅷ.1，李晓维采自杂草；2♀♀2♂♂，贵州雷公山乌东村，2009.Ⅷ.2，李晓维采自杂草；4♀♀2♂♂，福建连城，1989.Ⅴ.22，刘依华采自枫香；4♀♀，广东南昆山，1986.Ⅷ.5，童晓立采自苦槠。

分布：福建（连城）、台湾、广东（南昆山）、四川（泸定海螺沟）、贵州（雷公山乌东村）；日本，尼泊尔，马来西亚，澳大利亚。

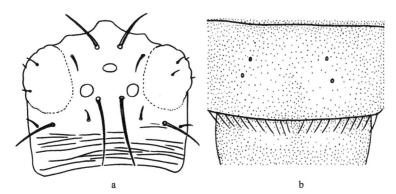

图 183　栎拟斑蓟马 *Parabaliothrips coluckus* (Kudô)（仿 Gillespie *et al.*，2002）

a. 头（head）；b. 腹节Ⅷ背片（abdominal tergite Ⅷ）

58. 足蓟马属 *Pezothrips* Karny, 1907

Pezothrips Karny, 1907, *Berl. Ent. Zeitscher.*, 52: 45; Mirab-balou & Tong, 2012, *Entomol. News*, 122 (4): 349.

Type species: *Physopus frontalis* Uzel 1895, by monotypy.

属征：触角 8 节，节Ⅰ有 1 对背顶鬃，节Ⅲ-Ⅳ感觉锥叉状。下颚须 3 分节。3 对单眼鬃存在。前胸背板有 2 对后角鬃。中胸内叉骨刺存在，后胸内叉骨无刺。前翅前脉端鬃 2 根；后脉鬃完整。腹节背板无微弯梳和缘膜，节Ⅶ中对后缘鬃远离后缘并且相互靠近（除了 *P. kellyanus*），节Ⅷ背两侧气孔前侧通常有不规则的微毛，节Ⅷ后缘梳完整或缺；腹板没有附属鬃。雄虫节Ⅲ-Ⅶ腹板通常有众多小腺域。

分布：古北界，东洋界，非洲界。

本属世界记录 10 种，本志记述 1 种。

169) 褐棕角足蓟马 *Pezothrips brunneus* Mirab-balou & Tong, 2012

Pezothrips brunneus Mirab-balou & Tong, 2012, *Entomol. News*, 122 (4): 349.

雌虫：头部 头部 3 对单眼鬃；前单眼前鬃由两根一前一后的鬃组成（在 *C. funtumiae* 中是并排的）；单眼间鬃位于单眼三角形之内。触角 8 节，节 I 有 1 对背顶鬃，节 III-IV 感觉锥叉状，其上有很多微毛；下颚须 3 节。

胸部 前胸背板有 2 对后角鬃，3-4 对后缘鬃。中胸背板中对鬃靠近后缘，前缘钟形感器有或无。后胸具网纹，中对鬃位于前缘，中后胸均无钟形感器。前胸腹板羊齿完整，基腹片无鬃；中胸腹侧缝完全。中胸内叉骨存在，后胸内叉骨无。前翅前脉基部鬃 7 根，端鬃 2 根；后脉鬃完整；翅瓣边缘有 6 根或 7 根鬃，但无翅瓣鬃。

腹部 腹节背板无微弯梳，中对鬃（S1）相距很远，节 VI-VII S3 远小于 S4；节 VIII 后缘梳完整，钟形感器常在中对鬃之前；节 X 背裂。腹节 III-IV 腹板有 3 对后缘鬃，节 VII S1 和 S2 在后缘之前发出。

雄虫：复眼无有色素的小眼。前翅棕色或深棕色。腹节 III-VII 背腹板有 2 对或多排的小的腺域。节 IX 中对鬃细长。

寄主：菊科、禾本科杂草。

模式标本保存地：中国（SCAU，Guangzhou）。

观察标本：未见。

分布：西藏（日喀则）；西非。

59. 伸顶蓟马属 *Plesiothrips* Hood, 1915

Plesiothrips Hood, 1915a, *Proc. Entomol. Soc. Wash.*, 17: 129.

Ornothrips Ananthakrishnan, 1965, *Bull. Entomol.*, 6: 15-29.

Type species: *Sericothrips perplexa* Beach, 1896, designated and monobasic.

属征：头长与宽等长或长稍长于宽，在复眼前延伸。前单眼前鬃缺。触角 7 节，触角节 I 有 1 对背顶鬃，节 III 小，节 III、IV 感觉锥叉状；节 IV-VI 在雄虫中极度延伸。单眼间鬃发达。口锥适度长，端部圆。下颚须 3 节。前胸接近方形。足部增大。所有跗节 2 节。总是长翅；前翅有 2 条纵脉，前脉仅在端部有间断。腹节有侧板。腹节背板中对鬃位于背板中部，相距很远；腹节 VIII 背板后缘无梳和缘膜；腹节 X 纵裂完全。腹板无附属鬃。雌虫产卵器退化。雄虫腹节 III、IV 腹板各有 1 对小的圆形腺域，节 IX 背板后缘有对刺状鬃。

分布：古北界，东洋界，新北界，新热带界，澳洲界。

本属世界记录 19 种，本志记述 2 种。

种检索表

前翅前脉有 6 根基部鬃，2 根端鬃，后脉有鬃约 10 根；节 III-IV 腹板两侧各有 2 个小的圆形腺域；节 VIII 背板后缘梳仅两侧有，且只是一些小的鬃··············**淡腹伸顶蓟马** *P. perplexu*

前翅前脉基部有鬃 11 根，端鬃 2 根，后脉鬃 13-14 根；节 VIII 背板后缘无梳·············· ··**板上伸顶蓟马** *P. sakagam*

(170) 淡腹伸顶蓟马 *Plesiothrips perplexus* (Beach, 1896)（图 184）

Sericothrips perplexus Beach, 1896, *Proc. Iowa Acad. Sci.*, 3: 216.

Plesiothrips perplexus (Beach): Hood, 1915a, *Proc. Entomol. Soc. Wash.*, 17: 129.

Thrips panicus Moulton, 1929c, *Florida Entomol.*, 13: 61.

雌虫: 体明显两色, 头和翅胸棕色, 腹节浅, 但端部色深; 足黄色, 触角节III-IV黄色; 前翅浅棕色, 基部 1/4 白色。

头部　头宽大于长, 在眼前延伸。单眼前鬃 2 对, 单眼间鬃恰在后单眼前方, 与单眼三角形一边等长。触角 7 节, 节IV长于节III, 端部收缩成颈, 感觉锥均为叉状。节 I 最端部有 1 对小的背鬃。

胸部　前胸后角有 2 对长鬃。后胸中部无或有很弱的刻纹; 中对鬃小, 着生于前缘之后; 钟形感器缺。前翅前脉有 6 根基部鬃, 2 根端鬃, 后脉有鬃约 10 根。

腹部　腹节背板中部无刻纹, 两侧无微弯梳, 节VI-VII有时有退化的微弯梳; 节VIII背板后缘梳仅两侧有, 且只是一些小的鬃。产卵瓣很弱, 不呈锯齿状。腹板无附属鬃。

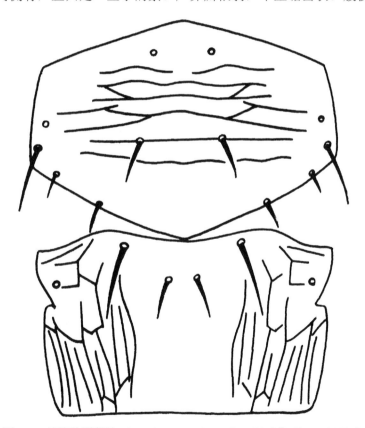

图 184　淡腹伸顶蓟马 *Plesiothrips perplexus* (Beach)（仿 Chen, 1979a）
中后胸（meso-and metanotum）

　　雄虫： 稍小，触角节Ⅲ非常小，节Ⅳ-Ⅵ每节均有许多长鬃，节Ⅶ很小。腹节Ⅸ后缘有 1 对粗壮的刺状鬃，着生于突出的结节上。节Ⅲ-Ⅳ腹板两侧各有 2 个小的圆形腺域。

　　寄主： 各种禾本科植物包括甘蔗。

　　模式标本保存地： 美国（CAS，San Francisco）。

　　观察标本： 未见。

　　分布： 台湾；美国（加利福尼亚州、得克萨斯州），墨西哥，澳大利亚东部等热带和亚热带区。

(171) 板上伸顶蓟马 *Plesiothrips sakagamii* Kudô, 1974（图 185）

Plesiothrips sakagamii Kudô, 1974, *Kontyû*, 42: 111.

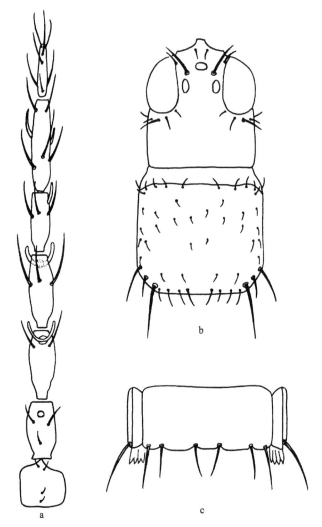

图 185　板上伸顶蓟马 *Plesiothrips sakagamii* Kudô（仿 Kudô，1974）

a. 触角（antenna）；b. 头和前胸（head and pronotum）；c. 腹节Ⅵ腹片（abdominal sternite Ⅵ）

雌虫：长翅。头和腹节Ⅷ-Ⅹ棕色，节Ⅱ浅棕色，节Ⅴ棕黄色，节Ⅰ-Ⅳ淡黄色。腹节端部色深；前胸和翅胸浅棕色。所有足淡黄色，边缘淡棕色。前翅基部 1/4 很白，其余深棕色；缨毛深棕色；后翅浅棕色，中部纵脉色深。前胸鬃浅棕色。触角节Ⅰ-Ⅱ（端部淡黄色）及节Ⅵ-Ⅶ深棕色，节Ⅲ黄色；节Ⅳ淡黄色，节Ⅴ浅棕色，最基部淡黄色。

头部　除头前部突起外头部宽等于长，与前胸等长，头在复眼前延伸。眼后鬃 5 对，靠近复眼的内对鬃比其他眼后鬃更靠近头前缘，对Ⅲ最长，内对Ⅰ长 18，内对Ⅱ 17，内对Ⅲ 46，内对Ⅳ 28；前单眼鬃 2 对。触角 7 节，约 2 倍于头长；节Ⅰ最宽，大；节Ⅲ小，长 2-2.2 倍于宽，感觉锥叉状；节Ⅳ长于节Ⅲ，感觉锥叉状；节Ⅵ最长；节芒长，长如节Ⅱ和节Ⅴ。口锥适当延伸，端部圆。下颚须 3 节。

胸部　前胸宽大于长，两边近似平行；前缘有 5 对小鬃；后缘后角鬃之间有 4 对鬃；后角鬃发达且细长，内对鬃长于外对。中胸腹板有内叉骨刺，后胸内叉骨无刺。跗节 2节。前翅有 2 条脉，长 18-19 倍于中部宽；前翅前脉基部有鬃 11 根，端鬃 2 根，后脉鬃13-14 根；缨毛波曲。

腹部　腹节腹板除后缘鬃外无附属鬃。节Ⅲ腹板无腺域；侧板后缘有齿状突起。节Ⅷ有 1 小块皮下色素，后缘无梳；节Ⅹ沿中线不完全纵裂。腹板后缘鬃由亚缘发出。

雄虫：未明。

寄主：杂草。

模式标本保存地：未知。

观察标本：未见。

分布：台湾。

60. 腹毛梳蓟马属 *Projectothrips* Moulton, 1929

Projectothrips Moulton, 1929a, *Rec. Indian Mus.*, 31 (2): 95.
Docidothrips Priesner, 1933, *Konowia*, 12 (3-4): 307-318.
Stulothrips Moulton, 1934, *Proc. Haw. Entomol. Soc.*, 8: 499.
Type species: *Projectothrips pruthi* Moulton, monobasic.

属征：触角 8 节，节Ⅲ、Ⅳ感觉锥叉状；节Ⅱ-Ⅵ和节Ⅷ上有微毛，节Ⅰ无背顶鬃。头宽大于长。单眼前鬃 2 对；眼后鬃排成一排。下颚须 3 节。前胸每后角有 1-3 对长鬃。中胸腹侧缝存在。后胸盾片密布纵纹。中胸内叉骨刺存在，后胸内叉骨刺有或无。前翅前脉鬃连续或有小的间断，后脉有许多鬃；翅瓣上鬃 6-9 根，通常 7 根，很少 5 根；后缘缨毛波曲。跗节 2 节。腹节背板两侧有成排微毛；背板后缘两侧有后缘梳，在雌虫中，节Ⅶ、Ⅷ后缘梳完整，雄虫仅节Ⅷ完整。雌虫节Ⅱ-Ⅶ腹板后缘至少有 4-5 对鬃，经常 6-7对（节Ⅶ有时 3 对，如 *P. bhatti*）；雄虫仅有 3 对；所有鬃均位于后缘上。腹板后缘有由短微毛组成的后缘梳，后缘整个存在或仅限于两侧，腹板至少两侧覆盖微毛。雌虫节Ⅹ纵裂，雄虫不纵裂。雄虫节Ⅲ-Ⅵ或者节Ⅲ-Ⅶ腹板有横而延长的腺域。阳茎侧突特殊，端半部各有 1 排小鬃。

分布：东洋界。

本属世界记录 9 种，本志记述 2 种。

种检索表

体黄褐色；前翅前脉基部鬃 13-15 根，端鬃 3 根；后脉鬃 13-14 根 ·············· 番石榴蓟马 *P. imitans*

体棕褐色；前翅前脉基部鬃 4+8 根，端鬃 2 根；后脉鬃 15 根 ·············· 长角腹毛梳蓟马 *P. longicornis*

(172) 番石榴蓟马 *Projectothrips imitans* (Priesner, 1935)

Docidothrips imitans Priesner, 1935b, *Stylops*, 4 (6): 127.

Projectothrips imitans (Priesner): Bhatti, 1969a, *Orien. Insects*, 3 (4): 379.

雌虫：体黄褐色，股节颜色明显深。触角各节长：III 45-48；IV 42-45；V 35-36；VI 50-52；VII 16；VIII 32-34。单眼间鬃和眼后鬃短。前胸后缘鬃 4-6 根；后角鬃内对长 56，外对小。前翅前缘鬃 30 根，前脉鬃 13-15 根（中间有间断），后脉鬃 13-14 根。腹节IX背板后缘鬃 145-160，节 X 152-160。

寄主：番石榴。

模式标本保存地：未知。

观察标本：未见。

分布：台湾。

(173) 长角腹毛梳蓟马 *Projectothrips longicornis* (Zhang, 1981)（图 186）

Taeniothrips longicornis Zhang, 1981, *Acta Zootaxon. Sin.*, 6 (3): 324-327.

Projectothrips longicornis: Zhang & Tong, 1993a, *Zool. (J. Pure and Appl. Zool.)*, 4: 419.

雌虫：体长 1.7mm。体棕褐色，各足股节、胫节及跗节黄色，前翅淡褐色，近基部色淡。触角 8 节，节 I-II 褐色，节III黄色，节IV淡褐色，节 V-VIII褐色，节 I-VIII长（宽）分别为：22（22），35（25），48（22），48（19），36（16），56（16），9（6），48（6）。单眼内缘月晕红色，单眼间鬃位于三角形连线内缘。前胸背板后缘角外鬃长 51，内鬃长 73。前翅前缘鬃 27 根，前脉基部鬃 4+8 根，端鬃 2 根，后脉鬃 15 根。腹节 II-VI腹板后缘两侧及节VII、VIII后缘具梳毛。

雄虫：未发现。

寄主：芒草。

模式标本保存地：中国（SCAU，Guangzhou）。

观察标本：正模♀，海南（陵水），1978.V.20，卓少朋采；副模 1♀，海南（崖县），1975.III.12，任佩瑜采。

分布：海南（陵水、崖县）。

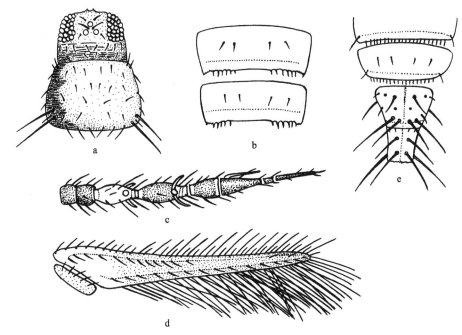

图 186　长角腹毛梳蓟马 *Projectothrips longicornis* (Zhang)（仿张维球，1981）

头和前胸（head and pronotum）；b. 腹节Ⅴ-Ⅵ背片（abdominal tergites Ⅴ-Ⅵ）；c. 触角（antenna）；d. 前翅（fore wing）；e. 腹节Ⅶ-Ⅹ（abdominal tergites Ⅶ-Ⅹ）

61. 长吻蓟马属 *Salpingothrips* Hood, 1935

Salpingothrips Hood, 1935, *J. New York Entomol. Soc.*, 43: 157.

Type species: *Salpingothrips minimus* Hood, designated and monobasic.

属征： 触角 8 节，节Ⅰ无背顶鬃，节Ⅲ-Ⅳ感觉锥叉状。口锥极长，伸过前胸腹板。前胸每个后角有 1 对粗鬃，呈棒状，自基部向端部逐渐加粗，端部不平，呈锯齿状。中、后胸内叉骨均无刺。腹节Ⅰ背片后缘有小齿。

分布： 东洋界，非洲界，新热带界，澳洲界。

本属世界记录 3 种，本志记述 1 种。

174) 葛藤长吻蓟马 *Salpingothrips aimotofus* Kudô, 1972（图 187）

Salpingothrips aimotofus Kudô, 1972, *Kontyû*, 40 (4): 230-233; Chen, 1977b, *Plant Prot. Bull. (Taiwan)*, 19 (4): 209-211.

雌虫： 体异色，头淡褐色，前胸和腹部黄色，中后胸褐色。触角节Ⅰ-Ⅳ黄色，节Ⅴ-Ⅷ深褐色；前翅基部 1/3 多和端部 1/3 弱黄色，中部 1/3 褐色；各足黄色。

头部　头宽大于长，头后缘宽于前缘，复眼大，占头部 1/2。单眼区位于复眼间中部，单眼略呈扁三角形排列，单眼前鬃长，单眼前侧鬃靠近复眼，单眼间鬃比单眼前鬃短、位于前后单眼中心连线上，单眼后鬃位于单眼后内侧，相互靠近；复眼后鬃 5 对，紧绕复眼呈弧形排列。触角 8 节，节III-IV感觉锥叉状。口锥端部尖，伸至中胸腹板前缘。下颚须 3 节，节III比节 I - II 细；下唇须 1 节。

胸部　前胸中部鼓起，背面光滑，散布稀疏短鬃；各前角有 1 对短的粗鬃，呈刺状，各后角有 1 对棒状鬃。中胸盾片布满横纹，中后鬃和后缘鬃在同一水平线上，均在后缘之前，靠近后缘。后胸盾片中部前缘有 2 条横纹，其余为网纹，两侧为纵纹，延伸至后胸小盾片。中、后胸内叉骨均有刺。

腹部　腹节 I -VIII背片有横纹，各中对鬃和无鬃孔间距大，中对鬃在无鬃孔前内侧。节VIII背片无后缘梳；节IX背片中对鬃最长，中侧鬃细小，侧鬃较发达；节 X 端部尖、后缘鬃 2 对。腹板无附属鬃，节 II -VII腹片后缘鬃 3 对，均在后缘上。

雄虫： 体长 0.75-0.92mm。长翅。体色和形态与雌虫相似。触角总长 189-205，节 I -VIII长（宽）分别为：14-16（20-21），26-29（19-20），30-32（17-18），32-35（16-17），28-30（15-6），37-39（12-13），9-11（4-5），12-13（3-4）。腹节VII背板在向后延伸的中后部有 1 对无鬃孔。节VIII后缘无梳。节IX有 3 对主要鬃，中鬃长 20-22，S1 长 5-8，S2 长 35-37。节 X 有 1 对主要鬃，长 61-67。腹节III-VII腹板各有 1 个圆形腺域，无附属鬃。此种的雄虫很容易与此属的其他种区别开：体二色，腹节VII背板在中后部有一个延伸，节IX S1 非常短。

寄主： 葛藤。

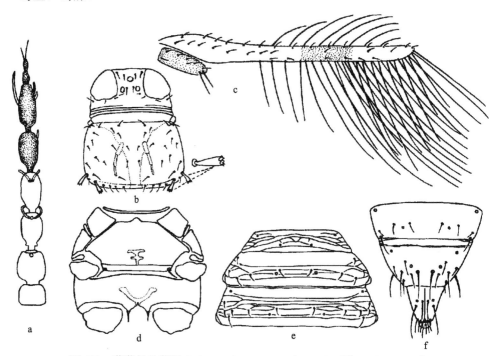

图 187　葛藤长吻蓟马 *Salpingothrips aimotofus* Kudô（仿 Kudô，1972）

a. 触角（antenna）；b. 头和前胸（head and pronotum）；c. 前翅（fore wing）；d. 中、后胸腹片（meso- and metasterna）；e. 腹节 I -III背片（abdominal tergites I -III）；f. 腹节VIII- X 背片（abdominal tergites VIII- X）

模式标本保存地：未知。

观察标本：3♀♀，广东南昆山，1986.Ⅷ.4，童晓立采自葛藤。

分布：台湾、广东（南昆山）、海南、云南；日本。

62. 硬蓟马属 *Scirtothrips* Shull, 1909

Scirtothrips Shull, 1909, *Entomol. News*, 20: 222; Mound *et al*., 1976, *Handb. Ident. Brit. Ins*., 1 (11): 15,
　　42; Mound & Houston, 1987, *Sys. Ent*., 4: 8; Han, 1997a, *Economic Insect Fauna of China Fasc*., 55:
　　183.

Euthrips Targioni-Tozzetti: Bagnall, 1911, *J. Econ. Biol*., 6 (1):10.

Physothrips Karny, 1914, *Zeit. Wiss. Insek*., 10: 364.

Scirtothrips (*Scirtothrips*) Shull: Karny, 1921, *Treubia*, 1 (4): 237.

Sericothripoides Bagnall, 1929, *Bull. Entomol. Res*., 20: 69.

Type species: *Scirtothrips ruthveni* Shull.

属征：体小，黄色或橙黄色，有的种类腹部背片或腹片前缘脊有黑斑，背片中部亦
有暗色区域。头宽大于长，有的在复眼前延伸。有单眼。头鬃都短小，单眼鬃 3 对。触
角 8 节，节Ⅲ-Ⅳ感觉锥叉状。下颚须 3 节。前胸常有细密横纹，无骨化板，后角有 1 对
较长鬃，后缘鬃 4 对。中、后胸内叉骨均有刺。前翅窄，有 2 条纵脉，但后脉不显著；
前脉鬃间断，后脉仅在端部有少数鬃。跗节 2 节。腹节Ⅰ-Ⅷ两侧有密排微毛，节Ⅷ后缘
梳完整；腹板没有附属鬃，有微毛。雌虫产卵器发达。雄虫腹节Ⅸ两侧有时有 1 对镰形
抱钳；腹片无腺域。

分布：古北界，东洋界，新北界，非洲界，新热带界，澳洲界。

本属世界记录约 40 种，本志记述 7 种。

种检索表

1. 腹部背片前缘有暗脊（前缘线），前胸背片后缘有 1 对较长鬃 ·· 2
　 腹部背片前缘无暗脊（前缘线），前胸背片后缘无较长鬃 ·· 6
2. 腹部背片前部有暗斑，腹部腹片全部有微毛；单眼间鬃在两后单眼间 ········· 茶黄硬蓟马 *S. dorsalis*
　 腹部背片前部无暗斑 ·· 3
3. 前胸前缘鬃 2 对，前翅后脉鬃 3 根，后缘缨毛直 ································· 红桧硬蓟马 *S. asinus*
　 前胸前缘鬃 1 对，前翅后脉鬃 1 根或 2 根 ·· 4
4. 触角节Ⅰ-Ⅱ淡黄色，节Ⅲ-Ⅷ棕色，前翅后脉鬃 1 根 ······················· 多布硬蓟马 *S. dobroskyi*
　 触角节Ⅰ浅（白色或浅黄色），节Ⅱ-Ⅷ棕色 ·· 5
5. 前翅前脉基部鬃 2+2 根，端鬃 3 根 ··· 横断硬蓟马 *S. hengduanicus*
　 前翅前脉基部鬃 3 根，中部鬃 5-6 根，端鬃 2 根；后缘缨毛波曲 ················· 肖楠硬蓟马 *S. acus*
6. 单眼间鬃在后单眼间；前翅后脉鬃 1 根；腹部背片中对鬃虽短于侧鬃但不甚小；雄虫腹节Ⅸ两侧
　 有弯刺状抱器 ··· 海南硬蓟马 *S. hainanensis*

单眼间鬃位于单眼内缘连线上；前翅后脉鬃 2 根；腹部背片中对鬃微小；雄虫腹节Ⅸ两侧无弯刺状抱器 ·· **龙爪槐硬蓟马 S. pendulae**

(175) 肖楠硬蓟马 *Scirtothrips acus* Wang, 1994（图 188）

Scirtothrips acus Wang, 1994b, *J. Taiwan Mus.*, 47 (2): 1-7.

雌虫： 长翅。体浅黄色；腹节Ⅱ-Ⅸ背板前缘线深棕色，横跨整个背板；腹节Ⅳ-Ⅵ腹板前缘线不明显，节Ⅶ、Ⅷ前缘线深。触角节Ⅰ白，节Ⅱ-Ⅷ棕色。足浅黄色。翅色深。

头部 单眼前鬃2对，基本等长，比单眼间鬃短；单眼间鬃位于前单眼之后单眼三角形内。触角节Ⅱ-Ⅵ有微毛；节Ⅲ有亚基部；节Ⅲ或节Ⅳ的感觉锥短于触角节Ⅶ和节Ⅷ总长。

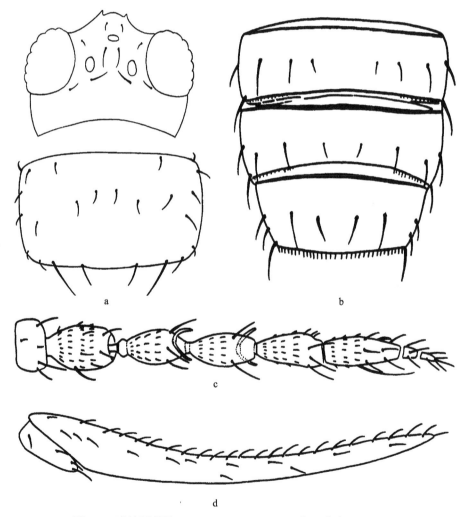

图 188　肖楠硬蓟马 *Scirtothrips acus* Wang（仿王清玲，1994b）

a. 头和前胸（head and pronotum）；b. 腹节Ⅵ-Ⅷ背片（abdominal tergites Ⅵ-Ⅷ）；c. 触角（antenna）；d. 前翅（fore wing）

　　胸部　前胸前缘鬃1对，背片鬃8-12根，后缘鬃2对，亚中鬃显著，后角鬃2对。前翅翅瓣鬃3根；前脉基部鬃3根，中部鬃5-6根，端鬃2根；后脉鬃1-3（大部分2根）根；后缘缨毛波曲。

　　腹部　腹节Ⅱ-Ⅷ背板两侧微毛短小，两侧各有3根背片鬃；节Ⅱ-Ⅴ背板中对鬃短小，非常难观察到；节Ⅵ-Ⅷ背板中对鬃短于亚中对鬃，中对鬃之间的距离长于同节中对鬃长。

　　雄虫：未明。

　　模式标本保存地：中国（TARI, Taiwan）。

　　观察标本：未见。

　　分布：台湾。

(176) 红桧硬蓟马 *Scirtothrips asinus* Wang, 1994（图189）

Scirtothrips asinus Wang, 1994b, *J. Taiwan Mus.*, 47 (2): 1-7.

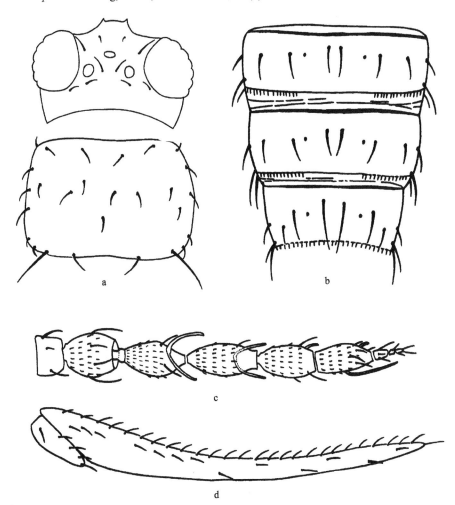

图189　红桧硬蓟马 *Scirtothrips asinus* Wang（仿王清玲，1994b）

a. 头和前胸（head and pronotum）；b. 腹节Ⅵ-Ⅷ背片（abdominal tergites Ⅵ-Ⅷ）；c. 触角（antenna）；d.前翅（fore wing）

雌虫：体长 0.9mm。体金黄色（黄色型）或灰白色（白色型）。黄色型个体前胸和翅胸比头和腹节的颜色深，腹节Ⅰ-Ⅷ背板两侧比中间颜色深，节Ⅲ-Ⅷ背板前缘线深棕色，横跨整个背板；腹节Ⅲ-Ⅶ腹板前缘线较暗。触角节Ⅰ浅黄色，节Ⅱ灰色（白色型）至金黄色（黄色型），节Ⅲ-Ⅷ棕色。足金黄色。翅色彩较暗。

头部　头部前单眼鬃 2 对，前侧鬃长于前鬃，基本和单眼间鬃等长；单眼间鬃位于后单眼之间。触角节Ⅱ-Ⅵ有微毛；节Ⅲ有亚基部环；节Ⅲ或节Ⅳ上感觉锥长度长于节Ⅶ和节Ⅷ长度之和。

胸部　前胸前缘鬃 2 对，中对鬃比亚中鬃远离前缘，后缘鬃 2 对，亚中鬃比中对鬃长，后角鬃 2 对；背片鬃 12-16 根。前翅翅瓣鬃 4 根；前脉基部鬃 3 根，中部 4 根，端鬃 3 根；后脉鬃 3 根；后缘缨毛直。

腹部　腹节Ⅱ-Ⅷ背板两侧有微毛；节Ⅱ-Ⅶ背板中对鬃逐渐变长，在同一节中中对鬃之间的距离短于鬃长；节Ⅷ背板中对鬃长于亚中鬃，约和此节等长，节Ⅷ中对鬃之间的距离约为Ⅶ中对鬃之间距离的 2 倍。

雄虫：体长 0.75mm。长翅。体色和外部形态和雌虫类似。腹节Ⅸ背板有角状突起。

模式标本保存地：中国（TARI, Taiwan）。

观察标本：未见。

分布：台湾。

(177) 多布硬蓟马 *Scirtothrips dobroskyi* Moulton, 1936（图 190）

Scirtothrips dobroskyi Moulton, 1936a, *Philip. J. Agr.*, 7: 264; Han, 1986b, *Sinoz.*, 4: 107; Mound & Houston, 1987, *Sys. Ent.*, 4: 8; Han, 1997a, *Economic Insect Fauna of China Fasc.*, 55: 184.

雌虫：体长 0.8mm。体黄色，但单眼区棕黄色；触角节Ⅰ、Ⅱ淡白黄色，节Ⅲ-Ⅷ棕黄色；腹节Ⅲ-Ⅷ背片前缘线棕色，向两侧渐细；前翅色较深。

头部　头宽大于长，头背除单眼区两侧外，前部有细纵纹，后部密布横纹。单眼间鬃互相靠近，位于两后单眼前缘线上。触角 8 节，节Ⅱ大而略圆，节Ⅰ-Ⅷ长（宽）分别为：14（21），28（22），42（16），40（16），37（13），39（13），9（6），14（4），总长 223。口锥端部较窄。

胸部　前胸宽大于长，前片布满细横纹，但前、中、后部有 5 个无纹区。后缘（包括后角）有鬃 4 对，后角内鬃长于外鬃。中胸盾片布满横纹。后胸盾片主要为网纹，后外侧有纵线纹。前中鬃距前缘 4，前缘鬃距前缘 2，细孔不可见。前翅长 573，中部宽 32；前缘鬃 21 根，前脉基中部鬃 5 根，端鬃 3 根，后脉鬃 1 根。中、后胸内叉骨刺显著。

腹部　腹节Ⅰ-Ⅶ背片两侧及节Ⅷ-Ⅸ背片全部有密排微毛；节Ⅶ、Ⅷ后缘有完整梳毛，背片各节鬃孔微小，几不可见；背片节Ⅱ-Ⅴ中对鬃微小，间距小，向后 3 节的鬃逐渐变长而间距加宽，节Ⅱ-Ⅷ背片微毛区有鬃 3 对，横列，后缘和后角各有鬃 1 对；节Ⅴ背片长 38，宽 212，节Ⅴ中对鬃长 12，间距 11，背侧鬃 15-21；节Ⅷ中对鬃长 24，间距 24；节Ⅸ背片后缘有鬃 5 对，内Ⅰ和内Ⅲ较长而粗，内Ⅲ前方有较短粗鬃 1 对，其后外方有较短细鬃 2 对；长鬃长 31-43，节Ⅹ背片长鬃长 32-41。腹片节Ⅱ内Ⅱ后缘鬃以内、节

III-Ⅶ腹片内Ⅰ后缘鬃以内无微毛亦无线纹，腹片节Ⅱ后缘鬃2对，节III-Ⅶ后缘鬃3对。腹片无附属鬃。

寄主：蓟。

模式标本保存地：美国（CAS，San Francisco）。

观察标本：2♀♀，云南，1960.III.18，韩运发采自蓟。

分布：云南（保山，1100m）；菲律宾，澳大利亚。

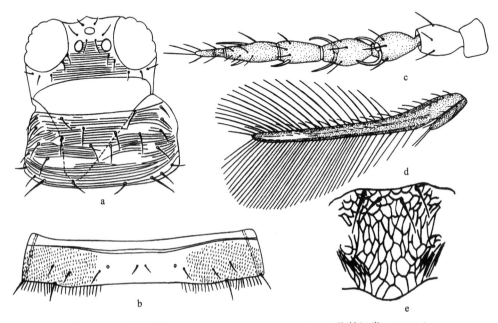

图 190　多布硬蓟马 *Scirtothrips dobroskyi* Moulton（仿韩运发，1997a）

a. 头和前胸（head and pronotum）；b. 腹节Ⅴ背片（abdominal tergite Ⅴ）；c. 触角（antenna）；d. 前翅（fore wing）；e. 后胸盾片（metanotum）

(178) 茶黄硬蓟马 *Scirtothrips dorsalis* Hood, 1919（图 191）

Scirtothrips dorsalis Hood, 1919a, *Insec. Inscit. Menstr.*, 7 (4-6): 90; Zhang, 1982, *J. Sou. China Agric. Univ.*, 3 (4): 53, 54; Mound & Houston, 1987, *Sys. Ent.*, 4: 8; Han, 1997a, *Economic Insect Fauna of China Fasc.*, 55: 185.

Heliothrips minutissimus Bagnall, 1919, *Ann. Mag. Nat. Hist.*, (9) 4: 260.

Anaphothrips andreae Karny, 1925, *Bull. Van het deli Proef. Med.*, 23: 24, 54.

雌虫：体长约 0.9mm。体黄色，但触角和翅较暗，触角节III基部淡；足黄色；腹节III-Ⅷ背片中部有灰暗斑，另有暗前缘线；体鬃暗；前翅橙黄带灰色，近基部似有 1 小淡色区。

头部　头宽大于长，头背有众多的细横线纹。单眼呈扁三角形排列于复眼间中后部。单眼间鬃位于两后单眼内缘。触角 8 节，节Ⅱ粗，节III基部有梗，节Ⅳ基部较细，节III

和节Ⅳ端部较细；节Ⅰ-Ⅷ长（宽）分别为：15（21），29（24），45（17），45（17），31（15），41（13），8（6），10（5），总长224，节Ⅲ长为宽的2.65倍，节Ⅲ、Ⅳ叉状感觉锥臂长22。口锥端部宽圆。

胸部　前胸宽大于长，背片布满细横纹，中、后部两侧有无纹光滑区，背片鬃约20根，后缘鬃3对。中胸盾片布满横线纹。后胸盾片有网纹和线纹，中部两侧的较弱，前缘鬃距前缘0-3，前中鬃距前缘9。前翅窄，长551，中部宽32；前缘鬃24根，前脉基部鬃7根，端鬃3根（其中1根在中部），后脉鬃2根。中、后胸内叉骨刺较长。前足较短粗。各跗节2节。

腹部　腹节Ⅰ背片有细横纹；节Ⅱ-Ⅷ背片两侧1/3有密排微毛，通常有10排，约占该节长的2/3；节Ⅷ后缘梳完整；节Ⅱ-Ⅶ背片中对鬃间距小，节Ⅶ、Ⅷ中对鬃显著加长；节Ⅴ背片长45，宽189；内对鬃Ⅰ间距15，各鬃长：内对Ⅰ（中对鬃）13，内对Ⅱ 14，内对Ⅲ 19，内对Ⅳ（后缘上）17，内对Ⅴ和内对Ⅵ均24；节Ⅸ背片长有鬃，是体鬃最长者，长：背中鬃44，中侧鬃46，侧鬃44；节Ⅹ鬃长46-51。腹片节Ⅲ-Ⅶ整个宽度均有微毛。后缘鬃着生在后缘上。腹板无附属鬃。

雄虫：相似于雌虫，但较细小。腹部各节暗斑和前缘线常不显著。节Ⅸ背片鬃长：内Ⅰ和内Ⅱ均32，内Ⅲ 23，内Ⅳ和内Ⅴ均29。

寄主：茶、葡萄、杧果、草莓、花生、棉、木棉、芦苇、何首乌、咖啡、牛筋果、苏里南朱缨花、苦楝、红茎野牡丹、哈曼榕、鸡毛松、黄柳、黄桐、银杏、黑珠莎、垂耳相思、台湾相思、双翼豆、番荔枝、荷花、绣线菊。

模式标本保存地：美国（USNM, Washington）。

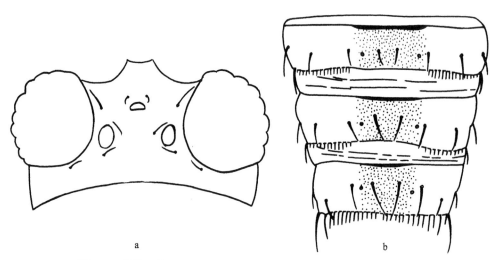

图191　茶黄硬蓟马 *Scirtothrips dorsalis* Hood（仿王清玲，1994b）

a. 头（head）；b. 腹节Ⅵ-Ⅷ背片（abdominal tergites Ⅵ-Ⅷ）

观察标本：8♀♀，广州石牌，1974.Ⅺ.3，张维球采自茶芽；2♀♀，广东三水，2002.Ⅹ.3，童晓立采自荷花；1♀，陕西安康，1987.Ⅷ.19，冯纪年采自绣线菊；2♀♀，广西，

1973.Ⅵ.1，韩运发采自何首乌；1♀1♂，福建厦门市，1991.Ⅳ.29，韩运发采自草、树。

　　分布：河南（鸡公山）、陕西（安康）、江苏、安徽、浙江、福建（厦门）、台湾、广东（广州石牌）、海南（那大）、广西、云南（保山、元江）；日本，巴基斯坦，印度，马来西亚，印度尼西亚，澳大利亚，非洲南部。

(179) 海南硬蓟马 *Scirtothrips hainanensis* Han, 1986（图 192）

Scirtothrips hainanensis Han, 1986b, *Sinoz.*, 4: 107, 108.

　　雄虫：体长 0.6mm。体淡黄色，触角节Ⅰ白黄色，节Ⅱ-Ⅷ暗灰色；复眼暗红色；腹节背片和腹片无深色线和斑，节Ⅸ镰形抱器暗灰色；前翅微暗。

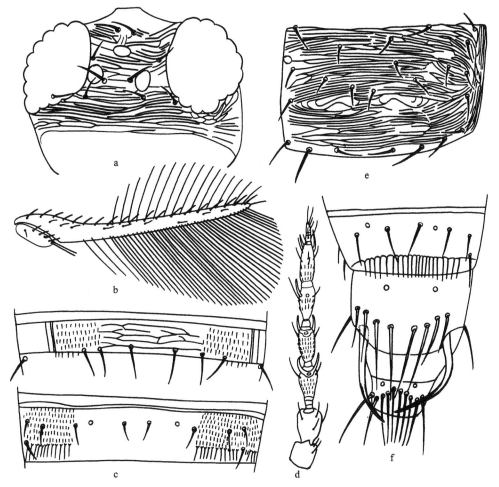

图 192　海南硬蓟马 *Scirtothrips hainanensis* Han（仿韩运发，1997a）

头（head）；b. 前翅（fore wing）；c. 腹节Ⅴ腹片及背片（abdominal tergite and sternite Ⅴ）；d. 触角（antenna）；e. 前胸背板（pronotum）；f. 雄虫腹节Ⅷ-Ⅹ背片（male abdominal tergites Ⅷ-Ⅹ）

头部 头宽大于长，略短于前胸。头背面除后单眼两侧有平滑外，单眼前密布纵弯线纹，眼后密布横交错线纹。单眼间距大，呈扁三角形排列。单眼间鬃长于其他头鬃，位于靠近两后单眼间内缘的中心连线上，单眼后有鬃1对，复眼后鬃3对。触角8节，节Ⅱ大，近乎球形，节Ⅲ和节Ⅳ上有叉状感觉锥，节Ⅴ和节Ⅵ外端简单感觉锥较粗，节Ⅵ内侧有1长简单感觉锥，触角节Ⅰ-Ⅷ长（宽）分别为：14（17），29（22），35（15），33（13），29（13），32（12），5（6），10（4），总长187，各节感觉锥长：节Ⅲ 14，节Ⅵ 15，节Ⅴ外端5，节Ⅵ外端4，内27。口锥宽圆。

胸部 前胸宽大于长，背片密横纹中后部两侧有一长一短横的无纹区，背片共有短鬃约28根，后角外鬃长如内鬃。后胸盾片中部纵网纹清晰，而两侧网纹弱而模糊，后外侧区纵纹向后内方倾斜，前缘鬃在前缘上，前中对鬃距前缘3，细孔缺。前翅长400，中部宽；前缘鬃16根，前脉基部鬃3+2根，端鬃1+1+1根，后脉鬃1根在端半部。

腹部 腹节Ⅰ-Ⅷ背片两侧密被微毛；节Ⅱ-Ⅶ背片中对鬃间距小，但自节Ⅴ向后逐渐加宽，长度略短于侧鬃，中对鬃：节Ⅴ的长10，间距11，节Ⅷ的长20，间距17；背片微毛区侧鬃：节Ⅰ每侧2根，很小，节Ⅱ-Ⅷ每侧3根，后缘及后角各1根，节Ⅱ-Ⅶ内侧的短于外侧的，腹节Ⅴ长36，宽148；节Ⅸ长42，背片后缘鬃6对，内Ⅳ的短小，呈略向前的弧形排列，各鬃长：背中鬃45，侧中鬃21，侧鬃26；节Ⅸ两侧镰形抱器长42；节Ⅹ后缘有细鬃6对；节Ⅱ-Ⅷ细孔在各背片前部接近微毛区，不显著，节Ⅰ和节Ⅸ的不可见。节Ⅱ-Ⅷ腹片中间的无毛区较宽，后缘鬃3对，长于背片鬃。腹板无附属鬃。

寄主： 石斑木。

模式标本保存地： 中国（IZCAS，Beijing）。

观察标本： 未见。

分布： 海南。

(180) 横断硬蓟马 *Scirtothrips hengduanicus* Han, 1990（图193）

Scirtothrips hengduanicus Han, 1990b, *Sinoz.*, 7: 123, 125, fig. 1: a-g.

雌虫： 体长0.8mm。体黄色略暗，复眼红色，头顶前中部、口锥端部、各足端部及腹节Ⅸ、Ⅹ棕黄色，但节Ⅹ有时仅部分暗；触角节Ⅰ淡黄色；腹节Ⅱ-Ⅷ背片、节Ⅲ-Ⅵ腹片的前缘线棕黄色；前翅黄色且微暗。

头部 头宽大于长，头顶前部线纹由前单眼处向外辐射，眼后具众多横线纹。单眼间鬃位于单眼外缘连线之内。触角8节，节Ⅰ-Ⅷ长（宽）分别为：15（25），35（25），3?（18），33（15），35（16），43（15），7（7），10（5），总长216，节Ⅲ、Ⅳ叉状感觉锥臂长8和10，简单感觉锥长度：节Ⅴ内端的18，外端的10，节Ⅵ内端的27，外端的8，节Ⅶ外端15。口锥端部宽圆。

胸部 前胸宽大于长，背片密布横线纹，但两侧及后部有些无纹光滑区。除边缘鬃外，背片中部仅有4根鬃。后胸盾片网纹较弱，前部有2个横网纹，中部和两侧具纵向网纹，后外侧有弯纵纹，前缘鬃在前缘上，前中鬃距前缘5，无细孔。前翅长590，中部宽37；

前缘鬃 22 根，前脉基部鬃 2+2 根，端鬃 3 根，后脉有鬃 1 根或 2 根。中、后胸腹片内叉骨均有刺。

腹部　腹节Ⅰ-Ⅷ背片两侧约 1/3 密被微毛，中部约 1/3 及节Ⅸ和节Ⅹ光滑无毛；节Ⅱ-Ⅷ背片中对鬃短，间距宽，节Ⅴ的中对鬃长 7，间距 28。背片每侧有毛区的鬃数：节Ⅰ-Ⅲ 4 根，节Ⅳ-Ⅷ各 5 根，节Ⅴ有毛区内各鬃长：由内向外Ⅰ 13、Ⅱ 17、Ⅲ 18，后缘鬃由内向外Ⅰ 22、Ⅱ 25。节Ⅷ中对鬃长不甚短于有毛区鬃长，鬃长：中对鬃 15，侧区（由内向外）Ⅰ 25、Ⅱ 20、Ⅲ 22，后缘鬃 27。节Ⅷ背片后缘梳完整，梳毛较长。节Ⅸ背片后缘长鬃长：背中鬃 50，侧中鬃 37，侧鬃 47。节Ⅹ后缘长鬃长：中鬃 46，侧鬃 38。腹片Ⅱ、Ⅲ最外对后缘鬃两侧和腹片Ⅳ-Ⅶ最外对后缘鬃以外至侧缘密排微毛。腹片无附属鬃。

寄主：杉木、柏、柳树。

模式标本保存地：中国（IZCAS，Beijing）。

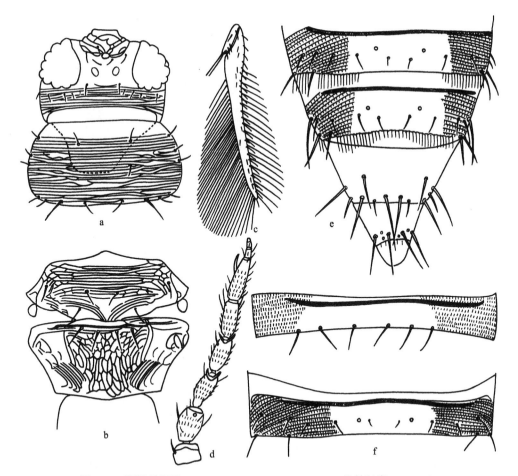

图 193　横断硬蓟马 *Scirtothrips hengduanicus* Han（仿韩运发，1997a）

a. 头和前胸（head and pronotum）；b. 中、后胸盾片（meso- and metanota）；c. 前翅（fore wing）；d. 触角（antenna）；e. 雌虫腹节Ⅶ-Ⅹ背片（female abdominal tergites Ⅶ-Ⅹ）；f. 腹节Ⅴ腹片及背片（abdominal sternite and tergite Ⅴ）

观察标本：1♀，湖南泸溪县，1988.Ⅵ.17，崔云琦采自柏。

分布：湖南（泸溪县）、四川、西藏。

(181) 龙爪槐硬蓟马 *Scirtothrips pendulae* Han, 1986（图 194）

Scirtothrips pendulae Han, 1986b, *Sinoz.*, 4: 107, 109, 112.

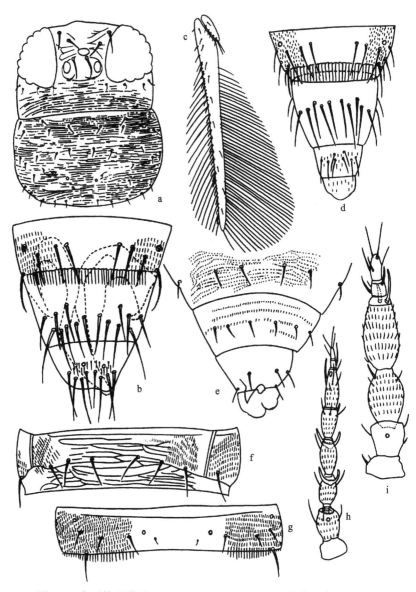

图 194　龙爪槐硬蓟马 *Scirtothrips pendulae* Han（仿韩运发，1997a）

a. 头和前胸（head and pronotum）；b. 雌虫腹节Ⅷ-Ⅹ背片（female abdominal tergites Ⅷ-Ⅹ）；c. 前翅（fore wing）；d. 雄虫腹节Ⅷ-Ⅹ背片（male abdominal tergites Ⅷ-Ⅹ）；e. 二龄若虫腹节Ⅷ-Ⅹ（abdominal tergites Ⅷ-Ⅹ of the second instar larva）；f. 腹节Ⅴ腹片（abdominal sternite Ⅴ）；g. 腹节Ⅴ背片（abdominal tergite Ⅴ）；h. 触角（antenna）；i. 二龄若虫触角（antenna of the second instar larva）

　　雌虫：体长 0.8mm。体白黄色，复眼黑红，触角节Ⅳ-Ⅵ端部和节Ⅶ-Ⅷ带灰，口锥端部、各足跗节端部及产卵器色较深。

　　头部　头宽大于长，略短于前胸。前单眼前外侧、单眼间及头后部有交错横纹，复眼大。单眼间鬃位于前后单眼内缘连线上；单眼和复眼后鬃约 6 对。触角 8 节，节Ⅰ-Ⅷ长（宽）分别为：18（25），37（23），33（19），36（17），31（14），40（13），8（6），12（4），总长 218，节Ⅲ略短于节Ⅳ和节Ⅵ，节Ⅲ背面和节Ⅳ腹面有短的叉状感觉锥，节Ⅴ和节Ⅵ外端、节Ⅵ内侧各有简单感觉锥 1 个，各感觉锥长度：节Ⅲ 20，节Ⅳ 22，节Ⅴ外端10，节Ⅵ外端10，节内侧24。口锥宽圆。

　　胸部　前胸宽大于长，密布横交错线纹于背片，但有几个无纹区，无长鬃。中胸盾片后缘对鬃向前移，接近后中对鬃。后胸盾片中部纵网纹清晰，其前和两侧的纵网纹轻而模糊，网纹两侧密布纵弯线纹，前缘对鬃与前中对鬃的长度相似，均在前缘线上。中、后胸腹片内叉骨均有刺。前翅窄，长 602，中部宽 32；前缘鬃约 22 根，前脉基部鬃 3+3根，端鬃 1+1+1 根，后脉鬃 2 根在端部，翅瓣前缘端半部有鬃 4 根。

　　腹部　腹节Ⅰ-Ⅷ背片两侧密排微毛，中部无毛区较宽，亦无线纹，约为有毛区宽度的一半；节Ⅶ和节Ⅷ背片后缘梳完整，细孔距微毛区较近，中对背鬃在细孔内后方，很小，几不可见。节Ⅴ中对背鬃长 3，间距 42，节Ⅷ的长 24，间距 52，节Ⅴ背侧鬃长 11-21，每侧微毛区鬃数：节Ⅰ 1 根，节Ⅱ-Ⅷ 3 根，大致为横列，另外后侧缘及后角各 1 根，节Ⅶ和节Ⅷ内侧的 2 根长而粗，节Ⅸ后缘之前有 6 对鬃呈弧形排列，长：背中鬃 37，侧中鬃 44，侧鬃 44，其前有较短鬃 3 根，节Ⅹ后部有鬃 4 对，长：内中鬃 31，侧中鬃 37，其前有些微毛。各节背片和腹片前缘线几不可见。节Ⅱ-Ⅶ腹片两侧微毛区宽度总和不及光滑区宽度，节Ⅱ-Ⅶ腹片有细横纹，节Ⅱ后缘鬃 2 对，接近后缘，节Ⅲ-Ⅷ后缘 3 对鬃较长，节Ⅶ中对鬃远离后缘至前中部。各节腹板无附属鬃。

　　雄虫：体长 0.6mm，体色与一般结构均似雌虫，但后胸盾片前缘对鬃和前中对鬃远离前缘，网纹轻微，几不可见，腹部较细，节Ⅸ背片后缘 6 对鬃大体排为一横列，背鬃长：背中鬃 33，侧中鬃 29，侧鬃 31，节Ⅸ两侧无抱钳，腹片无腺域。

　　寄主：龙爪槐。

　　模式标本保存地：中国（IZCAS，Beijing）。

　　观察标本：正模♂，北京中关村，1977.Ⅶ.12，韩运发采自龙爪槐叶；副模 1♀，同正模。

　　分布：北京（中关村）。

63. 食螨蓟马属 *Scolothrips* Hinds, 1902

Scolothrips Hinds, 1902, *Proc. U. S. Nat. Mus.*, 26: 133, 157; Priesner, 1949a, *Bull. Soc. Roy. Entomol. Egy.*, 33: 147; Priesner, 1950b, *Bull. Soc. Roy. Entomol. Egy.*, 34: 40; Han, 1997a, *Economic Insect Fauna of China Fasc.*, 55: 246.

Chaetothrips Schille, 1911, *Spr. Kom. Fiz. Akad. Umiej. Krak.*, 45: 5.

Type species: *Thrips sexmaculata* Pergande, 1894, by monotypy.

　　属征：头宽于长。触角 8 节，节上有长刚毛，节III、IV有叉状感觉锥。下颚须 3 节。前胸前缘有 5 对（2 对长的和 3 对短的）鬃，侧缘有长鬃 1 对，后缘有 4 对（3 对长的和 1 对短的）鬃；1 对前基部鬃（在后缘之前）存在或缺。雌虫总是长翅，雄虫为长翅、半长翅或短翅。翅脉显著，沿着脉排列有鬃，多数种类有 3 个暗点或暗带，其中 1 个在翅瓣上。腹端鬃较长。腹片仅有后缘鬃，无附属鬃。体较弱，体鬃和翅鬃很长。

　　分布：古北界，东洋界，新北界，非洲界，新热带界，澳洲界。

　　本属世界记录 16 种，本志记述 5 种。

种检索表

1. 身体有灰斑；触角节 I 、II透明；节III、IV浅灰色；前翅有 2 个深色条带，前脉鬃 8-9 根，后脉鬃 6-7 根 ······························· **黄色食螨蓟马 *S. rhagebianus***
　　身体无灰斑 ··· 2
2. 前翅有 2 个黑斑 ······································· **缩头食螨蓟马 *S. asura***
　　前翅有 3 个短黑斑 ··· 3
3. 前翅黑斑较长，翅较宽，触角节 I 淡黄，节 II -VIII淡灰色；体基色黄，翅、胸、腹部背片有灰斑，亦有灰斑不显著的；前胸鬃及翅鬃暗，至少暗带上的鬃暗；雄虫长翅型 ··· **塔六点蓟马 *S. takahashii***
　　前翅黑斑较短，翅较窄，触角节 I 、II色淡，节III-VIII灰色，翅胸及腹部背片无灰斑；雄虫半长翅型或短翅型 ··· 4
4. 雌虫前翅中斑不达后缘；雄虫半长翅，尚有 3 个黑点，翅鬃较多 ····· **长角六点蓟马 *S. longicornis***
　　雌虫前翅中斑和端斑总达前缘和后缘；雄虫短翅，翅仅有 2 个黑点，翅鬃较少 ··· **肖长角六点蓟马 *S. dilongicornis***

(182) 缩头食螨蓟马 *Scolothrips asura* Ramakrishna & Margabandhu, 1931（图 195）

Scolothrips asura Ramakrishna & Margabandhu, 1931, *J. Bom. Nat. Hist. Soc.*, 34: 1025-1040.
Scolothrips quadrinotata Han & Zhang, 1982b, *Zool. Res.*, 3: 54; Han, 1997a, *Economic Insect Fauna of China Fasc.*, 55: 249.

　　雌虫：体长 1.0-1.1mm，长翅。头在复眼后稍收缩，单眼三角形位于一个突起上。
　　头部 头部主要鬃长，复眼后缘有 2 对小鬃。触角细长，2.5 倍于头长，节 I 正常，节 II 桶状，节III、IV基本相同，基部稍梗状，中部宽，端部稍狭；节 V 类似节III和节IV，但稍短；节VI最长，基部宽，端部狭；节VII和节VIII形成芒状。口锥长，伸至前胸腹板基部。下颚须 3 节。
　　胸部 前胸长约等于宽，长于头长，前胸鬃发达，与本属特征一致。翅胸长等于宽翅基部宽，最端部狭；翅鬃发达；翅上有条带，从基部开始有一个 238μm 的深灰色条带，接下来是一个 154μm 的浅色带，126μm 的深灰色条带，最后是 70μm 的浅色条带。前翅前缘脉鬃 17 根，前脉鬃 7-9 根，后脉鬃 4-6 根。
　　腹部 腹节长 588，基部宽，端部细。

寄主：在羊蹄甲、茄子、红椿、香茅叶、扁豆上捕食叶螨。

模式标本保存地：未知。

观察标本：3♀♀，广州石牌，1958.III.14，采自羊蹄甲；1♂，四川，1979.VI.1，王慧夫采自红椿；1♀，云南勐腊县孟仑热带植物园，1997.IV.17，韩运发采自香茅叶。

分布：台湾、广东、四川、云南；日本，泰国。

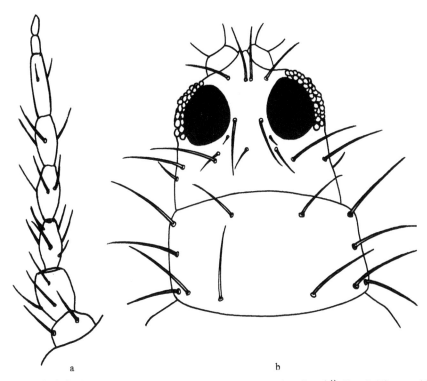

图 195　缩头食螨蓟马 Scolothrips asura Ramakrishna & Margabandhu（仿 Han & Zhang，1982b）

a. 触角（antenna）；b. 头和前胸（head and pronotum）

(183) 肖长角六点蓟马 Scolothrips dilongicornis Han & Zhang, 1982（图 196）

Scolothrips dilongicornis Han & Zhang, 1982b, Zool. Res., 3: 53, 56; Han, 1997a, Economic Insect Fauna of China Fasc., 55: 246.

雌虫：体长 1.0-1.1mm。体淡黄色至黄色，翅胸及腹部背面无灰斑。触角节 I - II 淡黄色，节III-VIII淡灰色。前翅微黄，但翅瓣基部 2/3、前、后脉交叉处及超过中部有暗斑（各占翅长 1/10），长仅略大于宽，点状。足跗节端部灰棕色。前胸和翅鬃暗。

头部　头宽大于长，头背仅后缘有细横纹。单眼在丘上。前单眼前鬃弯曲，长 47；前外侧鬃长24；单眼间鬃长92-95,在前单眼后外侧位于中心连线外缘上；眼后鬃长22-28。触角 8 节，中间节较短粗，节 I -VIII长（宽）分别为：19-21（25-30），28-32（25-28），38-40（18-19），33-36（16-18），31-34（16-18），44-47（16-17），11-13（7-8），14-18（5-6），总长 218-241；节Ⅲ、Ⅳ叉状感觉锥臂长均为 24，节Ⅵ内侧简单感觉锥伸达节Ⅷ中部。口锥伸达前胸中部，端圆。

胸部　前胸宽大于长。背片光滑无纹，除边缘鬃外别无它鬃。各鬃长：前缘长鬃 118-129，前缘短鬃 56，前角长鬃 116-121，侧缘长鬃 90，后角 2 长鬃 95-120，后缘鬃 117-126。中胸盾片后半部有横纹，中后鬃远离后缘；鬃长：前外侧鬃 50，中后鬃 29，后缘鬃 26。后胸盾片前部为横线纹，其后为纵网纹，两侧为纵线纹；前缘鬃长 19，距前缘 10，间距 44；前中鬃长 25，间距 29，距前缘 10。前翅长 710-840，中部宽 51-64；端缘 1 根长鬃长 129；前缘鬃甚长于前缘缨毛，仅在翅中部有前缘缨毛，约 12 根，长约 73；翅中部各鬃长：前缘鬃 126，前脉鬃 68，后脉鬃 105；前缘鬃 17 根；前脉鬃稀疏，6 根，后脉鬃 4 根；后缘缨毛波曲。中、后胸内叉骨刺长 64-80，长如内叉骨宽。

腹部　腹节Ⅱ-Ⅷ背片有横线，无微弯梳。各背片中对鬃微小，长约 8，侧鬃长 15-22。节Ⅷ后缘无梳。腹片无附属鬃。

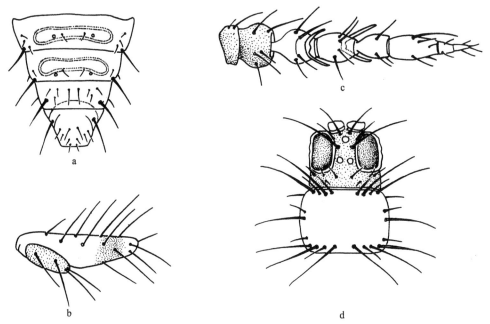

图 196　肖长角六点蓟马 *Scolothrips dilongicornis* Han & Zhang（仿张维球，1982）
a. 雄虫腹节Ⅶ-Ⅹ背片（male abdominal tergites Ⅶ-Ⅹ）；b. 雄虫前翅（male fore wing）；c. 触角（antenna）；d. 头和前胸（head and pronotum）

雄虫：形态和体色相似于雌虫，但较小。短翅型。前翅淡白色，翅瓣及端部各有黑斑，长 201，前缘鬃长 85，前脉鬃长 85。前缘鬃 3-6 根，前脉鬃 3-5 根，后脉鬃 1-3 根，翅瓣鬃 3-5 根。后翅完全退化。腹节Ⅸ背鬃大致为 2 横列，内Ⅰ和内Ⅲ在前，内Ⅱ、Ⅳ、Ⅴ在后，鬃长：内Ⅰ 32，内Ⅱ、内Ⅲ、内Ⅳ均为 20，内Ⅴ 73。节Ⅹ侧鬃长 64。腹节Ⅲ-Ⅷ腹片有横哑铃形腺域，中部长 14，端部长 23，宽 175，几占该节腹片整个宽度。腹片后缘鬃较长。

寄主：在苹果、杨树、桑树、板栗、桃树、紫花苜蓿、棉花、蓖麻叶、豆角叶、牵
 花、扁豆上捕食叶螨。

模式标本保存地：中国（IZCAS，Beijing）。

观察标本：1♀，北京，胡效刚自豆角叶；1♂，北京，韩运发采自蓖麻叶。

分布：北京、河北。

84) 长角六点蓟马 *Scolothrips longicornis* Priesner, 1926（图 197）

Scolothrips longicornis Priesner, 1926, *Die Thysanopteren Europas*: 239, pl. Ⅳ, fig. 51; Priesner, 1950b,
　　Bull. Soc. Roy. Entomol. Egy., 34: 50, 59, 60; Han, 1997a, *Economic Insect Fauna of China Fasc.*, 55:
　　248.

雌虫：体长约 1.1mm。体黄色，体和足上无暗斑，腹部背片不暗。触角节 I、II 淡，
 节 III-Ⅷ 带灰色，节 III、IV 和节 IV 基半部略淡。前翅无色透明，但翅瓣 1/2 或 2/3 灰色，
 2 个短暗斑，前后脉分叉的暗斑（暗斑 I）通常不达后缘；超过中部的暗斑宽大于长，
 点状。体鬃和翅鬃与所在部位的颜色一致。

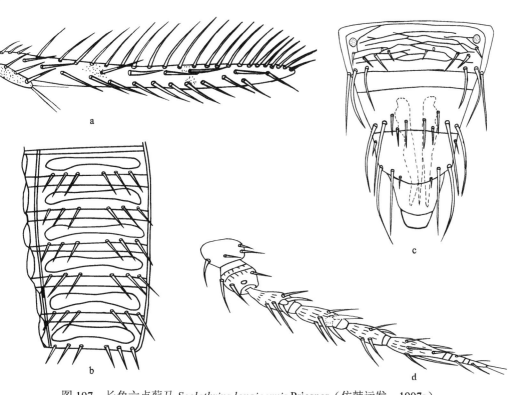

图 197　长角六点蓟马 *Scolothrips longicornis* Priesner（仿韩运发，1997a）

前翅（fore wing）；b. 雄虫腹节 III-Ⅷ 腹片（male abdominal sternites III-Ⅷ）；c. 雄虫腹节 Ⅷ-Ⅹ 背片（male abdominal tergites
Ⅷ-Ⅹ）；d. 触角（antenna）

头部　头宽大于长。单眼间鬃长 90，位于前单眼后，在前后单眼中心连线外。眼后

无长鬃。触角 8 节，节Ⅲ、Ⅳ感觉锥叉状；节Ⅰ-Ⅷ长（宽）分别为：13（23），35（26），37（17），33（17），32（15），45（14），12（8），15（5），总长 222，节Ⅲ长为宽的 2.18 倍。

胸部　前胸背片光滑，除边缘鬃外，别无它鬃；长鬃长：前缘鬃 103，前角鬃 101，侧鬃 93，后角鬃 90-94 或 96。前翅长 694，中部宽 63；翅中部前缘鬃长 153；前缘鬃 18 根，前脉鬃 10 根，后脉鬃 6 根。

腹部　腹节Ⅸ背鬃长 91-96。节Ⅹ背鬃长 68。

雄虫：体色相近于雌虫。前翅为半长翅型，有 3 个暗点，翅长 270，有鬃 15-19 根。腹节Ⅸ背鬃内Ⅰ、Ⅲ稍在前，其余在后。腹片节Ⅲ-Ⅷ腺域很宽，哑铃形。

寄主：在棉花、豆类上捕食叶螨。

模式标本保存地：未知。

观察标本：1♀，新疆玛纳斯，1981.Ⅷ.2，杨海峰采自黄豆；1♂，新疆玛纳斯，1982.Ⅷ.23，杨海峰采自黄豆。

分布：新疆（玛纳斯）；克里米亚，乌克兰，格鲁吉亚，安道尔，波兰，捷克，斯洛伐克，匈牙利，罗马尼亚，奥地利，法国，西班牙，英格兰，芬兰，埃及，美国（加利福尼亚州）。

(185) 黄色食螨蓟马 *Scolothrips rhagebianus* Priesner, 1950

Scolothrips rhagebianus Priesner, 1950b, *Bull. Soc. Roy. Entomol. Egy.*, 34: 46, 58.

雌虫：体浅黄色至柠檬黄，腹节最端部有时柠檬黄。身体有如下灰斑：前胸两侧有 2 个有时连接在一起的小斑，中胸背板有 2 个侧斑，后胸背板几乎整个色深，翅胸两侧也有灰斑；腹节Ⅲ-Ⅵ背板至少灰色，两侧稍浅，节Ⅰ-Ⅶ 两侧常各有 1 个小的分开的灰斑；触角节Ⅰ和节Ⅱ透明，节Ⅲ和节Ⅳ浅灰色，基部除外；股节中部外缘有 1 个不规则灰斑，胫节基部外有 1 个不完全的环；前翅翅瓣基半部色深，前翅有 2 个深色条带，一个在纵脉分叉处，常没有到达翅的前缘，端部的条带长。体鬃和翅鬃透明，仅后脉的鬃Ⅰ或者鬃Ⅱ基部稍灰。

头部　头宽大于长，单眼间鬃长 84-88。触角总长 192-194，节Ⅰ-Ⅷ长（宽）分别为：14（25），31（24），34（20），28（20），25（16），36-38（16），10（7），14（5）。

胸部　前胸宽大于长；前胸鬃长 96-104。翅胸长宽相等，为 242。前翅长 718-727，狭，基部横带宽 58。翅脉明显，前缘鬃 18-19 根，前脉鬃 8-9 根，后脉鬃 6-7 根；位于第一个横带上的前缘鬃长 108-112，位于第 2 个横带上的前缘鬃长 124-132。

腹部　节Ⅸ后缘鬃长 80。后足胫节长 168-176。

雄虫：未明。

寄主：南瓜属植物。

模式标本保存地：德国（SMF, Frankfurt）。

观察标本：未见。

分布：台湾；印度，埃及，苏丹。

(186) 塔六点蓟马 *Scolothrips takahashii* Priesner, 1950（图 198）

Scolothrips takahashii Priesner, 1950b, *Bull. Soc. Roy. Entomol. Egy.*, 34: 52, 59; Han, 1997a, *Economic Insect Fauna of China Fasc.*, 55: 251.

雌虫：体长 1.1-1.2mm。体黄色至橙黄色。中胸盾片两侧和后胸盾片、腹节Ⅰ-Ⅷ背片暗灰（有的个体腹部背片暗灰色斑不显著），节Ⅸ、Ⅹ暗灰。触角节Ⅰ淡黄色，节Ⅱ-Ⅷ淡灰色，节Ⅲ-Ⅵ基部略淡。前翅透明而微黄，但翅瓣基部 2/3、前后脉交叉处及超过中部有 2 个长大于宽的黑斑。体鬃和翅鬃弱灰，在黑斑上的鬃较暗。

头部　头宽大于长，背片光滑无纹。复眼长约为头长的 2/3。单眼在丘上。前单眼前鬃长 61，前外侧鬃长 44，单眼间鬃长 95，在前单眼后，位于单眼三角形中心连线外缘。单眼后鬃长 24，复眼后鬃内Ⅰ长 5，后外侧有 2 根鬃，分别长 15 和 24。触角 8 节，节Ⅲ、Ⅳ近似纺锤形，节Ⅰ-Ⅷ长（宽）分别为：18（27），29（24），36（19），33（19），30（15），45（15），11（7），15（5），总长 217，节Ⅲ长为宽的 1.89 倍；节Ⅲ、Ⅳ叉状感觉锥臂长均为 24。口锥长 100，基部宽 110，中部宽 68，端部宽 46。下颚须长：节Ⅰ（基节）12，节Ⅱ 14，节Ⅲ 13。

胸部　前胸宽大于长。背片光滑，仅后部有 2 条线纹，除边缘鬃外，无背片鬃。各长鬃长：前缘鬃 118，前角鬃 110，后角内鬃 115，后角外鬃 104，后缘鬃 79，侧鬃 106。中、后胸内叉骨有刺，长 71-73，大于内叉骨宽度。中胸盾片后部有横线纹，中后鬃远离后缘，各鬃长：前外侧鬃 61，后中鬃 32，后缘鬃 29。后胸盾片前部有 2 条横线，其后为网纹，两侧为纵纹，无亮孔（钟形感器）。前翅长 784，宽：近基部 70，中部（中斑处）63，近端部 59。前缘鬃 19-20 根，前脉鬃 9-10 根，后脉鬃 4-6 根。中斑长 121，端斑长 109。中斑处长鬃长：前缘鬃 142，前脉鬃 110，后脉鬃 129。前缘缨毛长 73，甚短于前缘鬃；翅端缘鬃长 126。

腹部　腹节Ⅱ-Ⅷ背片两侧有稀疏横纹。各节中对鬃微小，与无鬃孔在一条横线上，位于孔的内侧。节Ⅴ背片长 87，各鬃：中对鬃间距 61，鬃长：内Ⅰ（中对鬃）7，内Ⅱ 19，内Ⅲ 12，内Ⅳ（后缘上）25，内Ⅴ 19，内Ⅵ（背侧片后缘上）61。节Ⅷ背片无梳。节Ⅸ背鬃长：背中鬃 83，中侧鬃和侧鬃各 85。节Ⅹ背鬃长 68-78。腹片无附属鬃。腹片后缘鬃，除节Ⅶ内中对Ⅰ着生在后缘之前外，均着生在后缘上。节Ⅴ后缘鬃长 72。

雄虫：一般形态与雌虫相似，但较细小，体色淡黄，腹部背片灰，翅胸仅前翅基部附近灰黑。长翅型，翅斑与雌虫相似。腹节Ⅸ背片鬃内对Ⅰ（背中鬃）、Ⅱ、Ⅳ大致在前列，内对Ⅲ、Ⅴ在后列，鬃长：内Ⅰ 34，内Ⅱ、Ⅲ、Ⅳ均为 24，内Ⅴ（侧）68。节Ⅲ-Ⅷ腹片上有哑铃形腺域，占据腹片宽度大部分，节Ⅴ的腺域中央长 14，两端长 27，宽 166。

寄主：扁豆、大豆、菜豆角、红豆、绿豆、萹蓄、豇豆、茄子、柑橘、九里香、龙葵、益母草、丝瓜、玉米、稻、谷子、小麦、茅草、曼陀罗、葎草、蓖麻、棉花、刺苋、冬葵、铁线莲、悬钩子、枸杞、柏树、洋槐、梨、桑、白毛杨、核桃、桃、苹果、加拿大杨。塔六点蓟马在这些植物上捕食叶螨。

模式标本保存地：德国（SMF，Frankfurt）。

观察标本：4♀♀，陕西武功，1998.Ⅷ.25，赵小蓉采自豇豆和茄子；1♂，广东韶关，1985.Ⅷ.7，崔云琦采自九里香；1♀，广州郊区，1989.Ⅺ.20，韩运发采自柑橘。

分布：北京、河北、山东、河南、陕西（武功）、江苏、浙江、湖北、湖南、福建、台湾、广东（广州、韶关）、海南、广西、四川、云南、台湾。

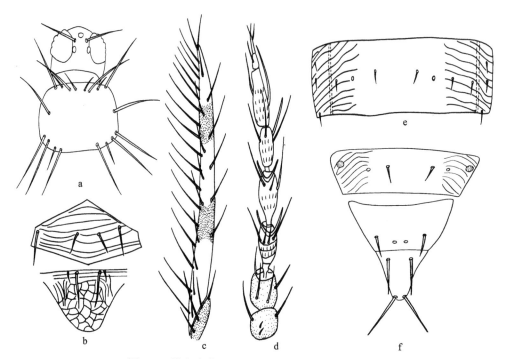

图 198 塔六点蓟马 *Scolothrips takahashii* Priesner

a. 头和前胸（head and pronotum）；b. 中、后胸盾片（meso- and metanota）；c. 前翅（fore wing）；d. 触角（antenna）；e. 腹节Ⅴ背片（abdominal tergite Ⅴ）；f. 腹节Ⅷ-Ⅹ背片（abdominal tergites Ⅷ-Ⅹ）

64. 额伸蓟马属 *Sorghothrips* Priesner, 1936

Sorghothrips Priesner, 1936b, *Bull. Soc. Roy. Entomol. Egy.*, 20: 83-104.

Physothrips Karny: Ramakrishna & Margabandhu, 1940, *Catalogue of Indian Insects*, 25: 18.

Ramakrishnothrips Shumsher, 1942, *Indian J. Entomol.*, 4 (2): 112, 116.

Neocorynothrips (*Ramakrishnothrips*): Shumsher Singh, 1946, *Indian J. Entomol.*, 7: 154.

Pellothrips Ananthakrishnan, 1969b, *Orien. Insects*, 2: 204.

Type species: *Sorghothrips longistylus* (Trybom) (= *Thrips longistylus* Trybom).

属征：体细长，头长，头在复眼前稍延伸。触角 7 节，节Ⅲ、Ⅳ感觉锥叉状；雌虫节Ⅴ、Ⅵ几乎呈圆柱形，节Ⅶ长，几乎与节Ⅴ等长；节Ⅳ-Ⅶ有长鬃；雄虫触角和 *Rhopalandrothrips* 相似，6 节，无节芒；节Ⅴ很小，横；节Ⅵ圆柱形，杆状，有很多蜮

状长鬃。单眼间鬃和眼后鬃发达。口锥较一般短，下颚须 2 节。前胸后角有 2 对长鬃，
对稍长于外对。后胸盾片有纵向的网纹。翅窄，前缘缨毛长，前缘鬃细。足细长。腹
有长的端鬃。腹部腹板和背板有缘膜，节Ⅷ有缘膜没有后缘梳。

分布： 东洋界，新北界。

本属世界记录 4 种，本志记述 1 种。

87) 梅山额伸蓟马 *Sorghothrips meishanensis* Chen, 1977（图 199）

Sorghothrips meishanensis Chen, 1977a, *Bull. Inst. Zool.*, 16 (2): 145-149.

　　雌虫： 体长 1.42mm。长翅。体深棕色；触角节Ⅰ-Ⅱ、Ⅵ-Ⅶ深棕色，节Ⅲ-Ⅴ浅黄色；
翅基部 1/4 浅黄色，其余棕色；足浅黄色；腹节Ⅰ-Ⅴ浅黄色，节Ⅵ-Ⅹ深棕色。

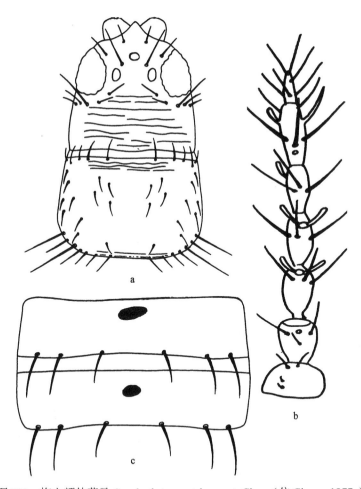

图 199　梅山额伸蓟马 *Sorghothrips meishanensis* Chen（仿 Chen，1977a）
a. 头和前胸（head and pronotum）；b. 触角（antenna）；c. 腹节Ⅲ-Ⅳ腹片（abdominal sternites Ⅲ-Ⅳ）

　　头部　头在眼前延伸，复眼后有一些横纹。单眼间鬃长 55，和主要眼后鬃等长，单

眼前鬃 2 对。口锥圆，伸至前胸腹板中部。下颚须 3 节。下唇须 1 节。触角 7 节，节Ⅲ正常，节Ⅲ、Ⅳ感觉锥叉状，节Ⅳ瓶状，节 Ⅰ-Ⅶ长（宽）分别为：30（37），38（25），45（21），50（18），42（15），56（17），37（7）。

胸部 前胸宽大于长，前缘和后缘有弱的横纹，后角有 2 对长鬃，内对长于外对，后缘鬃 4 对。中胸盾片前部有横纹，后胸盾片仅在前缘和两侧有刻纹。前翅剑状，长 811，中部宽 42。前缘鬃 25 根，前脉鬃 17 根，后脉鬃 12 根。足普通，前足胫节端部有 1 粗鬃，后足胫节内缘有 7 根粗鬃。

腹部 腹节 Ⅰ-Ⅷ背板整个有横纹，无鬃孔靠近后缘，在无鬃孔前有 1 对小的背中鬃；节 Ⅱ-Ⅶ背板后缘有小圆齿状凸缘；节Ⅷ后缘无梳；节Ⅸ有 2 对无鬃孔和 3 对长鬃，中侧鬃长 41，中鬃长 135，侧鬃长 161；节 Ⅹ有 2 对长鬃，内对 155，外对 151。腹板线纹弱，无附属鬃；节Ⅲ-Ⅶ有 3 对主要鬃；节Ⅲ-Ⅳ中部各有 1 个腺域。

雄虫：未明。

寄主：玉米。

模式标本保存地：中国（QUARAN，Taiwan）。

观察标本：未见。

分布：台湾。

65. 直鬃蓟马属 *Stenchaetothrips* Bagnall, 1926

Stenchaetothrips Bagnall, 1926b, *Ann. Mag. Nat. Hist.*, (9) 18: 107; Bhatti & Mound, 1980, *Bull. Entomol.*, 21 (1-2): 13; Han, 1997a, *Economic Insect Fauna of China Fasc.*, 55: 276.

Anaphidothrips Hood, 1954c, *Proc. Biol. Soc. Wash.*, 67: 211-212. Synonymised by Bhatti & Mound, 1980, *Bull. Entomol.*, 21 (1-2): 1-22.

Chloëthrips Priesner, 1957, *Zool. Anz.*, 159 (7/8): 162. Type: *Thrips (Bagnallia) oryzae* Willims (= *Bagnallia biformis* Bagnall, 1913). Ananthakrishnan & Jagadish, 1967, *Zool. Anz.*, 178: 375. Synonymised by Bhatti & Mound, 1980, *Bull. Entomol.*, 21 (1-2): 1-22.

Baliothrips Uzel: Mound, 1968, *Bull. Brit. Mus. (Nat. Hist.) Entomol. Suppl.*, 11: 26.

Type species： *Stenchaetothrips melanurus* Bagnall, designated and monobasic.

属征：头和宽基本等长，头背缺单眼前鬃，单眼前侧鬃常长于单眼间鬃，很少等长（*S. caulis* 和 *S. hullikalli*）。眼后鬃单行或双行排列，鬃Ⅲ长于或等于鬃 Ⅰ 长度。下颚须 3 节。触角 7 节，节Ⅲ、Ⅳ感觉锥叉状。前胸每后角有 2 对长鬃，后角鬃之间后缘鬃 3 对。中胸腹侧缝存在。后胸有或无钟形感器。中、后胸内叉骨有或无刺。跗节 2 节。前翅前脉有基部鬃 7 根，端部 3 根，后脉鬃均匀排列，多于 10 根；翅瓣鬃 5+1 根。腹节背板后缘和两侧有或无齿；腹节 Ⅴ-Ⅷ腹板两侧有微弯梳，节Ⅷ后缘梳完整或缺失。腹板无附属鬃。雄虫腹板Ⅲ-Ⅵ或Ⅶ有圆形或横向的腺域。

分布：古北界，东洋界，非洲界，新热带界，澳洲界。

本属世界记录 30 余种，本志记述 10 种。

种检索表

(188) 淡角直鬃蓟马 *Stenchaetothrips albicornus* Zhang & Tong, 1990（图 200）

Stenchaetothrips albicornus Zhang & Tong, 1990b, *Entomotax.*, 12 (2): 105.

雌虫：体长 1.2mm。头部褐色，胸部淡褐色；触角节Ⅰ-Ⅱ淡褐色，节Ⅲ-Ⅴ黄色，节Ⅴ端半部淡褐色，节Ⅵ基半部黄色，端半部和节Ⅶ褐色；单眼月晕红色；前翅暗灰色，基部 1/4 为白色区；各足均黄色。

头部 头宽大于长，单眼前鬃 1 对，单眼间鬃位于单眼三角形连线外缘，眼后鬃 6 对，鬃Ⅰ和鬃Ⅲ与单眼间鬃等长。触角 7 节，节Ⅲ-Ⅳ上有叉状感觉锥。口锥端部钝圆，伸达前胸中部。下颚须 3 节。

胸部 前胸宽大于长，后角有 1 对长鬃，内角鬃稍长于外角鬃，后缘具短鬃 3 对。后胸盾板中对鬃远离后胸前缘，后胸背板缺感觉孔，具纵纹。中、后胸腹板内叉骨均无刺。前翅前缘鬃 20 根，前脉基部鬃 4+3 根，端鬃 3 根，后脉鬃 10-12 根。

腹部 腹节Ⅱ背板侧缘鬃 4 根，腹板后缘具鬃 2 对，节Ⅲ-Ⅶ腹板后缘各具鬃 3 对，节Ⅶ后缘中对鬃在后缘之前。节Ⅴ-Ⅷ两侧微弯梳清晰，后缘两侧栉齿列明显；节Ⅷ背板后缘梳完整。节 II 腹片后缘鬃 2 对，节 III-VII 腹片后缘鬃 3 对。

雄虫：相似于雌虫，体略小。体色比雌虫淡。腹节 III-VII 腹板有腺域。

寄主：茅草、竹、禾本科杂草等。

模式标本保存地：中国（SCAU，Guangzhou）。

观察标本：1♀，海南尖峰岭，1980.IV.3，张维球采自茅草心叶；1♀，海南那大，1980. IV.6，张维球采自禾本科杂草；1♂，广西龙州弄岗保护区，1985.VII.15，庞虹采自竹心叶。

分布：海南（尖峰岭、那大）、广西（龙州弄岗保护区）。

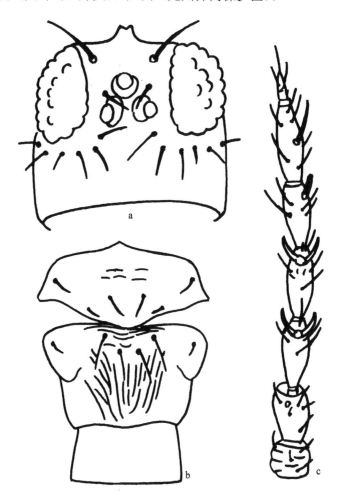

图 200　淡角直鬃蓟马 *Stenchaetothrips albicornus* Zhang & Tong（仿张维球和童晓立，1990b）

a. 头和前胸（head and pronotum）；b. 中、后胸盾片（meso- and metanota）；c. 触角（antenna）

(189) 等鬃直鬃蓟马 *Stenchaetothrips apheles* Wang, 2000（图 201）

Stenchaetothrips apheles Wang, 2000, *Chin. J. Entomol.*, 20 (3): 243-253.

雌虫：长翅，体棕色。触角节 III，有时节 IV 基部黄色，其余节棕色；前翅除基部 1/

色浅外其余棕色；足黄色，股节色深；胫节和跗节黄色；单眼新月形；主要鬃颜色深。

头部　头宽大于长。单眼间鬃位于前后单眼之间，单眼三角形之外。眼后鬃Ⅲ与鬃Ⅰ等长。

胸部　前胸有背片鬃，2对后角鬃，3对后缘鬃。后胸背板中对鬃在前缘后，具1对钟形感器。中、后胸内叉骨均无刺。前翅前脉基部鬃7根，端鬃3根，后脉有12根，排列均匀。

腹部　腹节背板后缘无齿；节Ⅷ后缘梳完整；节Ⅸ有2对钟形感器；除最基部外节Ⅹ中部纵裂。

雄虫：长翅，体色和雌虫相似。腹节Ⅱ-Ⅶ背板后缘两侧有尖齿；节Ⅷ后缘梳完整。节Ⅲ-Ⅶ腹板有椭圆形的腺域。

寄主：棕叶狗尾草、松属、姜花。

模式标本保存地：中国（TARI，Taiwan）。

观察标本：未见。

分布：台湾。

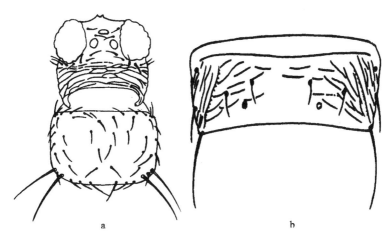

图201　等鬃直鬃蓟马 *Stenchaetothrips apheles* Wang（仿王清玲，2000）

a. 头和前胸（head and pronotum）；b. 腹节Ⅶ背片（abdominal tergite Ⅶ）

(190) 基褐直鬃蓟马 *Stenchaetothrips basibrunneus* Wang, 2000（图202）

Stenchaetothrips basibrunneus Wang, 2000, *Chin. J. Entomol.*, 20 (3): 243-253.

雌虫：长翅，体棕色。触角节Ⅲ、Ⅳ和节Ⅴ基部黄色，其余节棕色；前翅一致棕色；股节棕色，胫节和跗节黄色；单眼新月形；主要鬃颜色深。

头部　头宽大于长。单眼间鬃位于前后单眼之间，单眼三角形之外。眼后鬃Ⅲ长于眼后鬃Ⅰ。

胸部　前胸有背片鬃，2对后角鬃，3对后缘鬃，后胸背板中对鬃在前缘后，1对钟形感器存在。中、后胸内叉骨刺存在。前翅前脉基部鬃7根，端鬃3根，后脉鬃有13

根，排列均匀。

　　腹部　腹节背板后缘无齿，最两侧有小齿；节Ⅷ后缘梳完整；节Ⅸ有 2 对钟形感器；除最基部外节 X 中部纵裂。

　　雄虫：未明。

　　寄主：竹。

　　模式标本保存地：中国（TARI，Taiwan）。

　　观察标本：未见。

　　分布：台湾。

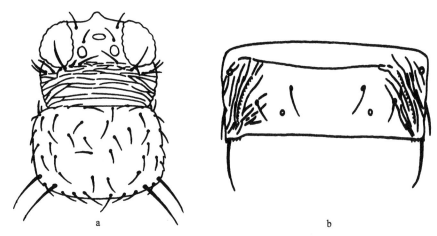

图 202　基褐直鬃蓟马 Stenchaetothrips basibrunneus Wang（仿王清玲，2000）

a. 头和前胸（head and pronotum）；b. 腹节Ⅶ背片（abdominal tergite Ⅶ）

(191) 稻直鬃蓟马 *Stenchaetothrips biformis* (Bagnall, 1913)（图 203）

Bagnallia biformis Bagnall, 1913b, *J. Econ. Biol.*, 8: 237.

Thrips (Bagnallia) oryzae Williams, 1916b, *Bull. Entomol. Res.*, 6: 353.

Thrips oryzae Williams: Karny, 1922, *J. Siam Soc.*, 16 (2): 109.

Thrips biformis (Bagnall): Priesner, 1925, *Konowia*, 4 (3-4): 149.

Thrips holorphnus Karny, 1925, *Bull. Van het deli Proef. Med.*, 23: 15, 55.

Thrips (Oxyrrinothrips) oryzae Williams: Shumsher Singh, 1946, *Indian J. Entomol.*, 7: 169.

Thrips oryzae Williams: Priesner, 1957, *Zool. Anz.*, 159 (7/8): 162.

Chloethrips oryzae (Williams): Bhatti, 1962, *Bull. Entomol. India*, 3: 42.

Baliothrips biformis (Bagnall): Mound, 1968, *Bull. Brit. Mus. (Nat. Hist.) Entomol. Suppl.*, 11: 26.

Stenchaetothrips biformis: Bhatti & Mound, 1980, *Bull. Entomol.*, 21 (1-2): 14-15; Bhatti, 1982, *Orien Insects*, 16 (4): 397, figs. 6-12, 39-40; Zhang & Tong, 1990b, *Entomotax.*, 12 (2): 103, 105; Han 1997a, *Economic Insect Fauna of China Fasc.*, 55: 278-279.

　　雌虫：体长约 1.0mm，细长，暗棕色。触角节Ⅱ端部和节Ⅳ基部暗黄色，节Ⅲ黄色，其余各节暗棕色。前翅灰棕色，近基部有 1 小淡色区。

头部　头长略小于宽，触角间有 1 延伸物。单眼前侧鬃长于单眼间鬃，单眼间鬃位于前后单眼外缘连线之外，眼后鬃Ⅰ短于眼后鬃Ⅲ。触角 7 节，节Ⅲ-Ⅳ上有叉状感觉锥。口锥伸至前胸腹板 2/3 处。下颚须 3 节。

胸部　前胸宽大于长，有 2 对近等长的后角鬃，后缘鬃 3 对。中胸盾片前部和后部较光滑。后胸盾片前部有几条横纹，中部和两侧全为细纵纹，前中鬃在前缘后，其后无亮孔。中后胸腹片内叉骨无刺。前翅前缘鬃 24 根，前脉鬃 4+3 根，端鬃 3 根，后脉鬃 11 根。

腹部　节Ⅰ-Ⅷ两侧后缘有向外斜的微齿，有的个体仅留痕迹；腹节Ⅱ背片侧缘纵列鬃 4 根；节Ⅴ-Ⅷ两侧有微弯梳；节Ⅷ背片后缘梳完整。腹片无附属鬃，节Ⅶ后缘中对鬃着生在后缘之前，其他后缘鬃着生在后缘上。

雄虫：体色稍淡而小，腹部钝圆。腹部背片后缘齿比雌虫显著。节Ⅲ-Ⅶ腹片有哑铃形腺域。

寄主：水稻、小麦、大麦、玉米、李氏禾、稗草、看麦娘、鹅观草、蟋蟀草、白茅、芦苇、狗牙根、野燕麦。

模式标本保存地：德国（SM，Frankfurt）。

观察标本：23♀♀，广西花坪，160m，2000.Ⅷ.24，沙忠利采自杂草；4♀♀2♂♂，辽宁盘锦，1987.Ⅵ.29，韩运发采自芦苇；1♀1♂，宁夏银川，1991.Ⅶ.17，杨彩霞网捕。

分布：辽宁（盘锦）、河北、河南、宁夏（银川）、江苏、浙江、湖北、江西、湖南、福建、台湾、广东、海南、广西（花坪）、四川、贵州、云南；朝鲜，日本，巴基斯坦，印度，尼泊尔，孟加拉国，越南，泰国，斯里兰卡，菲律宾，马来西亚，印度尼西亚，罗马尼亚，英国，巴西。

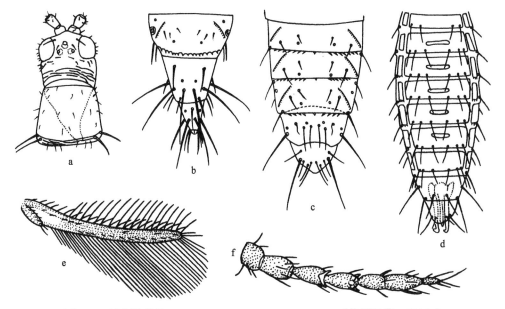

图 203　稻直鬃蓟马 *Stenchaetothrips biformis* (Bagnall)（仿韩运发，1997a）

a. 头和前胸（head and pronotum）；b. 雌虫腹节Ⅷ-Ⅹ背片（female abdominal tergites Ⅷ-Ⅹ）；c. 雄虫腹节Ⅵ-Ⅹ背片（male abdominal tergites Ⅵ-Ⅹ）；d. 雄虫腹节Ⅱ-Ⅹ腹片（male abdominal sternites Ⅱ-Ⅹ）；e. 前翅（fore wing）；f. 触角（antenna）

(192) 白茅直鬃蓟马 *Stenchaetothrips brochus* Wang, 2000（图 204）

Stenchaetothrips brochus Wang, 2000, *Chin. J. Entomol.*, 20 (3): 243-253.

雌虫：长翅，体棕色。触角节 III，有时节 II 端部黄色，其余节棕色；前翅除基部 1/4 外棕色；足黄色，股节色深，胫节和跗节黄色；单眼新月形；主要鬃颜色深。

头部　头宽大于长。单眼间鬃位于前后单眼之间，单眼三角形之外。眼后鬃 III 与鬃 I 几乎等长。

胸部　前胸有背片鬃，2 对后角鬃，3 对后缘鬃。后胸背板中对鬃在前缘后，1 对钟形感器存在。中胸内叉骨刺存在。前翅前脉基部鬃 7 根，端鬃 3 根，后脉鬃 12 根，排列均匀。

腹部　腹节背板后缘两侧有 11-12 根清晰的齿；节 VIII 后缘梳完整；节 IX 有 2 对钟形感器。除最基部外，节 X 中部纵裂。

雄虫：长翅，头和腹部棕色，翅胸黄色。触角节 I、II 灰褐色，节 III 和节 IV 基部黄色，节 IV 其余部分和触角其余节棕色。腹节 II-VII 背板后缘两侧有齿；节 VIII 后缘梳仅两侧存在。节 III-VII 腹板有横的腺域。

寄主：桑属植物、棕竹属植物、白茅。

模式标本保存地：中国（TARI，Taiwan）。

观察标本：未见。

分布：台湾。

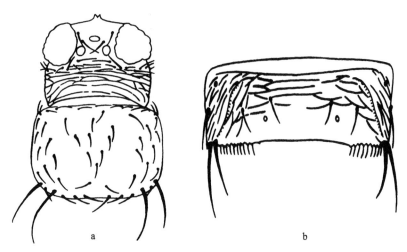

图 204　白茅直鬃蓟马 *Stenchaetothrips brochus* Wang（仿王清玲，2000）

a. 头和前胸（head and pronotum）；b. 腹节 VII 背片（abdominal tergite VII）

(193) 新月直鬃蓟马 *Stenchaetothrips caulis* Bhatti, 1982（图 205）

Stenchaetothrips caulis Bhatti, 1982, *Orien. Insects*, 16 (4): 385-417.

雌虫：长翅，体棕色。触角节Ⅱ、Ⅲ、节Ⅳ基部、节Ⅴ黄色，其余节棕色；前翅基部 1/4 色浅；股节棕黄色，胫节和跗节黄色；单眼新月形；主要鬃颜色深。

头部　头宽大于长。单眼间鬃位于前后单眼之间，单眼三角形之外。眼后鬃Ⅲ与鬃Ⅰ等长。

胸部　前胸有背片鬃，2 对后角鬃，3 对后缘鬃。后胸背板中对鬃在前缘后，具 1 对钟形感器。中、后胸内叉骨刺缺。前翅前脉基部鬃 7 根，端鬃 3 根，后脉鬃 11-13 根，排列均匀。

腹部　腹节背板后缘有短而钝的齿；节Ⅴ-Ⅶ两侧有尖齿；节Ⅷ后缘梳完整；节Ⅸ有 2 对钟形感器。除最基部外，节Ⅹ中部纵裂。

雄虫：长翅，外部形态和体色与雌虫相似。腹节Ⅱ-Ⅶ背板后缘两侧有尖齿；节Ⅷ后缘梳完整。节Ⅲ-Ⅶ腹板有椭圆形腺域，腺域向后缘逐渐变短。

寄主：竹、松属植物和杂草。

模式标本保存地：未知。

观察标本：未见。

分布：台湾；印度。

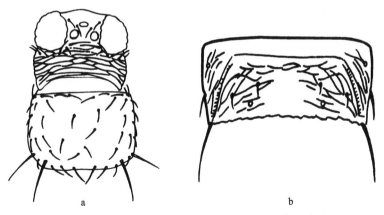

图 205　新月直鬃蓟马 *Stenchaetothrips caulis* Bhatti（仿王清玲，2000）

a. 头和前胸（head and pronotum）；b. 腹节Ⅶ背片（abdominal tergite Ⅶ）

(194) 香茅直鬃蓟马 *Stenchaetothrips cymbopogoni* Zhang & Tong, 1990（图 206）

Stenchaetothrips cymbopogoni Zhang & Tong, 1990b, *Entomotax.*, 12 (2): 103.

雌虫：体黄色，细长。触角节Ⅰ-Ⅴ黄色，节Ⅵ基半部黄色，端半部和节Ⅶ淡褐色。翅和足全黄色。

头部　头长大于宽，单眼前鬃 1 对，单眼区位于复眼间后部，单眼呈扁三角形排列，单眼间鬃位于前后单眼外缘连线之外，眼后鬃Ⅰ、Ⅱ与单眼间鬃等长，略短于眼后鬃Ⅲ。触角 7 节，节Ⅲ-Ⅳ感觉锥叉状，呈 U 形，长度为该节一半。口锥伸至前胸腹板后缘，下颚须 3 节。

胸部 前胸光滑，着生短鬃，各后角有 1 对长鬃，后缘鬃 3 对。中胸背片布满横线纹，后中鬃位于中央。后胸盾片中部前缘为横纹，其后和两侧为纵纹，前缘鬃在前缘之后，中对鬃远离后胸前缘。其后无亮孔。中、后胸内叉骨不具小刺。前翅前缘鬃 20 根，前脉基部鬃 4+3 根，端鬃 3-5 根，后脉鬃 12 根。

腹部 腹节 II 背片侧缘鬃 4 根；节 V-VIII 背板两侧具明显的栉齿列；节 VIII 后缘梳缺。各节腹板无附属鬃，节 II 腹板有后缘鬃 2 对，节 III-VII 后缘鬃 3 对，节 VII 后缘中对鬃在后缘之前。腹片无附属鬃，节 II 后缘鬃 2 对，节 III-VII 后缘鬃 3 对。

雄虫：未明。

寄主：香茅、芒属植物。

模式标本保存地：中国（SCAU，Guangzhou）。

观察标本：正模♀，海南，1978.V.16，卓少明采；副模 1♀，同正模。

分布：海南。

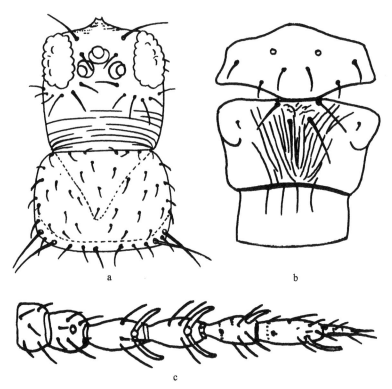

图 206 香茅直鬃蓟马 *Stenchaetothrips cymbopogoni* Zhang & Tong（仿张维球和童晓立，1990b）

a. 头和前胸（head and pronotum）；b. 中、后胸盾片（meso- and metanota）；c. 触角（antenna）

(195) 离直鬃蓟马 *Stenchaetothrips divisae* Bhatti, 1982（图 207）

Stenchaetothrips divisae Bhatti, 1982, *Orien. Insects*, 16 (4): 388, 389, 404.

雌虫：体长约 1.2mm。体棕色，头和腹部末端数节较暗。触角节 I、II 棕色，节 V

和节VI端半部及节VII棕色，节III黄色，节IV黄色但端部略暗，节V和节VI基部黄色。前翅淡灰色，基部1/4（包括翅瓣）较淡。足黄色。鬃较暗。腹节III-VIII背片前缘线略微暗。

头部　头宽大于长，头背眼后横线较多，两颊稍拱，复眼较突出。单眼呈扁三角形排列。前单眼前侧鬃长45，显著长于单眼间鬃；单眼间鬃长22，在前单眼后外侧位于单眼三角形外缘连线上。单眼后鬃（眼后鬃I）长26，略短于复眼后鬃II，复眼后鬃长（自内向外）：I 4，II 31，III 8，IV 23，V 18。触角7节，节I-VII长（宽）分别为：21（27），31（23），56（14），50（14），37（13），47（13），15（6），总长257；节III长为宽的4.0倍，节III有梗，节III和节IV端部呈较显著的颈状，节III、IV的叉状感觉锥臂长21-23；节VI内、外侧简单感觉锥长24。口锥长106，基部宽128，中部宽68，端部宽32。下颚须各节长度一致，为14。

胸部　前胸宽大于长，背片布满细横纹。背片有鬃（边缘鬃除外）约20根，前缘鬃长19，前角鬃长17，侧鬃长20，后角内鬃长63，外鬃长63，后缘鬃长（自内向外）：I 28，II和III均为21。中胸盾片各鬃长21-23。后胸盾片前部有密的横纹，向后和两侧为密纵纹；细亮孔（钟形感器）1对在后部；前缘鬃距前缘2；前中鬃距前缘12。中胸腹片内叉骨刺有时隐约存在，后胸腹片内叉骨无刺。前翅长774，近基部宽97，中部宽53，近端部宽31；前缘鬃28根，前脉基部鬃4+3根，端鬃3根，后脉鬃14根；前翅中部鬃长：前缘鬃63，前脉鬃31，后脉鬃47。

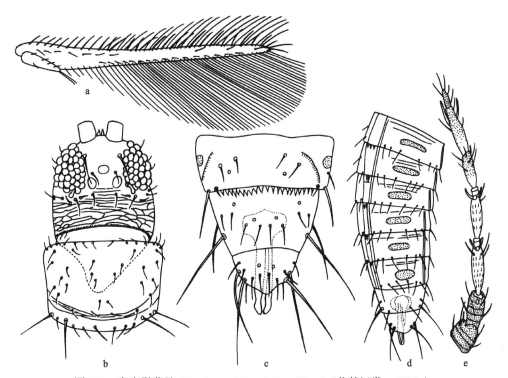

图207　离直鬃蓟马 *Stenchaetothrips divisae* Bhatti（仿韩运发，1997a）

a. 前翅（fore wing）；b. 头和前胸（head and pronotum）；c. 雄虫腹节VIII-X背片（male abdominal tergites VIII-X）；d. 雄虫腹节III-X腹片（male abdominal sternites III-X）；e. 触角（antenna）

腹部　腹节Ⅰ背片布满横线纹；节Ⅱ-Ⅷ后中部的线纹消失；节Ⅸ线纹模糊。节Ⅰ-Ⅴ背片后缘两侧 1/4-1/3 有较显著的三角形齿；节Ⅵ和节Ⅶ的齿沿整个后缘完全排列。节Ⅷ背片后缘梳完整，梳毛基部近乎三角形。侧背片后缘及侧片后缘亦有齿。侧背片上有许多载微毛的线纹，无附属鬃，仅有后缘鬃。节Ⅴ-Ⅷ两侧有微弯梳。节Ⅱ背片侧缘 4 根鬃排成一纵裂，其内尚有鬃 1 根。节Ⅴ背片长 76，宽 234，背片鬃：中对鬃长 10，间距 66；侧鬃长（自内向外）：Ⅰ 15，Ⅱ 31，Ⅲ 39，后缘鬃 45；侧片后缘鬃长 32。节Ⅸ背片长 206，鬃较粗，长鬃长：内中鬃 99，侧中鬃 84。节Ⅱ-Ⅶ腹片有模糊线纹，无附属鬃。

雄虫： 体色和形态相似于雌虫，但较小，腹部较细，腹部背片后缘齿较多。节Ⅱ-Ⅳ中部 1/3 后缘齿缺，节Ⅴ-Ⅷ背片后缘齿列完整仅中部的发育较弱。节Ⅸ背片鬃约呈 2 横列，长（自内向外）：Ⅰ 26，Ⅱ 31，Ⅲ 15，Ⅳ 12，Ⅴ 84。节Ⅲ-Ⅶ腹片腺域横，有的略呈哑铃形，节Ⅴ腺域中央长 14，端长 13，宽 56。

寄主： 竹子。

模式标本保存地： 未知。

观察标本： 1♀1♂，广州，1958.Ⅲ.21，韩运发采自竹子。

分布： 广东（广州）；印度。

(196) 二色直鬃蓟马 *Stenchaetothrips undatus* Wang, 2000（图 208）

Stenchaetothrips undatus Wang, 2000, *Chin. J. Entomol.*, 20 (3): 243-253.

雌虫： 长翅，体二色，头和腹部棕色，翅胸黄色。触角节Ⅰ-Ⅴ黄色，节Ⅴ端部棕色，节Ⅵ棕色，基部 1/2 黄色，节Ⅶ棕色。前翅棕色，基部 1/4 浅。足黄色。单眼新月形，主要鬃颜色深。

头部　头宽大于长。单眼间鬃位于前后单眼之间，单眼三角形之外。眼后鬃Ⅲ与眼后鬃Ⅰ等长。

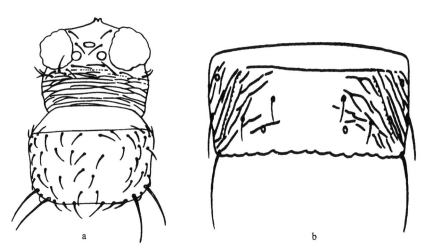

图 208　二色直鬃蓟马 *Stenchaetothrips undatus* Wang（仿王清玲，2000）

a. 头和前胸（head and pronotum）；b. 腹节Ⅶ背片（abdominal tergite Ⅶ）

胸部　前胸有背片鬃，2 对后角鬃，3 对后缘鬃。后胸背板中对鬃在前缘后，无钟形感器。中、后胸无内叉骨刺。前翅前脉基部鬃 7 根，端鬃 3 根，后脉鬃 13 根，排列均匀。

腹部　腹节背板后缘齿钝或在后缘两侧具尖齿；节Ⅷ后缘梳完整；节Ⅸ有 2 对钟形感器；除最基部外，节Ⅹ中部纵裂。

雄虫：长翅。头和翅胸黄色，腹节前缘黄色，后缘棕色。腹节Ⅱ-Ⅶ背板后缘两侧有尖齿；节Ⅷ后缘梳粗壮且完整。节Ⅲ-Ⅶ腹板有椭圆形腺域。

寄主：芦苇、竹子、野牡丹、山姜属植物、杂草、西番莲等。

模式标本保存地：中国（TARI，Taiwan）。

观察标本：未见。

分布：台湾。

197) 张氏直鬃蓟马 *Stenchaetothrips zhangi* Duan, 1998（图 209）

Stenchaetothrips zhangi Duan, 1998, *Insects of the Funiu Mountains region*: 53-58.

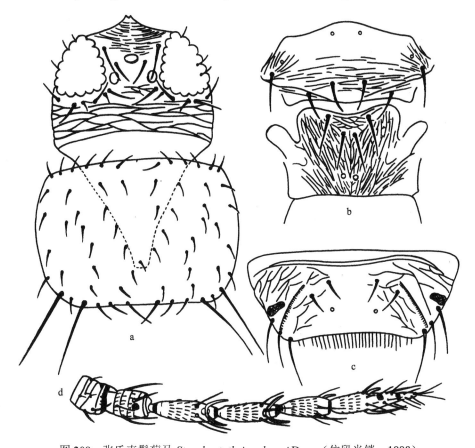

图 209　张氏直鬃蓟马 *Stenchaetothrips zhangi* Duan（仿段半锁，1998）

头和前胸（head and pronotum）；b. 中、后胸盾片（meso- and metanota）；c. 腹节Ⅷ背片（abdominal tergite Ⅷ）；d. 触角（antenna）

雌虫：体长 0.98-1.13mm，黄色。触角节 I -III黄色；节IV- V 基半部黄色，端半部褐色；节VI-VII暗褐色。单眼月晕红色。

头部 头部宽大于长，单眼前鬃 1 对，单眼间鬃位于单眼三角形连线外缘，眼后鬃 6 对，排成一排。触角 7 节，节III、IV 各具 1U 形感觉锥，感觉锥长度超过该节的 1/2。口锥伸至前胸后缘，下颚须 3 节。

胸部 前胸宽大于长，背片鬃 50 多根，其中后角长鬃 2 对，内对长于外对，后缘鬃 3 对。中、后胸腹板内叉骨均无刺。后胸背板中对鬃远离后胸前缘，具 1 对钟形感器，具纵条纹。前翅前缘鬃 26 根，前脉基部鬃 4+3 根，端鬃 3 根，后脉鬃 14 根。跗节 2 节，股节和胫节着生较长的细毛。

腹部 腹节 II背侧缘具 4 根鬃。各节腹板无附属鬃，节 II腹板后缘有 2 对鬃；节IV-VII腹板后缘鬃 3 对，节VII腹板后缘中对鬃着生于后缘之前。节 V-VIII背板两侧有明显的栉齿列；节VIII背板后缘梳完整。

雄虫：未明。

寄主：禾本科杂草。

模式标本保存地：中国（BLRI，Inner Mongolia）。

观察标本：未见。

分布：河南（栾川县龙峪湾林场）。

66. 带蓟马属 *Taeniothrips* Amyot & Serville, 1843

Taeniothrips Amyot & Serville, 1843, *Histoire Naturelle des Insectes*: 643; Steinweden & Moulton, 1930, *Proc. Nat. Hist. Soc. Fukien Christ. Univ.*, 3: 22; Steinweden, 1933, *Trans. Amer. Entomol. Soc.*, 59: 269; Mound, 1968, *Bull. Brit. Mus. (Nat. Hist.) Entomol. Suppl.*, 11: 53; Bhatti, 1978c, *Orien. Insects*, 12 (2): 157; Han, 1997a, *Economic Insect Fauna of China Fasc.*, 55: 252; Mirab-balou, Mound & Tong, 2015, *Zootaxa*, 3964 (3): 371.

Oxythrips Uzel, 1895, *Königgräitz*: 29, 34, 44, 51, 133.

Euthrips Targioni-Tozzetti: Daniel, 1904, *Entomol. News*, 15: 294.

Thrips Linnaeus: Bhatti, 1969a, *Orien. Insects*, 3 (4): 380.

Type species: *Thrips primulae* Haliday.

属征：触角 8 节，节III、IV感觉锥叉状。头背前单眼前鬃缺，前外侧鬃和单眼间鬃存在；单眼间鬃常位于后单眼间。下颚须 3 节。前胸每后角有 2 根长鬃，后缘鬃 3 对。中胸腹片内叉骨有刺，后胸内叉骨无刺。翅发达或退化；翅发达者前翅有 2 条纵脉；前脉鬃有间断，后脉鬃 10 根左右；跗节 2 节。腹部有侧片。节VI、VII背片无微毛；节VIII背片微毛呈不规则群，后缘梳完整。节 V-VIII背片两侧缺微弯梳。腹片无附属鬃。雄虫节IX背片无角状刺突；腹片有腺域。

分布：古北界，东洋界，新北界，澳洲界。

本属世界记录 40 余种，本志记述 8 种。

种检索表

(198) 窄腺带蓟马 *Taeniothrips angustiglandus* Han & Cui, 1992（图210）

Taeniothrips angustiglandus Han & Cui, 1992, *Insects of the Hengduan Mountains Region*, 1: 425, 433,
figs. 3a-e.

雄虫：体长约1.4mm，体黄色。头和各足股节、胫节和触角节Ⅰ略暗，触角节Ⅳ-Ⅷ
淡棕色。前翅黄色。

头部　头宽大于长，复眼和颊略突出，眼后有些横纹。触角8节，节Ⅰ-Ⅷ长（宽）
分别为：35（30），42（29），79（23），70（21），48（20），69（23），9（9），10（9），
总长362，节Ⅲ长为宽的3.4倍，节Ⅲ长为节Ⅳ的1.1倍；各感觉锥长：节Ⅲ、Ⅳ臂长分
别为30和29，节Ⅴ内15，外10，节Ⅵ内26，外23。前单眼前外侧鬃长32，单眼间鬃
位于两后单眼间中部，间距9，长73，眼后鬃长20-27，约呈一横列。口锥长106，基部
宽153，中部宽89，端部宽64。

胸部　前胸宽大于长，背片较光滑，有鬃16根；前缘鬃长32，前胸鬃长26，侧鬃长
21，后角鬃长：内94，外85。中胸盾片有横纹，前外侧鬃长20，中后鬃长29，后缘鬃
长23。后胸盾片前部有2-3条横线，其后有4-5个多角形网纹，后部有几条纵线，两侧
有较多纵线；前缘鬃长39，间距53，在前缘线上；前中鬃长55，间距25，大于与前缘
鬃的间距，距前缘3；细孔在中部。中胸内叉骨刺长60；后胸内叉骨无刺。前翅长1081，

近基宽 108，中部宽 66，近端宽 46；前缘鬃 26 根，前脉基部鬃 4+5 根，端鬃 3 根，后脉鬃 11 根。前翅鬃长：前缘鬃 87，前脉鬃 64，后脉鬃 69。

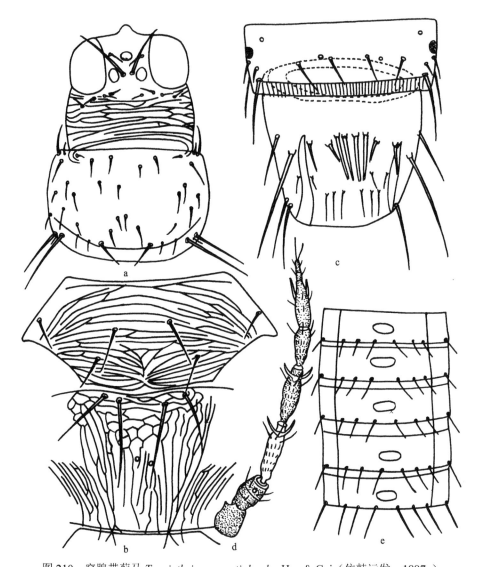

图 210　窄腺带蓟马 *Taeniothrips angustiglandus* Han & Cui（仿韩运发，1997a）

a. 头和前胸（head and pronotum）；b. 中、后胸盾片（meso- and metanota）；c. 雄虫腹节Ⅷ-Ⅹ背片（male abdominal tergites Ⅷ-Ⅹ）；d. 触角（antenna）；e. 雄虫腹节Ⅲ-Ⅶ腹片（male abdominal sternites Ⅲ-Ⅶ）

腹部　腹节Ⅱ背片侧缘鬃 3 根；节Ⅴ-Ⅷ背片两侧无微弯梳；节Ⅷ背片后缘梳完整；节Ⅸ背片后缘鬃 5 对，大致呈一横列；长：内对Ⅰ 76，内对Ⅱ 98，内对Ⅲ 23，内对Ⅳ 41，内对Ⅴ 147，节Ⅹ后缘中部鬃长 51，侧缘鬃长 179。腹部背侧片无附属鬃。腹片无附属鬃。节Ⅲ-Ⅶ腹片有长卵形雄性腺域，节Ⅴ的腺域宽 44，中央长 19，端部长 15，腹片宽 166，腺域占腹片宽的 0.27；腺域宽度：最大者 57，占腹片宽的 0.29，最小者 35，占腹片宽的 0.19。

寄主：菊科植物。

模式标本保存地：中国（IZCAS，Beijing）。

观察标本：正模♂，云南德钦县梅里雪山东坡，3180m，1982.Ⅶ.21，崔云琦采于菊科植物花内；副模3♂♂；同正模。

分布：云南（德钦县）。

(199) 油加律带蓟马 *Taeniothrips eucharii* (Whetzel, 1923)（图 211）

Physothrips eucharii Whetzel, 1923, *Board & Dep. Agri.*, 1922: 30-37.

Taeniothrips gracilis Moulton, 1928a, *Trans. Nat. Hist. Soc. Formosa*, 18 (98): 289.

Taeniothrips eucharii (Whetzel): Bhatti, 1978c, *Orien. Insects*, 12 (2): 195; Han, 1997a, *Economic Insect Fauna of China Fasc.*, 55: 256; Mirab-balou, Mound & Tong, 2015, *Zootaxa*, 3964 (3): 373.

雌虫：体长 1.66mm，暗棕色。触角棕色，但节Ⅲ的梗、最基部和端部 1/3，节Ⅳ最基部和感觉锥基部的圆环白色或黄色，节Ⅴ基部有 1 个界限不清的淡区。前足股节灰棕色但外缘较淡；中、后足股节除最基部较淡外，棕色；所有胫节灰棕色，前足胫节端部稍淡于中、后足胫节；各足跗节黄色。前翅暗棕色，但基部淡。各体鬃和翅鬃暗棕色。

头部　头宽大于长，眼后有许多横纹，复眼突出，眼后显著收缩，颊显著外拱，单眼位于复眼间中后部，头前缘在复眼向前延伸。单眼前外鬃长 18，单眼间鬃很长，长 93，约为头长的一半，在后单眼前缘线上或稍前，位于 3 个单眼内缘连线上。单眼后鬃长 14，复眼后鬃长：内对Ⅰ13，内对Ⅱ23，内对Ⅲ 17，内对Ⅳ 13。触角 8 节，节Ⅲ基部梗显著，节Ⅳ和节Ⅴ基部显著细，节Ⅲ和节Ⅳ端部细缩如瓶颈，其长约为该节长度的 1/3 强；节Ⅰ-Ⅷ长（宽）分别为：30（36），39（30），78（27），87（23），45（18），81（18），10（7），18（5），总长388；节Ⅲ、Ⅳ叉状感觉锥较大，臂长45-50，分别达至前一节的 2/5 和 1/2 处，节Ⅵ内侧感觉锥较细，长43，伸达节Ⅶ近端部。口锥伸达前足基节后缘。下颚须长：节Ⅰ（基节）18，节Ⅱ 12，节Ⅲ 21。

胸部　前胸宽大于长，背片有微弱模糊横纹，前缘鬃、侧鬃和背片鬃均长约 23，但背片近后外缘处有 1 根鬃较长，长约 34，前角鬃长 29，后角外鬃长 105，内鬃长 120，后缘鬃 3 对，长（自内向外）：内Ⅰ 48，内Ⅱ 18，内Ⅲ 15。中胸盾片有横纹，3 对鬃大小近似，前外侧鬃长 23，中后鬃长 28，后缘鬃长 24。后胸盾片线纹，除后外侧部分外较稀疏，前部有 3 条横纹，其后为大网纹，后部网纹模糊；前缘鬃（外对鬃）长 41，间距67，在前缘上；前中鬃（内对鬃）长 57，间距13，距前缘3；1 对细孔在中部。前翅长 934，中部宽66；前缘鬃24-26 根，前脉基中部鬃7-9 根，端鬃 3 根，后脉鬃11-14 根。

腹部　腹节背片两侧有微弱稀疏横纹。节Ⅰ-Ⅷ前缘有棕色横线；节Ⅴ-Ⅷ成为横带。节Ⅰ-Ⅷ背片中对鬃向后数节渐长而间距小，其后外侧有细孔 1 对。节Ⅴ背片中对鬃间距71，各鬃长：中对鬃（对Ⅰ）11，Ⅱ 21，Ⅲ 38，Ⅳ（后缘上）58，Ⅴ 41。节Ⅶ腹板后缘中对鬃和亚中对鬃均在后缘之前。节Ⅷ背片后缘梳长而完整。节Ⅸ背片后缘长鬃长：背中鬃 187，侧中鬃 178，侧鬃 187。节Ⅹ背片后缘长鬃长 175-178。腹片无附属鬃。

雄虫：体长 1.5mm。一般形态与结构相似于雌虫，但有如下不同：前足股节较淡，体较细小，触角节Ⅵ长为宽的 5 倍。腹节Ⅸ长鬃长：中背鬃 60，侧鬃 105。节Ⅹ的弯曲鬃长 110。节Ⅲ-Ⅶ腹片雄性腺域大，中部收缩，其宽度占据该节腹片宽度的大部分。节Ⅸ背片中部有 1 对长刺（鬃）接近后缘中央，在其前外侧有 1 对短的刺。

寄主：麦蒿菊、野芝麻、石蚕属植物、麦冬及其他豆类、杂草。

模式标本保存地：美国（CAS，San Francisco）。

观察标本：3♀♀，陕西西北农林科技大学校园，2001.Ⅹ.2，张桂玲采自麦冬；2♀♀，北京市，1973.Ⅷ.28，杨集昆采；25♂♂，海南尖峰镇，2009.Ⅶ.18，胡庆玲采自杂草。

分布：北京、陕西（杨陵）、浙江、台湾、广东、海南（尖峰镇）、香港、广西；日本，美国夏威夷，百慕大群岛。

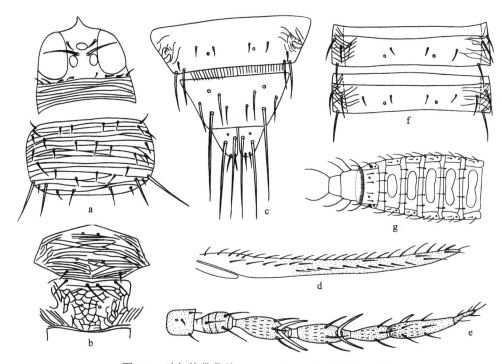

图 211　油加律带蓟马 *Taeniothrips eucharii* (Whetzel)

a. 头和前胸（head and pronotum）；b. 中、后胸盾片（meso- and metanota）；c. 雌虫腹节Ⅷ-Ⅹ背片（female abdominal tergite Ⅷ-Ⅹ）；d. 前翅（fore wing）；e. 触角（antenna）；f. 腹节Ⅴ-Ⅵ背片（abdominal tergites Ⅴ-Ⅵ）；g. 雄虫腹节Ⅲ-Ⅹ腹片（male abdominal sternites Ⅲ-Ⅹ）

(200) 小腺带蓟马 *Taeniothrips glanduculus* Han, 1990（图 212）

Taeniothrips glanduculus Han, 1990c, *Acta Entomol. Sin.*, 33: 333, 334, figs. 1-4.

Taeniothrips microglandus Han, 1997a, *Economic Insect Fauna of China Fasc.*, 55: 259.

雄虫：体长约 1.3mm。体棕色或腹部较淡。触角棕色，但节Ⅲ黄色或略黄或基部半黄色。前翅微暗黄或暗黄色，但基部（翅瓣除外）淡或基部和中部淡。前足胫节（

缘除外），中、后足胫节基部及各足跗节较黄。腹节Ⅰ-Ⅷ背片前部缘线色较深。

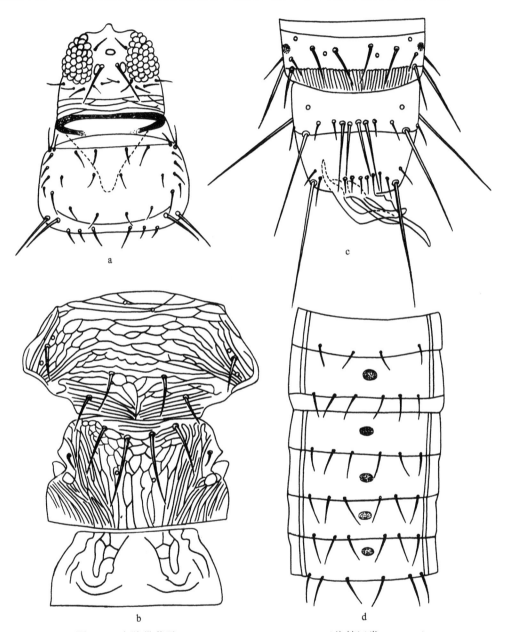

图212　小腺带蓟马 *Taeniothrips glanduculus* Han（仿韩运发，1997a）

a. 头和前胸（head and pronotum）；b. 中、后胸盾片（meso- and metanota）；c. 雄虫腹节Ⅷ-Ⅹ背片（male abdominal tergites Ⅷ-Ⅹ）；d. 雄虫腹节Ⅱ-Ⅶ腹片（male abdominal sternites Ⅱ-Ⅶ）

　　头部　头宽大于长，复眼突出或略突出，颊不外拱或略拱。前单眼前外侧缘鬃长25，单眼间鬃长71，间距7，位于后单眼内缘或前内缘或前缘线略前。眼后鬃长度：后单眼后鬃16，复眼后鬃长：Ⅰ 20，Ⅱ 20，Ⅲ 25，Ⅳ 14，呈一横列。触角8节，节Ⅰ-Ⅷ

长（宽）分别为：32（30），41（26），76（19），65（21），46（17），64（20），11（7），12（7），总长 347，节Ⅲ长为宽的 4 倍；节Ⅲ、Ⅳ的感觉锥叉状，节Ⅴ、Ⅵ内外各有简单感觉锥 1 个。下颚须 3 节，长：Ⅰ 16，Ⅱ 15，Ⅲ 21。

胸部 前胸宽大于长，背片较光滑，后角鬃长：内对 84，外对 67，后缘鬃 3 对，内Ⅰ长 25，内Ⅱ、Ⅲ均长 15。后胸盾片前缘仅 1-2 条横线，前中部具较大网纹，其后纵线2-3 条，两侧为纵线纹；前缘鬃长 38，间距 48，距前缘 2；前中鬃长 51，距前缘 5，间距 17，略大于与前缘对鬃的间距；亮孔在中部；仅中胸腹片内叉骨有刺，长 64。前翅长1009，近基部宽 96，中部宽 57，近端部宽 38。前缘鬃 24 根，前脉基部鬃 1+3+3 根，端鬃 3 根（个别标本端鬃 2 根），后脉鬃 13 根。

腹部 腹节Ⅴ-Ⅷ背片两侧无微弯梳；节Ⅷ背片后缘梳完整；节Ⅸ背片后缘鬃大致呈1 横列，鬃长（自内向外）：Ⅰ 70，Ⅱ 102，Ⅲ 25，Ⅳ 25，Ⅴ 134。背侧片无附属鬃。节Ⅲ-Ⅶ腹片各有 1 个近似椭圆形腺域，腹片腺域宽度和占据腹片宽度的比值：最大 32和 0.16，最小 15 和 0.08。腹片无附属鬃。

雌虫：体长约 1.7mm。体棕色，但翅和腹部颜色通常较雄虫为暗。触角节Ⅲ-Ⅷ长（宽）分别为：81（23），70（24），48（20），67（24），10（8），16（7）。腹片无附属鬃。

寄主：白亮独活、蓼科植物、接骨木。

模式标本保存地：中国（IZCAS，Beijing）。

观察标本：正模♂，西藏波密县，1982.Ⅸ.3，3050m，韩彦恒采自白亮独活花中；配模♀，同正模。

分布：西藏（波密县、墨脱县）。

(201) 灰褐带蓟马 *Taeniothrips grisbrunneus* (Feng, Chou & Li, 1995)（图 213）

Megalurothrips grisbrunneus Feng, Chou & Li, 1995, *Entomotax.*, 17 (1): 15-17.

Taeniothrips grisbrunneus (Feng, Chou & Li): Mirab-balou, Mound & Tong, 2015, *Zootaxa*, 3964 (3) 373.

雌虫：体长 1.6mm。体灰褐色，头褐色，触角节Ⅳ基部 1/4 黄色，其余各节灰色；胸部和腹部灰色，节Ⅸ、Ⅹ腹板色略深；足的胫节端部和跗节黄色；前翅灰色，基部有1 明显的透明带。

头部 头长于宽，头的后方微收。触角 8 节，节Ⅰ-Ⅷ长（宽）分别为：20（30），3?（25），70（27），75（25），40（17），60（20），10（7），20（5）。单眼间鬃长，着生在单眼三角形连线之内后单眼之前；眼后鬃排列规则，Ⅳ长于Ⅱ和Ⅲ，Ⅰ最短。口锥端部尖，达前胸长度的 2/3。

胸部 前胸背板后角鬃长，2 对，内对长于外对，其内侧后缘鬃 3 对，S1 长 53，约是 S2 和 S3 的 3 倍。后胸背板有 1 对明显的钟形感觉器。前翅前缘鬃 27 根，上脉基部鬃 10 根，端鬃 1+2 根，下脉鬃 13 根，翅瓣鬃 5+1 根。

腹部 腹节Ⅱ-Ⅸ腹板后缘鬃发达，除节Ⅱ外，几乎与体节等长。节Ⅶ腹板后缘鬃着生在后缘之前。节Ⅷ背板后缘梳状毛发达；节Ⅸ背板后缘 S1、S2、S3 分别长 212、70

20。产卵器长 280。

　　雄虫：体长 1.25mm，颜色比雌虫略深。腹节 III-VII 腹板有腺域，卵圆形，节 III-VII 腺域长（宽）分别为：50（12.5），47.5（13.8），37.5（15），32.5（16.3），37.5（16.3）。外生殖器阳茎基部分叉，端部尖锐。

　　模式标本保存地：中国（NWAFU，Shaanxi）。

　　观察标本：正模♀，陕西杨陵，1987.VII.25，冯纪年采；副模 1♀1♂，同正模。

　　分布：陕西（杨陵）。

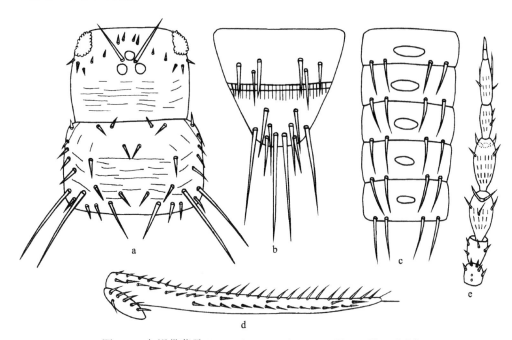

图 213　灰褐带蓟马 *Taeniothrips grisbrunneus* (Feng, Chou & Li)

a. 头和前胸（head and pronotum）；b. 腹节 VIII-IX 背片（abdominal tergite VIII-IX）；c. 雄虫 III-VII 腹节腹板（male abdominal sternites III-VII）；d. 前翅（fore wing）；e. 触角（antenna）

(202) 大带蓟马 *Taeniothrips major* Bagnall, 1916（图 214）

Taeniothrips major Bagnall, 1916b, *Ann. Mag. Nat. Hist.*, (8) 17: 216; Bhatti, 1978c, *Orien. Insects*, 12 (2): 195; Han & Zhang, 1981, *Insects of Xizang*, 1: 296; Han, 1997a, *Economic Insect Fauna of China Fasc.*, 55: 257; Mirab-balou, Mound & Tong, 2015, *Zootaxa*, 3964 (3): 374.

Taeniothrips (Taeniothrips) major Bagnall: Shumsher Singh, 1946, *Indian J. Entomol.*, 7: 165.

Thrips ciliates Bhatti, 1969a, *Orien. Insects*, 3 (4): 380.

　　雌虫：体长 1.9-2mm。体粟棕色，包括触角和足，但触角节 III 或节 III 基半部淡棕色。前足胫节（边缘除外），其他股、胫节基部及各足跗节淡黄色。前翅暗棕色，包括翅瓣，且基部（占翅长 1/7）淡。体鬃和翅鬃暗棕色。

　　头部　头宽大于长，两颊强烈外拱，复眼突出，眼后有横纹。前单眼前侧鬃长 36，单眼间鬃长 67-88，位于两后单眼内缘。单眼后鬃和复眼后鬃呈 1 横列排列于眼后；鬃长：单眼后鬃 22；复眼后鬃Ⅰ 24，Ⅱ 10，Ⅲ 35，Ⅳ 27，Ⅴ 10。触角 8 节，节Ⅲ基部有梗，节Ⅲ和节Ⅳ端部收缩，节Ⅰ-Ⅷ长（宽）分别为：36（48），48（33），82（27），73（26），55（24），77（24），14（10），17（8），总长 402，节Ⅲ长为宽的 3 倍；节Ⅲ、Ⅳ上的叉状感觉锥不很长，臂长 32，伸达前节基部。口锥长 153，基部宽 175，中部宽 85，端部宽 61。下颚须长：节Ⅰ（基节）17，节Ⅱ 15，节Ⅲ 29。

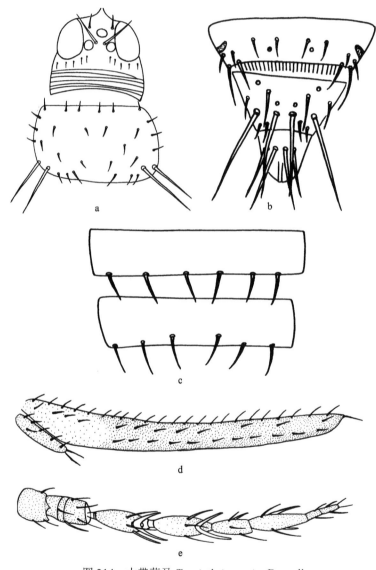

图 214　大带蓟马 *Taeniothrips major* Bagnall

a. 头和前胸（head and pronotum）；b. 腹节Ⅷ-Ⅹ背片（abdominal tergites Ⅷ-Ⅹ）；c. 腹节Ⅵ-Ⅶ腹片（abdominal sternites
Ⅵ-Ⅶ）；d. 前翅（fore wing）；e. 触角（antenna）

胸部　前胸宽大于长，背片前后缘有些横纹，背片有鬃约 18 根，后侧 1 根鬃较长，长 38，其他长约 25。前胸鬃较长，长 36；后角外鬃长 69，内鬃长 79；后缘鬃 3 对。羊齿内端接触。中胸盾片横线纹向后弯，中后鬃距后缘远；前外侧鬃长 29，中后鬃长 32，后缘鬃长 29。后胸盾片前部有横纹，其后为网纹，两侧为纵纹；前缘鬃长 49，间距 73，距前缘 4；前中鬃长 74，间距 36，距前缘 10；1 对亮孔在中后部。中胸内叉骨刺甚长而粗。前翅长 1100-1492，近基部宽 146，中部宽 97，近端部宽 49。翅中部鬃长 73-80。前缘鬃 28 根；前脉基部鬃 4+5 根，端鬃 3 根，后脉鬃 14 根；翅瓣前缘鬃 5 根。

腹部　腹节 I-VII 背、腹片布满横纹，节VIII背片仅两侧有横纹。节 II-VII 背片无鬃孔在后半部，甚至靠近后缘，中对鬃在其前内方。节 V 背片长 141，宽 490；中对鬃间距 97，鬃长：内鬃 I（中对鬃）29，II 41，III（在后缘上）80，IV 63，V 97，VI（背侧片后缘上）90；鬃III-V 不呈三角形排列，鬃 III、IV 几乎在同一条纵线上。节VI、VII 背片鬃IV退化变小。节VIII背片气孔前有几根微毛；后缘梳完全，梳毛细长。节IX背片鬃长：背中鬃 209，中侧鬃 214，侧鬃 209。节 X 背鬃长 175-189。背侧片和腹片无附属鬃。节VII腹片中对鬃在后缘之前。

雄虫：体色和一般形态相似于雌虫，但较小，触角较细。触角节 I-VIII长（宽）分别为：36（37），49（29），87（21），70（21），53（19），73（19），12（10），17（9），总长 397，节III长为宽的 4.14 倍。腹节IX背片鬃内 I、III、IV 在前排，鬃 II、V 在后排，鬃长：内 I 85，内 II 137，内 III 44，内 IV 49，内 V 168，侧鬃长 170。节III-VII腹片有横腺域；节 V 腺域长 29，宽 83，约占腹片宽度的 0.28。

寄主：大叶杜鹃、银莲花、飞燕草、金丝桃、风轮菜、爵床的花、续断、接骨木、野菊花、独活。

模式标本保存地：英国（BMNH, London）。

观察标本：7♀♀2♂♂，陕西太白山，2002.VII.15，张桂玲采自杂草。

分布：陕西（太白山）、西藏（米林、林芝、墨脱、聂拉木、察隅、芒康）；朝鲜，印度。

(203) 蕉带蓟马 *Taeniothrips musae* (Zhang & Tong, 1990)（图 215）

Javathrips musae Zhang & Tong, 1990a, *Zool. Res.*, 11 (3): 193-198.

Taeniothrips musae (Zhang & Tong): Mirab-balou, Mound & Tong, 2015, *Zootaxa*, 3964 (3): 374.

雌虫：体长 1.85mm。体棕褐色，触角节 I - II 同体色，节III-V 黄色，节 V 端部略深，节VI-VIII褐色。各足基节及股节同体色，胫节和跗节黄色。前翅褐色，基部色淡。

头部　头长略大于宽，颊在复眼后收缩，头顶在复眼前略突出。单眼位于复眼中部，月晕红色。单眼前鬃缺，单眼前侧鬃靠近复眼，单眼间鬃粗而长，位于单眼中心连线内缘，单眼后鬃远离后单眼，与复眼后鬃 II 在同一水平线上，复眼后鬃 4 对，鬃 I 靠近复眼，绕复眼排列。复眼后有横纹。触角 8 节，各节均细长，节III-IV有叉状感觉锥。口锥端部钝，伸至前胸腹板中部。

胸部　前胸背板前部和后部有细横纹，中部线纹弱，背面散生短鬃，后角 2 对粗鬃，后缘鬃 2 对。中胸盾片有横纹，中后鬃在后缘之前，后缘鬃靠近后缘；后胸盾片中央刻纹不明显，两侧为稀疏纵纹，中对鬃远离前缘，中侧鬃在前缘上，1 对亮孔在中部。前翅前缘鬃 18-20 根，前脉基部鬃 4+4 根，端鬃 4 根，脉鬃均粗短。

腹部　腹节背板光滑，两侧有弱横纹；节Ⅱ-Ⅶ背板前缘有明显褐色条带。节Ⅷ后缘梳完整，较细且短。腹片各节无附属鬃，节Ⅱ-Ⅶ后缘鬃 3 对，节Ⅶ后缘中对鬃在后缘之前。

雄虫：同雌虫，略小，腹节Ⅲ-Ⅶ腹板有长圆形横腺域。

寄主：野蕉、香蕉、芭蕉。

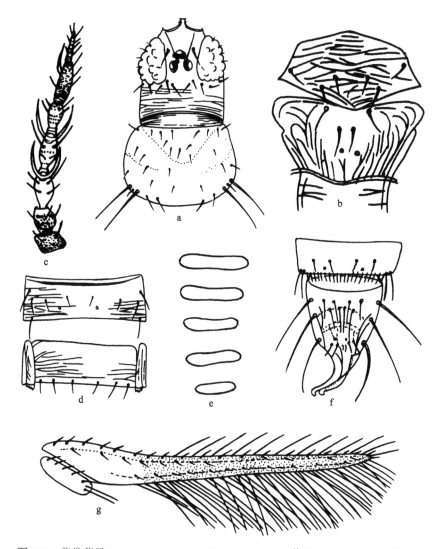

图 215　蕉带蓟马 *Taeniothrips musae* (Zhang & Tong)（仿 Zhang & Tong，1990a）

a. 头和前胸（head and pronotum）；b. 中、后胸盾片（meso- and metanota）；c. 触角（antenna）；d. 腹节Ⅴ背片及腹片（abdominal tergite and sternite Ⅴ）；e. 雄虫腹节Ⅲ-Ⅶ腺域（gland areas on male abdominal sternites Ⅲ-Ⅶ）；f. 雄虫腹节Ⅷ-Ⅹ背片（male abdominal tergites Ⅷ-Ⅹ）；g. 前翅（fore wing）

模式标本保存地：中国（SCAU，Guangzhou）。

分布：广东、云南（勐腊）。

观察标本：2♀♀2♂♂，云南勐腊，1987.Ⅳ.1，童晓立采自芭蕉心叶。

(204) 马先蒿带蓟马 *Taeniothrips pediculae* Han, 1988（图216）

Taeniothrips pediculae Han, 1988, *Ins. Mt. Namjagbarwa Reg. Xizang*: 179; Han, 1997a, *Economic Insect Fauna of China Fasc.*, 55: 260.

雌虫：体长约 1.1mm。体淡棕色至棕色，触角节Ⅲ、翅胸、前足胫节及各足跗节略淡，前翅淡黄色。腹节Ⅲ-Ⅶ背片近前缘有粗细均匀的较暗横线。

头部　头宽大于长，两颊略外拱，复眼后有几条细横线。前单眼前侧鬃长 17，单眼间鬃长 56，间距 26，位于后单眼前缘的前后单眼外缘连线内。单眼和复眼后鬃小，共 6 对，排为 1 横列。触角 8 节，节Ⅰ-Ⅷ长（宽）分别为：22（31），24（25），42（19），42（19），38（17），53（17），10（7），17（5），总长 248；节Ⅲ长为宽的 2.2 倍；节Ⅲ和节Ⅳ的叉状感觉锥臂长分别为 14 和 16，节Ⅴ外端简单感觉锥 1 个，长 8，节Ⅵ内侧简单感觉锥 1 个，长 21。口锥伸达前胸腹片中部。下颚须 3 节。

胸部　前胸宽大于长，背片仅周缘有数条微弱线纹；后角长鬃 2 对，外对长 48，内对长 48，其他鬃均短小，背片鬃 18 根。中胸盾片短而宽，前外侧有 2 对鬃。后胸盾片短而宽，前部有 4 条稀疏横线，其后的网纹弱，近似棱形，两侧有纵纹；1 对亮细孔在中后部网纹两侧缘；前缘鬃距前缘 2；前中鬃距前缘 2。中胸腹片内叉骨刺长 31，后胸内叉骨无刺。前翅短，芽状，长 106，中部宽 47；前缘鬃 5 根，前脉鬃 2 根，后脉鬃缺；翅瓣存在，前缘鬃 4 根。

腹部　腹节Ⅰ背片布满横线纹，节Ⅱ、Ⅲ最后部无线纹，节Ⅳ-Ⅷ前部和后部无线纹；节Ⅸ布满朦胧线纹，节Ⅹ无线纹。节Ⅴ-Ⅷ背片两侧均无微弯梳。节Ⅷ背片后缘无梳。节Ⅶ、Ⅷ的中对鬃长于前部数节的。节Ⅹ纵裂达近基部。节Ⅱ腹片后缘鬃 2 对，节Ⅲ-Ⅶ各有后缘鬃 3 对，节Ⅶ的中对后缘鬃仅稍移至后缘之前。腹片无附属鬃。

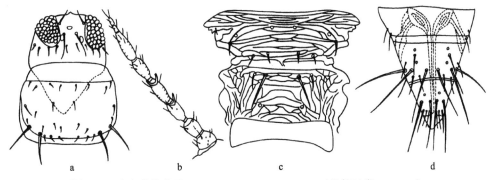

图 216　马先蒿带蓟马 *Taeniothrips pediculae* Han（仿韩运发，1997a）

a. 头和前胸（head and pronotum）；b. 触角（antenna）；c. 中、后胸盾片（meso- and metanota）；d. 腹节Ⅷ-Ⅹ背片（abdominal tergites Ⅷ-Ⅹ）

寄主：马先蒿、杜鹃。

模式标本保存地：中国（IZCAS，Beijing）。

观察标本：正模♀，西藏米林县派区，1983.Ⅶ.26，韩寅恒采自马先蒿属。

分布：四川、西藏。

(205) 鹊带蓟马 *Taeniothrips picipes* (Zetterstedt, 1828)（图 217）

Thrips picipes Zetterstedt, 1828, *Faun. Ins. Lapp.*: 561.

Taeniothrips picipes (Zetterstedt): Ahlberg, 1918, *Entomol. Tid.*, 39: 141.

Thrips primulae Haliday, 1836, *Ent. Mag.*, 3: 449.

Taeniothrips primulae (Haliday): Amyot & Serville, 1843, *Histoire Naturelle des Insectes*: 644.

Taeniothrips decora (Haliday): Amyot & Serville, 1843, *Histoire Naturelle des Insectes*: 644.

Physopus primulae (Haliday): Uzel, 1895, *Königgrätz*: 33, 49, 119.

Euthrips alpina Karny, 1908a, *Wien. Ent. Zeit.*, 27: 279.

Physothrips alpinus (Karny): Karny, 1912b, *Zool. Ann.*, 4: 340.

雌虫：体长 1.7mm。体黑褐色，节Ⅲ-Ⅳ色淡及节Ⅴ基部色淡，其余黑褐色；翅暗黄色，基部色淡；跗节黄色。

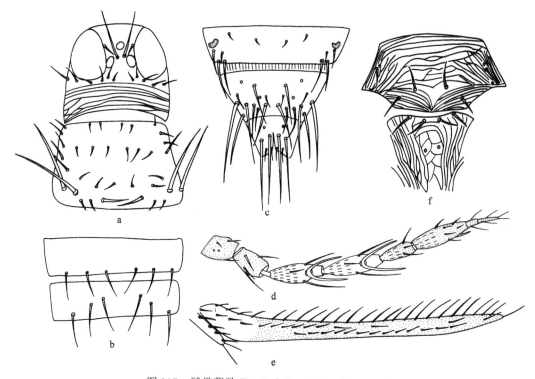

图 217　鹊带蓟马 *Taeniothrips picipes* (Zetterstedt)

a. 头和前胸（head and pronotum）；b. 腹节Ⅵ-Ⅶ腹片（abdominal sternites Ⅵ-Ⅶ）；c. 腹节Ⅷ-Ⅹ背片（abdominal tergites Ⅷ-Ⅹ）；d. 触角（antenna）；e. 前翅（fore wing）；f. 中、后胸盾片（meso- and metanota）

头部　头长略大于宽。单眼间鬃位于两后单眼间，在两后单眼前缘切线上，眼后鬃 5 对。触角 8 节，全长 317.5，节Ⅲ-Ⅳ感觉锥叉状。口锥几乎伸到前胸腹板后缘。下颚须 3 节，下唇须 1 节。

胸部　前胸宽大于长，后角鬃 2 对，近相等，后缘鬃 3 对。中胸背片布满鱼纹状网纹。后胸背片中部为网纹，两侧为纵纹，前中鬃接近前缘，其后有 1 对无鬃孔。仅中胸腹片内叉骨有刺。前翅前缘鬃 20 根，前脉基部鬃 4+3 根，端鬃 3 根，后脉鬃 8 根，翅瓣前缘鬃 5 根。跗节 2 节。

腹部　腹节背片布满横纹，腹片近两侧有横纹。节Ⅷ后缘梳完整。节Ⅴ-Ⅷ无微弯梳。节Ⅱ腹片后缘鬃 2 对，节Ⅲ-Ⅶ腹片后缘鬃 3 对，节Ⅶ腹片后缘中对鬃和亚中对鬃在后缘之前。

寄主：杂草、鸡冠花。

模式标本保存地：未知。

观察标本：2♀♀，陕西太白山，1956.Ⅶ，周尧采；1♀1♂，陕西秦岭，1987.Ⅶ，冯纪年采自杂草；1♀1♂，陕西嘉舞台，1987.Ⅶ.12，冯纪年采自杂草；1♀，陕西南五台，1987.Ⅶ.21，冯纪年采自杂草；5♀♀，陕西太白山，2002.Ⅶ.15，张桂玲采自杂草。

分布：河南、陕西（秦岭）；朝鲜，日本，挪威，丹麦，芬兰，英格兰，澳大利亚等。

67. 蓟马属 *Thrips* Linnaeus, 1758

Thrips Linnaeus, 1758, *Syst. Nat. 10th ed.*: 343, 457; Bhatti, 1978c, *Orien. Insects*, 12 (2): 195; Bhatti, 1980, *Sys. Ent.*, 5 (2): 112; Han, 1997a, *Economic Insect Fauna of China Fasc.*, 55: 284.

Physapus De Geer: Amyot & Serville, 1843, *Histoire Naturelle des Insectes*: 643.

Thrips (*Thrips*) section *Homopterae* Haliday, 1852, *Walker List Homop. Ins. Brit. Mus.*, 4: 1107, 1108.

Parathrips Karny, 1907, *Berl. Ent. Zeitscher.*, 52: 47.

Achaetothrips Karny, 1908b, *Mitt. Nat. Ver. Univ. Wien*, 6: 111, 113.

Euthrips Targioni-Tozzetti: Hood, 1914b, *Proc. Entomol. Soc. Wash.*, 16: 35.

Isoneurothrips Bagnall, 1915b, *Ann. Mag. Nat. Hist.*, (8) 15: 592.

Isochaetothrips Moulton, 1928d, *Ann. Mag. Nat. Hist.*, 1 (10): 227.

Priesneria Maltbaek, 1928a, *Hader. Kated. Aars.*, 16: 159-184.

Thrips (*Isothrips*) Priesner, 1940, *Bull. Soc. Roy. Entomol. Egy.*, 24: 54.

Priesneria Maltbaed: Priesner, 1949a, *Bull. Soc. Roy. Entomol. Egy.*, 33: 144.

Type species: *Thrips physapus* Linnaeus, designated from four species by Latreille, 1810.

属征：头通常宽于长，有时长于宽。前单眼前鬃（对Ⅰ）缺，前外侧鬃（对Ⅱ）短于或约等于单眼间鬃（对Ⅲ）。眼后鬃呈 1 列。触角 7 节或 8 节，节Ⅰ没有背顶鬃，节Ⅲ、Ⅳ感觉锥叉状。下颚须 3 节。前胸背片每后角有 2 根长鬃。通常有 3-4 对后缘鬃。仅中胸内叉骨有刺。跗节 2 节。翅通常发达，少有短翅型。长翅者翅瓣前缘鬃 5 根，偶有 4 根；前翅前脉鬃有宽的间断或近乎连续排列；后脉鬃较多。腹节Ⅳ或Ⅴ-Ⅷ背片两侧有微弯梳，节Ⅷ的微弯梳位于气孔的后中（内）侧，节Ⅷ后缘梳多样。腹片有或无附属鬃，背侧片有或无附属鬃。雄虫相似于雌虫，节Ⅲ-Ⅶ有圆形或横向腺域。

分布：古北界，东洋界，新北界，非洲界，新热带界，澳洲界。

本属世界记录约 286 种，本志记述 21 种。

种检索表

(206) 葱韭蓟马 *Thrips alliorum* (Priesner, 1935)（图 218）

Taeniothrips alliorum Priesner, 1935b, *Stylops*, 4 (6): 128; Takahashi, 1936, *Philipp. J. Sci.*, 60 (4): 437;
　　Moulton, 1936b, *Proc. Haw. Entomol. Soc.*, 9: 181-188.
Taeniothrips carteri Moulton, 1936b, *Proc. Haw. Entomol. Soc.*, 9: 183.
Thrips alliorum (Priesner): Bhatti, 1978c, *Orien. Insects*, 12 (2): 195; Zhang, 1982, *J. Sou. China Agric.*
　　Univ., 3 (4): 50, 57; Han, 1997a, *Economic Insect Fauna of China Fasc.*, 55: 287.

雌虫：体长约 1.5mm。体粟棕色，触角除节Ⅲ或基部大半暗黄色外，棕色；前翅略黄而微暗；足棕色，但前足胫节（两侧除外），中、后足胫节两端或端部和各足跗节暗黄色；体鬃暗棕而翅鬃暗黄色；腹节Ⅱ-Ⅷ背片前缘线黑棕色。

头部 头宽大于长，眼后有横纹。单眼在复眼间中后部。单眼前侧鬃长 21；单眼间鬃长 40，基部间距 27，在前后单眼中心连线外缘；单眼后鬃距后单眼远；复眼后鬃呈 1 横列。触角 8 节，节Ⅰ-Ⅷ长（宽）分别为：26（34），38（27），61（19），56（19），45（17），58（19），10（8），12（5），总长 306；节Ⅲ长为宽的 3.2 倍；节Ⅲ、Ⅳ叉状感觉锥伸达前节基部，臂长 15-20。口锥长 156，基部宽 162，中部宽 105，端部宽 39。下颚须长：节Ⅰ（基节）15，节Ⅱ 11，节Ⅲ 18。

胸部 前胸宽大于长，背片前后缘有横线纹；背片鬃较少，16-20 根；后侧角 1 根鬃较长；前角鬃长 24；后角外鬃短于内鬃；后缘鬃 3 对。羊齿内端相连。中胸盾片布满横纹，中后鬃离后缘远；前外侧鬃长 22，中后鬃长 15。后胸盾片前中部有几条横纹，其后和两侧有纵纹；前缘鬃距前缘 5；前中鬃距前缘 20。中胸内叉骨刺长 50。前翅长 760，中部宽 57；前缘鬃 23 根；前脉基部鬃 7 根，端鬃 3 根；后脉鬃 12 根；翅瓣前缘鬃 5 根。

腹部 腹节Ⅱ-Ⅷ背片前缘和两侧有横纹。中对鬃约在背片中横线上，无鬃孔在后半部，节Ⅴ-Ⅷ背片两侧的微弯梳模糊，节Ⅴ、Ⅵ的梳几乎不可见。节Ⅴ背片长 109，宽 350；中对鬃间距 73；鬃长：内Ⅰ（中对鬃）10，内Ⅱ 24，内Ⅲ 29，内Ⅳ（后缘上）49，内Ⅴ 39，内Ⅵ（背侧片后缘上）44。鬃Ⅲ-Ⅴ略呈三角形排列。节Ⅵ、Ⅶ背片的鬃Ⅲ退化变小。节Ⅷ背片后缘梳退化，可见少数痕迹。节Ⅸ背片长鬃长：背中鬃 120，中侧鬃 144，侧鬃 154。节Ⅹ背片鬃长 139 和 134。背侧片通常有 1-3 根，偶尔有 0-6 根附属鬃。节Ⅱ腹片有附属鬃 6-8 根，节Ⅲ-Ⅶ有 9-14 根。节Ⅶ腹片中对后缘鬃在后缘之前。

雄虫：短翅型，体色与雌虫基本一致，但体较小，触角较细。前翅长 114，中部宽 57。前缘鬃 8 根，前脉鬃 6 根，后脉鬃 2 根，翅瓣前缘鬃 5 根；后翅亦短。前后翅连锁机构仍存在。腹节Ⅸ背鬃对Ⅰ、Ⅲ在前列，背鬃对Ⅱ、Ⅳ和侧鬃居中列，背鬃对Ⅴ在最后，鬃长：内鬃Ⅰ 24，内鬃Ⅱ 19，内鬃Ⅲ 39，内鬃Ⅳ 15，内鬃Ⅴ 100，内鬃Ⅵ（侧鬃）83。节Ⅲ-Ⅷ腹片附属鬃为 4-8 根。节Ⅴ腹片腺域长 29，宽 105。各节腺域占腹片宽的 0.44-0.48。

寄主：葱、洋葱、韭菜、茴香、蒜苗、萝卜。

模式标本保存地：德国（SMF, Frankfurt）。

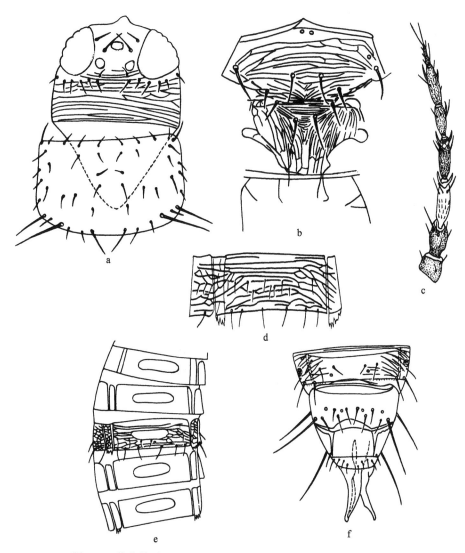

图 218　葱韭蓟马 *Thrips alliorum* (Priesner)（仿韩运发，1997a）

a. 头和前胸（head and pronotum）；b. 中、后胸盾片（meso- and metanota）；c. 触角（antenna）；d. 腹节Ⅴ腹片（abdominal sternite Ⅴ）；e. 雄虫腹节Ⅲ-Ⅶ腹片（male abdominal sternites Ⅲ-Ⅶ）；f. 雄虫腹节Ⅷ-Ⅹ背片（male abdominal tergites Ⅷ-Ⅹ）

观察标本：4♀♀，陕西勉县，1990.Ⅳ.25，赵小蓉采自葱；2♀♀，陕西勉县，1990.Ⅳ.24，赵小蓉采自蒜苗；1♀，陕西勉县，1990.Ⅳ.25，赵小蓉采自萝卜；2♀♀，陕西汉阴，1990.Ⅳ.15，赵小蓉采自葱；8♀♀，陕西绥德，1990.Ⅷ.10，宋彦林采自韭菜；2♀♀，陕西洛川，1990.Ⅷ.11，宋彦林采自韭菜；2♀♀，陕西延安，1990.Ⅷ.8，宋彦林采自韭菜。

分布：辽宁、河北、山东、陕西（勉县、汉阴、绥德、洛川、延安）、宁夏、新疆、江苏、浙江、福建、台湾、广东、海南、广西、贵州；朝鲜，日本，美国夏威夷。

(207) 杜鹃蓟马 *Thrips andrewsi* (Bagnall, 1921)（图219）

Physothrips andrewsi Bagnall, 1921, *Ann. Mag. Nat. Hist.*, (9) 8: 394.

Taeniothrips (*Physothrips*) *andrewsi* (Bagnall): Ramakrishna, 1928, *Mem. Dep. Agr. India Entomol. Ser.*, 10 (7): 256.

Taeniothrips Andrewsi (Banall): Steinweden & Moulton, 1930, *Proc. Nat. Hist. Soc. Fukien Christ. Univ.*, 3: 22.

Taeniothrips ghoshi Bhatti, 1962, *Bull. Entomol. India*, 3: 35.

Thrips andrewsi (Bagnall): Bhatti, 1969a, *Orien. Insects*, 3 (4): 380; Bhatti, 1978c, *Orien. Insects*, 12 (2): 195; Zhang, 1982, *J. Sou. China Agric. Univ.*, 3 (4): 50, 57; Han, 1997a, *J. Sou. China Agric. Univ.*, 3 (4), 55: 289.

雌虫：体长约1.6mm。体暗棕色，包括触角，但触角节Ⅲ黄色，节Ⅳ基部黄或略微黄色，节Ⅴ有较淡的亚基环，常不清晰。前翅灰棕色，但基部1/4较淡。足股节淡棕色，后足股节较暗些；各足胫节暗黄，跗节较胫节淡。体鬃和翅鬃暗。

头部　头宽大于长，两颊较外拱，眼前和眼后有横纹。单眼在复眼间中后部。前单眼前侧鬃长10；单眼间鬃长44，在前单眼后，位于前后单眼外缘连线上；眼后鬃粗细相似，较细；单眼后鬃长17；复眼后鬃呈1横列。触角8节，节Ⅲ-Ⅳ端部稍细缩；节Ⅰ-Ⅷ长（宽）分别为：29（34），39（29），75（22），70（19），49（17），63（17），10（7），22（5），总长357，节Ⅲ长为宽的3.4倍；节Ⅲ、Ⅳ上的叉状感觉锥不长，臂长24。口锥长146，基部宽150，中部宽85，端部宽36。下颚须长：节Ⅰ（基节）19，节Ⅱ 12，节Ⅲ 27。

胸部　前胸宽大于长，背片布满横线纹；有背片鬃30根，后侧有1根较长鬃；前角鬃较长，长27；后角外鬃长于内鬃；后缘鬃3对。中胸盾片布满横线纹；鬃长：前外鬃长44，中后鬃长24，后缘鬃长22；中后鬃离后缘较远。后胸盾片前中部1/3为横纹，其后有少数网纹，两侧为纵纹；前缘鬃在前缘上；前中鬃在前缘上；1对亮孔（钟形感器）在较后部。前翅长1079，中部宽66；翅中部鬃长：前缘鬃58，前脉鬃44，后脉鬃51。前缘鬃30根；前脉基部鬃7根，端鬃3根；后脉鬃14根。

腹部　腹节Ⅱ-Ⅷ背片两侧有横纹，腹片两侧和中部均有横纹。背片节Ⅱ两侧缘纵列鬃4根。背片无鬃孔在后半部，中对鬃在其前内方。节Ⅴ背片长105，宽202；中对鬃间距107；鬃长：内鬃Ⅰ（中对鬃）10，内鬃Ⅱ 15，内鬃Ⅲ 34，内鬃Ⅳ（后缘上）78，内鬃Ⅴ 44，内鬃Ⅵ（背侧片后缘上）58。节Ⅵ和节Ⅶ鬃Ⅲ退化变小。节Ⅷ背片后缘梳完整，毛短，仅两侧缘缺。节IX背片鬃长 124 和 112。节 X 背片鬃长 122。背侧片无附属鬃。腹片附属鬃数目：节 II　3，节III-VII 11-17 根；长短和排列不甚规则。节VII腹片中对后缘鬃着生在后缘之前。

　　雄虫：长翅型。体较小，黄色，包括足。触角节 I -III淡黄色，节IV和节 V 端部 1/3 灰色，节VI常在基部 1/4-1/3 淡，节VI-VIII灰暗，节 V 和节VI各有 1 暗基环。长鬃暗。触角 8 节，节III-VI长（宽）分别为：69（17），59（17），46（16），60（18）。腹节VIII后缘无梳，仅中部有少数（5 根）微毛。各节腺域宽（长）为 66-89（14-16）。

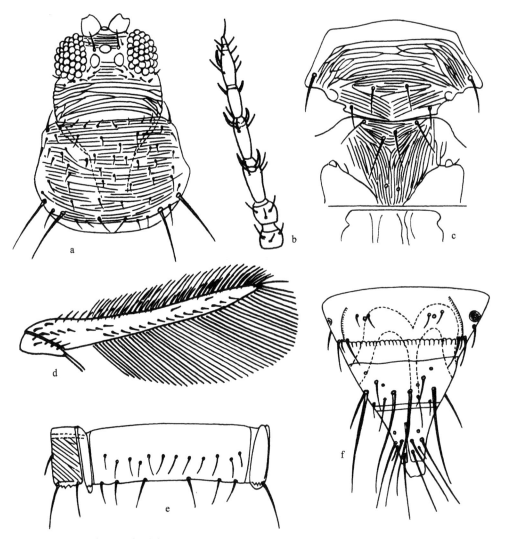

图 219　杜鹃蓟马 *Thrips andrewsi* (Bagnall)（仿韩运发，1997a）

a. 头和前胸（head and pronotum）；b. 触角（antenna）；c. 中、后胸盾片（meso- and metanota）；d. 前翅（fore wing）；e. 雌虫腹节 V 腹片（female abdominal sternite V）；f. 雌虫腹节VIII- X 背片（female abdominal tergites VIII- X）

　　寄主：茶、咖啡、菊科植物、柳、羊耳朵树、柑橘、桉树、茉莉花、唇形科植物、玉兰、油菜、美人蕉、大荔花、杂草。

模式标本保存地：英国（BMNH，London）。

观察标本：1♀，海南那大，1963.Ⅳ.5，周尧采自桉树；1♀，云南景洪，1987.Ⅹ.15，冯纪年采自茉莉花；1♀，陕西五台山，1987.Ⅶ.21，冯纪年采自唇形花；1♀，陕西杨陵，1998.Ⅷ.18，冯纪年采自玉兰；1♀，湖北神农架红坪，2001.Ⅶ.27，张桂玲采自油菜花；1♀，西北农林科技大学校园，2001.Ⅹ.2，张桂玲采自美人蕉；1♀，广西花坪，2000.Ⅷ.30，沙忠利采自大荔花；1♀，广西大瑶山，2000.Ⅷ.7，沙忠利采自杂草；1♀，河南内乡宝天曼，1998.Ⅶ.14，张建民采自花。

分布：河南（内乡宝天曼）、陕西（五台山、杨陵）、江苏、浙江、湖北（神农架红坪）、湖南、广东、海南（那大）、广西（花坪、大瑶山）、四川、云南（景洪）；日本、印度。

(208) 黑蓟马 *Thrips atratus* Haliday, 1836（图 220）

Thrips atratus Haliday, 1836, *Ent. Mag.*, 3: 447; Mound *et al.*, 1976, *Handb. Ident. Brit. Ins.*, 1 (11): 5, 46. figs. 164, 220, 227; Bhatti, 1978c, *Orien. Insects*, 12 (2): 195; Han, 1997a, *Economic Insect Fauna of China Fasc.*, 55: 290-291.

Physapus atratus (Haliday): Amyot & Serville, 1843, *Histoire Naturelle des Insectes*: 643.

Euthrips atrata (Haliday): Karny, 1907, *Berl. Ent. Zeitscher.*, 52: 45.

Taeniothrips atratus (Haliday): Priesner, 1920, *Jahr. Ober. Mus. Fran. Car.*, 78: 55, 62.

雌虫：体长 1.4mm。体黑棕色，包括触角、足，但触角节Ⅲ的梗淡，节Ⅳ和节Ⅴ有 1 个亚基淡环；前足胫节（边缘除外）、各足跗节略淡，为淡灰棕色。前翅棕色，但基部约 1/5 较淡。体鬃和翅鬃暗。

头部　头宽大于长，两颊拱，眼后有横纹。复眼长 73。单眼在复眼间中部。前单眼前侧鬃长 20；单眼间鬃长 49，在前单眼后外侧，位于前后单眼外缘连线上；后单眼后鬃距后单眼甚远，在复眼后鬃内Ⅰ之后，与其他复眼后鬃呈 1 横列。触角 8 节，节Ⅰ-Ⅷ长（宽）分别为：24（32），44（27），73（24），61（22），44（17），63（19），10（10），17（7），总长 336；节Ⅲ长为宽的 3.04 倍；节Ⅲ、Ⅳ叉状感觉锥臂长 32。口锥长 122，基部宽 122，中部宽 85，端部宽 37。下颚须长：节Ⅰ 15，节Ⅱ 10，节Ⅲ 19。

胸部　前胸宽大于长，背片布满弱横线纹，中部线纹很弱，几乎不可见；背片鬃 20 根，后外侧有 1 根较长，后角外鬃长 100，内鬃长 102；后缘鬃 3 对。中胸盾片布满横纹，中后鬃离后缘远；鬃长：前外侧鬃 24，中后鬃 29，后缘鬃 19。后胸盾片前中部约有 4 条横纹，其后和两侧为密纵线纹；1 对亮孔（钟形感器）在后部；前缘鬃在前缘上；前中鬃距前缘 4-10。前翅长 977，中部宽 61；翅中部鬃长：前缘鬃很长，为 90，前脉鬃 63，后脉鬃 71。前缘鬃 29 根；前脉基部鬃 7 根，端鬃 8 根；后脉鬃 13 根。

腹部　腹节Ⅱ-Ⅷ背片前缘和两侧有横线纹，而腹片全部有横纹。中对鬃约在背片横中线上，无鬃孔在后半部。节Ⅴ背片长 118，宽 365；中对鬃间距 74；鬃长：内鬃Ⅰ（中对鬃）18，内鬃Ⅱ和内鬃Ⅲ均 29，内鬃Ⅳ（后缘上）58，内鬃Ⅴ 55，内鬃Ⅵ（背侧片后缘上）73。节Ⅵ和节Ⅶ的鬃Ⅲ退化，很小。节Ⅱ背片侧缘纵列鬃 3 根。节Ⅱ-Ⅶ背侧片各有附属鬃 2-4 根。节Ⅷ背片后缘梳细小，中部和两侧有小的间断。节Ⅸ背片鬃长：背中鬃 131，中侧鬃 148，侧鬃 160。节Ⅹ脊片鬃长：脊中段 131，中侧鬃 148，侧鬃 160。节Ⅱ腹片附属鬃 2 根，其他节各有 12-20 根，较细长，排列不甚规则，有时呈现 2 排。节Ⅶ中对后缘鬃在后缘之前。

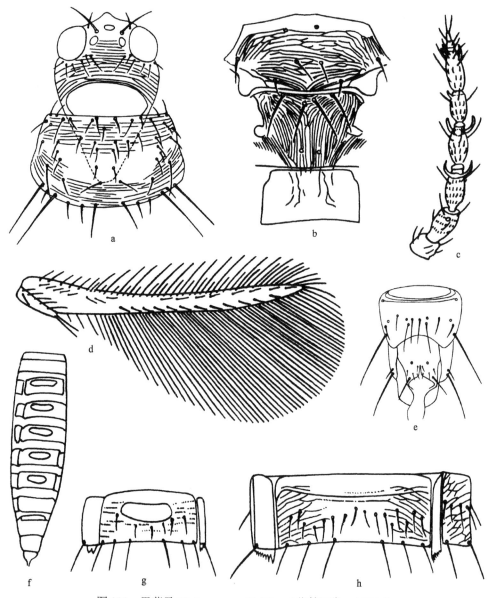

图 220　黑蓟马 *Thrips atratus* Haliday（仿韩运发，1997a）

a. 头和前胸（head and pronotum）; b. 中、后胸盾片（meso- and metanota）; c. 触角（antenna）; d. 前翅（fore wing）; e. 雄虫腹节Ⅸ-Ⅹ背片（male abdominal tergites Ⅸ-Ⅹ）; f. 雄虫腹节Ⅱ-Ⅹ腹片（male abdominal sternites Ⅱ-Ⅹ）; g. 雄虫腹节Ⅴ腹片（male abdominal sternite Ⅴ）; h. 雌虫腹节Ⅴ腹片（female abdominal sternite Ⅴ）

雄虫：体色，包括触角、翅和足与雌虫基本一致，唯触角节Ⅲ略淡。体较细。腹节Ⅸ背片鬃内Ⅰ、Ⅲ、Ⅵ和侧鬃在前，内Ⅱ居中，内Ⅳ、Ⅴ在最后；鬃长：内Ⅰ 34，内Ⅱ 34，内Ⅲ 24，内Ⅳ 12，内Ⅴ 85，内Ⅵ 34，侧鬃 80。腹片后缘鬃（包括节Ⅶ和节Ⅷ的）均着生在后缘上。节Ⅴ腹片腺域长 19，宽 73；各腺域占腹片宽的 0.45-0.68。

寄主：美女樱、杂草。

模式标本保存地：英国（BMNH，London）。

观察标本：6♀♀，陕西太白山，2002.Ⅶ.13，张桂玲采自杂草。

分布：陕西（太白山）、新疆；俄罗斯，蒙古，朝鲜，土耳其，塞浦路斯，立陶宛，格鲁吉亚，乌克兰，爱沙尼亚，匈牙利，前南斯拉夫，罗马尼亚，捷克，斯洛伐克，波兰，阿尔巴尼亚，希腊，亚速尔群岛（葡），西班牙，意大利，瑞士，法国，荷兰，奥地利，德国，丹麦，瑞典，芬兰，英国，美国，加拿大。

(209) 短角蓟马 *Thrips brevicornis* Priesner, 1920（图 221）

Thrips flavus var. *brevicornis* Priesner, 1920, *Jahr. Ober. Mus. Fran. Car.*, 78: 59.

Thrips flavus f. *brevicornis* Priesner, 1925, *Konowia*, 4 (3-4): 150.

Thrips flavus subsp. *brevicornis* Priesner: Djadetshko, 1964, *Tripsy Bachrom. Nasekom. Evrop. SSSR*: 266.

Thrips brevicornis Priesner: Mound *et al.*, 1976, *Handb. Ident. Brit. Ins.*, 1 (11): 5, 53; Han, 1997a, *Economic Insect Fauna of China Fasc.*, 55: 292.

雌虫：体长 1.3mm。体黄色，包括足和翅，但触角节Ⅳ和节Ⅴ（基部略淡除外）、Ⅵ、Ⅶ棕色。体鬃较暗。

头部 头宽大于长。眼后有横纹。复眼长 59μm。前单眼前外侧鬃长 13；单眼间鬃长 23，间距 31，位于前单眼后外侧，在单眼间三角形外缘连线之外。单眼后鬃长 23，复眼后鬃大致呈 1 横列。触角 7 节，节Ⅰ-Ⅶ长（宽）分别为：21（28），34（25），56（24），51（19），42（18），55（18），18（6），总长 277，节Ⅲ长为宽的 2.3 倍。节Ⅲ、Ⅳ叉状感觉锥长分别为 18 和 23。口锥端部窄圆，长 105，基部宽 103，中部宽 77，端部宽 38。

胸部 前胸宽大于长。背片仅边缘有些线纹。后角内鬃长于外鬃；后缘鬃 3 对，背片鬃约 32 根。中胸前外侧鬃长 23，中后鬃长 20，后缘鬃长 18。后胸盾片前中部有 4-5 条横线纹，其后及两侧为较密纵线纹；前缘鬃在前缘上；前中鬃距前缘 18，小于与前缘鬃的间距；有细孔 1 对。前翅长 739，中部宽 54。前缘鬃 28 根；前脉基部鬃 4+4 根，端鬃 3 根；后脉鬃 16 根，翅瓣前缘鬃 5 根。

腹部 腹节背片两侧有弱线纹。节Ⅱ背片侧缘纵列鬃 4 根。节Ⅴ-Ⅷ背片两侧微弯梳清晰。节Ⅴ背片长 92，各鬃长：中对鬃（内鬃Ⅰ）12，亚中对鬃（内鬃Ⅱ）19，Ⅲ 33，Ⅳ 58，Ⅴ 41，节Ⅲ背片内鬃Ⅱ长 25，内鬃Ⅲ长 33，节Ⅳ背片内鬃Ⅱ长 25，内鬃Ⅲ长 35，内鬃Ⅱ短于且细于内鬃Ⅲ。节Ⅷ背片后缘梳完整。节Ⅸ背片长 77，后缘长鬃长：背中鬃 84，中侧鬃和侧鬃长 124，腹片无附属鬃。

寄主：沙参、桃树、山柳、草豌豆、南瓜花、葱、芹菜、番茄、豆科植物、菊科植物、蒜苗、萝卜、芍药、杂草、鼠李。

　　模式标本保存地：未知。

　　观察标本：8♀♀，甘肃天水，1995.Ⅷ.17，郭宏伟采自沙参、南瓜花；6♀♀1♂，陕西延安、黄龙，1990.Ⅷ，宋彦林采自桃、葱、芹菜等；2♀♀，陕西绥德、洛川，1990.Ⅷ.9，宋彦林采自番茄和豆科植物；3♀♀，陕西凤县酒奠梁，1988.Ⅶ.17，冯纪年采自菊科植物；2♀♀，陕西勉县、汉中，1994.Ⅳ.24，冯纪年采自蒜苗、萝卜；1♀，山东泰安，1988.Ⅶ.30，冯纪年采自芍药；1♀，河南鸡公山，1997.Ⅶ.12，冯纪年采自杂草；1♀，广西大瑶山，2000.Ⅸ.12，沙忠利采自杂草。

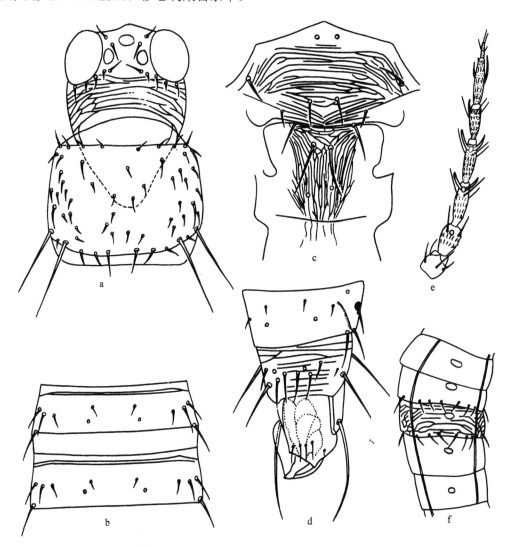

图 221　短角蓟马 *Thrips brevicornis* Priesner（仿韩运发，1997a）

a. 头和前胸（head and pronotum）；b. 腹节Ⅲ-Ⅳ背片（abdominal tergites Ⅲ-Ⅳ）；c. 中、后胸盾片（meso- and metanota）；
d. 雄虫腹节Ⅷ-Ⅹ（male abdominal tergites Ⅷ-Ⅹ）；e. 触角（antenna）；f. 雄虫腹节Ⅲ-Ⅶ腹片（male abdominal sternites Ⅲ-Ⅶ）

分布：山东（泰安）、河南（鸡公山）、陕西（延安、黄龙、凤县酒奠梁、勉县、汉中）、甘肃（天水）、广西（大瑶山）、四川（泸定）、云南（中甸）；苏联，蒙古，罗马尼亚，匈牙利，奥地利，德国，英国，芬兰。

(210) 色蓟马 *Thrips coloratus* Schmutz, 1913（图 222）

Thrips coloratus Schmutz, 1913, *Sitz. Akad. Wiss.*, 122 (7): 1002, 1013; Mound, 1968, *Bull. Brit. Mus. (Nat. Hist.) Entomol. Suppl.*, 11: 54, 62; Zhang, 1982, *J. Sou. China Agric. Univ.*, 3 (4): 48, 57; Miyazaki & Kudô, 1988, *Misc. Publ. Nat. Inst. Agr. Sci.*, 3: 132; Han, 1997a, *Economic Insect Fauna of China Fasc.*, 55: 294.

Thrips japonicaus Bagnall, 1914b, *Ann. Mag. Nat. Hist.*, (8) 13: 288.

Thrips japonicaus Bagnall: Karny, 1925 = *Thrips* (*Thrips*) *melastomae* Priesner.

Thrips melanurus Bagnall, 1926b, *Ann. Mag. Nat. Hist.*, (9) 18: 111.

雌虫：体长 1.2mm。体橙黄色，包括足，但后胸小盾片、腹部背片中部灰棕色，末两节全暗棕色，连成 1 条暗纵带。触角节 I-III 及节 IV 基部黄色，其余部分灰棕色。前翅灰黄色，但基部约 1/4 较淡。体鬃和翅鬃暗棕色。腹节 II-VIII 背片前缘线暗。

头部　头宽大于长，背面布满横纹。单眼位于复眼间中后部。前单眼前侧鬃长 15，较细；单眼间鬃长 29，较粗，位于前后单眼外缘连线之外；单眼后鬃距后单眼近，大小如单眼间鬃，长 29；复眼后鬃较细小，围眼排列成单行。触角 7 节，节III-IV端部略细缩；节 I-VII长（宽）分别为：24（28），32（24），49（17），44（16），37（15），53（16），14（5），总长 253；节III长为宽的 2.9 倍；节III、IV 叉状感觉锥臂长 16。口锥长 124，基部宽 134，中部宽 84，端部宽 34。下颚须长：节 I（基节）17，节 II 10，节III 22。

胸部　前胸明显宽大于长，背片布满横纹，但后部两侧有光滑区；背片鬃较多，约 36 根；后外侧有 1 根鬃较粗而长；后角外鬃长 50，内鬃长 54；后缘鬃 3 对，均较粗但不长。中胸盾片布满横纹；鬃较粗短，中后鬃距后缘远；前外侧鬃长 32，中后鬃长 17，后缘鬃长 17。后胸盾片前中部有几条密排横纹，其后有几个横、纵网纹，两侧为密纵纹；1 对亮孔（钟形感器）在后部；前缘鬃较粗，在前缘上；前中鬃较粗，距前缘 12。前翅长 670，中部宽 44；翅鬃较粗短，翅中部鬃长：前缘鬃 40，前脉鬃 33，后脉鬃 35。前缘鬃 27 根；前脉基部鬃 7 根，端鬃 3 根；后脉鬃 13 根。

腹部　腹节 II-VIII背片中对鬃两侧有横纹，腹片中部和两侧均有横纹。节 II 背片侧缘纵列鬃 4 根。无鬃孔在背片后半部，中对鬃在前半部，位于无鬃孔的前内方。节 V 背片长 72，宽 265；中对鬃间距 63；鬃长：内 I 鬃（中对鬃）7，II 17，III 30，IV（后缘上）41，V 32，VI（背侧片后缘上）29，节 VI 和节 VII鬃III退化变小。节VIII背片后缘梳完整，梳毛细。背侧片无附属鬃。腹片附属鬃细而长，各节数目：节 II 2 根，节III-VIII 13-16 根。节VII腹片中对后缘鬃在后缘上。

雄虫：比雌虫小。体色相似于雌虫，但腹部暗斑消失，翅色淡。触角节VI端部 1/4、节 V 端部、节 VI 端部 2/3 和节 VII棕色。体鬃和翅鬃棕色。节III-VII腹片在前缘有近似哑铃形的腺域，其宽度占腹片宽度的 0.3-0.4。节 V 的腺域中部长 5，两端长 7，宽 58。节IX

背片鬃Ⅲ、Ⅵ及侧鬃的在前列，Ⅰ、Ⅱ、Ⅳ居中列，Ⅴ在最后；Ⅳ很细小，鬃长：Ⅰ和Ⅱ均32，Ⅲ 19，Ⅳ 10，Ⅴ 63，Ⅵ 34，侧鬃44。

　　寄主：水稻、竹、柚、柑橘、枇杷、杧果、大叶桉、大叶桃、咖啡、猕猴桃、油茶、山茶、茶、油桐、桂花、苦瓜、百日花、柏、夜来香、十字花科植物、细叶桉、钩藤、珍珠梅、苦楝、西蜀山柳、金合欢、蔷薇。

　　模式标本保存地：英国（BMNH，London）。

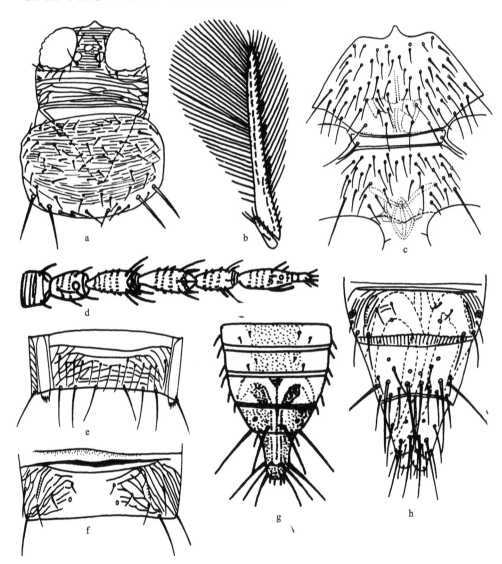

图 222　色蓟马 *Thrips coloratus* Schmutz（仿韩运发，1997a）

a. 头和前胸（head and pronotum）；b. 前翅（fore wing）；c. 中、后胸腹片（meso- and metasterna）；d. 触角（antenna）；e. 腹节Ⅴ腹片（abdominal sternite Ⅴ）；f. 腹节Ⅴ背片（abdominal tergite Ⅴ）；g. 雌虫腹节Ⅵ-Ⅹ背片（female abdominal tergites Ⅵ-Ⅹ）；h. 雌虫腹节Ⅷ-Ⅹ背片（female abdominal tergites Ⅷ-Ⅹ）

观察标本：2♀♀，广西金秀，2000.IX.6，沙忠利采自杂草；1♀，广西花坪，2000.
VIII.24，沙忠利采自杂草；1♀，宁陕火地塘，2000.VII.21，沙忠利采自杂草；1♀，华南农
大校园，2000.X.12，沙忠利采自禾本科杂草；1♀，西北农林科技大学校园，1987.V.8，
冯纪年采自杂草；2♀♀，贵州贵阳，1986.VI.11，冯纪年采自蔷薇。

分布：河南（信阳）、陕西（杨陵、宁陕火地塘）、浙江、湖北、江西、湖南、台湾、
广东（广州）、海南、广西（金秀、花坪）、四川、贵州（贵阳）、云南、西藏（察雅）；
朝鲜，日本，巴基斯坦，印度，尼泊尔，斯里兰卡，印度尼西亚，巴布亚新几内亚，澳
大利亚。

(211) 八节黄蓟马 *Thrips flavidulus* (Bagnall, 1923)（图 223）

Physothrips flavidulus Bagnall, 1923a, *Ann. Mag. Nat. Hist.*, (9) 12: 628.

Taeniothrips (*Physothrips*) *flavidulus* (Bagnall): Ramakrishna, 1928, *Mem. Dep. Agr. India Entomol. Ser.*, 10 (7): 256.

Taeniothrips flavidulus (Bagnall): Steinweden, 1933, *Trans. Amer. Entomol. Soc.*, 59: 282; Mound, 1968, *Bull. Brit. Mus.* (*Nat. Hist.*) *Entomol. Suppl.*, 11: 54, 56.

Thrips flavidulus (Bagnall): Jacot-Guillarmod, 1975, *Ann. Cape Prov. Mus.* (*Nat. Hist.*), 7 (4): 1114; Bhatti, 1980, *Sys. Ent.*, 5 (2): 132, figs. 80-83; Zhang, 1982, *J. Sou. China Agric. Univ.*, 3 (4): 49, 56; Han, 1997a, *Economic Insect Fauna of China Fasc.*, 55: 296.

雌虫：体长 1.4mm。体黄色，包括触角、翅和足，但触角节III-V端半部、节IV-VIII
暗黄棕色，长体鬃和翅鬃烟棕色。腹节II-VIII背片前缘线色较深。

头部　头宽大于长，头前部中央略向前延伸，后部横纹重于前部，颊略外拱。复眼长
69。单眼呈扁三角形排列于复眼间后部。前单眼前外侧鬃长 15；单眼间鬃长 19，在前单
眼后外缘，位于前后单眼内缘或中心连线上；单眼后鬃距后单眼近；复眼后鬃围眼呈单
行排列于复眼后缘。触角 8 节，节III-IV端部稍缩细，节VII、VIII很小，两者界限常不清晰；
节I-VIII长（宽）分别为：24（28），30（24），61（18），60（18），39（16），59（17），
6（6），9（5），总长288；节III长为宽的 3.39 倍；节III、IV叉状感觉锥伸达前节基部，
臂长 24。口锥长 116，基部宽 150，中部宽 82，端部宽 36。下颚须长：节I（基节）18，
节II 12，节III 22。

胸部　前胸宽大于长，背片布满横纹，但两侧有光滑区；背片鬃较多，边缘鬃除外，
有鬃约 40 根；前外侧有 2 根鬃较暗，粗且长，后外侧有 1 根鬃较暗，粗且长，其他背片
鬃较细；前角鬃长 23，后角外鬃长 71，内鬃长 74；后缘鬃 3 对，内对粗而长。中胸盾
片布满横纹；前外侧鬃显著粗而长，长 38，后中鬃距后缘远，长 26，后缘鬃长 21。后
胸盾片前中部有几条短横纹，其后为网纹，两侧为纵纹；1 对亮孔（钟形感器）的后部
相互靠近，很小；前缘鬃在前缘上；前中鬃长 47，距前缘 19。前翅长 833，中部宽 61，
翅中部鬃长：前缘鬃45，前脉鬃38，后脉鬃47。前缘鬃24 根；前脉基部鬃 7 根，端鬃
3 根；后脉鬃16 根。

腹部　腹节II-VIII背片两侧有横纹，而腹片两侧和中部均有横纹。节V-VIII背片两侧微

弯梳长而清晰。节Ⅱ背片侧缘纵列鬃 4 根。无鬃孔在背片后半部，中对鬃在背片中横线上，位于无鬃孔前内方。节Ⅴ背片长 94，宽 335；中对鬃间距 58；鬃长：内Ⅰ鬃（中对鬃）12，Ⅱ 17，Ⅲ 24，Ⅳ（后缘上）53，Ⅴ 35，Ⅵ（背侧片后缘上）54。节Ⅵ-Ⅶ背片鬃Ⅲ退化变小。节Ⅷ背片后缘梳完整，梳毛细。节Ⅸ背鬃长：背中鬃 82，中侧鬃 111，侧鬃 104。节Ⅹ背鬃长 108 和 100。背侧片和腹片均无附属鬃。节Ⅶ腹片中对后缘鬃着生在后缘之前。

　　雄虫：较雌虫细小而色淡，黄白色，唯触角节Ⅲ-Ⅳ端半部、节Ⅴ端部、节Ⅵ端部大半及节Ⅷ、Ⅷ较灰暗，长体鬃和翅鬃较暗。腹节Ⅱ背片侧缘纵列鬃 4 根，但前面 1 根很小。腹节Ⅸ背片内鬃Ⅲ在前，内鬃Ⅰ居中，其他在后；鬃长：内Ⅰ 36，内Ⅱ 39，内Ⅲ 20，内Ⅳ（很细）8，内Ⅴ 68，内Ⅵ 34，侧鬃 49。腹片横腺域的前部不清晰，易被忽视；节Ⅴ腹片腺域长 7，宽 59；节Ⅲ-Ⅴ腺域宽度和占腹片宽度比例为：节Ⅲ腺宽 49，占 0.3，节Ⅳ 58，占 0.38，节Ⅴ 56，占 0.38，节Ⅵ-Ⅷ缺。

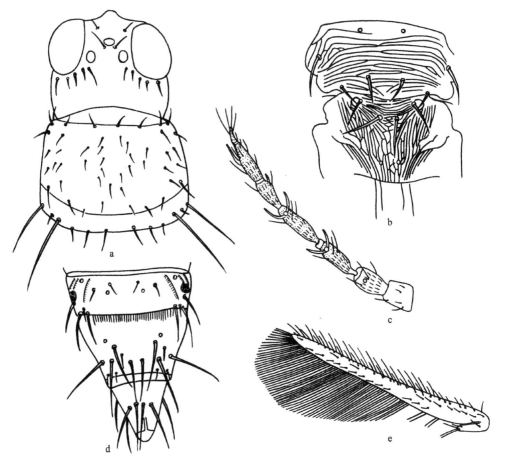

图 223　八节黄蓟马 *Thrips flavidulus* (Bagnall)（仿韩运发，1997a）

a. 头和前胸（head and pronotum）；b. 中、后胸盾片（meso- and metanota）；c. 触角（antenna）；d. 雌虫腹节Ⅷ-Ⅹ背片（female abdominal tergites Ⅷ-Ⅹ）；e. 前翅（fore wing）

寄主：桃、李、野杜梨、苹果、月季、牡丹、珍珠梅、蔷薇、白刺花、山梅花、油菜、白菜、小麦、青稞、茭白、芒属植物、牵牛花、向日葵、黄花蒿、绿绒蒿、刺儿菜、绣线菊、三桠绣线菊、飞廉、金菊、万寿菊、棉花、蜀葵、葱、洋葱、胡萝卜、芹菜、菠菜、广柑、橘、橙、柠檬、蚕豆、洋槐、紫花苜蓿、紫云英、猪屎豆、龙爪槐、三叶豆、中国槐、苕子、胡枝子、匈牙利白花羽扁豆、茶、山茶、南瓜、滇丁香、瑞香、大头草、羽裂蟹甲草、玉兰、夏枯草、六甲、石榴、白楸、茜草、石斑木、加拿大蓬、高脚罗伞、黄柳、海南粗丝木、山芝麻、棕叶芦、山指甲、黄花木、小旋花、野地黄、皂角、野葡萄、土豆、黄芪、松、桧柏、龙柏、白花碎米荠、紫花柴胡、木兰、小花溲疏、鸢尾、杜鹃、香樟、光叶楠、海桐、含羞草、菝葜、青栲槭、野茉莉、日照花、夜来香、猕猴桃、咖啡、金合欢、厚朴、西蜀山柳、杍果、三叶草、偃伏红瑞木、梅氏萱草、茈、高加索薄荷、迎春花、云南苦草、三叉苦、凤凰木、马尾松、文冠果、紫荆、木莲、油橄榄、苦楝、马铃薯、刺玖。

模式标本保存地：英国（BMNH，London）。

观察标本：20♀♀，河南西峡县黄石庵林场，1998.VII.17/18，张建民采自花；5♀♀，河南内乡宝天曼，1998.VII.15，张建民采自花；14♀♀，河南鸡公山，1997.VII.12，冯纪年采自杂草；1♀，陕西安康，1986.V.15，冯纪年采自刺玖；1♀，陕西安康，1994.IV.9，冯纪年采自萝卜；1♀，陕西汉中，1994.IV.22，冯纪年采自蚕豆；1♀，甘肃天水，1995.VII.25，郭宏伟采自马铃薯。

分布：辽宁、河北、山东、河南（西峡县黄石庵林场、内乡宝天曼、鸡公山）、陕西（安康、汉中）、宁夏、甘肃（天水）、江苏、浙江、湖北、江西、湖南、福建、台湾、广东、海南、广西、四川（康定）、贵州、云南（保山、丽江）、西藏（墨脱、昌都、樟木、波密）；朝鲜，日本，印度，尼泊尔，斯里兰卡，东南亚。

(212) 黄蓟马 *Thrips flavus* Schrank, 1776（图 224）

Thrips flavus Schrank, 1776, *Beyt. Zur Nat.*: 31, pl. 1, figs. 25, 26; Bagnall, 1916a, *Ann. Mag. Nat. Hist.*, (8) 17: 402; Zhang, 1982, *J. Sou. China Agric. Univ.*, 3 (4): 49, 56; Han, 1997a, *Economic Insect Fauna of China Fasc.*, 55: 298.

Physothrips flavus Bagnall, 1916a, *Ann. Mag. Nat. Hist.*, (8) 17: 399.

Thrips flavus var. *kyotoi* Moulton, 1928b, *Ann. Zool. Jap.*, 11 (4): 302, 327.

Thrips clarus Moulton, 1928a, *Trans. Nat. Hist. Soc. Formosa*, 18 (98): 294.

Taeniothrips sulfuratus Priesner, 1935a, *Philipp. J. Sci.*, 57 (3): 358.

Thrips flavus f. *biarticulata* Priesner, 1935a, *Philipp. J. Sci.*, 57 (3): 358 (footnote) (same as *Physothrips flavus* Bagnall).

Thrips flavus f. *lutea* (*biarticulata* Priesner) (Oettingen): Priesner, 1938c, *Treubia*, 16 (4): 526.

Taeniothrips rhopalantennalis Shumsher Singh, 1946, *Indian J. Entomol.*, 7: 166, 168, 181.

雌虫：体长 1.1mm。体黄色，包括足、触角和翅，但触角节III-V端部大半部较暗，节VI-VII暗棕色；腹节II-VIII前缘线较暗；体鬃和翅鬃暗棕色。

头部 头宽大于长，两颊略外拱，眼前后有横纹。复眼较突出。前单眼前侧鬃长14；

单眼间鬃长 20，位于前后单眼中心连线上；单眼后鬃距后单眼近，约长如单眼间鬃；复眼后鬃围眼呈单行排列于复眼后缘。触角 7 节，节Ⅲ-Ⅳ端部稍细缩；节Ⅰ-Ⅶ长（宽）分别为：27（29），27（27），56（19），54（19），41（17），56（17），15（7），总长 276；节Ⅲ长为宽的 2.95 倍；节Ⅲ、Ⅳ叉状感觉锥伸达前节基部，臂长 24。口锥长 116，基部宽 121，中部宽 87，端部宽 48。下颚须长：节Ⅰ（基节）12，节Ⅱ 7，节Ⅲ 15。

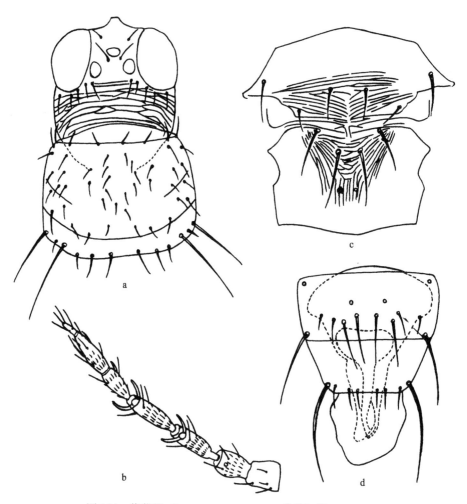

图 224 黄蓟马 *Thrips flavus* Schrank（仿韩运发，1997a）

a. 头和前胸（head and pronotum）；b. 触角（antenna）；c. 中、后胸盾片（meso- and metanota）；d. 雄虫腹节Ⅷ-Ⅹ背片（male abdominal tergites Ⅷ-Ⅹ）

胸部 前胸宽大于长，背片布满横线纹，但中部较弱，背片鬃约 30 根，前外侧有 1 根鬃较粗，长 22，后外侧有 1 根鬃较粗而长，前角鬃长 24，后角外鬃长 82，内鬃长 82，后缘 3 对。羊齿内端接触。中胸盾片前中部为横纹；前外侧鬃显著粗而长，长 39；中后鬃距后缘远，长 24；后缘鬃长 22。后胸盾片前中部为横纹，其后和两侧为纵纹；1 对亮孔（钟形感器）在后部，互相间距小；前缘鬃在前缘上；前中鬃距前缘 17。前翅长 899，中部宽 51；翅中部鬃长：前缘鬃 66，前脉鬃 49，后脉鬃 68。前缘鬃 28 根；前脉基部鬃 7 根，端鬃 3 根；后脉鬃 14 根。

腹部　腹节 II-VIII背片两侧有横纹，腹片两侧和中部均有横纹。节 II背片侧缘纵列鬃 4 根。节 II-IV背片鬃 II比鬃III短而细，鬃 II、III长：节 II鬃 II长 24，鬃III长 34；节III分别为 24 和 39，节IV分别为 17 和 34。无鬃孔在背片后半部，中对鬃在背片前半部，位于无鬃孔前内方。中对鬃自节 VI向后渐长。节 V背片长 92，宽 267；中对鬃间距 78，鬃长：内 I鬃（中对鬃）12，II 16，III 32，IV（后缘上）64，V 49，VI（背侧片后缘上）63。节 VI和节 VII的鬃III退化变小。节 VIII背片后缘梳完整，梳毛细。节 IX背鬃长：背中鬃 85，中侧鬃 109，侧鬃 117；节 X背鬃长 109 和 107。

雄虫：相似于雌虫，但较小而淡黄。腹节 VIII背片后缘梳缺。腹片节III-VII有横腺域，长 9-11，宽度：节III 56，节IV 59，节 V 52，节 VI 50，节 VII 38。

寄主：珍珠梅、蔷薇、车轮梅、油菜、甘蓝、麦类、水稻、棉花、节瓜、西瓜、茄、烟草、洋紫荆、葎草、紫花苜蓿、大豆、老叶石柄、柏、小百合、枣、猕猴桃、马尾松、柑橘、茉莉、木兰、琼木蓝、海桐、菝葜、刺槐、青柞槭、山楂、绣线菊。

模式标本保存地：英国（BMNH, London）。

观察标本：1♀，陕西南五台，1987.V.22，冯纪年采自绣线菊；1♀，河南鸡公山，1997.VII.15，冯纪年采自杂草；9♀♀，河南内乡宝天曼，1998.VII.15，张建民采自花；1♀，陕西秦岭，1962.VIII.6，李法圣采。

分布：河北、河南（鸡公山、内乡宝天曼）、陕西（秦岭、南五台）、江苏、浙江、湖北、湖南、福建、台湾、广东、海南、广西、贵州、云南；朝鲜，日本，亚洲，欧洲，北美洲，亚速尔群岛（葡），马德拉群岛（葡），马拉维（非洲）。

(213)　台湾蓟马 *Thrips formosanus* Priesner, 1934（图 225）

Thrips formosanus Priesner, 1934, *Nat. Tijd. Ned.-Indië*, 94 (3): 283, 290; Takahashi, 1936, *Philipp. J. Sci.*, 60 (4): 437; zur Strassen, 1976, *Sen. Giana Biol.*, 57 (1/3): 59; Zhang, 1982, *J. Sou. China Agric. Univ.*, 3 (4): 50, 57; Han, 1997a, *Economic Insect Fauna of China Fasc.*, 55: 300.

雌虫：体长约 1.5mm。体棕色至暗棕色，包括触角、足和前翅，但触角III灰黄色，股、胫节端部淡，翅基部略微淡；体鬃和翅鬃暗棕色；腹部背片前缘线色不深。

头部　头宽大于长，眼后横纹多。前单眼前侧鬃长 17；单眼间鬃长 27，位于前单眼后外侧的前后单眼外缘连线上；单眼后鬃在复眼后鬃之前，共同围眼呈弧形排列。触角 7 节，节 VI不密生刚毛，仅有 10 根；节III和节IV端部稍细缩，不细缩如瓶颈；叉状感觉锥不很长，长约 25，不长于该节长的一半；节 I-VII长（宽）分别为：24（29），40（22），51（19），53（19），39（17），53（18），17（7），总长 287；节III长为宽的 3.21 倍。口锥长 105。下颚须长：节 I 20，节 II 15，节III 25。

胸部　前胸宽大于长，背片线纹少；鬃少，约 20 根，近前外侧角有 2 对、近后侧角有 1 对较长鬃，其他背片鬃较小；后角外鬃长 65，内鬃长 64；后缘鬃 3 对。中胸盾片中后鬃远离后缘，鬃长：前外侧鬃 27，中后鬃 22，后缘鬃 19。后胸盾片前中部有几条横纹，其后和两侧为纵纹；两对鬃和中胸盾片鬃粗细相似；前缘鬃在前缘上；前中鬃距前缘 19；1 对细孔在后部。前翅长约 920，中部宽 56；翅中部鬃长：前缘鬃 56，前脉鬃 53，后脉鬃 56。前缘鬃 32 根；前脉基部鬃 7 根，端鬃 3 根；后脉鬃 15 根。

　　腹部　腹节背片两侧有横纹，腹片两侧和中部均有线纹，但很弱。无鬃孔在背片后半部，中对鬃在前半部，位于无鬃孔前内方。节 V 背片长 72，宽 295；中对鬃间距 68；鬃长：中对鬃（内对Ⅰ）15，Ⅱ 24，Ⅲ 24，Ⅳ（后缘上）60，Ⅴ 44，Ⅵ（背侧片后缘上）51；节Ⅵ和节Ⅶ背片鬃Ⅲ退化变小。节Ⅷ背片后缘梳完整，梳毛细。节Ⅸ背鬃长：背中鬃 97，中侧鬃 116，侧鬃 119。背侧片和腹片均无附属鬃。节Ⅶ腹片中对鬃在后缘之前。

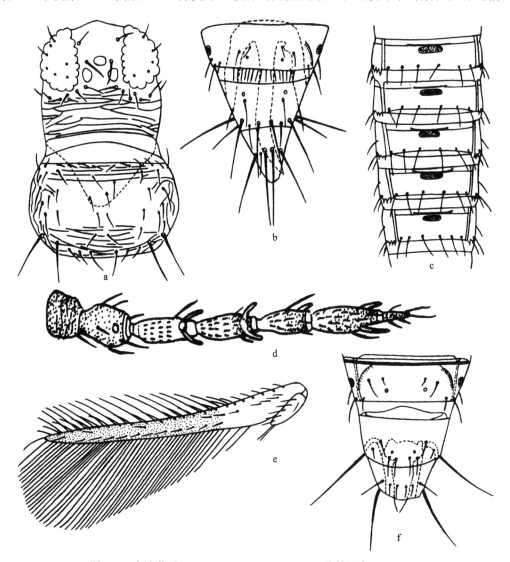

图 225　台湾蓟马 *Thrips formosanus* Priesner（仿韩运发，1997a）

a. 头和前胸（head and pronotum）；b. 雌虫腹节Ⅷ-Ⅹ背片（female abdominal tergites Ⅷ-Ⅹ）；c. 雄虫腹节Ⅲ-Ⅶ腹片（male abdominal sternites Ⅲ-Ⅶ）；d. 触角（antenna）；e. 前翅（fore wing）；f. 雄虫腹节Ⅷ-Ⅹ背片（male abdominal tergites Ⅷ-Ⅹ）

雄虫：相似于雌虫，但较小。节Ⅲ-Ⅶ腹片有横腺域。节Ⅸ背片毛序如图225f所示。

寄主：杜鹃、菊、山苦棟、云杉。

模式标本保存地：德国（SMF，Frankfurt）。

观察标本：1♀，河南鸡公山，1997.Ⅶ.10，冯纪年采自云杉。

分布：河南（鸡公山）、台湾、广东、海南、四川；尼泊尔。

(214) 褐翅蓟马 *Thrips fuscipennis* Haliday, 1836（图226）

Thrips fuscipennis Haliday, 1836, *Ent. Mag.*, 3: 448; Gentile & Bailey, 1968, *Univ. Calif. Publ. Entomol.*, 51: 21, 25, 32, 67, pls. 4, 6; Mound *et al.*, 1976, *Handb. Ident. Brit. Ins.*, 1 (11): 6, 56; Han, 1997a, *Economic Insect Fauna of China Fasc.*, 55: 302-303.

Thrips salicaria Uzel, 1895, *Königgräitz*: 37, 54, 182.

Thrips meledensis Karny, 1908b, *Mitt. Nat. Ver. Univ. Wien*, 6: 110, 113.

Thrips fuscipennis f. *drabae*: Priesner, 1964b, *Best. Bod. Eur.*, 2: 97.

雌虫：体长1.3mm。体棕色，包括触角和足，但触角节Ⅲ和节Ⅳ基部黄色至淡棕色，前足胫节大部分和中、后足胫节端部较黄，各足跗节黄色。前翅淡棕色，但基部较淡。体鬃和翅鬃暗棕色。

头部　头宽大于长，单眼区前后部有横线纹，两颊几乎直。单眼呈扁三角形排列于复眼间中后部。前单眼前侧鬃长19；单眼间鬃长21，在前单眼后外侧，位于前后单眼中心连线上；单眼后鬃长21，距后单眼较远，约与复眼后鬃呈1横列在复眼后缘。触角7节，节Ⅲ-Ⅳ端部有短的细缩；节Ⅰ-Ⅶ长（宽）分别为：25（28），29（26），51（18），41（19），36（18），51（18），22（6），总长255；节Ⅲ长为宽的2.83倍；节Ⅲ、Ⅳ叉状感锥伸达前节基部，长约20。口锥长115，基部宽120，中部宽80，端部宽35。下颚须长：节Ⅰ15，节Ⅱ6，节Ⅲ15。

胸部　前胸明显宽大于长，背片布满横线纹，背片鬃约28根，近前侧角和近后侧角各有1根较粗且长的鬃，后角外鬃长51，内鬃长56，后缘鬃3对。后胸盾片前中部有横、纵网纹，其后和两侧为纵纹；1对亮孔（钟形感器）互相靠近在后部；前缘鬃在前缘上；前中鬃距前缘14。中、后胸腹片毛细小。前翅长822，中部宽54；翅中部鬃长：前缘鬃46，前脉鬃38，后脉鬃51。前缘鬃27根；前脉基部鬃7根，端鬃3根；后脉鬃13根。

腹部　腹节Ⅱ-Ⅷ背片两侧和背侧片上有横纹，纹上有微毛。节Ⅱ背片侧缘纵列鬃4根。无鬃孔在背片后半部，而中对鬃在背片前半部，位于无鬃孔前内方。节Ⅴ背片长77，宽256；中对鬃间距68；鬃长：内Ⅰ5，内Ⅱ15，内Ⅲ29，内Ⅳ（后缘上）46，内Ⅴ29，内Ⅵ（背侧片后缘上）49；节Ⅵ-Ⅶ鬃Ⅲ退化变小。节Ⅷ背片后缘梳小，仅两侧有，中部缺。节Ⅹ背鬃长93和94。背侧片和腹片无附属鬃。节Ⅶ腹片中对后缘鬃在后缘以前。

雄虫：较雌虫细小，体色较黄，暗黄色到淡棕色。触角节Ⅰ几乎白色，节Ⅵ-Ⅶ淡棕色，其余略暗黄。足和翅淡，亦略暗黄。腹节背片多纹。节Ⅸ背鬃内Ⅲ在前列，内Ⅰ、Ⅱ、Ⅳ居中列，内Ⅴ在最后；鬃长：Ⅰ和Ⅱ均32，Ⅲ10，Ⅳ7（细小），Ⅴ49。背侧片后缘鬃44。腹片腺域宽度占腹片宽度的0.33-0.46。

寄主：菊花、草。

模式标本保存地：未知。

观察标本：未见。

分布：北京、台湾；俄罗斯，伊朗，土耳其，外高加索，立陶宛，爱沙尼亚，罗马尼亚，阿尔巴尼亚，匈牙利，波兰，前南斯拉夫，捷克，斯洛伐克，德国，瑞士，瑞典，法国，丹麦，西班牙，威尔士，意大利，荷兰，奥地利，英国，芬兰，美国，加拿大。

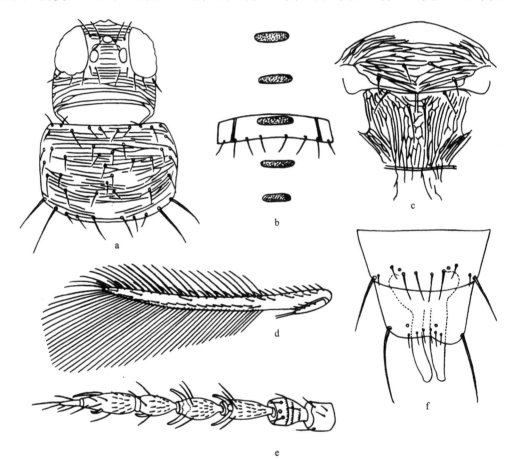

图 226　褐翅蓟马 *Thrips fuscipennis* Haliday（仿韩运发，1997a）

a. 头和前胸（head and pronotum）；b. 雄虫腹节III-VII腹片（male abdominal sternites III-VII）；c. 中、后胸盾片（meso- and metanota）；d. 前翅（fore wing）；e. 触角（antenna）；f. 雄虫腹节IX-X背片（male abdominal tergites IX-X）

(215) 黄胸蓟马 *Thrips hawaiiensis* (Morgan, 1913)（图 227）

Euthrips hawaiiensis Morgan, 1913, *Proc. U. S. Nat. Mus.*, 46: 3.

Thrips longalata Schmutz, 1913, *Sitz. Akad. Wiss.*, 122 (7): 1002, 1009.

Thrips nigriflava Schmutz, 1913, *Sitz. Akad. Wiss.*, 122 (7): 1002, 1012.

Thrips sulphurea Schmutz, 1913, *Sitz. Akad. Wiss.*, 122 (7): 1002, 1011.

Thrips albipes Bagnall, 1914a, *Ann. Mag. Nat. Hist.*, (8) 13: 25.

Physothrips hawaiiensis (Morgan): Karny, 1914, *Zeit. Wiss. Insek.*, 10: 367.

Physothrips pallipes Bagnall, 1916a, *Ann. Mag. Nat. Hist.*, (8) 17: 400.

Physothrips albipes Bagnall, 1916a, *Ann. Mag. Nat. Hist.*, (8) 17: 401.

Thrips pallipes Bagnall, 1926b, *Ann. Mag. Nat. Hist.*, (9) 18: 110.

Taeniothrips hawaiiensis (Morgan): Moulton, 1928c, *Proc. Haw. Entomol. Soc.*, 7 (1): 110, 132.

Taeniothrips eriobotryae Moulton, 1928b, *Ann. Zool. Jap.*, 11 (4): 297, 325.

Taeniothrips pallipes (Bagnall): Moulton, 1928b, *Ann. Zool. Jap.*, 11 (4): 302, 326.

Thrips albipes Bagnall: Moulton, 1928b, *Ann. Zool. Jap.*, 11 (4): 302, 327.

Thrips hawaiiensis f. *imitator* Priesner, 1934, *Nat. Tijd. Ned.-Indië*, 94 (3): 267, 286 (Synonymised
　　Taeniothrips albipes Bagnall).

Taeniothrips rhodomyrti Priesner, 1938c, *Treubia*, 16 (4): 492, 520, 524, 526.

Thrips hawaiiensis (Morgan): Bhatti, 1969a, *Orien. Insects*, 3 (4): 381; Zhang, 1982, *J. Sou. China Agric. Univ.*, 3 (4): 49, 57; Palmer & Wetton, 1987, *Bull. Ent. Res.*, 77: 397-406; Palmer, 1992, *Bull. Brit. Mus.* (*Nat. Hist.*) *Entomol.*, 61 (1): 1-76; Han, 1997a, *Economic Insect Fauna of China Fasc.*, 55: 204-305.

雌虫：体长 1.2mm。体淡至暗棕色，通常胸部淡，橙黄色或淡棕色。腹部背片前缘线暗棕色。触角棕色，但节Ⅲ黄色，有时节Ⅳ和节Ⅴ基略淡。前翅灰棕色，但基部的 1/4 淡。足淡于胸，尤以胫节为显著，黄色；股节较暗黄。体鬃和翅鬃暗棕。

头部　头宽大于长，两颊略拱，眼间横纹较前后部为轻。复眼长 64。单眼呈扁三角形排列于复眼间中后部。前单眼前侧鬃长 13；单眼间鬃长 25，在前单眼后外侧，位于前后单眼外缘连线上或中心连线之外；单眼后鬃靠近后单眼；复眼后鬃在单眼后鬃之后围眼另呈 1 横列。触角 7 节，节Ⅲ-Ⅳ端部有短的细缩。节Ⅰ-Ⅶ长（宽）分别为：22（25），30（20），50（17），49（17），34（15），50（15），17（7），总长 252；节Ⅲ长为宽的 2.9 倍；节Ⅲ、Ⅳ叉状感觉锥伸达前节基部，臂长 18。口锥长 109，基部宽 120，中部宽 75，近端部宽 32。下颚须长：节Ⅰ（基节）17，节Ⅱ 8，节Ⅲ 21。

胸部　前胸宽大于长，背片布满重横纹。背片鬃较多，36 根；前侧角有 2 根，后侧角有 1 根鬃，较粗且长，其他背片鬃较细且短；后角外鬃长 50，内鬃长 53；后缘鬃 3 对。羊齿内端相连。中胸盾片布满横纹；前外鬃粗，长 34；中后鬃距后缘远，长 20；后缘鬃长 17。后胸盾片前中部有密排横纹，其后似有 2-3 个横、纵网纹，但不显著呈网纹，两侧为密纵纹；1 对亮孔（钟形感器）在后部互相靠近；前缘鬃距前缘 3；前中鬃距前缘 3。前翅长 665，中部宽 39；翅中部鬃长：前缘鬃 42，前脉鬃 39，后脉鬃 42。前缘鬃 25 根；前脉基部 7 根，端鬃 3 根；后脉鬃 14 根。

腹部　腹节背片Ⅱ-Ⅷ中对鬃两侧有重横线纹而腹片两侧和中部均有线纹但轻微。节Ⅱ背片侧缘鬃 4 根。无鬃孔在背片后半部，中对鬃在前半部，位于无鬃孔前内方。节Ⅴ背片长 74，宽 284；中对鬃间距 63；鬃长：中对鬃（内Ⅰ鬃）5，Ⅱ 17，Ⅲ 29，Ⅳ（后缘上）51，Ⅴ 34，Ⅵ（背侧片后缘上）49。节Ⅵ-Ⅶ鬃Ⅲ退化变小。节Ⅷ背片后缘梳完整，梳毛不长，细，不密。节Ⅸ背片鬃长：背中鬃 74，中侧鬃 84，侧鬃 86。节Ⅹ背鬃长 86 和 84。背侧片无附属鬃。腹片附属鬃细长，大致呈 1 横列，鬃数：节Ⅱ 5 根，节

III-Ⅶ 13-20 根。节Ⅶ腹片中对后缘鬃略在后缘之前。

雄虫： 相似于雌虫，但体较小而黄，节Ⅲ-Ⅶ腹片有横腺域。节Ⅷ背片后缘梳在中部不显著。节Ⅸ背片中对鬃（B1）与对Ⅱ鬃（B2）呈 1 横列或中对鬃（B1）略在对Ⅱ鬃（B2）之前；中对鬃（B1）的间距为中对鬃（B1）与对Ⅱ鬃（B2）间距的 0.43-1.5 倍；中对鬃（B1）长 19-35，对Ⅱ鬃（B2）长 19-38。

寄主： 油菜、白菜、南瓜、野玫瑰、珍珠梅、车轮梅、油桐、茶、猪屎豆、刺槐、中国槐、豌豆、大豆、菊花、柑橘、猕猴桃、夜来香、洋紫荆、蒲桃、桃金娘、桑、酸杷、杧果、羊蹄甲、金合欢、咖啡、倒钩刺、滇丁香、瑞香、独活、茄科植物、青皮象耳豆、海南粗丝木、药用狗牙花、烟草、月季、白刺花、凤凰木、白楸、茜草、三叉苦、牵牛花、蓼、桉树、紫薇、玉米、李树、野棉花、丝瓜、紫花苜蓿、大荔花、茄子。

模式标本保存地： 美国（CAS，San Francisco）。

观察标本： 9♀♀，河南内乡黄石庵林场，1998.Ⅶ，张建民采；13♀♀，河南内乡宝天曼，1998.Ⅶ，张建民采；3♀♀，广东鼎湖山，1963.Ⅶ.3/7，周尧采；2♀♀，海南那大，1963.Ⅳ，冯纪年采自桉树；4♀♀，陕西杨陵，1998.Ⅶ，晁平安采自紫薇、豆类、玉米和杂草；2♀♀，云南勐仑，1987.Ⅹ，冯纪年采自李树；2♀♀，甘肃天水，1995.7.8，郭宏伟采自玉米和野棉花；5♀♀，湖北横石，2001.Ⅷ.9，张桂玲采自丝瓜；7♀♀，陕西太白山，2002.Ⅶ.13，张桂玲采自苜蓿和杂草；13♀♀3♂♂，广州华南农大校园，2001.Ⅹ.12，沙忠利采自杂草；12♀♀，广西花坪，2000.Ⅷ.30，沙忠利采自大荔花；1♀，陕西绥德，1990.Ⅷ.9，宋彦林采自茄子。

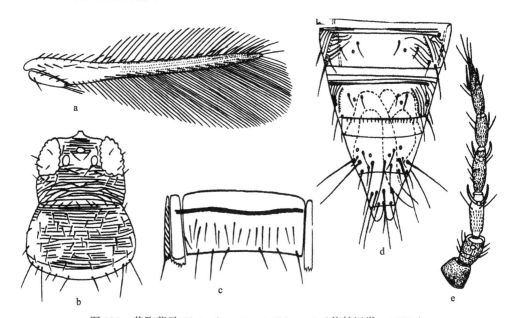

图 227　黄胸蓟马 *Thrips hawaiiensis* (Morgan)（仿韩运发，1997a）

a. 前翅（fore wing）；b. 头和前胸（head and pronotum）；c. 腹节Ⅴ腹片（abdominal sternite Ⅴ）；d. 雌虫腹节Ⅶ-Ⅹ背片（female abdominal tergites Ⅶ-Ⅹ）；e. 触角（antenna）

分布：河南（内乡黄石庵林场、内乡宝天曼）、陕西（绥德、杨陵、太白山）、甘肃（天水）、江苏、浙江、湖北（横石）、湖南、台湾、广东（鼎湖山、广州）、海南（那大）、广西（花坪）、四川、云南（勐仑）、西藏；朝鲜，日本，关岛，中途岛（太平洋），巴基斯坦，印度，孟加拉国，越南，泰国，斯里兰卡，菲律宾，马来西亚，新加坡，印度尼西亚，美国，墨西哥，新几内亚（巴布），澳大利亚，新西兰，牙买加。

(216) 喜马拉雅蓟马 *Thrips himalayanus* (Pelikán, 1970)（图 228）

Taeniothrips himalayanus Pelikán, 1970, *Khum. Him.*, 3: 363-365.

Thrips himalayanus (Pelikán): Bhatti, 1978c, *Orien. Insects*, 12 (2): 192, 193; Bhatti, 1980, *Sys. Ent.*, 5 (2): 115, 140; Han, 1997a, *Economic Insect Fauna of China Fasc.*, 55: 306-307.

雌虫：体长约 1.6mm。体棕色；触角棕色但节 II 端部和节 III 较黄；足棕色但前足胫节（边缘除外）及各足跗节较黄。前翅弱棕色，但基部（包括翅瓣）淡黄而不透明；腹部背片仅节 VII-VIII 前缘线色较浓。

头部 头宽大于长，短于前胸，眼后横纹多。前单眼前外侧鬃较短。单眼间鬃长 32，位于前单眼侧的单眼外缘连线之外；眼后鬃较长，单眼后鬃长 30，复眼后鬃长，排为 1 横列，内 3 根距复眼近。触角 8 节，节 I-VII 长（宽）分别为：31（29），42（27），67（21），59（23），45（20），62（23），10（7），11（7），总长 330；节 III 长为宽的 3.2 倍；节 III、IV 叉状感觉锥臂长 31。口锥长 97，基部宽 116，中部宽 68，端部宽 24。下颚须长：节 I（基节）21，节 II 10，节 III 23。

胸部 前胸宽明显大于长，背片光滑，仅前内侧有弱纹；背片鬃 16 根，前部和侧鬃较长，长 32，后角内鬃长 68，外鬃长 61，后缘鬃 3 对。中胸盾片前外侧鬃位置较后，约与中后鬃在一条横线上，长 39，中后鬃长 31，后缘鬃长 21。后胸盾片前部约有 4 条横线，其后仅 3 个网纹，网纹后及两侧有较稀疏纵线；前缘鬃细，在前缘上；前中鬃粗，在前缘上；1 对亮孔在前中对鬃之后。前翅长 1191，中部宽 69；前缘鬃 32 根；前脉基部鬃 4+3 根，端鬃 3 根；后脉鬃 15 根；翅瓣前缘鬃 4 根。

腹部 腹节 I 背片布满粗线纹，节 II-VIII 前部和两侧具线纹。节 V-VIII 两侧微弯梳显著，节 VIII 后缘梳完整。节 II 背片侧缘有纵列鬃 4 根。节 IX 背片鬃长：背中鬃 111，侧中鬃 127，侧鬃 121；节 X 背片鬃长：内中鬃 121，侧中鬃 116。腹片无附属鬃。

雄虫：体色和一般结构相似于雌虫，较小。节 IX 背片鬃长（自内向外）：I 37，II 44，III 32，IV 22，V 98，其中对 III 在最前，对 I 在其后，对 II、IV、V 大致一横列；节 X 背片除小鬃外，两侧有 1 对长鬃，长约 115。腹片节 III-VII 有横的近椭圆形腺域，节 V 的大小为 42×（14-18），节 VI 的大小为 33×（13-18）。

寄主：蓼科植物、接骨木。

模式标本保存地：奥地利（IZIU, Innsbruck）。

观察标本：未见。

分布：西藏（波密、墨脱）；印度，尼泊尔。

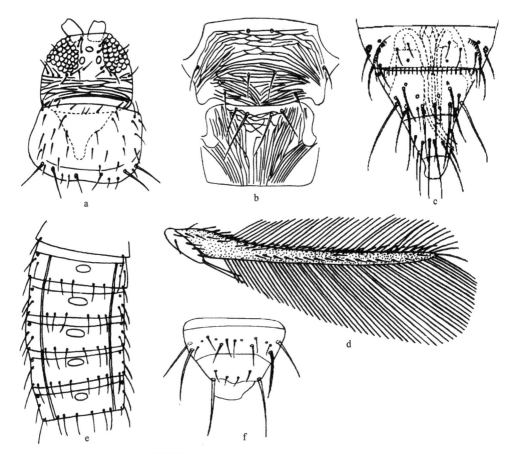

图 228 喜马拉雅蓟马 *Thrips himalayanus* (Pelikán)（仿韩运发，1997a）

a. 头和前胸（head and pronotum）；b. 中、后胸盾片（meso- and metanota）；c. 雌虫腹节Ⅷ-Ⅹ背片（female abdominal tergites Ⅷ-Ⅹ）；d. 前翅（fore wing）；e. 雄虫腹节Ⅲ-Ⅶ腹片（male abdominal sternites Ⅲ-Ⅶ）；f. 雄虫腹节Ⅸ-Ⅹ背片（male abdominal tergites Ⅸ-Ⅹ）

(217) 大蓟马 *Thrips major* Uzel, 1895（图 229）

Thrips major Uzel, 1895, *Königgräitz*: 36, 54, 179; Han, 1997a, *Economic Insect Fauna of China Fasc.* 55: 310.

Thrips major var. *adusta* Uzel, 1895, *Königgräitz*: 180.

Thrips major var. *gracilicornis* Uzel, 1895, *Königgräitz*: 180, 181.

Thrips fuscipennis var. *major* Uzel: Priesner, 1920, *Jahr. Ober. Mus. Fran. Car.*, 78: 57, 62.

Thrips fuscipennis ab. *adustus* Uzel: Priesner, 1920, *Jahr. Ober. Mus. Fran. Car.*, 78: 57.

Thrips fuscipennis f. *sarothamni* Priesner, 1925, *Konowia*, 4 (3-4): 149.

Thrips fuscipennis var. *banatica* Knechtel (*i. litt.*): Priesner, 1927, *Die Thysanopteren Europas*: 366, 370, pl. Ⅴ.

Physothrips inaequalis Bagnall, 1928b, *Entomol. Mon. Mag.*, 64: 98.

Thrips ciliatus Bhatti, 1969a, *Orien. Insects*, 3 (4): 380 (new name for *major* Bagnall nec. *Thrips major* Uzel).

雌虫：体长约 1.2mm。体黄棕色，触角节Ⅲ及各足胫、跗节略淡，前翅暗黄色至淡棕色。腹节Ⅰ-Ⅷ背板前部有深棕色横条。

头部　头宽大于长，长短于前胸，单眼前和复眼后有粗糙横线。前单眼前外侧鬃长21；单眼间鬃位于前单眼后外方的前后单眼中心连线之外缘，长21；单眼后鬃和复眼后鬃排为1横列。触角7节，节Ⅰ-Ⅶ长（宽）分别为：21（26），34（24），59（20），42（21），37（18），50（18），21（7），总长264；节Ⅲ背面叉状感觉锥臂长17；节Ⅳ腹面叉状感觉锥臂长18；节Ⅵ内侧简单感觉锥长23。口锥长106，端部宽27。下颚须长：节Ⅰ（基节）10，节Ⅱ10，节Ⅲ21。

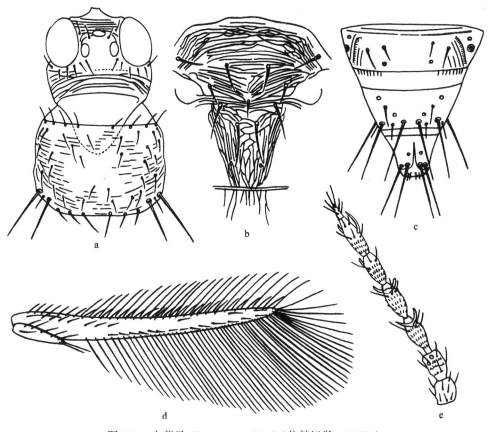

图 229　大蓟马 *Thrips major* Uzel（仿韩运发，1997a）

a. 头和前胸（head and pronotum）；b. 中、后胸盾片（meso- and metanota）；c. 雌虫腹节Ⅷ-Ⅹ背片（female abdominal tergites Ⅷ-Ⅹ）；d. 前翅（fore wing）；e. 触角（antenna）

胸部　前胸宽大于长，背片布满横纹，后部两侧各有1无纹区；前缘鬃长18，前角鬃长14，侧鬃长19，后角内外鬃长50，后缘鬃3对；背片鬃约26根。中胸盾片前外侧鬃长27，中后鬃长24，后缘鬃长21。后胸盾片仅前中部有几条横纹，中部有纵网纹，两侧及后外侧皆为纵纹；1对亮孔在后部；前缘鬃在前缘上；前中鬃距前缘19。前翅长308，中部宽58；前缘鬃27根，前脉基部鬃7根，端鬃3根；后脉鬃12-13根；翅瓣前缘鬃 5 根。

腹部 腹节 II-VIII 背片在中对鬃之前和两侧有横纹。节 V-VIII 两侧有微弯梳，节 VIII 后缘梳仅两侧存在；节 II-VIII 中对鬃小，节 V 的长 10，间距 63；节 II 侧缘 3 根纵列鬃。背片节 IX 长鬃长：背中对鬃 66，侧中对鬃 95，侧鬃 98。节 I-VII 背侧片线纹上有微毛。节 II-VII 侧片后端呈显著锯齿状延伸。腹片无附属鬃。

雄虫：未明。

寄主：榆树（叶）、芹菜、油菜、小麦。

模式标本保存地：德国（SMF，Frankfurt）。

观察标本：1♀，陕西延安，1990.VIII.8，宋彦林采自芹菜；1♀，陕西淳化，1988.V.5，冯纪年采自油菜；1♂，陕西杨陵，1988.V.6，冯纪年采自小麦；2♀♀，新疆伊宁，1962，曹伯祥采自小麦。

分布：内蒙古、陕西（延安、淳化、杨陵）、宁夏、甘肃、新疆（伊宁）；苏联，蒙古，巴基斯坦，土耳其，塞浦路斯，芬兰，英国，西班牙，捷克，斯洛伐克，波兰，意大利，奥地利，匈牙利，德国，瑞典，丹麦，罗马尼亚，阿尔巴尼亚，前南斯拉夫，阿尔及利亚，摩洛哥，马德拉群岛（大西洋），加那利群岛（大西洋）。

(218) 黑毛蓟马 *Thrips nigropilosus* Uzel, 1895（图 230）

Thrips nigropilosus Uzel, 1895, *Königgräitz*: 37, 55, 198; Han, 1997a, *Economic Insect Fauna of China Fasc.*, 55: 311-312.

Thrips nigropilosus var. *laevior* Uzel, 1895, *Königgräitz*: 199, 200.

Thrips nigropilosus Uzel: Mound *et al.*, 1976, *Handb. Ident. Brit. Ins.*, 1 (11): 6: 53; Zhang, 1980b, *J. Sou. China Agric. Univ.*, 1 (1): 92.

雌虫：体长约 1.2mm。体黄色，包括触角、足和翅，但胸部和腹部两端常有不规则灰棕斑。触角节 I 很淡，节 II、III 黄色，节 IV-VII 黄棕色。足淡黄色。前翅略黄色。体鬃和翅鬃黑色。

头部 头宽大于长，单眼前后有横线纹，颊略外拱。单眼间鬃显著粗于其他头背鬃，在前后单眼中途，位于前后单眼外缘连线上；单眼后鬃距后单眼近，在复眼后鬃前；复眼后鬃围眼排列。触角 7 节，节 III 和节 IV 端部有短的略微细缩，节 I-VII 长（宽）分别为：29（33），37（28），50（17），46（17），33（16），55（17），27（7），总长 277；节 III 长为宽的 2.9 倍；节 III、IV 叉状感觉锥长 21。口锥长 114，下颚须 3 节。

胸部 前胸宽大于长，背片布满横纹，背片鬃 24 根，近前缘两侧、近前侧角和近后侧角各有 1 根粗而长的鬃，共 3 对，大约如后缘内对鬃，其他背片鬃细，后角内鬃长于外鬃，后缘鬃 3 对。中胸盾片布满横纹，鬃较细。后胸盾片前中部网纹较大，两侧有纵线纹，亮孔（钟形感器）缺，前缘鬃在前缘上，前中鬃距前缘 12。前翅长 714，中部宽 58；翅中部鬃长：前缘鬃 64，前脉鬃 43，后脉鬃 53；前缘鬃 21 根；前脉基部鬃 6-8 根，端鬃 2 根；后脉鬃 11 根。

腹部 腹节 II-VIII 背片和腹片线纹轻微。节 II 背片侧缘纵列鬃 3 根。节 V 背片微梳小于节VI-VIII微梳，无鬃孔在背片后半部，中对鬃在背片前半部，两者间距相似；节II-VII背片中对鬃（内鬃I）和亚中对（内鬃II）显著长于其他种；节V背片长116，宽380，中对鬃间距83，鬃长：内鬃I 43，内鬃II 39，内鬃III 35，内鬃IV（后缘上）68，内鬃V 41，内鬃VI（背侧片后缘上）35；节IV和节VII的鬃III退化变小；节VIII背片后缘梳细，中部稀疏，两侧缺；节IX背鬃长：背中鬃106，中侧鬃120，侧鬃104；节X背鬃长106。背侧片和腹片无附属鬃。节VII腹片后缘中对鬃在后缘之前。

雄虫：短翅型，节III-VII腹片有哑铃形横腺域。

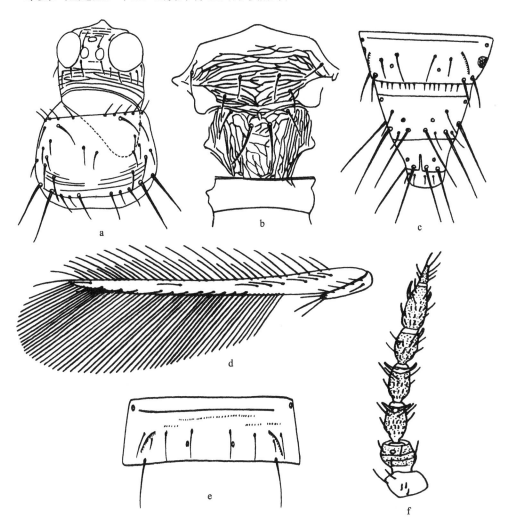

图230　黑毛蓟马 *Thrips nigropilosus* Uzel（仿韩运发，1997a）

a. 头和前胸（head and pronotum）；b. 中、后胸盾片（meso- and metanota）；c. 雌虫腹节VIII-X背片（female abdominal tergites VIII-X）；d. 前翅（fore wing）；e. 腹节V腹片（abdominal sternite V）；f. 触角（antenna）

备注：本种是一个广布的、个体（翅长、体色、鬃）变异大的种群。雌虫有长翅、半长翅、短翅的不同类型，而雄虫罕见，通常是短翅的。

寄主：大豆、烟草、马蓝、铁杉、菊、灰灰菜。

模式标本保存地：未知。

观察标本：5♀♀1♂，陕西楼观台，556m，2008.V.9，胡庆玲采自灰灰菜。

分布：黑龙江、陕西（楼观台）、江苏、广东、四川；俄罗斯，朝鲜，日本，中亚，土耳其，外高加索，立陶宛，捷克，斯洛伐克，波兰，阿尔巴尼亚，罗马尼亚，匈牙利，奥地利，荷兰，瑞典，西班牙，法国，芬兰，瑞士，德国，英国，美国，澳大利亚，新西兰，埃及，北非，斐济。

(219) 东方蓟马 *Thrips orientalis* (Bagnall, 1915)（图 231）

Isoneurothrips orientalis Bagnall, 1915b, *Ann. Mag. Nat. Hist.*, (8) 15: 593.

Thrips setipennis Steinweden & Moulton, 1930, *Proc. Nat. Hist. Soc. Fukien Christ. Univ.*, 3: 25.

Thrips (Isoneurothrips) orientalis (Bagnall): Priesner, 1934, *Nat. Tijd. Ned.-Indië*, 94 (3): 258, 286, 288.

Thrips (Thrips) setipennis Steinweden & Moulton: Wu, 1935, *Catalogue Insectorum Sinensium*, 1: 344.

Isoneurothrips orientalis Bagnall: Priesner, 1940, *Bull. Soc. Roy. Entomol. Egy.*, 24: 54 (footnote) [made bype of *Thrips (Isothrips)*].

Thrips (Isothrips) orientalis (Bagnall): Sakimura, 1967, *Pac. Insects*, 9: 431, 432.

Thrips setipennis Steinweden & Moulton: Gentile & Bailey, 1968, *Univ. Calif. Publ. Entomol.*, 51: 77.

Thrips orientalis (Bagnall): Ananthakrishnan & Sen, 1980, *Handb. Ser. Zool. Surv. Indian*, (1): 76; Zhang, 1982, *J. Sou. China Agric. Univ.*, 3 (4): 50; Han, 1997a, *Economic Insect Fauna of China Fasc.*, 55: 313.

雌虫：体长约 1.4mm。体棕色，包括触角、足、翅和体鬃，但触角节Ⅲ和节Ⅳ、Ⅴ的基部较淡，翅基部 1/4 较淡，前足胫节和中、后足胫节端部及各足跗节较淡。

头部　头宽大于长，眼前后有横纹，颊略拱，后部略窄。复眼长 77。单眼前侧鬃长 17；单眼后鬃长 20；复眼后鬃围眼呈单行排列；单眼间鬃长 16-25，在前单眼后外侧，位于前后单眼中心连线上。触角 7 节，节Ⅲ基部梗显著，节Ⅳ和节Ⅴ基部较细，节Ⅲ和节Ⅳ端部较细缩；节Ⅰ-Ⅶ长（宽）分别为：22（34），35（53），72（20），72（20），47（17），69（18），20（7）；节Ⅲ、Ⅳ叉状感觉锥臂长 29-33，节Ⅵ内侧感觉锥长 23。口锥端半部较窄。下颚须长：节Ⅰ（基节）19，节Ⅱ 11，节Ⅲ 21。

胸部　前胸宽大于长，背片有横纹；除边缘鬃外，背片鬃 24 根，后外侧有 1 根较粗的鬃；各边缘鬃长：前缘鬃、前角鬃、侧鬃均 15，后角外鬃 86，内鬃 92；后缘鬃 3 对。中胸盾片有横纹，前外侧鬃长 40，中后鬃长 23，后缘鬃长 19。后胸盾片前中部有 3 条向前弯的横纹，其后有多角形网纹，直至近后缘，网纹间有纵和横的短线，两侧为纵网纹，两侧缘为纵纹；前缘鬃长 36-44，间距 72，在前缘上；前中鬃距前缘 18；细孔缺。仅中胸内叉骨有刺。前翅长 995，中部宽 72；前缘鬃 32 根；前脉基中部有 7（3+4）根鬃，有 1 个 1 根鬃的间隔，中端部有鬃 9-12 根；后脉鬃 18 根；翅鬃长：前缘鬃 74，前脉鬃 47，后脉鬃 59。翅瓣前缘鬃 5 根。

腹部　腹节Ⅰ-Ⅶ背片两侧有线纹。节Ⅱ-Ⅷ背片近前缘有深棕色横条。节Ⅴ-Ⅷ背片两侧微弯梳较长。节Ⅷ背片后缘两侧梳毛较细小。节Ⅴ背片长 87，宽 256，内Ⅰ鬃（中对鬃）长 8，间距 87；其他鬃长：II 22，III 13，IV（后缘鬃）64，V 35。节IX背片后缘长鬃长度：背中鬃 128，中侧鬃 141，侧鬃 128。节 X 背片后缘长鬃长：背中鬃 141，中侧鬃 132。腹片有 2 对附属鬃。

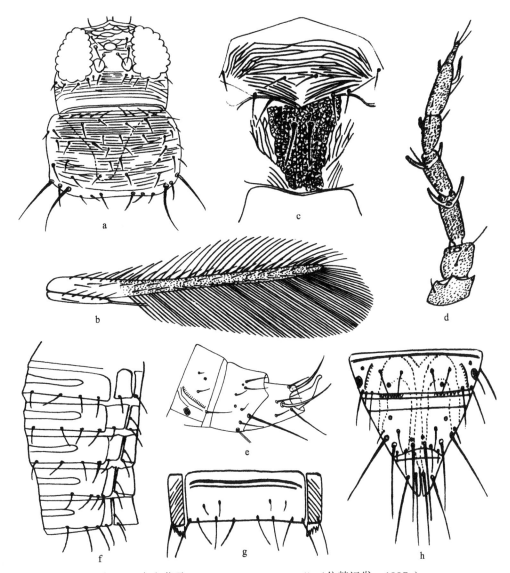

图 231　东方蓟马 *Thrips orientalis* (Bagnall)（仿韩运发，1997a）

a. 头和前胸（head and pronotum）；b. 前翅（fore wing）；c. 中、后胸盾片（meso- and metanota）；d. 触角（antenna）；e. 雄虫腹节VIII- X 背片（male abdominal tergites VIII- X）；f. 雄虫腹节III-VII腹片（male abdominal sternites III-VII）；g. 腹节 V 腹片（abdominal sternite V）；h. 雌虫腹节VIII- X 背片（female abdominal tergites VIII- X）

雄虫：相似于雌虫，但较小。腹节IX背片鬃长：鬃 I 45，鬃 II、III均 32，鬃IV 104-108。节 X 背片鬃长 28-30，两侧有 2 根粗刺，长约 85。节III-VII腹片具雄性腺域，宽 110-120，中部长 10-12，两侧长 13-16。

寄主：毛茉莉、巴戟天属植物。

模式标本保存地：英国（BMNH，London）。

观察标本：1♀，云南景洪，1987.Ⅹ，冯纪年采自茉莉花。

分布：福建、台湾、广东、海南、广西、云南（景洪）；印度，马来西亚，印度尼西亚，美国夏威夷。

(220) 棕榈蓟马 *Thrips palmi* Karny, 1925（图 232）

Thrips palmi Karny, 1925, *Bull. Van het deli Proef. Med.*, 23: 10, 54; Bhatti, 1980, *Sys. Ent.*, 5 (2): 111,
118, 153; Zhang, 1982, *J. Sou. China Agric. Univ.*, 3 (4): 49, 56; Han, 1997a, *Economic Insect Fauna
of China Fasc.*, 55: 315.

Thrips nilgiriensis Ramakrishna, 1928, *Mem. Dep. Agr. India Entomol. Ser.*, 10 (7): 245, 262.

Thrips leucadophilus Priesner, 1936b, *Bull. Soc. Roy. Entomol. Egy.*, 20: 91-92 (here designated)
(Synonymised by Bhatti, 1980: 153).

Thrips gossypicola (Priesner): Ramakrishna & Margabandhu, 1939, *Indian J. Entomol.*, 1 (3): 41.

雌虫：体长 1.0mm。全体黄色，包括足和翅，但触角节Ⅲ-Ⅴ端部 2/3、节Ⅵ-Ⅶ淡棕色至棕色，体鬃较暗。

头部　头宽大于长，眼后有些线纹。前单眼前外侧鬃长 12；单眼间鬃长 18，位于前单眼后外侧，在单眼间三角形外缘连线之外；单眼后鬃长 18，复眼后鬃大致 1 横列。触角 7 节，节Ⅰ-Ⅶ长（宽）分别为：23（26），31（22），41（19），40（18），35（16），41（17），13（6），总长 224，节Ⅲ长为宽的 2.2 倍；节Ⅲ、Ⅳ上的叉状感觉锥均长 19，节Ⅵ内侧简单感觉锥长 21。口锥端部窄，长 97。下颚须长：节Ⅰ（基节）13，节Ⅱ 9，节Ⅲ 17。

胸部　前胸宽大于长，背片有细线纹；后角内鬃长 64，外鬃长 63；后缘鬃 3 对；背片鬃（不包括边缘鬃）28 根。中胸盾片前外侧鬃长 27；中后鬃长 21，后缘鬃长 15。后胸盾片前中部有 7-8 条横线纹，其后及两侧为较密纵线纹；前缘鬃在前缘上；前中鬃长 35，距前缘 16，间距 11；有 1 对细孔。前翅长 586，中部宽 41；前缘鬃 24 根；前脉基部鬃 4+3 根，端鬃 3 根；后脉鬃 12 根。

腹部　腹节背片两侧有弱线纹。节Ⅱ背片侧缘纵列鬃 4 根。节Ⅴ背片长 67，各鬃长：中对鬃（内鬃Ⅰ）7，亚中鬃（内鬃Ⅱ）25，内鬃Ⅲ 26，内鬃Ⅳ 49（在后缘），内鬃Ⅴ 26，节Ⅲ、Ⅳ背片内鬃Ⅱ长度和粗细近似于内鬃Ⅲ；内鬃Ⅱ长 25，内鬃Ⅲ长 28。节Ⅷ背片后缘梳完整。节Ⅸ背片后缘长鬃长：背中鬃 77，中侧鬃 90，侧鬃 83。腹片无附属鬃。

寄主：木棉、野苘麻、茄子、节瓜、西瓜、白瓜、唇形科植物、豆科藤本植物、向日葵。

模式标本保存地：美国（CAS，San Francisco）。

观察标本：3♀♀，湖北松柏，2001.Ⅶ.25，张桂玲采自向日葵；1♀，湖北神农架红坪，2001.Ⅶ.27，张桂玲采自杂草；4♀♀，广西，2000.Ⅷ.27，沙忠利采自杂草。

分布：浙江、湖北（松柏、神农架红坪）、湖南、台湾、广东、海南、香港、广西、四川（泸定）、云南（保山、元江）、西藏（察隅）；日本，印度，泰国，菲律宾，新加坡，印度尼西亚。

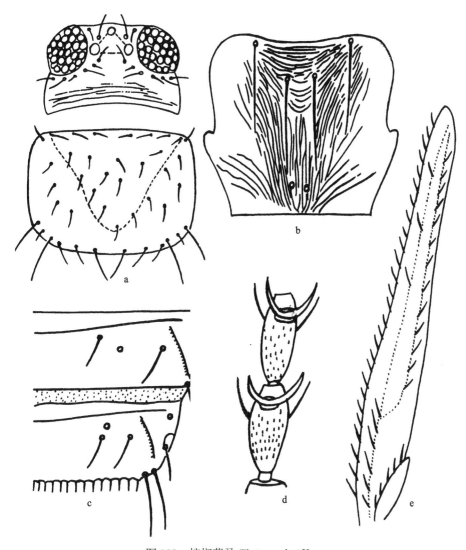

图 232 棕榈蓟马 *Thrips palmi* Karny

a. 头和前胸（head and pronotum）；b. 后胸盾片（metanotum）；c. 腹节Ⅶ-Ⅷ背片（abdominal tergites Ⅶ-Ⅷ）；d. 触角Ⅲ-Ⅳ节（antennal segments Ⅲ-Ⅳ）；e. 前翅（fore wing）

(221) 双附鬃蓟马 *Thrips pillichi* Priesner, 1924（图 233）

Thrips pillichi Priesner, 1924b, *Konowia*, 3 (1): 2; Mound *et al.*, 1976, *Handb. Ident. Brit. Ins.*, 1 (11): 6, 52; Han, 1997a, *Economic Insect Fauna of China Fasc.*, 55: 316.

Thrips pillichi f. *fallaciosa* Priesner, 1924b, *Konowia*, 3 (1): 2.

Thrips kerschneri Priesner, 1927, *Die Thysanopteren Europas*: 345, 349.

Thrips pillichi f. *kerschneri*: Priesner, 1964b, *Best. Bod. Eur.*, 2: 87.

雌虫: 体长约 1.2 mm。体棕色，头、前胸、翅胸、触角节Ⅲ和节Ⅳ的最基部、前翅及前足胫节（边缘除外）、各足跗节淡棕色，腹节Ⅲ-Ⅷ背片前缘有暗棕条。

头部 头宽大于长，长短于前胸，颊略微向外拱，单眼前有细横纹，眼后横纹较粗糙。复眼长 63。前单眼前外侧鬃长 20，单眼间鬃较短小，长 19，位于前单眼后外方的前后单眼中心连线上；单眼和复眼后鬃共 6 对，紧靠复眼排为 1 横列。触角 7 节，节Ⅰ-Ⅶ长（宽）分别为：25（23），32（23），53（19），42（19），32（17），40（19），16（8），总长 240；节Ⅲ长为宽的 2.8 倍；节Ⅲ、Ⅳ的叉状感觉锥臂均长 20。口锥长 90，基部宽 132，中部宽 95，端部宽 38。下颚须长：节Ⅰ（基节）12，节Ⅱ 10，节Ⅲ 14。

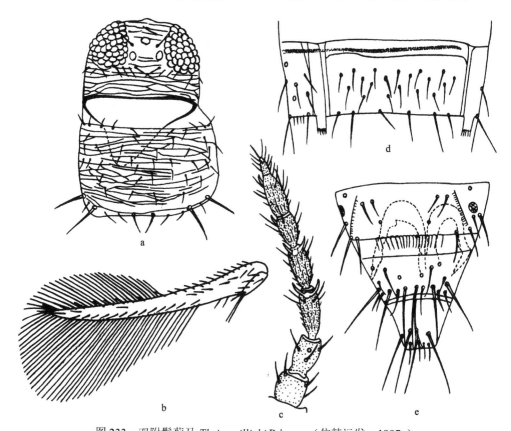

图 233　双附鬃蓟马 *Thrips pillichi* Priesner（仿韩运发，1997a）

a. 头和前胸（head and pronotum）；b. 前翅（fore wing）；c. 触角（antenna）；d. 腹节Ⅴ腹片（abdominal sternite Ⅴ）；e. 腹节Ⅷ-Ⅹ背片（abdominal tergites Ⅷ-Ⅹ）

胸部 前胸宽大于长，背面有较细横纹；鬃长：前缘鬃 17，前角鬃 17，侧鬃 11，后角外鬃 42，内鬃 44；后缘鬃 3 对；背片鬃约 36 根，长约 14。中胸盾片前外侧鬃长 23，中后鬃长 17，后缘鬃长 19。后胸盾片仅前缘有 3-4 条短横纹，其后、两侧及后外侧皆为纵纹；前缘鬃长 39，间距 42，前中鬃长 33，间距 6，距前缘 11。前翅长 774，中部宽 53，长为中部宽的 14.6 倍；前缘鬃 27 根；前脉基部鬃 7-8 根，端鬃 3 根；后脉鬃 13 根；翅瓣前缘鬃 5 根。

腹部 腹节Ⅰ背片布满横纹，节Ⅱ-Ⅷ中对鬃两侧有横纹，背片前缘有 1 条横纹；节Ⅴ-Ⅷ两侧微弯梳显著。节Ⅷ后缘梳两侧缺，梳毛长 18-21。节Ⅱ的侧缘鬃 3 根。节Ⅲ-Ⅶ背侧片有附属鬃 2-4 根。腹节Ⅸ背片鬃长：背中鬃 84，中侧鬃 74，侧鬃 67；节Ⅴ背片鬃长 90-95。节Ⅲ-Ⅶ腹板各有附属鬃 14-20 根，大致均呈 2 横排，长约 22。

雄虫：未明。

寄主：野菊花、狗尾草、杉木。

模式标本保存地：德国（SMF，Frankfurt）。

观察标本：2♀♀，陕西太白县鹦鸽镇，1995.Ⅶ.18，曹兵伟采；2♀♀，甘肃天水，1995.Ⅷ.10，郭宏伟采自阿尔泰狗尾草。

分布：陕西（太白县）、甘肃（天水）、四川（康定）、西藏（米林，3000m）；土耳其，乌克兰，罗马尼亚，捷克，斯洛伐克，匈牙利，德国，法国，英国，奥地利，西班牙，荷兰。

(222) 唐菖蒲简蓟马 *Thrips simplex* (Morison, 1930)（图 234）

Physothrips simplex Morison, 1930, *Bull. Entomol. Res.*, 21: 12.

Taeniothrips gladioli Moulton & Steinweden, 1931, *Can. Ent.*, 63: 20.

Taeniothrips quinani Moulton, 1936c, *Ann. Mag. Nat. Hist.*, (10) 17: 506, 507 [Synonymised by Bhatti, 1980, *Sys. Ent.*, 5 (2): 156].

Taeniothrips (Taeniothrips) gladioli Moulton & Steinweden: Shumsher Singh, 1946, *Indian J. Entomol.*, 7: 164, 167.

Thrips simplex (Morison): Bhatti, 1969a, *Orien. Insects*, 3 (4): 380; Bhatti, 1980, *Sys. Ent.*, 5 (2): 156, Mound & Walker, 1982, *Fauna. New Zeal.*, 1: 77; Duan, 1992, *Cong. Entomol.*: 402; Han, 1997a, *Economic Insect Fauna of China Fasc.*, 55: 318-319.

雌虫：体长约 1.5mm。体棕色，但触角节Ⅲ和各足胫节端部、跗节黄色。前翅棕色，但基部 1/4 色淡。腹节Ⅲ-Ⅷ前缘线暗棕色。主要鬃棕色。

头部 头宽大于长，头背有许多横线纹，但单眼区少。复眼较突出，颊较外拱。单眼呈三角形排列于复眼间中后部。前单眼前外侧鬃长 7，单眼间鬃长 15，位于前单眼后外侧，在单眼三角形中心连线上。触角 8 节，节Ⅲ有梗，节Ⅳ基部较细，节Ⅲ和节Ⅳ端部较细。节Ⅰ-Ⅷ长（宽）分别为：23（31），28（27），64（24），55（23），41（31），64（22），8（8），13（6），总长 296；节Ⅲ长为宽的 2.7 倍；节Ⅲ、Ⅳ叉状感觉锥臂均长 23。口锥端部窄圆，长 128，基部宽 141，中部宽 102，端部宽 55。下颚须长：节Ⅰ（基节）15，节Ⅱ 17，节Ⅲ 13。

胸部 前胸长大于宽，背片布满横线纹，背片鬃约 20 根；后角内鬃长 51，外鬃长 61；后缘鬃 3 对。中胸盾片多横纹。后胸盾片前部有几条横纹，其后为纵网纹，两侧为纵线纹；网纹内又有极短线纹；前缘鬃在前缘上，前中鬃距前缘 21；无亮孔。前翅长 969，近基部宽 102，中部宽 77，近端部宽 38；前缘鬃 27 根；前脉基部鬃 8 根，端鬃 5 根；后脉鬃 13 根。

腹部 腹节Ⅰ-Ⅷ背片两侧线纹多。节Ⅴ背片长 115，宽 294；中对鬃间距 85；鬃长：内Ⅰ（中对鬃）15，内Ⅱ 23，内Ⅲ 46，内Ⅳ（后缘上）64，内Ⅴ 46。节Ⅷ后缘梳完整。节Ⅸ鬃长：背中鬃 110，中侧鬃 132，侧鬃 128。节Ⅹ鬃长 124-132。节Ⅲ-Ⅷ腹片各有附属鬃 12-14 根。

雄虫：相似于雌虫，节Ⅲ-Ⅶ腹片各有 1 个大腺域，其两侧有附属鬃。

寄主：唐菖蒲、鸢尾。

模式标本保存地：英国（BMNH，London）。

观察标本：未见。

分布：辽宁、内蒙古、北京；日本，印度，毛里求斯（印度洋），欧洲，美国，加拿大，澳大利亚，新西兰，西印度群岛，埃及，肯尼亚，津巴布韦，非洲南部，莱索托，秘鲁，巴西，阿根廷。

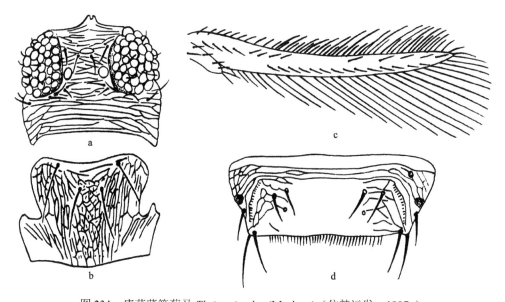

图 234 唐菖蒲简蓟马 Thrips simplex (Morison)（仿韩运发，1997a）

a. 头背面（head, dorsal view）；b. 后胸盾片（metanotum）；c. 前翅（fore wing）；d. 腹节Ⅷ背片（abdominal tergite Ⅷ）

(223) 烟蓟马 *Thrips tabaci* Lindeman, 1889（图 235）

Thrips tabaci Lindeman, 1889, *Bull. Soc. Imp. Nat. Moskou*, 2 (1): 61, 72; Uzel, 1895, *Königgrätz*: 447 (original description repeated); Bhatti, 1980, *Sys. Ent.*, 5 (2): 157, figs. 100-104; Zhang, 1982, *J. Sou. China Agric. Univ.*, 3 (4): 50, 56; Han, 1997a, *Economic Insect Fauna of China Fasc.*, 55: 320.

Thrips communis Uzel, 1895, *Königgrätz*: 37, 55, 176.

Thrips communis var. *annulicornis* Uzel, 1895, *Königgrätz*: 177, 178.

Thrips bicolor Karny, 1907, *Berl. Ent. Zeitscher.*, 52: 21, 49.

Thrips bremnerii Moulton, 1911, *Tech. Ser. USDA Bur. Entomol.*, 21: 14, 23.

Thrips hololeucus Bagnall, 1914a, *Ann. Mag. Nat. Hist.*, (8) 13: 24.

Thrips adamsoni Bagnall, 1923b, *Entomol. Mon. Mag.*, 59: 58.

Thrips debilis Bagnall: Priesner, 1925, *Konowia*, 4 (3-4): 150.

Thrips dorsalis Bagnall, 1927b, *Ann. Mag. Nat. Hist.*, (9) 20: 576.

雌虫：体长 1.1mm。体暗黄色至淡棕色，触角节Ⅰ较淡，节Ⅲ-Ⅴ淡黄棕色，但节Ⅳ-Ⅴ端部较暗，其余灰棕色。足胫节端部和跗节较淡。前翅淡黄色。腹节Ⅱ-Ⅷ背片较暗，前缘线栗棕色。体鬃和翅鬃暗。

头部　头宽大于长，单眼前后有横纹，颊略微拱。单眼在复眼间中后部；前单眼前外侧鬃长 15；单眼间鬃长 20，在前单眼后外侧，位于前后单眼中心连线之外缘；单眼后鬃距后单眼较远，在复眼后鬃之前，与复眼后鬃呈弧形排列于复眼后。触角 7 节，节Ⅲ和节Ⅳ端部略细缩；节Ⅰ-Ⅶ长（宽）分别为：20（29），32（22），45（17），41（16），36（16），46（16），13（6），总长 233，节Ⅲ长为宽的 2.65 倍；节Ⅲ、Ⅳ叉状感觉锥伸达前节基部，臂长 16。口锥长 109，基部宽 115，中部宽 83，端部宽 40。下颚须长：节Ⅰ 11，节Ⅱ 8，节Ⅲ 15。

胸部　前胸宽大于长，背片布满横纹。背片鬃约 36 根，无显著粗而长的鬃；后角外鬃长 35，内鬃长 38；后缘鬃 3 对。中胸盾片有横纹，各鬃大小近似，前外侧鬃长 23；中后鬃长 22，距后缘较远；后缘鬃长 16。后胸盾片前中部有几条横纹，其后有几个横、纵网纹，两侧为纵纹；前缘鬃在前缘上；前中鬃距前缘 14；亮孔（钟形感器）缺。前翅长 650，中部宽 48；前缘鬃 23 根；前脉基部鬃 7 根，端鬃 4-7 根；后脉鬃 13-14 根。

腹部　腹节Ⅱ-Ⅷ背片无鬃孔和中对鬃，两侧有横纹，腹片中部和两侧均有横纹。背片两侧和背侧片线纹上有众多纤微毛；无鬃孔在背片后半部；中对鬃在背片前半部，位于无鬃孔前内方。节Ⅱ背片侧缘纵列鬃 3 根。节Ⅴ背片长 70，宽 271；中对鬃间距较小，47；鬃长：内Ⅰ鬃（中对鬃）10，Ⅱ 15，Ⅲ 32，Ⅳ（后缘上）34，Ⅴ 32，Ⅵ（背侧片后缘上）29；节Ⅵ-Ⅶ鬃Ⅲ退化变小。节Ⅷ背片后缘梳完整，仅两侧缘缺，梳毛细。节Ⅸ背鬃长：背中鬃 65，中侧鬃 70，侧鬃 69。节Ⅹ背鬃长 70 和 72。背侧片和腹片无附属鬃。节Ⅶ腹片中对后缘鬃在后缘之前。

雄虫：未明。

寄主：水稻、小麦、玉米、毛竹、大豆、豆角、紫花苜蓿、草木犀、苦豆子、豌豆、蚕豆、兰花草、珍珠梅、黄刺梅、月季、苹果、李、梅、草莓、球茎甘蓝、白菜、油菜、萝卜、甘蓝、葱、蒜、洋葱、韭菜、土豆、茄、西红柿、龙葵、苦荬菜、向日葵、毛连车菊、苦荬、田蓟、小蓟、蒲公英、小旋花、箭叶旋花、南瓜、西瓜、西葫芦、棉花、海岛棉、芹菜、香菜、菠菜、蓖麻、亚麻、核桃、黄瓜、柴胡、茶树、芋头、荔枝、龙眼、杧果、凤梨、茴香、柚子、柑橘、木芙蓉、天门冬、灰菜、车前、葎草、烟草、二月兰、曼陀罗、蓼科植物、蛇床子、苍耳、黄花菜、菘蓝、野大黄、芝麻、葡萄、夏枯草、荠、甜甘草、腰果、独行菜、葛兰菜、灰藤、菲沃斯、鹅藤草、菊花、毛茛。

模式标本保存地：美国（CAS，San Francisco）。

观察标本：14♀♀，陕西翠华山，1987.Ⅶ.21，冯纪年采自杂草；6♀♀，陕西洛川，1990.Ⅷ.11，宋彦林采自豆类、韭菜、萝卜、葱、洋芋；9♀♀，陕西绥德，1990.Ⅷ.9，宋彦林采自马铃薯、茄子、红萝卜；10♀♀，陕西黄龙，1990.Ⅷ.3，宋彦林采自芹菜、番茄、葱；6♀♀，陕西杨陵，1988.X.5，张皓辉采自葱；1♀，云南昆明，1987.X.15，冯纪年采自菊花；1♀，华南农大校园，2001.X.12，沙忠利采自禾本科杂草；1♀，陕西凤县酒奠梁，1988.Ⅷ.18，冯纪年采自毛茛。

分布：吉林、辽宁、内蒙古、河北、山西、山东、河南、陕西（翠华山、洛川、绥德、黄龙、杨陵、凤县酒奠梁）、宁夏、甘肃、新疆、江苏、湖北、湖南、台湾、广东（广州）、海南、广西、四川、贵州、云南（昆明）、西藏；蒙古，朝鲜，日本，印度，菲律宾等地，广泛分布于全世界各大洲。

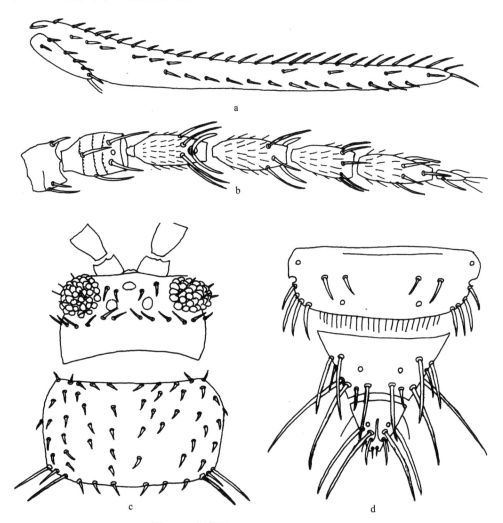

图 235 烟蓟马 *Thrips tabaci* Lindeman

a. 前翅（fore wing）；b. 触角（antenna）；c. 头和前胸（head and pronotum）；d. 腹节Ⅷ-Ⅹ背片（abdominal tergites Ⅷ-Ⅹ）

(224) 蒲公英蓟马 *Thrips trehernei* Priesner, 1927（图 236）

Thrips trehernei Priesner, 1927, *Die Thysanopteren Europas. Abteilung III*: 343-568; Nakahara, 1994, *Tech. Bull. U. S. Dep. Agric.*, 1822: 124.

Thrips hukkinenis Priesner, 1937b, *Konowia*, 16: 108; Bailey, 1957, *Bull. Calif. Insect Surv.*, 4 (5): 202, 203; Gentile & Bailey, 1968, *Univ. Calif. Publ. Entomol.*, 51: 17, 21, 48, 78, pls. 1, 5, 7 (as synonymy of *Thrips treherner* Priesner); Mound *et al.*, 1976, *Handb. Ident. Brit. Ins.*, 1 (11): 6, 56; Han, 1997a, *Economic Insect Fauna of China Fasc.*, 55: 308.

雌虫：体长约 1.5mm。体棕色，包括体鬃，但触角节III、前翅、前足胫节（边缘除外）及中、后足跗节较淡，为黄棕色，前足跗节接近黄色。

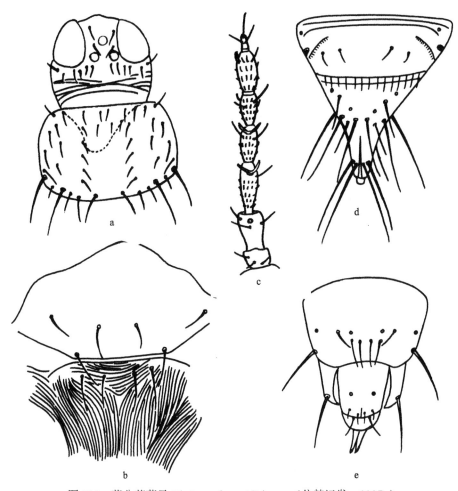

图 236　蒲公英蓟马 *Thrips trehernei* Priesner（仿韩运发，1997a）

a. 头和前胸（head and pronotum）；b. 中、后胸盾片（meso- and metanota）；c. 触角（antenna）；d. 雌虫腹节VIII-X背片（female abdominal tergites VIII-X）；e. 雄虫腹节IX-X背片（male abdominal tergites IX-X）

头部　头宽大于长，颊略拱。头背除单眼间以外布满横纹。前单眼前侧鬃长 18，单眼间鬃长 26，在前后单眼间之中途，位于前后单眼外缘连线之内，复眼后鬃呈 1 横列。触角 7 节，节III基部有梗，端部缩窄，节IV、V基部较细；节 I -VII长（宽）分别为：26（29），38（27），51（22），49（18），38（18），56（19），17（8），总长 275；节III、

Ⅳ叉状感觉锥臂长均 18，节Ⅵ内侧简单感觉锥长 18。口锥伸达前胸腹片中部，长 102，端部宽 44。下颚须长：节Ⅰ（基节）14，节Ⅱ 10，节Ⅲ 17。

胸部　前胸宽大于长，背片周缘有轻线纹，除边缘鬃外，有鬃 20 根，后角外鬃长 70，内鬃长 72，背片后外侧有 1 对较长鬃。中胸盾片前外侧鬃长 15，中后鬃 18，后缘鬃长 19。后胸盾片前中部横纹向后倾斜，前部两侧横纹斜向后延伸到后缘，中后部有很少纵网纹，主要为密纵纹，前缘鬃在前缘上；前中鬃距前缘 2，无细孔。前翅 1020，中部宽 64；前缘鬃 25 根；前脉基中部鬃 7 根，端鬃 3 根；后脉鬃 15 根。

腹部　腹节背片两侧的横纹和微弯梳显著。节Ⅱ背片纵列鬃 3 根。背片节Ⅴ长 97，宽 324，各鬃长：（自内向外）内Ⅰ（中对鬃）5，内Ⅱ 13，内Ⅲ 18，内Ⅳ（在后缘上）28，内Ⅴ 10；内Ⅰ鬃间距 51。节Ⅷ背片后缘梳完整。节Ⅸ背片长鬃长：背中鬃 153，中侧鬃 161，侧鬃 148。节Ⅹ背片长鬃长约 133。背侧片无附属鬃。节Ⅲ-Ⅷ腹片有附属鬃 8-9 根，大致 1 横列。

雄虫：体色和一般形态似雌虫，但较小，腹部较瘦细。节Ⅲ-Ⅶ腹片雄性腺域较宽，节Ⅴ中部长 41，两端长 31，宽 158，约占腹片宽度的 0.48。节Ⅸ背片毛序大致为 2 横列：内对Ⅲ鬃在前部，其他鬃在后部。鬃长（自内向外）：内Ⅰ 46，内Ⅱ 38，内Ⅲ 23，内Ⅳ 18，内Ⅴ 79。

寄主：麻花艽、龙胆属植物、向日葵花、苦菜花、蒙古蒲公英。

模式标本保存地：美国（CAS，San Francisco）。

观察标本：1♀，甘肃天水，1995.Ⅷ.5，郭宏伟采自苦菜花；2♀♀，湖北松柏，2001.Ⅶ.25，张桂玲采自向日葵花；2♀♀2♂♂，陕西南五台，1987.Ⅴ.22，冯纪年采自蒲公英花。

分布：内蒙古、陕西（南五台）、甘肃（天水）、青海（门源县）、湖北（松柏）；俄罗斯，匈牙利，芬兰，德国，立陶宛，奥地利，爱沙尼亚，瑞典，捷克，斯洛伐克，英国，荷兰，希腊，波兰，法国，罗马尼亚，土耳其，美国，加拿大。

(225) 带角蓟马 *Thrips vitticornis* (Karny, 1922)（图 237）

Physothrips vitticornis Karny, 1922, *J. Siam Soc.*, 16 (2): 103-106.

Taeniothrips canavaliae Moulton, 1928b, *Ann. Zool. Jap.*, 11 (4): 295, 325.

Thrips vitticornis (Karny): Bhatti, 1969a, *Orien. Insects*, 3 (4): 380; Bhatti, 1978c, *Orien. Insects*, 12 (2): 196; Han, 1997a, *Economic Insect Fauna of China Fasc.*, 55: 322.

雌虫：体长约 1.25mm。体暗至黑棕色。触角节Ⅰ-Ⅱ和节Ⅴ-Ⅷ略淡于体色，节Ⅱ端部较淡，节Ⅲ黄色，节Ⅳ基部 1/3 渐暗至端部 2/3 灰棕色，节Ⅴ最基部之前有 1 个不很清晰的白色环。前翅灰棕色，基部 1/4 有 1 个不规则且不显著的淡区。前足股节灰棕色，中、后足股节更暗；前足胫节（除内、外缘暗棕色外）黄色，中、后足胫节棕色；各足跗节黄色。

头部　头宽大于长，头背面复眼前后有横纹。前部触角间稍向前突出，两颊较拱。复眼较大，占头长的一半。前外侧鬃细小，单眼间鬃粗，长 30，在前单眼两侧，位于 3 个单眼外缘连线之外。单眼后鬃和 5 对复眼后鬃紧围复眼。触角 8 节，节Ⅲ有梗，节Ⅳ及节V基部和端部较细，但端部不细缩为显著的瓶状；节Ⅰ-Ⅷ长（宽）分别为：21（30），36（28），51（21），51（18），42（15），54（18），9（6），9（5），总长273；节Ⅲ、Ⅳ和Ⅵ感觉锥长28。口锥伸达前胸腹片中部。

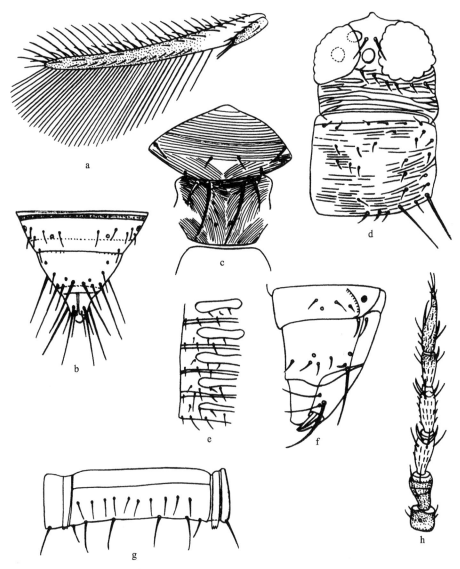

图237　带角蓟马 *Thrips vitticornis* (Karny)（仿韩运发，1997a）

a. 前翅（fore wing）；b. 雌虫腹节Ⅷ-Ⅹ背片（female abdominal tergites Ⅷ-Ⅹ）；c. 中、后胸盾片（meso- and metanota）；d. 头和前胸（head and pronotum）；e. 雄虫腹节Ⅲ-Ⅶ腹片（male abdominal sternites Ⅲ-Ⅶ）；f. 雄虫腹节Ⅷ-Ⅹ背片（male abdominal tergites Ⅷ-Ⅹ）；g. 腹节Ⅴ腹片（abdominal sternite Ⅴ）；h. 触角（antenna）

胸部　前胸宽大于长，背片有模糊横纹。前缘鬃、前角鬃、侧鬃和24-30根背片鬃都较小；后角外鬃长66，内鬃长66-72；后缘鬃3对。后胸盾片线纹很密，前部为两端向前伸的横线纹，中部和两侧为密纵纹；前缘鬃在前缘上；前中鬃在前缘上，1对细孔在后部。前翅长 773，中部宽 51；前缘鬃 28 根，前脉鬃数及排列方式常有变异，基中部鬃 7-8（3+4 或 4+4）根，自中部向端部有 5 或 7（4+1 或 4+2+1）根鬃，特点是端鬃和中部鬃无明显界限；后脉鬃 15 根。

腹部 腹节背片两侧有斜的线纹。节 V-Ⅷ（而非节Ⅲ-Ⅷ）背片两侧有微弯梳，节 I-Ⅷ背片近前缘有深色横线，后部数节色深而宽。节 II 背片侧缘纵列鬃 4 根。节Ⅷ后缘梳缺，或仅两侧梳毛很弱而中部缺。1 对细孔的前内侧中对鬃（内对 I）很小，间距宽 102。节 V 背片鬃长：对 I 5，对 II 20，对Ⅲ 25，对Ⅳ（后缘上）54，对 V 27。节Ⅸ背片后缘长鬃长：中背鬃 109，中侧鬃 110，侧鬃 110。节 X 背片长鬃长 106-109。背侧片无附属鬃。腹片有附属鬃，节 II 有 1 对，节Ⅲ-Ⅶ有 6 对，节Ⅷ有 4 对，大体排为 1 横列，但不整齐。

雄虫：体长 1.1mm。体色与雌虫相似，但触角节 I 棕色，节 II 棕色而端部较淡；节Ⅲ、Ⅳ黄色，但节Ⅳ近外端略暗，节 V 基部 1/3 淡黄色，节 V 端部 2/3 至节Ⅷ棕色。各足股节暗棕色，股节端部及胫节黄棕色，跗节淡黄色。节Ⅷ背片后缘无梳。节Ⅸ背片后缘鬃原记述为：有 2 根鬃在每侧，小而弱，非矩状。节Ⅲ-Ⅶ腹片有附属鬃，雄性腺域大，其宽度几乎达至该节腹片侧缘，略似哑铃形。

寄主：海刀豆。

模式标本保存地：德国（SMF，Frankfurt）。

观察标本：未见。

分布：台湾；印度，越南，泰国，菲律宾，印度尼西亚，关岛，美国。

(226) 普通蓟马 *Thrips vulgatissimus* Haliday, 1836（图 238）

Thrips vulgatissimus Haliday, 1836, *Ent. Mag.*, 3: 447; Bhatti, 1969a, *Orien. Insects*, 3 (4): 380; Mound et al., 1976, *Handb. Ident. Brit. Ins.*, 1 (11): 6, 46; Han, 1997a, *Economic Insect Fauna of China Fasc.* 55: 324.

Physopus vulgatissimus (Haliday): Uzel, 1895 = *Frankliniella intonsa* (Trybom).

Physopus pallipennis Uzel, 1895, *Königgräitz*: 33, 50, 110, pl. Ⅴ.

Taeniothrips vulgatissimus var. *meridionalis* Priesner: Treherne, 1924, *Can. Ent.*, 56 (4): 84.

Taeniothrips lemanis Treherne, 1924, *Can. Ent.*, 56 (4): 87.

雌虫：体长 1.7mm。体棕色，包括触角和足，但触角节Ⅲ黄色至淡棕色，有时节 I、II 或 II 端部稍淡。前足胫节除边缘外，各足股节两端和中、后足胫节两端及各足跗节淡棕色或橙黄色。前翅淡棕色，但基部较淡。体鬃和翅鬃暗。腹部背片前缘线不暗。

头部 头宽大于长，两颊略外拱，眼前后横纹重，眼间线纹轻。复眼突出。单眼间鬃较短，在前单眼后外侧，位于前后单眼外缘连线上。单眼后鬃和复眼后鬃围绕复眼呈单行排列，单眼后鬃显著长。触角 8 节，节Ⅲ、Ⅳ感觉锥叉状。端较细缩；节 I-Ⅷ长（宽）分别为：29（32），40（28），69（23），65（22），47（21），61（20），8（8），15（7），总长 334。下颚须 3 节。

胸部 前胸宽大于长，背片前后部横纹显著，有鬃 28 根，后外侧 1 根较长，后缘鬃

3 对；后角内鬃长于外鬃长。中胸盾片布满横纹，中后鬃距后缘甚远。后胸盾片线纹密，前中部约有 15 条向前弯的横线纹，其后有少数网纹和密纵线，两侧为密纵线，钟形感器存在，前缘鬃在前缘上。前翅长 1182，中部宽 73；前缘鬃 29 根；前脉基部鬃 7 根，端鬃 3 根；后脉鬃 16 根。

腹部　节 II-VIII 背片两侧有横线纹。节 V 背片长 97，宽 360，中对鬃间距 90，鬃长：内鬃 I（中对鬃）20，内鬃 II 25，内鬃 III 41，内鬃 IV（后缘上）66，内鬃 V 53，内鬃 VI（背侧片后缘上）49；节 VI、VII 背片鬃 III 退化变小；节 II 背片两侧缘纵列鬃 3 根；节 III-VII 背侧片各有 1 根附属鬃。节 VIII 背片后缘梳完整，梳毛细长；节 IX 背片鬃长：背中鬃 118，中侧鬃 146，侧鬃 170；节 X 背鬃长 141 和 146。腹片各节附属鬃数：节 II 1 根，节 III-VII 6-9 根，节 VII 腹片中对鬃在后缘之前。

雄虫：体较雌虫小，体色较黄。触角节 II、III 几乎黄色，节 IV 亦较淡。前足股节、中、后足股节端部和胫节基部黄色部分增多。前翅几乎一致淡黄色。腹节 IX 背鬃 I、III 和侧鬃在前，背鬃 II、IV、V 在后，鬃长：内 I 36，内 II 41，内 III 24，内 IV 10，内 V 83，侧鬃 73。腹片附属鬃数：节 III 2 根，节 IV 4 根，节 V-VIII 8 根。节 V 腹片腺域长 17，宽 41；各节腺域宽度占腹片宽度比例：节 III 0.39，节 IV 0.4，节 V 0.32，节 VI 0.29，节 VII 0.13。

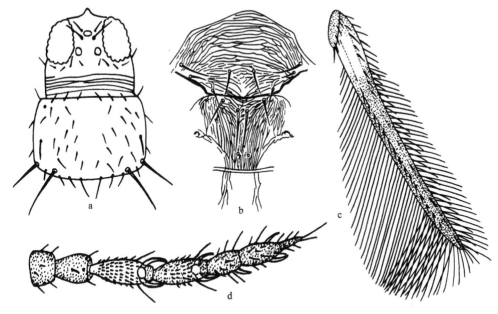

图 238　普通蓟马 *Thrips vulgatissimus* Haliday（仿韩运发，1997a）

a. 头和前胸（head and pronotum）；b. 中、后胸盾片（meso- and metanota）；c. 前翅（fore wing）；d. 触角（antenna）

寄主：油菜、紫云英、风轮菜、马先蒿、紫花苜蓿、野蔷薇、刺榆、柏、荞麦、芒芥、葱、蒙古蒲公英、小麦、麻芃花、鳞叶龙胆、大花荆芥、葛缕子、广玉兰、李树。

模式标本保存地：美国（CAS，San Francisco）。

观察标本：23♀♀，宁夏六盘山苏台林场，2150m，2008.Ⅶ.2，郑建武采自杂草；8♀♀5♂♂，内蒙古贺兰山哈拉乌，2300m，2010.Ⅷ.13，李维娜采自大花荆芥；6♀♀，内蒙古贺兰山哈拉乌，2332m，2010.Ⅷ.13，胡庆玲采自葛缕子；1♀，内蒙古贺兰山哈拉乌，2332m，2010.Ⅷ.13，胡庆玲采自紫花苜蓿；1♀，海南尖峰岭，850m，2008.Ⅲ.19，郑建武采自李树；1♀，上海康健公园，2006.Ⅶ.4，陆亮采自广玉兰；5♀♀1♂，宁夏六盘山峰台林场，2230m，2008.Ⅶ.6，郑建武采自紫花苜蓿。

分布：内蒙古（贺兰山）、宁夏（六盘山）、甘肃（武威）、青海（门源）、新疆（昆仑山）、上海、海南（尖峰岭）、四川（康定、贡嘎山）、西藏（米林、察隅、日喀则）；蒙古，乌克兰，格鲁吉亚，前南斯拉夫，罗马尼亚，匈牙利，波兰，瑞典，瑞士，荷兰，西班牙，希腊，法国，意大利，丹麦，奥地利，德国，英国，芬兰，格陵兰，冰岛，美国，加拿大，新西兰。

68. 异色蓟马属 *Trichromothrips* Priesner, 1930

Trichromothrips Priesner, 1930b, *Bull. Soc. Roy. Entomol. Egy.*, 14 (1): 9; Bhatti, 1978c, *Orien. Insects*, 12 (2): 167; 1999: 1-5, reinterpretation; 2000: 1-65.

Dorcadothrips Priesner, 1932c, *Bull. Soc. Roy. Entomol. Egy.*, 16 (1-2): 49; Bhatti, 1978c, *Orien. Insects*, 12 (2): 167. Synonymised by Bhatti, 1999, *Thrips*, 1: 2; Han, 1997a, *Economic Insect Fauna of China Fasc.*, 55: 222.

Micothrips Ananthakrishnan, 1965, *Bull. Entomol.*, 6: 18. Synonymised by Bhatti, 1999, *Thrips*, 1: 2.

Apothrips Bhatti, 1967, *Thysanop. nova Indica*: 20. Synonymised by Bhatti, 1978c, *Orien. Insects*, 12 (2): 167.

Trichromothrips (*Dovithrips*) Bhatti, 1999, *Thrips*, 1: 2. **Type species:** *Dorcadothrips flavidus* Bhatti, 1978, by monotypy.

Type species: *Trichromothrips bellus* Priesner, by original description and monotypy.

属征：雌虫长翅。体细长，通常一致浅黄色或者二色的，活着的时候很鲜明。头通常在前缘延伸，眼后强收缩。口锥短圆，下颚须 3 节。复眼常突出。无单眼前鬃，单眼间鬃长，一般位于后单眼之间或者很少在后单眼前缘。眼后鬃 5 对，排成一排。触角细长，8 节，节Ⅰ有 1 对背顶鬃，节Ⅲ-Ⅳ感觉锥叉状，节Ⅲ-Ⅵ背侧和腹侧都有微毛列。口锥短圆，下颚须 3 节。前胸光滑，后角有 2 对鬃，常发达。中胸背板中对鬃位于前缘附近或在亚中鬃前面；后胸背板常光滑，中间纹线很弱，中对鬃位于前缘或者靠近前缘，钟形感器有或无。羊齿不分开。中胸内叉骨具刺，后胸内叉骨无刺。前翅前脉鬃列中间有大的间断，端鬃 2 根；翅瓣基部通常有 4（少有 3 或 5）根鬃；端部有 2 根鬃；后缘缨毛弯曲。跗节 2 节。腹部背板无梳或者缘膜；节Ⅱ-Ⅶ背板中间常光滑，两侧有刻纹，且两侧的 3 根鬃（B3-B5）呈直线排列；节Ⅷ后缘无梳。雄虫长翅或无翅，结构和体色与雌性类似。腹节Ⅸ背板通常有 1 对后缘突起；节Ⅲ-Ⅷ腹板每节有 3-6 个腺域。

分布：古北界，东洋界，新北界，非洲界，新热带界，澳洲界。

本属世界记录 34 种，本志记述 5 种。

种检索表

(227) 福尔摩斯异色蓟马 *Trichromothrips formosus* Masumoto & Okajima, 2005（图239）

Trichromothrips formosus Masumoto & Okajima, 2005, *Zootaxa*, 1082: 1-27.

雌虫：体长 1.2-1.7mm。体明显二色，无红色色素，但在产卵器附近有 1 小的红色区域。头深棕色，但在后缘中部有 1 小的圆锥状的浅色区域。触角节Ⅰ、Ⅱ深棕色，节Ⅲ浅黄色，端部和基部 1/3 包括梗颜色稍深，节Ⅳ-Ⅴ浅黄色，端部 1/3 棕色，节Ⅵ棕色，基部 1/2 浅黄色，节Ⅶ-Ⅷ棕色。前胸两侧有深鬃色线纹，中部大的三角形区域黄白色；翅胸黄白色，背片颜色稍深。前翅一致深棕色，基部有 1 浅色区域。足黄白色。腹节Ⅰ-Ⅵ浅黄色，节Ⅵ背片沿前缘线中部颜色稍深，节Ⅶ、Ⅸ深棕色，节Ⅹ浅棕色，端部稍浅。体主要鬃颜色深。

头部 头长 1.0-1.2 倍于宽，在基部 1/3 处有显著的纵横交错的横纹，在前单眼前显著延伸，复眼后强烈收缩，两颊圆。复眼几乎和颊几乎等长，小眼无色素。单眼前外侧鬃几乎为单眼间鬃的一半长，单眼间鬃位于后单眼前缘附近。触角 8 节，节Ⅳ常最长，几乎与节Ⅵ等长；节Ⅲ、Ⅳ感觉锥经常至少伸至下节基部 1/3-1/2 处，长度分别 0.5-0.9 倍和 0.6-0.8 倍于节长。

胸部 前胸宽大于长，浅色区域基本光滑，两侧深色区域内有分布很宽的相互交织的横纹，有 14-20 根背片鬃，靠近前缘的中对鬃稍长；后角鬃内对长于外对。中胸背板前中部几乎光滑；中对鬃在亚中对鬃前面；前钟形感器缺。后胸背板中部光滑；中对鬃位于前缘，比亚中对鬃稍短；钟形感器缺。前翅前脉基部 6（很少 5 或 7）根鬃，后脉 12-22根鬃。

腹部 腹节Ⅵ-Ⅷ背板 B4 鬃小；节Ⅸ后缘有钟形感器，SB2 鬃存在。腹板无附属鬃；节Ⅱ有 3 对后缘鬃；节Ⅶ所有鬃在后缘之前。

雄虫：体长 1.1-1.5mm，长翅。结构和体色与雌性相同。腹节Ⅸ后缘有 1 对角状突起。节Ⅲ-Ⅷ腹板每节有 5 个腺域（两侧为成对的、圆形；中间为椭圆形）。从背面看，阳基侧突有 2 个突起。

寄主：桃叶珊瑚、芳樟、红楠、普陀樟、长叶苦竹、棕鳞耳蕨、光蜡树、海金沙、青冈等。

模式标本保存地：日本（TUA，Tokyo）。

观察标本：未见。

分布：台湾；日本。

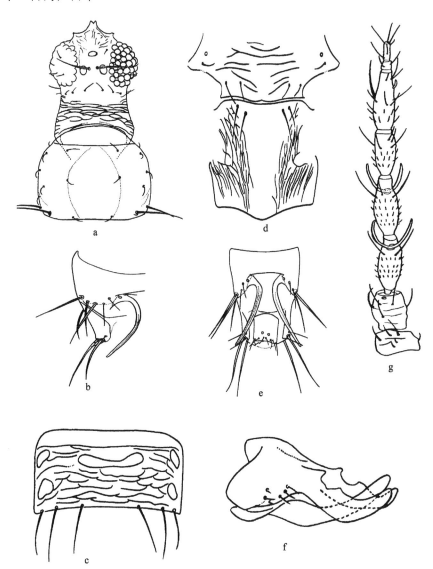

图 239 福尔摩斯异色蓟马 *Trichromothrips formosus* Masumoto & Okajima（仿 Masumoto & Okajima，2005）

a. 头和前胸（head and pronotum）；b. 腹节IX（侧面观）（abdominal tergite IX, lateral view）；c. 腹节VI腹片（abdominal sternite VI）；d. 中、后胸盾片（meso- and metanota）；e. 腹节IX-X背片（abdominal tergites IX-X）；f. 阳茎（phallus）；g. 触角（antenna）

(228) 弱异色蓟马 *Trichromothrips fragilis* Masumoto & Okajima, 2005（图 240）

Trichromothrips fragilis Masumoto & Okajima, 2005, *Zootaxa*, 1082: 1-27.

雌虫：体长 1.2-1.4mm。除头部棕色外身体一致为黄白色；触角节Ⅰ、Ⅱ深棕色，节Ⅲ-Ⅳ黄白色，端部1/2颜色稍深，节Ⅴ浅黄色，端部1/2棕色，节Ⅵ棕色，节Ⅶ-Ⅷ浅棕色；足黄白色；前翅深棕色；体主要鬃颜色浅或稍深。

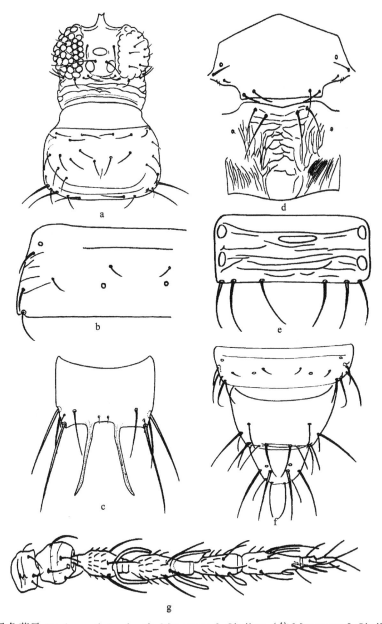

图240　弱异色蓟马 *Trichromothrips fragilis* Masumoto & Okajima（仿 Masumoto & Okajima，2005）
a. 头和前胸（head and pronotum）；b. 腹节Ⅱ背片（左半部）（abdominal tergite Ⅱ, left part）；c. 腹节Ⅸ背片（abdominal tergite Ⅸ）；d. 中、后胸盾片（meso- and metanota）；e. 腹节Ⅶ腹片（abdominal sternite Ⅶ）；f. 腹节Ⅷ-Ⅹ背片（abdominal tergites Ⅷ-Ⅹ）；g. 触角（antenna）

头部　头长 0.7-0.9 倍于宽，在复眼后有分布较宽的纵横交错的横纹。头在前单眼前显著延伸，复眼后稍收缩，两颊圆。复眼长于颊，小眼无色素。单眼前外侧鬃长于单眼间鬃的一半，单眼间鬃位于后单眼前内角附近。触角 8 节，节Ⅳ常最长，几乎与节Ⅵ等长；节Ⅲ、Ⅳ感觉锥分别 0.6-0.8 倍和 0.7-0.8 倍于节长。

胸部　前胸宽大于长，背片基本光滑，有 11-24 根背片鬃，有 5-6 根前缘鬃，后角鬃内对长于外对。中胸背板无明显刻纹；中对鬃靠近后缘；前钟形感器缺。后胸背板有弱的分布很稀的横纹；中对鬃位于前缘附近，比亚中对鬃稍短；钟形感器缺。前翅前脉基部 6（很少 5 或 7）根鬃，后脉 13-18 根鬃。

腹部　腹节两侧有弱的横纹；节Ⅵ-Ⅷ背板 B4 鬃小；节Ⅸ后缘无钟形感器，SB2 鬃存在。节Ⅱ腹板有 2 对后缘鬃；节Ⅶ所有鬃着生于后缘

雄虫：体长 1.0-1.2mm，长翅。结构和体色与雌性相同。腹节Ⅸ后缘有 1 对角状突起。节Ⅲ-Ⅷ腹板每节有 5 个腺域（两侧为成对的圆形；中间的为椭圆形）。从背面看，阳基侧突有 2 个突起。

寄主：东瀛珊瑚、芳樟、红楠、木防己、枫香、西番莲。

模式标本保存地：日本（TUA，Tokyo）。

观察标本：未见。

分布：台湾。

(229) 台湾异色蓟马 *Trichromothrips taiwanus* Masumoto & Okajima, 2005（图 241）

Trichromothrips taiwanus Masumoto & Okajima, 2005, *Zootaxa*, 1082: 1-27.

雌虫：体长 1.6mm。体明显二色。头一致棕色，触角节Ⅰ-Ⅱ棕色，节Ⅲ-Ⅴ黄白色，但端部 1/3-1/2 棕色，节Ⅵ棕色，基部 1/3 黄白色，节Ⅶ浅棕色，节Ⅷ色淡。前胸两侧有浅棕色纹，中部的浅色区汇聚于前缘，在后缘稍狭，颜色稍深；翅胸黄白色，中、后胸两侧色深；前翅一致棕色，中部 1/3 少深。足黄白色。腹节Ⅰ-Ⅵ基本黄白色，节Ⅱ背板前角区每侧和前缘中部有棕色刻纹，节Ⅲ-Ⅵ背板沿前缘线有棕色刻纹；节Ⅶ-Ⅷ深棕色，节Ⅹ深棕色，端部稍浅。体主要鬃稍深。

头部　头长宽约等长，在基部 1/3 处有显著的相互交织的横纹。头在前单眼前显著延伸，复眼后强烈收缩，两颊圆。复眼几乎和颊等长，小眼无色素。单眼前外侧鬃长小于单眼间鬃的 0.3 倍，单眼间鬃位于后单眼间，其长为单眼间距离的 5.5 倍。触角节Ⅳ、Ⅵ最长，几乎与节Ⅵ等长；节Ⅲ、Ⅳ感觉锥分别 0.5-0.6 倍和 0.5-0.6 倍于节长。

胸部　前胸宽大于长，光滑无刻纹，有 12 根背片鬃；后角鬃内对长于外对；后缘仅有 1 对鬃，不长于背片鬃。中胸背板前部 1/2 光滑；中对鬃靠近后缘；前钟形感器缺。后胸背板中部光滑；中对鬃位于前缘或靠近前缘，比亚中对鬃稍短；钟形感器缺。前翅前脉基部鬃 5 根，后脉鬃 13-17 根；翅瓣基部鬃 3 根，端鬃 1 根。

腹部　腹节Ⅱ-Ⅷ两侧有线纹，中部光滑，钟形感器存在；节Ⅴ-Ⅷ背板 B4 鬃小；节Ⅸ后缘钟形感器存在，在 B1 鬃之间有 1 小鬃且短于 B1 鬃，SB1 鬃远短于 B1 鬃，SB2

鬃存在。腹板无附属鬃；节Ⅱ腹板有 3 对后缘鬃；节Ⅶ所有鬃着生于后缘之前。

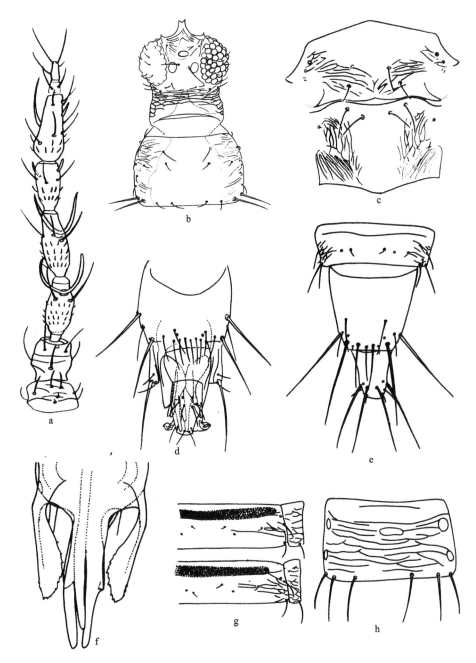

图 241　台湾异色蓟马 *Trichromothrips taiwanus* Masumoto & Okajima（仿 Masumoto & Okajima，2005）
a. 触角（antenna）；b. 头和前胸（head and pronotum）；c. 中、后胸盾片（meso- and metanota）；d. 雄虫腹节Ⅸ-Ⅹ背片（male abdominal tergites Ⅸ-Ⅹ）；e. 雌虫腹节Ⅷ-Ⅹ背片（female abdominal tergites Ⅷ-Ⅹ）；f. 阳茎（phallus）；g. 腹节Ⅳ-Ⅴ背片（右半部）（abdominal tergites Ⅳ-Ⅴ, right part）；h. 腹节Ⅷ腹片（abdominal sternite Ⅷ）

雄虫：体长 1.3mm，长翅。结构和体色与雌性相同，但体小色浅。腹节Ⅸ后缘有 1 对钟形感器，无角状突起，在钟形感器后有 7 根鬃。节Ⅲ-Ⅷ腹板每节有 5 个腺域（两侧为成对的圆形；中间的为椭圆形）。从背面看，阳基侧突有突起，1 对大的铲状裂片在阳基侧突外缘延伸，其内缘上有很多小齿；阳茎刺存在。

寄主：未知。

模式标本保存地：日本（TUA，Tokyo）。

观察标本：未见。

分布：台湾。

(230) 络石异色蓟马 *Trichromothrips trachelospermi* Zhang & Tong, 1996（图 242）

Trichromothrips trachelospermi Zhang & Tong, 1996, *Entomotax.*, 18 (4): 253-256.

雌虫：体长 1.23mm。头部褐色，中央自单眼后方至基部黄色。胸部黄色，两侧呈褐色，前翅腋片及前翅灰褐色，足黄色。腹部各节淡褐色，并常有不规则的红色斑块。触角节Ⅰ、Ⅱ褐色，节Ⅲ-Ⅴ基半部黄色，端半部褐色，节Ⅵ-Ⅷ褐色，但基部色略淡。

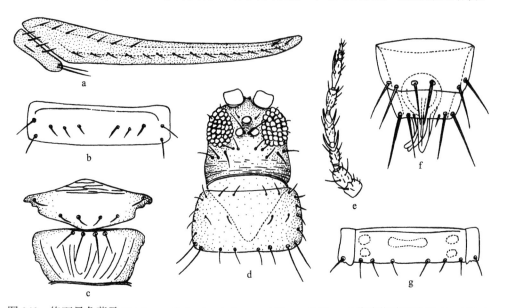

图 242 络石异色蓟马 *Trichromothrips trachelospermi* Zhang & Tong（仿张维球和童晓立，1996）

a. 前翅（fore wing）；b. 腹节Ⅴ背片（abdominal tergite Ⅴ）；c. 中、后胸盾片（meso- and metanota）；d. 头和前胸（head and pronotum）；e. 触角（antenna）；f. 雄虫腹节Ⅸ-Ⅹ背片（male abdominal tergites Ⅸ-Ⅹ）；g. 雄虫腹节Ⅴ腹片（male abdominal sternite Ⅴ）

头部 头长大于宽，颊在复眼后方略向后收窄，至基部则略宽。单眼前鬃 1 对，鬃长 16，单眼间鬃位于后单眼内侧，鬃长 22，复眼后鬃各 5 根。头部后方有不明显的横形状网纹。口锥伸达近前胸后缘，下颚须 3 节。触角 8 节，节Ⅲ-Ⅵ基部呈短柄状，节Ⅲ、Ⅳ各着生叉状感觉锥，锥长超过着生节之半，节Ⅵ外侧亦具 1 长的感觉锥，锥长达节Ⅷ的端部，节Ⅰ-Ⅷ（长/宽）分别为：24（32），40（28），56（20），60（26），48（26），64（24），12（6），16（6）。

胸部　前胸宽大于长，背板平滑，前缘鬃6根，侧缘鬃4根，后缘角具粗鬃2根，内角鬃52，外角鬃44，后缘鬃4根。中、后胸背板平滑，纵纹稀少，中胸背板中背鬃和中侧鬃近乎在一直线上，鬃长18。后胸背板的中背鬃和侧背鬃着生于靠近后胸背板前缘处，后胸背板无感觉孔。中胸腹板内叉骨具小刺。前翅及其腋片密生微毛，前翅前缘鬃22-23根，前脉基部鬃3+4根，端鬃2根，上脉鬃13-15根。

腹部　节Ⅷ背板后缘无后缘梳。腹节Ⅱ-Ⅶ腹板后缘鬃各3对，节Ⅶ腹板后缘鬃着生于该节的后缘上，各节腹板无附属鬃。

雄虫：形态结构和体色与雌虫相似，但腹节Ⅲ-Ⅷ腹板中央近前方有1横向似哑铃形的腺域，两侧具1对近圆形腺域；节Ⅸ背板后缘中央着生1对粗鬃。

寄主：络石。

模式标本保存地：中国（SCAU，Guangzhou）。

观察标本：副模♀，浙江天目山，1986.Ⅷ.19，童晓立采自络石。

分布：浙江（天目山）。

(231) 黄异色蓟马 *Trichromothrips xanthius* (Williams, 1917)（图243）

Taeniothrips xanthius Williams, 1917, *Bull. Entomol. Res.*, 8: 59; Kurosawa, 1938, *Kontyû*, 12: 124-127; Williams, 1968, *Insecta Mat. Suppl.*, 4: 27.

Dorcadothrips xanthius (Williams): Bhatti, 1978c, *Orien. Insects*, 12 (2): 168-169; Han, 1997a, *Economic Insect Fauna of China Fasc.*, 55: 222.

Trichromothrips xanthius (Williams): Bhatti, 1999, *Thrips*, 1: 4; Bhatti, 2000, *Orien. Insects*, 34: 28-29.

雄虫：体长约1.1mm。体棕色，但足黄色，中、后胸和翅色浅，淡褐色；体鬃和翅鬃较暗而细。

头部　头背在眼后有网纹。单眼呈三角形排列于复眼中部靠前。单眼前鬃缺，前侧鬃长36，单眼间鬃长60，位于前后单眼中心连线上；眼后鬃小。触角8节，较细。口锥短，端宽圆；下颚须不长，各节长：Ⅰ 18、Ⅱ 6、Ⅲ 12。

胸部　前胸宽大于长，背片光滑，背片鬃较细，18根；后角内鬃长72，外鬃长48，后缘鬃2对，细小。中胸盾片线纹很少，中后鬃和后缘鬃在后缘前，且相互靠近，鬃细，后缘鬃稍大于中后鬃。后胸盾片不大，两侧有纵纹，前边有短横纹，中部光滑，前缘鬃长22，距前缘386；前中鬃长12，距前缘15，间距8。中胸内叉骨刺清晰。前翅前缘鬃16根，前脉基部鬃3+3根，端鬃2根；后脉鬃4根；翅瓣前缘鬃4根。

腹部　腹节背片有线纹，中对鬃在亮孔前内方。腹节Ⅱ-Ⅶ各节背面两侧有小刺，逐渐变长；节Ⅷ后缘梳细长完整。背侧片和腹片均无附属鬃。节Ⅱ-Ⅵ腹片有较大横腺域，各节后缘鬃均在后缘上。

寄主：鸡血藤、兰类、草。

模式标本保存地：未知。

观察标本：1♂，广州华南农大校园，2001.Ⅹ.12，沙忠利采自禾本科杂草。

分布：台湾、广东（广州）、海南、广西、云南；朝鲜，日本，西班牙，美国，巴西。

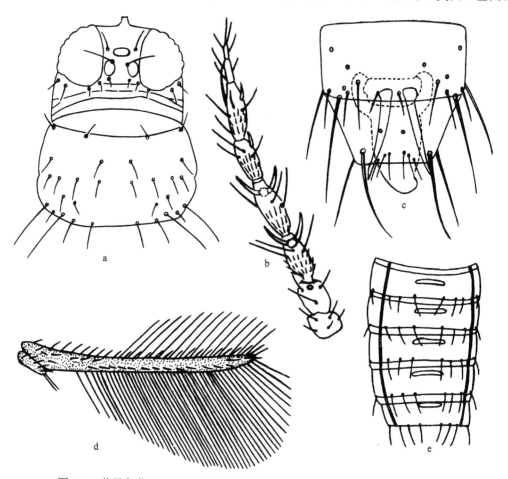

图 243　黄异色蓟马 *Trichromothrips xanthius* (Williams)（仿韩运发，1997a）

a. 头和前胸（head and pronotum）；b. 触角（antenna）；c. 雄虫腹节Ⅸ-Ⅹ背片（male abdominal tergites Ⅸ-Ⅹ）；d. 前翅（fore wing）；e. 雄虫腹节Ⅲ-Ⅶ腹片（male abdominal sternites Ⅲ-Ⅶ）

69. 尾突蓟马属 *Tusothrips* Bhatti, 1967

Tusothrips Bhatti, 1967, *Thysanop. nova Indica*: 16; Han, 1997a, *Economic Insect Fauna of China Fasc.*, 55: 218.

Tusothrips Bhatti, 1969a, *Orien. Insects*, 3 (4): 378.

Type species: *Mycterothrips pseudosetiprivus* Ramakrishna & Margabandhu, by monotypy.

属征：头宽大于长。单眼前鬃 1 对；眼后鬃排成 1 排，鬃Ⅰ长而粗壮于其他各鬃，鬃Ⅳ退化；单眼间鬃和前单眼鬃粗壮。触角 8 节，节Ⅰ无背顶鬃，节Ⅲ、Ⅳ感觉锥叉状。单眼存在。口锥长而狭，下颚须 3 节。前胸每后角有 2 根长鬃。中胸盾片中对鬃远在后缘之前。后胸盾片有网纹。中胸内叉骨刺存在或缺；后胸内叉骨刺缺。跗节 2 节。前翅前脉有大的间断，后脉仅有几（4）根鬃，后缘缨毛波曲。腹节 Ⅱ-Ⅶ背板和节 Ⅱ-Ⅶ（♀）或节 Ⅱ-Ⅷ（♂）腹板后缘有缘膜。节 Ⅱ 腹板有 2 对后缘鬃，节 Ⅲ-Ⅷ 各有 3 对；雌虫节 Ⅶ 中对鬃远在后缘之前；无附属鬃。雌虫节 Ⅹ 纵裂，雄虫不纵裂。雄虫节 Ⅸ 背板有 2 根粗壮的刺状鬃；节 Ⅲ-Ⅶ 腹板有退化的腺域。

分布：东洋界，澳洲界。

本属世界记录约 6 种，本志记述 2 种。

种检索表

前胸背片光滑仅后缘有断续的几条纹；后胸盾片线纹稀而弱，前部有 3-4 条横纹，中部有隐约而间断的 2-3 条纵线，两侧为纵线；腹部背片线纹亦很弱，节 Ⅰ 背片布满横线纹，节 Ⅱ-Ⅶ 线纹横贯整个背片但中部前后缘缺；节 Ⅱ 侧缘鬃仅 2 根 ·························· **苏门答腊尾突蓟马 *T. sumatrensis***

前胸背片光滑几乎无线纹；后胸背片前部有些横网纹，中后部网纹两侧向后伸；腹节 Ⅰ-Ⅷ 背片有横线纹；节 Ⅱ 背片侧缘鬃 3 根 ·························· **蔓豆尾突蓟马 *T. calopgomi***

(232) 蔓豆尾突蓟马 *Tusothrips calopgomi* (Zhang, 1981)（图 244）

Taeniothrips calopgomi Zhang, 1981, *Acta Zootaxon. Sin.*, 6 (3): 325, 327, figs. 5-8.
Tusothrips calopgomi: Zhang & Tong, 1993a, *Zool.* (*J. Pure and Appl. Zool.*), 4: 421.

雌虫：体长约 1.3mm。体黄色，但触角节 Ⅲ 暗黄色，节 Ⅳ、节 Ⅴ 端部 2/3 和节 Ⅵ-Ⅷ 棕色；前翅翅瓣棕色，近中部及端部 1/3 处有暗至淡棕色带；体鬃和翅鬃暗至棕色。

头部　头宽大于长，后部背面有 3 条横线。复眼长 61。前单眼前侧鬃长 27，单眼间鬃长 20，位于前后单眼之间中心连线上；眼后鬃长：内 Ⅰ 29，内 Ⅱ 14，内 Ⅲ 5，内 Ⅳ 19，内 Ⅴ 18，紧靠眼呈 1 横列。触角 8 节，节 Ⅲ-Ⅷ 长（宽）分别为：47（17），47（17），33（15），41（15），8（6），14（4）；节 Ⅲ、Ⅳ 叉状感觉锥较长，伸达前节中部，臂长 36。口锥较窄，长 128，基部宽 90，中部宽 61，端部宽 19。下颚须节长：Ⅰ（基部）26，Ⅱ 13，Ⅲ 23。

胸部　前胸宽大于长，背片光滑几乎无线纹，后角鬃长：外对 50，内对 54；背片鬃除边缘鬃外，共 40 根。后缘鬃 3 对。后胸背片前部有些横网纹，中后部网纹两侧向后伸；2 个细孔在中部；前缘鬃较细，长 27，间距 54；前中鬃较粗，长 31，间距 23。前翅长 663，中部宽 33；前翅前缘鬃 23 根；前脉基部鬃 4+3，端鬃 3；后脉鬃 4 根；翅瓣前缘鬃 5 根。

腹部　节 Ⅰ-Ⅷ 背片有横线纹。各背片和腹片后缘有凸缘。节 Ⅱ 背片侧缘鬃 3 根。各背侧片无附属鬃。节 Ⅴ 背片长 77，宽 282。节 Ⅱ-Ⅷ 背片中对鬃（对 Ⅰ）及对 Ⅱ 甚小于背片其他鬃，对 Ⅰ 的间距甚大。节 Ⅴ 背片各鬃长：内对 Ⅰ 9，内对 Ⅱ 14，内对 Ⅲ 45，内对 Ⅳ 33，内对 Ⅴ 50；对 Ⅰ 鬃间距 46。节 Ⅷ 背片后缘无梳；节 Ⅸ 长 90，后缘长鬃长：背中鬃 111，侧中鬃 115，侧鬃 104；节 Ⅹ 背片后缘长鬃长：内中鬃 106，侧中鬃 95。腹部腹片无附属鬃。腹片节 Ⅴ 后缘鬃长 55-64，节 Ⅶ 中对后缘鬃远离后缘以前。

雄虫：未明。

寄主：毛蔓豆。

模式标本保存地：中国（SCAU，Guangzhou）。

观察标本：1♀，广东，1989.Ⅷ.24，童晓立采自毛蔓豆。

分布：湖南、广东、海南。

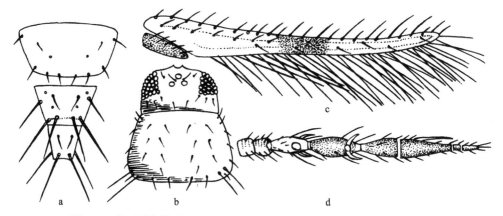

图 244　蔓豆尾突蓟马 *Tusothrips calopgomi* (Zhang)（仿张维球，1981）

a. 腹节Ⅷ-Ⅹ背片（abdominal tergites Ⅷ-Ⅹ）；b. 头和前胸（head and pronotum）；c. 前翅（fore wing）；d. 触角（antenna）

(233) 苏门答腊尾突蓟马 *Tusothrips sumatrensis* (Karny, 1925)（图 245）

Anaphothrips sumatrensis Karny, 1925, *Bull. Van het deli Proef. Med.*, 23: 27.

Anaphothrips (*Chaetanophothrips*) *aureus* Moulton, 1936a, *Philip. J. Agr.*, 7: 266.

Mycterothrips pseudosetiprivus Ramakrishna & Margabandhu, 1939, *Indian J. Entomol.*, 1 (3): 40.

Tusothrips aureus (Moulton): Zhang, 1982, *J. Sou. China Agric. Univ.*, 3 (4): 52, 58; Han, 1997a, *Economic Insect Fauna of China Fasc.*, 55: 218-230.

雌虫：体长约 1.0mm。体黄色；触角节Ⅰ-Ⅲ和节Ⅳ、Ⅴ基半部黄色，其余部分灰棕色；前翅最基部（包括整个翅瓣）及中部淡棕色；其余仅口锥端部和各足跗节最端部棕色。

头部　头短而宽，头后部有几条横线，复眼突出，单眼后较隆起。前单眼无前单眼前鬃，前外侧鬃长 16，前单眼间鬃距后单眼近，位于前后单眼间中心连线上，长 21；单眼后鬃长 21；复眼后鬃均微小，靠近复眼排为 1 横列。触角 8 节，节Ⅲ、Ⅳ感觉锥叉状，节Ⅲ-Ⅵ有横排微毛。口锥窄而长，伸至前胸腹片后缘；下颚须 3 节，细长。

胸部　前胸宽大于长，背片光滑仅后缘有断续的几条纹；背片除边缘鬃外，共有鬃 22 根，长度近似，前缘鬃 4 对，长度近似；后角鬃内对长于外对，后缘鬃 3 对。羊齿内端接触但很尖。中胸盾片横纹较稀疏而弱，前外侧鬃和后缘鬃几乎在一条横线上。后胸盾片线纹稀而弱，前部有 3-4 条横纹，中部有隐约而间断的 2-3 条纵线，两侧为纵线；前缘鬃在前缘上，前中鬃距前缘 7；1 对钟形感器在前中鬃后端。中、后胸内叉骨均无刺。

前翅较窄，前缘鬃 20 根；前脉基部鬃 4+3 根，端鬃 3 根；后脉鬃仅 4 根；翅瓣前缘鬃 5 根。足普通，各足跗节 2 节。

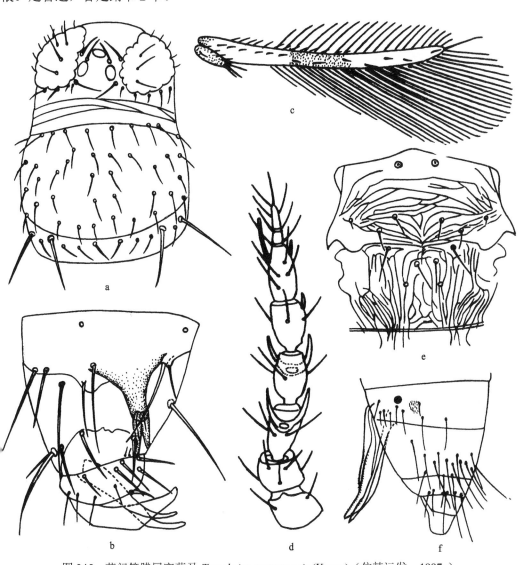

图 245　苏门答腊尾突蓟马 *Tusothrips sumatrensis* (Karny)（仿韩运发，1997a）

a. 头和前胸（head and pronotum）；b. 雄虫腹节Ⅷ-Ⅹ背片（male abdominal tergites Ⅷ-Ⅹ）；c. 前翅（fore wing）；d. 触角（antenna）；e. 中、后胸盾片（meso- and metanota）；f. 雌虫腹节Ⅷ-Ⅹ（侧面观）（female abdominal tergites Ⅷ-Ⅹ, lateral view）

腹部　腹节背片线纹亦很弱，节Ⅰ背片布满横线纹，节Ⅱ-Ⅶ线纹横贯整个背片但中部前后缘缺；节Ⅰ背片鬃均微小，节Ⅱ侧缘鬃仅 2 根。节Ⅱ-Ⅷ各节中对鬃微小，背侧鬃（自内向外）Ⅰ较小，Ⅱ、Ⅲ较长而横列，另有后缘鬃 1 对；节Ⅱ-Ⅷ无鬃孔在中对鬃的两侧。节Ⅴ-Ⅷ背片两侧无微弯梳，节Ⅷ后缘梳缺；节Ⅹ背片不纵裂。腹片光滑无纹，无附属鬃。节Ⅱ后缘鬃 2 对，节Ⅲ-Ⅶ各 3 对，节Ⅶ的中对鬃在前缘之前。

雄虫：体色和形态相似于雌虫，但较细小。节IX背片向后翘起的圆锥状突起长约37，其端部载2个棕色的粗角状刺，长约31，突起的两侧鬃大致1横列。腹片无腺域；无附属鬃；后缘鬃很长，皆超过该节的长度。

寄主：野苘麻、双翼豆。

模式标本保存地：德国（SMF，Frankfurt）。

观察标本：未见。

分布：广东、海南（尖峰岭）、云南（保山）；菲律宾，印度尼西亚。

70. 普通蓟马属 *Vulgatothrips* Han, 1997

Vulgatothrips Han, 1997b, *Insects Three Gorge Reserv. Area Yangtze River*: 544.
Type species: *Vulgatothrips shennongjiaensis* Han, 1997, monobasic.

属征：体形普通。头宽大于长，前缘触角间不显著延伸。前单眼刚毛2对。触角8节，感觉锥叉状。口锥不长，下颚须3节，不细长。前胸背片有少数横纹，宽大于长，后角有2对长鬃，后缘鬃2对。后胸盾片无钟形感器，前翅发达或退化。仅中胸腹片内叉骨有刺。足无钩齿，跗节2节。腹节Ⅰ及节Ⅱ-Ⅸ前部有网纹和线纹。节Ⅱ-Ⅶ后缘无凸膜；无微弯梳。节Ⅷ后缘有梳。节Ⅱ腹片有2对后缘鬃，节Ⅲ-Ⅶ有3对后缘鬃。

分布：中国（湖北、四川）。

本属世界记录1种，本志记述1种。

(234) 神农架普通蓟马 *Vulgatothrips shennongjiaensis* Han, 1997（图246）

Vulgatothrips shennongjiaensis Han, 1997b, *Insects Three Gorge Reserv. Area Yangtze River*: 544.

雌虫（长翅型）：体长约1.5mm。体棕色，包括触角和足；前翅淡黄色；长鬃淡棕色。

头部　头宽大于长，单眼间鬃位于两后单眼前内方。眼后鬃大致呈1横列，鬃长：内Ⅰ（单眼后鬃）28，内Ⅱ 28，内Ⅲ 43，内Ⅳ 28，内Ⅴ 21。触角形状普通，节Ⅲ和节Ⅳ端部瓶颈部不长，节Ⅲ、Ⅳ上叉状感觉锥臂长28，节Ⅳ内侧感觉锥长26；节Ⅰ-Ⅷ长（宽）分别为：26（34），37（27），77（26），65（25），49（21），66（22），8（8），13（7），总长341，节Ⅲ长约为宽的3倍。口锥普通，下颚须长：节Ⅰ（基节）17，节Ⅱ 13，节Ⅲ 23。

胸部　前胸宽大于长；背片前部和后部有稀疏横纹，除边缘鬃外仅6根鬃；鬃长：前缘鬃35，前角鬃23，侧鬃34，后角外鬃53，内鬃48，后缘鬃内对长于外对，背片鬃18。中胸盾片中对鬃距后缘甚远，后缘鬃亦在后缘之前。后胸盾片中部以网纹居多，两侧为纵纹；前中鬃和前缘鬃均靠近前缘；钟形感器缺。前翅长935，中部宽74；中部鬃长：前缘脉鬃长62，前脉鬃长44，后脉鬃长62；前缘脉鬃32根，前脉18-19根，鬃毛列有3个小间断，组合式：4+10+3+1或4+10+2+3；后脉鬃14-16根。

腹部　腹节Ⅴ背片长110，宽363；背片内Ⅰ间距54，鬃长：内Ⅰ（中对鬃）18，内

Ⅱ 18；内Ⅲ（后缘上）65，内Ⅳ 46，内Ⅴ 57。节Ⅷ背片后缘梳完整，梳毛短小，但较长于短翅型梳毛。节Ⅸ背片鬃长：中背鬃 120 和 115，中侧鬃 140，侧鬃 128。节Ⅹ背片鬃长 120 和 115。背侧片和腹片均无附属鬃。节Ⅶ腹片后缘中对鬃距后缘较远；中侧对鬃距后缘较近。

雌虫（短翅型）： 体长约 1.4mm。体色和一般形态与长翅型相似。单眼间鬃一根位于两后单眼前内方，另一根位于两后单眼后内方。翅胸较窄。后胸盾片中部纵网纹较长翅型少。前翅呈芽状，长 171，中部宽 51，前缘脉鬃 3 根，前脉鬃 3 根，后脉鬃 2 根。

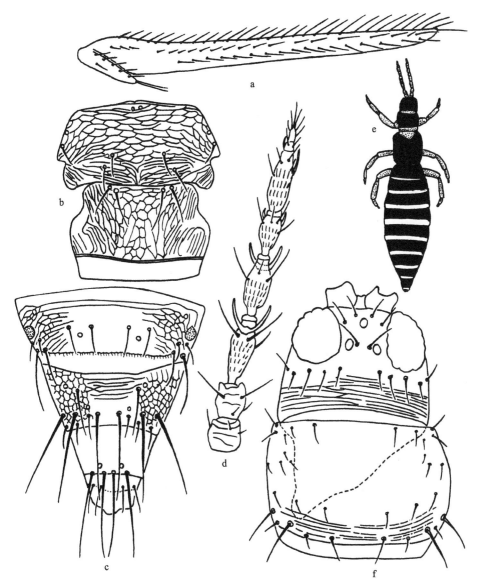

图 246　神农架普通蓟马 *Vulgatothrips shennongjiaensis* Han（仿韩运发，1997a）

a. 前翅（fore wing）；b. 中、后胸盾片（meso- and metanota）；c. 腹节Ⅷ-Ⅹ背片（abdominal tergites Ⅷ-Ⅹ）；d. 触角（antenna）；
e. 雌虫全体（female body）；f. 头和前胸（head and pronotum）

雄虫：未明。

寄主：杂草。

模式标本保存地：中国（IZCAS，Beijing）。

观察标本：正模♀（长翅型），网捕，湖北兴山龙门河，1300m，1994.V.6，姚建采；副模 1♀（短翅型），网捕，湖北神农架，1400m，1994.V.5，杨星科采；1♀（短翅型），网捕，四川巫山梨子坪，1800m，1994.V.19，姚建采。

分布：湖北（神农架、兴山龙门河）、四川（巫山梨子坪）。

71. 吉野蓟马属 *Yoshinothrips* Kudô, 1985

Yoshinothrips Kudô, 1985b, *Kontyû*, 53: 81-89.

Type species: *Yoshinothrips pasekamui* Kudô, 1985.

属征：头宽于长，复眼后明显收缩。1 对前单眼鬃和 3 对眼后鬃小；单眼间鬃发达，处于单眼三角形内。口锥适当长；下颚须 3 节。触角 8 节，节 I 有 1 对背顶鬃；节III感觉锥叉状；节IV感觉锥简单或叉状。前胸大，微梯形，前角鬃小，2 对后角鬃发达，2 对角鬃间无小鬃。中胸盾片无前钟形感器，中对鬃位于中部。后胸盾片无钟形感器，中对鬃远离前缘。中胸腹片有刺，后胸腹片有或无内叉骨刺。前翅前脉基部鬃 4-8 根，端鬃 2 根，后脉鬃排列规则；前缘鬃长长于翅宽；后缘缨毛弯曲；翅瓣有 3-5 根基部鬃和 1 根端鬃。跗节 2 节。腹部无微弯梳。节VIII后缘无梳；节 X 不纵裂；侧片上有不规则的小的锯齿。腹部无附属鬃；节 II 腹板有 2 对鬃。雄虫在节IX背板有 1 对弱几丁质的附肢；腹部腺域不规则散布。

分布：古北界，东洋界。

本属世界记录 3 种，本志记述 2 种。

种检索表

触角节IV感觉锥简单；后胸内叉骨无刺；雄虫节 II 腹板有腺域存在；雄虫节IX背板鬃 SB1 鬃粗，B1 鬃和 SB2 鬃缺 ·· **大主吉野蓟马 *Y. pasekamui***

触角节IV感觉锥大多数叉状，有时简单；后胸内叉骨刺虽仅留痕迹，但存在；雄虫节 II 腹板无腺域；雄虫节IX背板鬃 SB1 鬃细长，B1 鬃和 SB2 鬃存在 ·················· **小主吉野蓟马 *Y. ponkamui***

(235) 大主吉野蓟马 *Yoshinothrips pasekamui* Kudô, 1985（图 247）

Yoshinothrips pasekamui Kudô, 1985b, *Kontyû*, 53: 81-89.

雌虫：头及腹节 II、III 和 X 棕色，有时部分浅黄色；胸部，腹节 I、IV 暗黄色，有时部分色深；中、后足股节浅黄色，端部外缘常变为棕色；中、后足胫节深棕色；跗节黄色。前翅最基部棕色，之后 1/6 色浅，其余棕色，但在端部和中部明显色浅；翅瓣棕色。触角节Ⅰ棕色，节Ⅱ-Ⅳ黄色，节Ⅱ基部稍深；节Ⅴ-Ⅷ棕色，节Ⅴ和节Ⅵ基部 1/3-1/2 黄色。

头部　头宽大于长；颊突出；眼长为头长的 0.5 倍；单眼间鬃 1.1-1.3 倍于眼长，头后部 1/4 有弱的横线纹；后单眼间距离/后单眼宽为 1.7-2.3；触角长 2.8-3.3 倍于头中部宽度；节Ⅱ明显有亚基部鬃；节Ⅳ感觉锥简单；节Ⅲ有 3-4 排微鬃；节Ⅳ背面 2-3 排，腹面 2 排；节Ⅴ 2-3 排；节Ⅵ 2 排。

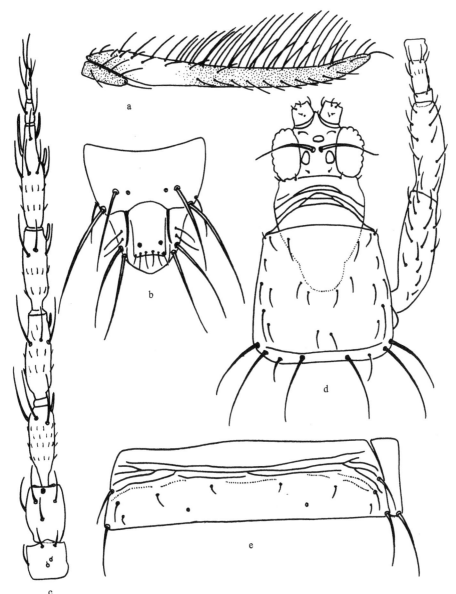

图 247　大主吉野蓟马 *Yoshinothrips pasekamui* Kudô（仿 Kudô，1985b）

a. 前翅（fore wing）；b. 雄虫腹节Ⅸ-Ⅹ背片（male abdominal tergites Ⅸ-Ⅹ）；c. 触角（antenna）；d. 头和前胸（head and pronotum）；e. 腹节Ⅴ背片（abdominal tergite Ⅴ）

胸部 前胸宽大于长，显著大于头，无刻纹，10-18 根背片鬃；后角鬃发达，内对鬃长于外对；后缘鬃常 2 对，但有时 3 对，有时内对后缘鬃发达，几乎和内对后角鬃等长。中胸背板中部 1/3 有横纹，前缘和后缘中对鬃长度几乎相等；后胸背板前缘 1/2-2/3 有相互交织的横纹，后缘光滑；中胸腹板 18-28 根鬃；后胸腹板有 11-17 根，无内叉骨刺。前翅长/宽为 15.0-16.7，前缘有 19-27 根缨毛，后缘有 49-78 根缨毛；前脉鬃有 17-24 根鬃，最长的 1.5-2.5 倍于翅宽；前脉鬃有 4-8 根基部鬃，端鬃 2-3 根，中部很少有 1 额外的鬃；后脉有 7-12 根鬃，最长鬃 1.3-1.7 倍于翅宽；翅瓣有 3-5 根，很少有 2 根基部鬃，1 根很少，无端鬃，后翅有 58-92 根缨毛。

腹部 腹节背片前缘 1/3 有弱的横纹，后缘几乎光滑；节Ⅸ长/节Ⅹ长为 1.37-1.71；节Ⅸ B1-B3 鬃基本相等，B1 鬃 1.8-2.2 倍于节Ⅸ长；节Ⅹ B1 鬃 1.6-2.4 倍及 B2 鬃 1.0-1.3 倍于节Ⅹ长。腹板节Ⅲ-Ⅵ后缘有 3 对鬃；节Ⅶ所有鬃均位于后缘之前，很少有 B3 鬃位于后缘上；产卵器 1.5-1.8 倍于前胸长。

雄虫：体长 1.3-1.4mm，体色和雌虫相似；腹节Ⅳ、Ⅴ黄色。节Ⅸ B1 鬃缺或仅留残存的孔；B2 鬃 1.9-2.6 倍及 B3 鬃 1.9-2.2 倍于节Ⅸ长；节Ⅸ背中鬃变化较大，0.35-2.0 倍于节Ⅸ长；SB1 鬃发达，SB2 鬃缺。节Ⅱ-Ⅷ腹板每节有 20-28 个散布的腺域，所有腹板的后缘鬃均在后缘上。

寄主：杂草、竹属植物、淡竹叶、中国芒、棕榈树。

模式标本保存地：日本（UH，Sapporo）。

观察标本：未见。

分布：江苏（南京）；日本（北海道、本州岛）。

(236) 小主吉野蓟马 *Yoshinothrips ponkamui* Kudô, 1985（图 248）

Yoshinothrips ponkamui Kudô, 1985b, *Kontyû*, 53: 81-89.

雌虫：头、翅胸和腹节Ⅰ-Ⅴ棕色，翅胸和节Ⅰ稍浅；腹节Ⅸ-Ⅹ深棕色。足浅棕色至棕色，中、后足颜色稍深。前翅棕色，有 3 个单色区，分别位于最基部、中部和最端部；翅瓣棕色。触角节Ⅰ浅棕色，节Ⅱ-Ⅳ黄色，节Ⅱ稍微呈褐色，节Ⅴ-Ⅷ棕色，节Ⅴ基部稍浅，1/3-1/2 黄色。有时整体棕色或者腹节Ⅳ、Ⅴ明显黄色。

头部 头宽大于长，后部 1/3 处有弱的相互交织的横纹，颊微锯齿状。单眼间鬃 0.7-1.3 倍于眼长；后单眼间距离/后单眼宽为 1.93-2.33。触角长 2.7 倍于头中部宽度，节Ⅱ很少没有小的亚基部鬃，节Ⅳ感觉锥叉状，形状变化多样，很少为简单感觉锥，节Ⅲ、Ⅳ背面 3 排毛，节Ⅴ有 2-3 排，节Ⅵ有 2 排。

胸部 前胸宽大于长，明显长于头，背片无刻纹，9-19 根背片鬃，内对后角鬃长 0.45-0.54 倍于前胸长，长于外对，后缘鬃常 3 对，但有时 2 对或 4 对，内对后缘鬃发达，为内对后角鬃的 0.5-0.7 倍。中胸背板中部 1/3 有横纹；后胸背板有相互交织的横纹，中后部光滑。后胸腹板有弱的内叉骨刺。前翅长/宽为 13.5-15.4，前缘有 21-25 根缨毛，后缘有 57-68 根缨毛；前缘鬃有 19-25 根鬃，最长的 1.3-1.7 倍于翅宽；前脉有 4-6 根基部鬃，端鬃 2 根；后脉有 8-11 根鬃，最长鬃短于或者和翅宽等长；翅瓣有 3-4 根，很少有 5 根基部鬃，端鬃 1 根；后翅有 67-78 根缨毛。

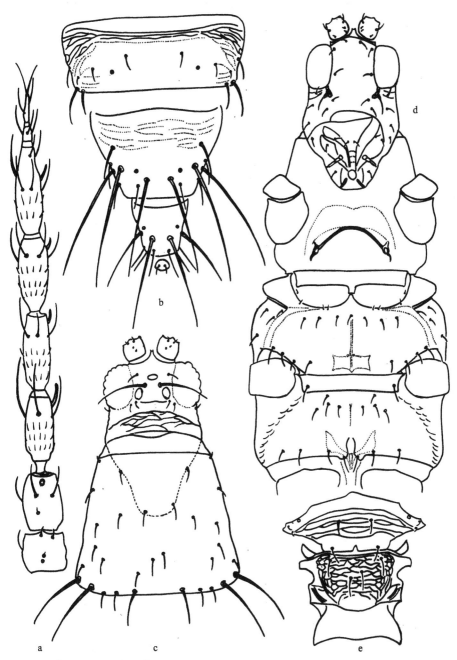

图 248　小主吉野蓟马 *Yoshinothrips ponkamui* Kudô（仿 Kudô，1985b）

a. 触角（antenna）；b. 雌虫腹节Ⅷ-Ⅹ背片（female abdominal tergites Ⅷ-Ⅹ）；c. 头和前胸（head and pronotum）；d. 头和
胸部腹面（head and thorax, ventral view）；e. 中、后胸盾片（meso- and metanota）

腹部　腹节背片前缘 1/4-1/3 有弱的横纹，后缘几乎光滑。节 IX 长/节 X 长为 1.57-1.94；节 IX B1 鬃 1.1-1.3 倍于节 IX 长，B2 鬃最长；节 X B1 鬃 1.6-2.4 倍及 B2 鬃 1.2-1.7 倍于节 X 长。节 VII 腹板 B1 鬃和 B2 鬃位于后缘之前，B3 鬃总是位于后缘上。产卵器 1.3-1.5 倍于前胸长。

雄虫：体长 1.3-1.4mm，体色和雌虫相似。节 IV 感觉锥通常叉状，有时简单。前胸内对后缘鬃有时和内对后角鬃等长。腹节 IV、V 黄色。节 IX B1 鬃存在，但小；B2 鬃 2.5-2.6 倍及 B3 鬃 2.0-2.4 于节 IX；SB1 鬃细小，SB2 鬃存在，背中鬃 1.3-1.6 倍于节 IX 长。所有腹片鬃位于后缘上；节 III-VIII 腹板每节有 8-20 个散布的腺域。阳茎短于阳基侧突，端部尖；阳基侧突在亚基部稍微变狭，端部圆，基部有 6 根鬃，1 根稍长。

寄主：竹属植物、刚竹属植物、毛竹属植物、杂草。

模式标本保存地：日本（UH, Sapporo）。

观察标本：1♀，江苏南京，1985.V.7，高正采自杂草。

分布：江苏（南京）、福建（武夷山）；日本（本州岛）。

参 考 文 献

Ahlberg O. 1918. Beiträge zur Deutung der Zetterstedtschen Thrips-arten. *Entomologisk Tidskrift*, 39: 140-142.

Amyot C J B & Audinet-Serville J G. 1843. Histoire Naturelle des Insectes. Hemipteres, Paris. 657 pp.

Ananthakrishnan T N. 1957. Studies on some Indian Thysanoptera Ⅳ. *Zoologischer Anzieger*, 159 (5-6): 92-102.

Ananthakrishnan T N. 1958. *Dendrothripiella stannardi* sp. nov. (Thysanoptera; Terebrantia) from Kodaikanal Hills (S. India). *Journal of the Zoological Society of India*, 9: 216-221.

Ananthakrishnan T N. 1960. A remarkable instance of sexual dimorphism in a new species, *Rhopalandrothrips nilgiriensis* (Thysanoptera: Terebrantia). *Pan-Pacific Entomologist*, 36: 37-40.

Ananthakrishnan T N. 1961. Study on some Indian Thysanoptera Ⅵ. *Zoologischer Anzieger*, 167: 259-271.

Ananthakrishnan T N. 1962. Some little known Indian Terebrantia (Thysanoptera). *Proceedings of the Royal Entomological Society of London*, 31: 87-91.

Ananthakrishnan T N. 1964. A contribution to our knowledge of the Tubulifera (Thysanoptera) from India. *Opuscula Entomologica Supplementum*, 25: 1-120.

Ananthakrishnan T N. 1965. Indian Terebrantia- Ⅱ (Thysanoptera: Insecta). *Bulletin of Entomology India*, 6: 15-29.

Ananthakrishnan T N. 1967. Studies on new and little known Indian Thysanoptera. *Oriental Insects*, 1 (1-2): 113-138.

Ananthakrishnan T N. 1968. Indian Terebrantia - Ⅳ. *Zoologische Anzieger*, 180: 258-268.

Ananthakrishnan T N. 1969a. Indian Thysanoptera. *CSIR Zoological Monograph*, 1: 1-171.

Ananthakrishnan T N. 1969b. On two new species of Terebrantian Thysanoptera with remarks on a new genus, *Pellothrips. Oriental Insects*, 2: 201-204.

Ananthakrishnan T N. 1979. Biosystematics of Thysanoptera. *Annual Review of Entomology*, 24: 159-83.

Ananthakrishnan T N & Jagadish A. 1966. Coffee and tea infesting thrips from Anamalai (S. India) with description of two new species of *Taeniothrips* Serville. *Indian Journal of Entomology*, 28: 250-257.

Ananthakrishnan T N & Jagadish A. 1967. Studies on the genus *Chloethrips* Priesner from India. *Zoologischer Anzieger*, 178: 374-388.

Ananthakrishnan T N & Sen S. 1980. Taxonomy of Indian Thysanoptera. *Zoological Survey of India Handbook Series*, (1): 1-234.

Back E A. 1912. Notes on Florida Thysanoptera, with description of a new genus. *Entomological News*, 23: 73-77.

Bagnall R S. 1908. Notes on some genera and species new to the British fauna. *Entomologist's Monthly*

Magazine, 44: 3-7.

Bagnall R S. 1909. A contribution to our knowledge of the British Thysanoptera (Terebrantia), with notes on injurious species. *Journal of Economic Biology*, 4: 33-41.

Bagnall R S. 1911. Notes on some new and rare Thysanoptera (Terebrantia), with a preliminary list of the known British species. *Journal of Economic Biology*, 6 (1): 1-11.

Bagnall R S. 1912a. Some considerations in regard to the classification of the Order Thysanoptera. *Annals and Magazine of Natural History*, 10: 220-222.

Bagnall R S. 1912b. On a new genus of Indian thrips (Thysanoptera) injurious to Turmeric. *Records of the Indian Museum*, 7: 257-260.

Bagnall R S. 1912c. Preliminary description of three new species of Thysanoptera. *Annals and Magazine of Natural History*, (8) 9: 214-217.

Bagnall R S. 1913a. Brief descriptions of new Thysanoptera Ⅰ. *Annals and Magazine of Natural History*, (8) 12: 290-299.

Bagnall R S. 1913b. Further notes on new and rare British Thysanoptera (Terebrantia) with descriptions of new species. *Journal of economic Biology*, 8: 231-240.

Bagnall R S. 1913c. A synopsis of the Thysanopterous family Aeolothripidae. *Transactions of the 2nd International Entomological Congress*, 2: 394-397.

Bagnall R S. 1913d. Notes on Aeolothripidae, with description of a new species. *Journal of economic Biology*, 8: 155-158.

Bagnall R S. 1914a. Brief descriptions of new Thysanoiptera. Ⅱ. *Annals and Magazine of Natural History*, (8) 13: 22-31.

Bagnall R S. 1914b. Brief descriptions of new Thysanoptera. Ⅲ. *Annals and Magazine of Natural History*, (8) 13: 287-297.

Bagnall R S. 1914c. *Ceratothrips britteni* n. sp., a type of Thysanoptera new to the British Fauna. *Journal of economic Biology*, 9: 1-4.

Bagnall R S. 1915a. Brief descriptions of new Thysanoptera. Ⅴ. *Annals and Magazine of Natural History*, (8) 15: 315-324.

Bagnall R S. 1915b. Brief descriptions of new Thysanoptera. Ⅵ. *Annals and Magazine of Natural History*, (8) 15: 588-597.

Bagnall R S. 1916a. Brief descriptions of new Thysanoptera. Ⅷ. *Annals and Magazine of Natural History*, (8) 17: 397-412.

Bagnall R S. 1916b. Brief descriptions of new Thysanoptera. Ⅶ. *Annals and Magazine of Natural History*, (8) 17: 213-223.

Bagnall R S. 1918. On two species of *Physothrips* (Thysanoptera) injurious to tea in India. *Bulletin of Entomological Research*, 9: 61-64.

Bagnall R S. 1919. Brief descriptions of new Thysanoptera. Ⅹ. *Annals and Magazine of Natural History*, (9) 4: 253-277.

Bagnall R S. 1921. Brief descriptions of new Thysanoptera. Ⅺ. *Annals and Magazine of Natural History*, (9)

8: 393-400.

Bagnall R S. 1923a. Brief descriptions of new Thysanoptera. XIII. *Annals and Magazine of Natural History*, (9) 12: 624-631.

Bagnall R S. 1923b. A contribution towards a knowledge of the British Thysanoptera, with descriptions of new species. *Entomologist's monthly Magazine*, 59: 56-60.

Bagnall R S. 1924. Brief descriptions of new Thysanoptera. XIV. *Annals and Magazine of Natural History*, (9) 14: 625-640.

Bagnall R S. 1926a. The family Franklinothripidae, nov., with description of a new type of Thysanopteron. *Annals and Magazine of Natural History*, (9) 17: 168-173.

Bagnall R S. 1926b. Brief descriptions of new Thysanoptera. XV. *Annals and Magazine of Natural History*, (9) 18: 98-114.

Bagnall R S. 1927a. Contributions towards a knowledge of the European Thysanoptera. II. *Annals and Magazine of Natural History*, (9) 19: 564-575.

Bagnall R S. 1927b. Contributions towards a knowledge of the European Thysanoptera. III. *Annals and Magazine of Natural History*, (9) 20: 561-585.

Bagnall R S. 1928a. Preliminary description of *Mymarothrips ritchianus*, a new type of Thysanopteron. *Annals and Magazine of Natural History*, (10) 1: 304-307.

Bagnall R S. 1928b. Further notes and descriptions of new British Thysanoptera. *Entomologist's Monthly Magazine*, 64: 94-99.

Bagnall R S. 1929. On some new and interesting Thysanoptera of economic importance. *Bulletin of Entomological Research*, 20: 69-76.

Bagnall R S. 1932a. Brief descriptions of new Thysanoptera. XVII. *Annals and Magazine of Natural History*, 10 (10): 505-520.

Bagnall R S. 1932b. Preliminary descriptions of some new species of Chirothrips (Thysanoptera). *Entomologist's Monthly Magazine*, 68: 183-187.

Bagnall R S. 1933. Contributions towards a knowledge of the European Thysanoptera. IV. *Annals and Magazine of Natural History*, (10) 11: 647-661.

Bagnall R S. 1934a. A contribution towards a knowledge of the genus *Aeolithrips* (Thysanoptera) with descriptions of new species. *Entomologist's Monthly Magazine*, 70: 120-127.

Bagnall R S. 1934b. Brief descriptions of new Thysanoptera. XVIII. *Annals and Magazine of Natural History*, 13 (10): 481-498.

Bagnall R S. 1934c. Contributions towards a knowledge of the European Thysanoptera. V. *Annals and Magazine of Natural History*, 14 (10): 481-500.

Bagnall R S. 1934d. On two new British species of *Odontothrips* Uz. (Thysanoptera). *Entomologist's monthly Magazine*, 70: 59-60.

Bailey S F. 1935. Thrips as vectors of plant disease. *Journal of Economic Entomology*, 28: 856-863.

Bailey S F. 1951. The genus *Aeolothrips* Haliday in north America. *Agricultural Science*, 21 (2):1-40.

Bailey S F. 1957. The thrips of California part 1: suborder Terebrabtia. *Bulletin of the California Insect Survey*,

4 (5): 140-220.

Beach A M. 1896. Contribution to a knowledge of the Thripidae of Iowa. *Proceedings of the Iowa Academy of Sciences*, 3: 214-227.

Bhatti J S. 1961. *Anascirtothrips arorai* novo genus and species, with notes on *Chirothrips meridionalis* Bagnall new to India. *Bulletin of Entomology India*, 2: 26-29.

Bhatti J S. 1962. A new genus and two new species of Thysanoptera, with notes on other species. *Bulletin of Entomology India*, 3: 34-39.

Bhatti J S. 1967. Thysanoptera nova Indica. Published by the author, Delhi. 1-24.

Bhatti J S. 1968. The genus *Helionothrips* in India (Thysanoptera). *Oriental Insects*, 2: 35-39.

Bhatti J S. 1969a. Taxonomic studies in some Thripini (Thysanoptera: Thripidae). *Oriental Insects*, 3 (4): 373-382.

Bhatti J S. 1969b. The Taxonomic status of *Megalurothrips* Bagnall (Thysanoptera: Thripidae). *Oriental Insects*, 3 (3): 239-244.

Bhatti J S. 1971a. Studies on some Aeolothripids (Thysanoptera). *Oriental Insects*, 5: 83-90.

Bhatti J S. 1971b. Five new species of *Dendrothrips* Uzel, with a key to the Indian species. *Oriental Insects*, 5: 345-359.

Bhatti J S. 1971c. A new *Chaetanaphothrips*-like genus from South India, with a redefinition of *Chaetanaphothrips*. *Oriental Insects*, 5: 337-343.

Bhatti J S. 1973. A preliminary revision of *Sericothrips* Haliday, *sensu lat.*, and related genera, with a revised concept of the tribe Sericothripini. *Oriental Insects*, 7: 403-449.

Bhatti J S. 1975. A revision of *Exothrips* Priesner and two related genera. *Oriental Insects*, 9: 45-92.

Bhatti J S. 1978a. Systematics of *Anaphothrips* Uzel, 1895 *sensu latu* and some related genera (Insecta: Thysanoptera: Thripidae). *Senckenbergiana Biologica*, 59 (1-2): 85-114.

Bhatti J S. 1978b. Studies on the systematics of *Rhamphothrips* (Thysanoptera: Thripidae). *Oriental Insects*, 12 (3): 281-303.

Bhatti J S. 1978c. A preliminary revision of *Taeniothrips* (Thysanoptera: Thripidae). *Oriental Insects*, 12 (2): 157-199.

Bhatti J S. 1979. On two Thysanoptera (Insecta) of Nepal. *Berichte des Naturwissenschaftlich-Medizinischen Vereins in Innsbruck*, 66: 21-27.

Bhatti J S. 1980. Species of the genus *Thrips* from India (Thysanoptera). *Systematic Entomology*, 5 (2): 109-166.

Bhatti J S. 1982. Revision of the Indian species of *Stenchaetothrips* Bagnall (Thysanoptera: Thripidae). *Oriental Insects*, 16 (4): 385-417.

Bhatti J S. 1986. The importance of antennal chaetotaxy in tubuliferan taxonomy, illustrated by *Eugynothrips conocephali* (Karny). *Zoology* (*Journal of Pure and Applied Zoology*), 1: 39-53.

Bhatti J S. 1988. On the genera *Ascirtothrips* Priesner and *Eremiothrips* Priesner (Insecta: Terebrantia: Thripidae). *Zoology* (*Journal of Pure and Applied Zoology*), 1: 117-125.

Bhatti J S. 1989. The classification of Thysanoptera into Families. *Zoology* (*Journal of Pure and Applied*

Zoology), (1) 2: 1-23.

Bhatti J S. 1990a. Catalogue of insects of the Order Terebrantia from the Indian Subregion. *Zoology* (*Journal of Pure and Applied Zoology*), (4) 2: 205-352.

Bhatti J S. 1990b. On some genera related to *Chirothrips* (Insecta: Terebrantia: Thripidae). *Zoology* (*Journal of Pure and Applied Zoology*), 2: 193-200.

Bhatti J S. 1999. Nomenclatural changes in *Trichromothrips*, *Dorcadothrips*, and *Micothrips* (Terebrantia: Thripidae). *Thrips*, 1: 1-5.

Bhatti J S. 2000. Revision of *Trichromothrips* and related genera (Terebrantia: Thripidae). *Oriental Insects*, 34: 1-65.

Bhatti J S. 2003. Species of *Octothrips* Moulton 1940 (Terebrantia: Thripidae) living on ferns in South and Southeast Asia, with *Apollothrips* Wilson 1972 as new synonym. *Thysanoptera*, 2003: 15-24.

Bhatti J S & Ananthakrishnan T N. 1975. The genus *Merothrips* in India (Thysanoptera: Merothripidae). *Oriental Insects*, 9 (1): 31-43.

Bhatti J S & Mound L A. 1980. The genera of grass-and cereal-feeding Thysanoptera related to the genus *Thrips* (Thysanoptera: Thripidae). *Bulletin of Entomoloy*, 21 (1-2): 1-22.

Bhatti J S, Telmadarraiy Z, Kumar V & Tyagi K. 2003. Species of *Eremiothrips* in Iran (Terebrantia: Thripidae). *Thrips*, 2: 49-110.

Bondar G. 1930. Insectos damninhos e molestias da batata doce no Brasil. *Ocampo Rio de Janeiro*, 1 (no. 9): 17-20.

Bouché P Fr. 1833. Naturgeschichte der schaldingen und nutzlichen Garten-Insekten und die bewahrtesten Mittel zur Vertilgung der ersteren. Berlin. 42.

Bournier A. 1961. Sur l'existence et l'évolution d'un mycétome au cours de l'embryogenèse de *Caudothrips buffai* Karny. *Proceedings of the 11th International Congress of Entomology, Wien*, 1960: 352-354.

Bournier A. 1962. Thysanoptères de France, Ⅱ. *Bulletin de la Société entomologique de France*, 67: 41-43.

Brose P H, McCormick L H & Cameron E A. 1993. Distribution of pear thrips (Thysanoptera: Thripidae) in three forest soils drainage classes. *Environmental Entomology*, 22: 118-1123.

Burmeister H. 1838. Handbuch der Naturgeschichte. Enslin, Berlin. [Part 2] xii + 369-858.

Cai B H. 1956. Taxonomy of Insects. Vol. Ⅰ Finance and Economics Press, Beijing. 1-398. [蔡邦华, 1956. 昆虫分类学 (上). 北京: 财政经济出版社. 1-398.]

Cao S J & Feng J N. 2011. A newly recorded species of the genus *Cephalothirps* Uzel (Thysanoptera: Phlaeothripidae) from China. *Entomotaxonomia*, 33 (3): 192-194. [曹少杰, 冯纪年, 2011. 中国头管蓟马属一新纪录种记述. 昆虫分类学报, 33 (3): 192-194.]

Cao S J, Guo F Z & Feng J N. 2010. The genus *Ophthalmothrips* Hood (Thysanoptera: Phlaeothripidae) from Mainland China with description of one New Species. *Transactions of the American Entomological Society*, 136 (3+4): 263-268.

Cao S J, Xian X Y & Feng J N. 2012. A newly recorded species of the genus *Terthrothrips* Karny (Thysanoptera: Phlaeotthripidae) from China. *Acta Zootaxonomica Sinica*, 37 (1): 236-238. [曹少杰, 咸晓艳, 冯纪年, 2012. 中国胫管蓟马属一新纪录种记述. 动物分类学报, 37 (1): 236-238.]

Chen L S. 1976. A new genus and two records of thrips (Thysanoptera: Terebrantia) from Taiwan. *Plant Protection Bulletin (Taiwan)*, 18: 242-249. [陈连胜, 1976. 台湾蓟马一新属和 2 新纪录种. 植物保护学会会刊 (台湾), 18: 242-249.]

Chen L S. 1977a. Two new species of Thripidae (Thysanoptera) from Taiwan. *Bulletin of the Institute of Zoology, Academia Sinica*, 16 (2): 145-149.

Chen L S. 1977b. The male of *Salpingothrips aimotofus* Kudô (Thysanoptera: Thripidae). *Plant Protection Bulletin (Taiwan)*, 19 (4): 209-211.

Chen L S. 1979a. Thrips of leguminous plants in Taiwan. *Proceedings of the National Science Council (Taiwan)*, 3: 414-428.

Chen L S. 1979b. A new species of the genus *Ctenothrips* from Taiwan (Thysanoptera: Thripidae). *Plant Protection Bulletin (Taiwan)*, 21: 184-187. [陈连胜, 1979b. 台湾梳蓟马属一新种. 植物保护学会会刊 (台湾), 21: 184-187.]

Chen L S. 1980. Thrips associated with mulberry plant (*Morus* sp.) in Taiwan. *Proceedings Natural Science Council ROC, Taibei, Taiwan*, 4 (2): 169-182.

Chen L S. 1981. Studies on the Panchaetothripinae (Thysanoptera: Thripidae) in Taiwan. *Plant Protection Bulletin (Taiwan)*, 23: 117-130.

Chen L S & Lu F M. 1994. A new species of the genus *Anascirtothrips* Bhatti (Thysanoptera: Thripidae) from Taiwan. *Chinese Journal of Entomology*, 14 (1): 89-91. [陈连胜, 陆凤鸣, 1994. 台湾类硬蓟马属一新种 (缨翅目: 蓟马科). 中华昆虫, 14 (1): 89-91.]

Childers C C & Achor D S. 1991. Structure of the mouthparts of *Frankliniella bispinosa* (Morgan) (Thysanoptera: Thripidae). In: Parker B L, Skinner M & Lewis T. Towards Understanding Thysanoptera. Vermont Agricultural Experimental Station. General Technical Report NE, 147: 71-94.

Chou I & Feng J N. 1990. Three new species of the genus *Hydatothrips* (Thysanoptera: Thripidae) from China. *Entomotaxonomia*, 12 (1): 9-13. [周尧, 冯纪年, 1990. 中国扁蓟马属三新种. 昆虫分类学报, 12 (1): 9-13.]

Coesfeld R. 1898. Beitrage zur Verbeitung der Thysanopteren. *Abhandlungen Naturwissenschaftlicher Verein zu Bremen*, 14 (3): 469-474.

Cott H E. 1956. Systematics of the suborder Tubulifer (Thysanoptera) in California. University of California Press Berkeley and Losangeles, London. 126 pp.

Crawford D L. 1909a. Some new Thysanoptera from southern California. *Pomona College Journal of Entomology*, 1: 100-108.

Crawford D L. 1909b. Thysanoptera of Mexico and the south Ⅰ. *Pomona College Journal of Entomology*, 1: 109-119.

Crawford D L. 1910. Thysanoptera of Mexico and the south Ⅱ. *Pomona College Journal of Entomology*, 2: 153-170.

Crawford J C. 1938. A new genus and species of Thysanoptera from greenhouses. *Proceedings of the Entomological Society of Washington*, 40: 109-111.

Crawford J C. 1939. Thysanoptera from northern New Jersey with descriptions of new species. *Journal of the*

New York Entomological Society, 47: 69-81.

Dang L H, Han Y F, Qiao G X & Zheng Z M. 2010. Two newly recorded species of the genus *Odontothrips* Amyot & Serville (Thysanoptera, Thripidae) from China with a key to Chinese known species. *Acta Zootaxonomica Sinica*, 35 (1): 212-217.

Daniel S M. 1904. New California Thysanoptera. *Entomological News*, 15: 293-297.

Danks H V. 1987. Insect Dormancy: an Ecological Perspective. Biological Survey of Canada, Ottawa.

De Geer C. 1744. Beskrifning pa en Insekt of ett nytt Slagte (Genus), kallad Physapus. Kongl. Sweneska Wettenskaps Akademiens Handlingar for monaderne januar. Februar ock Mart., 5: 1-9.

Duan B S. 1992. Experiments and researches on the biological characteristic and insecticide prevention of *Thrips simplex*. Beijing, China. *Proc. XIX Int. Cong. Ent. Abstracts*: 1-402.

Duan B S. 1998. Three new species of Thysanoptera (Insecta) from the Funiu Mountains, Henan, China. 53-58. In: Shen X-C & Shi Z-Y. The Fauna and Taxonomy of Insects in Henan. Insects of the Funiu Mountains region (Ⅰ). China Agricultural Scientech Press, Beijing. [段半锁, 1998. 河南伏牛山蓟马三新种记述. 53-58. 见: 申效城, 时振亚, 河南昆虫分类区系研究 伏牛山区昆虫 (Ⅰ). 北京: 中国农业科技出版社.]

Dyadechko N P. 1964. Thrips or Fringe-Winged Insects (Thysanoptera) of the European Part of the USSR. Urozhai Publishers, Kiev. 1-344.

Dyadechko N P. 1977. Thrips or Fringe-Winged Insects (Thysanoptera) of the European Part of the USSR. Amerind Publishing Co. Pvt. Ltd., New Delhi, 9: 1-344.

Edwards G B. 1996. Thrips (Thysanoptera) new to Florida: Ⅲ. Thripidae: Thripinae (*Chaetanaphothrips*, *Danothrips*). Division of Plant Industry, FDACS, Gainesville. *Entomology Circular*, No. 377.

Ellington C P. 1980. Wing mechanics and take-off preparation of Thrips (Thysanoptera). *Journal of experimental Biology*, 85: 129-136.

Essig E O. 1942. College Entomology. The Mscmillan Company, New York. 247-262.

Faure J C. 1925. A new genus and five new species of South African Thysanoptera. *South African Journal of Natural History*, 5: 143-166.

Faure J C. 1956. Thysanoptera from papyrus in the Sudan. *Journal of the Entomological Society of South Africa*, 19: 100-117.

Feng J N & Li P. 1996. A new species and a new record species of *Chirothrips* (Thysanoptera: Thripidae) from China. *Entomotaxonomia*, 18 (3): 175-177. [冯纪年, 李萍, 1996. 中国指蓟马属一新种和一新纪录种 (缨翅目: 蓟马科). 昆虫分类学报, 18 (3): 175-177.]

Feng J N. 1992. Seven new records of Thripidae from China. *Entomotaxonomia*, 14 (3): 235-236. [冯纪年, 1992. 中国蓟马科七新记录种. 昆虫分类学报, 14 (3): 235-236.]

Feng J N & Zhang J M. 2000. A new species of the genus *Odontothrips* (Thysanoptera: Thripidae) from China. 36-38. In: Zhang Y L. Systematic and Faunistic Research on Chinese Insects: Proceedings of the 5th National Congress of Insect Taxonomy. China Agriculture Press, Beijing. 1-331. [冯纪年, 张建民, 2000. 中国齿蓟马属一新种 (缨翅目: 蓟马科). 36-38. 见: 张雅林, 中国昆虫系统和分类区系研究. 中国

昆虫学会第五届昆虫分类区系学术研讨会会议记录. 北京: 中国农业出版社. 1-331.]

Feng J N & Zhao X R. 1994. A new species of the genus *Odontothrips* (Thysanoptera: Thripidae) from China. *Entomotaxonomia*, 10 (1): 1-3. [冯纪年, 赵小蓉, 1994. 中国齿蓟马属一新种. 昆虫分类学报, 10 (1): 1-3.]

Feng J N, Chao P A & Ma C X. 1999. Two new species of the genus *Megalurothrips* (Thysanoptera: Thripidae) from Shaanxi, China. *Entomotaxonomia*, 21 (4): 261-264. [冯纪年, 晁平安, 马彩霞, 1999. 陕西太白山大蓟马属二新种 (缨翅目: 蓟马科). 昆虫分类学报, 21 (4): 261-264.]

Feng J N, Chou I & Li P. 1995. A new species of the genus *Megalurothrips* (Thysanoptera: Thripidae) from China. *Entomotaxonomia*, 17 (1): 15-17. [冯纪年, 周尧, 李萍, 1995. 中国大蓟马属一新种 (缨翅目: 蓟马科). 昆虫分类学报, 17 (1): 15-17.]

Feng J N, Guo F Z & Duan B S. 2006. A new species of the genus *Oidanothrips* Moulton from China (Thysanoptera: Phlaeothripidae). *Acta Zootaxonomica Sinica*, 31 (1): 165-167. [冯纪年, 郭付振, 段半锁, 2006. 中国脊背管蓟马属一新种 (缨翅目: 管蓟马科). 动物分类学报, 31 (1): 165-167.]

Feng J N, Nan X P & Guo H W. 1998. Two new species of *Microcephalothrips* (Thysanoptera: Thripidae) from China. *Entomotaxonomia*, 20 (4): 257-260. [冯纪年, 南新平, 郭宏伟, 1998. 中国小头蓟马属二新种 (缨翅目: 蓟马科). 昆虫分类学报, 20 (4): 257-260.]

Feng J N, Yang X N & Zhang G L. 2007. Taxonomic study of the genus *Helionothrips* from China (Thysanoptera, Thripidae). *Acta Zootaxonomica Sinica*, 32: 451-454. [冯纪年, 杨晓娜, 张桂玲, 2007. 中国领针蓟马属分类研究. 动物分类学报, 32: 451-454.]

Feng J N, Zhang G L & Wang P M. 2003. A new species of the genus *Ctenothrips* (Thysanoptera: Thripidac) from China. *Entomotaxonomia*, 25 (3): 175-177. [冯纪年, 张桂玲, 王培明, 2003. 中国梳蓟马属一新种 (缨翅目: 蓟马科). 昆虫分类学报, 25 (3): 175-177.]

Feng J N, Zhang J M & Sha Z L. 2002. A new species of *Microcephalothrips* (Thysanoptera: Thripidae) from China. *Entomotaxonomia*, 24 (3): 167-169. [冯纪年, 张建民, 沙忠利, 2002. 中国小头蓟马属一新种 (缨翅目: 蓟马科). 昆虫分类学报, 24 (3): 167-169.]

Franklin H J. 1907. *Ctenothrips*, new genus. *Entomological News*, 1: 247-250.

Gentile A G & Bailey S F. 1968. A revision of the genus *Thrips* Linnaeus in the new world with a catalogue of the world species (Thysanoptera: Thripidae). *University of California Publications in Entomology*, 51: 1-95.

Giard. 1901. Sur un thrips (*Physopus rubrocincta* nov. sp.) nuisible au Cacaoyer. *Bulletin de la Societe Entomologique de France*, 15: 263-265.

Gillespie P S, Mound L A & Wang C L. 2002. Austro-oriental genus *Parabaliothrips* Priesner (Thysanoptera Thripidae) with a new Australian species forming male aggregations. *Australian Journal of Entomology* 41: 111-117.

Girault A A. 1924. Lese majeste, new Insecta and robbery. Privately Published, Gympie. 1 pp.

Girault A A. 1925. The banana rust thrips. *Queensland Agricultural Journal*, 23: 471-517.

Girault A A. 1926. Characteristics of new Australian insects [Refused Publication on Pretext]. Publishe Privately, Brisbane. 2 pp.

Girault A A. 1927a. A Discourse on Wild Animals. Published Privately, Brisbane. 1-2.

Girault A A. 1927b. Some New Wild Animals from Queensland. Published Privately, Brisbane. 1-3.

Girault A A. 1929. New Pests from Australia Ⅵ. Privately Published, Brisbane. 1-4.

Grout T G, Morese J G & Brawner O L. 1986. Location of citrus thrips (Thysanoptera, Thripidae) pupation: tree or groud. *Journal of Economic Entomology*, 79: 59-61.

Haga K. 1985. Oogenesis and embryogenesis of the idolothripine thrips *Bactrothrips brevitubus* (Thysanoptera: Phlaeothripidae). In: Ando H & Miya K. Recent Advances in Insect Embryology in Japan, Arthropodian Embryological Society of Japan. ISEBU Co. Ltd., Tsukuba. 45-106.

Haga K & Matsuzaki M. 1980. Ovarian structure and oogenesis in the idolothripine thrips, *Bactrothrips brevitubus* (Thysanoptera: Phlaeothripidae). *International Congress of Entomology*, 1980: 53.

Haliday A H. 1836. An epitome of the British genera in the Order Thysanoptera with indications of a few of the species. *Entomological Magazine*, 3: 439-451.

Haliday A H. 1852. Order Ⅲ Physapoda. 1094-1118. In: Walker F. List of the Homopterous insects in the British Museum Part Ⅳ. British Museum, London, 4: 1094-1118.

Han Y F. 1986a. Description of two new species of *Aeolothrips* Haliday from China (Thysanoptera: Aeolothripidae). *Acta Entomologica Sinica*, 29 (2): 199-202.

Han Y F. 1986b. Notes on the Chinese *Scirtothrips* Shull with descriptions of two new species (Thysanoptera: Thripidae). *Sinozoologia*, 4: 107-114.

Han Y F. 1987. A new species and three new records of *Aeolothrips* Haliday from China (Thysanoptera: Aeolothripidae). *Acta Entomologica Sinica*, 12 (3): 303-306.

Han Y F. 1988. Insects of Mt. Namjagbarwa Region of Xizang. Thysanoptera: Aeolothripidae, Thripidae, Phlaeothripidae. Science Press, Beijing, China. 177-191. [韩运发, 1988. 西藏南迦巴瓦峰地区昆虫——缨翅目: 纹蓟马科、蓟马科、管蓟马科. 北京: 科学出版社. 177-191.]

Han Y F. 1990a. A new species and new combination of *Hydatothrips* from China (Thysanoptera: Thripidae). *Sinozoologia*, 7: 119-123.

Han Y F. 1990b. A new species of *Scirtothrips* from China (Thysanoptera: Thripidae). *Sinozoologia*, 7: 123-125.

Han Y F. 1990c. A new species of *Taeniothrips* from Xizang of China (Insecta: Thysanoptera). *Acta Entomologica Sinica*, 33: 333-335. [韩运发, 1990c. 西藏带蓟马属一新种 (缨翅目: 蓟马科). 昆虫学报, 33: 333-335.]

Han Y F. 1991a. Two new species of *Neohydatothrips* from China (Thysanoptera: Thripidae). *Acta Zootaxonomica Sinica*, 16 (4): 449-453. [韩运发, 1991a. 中国新绢蓟马属两新种. 动物分类学报, 16 (4): 449-453.]

Han Y F. 1991b. A new genus and species of Sericothripina from China (Insecta: Thripidae). *Acta Entomologica Sinica*, 34: 208-211. [韩运发, 1991b. 中国绢蓟马亚科一新属新种 (缨翅目: 蓟马科). 昆虫学报, 34: 208-211.]

Han Y F. 1997a. Economic Insect Fauna of China. Fasc. 55. Thysanoptera. Science Press, Beijing, China. 1-513. [韩运发, 1997a. 中国经济昆虫志 (缨翅目). 北京: 科学出版社. 1-513.]

Han Y F. 1997b. Thysanoptera: Aeolothripidae, Thripidae and Phlaeothripidae. Insects of the Three Gorge Reservoir Area of Yangze River. Vol. Ⅰ. Chongqing Press, Chongqing. 531-571. [韩运发, 1997b. 缨翅目: 纹蓟马科 蓟马科 管蓟马科. 长江三峡库区昆虫 (上册). 重庆: 重庆出版社. 531-571.]

Han Y F & Cui Y Q. 1991. Three new species of Thysanoptera (Insecta) from the Hengduan Mountains, China. *Entomotaxonomia*, 13 (1): 1-7.

Han Y F & Cui Y Q. 1992. Thysanoptera. 420-434. In: The Comprehensive Scientific Expedition to Qinghai-Xizang Plateau, Chinese Academy of Science. Insects of the Hengduan Mountains Region. Vol. I. Science Press, Beijing, China. [韩运发, 崔云琦, 1992. 缨翅目. 420-434. 见: 中国科学院青藏高原综合科学考察队, 横断山区昆虫. 第一册. 北京: 科学出版社.]

Han Y F & Zhang G X. 1981. Thysanoptera. Insects of Xizang. Vol. 1. Science Press, Beijing, China. 295-299. [韩运发, 张广学, 1981. 缨翅目. 西藏昆虫. 第一卷. 北京: 科学出版社. 295-299.]

Han Y F & Zhang G X. 1982a. Description of *Frankliniella zizaniophila* sp. nov. (Thysanoptera: Thripidae). *Acta Zootaxonomica Sinica*, 7 (2): 210-211. [韩运发, 张广学, 1982a. 茭笋花蓟马新种记述. 动物分类学报, 7 (2): 210-211.]

Han Y F & Zhang G X. 1982b. Descriptions of two new species of *Scolothrips* Hinds and an undescribed male of *S. takahashii* Priesner from China (Thysanoptera: Thripidae). *Zoological Research*, 3: 53-56. [韩运发, 张广学, 1982b. 食螨蓟马属 *Scolothrips* Hinds 二新种及塔六点蓟马雄虫记述 (缨翅目: 蓟马科). 动物学研究, 3: 53-56.]

Heming B S. 1970. Postembryonic development of the male reproductive system in *Frankliniella fusca* (Thripidae) and *Haplothrips verbsaci* (Phlacothripidac) (Thysanoptcra). *Miscellaneous Publications of the Entomological Society of America*, 7: 235-272.

Heming B S. 1971. Functional morphology of the thysanopteran pretarsus. *Canadian Journal of Zoology*, 49: 91-108.

Heming B S. 1972. Functional morphology of the pretarsus in larval Thysanoptera. *Canadian Journal of Zoology*, 50: 751-766.

Heming B S. 1973. Metamorphosis of the pretarsus in *Frankliniella fusca* (Hinds) (Thripidae) and *Haplothrips verbasci* (Osborn) (Phlaeothripidae) (Thysanoptera). *Canadian Journal of Zoology*, 51: 1211-1234.

Heming B S. 1993. Structure, function, ontogeny, and evolution of feeding in thrips (Thysanoptera). 3-41. In: Schaefer C S & Leschen R A B. Functional Morphology of Insect Feeding. Thomas Say Publications in Entomology. Entomological Society of America. Lanham, MD.

Heming B S. 1995. History of germ line in male and female thrips. In: Parker B L, Skinner M & Lewis T. Thrips Biology and Management. Plenum, New York. 505-535.

Hinds W E. 1902. Contribution to a monograph of the insects of the order Thysanoptera inhabiting North America. *Proceedings of the United States National Museum*, 26: 79-242.

Hood J D. 1912a. Descriptions of new North American Thysanoptera. *Proceedings of the Entomological Society of Washington*, 14: 129-160.

Hood J D. 1912b. New genera and species of North American Thysanoptera from the South and West

Proceedings of the Biological Society of Washington, 25: 61-76.

Hood J D. 1913. On a collection of Thysanoptera from Porto Rico. *Insecutor Inscitiae Menstruus*, 1: 149-154.

Hood J D. 1914a. Notes on new North American Thysanoptera, with descriptions of a new family and two new species. *Insecutor inscitiae menstruus*, 2: 17-22.

Hood J D. 1914b. On the proper generic names of certain Thysanoptera of economic importance. *Proceedings of the Entomological Society of Washington*, 16: 34-44.

Hood J D. 1915a. An interesting case of antennal antigeny in Thysanoptera. *Proceedings of the Entomological Society of Washington*, 17: 128-132.

Hood J D. 1915b. Descriptions of new American Thysanoptera. *Insecutor Inscitiae Menstruus*, 3: 1-40.

Hood J D. 1916a. Descriptions of new Thysanoptera. *Proceedings of the Biological Society of Washington*, 29: 109-124.

Hood J D. 1916b. A synopsis of the genus *Oxythrips* Uzel (Thysanoptera). *Insecutor Inscitiae Menstruus*, 4: 37-44.

Hood J D. 1918. New genera and species of Australia Thysanoptera. *Memoirs of the Queensland Museum*, 6: 121-150.

Hood J D. 1919a. On some new Thysanoptera from southern India. *Insecutor Inscitiae Menstruus*, 7 (4-6): 90-103.

Hood J D. 1919b. Two new genera and thirteen new species of Australian thysanoptera. *Proceeding of the Biological Society of Washington*, 32: 75-91.

Hood J D. 1924. A new *Sericothrips* (Thysanoptera) injurious to cotton. *Canadian Entomologist*, 56: 149-150.

Hood J D. 1925a. New neotropical Thysanoptera collected by C. B. Williams. *Psyche*, 32: 48-69.

Hood J D. 1925b. New species of *Frankliniella* (Thysanoptera). *Bulletin of the Brooklyn Entomological Society*, 20: 71-83.

Hood J D. 1927. New western Thysanoptera. *Proceedings of the Biological Society of Washington*, 40: 197-204.

Hood J D. 1933. New Thysanoptera from Panama. *Journal of the New York Entomological Society*, 41: 407-434.

Hood J D. 1935. Eleven new Thripidae (Thysanoptera) from Panama. *Journal of the New York Entomological Society*, 43: 143-171.

Hood J D. 1937. Studies in Neotropical Thysanoptera. V. *Revista de Entomologia. Rio de Janeiro*, 7: 486-530.

Hood J D. 1938. New Thysanoptera from Florida and North Carolina. *Revista de Entomologia, Rio de Janeiro*, 8: 348-420.

Hood J D. 1952. Brasilian Thysanoptera. III. *Proceedings of the Biological Society of Washington*, 65: 141-174.

Hood J D. 1954a. Three new heliothripine Thysanoptera from Formosa. *Proceedings of the Entomological Society of Washington*, 56: 188-193.

Hood J D. 1954b. A new *Chaetanaphothrips* from formosa, with a note on the banana thrips. *Proceedings of the Biological Society of Washington*, 67: 215-218.

Hood J D. 1954c. Brasilian Thysanoptera. Ⅴ. *Proceedings of the Biological Society of Washington*, 67: 195-214.

Hood J D. 1957. New Brazilian Thysanoptera. *Proceedings of the Biological Society of Washington*, 70: 129-180.

Hu J F. 1935. Catalogus Insectorum Sinensium. Sun Yat-sen University Press, Guangzhou. [胡经甫, 1935. 中国昆虫名录. 广州: 中山大学出版社.]

Hunter W B & Ullman D E. 1992. Anatomy and ultrastructure of the piercing-sucking mouthparts and paralossal sensilla of the *Frankliniella occidentalis* (Pergande) (Thysanoptera: Thripidae). *International Journal of Insect Morphology and Embryology*, 21: 17-35.

Ishida M. 1931. Fauna of the Thysanoptera in Japan 2. *Insecta Mastsumurana*, 6 (1): 32-42.

Jablonowski. 1894. Additamentum ad cognitionem Thysanopterorum. *Termeszettudomanyi Fuzetek*, 17: 93-99.

Jacot-Guillarmod C F. 1942. Studies on South African Thysanoptera-Ⅲ. *Journal of the Entomological Society of Southern Africa*, 5: 64-74.

Jacot-Guillarmod C F. 1970. Catalogue of the Thysanoptera of the world (part 1). *Annals of the Cape Provincial Museums Natural History*, 7 (1): iii+216 pp.

Jacot-Guillarmod C F. 1971. Catalogue of the Thysanoptera of the world (part 2). *Annals of the Cape Provincial Museums Natural History*, 7 (2): 217-515.

Jacot-Guillarmod C F. 1974. Catalogue of the Thysanoptera of the world (part 3). *Annals of the Cape Provincial Museums Natural History*, 7 (3): 517-976.

Jacot-Guillarmod C F. 1975. Catalogue of the Thysanoptera of the world (part 4). *Annals of the Cape Provincial Museums Natural History*, 7 (4): 977-1255.

Jacot-Guillarmod C F & Brothers J D. 1986. Catalogue of the Thysanoptera of the World (part 7). *Annals of Cape Province Museum (Natural History)*, 17 (1): 1-93.

John O. 1921. Faunae Petropolistance Catalogus. *Petrograd Agricultural Institution*, 2 (1): 7.

John O. 1929. A new species of Thysanoptera from Brazil, representing a new genus. *Bulletin et Annales de la Société Entomologique de Belge*, 69: 33-36.

Kamm J A. 1972. Environmental influence on reproduction, diapause and morph determination of *Anaphothrips obscurus* (Thysanoptera: Thripidae). *Environmental Entomology*, 1: 16-19.

Karny H. 1907. Die Orthopterenfauna des Küstengebietes von Österreich-Ungarn. *Berlin Entomologische Zeitschrift*, 52: 17-52.

Karny H. 1908a. Über die Verändlichkeit systematisch wichtigen Merkmal, nebst Bermerkungen zu den Gattungen Thrips und Euthrips. *Wiener Entomologischer Zeitung*, 27: 273-280.

Karny H. 1908b. Die zoologische Reise des naturwissenschaftlichen Vereins nach Dalmatien im April 1906. *Mitteilungen des Naturwissenschaftlichen Vereins an der Universität Wien*, 6: 101-113.

Karny H. 1910. Neue Thysanopteren der Wiener Gegend. *Mitteilungen des Naturwissenschaftlichen Vereins an der Universität Wien*, 8: 41-57.

Karny H. 1911. Revision der Gattung *Heliothrips* Haliday. *Entomologische Rundschau*, 28: 179-182.

Karny H. 1912a. Zwei Neue javanische Physapoden-Genera. *Zoologischer Anzieger*, 40: 297-301.

Karny H. 1912b. Revision der von Serville aufgestellten Thysanopteren-Genera. *Zoologische Annalen*, 4: 322-344.

Karny H. 1913a. Sauter's Formosa-Ausbeute. *Supplementa Entomologica*, 2: 127-134.

Karny H. 1913b. Thysanoptera. *Wissenschaftliche Ergebnisse der Deutschen Zentral-Afrika Expedition*, 1907-1908, 4: 281-282.

Karny H. 1913c. Beiträge zur Kenntnis der Gallen von Java. 5. Über die javanischen Thysanopteren-cecidien und deren Bewohner. *Bulletin du Jardin Botanique de Buitenzorg*, 10: 1-126.

Karny H. 1913d. Thysanoptera von Japan. *Archiv fur Naturgeschichte*, 79 (2): 122-128.

Karny H. 1914. Beiträge zur Kenntnis der Gallen von Java. Zweite Mitteilung über die javanischen Thysanopterocecidien und deren Bewohner. *Zeitschrift für Wissenschaftliche Insektenbiologie*, 10: 355-369.

Karny H. 1915. Beiträge zur Kenntnis der Gallen von Java. Zweite Mitteilung über die javanischen Thysanopterocecidien und deren Bewohner. *Zeitschrift für Wissenschaftliche Insektenbiologie*, 11: 85-90.

Karny H. 1921. Zur Systematik der Orthopteroiden Insekten; Ⅲ Thysanoptera. *Treubia*, 1 (4): 211-269.

Karny H. 1922. Thysanoptera form Siam and Indochina. *Journal of the Siam Society*, 16 (2): 91-153.

Karny H. 1925. Die an Tabak auf Java und Sumatra angetroffenen Blasenfüsser. *Bulletin van het deli Proefstation te Medan*, 23: 1-55.

Karny H. 1926. Studies on Indian Thysanoptera. *Memoirs of the Department of Agriculture in India Entomology Series*, 9: 187-239.

Kobus J D. 1892. Blaaspooten (Thrips). *Mededeelingen van het Proefstation Oost-Java*, 43: 14-18.

Kudô I. 1970. Preliminary notes on Thysanoptera in Sapporo and the vicinity. *Journal of the Faculty of Science, Hokkaido University (Zoology)*, (17): 446-461.

Kudô I. 1972. A new species of the genus *Salipingothrips* from Japan (Thysanoptera: Thripidae). *Kontyû*, 40 (4): 230-233.

Kudô I. 1973. Some unrecorded Heliothripine Thysanoptera from Japan. *Kontyû*, 41: 461-469.

Kudô I. 1974. Some graminivorous and gall forming Thysanoptera of Taiwan. *Kontyû*, 42: 110-116.

Kudô I. 1975. On the genus *Litotetothrips* Priesner (Thysanoptera: Phlaeothripidae) with the description of a new species. *Kontyû*, 43 (2): 138-146.

Kudô I. 1977a. A new genus and two new species of Thripidae (Thysanoptera) from Nepal. *Kontyû*, 45: 1-8.

Kudô I. 1977b. The genus *Dendrothripoides* Bagnall (Thysanoptera, Thripidae). *Kontyû*, 45 (4): 495-500.

Kudô I. 1978. Some Urothripine Thysanoptera from eastern Asia. *Kontyû*, 46: 169-175.

Kudô I. 1979a. The Terebrantian Thysanoptera described by M. Ishida in Japan and the vicinity. *Kontyû*, 47 (4): 487-492.

Kudô I. 1979b. Some Panchaetothripine Thysanoptera from Southeast Asia. *Oriental Insects*, 13 (3-4): 345-355.

Kudô I. 1984. The Japanese Dendrothripini with descriptions of four new species (Thysanoptera: Thripidae).

Kontyû, 52 (4): 487-505.

Kudô I. 1985a. The Japanese species of the genus *Chaetanaphothrips* Priesner Thysanoptera, Thripidae). *Kontyû*, 53 (2): 311-328.

Kudô I. 1985b. *Yoshinothrips* n. gen, with two new species from Japan (Thysanoptera: Thripidae). *Kontyû*, 53: 81-89.

Kudô I. 1989a. Three species of *Dendrothrips* (Thysanoptera, Thripidae) from Nepal, with description of a new species. *Japanese Journal of Entomology*, 57 (1): 37-45.

Kudô I. 1989b. The Japanese of *Anaphothrips* and *Apterothrips* (Thysanoptera: Thripidae). *Japanese Journal of Entomology*, 57 (3): 477-495.

Kudô I. 1991. Sericothripine Thrips of Japan (Thysanoptera: Thripidae). *Japanese Journal of Entomology*, 59 (3): 509-538.

Kudô I. 1992. Panchaetothripinae in Japan (Thysanoptera, Thripidae) 2. Panchaetothripini, the Genus *Helionothrips*. *Japanese Journal of Entomology*, 60 (2): 271-289.

Kudô I. 1995. A new species of *Hydatothrips* (Thysanoptera: Terebrantia: Thripidae) on marigold in Japan and the United States. *Applied Entomology and Zoology*, 30 (1): 169-176.

Kudô I. 1997. Malaysian *Hydatothrips* with some species from neighboring areas (Thysanoptera, Terebrantia, Thripidae). *Japanese Journal of Systematic Entomology*, 3 (2): 325-365.

Kurosawa M. 1937. Descriptions of four new thrips in Japan. *Kontyû*, 11: 266-275.

Kurosawa M. 1938. Notes on three unrecorded thrips from greenhouses in Nippon. *Kontyû*, 12: 121-129.

Kurosawa M. 1939. A new species of *Aeolothrips* from Nippon. *Zoological Magazine (Tokyo)*, 51 (7): 577-579.

Kurosawa M. 1941. Thysanoptera of Manchuria. In Reports on the insect-fauna of Manchuria. Ⅶ. *Kontyû*, 15 (3): 35-45.

Kurosawa M. 1968. Thysanoptera of Japan. *Insecta Matsumurana Supplement*, 4: 1-94.

Kurosawa. 1932. Descriptions of three new thrips from Japan. *Kontyû*, 5: 230-242.

Lewis T. 1959. The annual cycle of *Limothrips cerealium* Haliday (Thysanoptera) and its distribution in a wheat field. *Entomologia Experimentalis & Applicata*, 2: 187-203.

Lewis T. 1962. The effects of temperature and relative humidity on mortality in *Limothrips cerealium* Haliday (Thysanoptera) overwintering in bark. *Annals of Applied Biology*, 50: 314-326.

Lewis T. 1973. Thrips. Their biology, ecology and economic importance. Academic Press, New York. 349 pp.

Lewis T. 1997. Flight and Dispersal. In: Lewis T. Thrips as crop pests. CAB international 1997: 175-196.

Lewis T & Navas D E. 1962. Thysanopteran populations overwintering in hedge bottoms, grass litter and bark *Annals of applied Biology*, 50: 299-311.

Li F S. 1951. Economic Insect of China. Hunan Agricultural College. New Hunan Newspaper Printing Service. 1-460, 461-944, 945-1192. [李凤荪, 1951. 中国经济昆虫学（上、中、下）. 湖南农学院: 新湖南报印刷服务社. 1-460, 461-944, 945-1192.]

Lindeman K. 1889. Die schädlichsten Insekten des Tabak. *Byull' Moskovskogo Obshchestva Ispytatelei Prirody*, 2 (1): 10-77.

Linnaeus C. 1758. Systema Naturae. 10th Ed. Laurentii Salvii, Holmiae. 1-823.

Maltbaek J. 1928. Thysanoptera Danica. Danske Frynsevinger. *Entomologiske Meddelelser*, 16: 159-184.

Marullo R. 1995. Possible dissemination of pest fungi by thrips. In: Parker B L, Skinner M & Lewis T. Thrips Biology and Management. Plenum Press, New York. 201-202.

Masumoto M & Okajima S. 2002. A revision of the genus *Ernothrips* Bhatti (Thyasnoptera: Thripidae), with description of a new species from Thailand. *Entomological Science*, 5: 19-28.

Masumoto M & Okajima S. 2005. *Trichromothrips* Priesner (Thysanoptera, Thripidae) of Japan and Taiwan, with descriptions of four new species and a review of the *Trichromothrips* group of genera. *Zootaxa*, 1082: 1-27.

Masumoto M & Okajima S. 2006. A revision of and key to the world species of *Mycterothrips* Trybom (Thysanoptera, Thripidae). *Zootaxa*, 1261: 1-90.

Mirab-balou M & Tong X L. 2012. A new species and a new record of the genus *Pezothrips* Karny from China (Thysanoptera: Thripidae). *Entomological News*, 122 (4): 348-353.

Mirab-balou M, Hu Q L, Feng J N & Chen X X. 2011. A new species of Sericothripinae from China (Thysanoptera: Thripidae), with two new synonyms and one new record. *Zootaxa*, 3009: 55-61.

Mirab-balou M, Mound L A & Tong X L. 2015. New combinations and a new generic synonym in the genus *Taeniothrips* (Thysanoptera: Thripidae). *Zootaxa*, 3964 (3): 371-378.

Miyazaki M & Kudô I. 1988. Bibliography and host plant catalogue of Thysanoptera of Japan. *Miscellaneous Publication of the National Institute of Agro-Environmental Sciences*, 3: 1-246.

Morgan A C. 1913. New genera and species of Thysanoptera with notes on distribution and food plants. *Proceedings of the United States National Museum*, 46: 1-55.

Morgan A C. 1925. Six new species of *Frankliniella* and a key to the American species. *Canadian Entomologist*, 57: 138-147.

Morison G D. 1930. On a collection of Thysanoptera from South Australia. *Bulletin of Entomological Research*, 21: 9-14.

Morison G D. 1957. A review of British glasshouse Thysanoptera. *Transactions of the Royal Entomology Society of London*, 109 (16): 467-534.

Moritz G. 1984. Zum Vorkommen einer exokrinen Vertexdruse bei den Mannchen der Gattung *Merothrips* Hood, 1914. (Merothripidae, Thysanoptera). *Zoologische Jahrbucher, Anatomie*, 111: 1-13.

Moritz G. 1985. Structure, Growth, and development. In: Lewis T. Thrips as crop pests. CAB international 1997: 15-63.

Moritz G. 1988. Die Ontogenese der Thysanoptera unter besonderer Berücksichtigung des Fransenflüglers Hercinothrips femoralis (O. M. REUTER 1891) 1. *Embryonalentwicklung. Zoologische Jahrbucher, Anatomie*, 117: 1-64.

Moulton D. 1907. A contribution to our knowledge of the Thysanoptera of California. *Technical series, USDA Bureau of Entomology*, 12/3: 39-68.

Moulton D. 1911. Synopsis, catalogue and bibliography of North American Thysanoptera, with descriptions of new species. *Technical series, USDA Bureau of Entomology*, 21: 1-56.

Moulton D. 1926. New American Thysanoptera. *Transactions of the American entomological Society*, 5: 119-128.

Moulton D. 1928a. New Thysanoptera from Formosa. *Transactions of the Natural History Society of Formosa*, 18 (98): 287-328.

Moulton D. 1928b. The Thysanoptera of Japan. *Annotationes Zoologicae Japanensis*, 11 (4): 287-337.

Moulton D. 1928c. Thysanoptera of the Hawaiian Islands. *Proceedings of the Hawaiian Entomological Society*, 7 (1): 105-134.

Moulton D. 1928d. Thysanoptera from Abyssinia. *Annals and Magazine of Natural History*, 1 (10): 227-248.

Moulton D. 1929a. Thysanoptera from India. *Records of the Indian Museum*, 31 (2): 93-100.

Moulton D. 1929b. Contribution to our knowledge of American Thysanoptera. *Bulletin of the Brooklyn Entomological Society*, 24: 224-244.

Moulton D. 1929c. New Thysanoptera from Cuba. *Florida Entomologist*, 13: 61-66.

Moulton D. 1932. The Thysanoptera of South America Ⅰ. *Revista de Entomologia*, 2: 451-484.

Moulton D. 1934. New Thysanoptera of the Hawaiian Islands. *Proceedings of the Hawaiian Entomological Society*, 8: 499-503.

Moulton D. 1935. A new thrips on cotton. *Philippine Journal of Agriculture*, 6: 475-477.

Moulton D. 1936a. Thysanoptera of the Philippine Islands. *Philippine Journal of Agriculture*, 7: 263-273.

Moulton D. 1936b. Thysanoptera of the Hawaiian Islands. *Proceedings of the Hawaiian Entomological Society*, 9: 181-188.

Moulton D. 1936c. Thysanoptera from Africa. *Annals and Magazine of Natural History*, (10) 17: 493-509.

Moulton D. 1936d. New American Thysanoptera. *Bulletin of the Brooklyn Entomological Society*, 31: 61-65.

Moulton D. 1940. Thysanoptera from New Guinea and New Britain. *Occasional Papers of the Bishop Museum*, 15: 243-270.

Moulton D. 1942. Thrips of Guam. *Bishop Museum Bulletin*, 172: 7-16.

Moulton D. 1948. The genus *Frankliniella* Karny. With keys for the determination of species. *Revista de Entomologia*, 19: 55-114.

Moulton D & Steinweden J B. 1931. A new *Taeniothrips* on gladiolus. *Canadian Entomologist*, 63: 20-21.

Mound L A. 1968. A review of R. S. Bagnall's Thysanoptera collections. *Bulletin of the British Museum (Natural History) Entomology Supplement*, 11: 1-181.

Mound L A. 1970. Thysanoptera from the solomon Islands. *Bulletin of the British Museum (Natural History) Entomology*, 24: 85-126.

Mound L A. 1976a. The identity of the greenhouse thrips *Heliothrips haemorrhoidalis* (Bouché) (Thysanoptera) and the taxonomic significance of spanandric males. *Bulletin of Entomological Research*, 66 (1): 179-180.

Mound L A. 1976b. Thysanoptera of the genus *Dichromothrips* on Old World Orchidaceae. *Biological Journal of the Linnean Society*, 8: 245-265.

Mound L A. 1992. Patterns of sexuality in Thysanoptera. 2-14. In: Cameron E A. The 1991 Conference on Thrips (Thysanoptera): Insect and Disease considerations in Sugar Maple Management. U.S.D.A. Forest

Service, General Technical Report NE-161.

Mound L A. 1994. Thrips and gall induction: a search for patterns. 131-149. In: Williams M A J. Plant Galls: Organisms, Interactions, Populations. Systematics Association Special Volume 49. Clarendon Press, Oxford.

Mound L A. 2002. *Octothrips lygodii* sp. n. (Thysanoptera, Thripidae) damaging weedy Lygodium ferns in south-eastern Asia, with notes on other Thripidae reported from ferns. *Australian Journal of Entomology*, 41: 216-220.

Mound L A & Houston K J. 1987. An Annotated Checklist of Thysanoptera from Australia. *Occasion. Papers on Systematic Entomology*, 4: 1-28.

Mound L A & Marullo R. 1996. The Thrips of Central and South America: An Introduction (Insecta: Thysanoptera). *Memoirs on Entomology, International*, 6: 1-488.

Mound L A & Palmer J M. 1974. *Thrips rufa* Gmelin, 1790 (Insecta, Thysanoptera, Thripidae) ; proposed supression under the plenary powers so as to validate *T. rufa* Haliday, 1836, Z. N. (S.) 2067. *Bulletin of zoological Nomenclature*, 31: 228-229.

Mound L A & Palmer J M. 1981. Identification, distribution and host plant of the pest species of *Scirtothrips* (Thysanoptera: Thripidae). *Bulletin of Entomological Research*, Ⅰ, 71: 467-479.

Mound L A & Palmer J M. 1983. The generic and tribal classification of spore-feeding Thysanoptera (Phlaeothripidae: Idolothripinae). *Bulletin of the British Museum (Natural History) Entomology*, 46: 1-174.

Mound L A & Palmer J M. 1983. The generic and tribal classification spore-feeding Thysanoptera (Phlaeothripidae: Idolothripinae). *Bulletin of the British Museum (Natural History) Entomology*, 46 (1): 1-174.

Mound L A & Tree D J. 2009. Identification and host-plant associations of Australian Sericothripinae (Thysanoptera, Thripidae). *Zootaxa*, 1983: 1-22.

Mound L A & Walker A K. 1982. Terebrantia (Insecta: Thysanoptera). *Fauna of New Zealand*, 1: 1-113.

Mound L A, Heming B S & Palmer J M. 1980. Phylogenetic relationship between the families of recent Thysanoptera (Insecta). *Zoological Journal of the Linnean Society*, 69 (2): 111-141.

Mound L A, Morison G D, Pitkin B R & Palmer J M. 1976. Thysanoptera. *Handbook Ident. Brit. Insects*, 1 (11): 1-82.

Müller. 1776. Zoologiae Danicae prodromus, seu animalium Daniae et Norvegiae indigenarum characteres, nomina, et synonyma imprimis popularium. 1-274.

Murai T. 1977. Reproductive diapause of flower thrips, *Frankliniella intonsa*. In: Holman J, Pelikán J, Dixon A F G & Weisman L. Population Structure, Genetics and Taxonomy of Aphids and Thysanoptera: Proceedings of International Symposia, Smolenice, Czechoslovakia, 9-14 September 1985. SPB Academic Publishing, The Hague. 467-479.

Nakahara S. 1985. Review of *Thrips hawaiiensis* and revalidation of *T. florum* (Thysanoptera: Thripidae). *Proceedings of the Entomological Society of Washington*, 87 (4): 864-870.

Nakahara S. 1994. The genus *Thrips* Linnaeus (Thysanoptera: Thripidae) of the New World. *Technical*

Bulletin United States Department of Agriculture, 1822: 1-183.

Niwa S. 1908. *Belothrips mori* n. sp. on mulberry leaves [in Japanese]. *Transactions of the Entomological Society of Japan*, 2: 180-181.

Nonaka T & Okajima S. 1992. Description of Seven New Species of the Genus *Chaetanaphothrips* Priesner (Thysanoptera, Thripidae) from East Asia. *Japanese Journal of Entomology*, 60 (2): 433-447.

O'Neill K. 1960. The taxonomy of *Psilothrips* Hood (Thysanoptera: Thripidae). *Proceedings of the Entomological Society of Washington*, 62: 87-95.

O'Neill. 1970. *Frankliniella hawksworthi*, a new species on dwarf mistletoe of ponderosa pine in south-western United States (Thysanoptera: Thripidae). *Proceedings of the Entomological Society of Washington*, 72: 454-458.

Okajima S. 1975a. Notes on the Thysanoptera from the Ryukyu Islands. Ⅰ. Descriptions of tow new species. *Kontyû*, 43: 13-19.

Okajima S. 1975b. The genus *Thlibothrips* Priesner of leaf-rolling Phlaeothripidae (Thysanoptera). *Transactions Shikoku Entomological Society*, 5 (3-4): 145-150.

Okajima S. 1976. Notes on the Thysanoptera from the Ryukyu Islands. Ⅱ. On the genus *Stigmothrips* Ananthakrishnan. *Kontyû*, 44: 119-129.

Okajima S. 1979. Notes on the Thysanoptera from Southeast Asia. Ⅴ. A new species of the genus *Franklinothrips* Back (Aeolothripidae). *Kontyû*, 47: 399-401.

Okajima S. 1982. Notes on the Thysanoptera from the Southeast Asia. Ⅶ. *Kontyû*, 50 (1): 51-56.

Okajima S. 1983a. Four new species of *Ecacanthothrips* from the Oriental realm (Thysanoptcra, Phlaethripidae). *Kontyû*, 51: 56-65.

Okajima S. 1983b. Studies on some *Psalidothrips* species with key to the world species. *Journal of Natural History*, 17: 1-13.

Okajima S. 1987. Some Thysanoptera from the East Kalimantan, Borneo, with descriptions of a new genus and five new species. *Transactions of the Shikoku Entomological Society*, 18: 289-299

Okajima S. 1988. The genus *Phylladothrips* (Thysanoptera: Phlaeothripinae) from east Asia. *Kontyû*, 54: 706-722.

Okajima S. 1989. The genus *Deplorothrips* Mound & Walker (Thysanoptera: Phlaeothripidae) from eastern Asia with descriptions of six new species. *Japanese Journal of Entomology*, 57: 241-256.

Okajima S. 1990a. Some *Nesothrips* (Insecta: Thysanoptera: Phlaeothripidae) from eastern Asia. *Zoological Science (Tokyo)*, 7 (2): 311-318.

Okajima S. 1990b. The Old World species of *Pygothrips* (Thysanoptera: Phlaeothripidae). *Systematic Entomology*, 15: 87-99.

Okajima S. 1993a. Bamboo-inhabiting genera *Mychiothrips* and *Veerabahuthrips* (Thysanoptera: Phlaeothripidae) from Asia. *Japanese Journal of Entomology*, 61 (4): 723-736.

Okajima S. 1993b. The genus *Acallurothrips* Bagnall (Thysanoptera: Phlaeothripidae) from Japan. *Japanese Journal of Entomology*, 61 (1): 85-100.

Okajima S. 1994a. Habitats and distributions of the Japanese urothripine species (Thysanoptera:

Phlaeothripidae). *Japanese Journal of Entomology*, 62 (3): 512-528.

Okajima S. 1994b. The genus *Sophiothrips* Hood (Thysanoptera: Phlaeothripidae) from Japan. *Japanese Journal of Entomology*, 62: 29-39.

Okajima S. 1995a. A revision of the bamboo or grass-inhabiting genus *Bamboosiella* Ananthakrishnanm. Ⅰ. *Japanese Journal of Entomology*, 63 (2): 303-321.

Okajima S. 1995b. A revision of the bamboo or grass-inhabiting genus *Bamboosiella* Ananthakrishana. Ⅱ. *Japanese Journal of Entomology*, 63 (3): 469-484.

Okajima S. 1995c. The genus *Strepterothrips* Hood (Thysanoptera: Phlaeothripidae) from East Asia. *Bulletin of the Japanese Society for Coleopterology*, 4: 213-219.

Okajima S. 1998. Minute leaf-litter thrips of the genus *Preeriella* (Thysanoptera: Phlaeothripidae) from Asia. *Species Diversity*, 3: 301-316.

Okajima S. 1999. The significance of stylet length in Thysanoptera, with a revision of *Oidanothrips* (Phlaeothirpidae), an Old World genus of large fungus-feeding species. *Entomological Science*, 2: 265-279.

Okajima S. 2006. The Insects of Japan. Volume 2. The suborder Tubulifera (Thysanoptera). Touka Shobo Co. Ltd., Fukuoka. 720.

Okamoto H. 1911. *Euthrips glycines* n. sp, die erste japanische art dieser gattung (Thysanoptera). *Wiener Entomologische Zeitung*, 30: 221-222.

Osborn H. 1883. Notes on Thripidae, with descriptions of new species. *Canadian Entomologist*, 15 (8): 151-156.

Palmer J M. 1992. *Thrips* (Thysanoptera) from Pakistan to the Pacific: A review. *Bulletin of the British Museum* (*Natural History*) *Entomology*, 61 (1): 1-76.

Palmer J M & Mound L A. 1978. Nine genera of fungus-feeding Phlaeothripidae (Thysanoptera) from the Oriental realm. *Bulletin of the British Museum* (*Natural History*) *Entomology*, 37 (5): 153-215.

Palmer J M & Wetton M N. 1987. A morphometric analysis of the Thrips hawaiiensis species-group. *Bulletin of Entomolgy Research*, 77: 397-406.

Pelikán J. 1970. On some Thysanoptera collected in Nepal by Prof. Janetschek. *Khumbu- Himal* (*Universität Verlag Innsbruck-München*), 3: 361-370.

Pelikán J. 1983. Remarkable new *Aeolothrips* species from Kyzyl Kum desert (Thysanoptera). *Acta Entomologica Bohemoslovaca*, 80: 437-440.

Pelikán J. 1984. Thysanoptera aus der Mongolei. Ⅲ. *Annales. Historico-Naturales Musei Nationalis Hungarici*, 76: 109-128.

Pelikán J. 1985. Thysanopteren aus der Mongolei. Ⅳ. *Annales Historico-Naturales Musei Nationalis Hungarici*, 77: 130-133.

Pergande T. 1895. Observations on certain Thripidae. *Insect Life*, 7: 390-395.

Pitkin B R. 1972. A revision of the flower-living genus *Odontothrips* Amyot and Serville (Thysanoptera: Thripidae). *Bulletin of the British Museum* (*Natural History*) *Entomology*, 26 (9): 371-402.

Pitkin B R. 1977. A revision of the genus *Chaetanaphothrips* Priesner (Thysanoptera: Thripidae). *Bulletin of*

Entomological Research, 67: 599-605.

Priesner H. 1914. Neue Thysanopteren (Blasenfüsse) aus Österreich. *Entomologischer Zeitung, Frankfurt*, 27 (45): 259-266.

Priesner H. 1919a. Zur Thysanopteren-Fauna Albaniens. *Sitzungsberichte der Kaiserlichen Akademie der Wissenschaften*, 128: 115-144.

Priesner H. 1919b. Zur Thysanopteren-Fauna der ostadriatischen Küstenländer. *Zeitschrift des Osterreichischen Entomologen-Vereins*, 4: 79-114.

Priesner H. 1920. Beitrag sur Kenntnis der Thysanopteren Oberösterreichs. *Jahresberichte Musem Francisco Carolinus*, 78: 50-63.

Priesner H. 1921. Neue Europäische Thysanopteren. *Wiener Entomologischer Zeitung*, 38: 115-122.

Priesner H. 1922. Beiträge zur Lebensgeschichte der Thysanopteren. Ⅱ. *Rhopalandrothrips obscurus* (Uz.), *Taeniothrips salicis* (Rt.) und *Taeniothrips dianthi* Pr. *Sitzungsberichte der Kaiserlichen Akademie der Wissenschaften*, 131: 67-75.

Priesner H. 1923a. Ein Beitrag zur Kenntnis der Thysanopteren Surinams. *Tijdschrift voor Entomologie*, 66: 88-111.

Priesner H. 1923b. A. DAMPFS Aegypten-Ausbeute: Thysanoptera. *Entomologische Mitteilungen*, 12: 115-121.

Priesner H. 1924a. Bernstein-Thysanopteren. *Entomologische Mitteilungen*, 13: 130-151.

Priesner H. 1924b. Neue europäische Thysanopteren (Ⅲ). *Konowia*, 3 (1): 1-5.

Priesner H. 1925. Katalog der europäischen Thysanoptera. *Konowia*, 4 (3-4): 141-159.

Priesner H. 1926. Die Thysanopteren Europas. Abteilung Ⅰ-Ⅱ. Wagner Verlag, Wien. F. 1-342.

Priesner H. 1927. Die Thysanopteren Europas. Abteilung Ⅲ. Wagner Verlag, Wien. F. 343-568.

Priesner H. 1928. Die Thysanopteren Europas. Abteilung Ⅳ. Wagner Verlag, Wien. F. 569-755.

Priesner H. 1929. Contributions towards a knowledge of the Thysanoptera of Egypt, Ⅰ. *Bulletin de la Societe Royale entomologique d'Egypte*, 13 (1-3): 59-63.

Priesner H. 1930a. Contributions towards a knowledge of the Thysanoptera of Egypt, Ⅱ. *Bulletin de la Societe Royale entomologique d'Egypte*, 13 (4): 211-219.

Priesner H. 1930b. Contributions towards a knowledge of the Thysanoptera of Egypt, Ⅲ. *Bulletin de la Societe Royale entomologique d'Egypte*, 14 (1): 6-15.

Priesner H. 1932a. Contributions towards a knowledge of the Thysanoptera of Egypt, Ⅴ. *Bulletin de la Societe Royale entomologique d'Egypte*, 16 (1-2): 2-12.

Priesner H. 1932b. Drei neue Thripiden. *Stylops*, 1: 108-111.

Priesner H. 1932c. Contributions towards a knowledge of the Thysanoptera of Egypt, Ⅶ. *Bulletin de la Societe Royale entomologique d'Egypte*, 16 (1-2): 45-51.

Priesner H. 1933. Indomalayische Thysanopteren Ⅳ [Teil 2]. *Konowia*, 12 (3-4): 307-318.

Priesner H. 1934. Indomalayische Thysanopteren (Ⅵ) *Naturkd. Tijds. Nederl.-Indië*, 94 (3): 254-290.

Priesner H. 1935a. New or little-known oriental Thysanoptera. *Philippine Journal of Science*, 57 (3): 251-375.

Priesner H. 1935b. Neue exotische Thysanopteren. *Stylops*, 4 (6): 125-131.

Priesner H. 1936a. A preliminary review of the non-fossil species of the genus *Melanthrips* Hal. (Thysanoptera). *Bulletin de la Societe Royale Entomologique d'Egypte*, 20: 29-52.

Priesner H. 1936b. On some further new Thysanoptera from the Sudan. *Bulletin de la Societe Royale Entomologique d'Egypte*, 20: 83-104.

Priesner H. 1936c. Über einige neue wenig bekannte Thysanopteren. *Proceedings of the Royal Entomological Society of London*, 5: 208-214.

Priesner H. 1937a. Neue Thysanopteren aus Zentral-Afrika. *Revue de Zoologie et Botanique Africaine*, 30: 169-180.

Priesner H. 1937b. *Thrips physapus* L. (Thysanoptera), eine Sammelart. *Konowia*, 16: 107-112.

Priesner H. 1938a. Contributions towards a knowledge of the Thysanoptera of Egypt, XI. *Bulletin de la Société Royal Entomologique d'Egypte*, 21: 208-222.

Priesner H. 1938b. Thysanopterologica VI. *Konowia*, 17: 29-35.

Priesner H. 1938c. Materialen zu einer Revision der Taeniothrips-Arten (Thysanoptera) des indomalayischen Faunengebietes. *Treubia*, 16 (4): 469-526.

Priesner H. 1939. Thysanopteren aus dem Belgischen Congo (6. Beitrag). *Revue de Zoologie et Botanique Africaine*, 32: 154-175.

Priesner H. 1940. On some Thysanoptera (Thripidae) from Palestine and Cyprus. *Bulletin de la Societe Royale Entomologique d'Egypte*, 24: 46-56.

Priesner H. 1949a. Genera Thysanopterorum. Keys for the Identification of the genera of the order Thysanoptera. *Bulletin de la Societe Royale Entomologique D'egypte*, 33: 31-157.

Priesner H. 1949b. Studies on the genus *Chirothrips* Hal. *Bulletin de la Societe Royale Entomologique d'Egypte*, 33: 159-174.

Priesner H. 1950a. Further studies in *Haplothrips* and allied genera (Thysanoptera). *Bulletin de la Societe Royale Entomologique d'Egypte*, 34: 25-37.

Priesner H. 1950b. Studies on the genus *Scolothrips* (Thysanoptera). *Bulletin de la Société Royal Entomologique d'Egypte*, 34: 39-68.

Priesner H. 1957. Zur vergleichenden Morphologie des Endothorax der Thysanoptera (Vorlaufige Mitteilung). *Zoologischer Anaeiger*, 159 (7/8): 159-167.

Priesner H. 1960. A monograph of the Thysanoptera of the Egyptian deserts. *Publications de I'Institut du Desertd'Egypte*, 13: 1-549.

Priesner H. 1964a. A monograph of the Thysanoptera of Egyptian deserts. *Publications de I'Institut du Desert d'Egypte*, 13: 1-549.

Priesner H. 1964b. Ordnung Thysanoptera. *Bestimmungsbucher zur Bodenfaunia Europas*, 2: 1-242.

Priesner H. 1965. A monograph of the Thysanoptera of the Egyptian deserts. *Publications de I'Institut du Desert d'Egypte*, 13: 1-549.

Pritsch M & Büning J. 1989. Germ cell cluster in the panoistic ovary of Thysanoptera (Insect). *Zoomorphology*, 108: 309-313.

Raizada U. 1966. Studies on some Thysanoptera from Delhi. *Zoologischer Anzeiger*, 176: 277-290.

Ramakrishna T V. 1928 A contribution to our knowledge of the Thysanoptera. Of India. *Memoirs of the Department of Agriculture in India Entomology Series*, 10 (7): 217-316.

Ramakrishna T V & Margabandhu V. 1931. Notes on Indian Thysanoptera with brief descriptions of new species. *Journal of the Bombay Natural History Society*, 34: 1025-1040.

Ramakrishna T V & Margabandhu V. 1939. Notes on Indian Thysanoptera with descriptions of new species. *Indian Journal of Entomology*, 1 (3): 35-48.

Ramakrishna T V & Margabandhu V. 1940. Catalogue of Indian Insects. Part 25. Thysanoptera. Delhi. 1-64.

Reuter O M. 1891. Thysanoptera, funna i finska orangerier. *Meddeleser af Societas pro Fauna et Flora Fennica*, 17: 160-167.

Richter W. 1928. Beitrag zur Kenntnis der Aeolothripiden (Thysanoptera). *Deutsche Entomologische Zeitschrift*, 1: 29-37.

Sakimura K. 1967. A preliminary review of the genus *Isoneurothrips* and the subgenus *Thrips* (*Isothrips*). *Pacific. Insects*, 9: 429-436.

Sakimura K. 1972a. Male of *Megalurothrips distalis* and changes in nomenclature (Thysanoptera: Thripidae). *Kontyû*, 40 (3): 188-193.

Sakimura K. 1972b. Male of *Megalurothrips mucumae* and change in nomenclature (Thysanoptera: Thripidae). *Pacific. Insects*, 14 (4): 663-667.

Sakimura K. 1975. *Danothrips trifasciatus* new species, and collection notes on the Hawaiian species of *Danothrips* and *Chaetanaphothrips* (Thysanoptera: Thripidae). *Proceedings of the Hawaiian Entomological Society*, 22: 125-132.

Sakimura K. 1955. A revision of the genus *Dichromothrips* Priesner. *Proceedings of the Hawaiian Entomological Society*, 15: 583-600.

Schliephake G.1975. Beiträge zur phylogenetischen Systematik bei Thysanopteren. *Beitrage zur Entomologie*, 25: 5-13.

Schiephake G & Klim K. 1979. Thysano Ptera, Fransenfl Ügler. *Die Tierwelt Deutschlands*, 66: 1-477.

Schille F. 1911. Materialien zu einer Thysanopteren-Fauna Galiziens. *Sprawozdanie Komisyi Fizyograficznej, Krakowie*, 45: 1-10.

Schmutz K. 1913. Zur Kenntnis der Thysanopterenfauna von Ceylon. *Sitzungsberichte der Kaiserlichen Akademie der Wissenschaften*, 122 (7): 991-1089.

Schrank F. 1776. Beyträge zur Naturgeschichte. Mit sieben von dem Verfasser selbst gezeichneten, und in Kupfern gestochenen Tabellen. pp. [1-8], 1-137, [1-3], Tab. I -VII [1-7].

Seshadri A & Ananthakrishnan T N. 1954. Some new Indian Thysanoptera-1. *Indian Journal of Entomology*, 16: 210-226.

Sharov A G. 1972. On phylogenetic relations of the order thrips (Thysanoptera). *Entomological Review*, 54: 854-858.

Shull A F. 1909. Some apparently new Thysanoptera from Michigan. *Entomological News*, 20: 220-228.

Shumsher S. 1942. Contribution to our knowledge of Indian Thysanoptera. *Indian Journal of Entomology*, 4 (2): 111-135.

Shumsher S. 1946. Studies on the systematics of Indian Terebrantia. *Indian Journal of Entomology*, 7: 147-188.

Skinner M & Parker B L. 1992. Vertical distribution of pear thrips (Thysanoptera: Thripidae) in forest soils. *Environmental Entomology*, 21: 1258-1266.

Stannard L J. 1957. The phylogeny and classification of the North American genera of the Suborder Tubulifera (Thysanoptera). *Illinois Boilogical Monographs Urban*, 25: 53-56.

Stannard L J. 1962. *Chaetanaphothrips clarus* (Moulton), new combination, with notes on its genus (Thysanoptera: Thripidae). *Annals of the Entomological Society of America*, 55: 383-386.

Stannard L J. 1968. The Thrips or Thysanoptera of Illinois. *Illinois Natural History Survey Bulletin*, 29 (4): 1-552.

Stannard L J & Mitri T J. 1962. Preliminary studies on the *Tryphactothrips* complex in which *Anisopilothrips*, *Mesostenothrips* and *Elixothrips* are erected as new genera (Thripidae: Heliothripidae). *Transactions of the American Entomological Society*, 88: 183-224.

Steinweden J B. 1933. Key to all known species of the genus *Taeniothrips* Amyot and Serville. *Transactions of the American Entomological Society*, 59: 269-293.

Steinweden J B & Moulton D. 1930. Thysanoptera from China. *Proceedings of the Natural History Society of the Fukien Christian University*, 3: 19-30.

Stephens J F. 1829. A Systematic Catalogue of British Insects: Being an Attempt to Arrange all the Hitherto Discovered Indigenous Insects in Accordance with their Natural Affinities. Containing also the References to every English Writer on Entomology, and to the Principal Foreign Authors. With all the Published British Genera to the Present Time. Part 1. Insecta Mandibulata. Baldwin and Cradock, London, United Kingdom. 363 pp.

Sulzer J H. 1776. Abgekürzte Geschichte der Insecten nach dem Linnaeischen System. *Erster Theil.*, 1-28: 1-274.

Takahashi R. 1936. Thysanoptera of Formosa. *Philippine Journal of Science*, 60 (4): 427-458.

Takahashi R. 1937. Descriptions of new Thysanoptera from Formosa, with notes on the species found on the high elevations of the island. *Tenthredo*, 1 (3): 339-350.

Takrony M O. 1973. Bionomics and control of sugar-beet thrips *Hercinothrips femoralis* (Reuter). PhD thesis, University of Reading, UK.

Tapia E A. 1952. Dos especies de Tisanopteros Argentinos nuevos para la Ciencia. *Anales de la Sociedad Científica Argentina*, 54: 107-110.

Targioni-Tozzetti A. 1887. Notizie sommarie di due specie di Cecidomidei, una consocociata ad un Phytoptus, ad altri acari e ad una Thrips in alcune galle del Nocciola (*Corylus avellana* L.), una gregaria sotto la scorza dei rami di Olivi, nello stato larvale. *Bullettino della Società Entomologica italiana*, 18 (4): 419-431.

ThripsWiki 2010. ThripsWiki—providing information on the World's thrips. http://thrips.info/wiki/Main Page [2019-12-13].

Tong X L & Zhang W Q. 1989. A report on the fungus-feeding thrips pf Phlaeothripinae from China

(Thysanoptera: Phlaeothripidae). *Journal of South China Agricultural University*, 10 (3): 58-66. [童晓立, 张维球, 1989. 中国管蓟马亚科菌食性蓟马种类简记. 华南农业大学学报, 10 (3): 58-66.]

Tong X L & Zhang W Q. 1992. A new species of the genus *Ctenothrips* from China (Thysanoptera: Thripidae). *Journal of the South China Agricultural University*, 13 (4): 48-51. [童晓立, 张维球, 1992. 中国梳蓟马属一新种. 华南农业大学学报, 13 (4): 48-51.]

Tong X L & Zhang W Q. 1994. Description of a new species of the genus *Chilothrips* Hood, 1916 (Thysanoptera: Thripidae) from China. *Courier Forschunginstitut Senckenberg*, 178: 29-31.

Tong X L & Zhang W Q. 1995. A new species of the genus *Mymarothrips* from China (Thysanoptera: Aeolothripidae). *Journal of the South China Agricultural University*, 16 (2): 39-41.

Treherne R C. 1924. Thysanoptera known to occur in Canada. *Canadian Entomologist*, 56 (4): 82-88.

Trybom F. 1894. Iakttagelser om Blåsfotingar (Physapoder) från Sommaren. *Entomologisk Tidskrift*, 15: 41-58.

Trybom F. 1895. Iakttagelser om vissaq Bläsfotingars (Physapoders) uppträdande I grässens Blomställningar. *Entomologisk Tidskrift*, 16: 157-194.

Trybom F. 1910. Physapoda, in Schultze, Zoologische und anthropologische Ergebnisse einer Forschungreise im westlichen und zentralen Südafrica (1903-1905). *Denkschriften der Medizinisch-naturwissenschaftlichen Gesellschaft zu Jena*, 16: 147-174.

Trybom F. 1911. Physapoden aus Ägypten und dem Sudan. 1-16. In: Results of the Swedish Zoological Expedition to Egypt and the White Nile (1900-1901) under the direction of L. A. Jagerskiold Pt IV.

Trybom F. 1912. *Mitothrips*, cinc ncuc Physapoden-Gattung aus Britischen Ostafrika. *Entomologische Zeitschrift*, 33 (3-4): 145-159.

Tsutsumi T, Machida R & Haga K. 1993. How can the panoism in the Thysanoptera be understood? *Proceeding of the Arthropod Embryological Society of Japan*, 28: 9-12.

Tsutsumi T, Matsuzaki M & Haga K. 1994. New aspect of the 'Mycetome' of a thrips, *Bactrothrips brevitubus* Takahashi (Insect: Thysanoptera). *Morphology*, 221: 235-242.

Ullman D E, Westcot D M, Hunter W B & Mau R F L. 1989. Internal anatomy and morphology of *Frankliniella occidentalis* (Pergande) (Thysanoptera, Thripidae) with species reference to interactions between thrips and tomato spotted wilt virus. *International Journal of Insect Morphology and Embryology*, 18: 289-310.

Uzel H. 1895. Monographie der Ordnung Thysanoptera. *Königgräitz*: 472pp.

Wang C L. 1993a. List of Suborder Terebrantia (Thysanoptera) from Taiwan. *Journal of Agricultural Research*, China, 42 (3): 309-326. [王清玲, 1993a. 台湾锯尾亚目蓟马名录. 中国农业研究, 42 (3): 309-326.]

Wang C L. 1993b. Two new records and two new species of thrips (Thysanoptera, Terebrantia) of Taiwan. *Chinese Journal of Entomology*, 13: 251-257. [王清玲, 1993b. 台湾蓟马两新纪录及两新种. 中华昆虫, 13: 251-257.]

Wang C L. 1993c. The *Helionothrips* species of Taiwan (Thysanoptera, Thripidae, Panchaetothripinae). *Zoology* (*Journal of Pure and Applied Zoology*), 4: 389-398. [王清玲, 1993c. 台湾领针蓟马 (缨翅目,

蓟马科, 针蓟马亚科). 动物学, 4: 389-398.]

Wang C L. 1993d. A new species, *Rhamphothrips quintus* (Thysanoptera: Thripidae) from Taiwan. *Chinese Journal of Entomology*, 13: 341-345. [王清玲, 1993d. 台湾蓟马一新种, 昆山长嘴蓟马 (缨翅目: 蓟马科). 中华昆虫, 13: 341-345.]

Wang C L. 1994a. The species of *Hydatothrips* and *Neohydatothrips* (Thysanoptera: Thripidae) of Taiwan. *Chinese Journal of Entomology*, 14: 255-259. [王清玲, 1994a. 台湾裂绢蓟马属和新绢蓟马属 (缨翅目: 蓟马科). 中华昆虫, 14: 255-259.]

Wang C L. 1994b. The species of genus *Scirtothrips* (Thysanoptera: Thripidae) of Taiwan. *Journal of Taiwan Museum*, 47 (2): 1-7. [王清玲, 1994b. 台湾硬蓟马属 (缨翅目: 蓟马科). 台湾博物馆杂志, 47 (2): 1-7.]

Wang C L. 1999. The genus *Mycterothrips* Trybom (Thysanoptera: Thripidae) from Taiwan. *Chinese Journal of Entomology*, 19: 229-238. [王清玲, 1999. 台湾喙蓟马属 (缨翅目: 蓟马科). 中华昆虫, 19: 229-238.]

Wang C L. 2000. The genus *Stenchaetothrips* Bagnall (Thysanoptera, Thripidae) from Taiwan. *Chinese Journal of Entomology*, 20 (3): 243-253. [王清玲, 2000. 台湾直鬃蓟马属 (缨翅目, 蓟马科). 中华昆虫, 20 (3): 243-253.]

Wang C L. 2002. Thrips of Taiwan: Biology and Taxonomy. Special publication 99. Taiwan Agricultural Research Institute, Taichung. 328pp.

Wang C L. 2007. *Hydatothrips* and *Neohydatothrips* (Thysanoptera, Thripidae) of East and South Asia with three new species from Taiwan. *Zootaxa*, 1575: 47-68.

Wang C L. 2008. A new synonym and two new records for Taiwan of Thripidae related to *Trichromothrips* (Thysanoptera). *Zootaxa*, 1941: 67-68.

Watson J R. 1920. New Thysanoptera from Florida Ⅶ. *Florida Entomologist*, 4: 18-23.

Watson J R. 1922. On a collection of Thysanoptera from Rabun County, Georgia. *Florida Entomologist*, 6: 34-39.

Watson J R. 1923. Synopsis and catalog of the Thysanoptera of North America with a translation of Karny's keys to the genera of Thysanoptera and a bibliography of recent publications. *Technical Bulletin of the Agricultural Experimental Station, University of Florida*, 168: 1-98.

Watson J R. 1924. Synopsis and catalog of the Thysanoptera of North America. *Bulletin of the Agricultural Experiment Station, University of Florida*, 168: 1-100.

Watson J R. 1926. New Thysanoptera from Florida Ⅷ; cont'd. *Florida Entomologist*, 10: 9-12.

Watson J R. 1931. A collection of Thysanoptera from western Oklahoma. *Publications of the University of Oklahoma*, 3 (4): 339-345.

Whetzel H H. 1923. Report of the plant pathologist for the period January 1st to May 31st, 1922. (*Bermuda*) *Board and Agriculture and Forestry*, 1922: 28-32.

Williams C B. 1916a. Biological and systematic notes on British Thysanoptera. *The Entomologist*, 49: 221-227, 243-245, 275-284.

Williams C B. 1916b. *Thrips oryzae* sp. nov. injurious to rice in India. *Bulletin of Entomological Research*, 6:

353-355.

Williams C B. 1917. A new thrips damaging orchids in the West Indies. *Bulletin of Entomological Research*, 8: 59-61.

Wilson T H. 1972. *Apollothrips bhattii*, a new genus and species of thrips (Thysanoptera: Thripidae) from Central India, with a synopsis of related genera. *Annals of the Entomological Society of America*, 65: 49-54.

Wilson T H. 1975. A monograph of the subfamily Panchaetothripinae (Thysanoptera: Thripidae). *Memoirs of the American Entomological Institute*, 23: 1-354.

Woo K S. 1974. Thysanoptera of Korea. *Korean Journal of Entomology*, 4 (2): 1-90.

Woo K S & Shin H K. 2000. Taxonomic notes of Phlaeothripinae (Thysanoptera, Phlaeothripidae) from Korea (1). *Insecta Koreana*, 16 (2): 103-118.

Woo K S & Shin H K. 2000. Thysanoptera: Phlaeothripidae. *Economic Insects of Korea* 5. *Insecta Koreana Supplement*, 12: 107.

Wu C F. 1935. Catalogue Insectorum Sinensium. Published by The Fan Memorial Institute of Biology, Peiping, China. 1: 335-352 (Thysanoptera).

Zetterstedt J W. 1828. Fauna Insectorum Lapponica. Hammone, Libraria Schultziana.

Zhang G L, Feng J N & Zhang J M. 2004. A new species of the genus *Megalurothrips* (Thysanoptera: Thripidae) from China. *Entomotaxonomia*, 26 (3): 163-165. [张桂玲, 冯纪年, 张建民, 2004. 中国大蓟马属一新种记述 (缨翅目: 蓟马科). 昆虫分类学报, 26 (3): 163-165.]

Zhang W Q. 1980a. A report on the species of the Panchaetothripinae from China (Thysanoptera: Thripidae). *Journal of South China Agricultural University*, 1 (3): 43-53. [张维球, 1980a. 中国针尾蓟马亚科种类简记 (缨翅目: 蓟马科). 华南农学院学报, 1 (3): 43-53.]

Zhang W Q. 1980b. A report on the species of the genus *Thrips* and its allies from China (Thysanoptera: Thripidae). *Journal of South China Agricultural University*, 1 (1): 89-99. [张维球, 1980b. 中国蓟马属及其近缘属种类简记 (缨翅目: 蓟马科). 华南农学院学报, 1 (1): 89-99].

Zhang W Q. 1981. New species of *Taeniothrips* from China (Thysanoptera: Thripidae). *Acta Zootaxonomica Sinica*, 6 (3): 324-327. [张维球, 1981. 中国带蓟马属一新种. 动物分类学报, 6 (3): 324-327].

Zhang W Q. 1982. Preliminary notes on Thysanoptera collected from Hainan Island, Guangdong, China. Ⅰ. Subfamily: Thripinae (Thysanoptera: Thripidae). *Journal of South China Agricultural University*, 3 (4): 48-63. [张维球, 1982. 广东海南岛蓟马种类初志. Ⅰ. 蓟马亚科 (缨翅目: 蓟马科). 华南农业大学学报, 3 (4): 48-63].

Zhang W Q. 1984a. Preliminary note on Thysanoptera collected from Hainan Island, Guangdong, China. Ⅱ. Subfamily: Megathripinae (Thysanoptera: Phlaeothripidae). *Journal of South China Agricultural College*, 5 (2): 18-25. [张维球, 1984a. 广东海南岛蓟马种类初志. Ⅱ. 大管蓟马亚科 (缨翅目: 管蓟马科). 华南农学院学报, 5 (2):18-25.]

Zhang W Q. 1984b. Preliminary note on Thysanoptera collected from Hainan Island, Guangdong, China. Ⅲ. Subfamily: Phlaeothripinae (Thysanoptera: Phlaeothripidae). *Journal of South China Agricultural University*, 5 (3): 15-27. [张维球, 1984b. 广东海南岛蓟马种类初志. Ⅲ. 管蓟马亚科 (缨翅目:管蓟

马科). 华南农业大学学报, 5 (3): 15-27.]

Zhang W Q. 1984c. A preliminary note of the species of the Tribe Haplothripini from China (Thysanoptera: Phlaeothripidae). *Entomotaxonomia*, 6 (1): 15-22. [张维球, 1984c. 中国皮蓟马族种类初记. 昆虫分类学报, 6 (1): 15-22.]

Zhang W Q & Tong X L. 1988. The Chinese species of tribe Dendrothripini with descriptions of two new species (Thysanoptera: Thripidae). *Entomotaxonomia*, 10 (3-4): 275-282. [张维球, 童晓立, 1988. 中国棍蓟马族种类及二新种记述. 昆虫分类学报, 10 (3-4): 275-282.]

Zhang W Q & Tong X L. 1990a. Three new species of Thysanoptera from Xishuangbanna of Yunnan Province. *Zoological Research*, 11 (3): 193-198. [张维球, 童晓立, 1990a. 云南西双版纳蓟马三新种记述. 动物学研究, 11 (3): 193-198.]

Zhang W Q & Tong X L. 1990b. The Chinese *Stenchaetothrips* Bagnall (Thysanoptera: Thripidae) with descriptions of two new species. *Entomotaxonomia*, 12 (2): 103-108. [张维球, 童晓立, 1990b. 中国直鬃蓟马属种类及二新种记述. 昆虫分类学报, 12 (2): 103-108.]

Zhang W Q & Tong X L. 1991. A new species of the genus *Danothrips* Bhatti from China (Thysanoptera: Thripidae). *Acta Zootaxonomica Sinica*, 34 (4): 465-467. [张维球, 童晓立, 1991. 丹蓟马属一新种记述. 昆虫学报, 34 (4): 465-467.]

Zhang W Q & Tong X L. 1992a. On the genus *Anaphothrips* Uzel from China with description of a new species (Thysanoptera: Thripidae). *Acta Zootaxonomica Sinica*, 17 (1): 71-74. [张维球, 童晓立, 1992a. 中国呆蓟马属种类及一新种记述 (缨翅目: 蓟马科). 动物分类学报, 17 (1): 71-74.]

Zhang W Q & Tong X L. 1992b. A new genus of Thripidae (Thysanoptera), with two new species from China. *Entomotaxonomia*, 14 (2): 81-86. [张维球, 童晓立, 1992b. 中国蓟马科一新属两新种. 昆虫分类学报, 14 (2): 81-86.]

Zhang W Q & Tong X L. 1993a. Checklist of Thrips (Insecta: Thysanoptera) from China. *Zoology* (*Journal of Pure and Applied Zoology*), 4: 409-474.

Zhang W Q & Tong X L. 1993b. Notes on some Panchaetothripinae species from Xishuangbanna, with description of a new species (Thysanoptera: Thripidae). *Journal of South China Agricultural University*, 14 (2): 51-54. [张维球, 童晓立, 1993b. 西双版纳针蓟马亚科的种类及一新种记述 (缨翅目: 蓟马科). 华南农业大学学报, 14 (2): 51-54.]

Zhang W Q & Tong X L. 1996. A new species and some new records of Thripinae (Thysanoptera: Thripidae) from China. *Entomotaxonomia*, 18 (4): 253-256. [张维球, 童晓立, 1996. 中国蓟马亚科一新种和一些新纪录. 昆虫分类学报, 18 (4): 253-256.]

Zhang W Q & Tong X L. 1997. Notes on Chinese species of the Genus *Psalidothrips* with description of a new species (Thysanoptera: Phlaeothripidae). *Entomotaxonomia*, 19 (2): 58-66. [张维球, 童晓立, 1997. 中国剪管蓟马属种类及一新种记述. 昆虫分类学报, 19 (2): 58-66.]

Zheng J W, Zhang X C & Feng J N. 2009. A new species of the genus *Frankliniella* (Thysanoptera: Thripidae) from China. *Entomotaxonomia*, 31 (3): 173-175. [郑建武, 张晓晨, 冯纪年, 2009. 中国花蓟马属一新种 (缨翅目:蓟马科). 昆虫分类学报, 31 (3): 173-175.]

Zhou H F, Zhang G L & Feng J N. 2008. A new species of the genus *Ernothrips* Bhatti (Thysanoptera:

Thripidae) from China. *Entomotaxonomia*, 30 (2): 91-94. [周辉凤, 张桂玲, 冯纪年, 2008. 中国片膜蓟马属一新种 (缨翅目:蓟马科). 昆虫分类学报, 30 (2): 91-94.]

Zimmermann H. 1900. Über einige javanische Thysanopteren. *Bulletin de l'Insitut Botanique de Buitenzorg Java*, 7: 6-19.

zur Strassen R. 1959. Studies in African Thysanoptera, 3. (With notes on oedimerous males in Terebrantia). *Journal of the Entomological Society of Southern Africa*, 22: 436-464.

zur Strassen R. 1960. Catalogue of the known species of South African Thysanoptera. *The Journal of the the Entomological Society of South Southern Africa*, 23: 321-367.

zur Strassen R. 1963. Key to and catalogue of the Known species of *Chirothrips* Haliday, 1836 (Thysanoptera: Thripidae). *The Journal of the the Entomological Society of South Southern Africa*, 3: 144-176.

zur Strassen R. 1967a. Daten zur Thysanopteren-Faunistik des Rhein-Main-Gebietes (Ins., Thysanoptera). *Senckenbergiana Biologica*, 48: 83-116.

zur Strassen R. 1967b. Studies on the *Chirothrips* Haliday (Thysanoptera: Thripidae) with descriptions of new species. *The Journal of the the Entomological Society of South Southern Africa*, 29: 23-43.

zur Strassen R. 1973. Fossile Fransenflügler aus mesozoischem Bernstein des Libanon (Insecta: Thysanoptera). *Stuttgarter Beitrage zur Naturkunde* (A), 256: 1-51.

zur Strassen R. 1975. Eremophile Blütenbewohner der Fransenflüglergattung *Ascirtothrips* Priesner, 1964 (Insecta: Thysanoptera). *Senckenbergiana Biologica*, 56: 257-282.

zur Strassen R. 1976. Hochmontane *Arisaema*-Arten (Araceae) in Nepal als Wirtsflanzen floricoler Fransenflugler (Insecta: Thysanoptera). *Biologica*, 57 (1/3): 55-59.

zur Strassen R. 1980. Die west-paläarktischen Fransenflügler Arten von *Sericothrips* Haliday, 1936, *Hydatothrips* Karny, 1913, and *Neohydatothrips* John, 1929 (Thysanoptera: Thripidae). *Polskie Pismo Entomologiczne*, 50: 195-213.

zur Strassen R. 1986. Thysanopteren fauf Inseln der Nordlichen Sporaden in der Agais (Griechenland) (Insecta: Thysanptera). *Senckenbergiana Biologica*, 67 (1/3): 85-129.

zur Strassen R. 2003. Die terebranten Thysanopteren Europas und des Mittelmeer-Gebietes. *Die Tierwelt Deutschlands*, 74: 1-271.

Abstract

Thysanoptera is a small order in Insecta which includes more than 7400 species in 596 genera. Most species feed on pollen and pollen grain of plant flowers, and there is still a considerable proportion of species sucking juices from leaves, living under the leaf epidermis and causing galls. Also, a small proportion of species live in leaf litter, feeding on fungus spores. In addition, some species are beneficial insects because they prey on other thrips and mites. Thrips are worldwide species and distribute all over the world.

The present work deals with the Thysanoptera fauna of China. It consists of two sections, general section and taxonomic section. In the general section, the history and overview of Thysanoptera research in China are reviewed and different taxonomic systems of different taxonomists are compared and discussed. In addition, morphological features and terminology, anatomy structure, biology as well as economic significance are introduced and the research advances are added. In the taxonomic section, 4 superfamilies, 5 families, 10 subfamilies, 21 tribes, 131 genera and 422 species of Thysanoptera from China are described. The key to families, subfamilies, tribes genera and species and 420 morphological figures are presented.

The present work can provide references for entomology teaching and researching, preservation of biodiversity, plant protection, forest conservation and biological control.

Thysanoptera Haliday, 1836

Diagnosis. Body length 0.4-14mm, long and thin, oblate or columnar; white, black or tawny. Antennae 6- to 9-segmented, whip-like or bead-like; compound eyes always round, pterygote with 2 or 3 ocelli, aptera without ocellus; mouthparts rasping, mandibular stylet asymmetrical; wing long and margins with many long and complete fringe cilia; female with saw-like ovipositor or without.

Thysanoptera includes two suborders, four superfamilies, five families, ten subfamilies.

Key to suborders of Thysanoptera

Female abdominal sternite VIII with saw-like ovipositor, apex of abdomen conical, abdomen X rarely tubular. Male abdominal apex bluntly round, never tubular. Wings usually with microtrichia. Macropterous with anteromarginal vein and nearly always at least one longitudinal vein extending to apex ·· **Terebrantia**

Female without especial ovipositor; female and male almost always tubular. Wings without microtrichia, with only few basal setae. Macropterous without marginal vein, sometimes with a medially longitudinal vein not extending to apex ··· **Tubulifera**

Terebrantia Haliday, 1836

Always pterygote. Fore wing developed and with developed veins, with marginal vein and nearly always at least one longitudinal vein extending to apex, veins with microtrichia; apex of female abdomen conical, with saw-like ovipositor; apex of male abdomen bluntly round; setae on the apex of abdomen produced from segment.

There are eight families known from the world in this suborder. Four families are included in this volume.

Key to superfamilies and families of Terebrantia

1. Ovipositor of female downturned; fore wings generally narrower and usually pointed at tips; body more or less oblate ···2

    Ovipositor of female upturned; fore wings broad and rounded at tips; antennae 9-segmented (**Aeolothripoidea**) ···4

2. Pronotum with longitudinal suture; wings smooth; antennae bead-like, segments III and IV with tympanic sensorial areas; fore and hind femur larged; the end of abdomen blunt; ovipositor of female weakly developed or no function (**Merothripoidea**) ······························· **Merothripidae**

    Pronotum without longitudinal suture; wings with microtrichia; antennae not bead-like; ovipositor of female well-developed (**Thripoidea**) ··3

3. Antennae 9- or 10-segmented, segments III and IV with circumpolar sensorial areas composed of numberous small circular sensorial, antennal segment III conical; fore tarsus usually with processus ···**Heterothripidae**

    Antennae 5 to 9-segmented, with segments III and IV with sense cones simple or forked; fore tarsus usually without processus ··· **Thripidae**

4. Abdominal tergite IX with equal discal setae··· **Aeolothripidae**

    Abdominal tergite IX with medially discal setae longer than laterally discal setae ······· **Melanthripidae**

Aeolothripoidea Uzel, 1895

Ovipositor of female upturned; fore wings broad and rounded at tips; antennae 9-segmented.

Distribution. Palaearctic realm, Oriental realm, Nearctic realm, Afrotropical realm,

Neotropical realm, Australian realm.

There are two families known from the world in this superfamily. Two families are included in this volume.

Aeolothripidae Uzel, 1895

Antennae 9-segmented, segments III and IV with longitudinal, curving band or long oval sensorial areas. Maxillary palpi 3-segmented, labial palpi 2- or 4-segmented. Wing present or absent. Macropterous with wide fore wing, always with dark band, apex wide or round, with two longitudinal veins and cross veins (as many as 5). Body not oblate. Ovipositor of female upturned. Abdomen with 11 segments, segment I enlonged in male. The apex of antennae with annular in nymph, two instar nymphs with 4 setae on abdominal segment IX.

Distribution. Palaearctic realm, Oriental realm, Nearctic realm, Afrotropical realm, Neotropical realm, Australian realm.

There are two subfamilies known from the world. Two subfamilies are included in this volume.

Key to subfamilies, tribes and genera of Aeolothripidae

1. Wings decidedly widened towards apex. Antennae stout, with conspicuous setae. Head with long ante-ocellar setae. Maxillary palpi 3-segmented, labial palpi 4-segmented (**Mymarothripinae**) ···***Mymarothrips***
    Wings slightly widened towards apex, racket-shaped. Antennae without raised setae. Head without conspicuous long setae (**Aeolothripinae**) ···2
2. Antennae very long and slender, filiform, segment III about 10 times as long as broad, sensory area very thin and long, situated laterally. Cross veins of wings weak, wings narrow, slightly widened towards apex. Maxillary palpi 3-segmented (**Franklinothripini**) ···································· ***Franklinothrips***
    Antennae stouter, segment III shorter, not really filiform (**Aeolothripini**). Terminal 4 segments of antennae short, sensory area linear. Fore wings not widened towards tip, with cross veins and dark band ···***Aeolothrips***

Aeolothripinae Uzel, 1895

Head without developed setae. The base of antennae without raised setae, segment III long, sometimes very long; parallel margins laterally. Pronotum without developed setae on posterior margin, at most with longer setae than posteroangular setae. The apex of fore wing at most wide, always narrow and round.

Distribution. Palaearctic realm, Oriental realm, Nearctic realm, Afrotropical realm,

Neotropical realm, Australian realm.

There are twenty-eight genera known from the world. Two genera are included in this volume.

Ⅰ. Aeolothripini Uzel, 1895

Head not extend to the front of compound eyes. Antennae without firm setae, more thicker, segment Ⅲ not filiform, length 10 times less than width. Maxillary palpi 3-segmented, labial palpi 4-segmented. Fore wing with cross veins between longitudinal veins.

Distribution. Palaearctic realm, Oriental realm, Nearctic realm, Australian realm.

There are five genera known from the world. One genus is included in this volume.

1. *Aeolothrips* Haliday, 1836

Diagnosis. Head wide as long or wider than long. Head, pronotum and wings without long setae. Antennae 9-segmented, terminal four segments minute and connected closely, segments Ⅲ and Ⅳ cylindrical and each with one long stripe sensory area. Wings developed or reduced. When present in macropterous forms, fore wings broad and rounded at tip. Fore wing with two longitudinal veins reaching to the tip and with dark bands, with 2-4 unclear cross veins, anterior fringe cilia absent. Fore tarsus Ⅱ (apex-tarsus) with teeth. Mesosternum and metasternum with spinula. Abdominal tergites without paired ctenidia laterally, posteromarginal comb absent. Male tergite Ⅸ with or without genital claspers.

Distribution. Palaearctic realm, Oriental realm, Nearctic realm, Australian realm.

There are ninety-three species known from the world. Thirteen species are included in this volume.

Key to species of *Aeolothrips*

1. Wings absent. Body dark brown. Antennal segment Ⅰ light brown, antennal segments Ⅱ and Ⅲ (except the apical part) and abdominal segments Ⅱ and Ⅲ light yellowish white. Prothorax, pterothorax and abdominal segments Ⅹ and Ⅺ light brown. Sensory area on antennal segments Ⅲ short. Striate sculptures on mesoscutum with fine dust. Metascutum with little striate sculptures. Female abdominal tergite Ⅰ with many transverse striate sculptures ·························· ***A. albicinctus***
   Wings well-developed, macropterous type ··· 2
2. Fore wings with dark longitudinal band on posterior parts ································· 3
   Fore wings with two dark cross bands ·· 4
3. Fore wings with dark brown longitudinal band covering posterior half from near base to near tip ········
   ··· ***A. kuwanaii***

Fore wings with a dark posterior band that does not reach to the scale and which is thickened at the base into a complete cross band ·· *A. vittatus*

4. Fore wings with two dark cross bands connected with longitudinal band in posterior half ················· 5
Fore wings with two dark separated cross bands ··· 9

5. Antennal segments Ⅰ and Ⅱ white, basal 1/4 of segment Ⅲ and basal 1/7 of segment Ⅳ white, the rest dark brown ·· *A. eremicola*
Antennal segments Ⅰ and Ⅱ (except the apical part) dark brown ·· 6

6. Longitudinal band between two cross bands on fore wings wide, about 1/2 of wings width. The two dark cross bands long, and there is a long white band before them. Body dark brown. Antennal segments Ⅲ and Ⅳ (except the apical part) light yellowish white. Mesothorax with clear striate sculptures. The middle of metathorax with foveolate reticulate sculptures ··· *A. melaleucus*
Longitudinal band between two cross bands on fore wings narrow, about 1/5 to 1/4 of wings width ······ 7

7. Abdominal segment Ⅸ with a pair of bifid, lateral projections ··· *A. kurosawai*
Abdominal segment Ⅸ without bifid, lateral projections ··· 8

8. The two dark cross bands on fore wings short, the white band between them markedly longer than the dark cross bands. Body dark brown. Antennae stubby, the apical part of segment Ⅱ, basal 2/3 of segment Ⅲ and basal 1/4-1/2 of segment Ⅳ light yellowish white, the rest dark. Metascutum with reticulate sculptures in the front, transverse and precurved striate sculptures at the back and with longitudinal striate sculptures laterally ··· *A. xinjiangensis*
The two cross bands on fore wings long, the white band between them shorter than the dark cross bands. Body dark brown. Antennae long and slender, the apical part of segment Ⅱ，segment Ⅲ (except the apical part) light yellowish. The curves on metascutum are mostly longitudinal reticulate sculptures except several transverse striate sculptures in the front and longitudinal striate sculptures laterally. Abdominal segments Ⅲ-Ⅵ tergite of male with dark brown sclerites in different shapes. Segment Ⅴ and two sides of segment Ⅶ anterior margin with brown lines before sclerites, segment Ⅶ tergite with dark sclerotized lines on the each side of front margin. Each side of segment Ⅸ with one curved thick seta, and the male claspers are behind the seta·· *A. yunnanensis*

9. Abdomen bicolored ··· 10
Abdomen unicolored ··· 11

10. Abdominal segment Ⅰ brownish yellow to yellowish brown, segments Ⅱ-Ⅵ yellow, segments Ⅶ-Ⅷ brown yellow, segments Ⅸ-Ⅹ vary gradually into dark brown. Antennae yellowish grey expect dark segments Ⅰ and Ⅱ ··· *A. flaviventer*
Abdominal segments Ⅰ-Ⅵ yellow or light yellow, segment Ⅶ yellowish brown and segments Ⅷ-Ⅹ brown. Antennal segments Ⅰ and Ⅱ and basal part of segment Ⅲ light white, segments Ⅲ-Ⅸ brown ··· *A. luteolus*

11. Metascutum with transverse and forward-bended reticulate sculptures, except several transverse striate sculptures on the front margin and longitudinal striations laterally and posterolaterally ····· *A. xizangensis*
Metascutum with foveolate reticulate sculptures ··· 12

12. Antennae generally slender; the length of segment III 5 to 6 times as long as width, the apical part dark and form into a dark ring; the length of segment IV 4-5 times as long as width. Fore wings narrow, with longer dark cross bands, the length of the apical cross band 1.8 to 1.9 times as long as the wing width. The setae on the base of claspers on male abdominal segment IX tergite longer than clasper·············· ··**A. fasciatus**

Antennae generally thick; the length of segment III 4 to 5 times as long as width, the apical dark part long, about one fifth to one fourth of the total segment length, longer than the segment width. Fore wings wide, with shorter dark cross bands, the length of the apical cross band 1.6 to 1.7 times as long as the wing width. The setae on the base of claspers on male abdominal segment IX tergite shorter than clasper ··· *A. intermedius*

II. Franklinothripini Bagnall, 1926

Antennae long and thin, linear, segment III about 10 times as long as width, sensory areas long and thin, lateral position. Wing with weak cross vein; wing narrow, wide at apex. Maxillary palpi 3-segmented.

Distribution. Oriental realm, Afrotropical realm, Neotropical realm, Australian realm.

There is one genus known from the world. One genus is included in this volume.

2. *Franklinothrips* Back, 1912

Diagnosis. Macropterous, sexually dimorphic, dark-bodied species. Abdominal segments I & II more or less constricted and sometimes sharply pale, thus producing an ant-like body outline. Antennae 9-segmented. Antennal segments III to IV unusually long and slender, segment III at least 8 times as long as wide and with elongate and sinuous or multifaceted sensoria. Head wide than long, without long setae, usually partially retracted into prothorax, compound eyes not protruded, the front of compound eyes slightly prolonged. fore ocellus small, about half diameter of hind ocelli; compound eyes prolonged ventrally with enlarged posterior ocellar; maxillary palpi 3-segmented, segment III short. Pronotum with no long setae, posterior margin with stout transverse apodeme. Mesonotum usually with no sculpture on anterior half, with one pair of dominant setae medially. Metanotum without sculpture medially, with one pair of setae at anterior and postmedian respectively. Fore wings narrow, with two longitudinal veins, without distinct cross vein, costal margin with cilia but no setae; clavus usually with 5 (range 4-7) marginal setae. Fore tarsus with strongly recurved ventral hamus. Abdominal segment I constricted; tergites III-IV with median pair setae small and wide apart; sternites with two pairs of setae close to posterior margin and one or two pairs of discal setae laterally (these probably represent migrated posteromarginal setae);

sternite Ⅶ with two pairs of discal setae on sub-median part; paired trichobothria on tergite Ⅹ small. Male smaller than female, abdomen slender, wings usually paler, tergite Ⅰ with pair of longitudinal ridges terminating in square or rounded apex overhanging tergite Ⅱ.

Distribution. Oriental realm, Afrotropical realm, Neotropical realm, Australian realm.

There are fourteen species known from the world. Two species are included in this volume.

Key to species of *Franklinothrips*

Antennal segments Ⅰ and Ⅱ light yellow; fore wing with 3 white bands ·················· *F. megalops*

Antennal segments Ⅰ and Ⅱ dark brown; fore wing with 2 white bands ····················· *F. suzukii*

Mymarothripinae Bagnall, 1928

Fore wing spoon-like, from base to apex extreme broadening. Antennae with dense strong setae, ocellar setae Ⅰ long. Maxillary palpi 8-segmented, labial palpi 4-segmented.

Distribution. Oriental realm, Australian realm.

There is one genus known from the world. One genus is included in this volume.

3. *Mymarothrips* Bagnall, 1928

Diagnosis. Wings decidedly widened towards apex. Antennae stout, with conspicuous setae. Head with long ante-ocellar setae. Maxillary palpi 8-segmented, labial palpi 4-segmented.

Distribution. Oriental realm, Australian realm.

There are three species known from the world. One species is included in this volume.

Melanthripidae Bagnall, 1913

Body strong. Head at least with one pair developed setae. Maxillary palpi and labial palpi 2- or 3-segmented. Antennae with divided terminal segments, segments Ⅲ and Ⅳ with thin stripe sensoria, but not on the apex longitudinally, segment Ⅲ not completely parallel. Pronotum at least with a row developed setae on posterior margin.

Distribution. Palaearctic realm, Oriental realm, Nearctic realm, Afrotropical realm, Australian realm.

There is one subfamily known from the world. One subfamily is included in this volume.

Melanthripinae Bagnall, 1913

Body strong. Head at least with one pair developed setae. Maxillary palpi and labial palpi 2- or 3-segmented. Antennae with divided apical segments, segments III and IV with thin stripe sensoria, but not on the apex longitudinally, segment III not completely parallel. Pronotum at least with a row developed setae on posterior margin.

Distribution. Palaearctic realm, Oriental realm, Nearctic realm, Afrotropical realm, Australian realm.

There are six genera 76 species known from the world. One genus two species are included in this volume.

4. *Melanthrips* Haliday, 1836

Diagnosis. Body with long setae. Distal antennal segments separated. Antennal segment III not very long, sensory areas on segments III and IV usually narrow, circinate or contorted. Maxillary palpi 3-segmented, labial palpi 2-segmented. Fore tibiae of both sexes with one spur at apex. Fore femur a bit expanded. Anterior margin of fore wing with or without cilia, but with a series of setae (costal setae). Abdominal segment I of male prolonged, with a pair of raised ridges, segment IX without clasper.

Distribution. Palaearctic realm, Oriental realm.

There are thirty-six species known from the world. Two species are included in this volume.

Key to species of *Melanthrips*

Antennal segment III always somewhat convex interiorly. Sensory area of antennal segments III, IV not parallel with apical margin, only exteriorly close to it, interiorly both sides extending somewhat more basad ·· *M. fuscus*

Antennal segment III not convex interiorly. Sensory area of antennal segments III, IV parallel with apical margin, and the ends bended downwards ··· *M. pallidior*

Merothripoidea Hood, 1914

Pronotum with longitudinal suture. Fore wing without microtrichia. Antennae 8- or 9-segmented, apex of segments III and IV with tympanic membrane sensory areas, enlonged ventrally. Fore and hind femur large. The end of abdomen blunt, ovipositor weak.

Distribution. Palaearctic realm, Oriental realm, Nearctic realm, Afrotropical realm, Neotropical realm, Australian realm.

There is one family known from the world. One family is included in this volume.

Merothripidae Hood, 1914

Body commonly small, yellowish brown. Antennae 8- or 9-segmented, usually bead-like, segments III and IV with light tympanic membrane sensory areas. Head tentorium thick, most species of tentorial bridge interrupt. Pronotum with longitudinally lateral suture. Mesonotum and scutella fused. Wing narrow, surface without microtrichia, but with dust; longitudinal veins obvious, base of second vein and first vein with cross vein. Femora of fore and hind larged. Tarsi 2-segmented. The end of abdomen blunt; sternite VI become a pair overlapping lobes and with a pair setae in female; ovipositor weak or without function; posterior margin of tergite X with a pair developed trichobotheria, light colour, similar to the hole of cup bottom, surface looks like spiracle, large, diameter nearly 8μm.

Distribution. Palaearctic realm, Oriental realm, Nearctic realm, Afrotropical realm, Neotropical realm, Australian realm.

There are two subfamilies known from the world. One subfamily is included in this volume.

Merothripinae Hood, 1914

Head usually longer than wide. Ocellar setae III long, antennae 8-segmented, apex of segments III and IV with round, oval or transverse sensory areas. Maxillary palpi 2- or 3-segmented. Labial palpi 2-segmented. Fore wing with two obvious longitudinal veins. Abdominal sternites with discal setae.

Distribution. Palaearctic realm, Oriental realm, Nearctic realm, Afrotropical realm, Neotropical realm, Australian realm.

There is one genus known from the world. One genus is included in this volume.

5. *Merothrips* Hood, 1912

Diagnosis. Body slender, weak sclerotization. Head longer than broad. Macropterous type with ocelli while apterous type without. Interocellar setae long. Compound eyes normal in macropterous type but reduced in brachypterous type with only 4 facets. Antennae 8-segmented, segments III and IV apex with rounded, oval or transverse banded sensory areas or only on outside of back or extend to ventral side. Mouth cone short and broad round, Maxillary palpi 2- to 3-segmented, labial palpi 2-segmented. Prothorax trapezoidal, with longitudinal suture close to lateralmargin longer than head, with only 1 to 2 long anteroanglar setae. Fore tibiae with one small or medium-sized tooth, biggest in male, inner median parts of fore femur with a sub-basal tooth in some males. Fore wing with two distinct longitudinal veins, upper vein longer than down vein, vein setae nearly regularly space. Abdomen with transverse striae, posterior margin of tergites without comb, sternites with discal setae. Males abdominal sternites without glandular areas, tergite IX without thorn-like setae.

Distribution. Mainly Neotropical realm, some species worldwide.

There are fourteen species known from the world. One species is included in this volume.

Thripoidea Stephens, 1829

Pronotum without clear longitudinal suture. Surface of wing with microtrichia. Antennae 5-10 segmented, segments III or IV with simple, forked or banding sense cones. The end of abdomen not blunt. Ovipositor developed.

Distribution. Palaearctic realm, Oriental realm, Nearctic realm, Afrotropical realm, Neotropical realm, Australian realm.

There are two families known from the world. One family is included in this volume.

Thripidae Stephens, 1829

Antennae 5-9 segmented, segments III-IV with simple or forked sense cones. Maxillary palpi 2- or 3-segmented, labial palpi 2-segmented. Wing narrow, apex narrow and sharp, usually curved, with one or two longitudinal veins, seldom absent, cross vein usually reduced; saw-like ovipositor curved to venter.

Distribution. Palaearctic realm, Oriental realm, Nearctic realm, Afrotropical realm, Neotropical realm, Australian realm.

There are nearly 280 genera, more than 2000 species known from the world. There are four subfamilies in this family. 67 genera are included in this volume.

Key to subfamilies of Thripidae

1. Legs covered with microtrichia rows; postoccipital area usually developed and distinctly sculptured with anastomosing striae; pronotum with a large blotch area at middle near the posterior margin; metasternum thickened at posterior half ·· **Sericothripinae**
   Legs not covered with microtrichia rows, but usually with anastomosing or weak striae or reticulate; postoccipital area usually not developed, very narrow; pronotum without a blotch area; metascutum uniform, not thickened at posterior half ··· 2
2. Metathoracic endofurcae greatly enlarged and reach into the mesothorax, and with basal transverse ridge ·· **Dendrothripinae**

Metathoracic endofurcae usually not greatly enlarged, U or Y-shaped often weakly developed, and not reaching into the mesothorax, if reaching into the mesothorax, without basal transverse ridge ·············3

3. Head and legs usually strongly reticulate (legs almost smooth in *Monilothrips*); terminal antennal segment usually very slender and acute, apex needle-like; fore wing first vein usually fused with costal vein near base; meso-and metathoracic endofurcae without spinula; body strongly sclerotized ·· **Panchaetothripinae**

Head and legs usually not reticulate, if reticulate then terminal antennal segment not acute, and fore wing first vein not fused with costal vein near base; meso-and metathoracic endofurcae with or without spinula; body usually not strongly sclerotized ·· **Thripinae**

Dendrothripinae Priesner, 1925

Body wide and oblate, with fine sculpture. Head often hollow between the compound eye. Antennal segment II enlarged. Maxillary palpi 2-segmented. Mesosternum usually fused with metasternum. Metathoracic endofurcae greatly enlarged and reach into the mesothorax. Fore wing usually with straight posterior fringe cilia. Tarsi often 1-segmented. Abdominal tergites with reticulation, transverse striate and linear striate. Median pair setae thick and close to each other.

Distribution. Palaearctic realm, Oriental realm, Nearctic realm, Afrotropical realm, Neotropical realm, Australian realm.

There are fifteen genera ninety species known from the world. There are three genera fourteen species included in this volume.

Key to genera of subfamily Dendrothripinae

1. Tergites II-VI with median pair of setae small, distance between their basal pores much longer than their length; head with postocular setae fore wing posterior fringe cilia wavy; antennae 8-segmented, sense cones on segments III-IV forked; tarsi 2-segmented ·······································*Asprothrips*

Tergites II-VI with median pair of setae much longer than distance between their basal pores; head with no postocular setae; fore wing posterior fringe cilia straight ···2

2. Hind tibia prolonged obviously, tarsus 0.6 times as long as hind tibia ················ *Pseudodendrothrips*

Hind tibia not prolonged obviously, tarsi 0.4 times as long as hind tibia; fore wing apex rounded with no long setae, costal setae minute, not extending to fore wing anterior margin; fore wing anteromarginal cilia arising ventrally well behind anterior margin of wing; pronotum with no long posteroangular setae ··*Dendrothrips*

6. *Asprothrips* Crawford, 1938

Diagnosis. Head wider than long; vertex concave between eyes; eye large; ocellar setae

I present; dorsal setae minute; forehead with a pair of stout setae attached eyes below antennae; mouth cone moderately long, broadly rounded; maxillary palpi 3-segmented. Antennae 8-segmented, short and stout; segments III and IV with forked sense cones; segments III-V with microtrichia. Pronotum much wider than long; with transversely anastomosing striae, usually with dotted wrinkles between the striae; without any prominent setae; furcasternum entire but narrowed medially; prospinasternum moderately developed. Mesonotum with anterior campaniform sensillum, median setae ahead of posterior margin; mesopleurosternal suture absent; meso-and metasternum with spinula. Apical margin of fore wing not curved downwards, with 2 long setae; anterior fringe hair arising from ventral side and close to costal margin; posterior fringe hair more or less wavy, not straight; setae minute. Tarsi 2-segmented, sometimes hind tarsus undivided. Abdomen transversely or polygonally reticulate at side, usually with many internal dots or wrinkles; median setae on tergites I -VIII small and closely spaced; tergite VIII with or without comb; a pair of marginal setae on tergite IX stout but shorter than tergite X; tergite X usually not divided longitudinally.

Distribution. Palaearctic realm, Oriental realm.

There are three species known from the world. One species is included in this volume.

7. *Dendrothrips* Uzel, 1895

Diagnosis. Head much wider than long. Eyes proportionately large. Antennae long and thin, 8 or 9-segmented depending upon whether suture on segments VI and VII is incomplete or complete. Antennal segments III and IV with simple or forked sense cones. Maxillary and labial palpi 2-segmented respectively. Pronotum short and wide, without major setae, with or without a pair of shorter posteroangular setae. Metascutum with longitudinal striations. Mesosternum fused to metasternum. Metathoracic endofurcae enormously enlarged. Fore wing with minute venal and costal setae, apex of anterior margin curved backward, fringe cilia straight. Legs weak. Tarsi 1-segmented, hind tarsi not exceptionally elongated, with spur at inner apex. Abdomen reticular at side, usually with many internal dots. Tergites II -VIII with closely spaced median setae, tergite VIII with a posterior comb of setae. Tergite IX partially split at apex. Tergites IX and X with shorter setae. Males sternites without pore plates, and without thorn-like setae on abdominal tergite IX.

Distribution. Palaearctic realm, Oriental realm, Nearctic realm, Afrotropical realm, Neotropical realm, Australian realm.

There are over fifty species known from the world. Seven species are included in this volume.

Key to species of *Dendrothrips*

1. Fore wing covered with microtrichia in part ···2

Fore wing with fully covered with microtrichia ·· 5

2. Fore wing with two rows of microtrichia in the middle, the rest without microtrichia, second vein without
   setae ··· ***D. mendax***
   Fore wing second vein with setae present ·· 3

3. Fore wing transparent with grey spots, sides of abdominal tergites IV-VI with sculpture forming a
   vesicular pattern, with 3 pairs of greyish spots on wither side of abdominal sternites III-VI······ ***D. guttatus***
   Abdominal sternites without greyish spots ·· 4

4. Fore wing with 3 dark bands and 3 white bands ·· ***D. ornatus***
   Fore wing without 3 dark bands and 3 white bands ····································· ***D. stannardi***

5. Antennal segments III-IV with sense cones simple ······································ ***D. minowai***
   Antennal segments III-IV with sense cones forked ·· 6

6. Body rufous, antennal segments I and II concolor with head, segments III, IV and basal half of V
   yellow brown; fore wing first vein with setae 4+ (2-3), second vein with 9 setae ··············· ***D. homalii***
   Body chesnut brown, with both lateral sides and posterior part of abdominal tergite III and tergites IV-
   VI yellow; both lateral sides of tergites IV-VI with a pair of dark spots, 6 in all; spots on IV-V
   sometimes not obvious; fore wing second vein with 5 setae ································ ***D. sexmaculatus***

8. *Pseudodendrothrips* Schmutz, 1913

Diagnosis. Body small. Head much wider than long, with anterior margin hollow
between eyes. Cheek constricted toward base. Eyes bulged from sides of head. Antennae 8- or
9-segmented, segment II largest, segments III and IV with forked sense cones. Maxillary
palpi 2-segmented. Pronotum wider than long, with transverse striae. One pair of long
posteroangular setae and three pairs of posteromarginal setae present. Metanotum with
longitudinal striae, without campaniform sensillum. Fore wings with wide base and pointed
apex, anterior fringe cilia present on the anterior margin, posterior fringe cilia straight.
Mesosternum with weak spinula, separated from metasternum by a suture, metasternum
endofurcae enlarged. All tarsi 1-segmented, hind tarsus long, hind tibia with a stout setae at
apex. Abdominal tergites laterally sculptured with transverse striae which are interspersed with
fine, tergites II-VIII each with a median pair of closely spaced setae; 6 pairs of discal setae
longer, tergite VIII with irregular posterior comb of setae, segments IX and X with
microtrichia at the posterior parts. Males without abdominal sterna glandualr areas, and
without thornlike setae on abdominal tergite IX.

Distribution. Oriental realm, Afrotropical realm, Neotropical realm, Australian realm.

There are nineteen species known from the world. Six species are included in this
volume.

Key to species of *Pseudodendrothrips*

1. Abdominal tergites II-VIII with two dark brown spots on sides; fore wing with dark spots where fore vein situated ···***P. ulmi***

   Abdominal tergites without dark brown spots; fore wing without dark spots where fore vein situated ····2

2. Head and pronotum without lines between stripes, pronotum with one pair of major setae on posterolateral margin; tergites II-VII with rows of microtrichia laterally ·····························***P. lateralis***

   Long setae of pronotum placed at posterior angle ···3

3. Pronotum with 2 pairs of long and 2 pairs of short posteromarginal setae ·····································4

   Pronotum with 1 pair of long and 3 pairs of short posteromarginal setae ·····································5

4. Head and pronotum with longitudinal lines between transverse stripes; abdominal sternites II-VI with transverse lines and microtrichia; antennal segment VI longer than IV or V, VII shorter than II ······

   ···***P. fumosus***

   Pronotum with fine anastomosing stripes, with two smooth areas on posterior sides ···············***P. mori***

5. Body light brown, antennal segments greyish brown ··***P. puerariae***

   Body yellowish white, antennal segments I and II much darker than IV-VIII ·················***P. bhatti***

Panchaetothripinae Bagnall, 1912

Body surface usually with engraved sculpture, head and pronotum rarely smooth, usually with raised sculpture, the back of body and legs usually with reticulation. Antennae 5- to 8-segmented, segment II enlarged and bulb-shaped, the apex of segments III and IV constricted as as bottle, the base with a stem; terminal segments occasionally fused to one segment, style usually 2-segmented, needle-like. Antennae usually without microtrichia, segment III rarely with microtrichia, segment IV occasionally with microtrichia. Ocelli rarely absent, ocellar area usually raised. Maxillary palpi 2-segmented. Mesosternum and metasternum with developed endofurca. Fore wing with fused first vein and costa vein, pass 1/3 of base. Abdominal tergites usually with special sculpture, like round sculpture, pore area and reticular protrusion, occasionally with curved wing or a single median setae. Tergite X occasionally not symmetrical, a small number with enlonged segment X, tube-like. Abdomen usually without pleurites. Sternites with singal or complete pore plates in male.

Distribution. Palaearctic realm, Oriental realm, Nearctic realm, Afrotropical realm, Neotropical realm, Australian realm.

Wilson (1975) divided this subfamily into 3 tribes 34 genera and recorded 110 species; Zhang (1980) recorded 11 genera 16 species in this subfamily from China; Zhang & Tong (1993b) recorded a new species in this subfamily; Chen (1981) recorded one new species and one new recorded species from Taiwan, subsequently recorded two new species in 1993. Han (1997a) recorded one newly recorded genus and a newly recorded species from China; Zhang

(2001) recorded one newly recorded from China. Thirteen genera thirty species are included in this volume.

Key to tribes of Panchaetothripinae

1. Head fairly smooth except for a posterior collar with small reticulations; pronotum with long setae
   ·· **Monilothripini**

   Head covered with wrinkle, reticulations or produced into a lateral flange on cheeks ····················· 2

2. Head covered with strong wrinkle, reticulations but not produced into a lateral flange on cheeks
   ·· **Panchaetothripini**

   Head bearing raised sculpture, produced into a lateral flange on cheeks ················· **Tryphactothripini**

III. Panchaetothripini Bagnall, 1912

Head with strong reticular sculpture, without raised engraved pattern. Antennae mostly 8-segmented, few 6- or 7-segmented, segments divided obviously, individual species with fusion of terminal segments. Pronotum without raised sculpture, anterior angles without expansion with sculpture, setae short. Fore wing without anterior fringe cilia, posterior fringe cilia straight, apex usually round. Endofurcae properly developed. Mesonotum usually complete. Abdominal segment II wide, not waist-shaped. Abdominal tergites usually with complete reticulation, seldom with especial sculpture. Tergite II without especial epidermal process. Segment X symmetrical, except individual species.

Distribution. Palaearctic realm, Oriental realm, Nearctic realm, Afrotropical realm, Neotropical realm, Australian realm.

There are twenty-three genera known from the world. Seven genera are included in this volume.

Key to genera of Panchaetothripini

1. Head almost rugose except for a posterior collar with reticulations, head and pronotum with wrinkles
   ·· ***Rhipiphorothrips***

   Head and pronotum with strong reticulations ··· 2

2. Fore wing anterior margin without long fringe cilia; antennae 7-segmented ················· ***Phibalothrips***

   Fore wing anterior margin with long fringe cilia ··· 3

3. Abdominal segment X tube-like, tergites VII- X with long and thick setae ············· ***Panchaetothrips***

   Abdominal segment X not tube-like, tergites VII- X with setae thick but not very long ················· 4

4. Fore wing narrow with broad base; antennae 8-segmented, segments III and IV with sense cones simple; setae on veins small ··· ***Heliothrips***

   Fore wing broad; antennal segments III and IV with sense cones forked ····························· 5

5. Pronotum without reticulation sculpture, smooth, only with transverse striation ················ ***Selenothrips***

 Pronotum with polygonal reticulation sculpture ·· 6

6. Occiput of head formed into a wide concave collar ···································· ***Helionothrips***

 Occiput with a transverse posterior marginal band, but not wide collar························· ***Caliothrips***

9. *Caliothrips* Daniel, 1904

Diagnosis. Fore wing usually with dark bands. Head with cheeks parallel or slightly convergent toward the posterior margin. Head with hexagonally reticulate bearing vermiform wrinkles; occiput with a transversely smooth posterior marginal bands, usually with scattered dot-like pits. Maxillary palpi 2-segmented. Antennae 8-segmented; sense cones on segments III and IV forked, microtrichia on ventral surface of segments IV-VI. Pronotum hexagonally reticulate, reticles bearing vermiform wrinkles or dot-like thickenings; mesonotum sculpture entire; metanotum entirely reticulate, without a median triangle of sculpture, metascutellum transverse and distinct, reticulate medially. Metasternum endofurcae enlarged. Fore wings anterior margin with fringe cilia, posterior fringe cilia wavy; veinal setae incomdelte venal setae usually strong and dark, pointed at apex. Tarsi 1-segmented; hind coxae large. Abdominal tergites II-VII with polygonal reticulations or with transverse striations in lateral thirds; smooth or with vermiform in striae; median parts of each segment usually smooth, anterior marginal scallops absent; posterior margin of tergites II-VIII on lateral thirds with irregularly fish-fin comb, median third of comb with a flanged lobate margin; tergite VIII with incomplete comb. Abdominal sternites with transverse reticulations, three pairs of posteromarginal setae with wide space in female. Males tergite IX with three pairs of distinct setae, sternites with variable glandular areas.

Distribution. Oriental realm, Nearctic realm, Afrotropical realm, Neotropical realm, Australian realm.

There are twenty-one species known from the world. Two species are included in this volume.

Key to species of *Caliothrips*

Lateral thirds of abdominal tergites covered by uniform diamond-shaped reticulations; antennae with constricted apical necks of segments III and IV white; male with small elliptic glandular areas on sternites III-VII; fore wing with fringe cilia longer than setae on costal vein ················· ***C. fasciatus***

Abdominal tergites with lateral sculpture composed of elongate ill-formed reticulations; interface of reticulations bearing numerous wrinkles; male with long transverse glandular areas on sternites III-VII; fore wing with fringe cilia shorter than setae on costal vein ·· ***C. indicus***

10. *Helionothrips* Bagnall, 1932

Diagnosis. Head usually wide, head as long as wide or with the width twice the length. Eye large, cheek short. Occiput of head with stout ridge, formed into a hollow and wide concave collar. Anterior collar with hexagonal reticulations, hind collar completely reticulate. Ocelli large; situated on the sides of a strong ocellar hump, all setae long. Antennae 8-segmented; segments III and IV vasiform, with long forked sense cone; segments V and VI with transverse microtrichia. Mouth cone moderately long and rounded apically, maxillary palpi 2-segmented. Pronotum polygonally reticulate, metascutum with median triangle of sculpture. Fore wing blunt apically; anterior fringe cilia longer than costal setae, entire surface of wing covered by microtrichia; first setae widely spaced, posterior fringe cilia wavy. Metasternum endofurcae enlarged lyre-shaped. Tarsi with 1-segmented. Abdominal tergites with a heavy antecostal line, with median scallop-like area, bearing wrinkles in lateral reticles; tergite VIII with posteromarginal comb incomplete; tergite X with complete split. Abdominal sternites with reticulations. Males with 2 pairs of thorn-like setae and usually with some wart-like tubercles caudad of posterior pair on tergite IX; sternites usually with glandular areas.

Distribution. Palaearctic realm, Oriental realm, Nearctic realm, Afrotropical realm, Neotropical realm.

There are twenty-six species known from the world. Twelve species are included in this volume.

Key to species of *Helionothrips*

1. Fore wing brown except for sub-base with a white band ·· *H. brunneipennis*

   Fore wing with brown base, apex and fork, near base with a white band, middle to proximal from pale brown to white···2

2. Antennal segments I - II never brown···3

   Antennal segments I - II brown, never yellow ··6

3. Antennal segments I yellowish brown, II-VI yellowish white, apical third of VI greyish brown, VII-VIII greyish brown ··· *H. annosus*

   Antennal segments I - II yellow, never brown ··4

4. Head front of fore ocellus and between antennal bases yellow; male with glandular areas on sternite VIII ·

   ·· *H. linderae*

   Head uniformly brown; male with glandular areas at least on sternites VII-VIII ·······························5

5. Middle and hind tibiae with extreme basal and apical yellow; male with glandular areas on sternites VII-VIII; tergite IX with thorn-like setae close to each other at base·· *H. aino*

   Middle and hind tibiae with only extreme apical yellow; male with glandular areas on sternites VI-VIII; tergite IX with thorn-like setae wide apart at base ··· *H. mube*

6. Abdominal tergite Ⅷ with posteromarginal comb complete or with a median interruption less than the interval of one tooth ·· 7

Abdominal tergite Ⅷ with posteromarginal comb incomplete ··· 8

7. Pronotum with posterior part extends backward, sculptured with hexagonal reticulations, and with one pair of smooth areas on posterolateral parts; abdominal tergites Ⅰ-Ⅷ with heavy antecostal lines which are indented along the thirds; abdominal segments Ⅸ and Ⅹ normal ····························· *H. errans*

Pronotum rounded, without smooth areas; abdominal tergites Ⅰ-Ⅷ with heavy antecostal lines which are straight in the middle; abdominal segments Ⅸ and Ⅹ exceptionally long ··············· *H. communis*

8. Fore wing base and scale brown, followed by a white band, the rest of wing brown with slightly darker apex ··· *H. unitatus*

Fore wing not that colors ··· 9

9. Reticulations on head and pronotum with wrinkles ··· 10

Reticulations on head and pronotum without wrinkles ·· 11

10. Fore wing with apical 1/2 white (apex brown) ··· *H. parvus*

Fore wing completely brown ·· *H. cephalicus*

11. Fore wing with 9 setae on first vein, hind vein with setae 3 to 5 ·································· *H. ponkikiri*

Fore wing with 3+2 basal setae, 2 distal setae on first vein, hind vein with setae 7 ··· *H. shennongjiaensis*

11. *Heliothrips* Haliday, 1836

Diagnosis. Head strongly reticulate, with distinct neck-like constriction. Setae minute ocellar region flat; fore ocellus depressed in sculpture. Antennae 8-segmented; segments Ⅲ and Ⅳ with simple sense cones; microtrichia absent. Mouth cone wide and rounded, maxillary palpi 2-segmented. Pronotum small; wide and strongly reticulate; setae small and weak; mesonotum entire; metanotum with a conspicuously triangle of sculpture. Always macropterous, apex of wing bluntly rounded; setae minute; anterior vein fused to costal vein at fork of veins; anterior fringe cilia present or absent, posterior fringe cilia straight. Legs stout. Tarsi 1-segmented. Abdominal tergite polygonally reticulate except for posterior submedian areas smooth, with a transverse serried of reticles on anterior margin of antecostal line; distance between median setae variable. Tergite Ⅷ with complete comb of microtrichia. Tergite Ⅹ with a complete split. Males with round, oblong or broadly transversely glandular area on sternites Ⅲ-Ⅶ; tergite Ⅸ with 3 pairs of thorn-like setae, male rare or unknown.

Distribution. Palaearctic realm, Oriental realm, Afrotropical realm, Neotropical realm, Australian realm.

There are five species known from the world. One species is included in this volume.

12. *Panchaetothrips* Bagnall, 1912

Diagnosis. Head wider than long, cheek bulging, constricted toward base; with strong occipital apodeme protruding laterally and forming into a wide collar, reticulate. All setae small on head. Ocellar region slightly swollen, eyes pilose. Antennae 8-segmented; segments III and IV with simple or forked sense cones; microtrichia absent. Mouth cone moderately long, broadly rounded apically, maxillary and labial palpi each 2-segmented. Pronotum with transversely anastomosing striation; setae small. Mesonotum irregularly reticulate, metanotum smooth or with thin sculpture. Fore wing with long and strong setae; hind vein absent. Abdominal pleurites of VII-IX and apex of segment X with long and stout setae; segment X tubiform, completely divided by a dorsal split; microtrichia absent. Males with abdominal segment VIII elongate; constricted in middle, segments VIII-IX with long stout pleural setae, tergite IX with long and stout median setae. Sternites III-VII each with a transversely linear glandular area.

Distribution. Oriental realm, Afrotropical realm, Neotropical realm.

There are six species known from the world. Two species are included in this volume.

Key to species of *Panchaetothrips*

Antennal segments III-IV with sense cones forked; median setae on abdominal tergite II as dark, strong, and long as sub-median pairs of setae··· *P. noxius*

Antennal segments III-IV with sense cones simple; median setae on abdominal tergite II pale, slender, and half the length of sub-median pairs of setae··· *P. indicus*

13. *Phibalothrips* Hood, 1918

Diagnosis. Body bicolored. Posterior part of head slightly constricted into neck-shaped, head setae minute. Antennae 7-segmented; segments III and IV with simple sense cones; microtrichia absent on all segments. Mouth cone moderately long, maxillary palpi each 2-segmented. Pronotum with weaker reticulations than head, setae small. Mesonotum entire, metanotum with a strongly triangles area. Fore wing slender, without anterior fringe cilia and costal setae, anterior vein indiscernible; fused to costal vein; veinal setae small; posterior fringe cilia straight. Tarsi 1-segmented. Abdomen with polygonal reticulations on lateral thirds, smooth on median area reticulations bearing longitudinal wrinkles. Tergite VIII without comb, major setae of segment IX exceed segment X. Tergite X with complete longitudinal split. Sternite II with anterior half polygonally reticulation. Males similar to females, with long setae on tergite IX widely spaced, smooth medially. Sternites III-VII with round to oval anteromedian glandular areas.

Distribution. Palaearctic realm, Oriental realm, Afrotropical realm.

There are four species known from the world. One species is included in this volume.

14. *Rhipiphorothrips* Morgan, 1913

Diagnosis. Body surface strongly rugose; cheeks long, slightly flat in middle; several rows of irregular reticulations on crescentic collar. Ocelli not raised. Antennae 8-segmented; segments III and IV with simple or forked sense cones; without microtrichia. Mouth cone short and rounded; maxillary palpi 2-segmented. Body and fore wing setae minute except on apical abdominal segments where they are thick. Pronotum round rugose; with small setae. Mesonotum wide; with a complete median longitudinal split. Metanotum raised, strongly sculptured and in the form of an inverted triangle, lateral parts of metanotum weakly sculptured. Fore wings without costal fringe cilia; veinal setae minute; surface of wing with scattered minute microtrichia with thickened bases. Legs stout, reticulate, femur swollen. Tarsi 1-segmented. Abdominal tergites I-IX each increasingly rugose toward posterolateral margins; with a median longitudinal depression containing well-defined polygonal reticulations and a pair of median setae set on tubercles. Antecostal line along the median depression of tergites III-VIII with a row of microtrichia; median posterior third of tergites III-VIII with scattered microtrichia; posterior margin of tergites VII and VIII each with a pair of combs composed of about five teeth and located on a longitudinal line with the enlarged median setae. Setae on posterior margin of IX and X stout and with apices fan-shaped sometimes. Tergite X cone-shaped and with a complete dorsal split. Males with a median circular gland areas on the antecostal line of sternites III-IV.

Distribution. Palaearctic realm, Oriental realm, Afrotropical realm, Neotropical realm.

There are five species known from the world. Four species are included in this volume.

Key to species of *Rhipiphorothrips*

1. Antennal segments III-IV with sense cones simple ·······························2
   Antennal segments III-IV with sense cones forked ·······························3
2. Female brown; male with pronotum yellow brown, lateral parts pale red, with a tooth-like process on sides of abdominal segment IV ·······························***R. cruentatus***
   Female with pronotum yellow, shaded brown on sides; abdomen yellow brown; male without a tooth-like process on sides of abdominal segments·······························***R. pulchellus***
3. Abdominal tergite I completely covered by polygonal reticulations, tergites II-VII each with strong rugose sculpture on sides; with a narrow median band of small reticles extending for entire length of each tergite, smooth in area adjoining ·······························***R. africanus***
   Abdominal tergite I with unclear reticulations, tergites II-VIII with brown rugose sculpture on sides, and smooth in the middle, color much paler ·······························***R. concoloratus***

15. *Selenothrips* Karny, 1911

Diagnosis. Head transversely oblong; posterior margin of head slightly constricted into a fake collar. Ocelli large. Antenna 8-segmented, segments III and IV globular, with forked sense cones; microtrichia absent. Maxillary palpi each 2-segmented. Pronotum twice as wide as long, with well developed setae, only with transverse sculpture without reticulation. Mesonotum entire, metanotum with median triangle of sculpture, one pair of strong median setae. Fore wing with developed costal setae, numerous vein setae, microtrichia present on the surface of fore wing, posterior fringe cilia wavy. Tarsi 1-segmented. Abdominal tergites with covering polygonal reticulations on lateral thirds, median setae developed. Microtrichia present on posteromedian of intermediate tergites. Tergite VIII with complete comb of long microtrichia.Tergites IX and X smooth. Tergites X not longitudinal split.

Distribution. Oriental realm, Afrotropical realm, Neotropical realm, Australian realm.

There is only one species known from the world. The species is included in this volume.

IV. Tryphactothripini Wilson, 1975

Head with conspicuously raised reticular sculpture, cheeks enlonged; reticles arranged in a definite transverse series across posterior dorsum, seldom absent; ocellar areas obviously raised, setae small; antennae with apical segments fused; fore wing with fusion of first vein and anterior margin, setae strong; posterior fringe cilia wavy. Metasternum endofurcae enlarged obviously. Pronotum with raised sculpture, setae small. Tarsi 1-segmented, separately 2-segmented. Abdominal segments II constricted, tergite II with strong microtrichia, tubercles or reticular bulge, tergites III-VII occasionally with especial sculpture, with transverse blank on the anterior centra, segment X seldom symmetrical, anal setae small.

Distribution. Oriental realm, Afrotropical realm, Neotropical realm, Australian realm.

There are more than thirty species in eight genera known from the world. Four genera are included in this volume.

Key to genera of Tryphactothripini

1. Head with raised sculpture at most on anterior parts of head or ocellar hump ·················2
   Head with raised sculpture at least on head vertex and ocellar hump ·······················3
2. Fore wing with costal setae longer than fringe hair, setae on pronotum lanceolate············ ***Copidothrips***
   Fore wing with costal setae shorter than fringe hair, setae on pronotum normal················ ***Elixothrips***
3. Posterior parts of head without reticulations, pronotum almost without raised sculpture, microtrichia on veins larger than that between veins···***Anisopilothrips***
   Posterior parts of head with a transverse series of large reticulations, pronotum with raised sculpture
   ··· ***Astrothrips***

16. *Anisopilothrips* Stannard & Mitri, 1962

Diagnosis. Head with conspicuously raised sculpture. Head vertex and ocellar areas with raised sculpture. Posterior dorsum constricted but not forming a broad collar. Head setae usually small. Antennae 8-segmented, segments III and IV with simple sense cones, microtrichia absent on all segments. Maxillary palpi 2-segmented. Pronotum without raised sculpture except anteromarginal angles, apical setae flattened. Mesonotum sculpture completely divided longitudinally, with moderately long median setae placed in anterior half of sclerite. Fore wings with normal anterior fringe cilia; costal setae much shorter than anterior fringe cilia; interval microtrichia shouter and weaker than veinal microtrichia. Tarsi 1-segmented. Abdominal tergite I smooth; tergite II with sides bearing dense growth of wart-like tubercles, segments III-VII each, dorsally and ventrally, with a pair of submedial sculptured areas in form of clusters of round areolae.

Distribution. Oriental realm, Afrotropical realm, Neotropical realm, Australian realm.

There is only one species known from the world. The species is included in this volume.

17. *Astrothrips* Karny, 1921

Diagnosis. Head with conspicuously raised sculpture; reticles arranged in a definite transverse series across posterior dorsum; head setae usually small. Antennae 6- to 8-segmented; but several terminal segments closely spaced; segments III and IV usually with simple sense cones, occasionally forked. Maxillary palpi each 2-segmented. Pronotum with raised sculpture on anterior half, flange of raise sculpture on anterolateral side. Sculpture of mesonotum reticulate on anterior and posterior margins but not completely divided. Fore wing slender; distinct veins and with long and pointed setae, anterior fringe cilia normal and longer than costal setae; posterior fringe hair wavy; microtrichia of equal length. Apex of tibia with two strong spurs. Tarsi 1-segmented. Abdominal tergite I with reticles or transverse striae, sculpture extended beyond posterior margin; tergite II constricted and waist-like at base, smooth medially, laterally set with cuticular processes in various forms; antecostal lines on tergites III-VII sublaterally with a small longitudinal thickening; tergite VIII without complete comb; tergite X completely divided. Antecostal lines on sternites IV-VII concaved medially. Males similar to females but smaller, tergite IX with 3 pairs of slender setae. Sternites with U or V-shaped glandular areas.

Distribution. Oriental realm, Afrotropical realm, Neotropical realm.

There are twelve species known from the world. Three species are included in this volume.

Key to species of *Astrothrips*

1. Antennae 8-segmented ·· *A. strasseni*
    Antennae 7-segmented ·· 2
2. Apex of setae on abdominal tergite Ⅹ inflated ································· *A. chisinliaoensis*
    Apex of setae on abdominal tergite Ⅹ normal ······································· *A. aucubae*

18. *Copidothrips* Hood, 1954

Diagnosis. Head with cheek slightly convex; posterior dorsum constricted but lacking a distinct broad collar. Raised sculpture only on the small ocellar hump. Antennae 8-segmented with distinct sutures. Sense cones on segments Ⅲ and Ⅳ simple; microtrichia present on Ⅴ-Ⅵ. Maxillary palpi each 2-segmented. Pronotum wide, with reticulation, lacking raised sculpture and with lanceolate setae of equal lengths. Mesonotum entirely on anterior margin. Metanotum without a distinct median triangle of sculpture; with a pair of anterior lanceolate setae that are longer than metanotum. Fore wing with anterior vein fused to costal vein; costal setae longer than fringe cilia, microtrichia of equal length; all veins with a complete row of setae. Tarsi 2-segmented. Abdominal tergite Ⅱ constricted at base, waist-like; sides with a dense growth of trichoid cuticular processes. Tergites Ⅲ-Ⅶ each with subparallel striations on anterior half, posterior half smooth, reticulations on each side, lacking sculpture of round areolate. Tergite Ⅷ without posteromarginal comb, tergite Ⅹ long, slightly asymmetrical, with long and pointed setae. Sternites Ⅲ-Ⅶ each with antecostal line posteriorly concave in middle.

Distribution. Oriental realm, Caribbean Sea.

There is only one species from the world. The species is included in this volume.

19. *Elixothrips* Stannard & Mitri, 1962

Diagnosis. Raised sculpture on head restricted to anterior part of head, head with large hexagonal reticles, ocellar hump small, posterior dorsum of head without a broad collar. Head setae small. Antennae 8-segmented; segments Ⅲ and Ⅳ with simple sense cones; segments Ⅳ-Ⅵ with microtrichia present. Maxillary palpi each 2-segmented. Pronotum transverse, covered with reticulation and with setae small; mesonotum completely divided; metanotum with sculpture extended posteriorly on metascutellum. Fore wing with bold veins; setae irregularly placed; costal setae much shorter than anterior fringe hair; posterior fringe hair wavy, anterior vein fused to costal vein at fork of veins; microtrichia equal in length. Tarsi 1-segmented. Abdominal tergite Ⅰ without flange of sculpture on posterior margin. Tergite Ⅱ with trichoid processes on lateral third; tergites Ⅲ-Ⅶ with long parallel striations on anterior median half; sides with reticulations; lacking sculpture of round areolate. Tergite Ⅷ without comb. Tergite Ⅹ asymmetrical, completely divided, with a pair of setae apically expanded. Sternites Ⅳ-Ⅶ posteriorly concave in middle.

Distribution. Oriental realm, Afrotropical realm, Neotropical realm, Australian realm.

There is only one species known from the world. The species is included in this volume.

Ⅴ. Monilothripini Wilson, 1975

Head fairly smooth except for a posterior collar with small reticulations; ocellar areas not bulged, setae long. Antennae 8-segmented, with obvious suture. Pronotum with long setae. Fore wing with longer anterior setae than anterior fringe hair, longitudinal vein with complete setae. Abdominal segment Ⅱ not constricted; abdominal tergites with complete reticulation; segment Ⅹ symmetrical.

Distribution. Oriental realm, Nearctic realm, Afrotropical realm.

There are two species in two genera known from the world. Two species in two genera are included in this volume.

Key to genera of Monilothripini

Pronotum with one pair of long setae on posterior angles; tarsi 2-segmented ·················· ***Monilothrips***

Pronotum with one pair anteromarginal setae, 3 pairs of posteromarginal setae each side; tarsi 1-segmented ··· ***Zaniothrips***

20. *Monilothrips* Moulton, 1929

Diagnosis. Head quadrate, with a broad, reticulate occipital collar; mouth cone moderately long, broadly rounded apically. Maxillary palpi each 2-segmented. Antennae 8-segmented; segments Ⅲ and Ⅳ vasiform, with forked sense cones; microtrichia present on Ⅳ-Ⅵ. Pronotum smooth, with a long seta at each angle. Mesonotum with entire reticulation. Metanotum with reticulation, without median triangle of sculpture; meso-and metasternum without spinula. Fore wing with slender setae; costal setae longer than anterior fringe hair; both veins regularly set with setae. Legs long. Tarsi 2-segmented. Abdominal tergites entirely reticulate; setae small. Abdominal terminal segments with long setae, tergite Ⅹ with complete longitudinal split, occasionally fused on base of 1/4. Segments Ⅱ and Ⅲ with complete flange at posterior margin, rarely present on males. Males with 2 pairs of thorn-like setae on tergite Ⅸ; without sternal glandular areas.

Distribution. Oriental realm, Nearctic realm, Afrotropical realm.

There is only one species known from the world. The species is included in this volume.

21. *Zaniothrips* Bhatti, 1967

Diagnosis. Head wider than long; posterior margin with a broad collar, collar with reticulation striae. Ocelli located on a small hump; two pairs of well developed postocular setae. Antennae 8-segmented, sometimes seems 7-segmented. Maxillary palpi each 2-segmented. Pronotum broadly transverse, without reticulation striae, with 8 long setae, 2 setae at the front and 6 setae at the back. Mesonotum entire. Pterothorax without reticulation striae. Fore wing with longer costa setae than anterior fringe, two longitudinal veins each with a complete row of setae; posterior fringe cilia wavy. Tarsi 1-segmented. Abdominal tergite II laterally with dense microtrichia, tergites III-VII anteromarginal lines fan-shaped, anterior margin with transverse reticulation; tergites VIII-X without reticulation. Tergite X with a complete dorsal split. Median setae on each tergite small.

Distribution. Oriental realm.

There is only one species known from the world. The species is included in this volume.

Sericothripinae Karny, 1921

Head alway short, wider than long. Antennae 7- to 8-segmented, segment II not especially enlarged. Segments III and IV with forked sense cones. Maxillary palpi 3-segmented. Pronotum usually with special sculpture and no sculpture area. Mesosternum and metasternum divided by a suture. Mesosternum with spinula. Femur and tibia with microtrichia. Tarsi 2-segmented. Fore wing with posterior fringe cilia wavy. Abdomen with dense microtrichia, median pair setae close to each other. Abdomen with dense microtrichia is the most important character in this family.

Distribution. Palaearctic realm, Oriental realm, Nearctic realm, Afrotropical realm, Neotropical realm, Australian realm.

There are 3 genera more than 140 species known from the world. 3 genera twenty species are included in this volume.

Key to genera of Sericothripinae

1. Usually brachypterous, female rarely macropterous; metanotum with transverse rows of microtrichia on posterior third; abdominal tergites fully covered medially and laterally with dense rows of microtrichia, major setae arising submarginally; tergites with complete comb on posterior margins ········· ***Sericothrips***
   Always fully winged; metanotum without transverse rows of microtrichia, sculpture longitudinal; rows of dense microtrichia present only on two sides of abdominal tergites; tergites with posteromarginal comb either present or absent medially ···2
2. Metasternal anterior border with deeply U-shaped emargination, usually more than half as deep as length of this sclerite (Figure 86a) ·· ***Hydatothrips***

Metasternal anterior border transverse, or with shallow emargination (Figure 86b) ······***Neohydatothrips***

22. *Hydatothrips* Karny, 1913

Diagnosis. Head broad, occipital area crescent shaped. Antennae 7- or 8-segmented, segments Ⅲ and Ⅳ each with a forked sensoria, segment Ⅵ with a linear sensoria. Pronotum with a blotch; head and pronotum covered with transverse or reticulated striae; metasternum divided into 2 plates by a V-shaped apodeme; wings usually fully developed in both sexes, fore wing first vein setal row complete, second vein with 0-2 setae; abdominal tergites Ⅰ-Ⅶ laterally with dense microtrichia; tergites Ⅱ-Ⅶ with posterior marginal comb, longer laterally, short or lacking medially; posterior marginal comb on tergite Ⅷ complete. Median paired setae on tergites Ⅱ-Ⅳ close to each other, more widely separated on tergites Ⅴ-Ⅷ.

Distribution. Palaearctic realm, Oriental realm, Nearctic realm, Afrotropical realm, Neotropical realm, Australian realm.

There are over forty species known from the world. Ten species are included in this volume.

Key to species of *Hydatothrips*

1. Antennae 7-segmented ·· ***H. meriposa***
   Antennae 8-segmented ·· 2
2. Fore wing hind vein 2 distal setae ·· 3
   Fore wing hind vein without setae ·· 4
3. Male sternites Ⅵ-Ⅶ with transverse glandular areas ······························ ***H. flavidus***
   Male sternites without glandular area ·· ***H. liquidambara***
4. Abdominal segments with at least 5 segments (Ⅱ-Ⅵ or Ⅰ-Ⅵ) lighter ················ 5
   Abdominal segments with at most 2 segments (Ⅴ or Ⅳ-Ⅴ) lighter ···················· 6
5. Abdominal segments Ⅱ-Ⅵ lighter ·· ***H. heteraureus***
   Abdominal segments Ⅰ-Ⅵ lighter ··· ***H. dentatus***
6. Abdominal segment Ⅴ lighter ··· ***H. funiuensis***
   Abdominal segments Ⅳ and Ⅴ lighter than others ···································· 7
7. Abdominal sternites without microtrichia ······································· ***H. chinensis***
   Abdominal sternites with microtrichia ·· 8
8. Abdominal sternites Ⅱ-Ⅵ uniformly covered with microtrichia, and with posteromarginal comb complete, female sternite Ⅶ with posteromarginal comb absent medially ················ ***H. boerhaaviae***
   Abdominal sternites partly covered with microtrichia, and with posteromarginal comb incomplete ······· 9
9. male sternites Ⅴ-Ⅶ with glandular areas ··· ***H. ekasi***
   male sternites Ⅵ-Ⅶ with glandular areas ·· ***H. proximus***

23. *Neohydatothrips* John, 1929

Diagnosis. *Neohydatothrips* is morphologically similar to *Hydatothrips*, but the metasternum is not divided medially or divided only in the front part with a Y-shaped apodeme.

Distribution. Palaearctic realm, Oriental realm, Nearctic realm, Afrotropical realm, Neotropical realm, Australian realm.

There are over ninety species known from the world. Nine species are included in this volume.

Key to species of *Neohydatothrips*

1. Antennae 7-segmented ·· 2
   Antennae 8-segmented ·· 3
2. At least abdominal tergites Ⅱ-Ⅶ with anterior ridge line pale or absent ················· *N. plynopygus*
   Abdominal tergites Ⅱ-Ⅶ with anterior ridge line dark ···································· *N. xestosternitus*
3. Posterior part of abdominal tergites with craspedum ··· *N. gracilicornis*
   Posterior part of abdominal tergites without craspedum··· 4
4. Pronotal blotch area weakly sclerotized; abdomen yellow, tergites Ⅱ-Ⅵ with variably brown antecostal ridges and brown lateral areas·· *N. gracilipes*
   Pronotal blotch area strongly sclerotized, with obvious boundary; abdomen bicolored or largely brown···
   ·· 5
5. Fore wing hind vein with 2 setae ··· 6
   Fore wing hind vein without setae··· 7
6. Middle and hind tibiae brown ··· *N. medius*
   Middle and hind tibiae yellow·· *N. surrufus*
7. Head with occipital carina close to posterior margin of eyes ·································· *N. tabulifer*
   Head with occipital carina not close to posterior margin of eyes···································· 8
8. Body usually bicolored two sides of abdominal segments Ⅱ-Ⅲ、anterior margin of segment Ⅳ and segments Ⅶ-Ⅹ brown, the rest yellow··· *N. samayunkur*
   Body pale yellow, lateral abdominal tergites Ⅱ-Ⅲ and tergite Ⅷ light brown ·············*N. trypherus*

24. *Sericothrips* Haliday, 1836

Diagnosis. Usually brachypterous, female rarely macropterous; metanotum with transverse rows of microtrichia on posterior third; abdominal tergites fully covered medially and laterally with dense rows of microtrichia, major setae arising submarginally; posterior margins abdominal tergites with complete comb.

Distribution. Palaearctic realm, Oriental realm, Nearctic realm, Afrotropical realm.

There are nine species known from the world. One species is included in this volume.

Thripinae Stephens, 1829

Body surface usually with simple sculpture, often with cross lines, sometimes with reticulation partly. Legs seldom with reticulation. Antennae 6- to 9-segmented, segment II usually oblong, segments III and IV seldom very long, bottle shaped usually with microtrichia, terminal segments seldom fused, style 1- or 2-segmented, not needle-like. Maxillary palpi usually 3-segmented, seldom 2-segmented. Brachypterous and apterous usually without ocelli. Head and pronotum usually without raised sculpture, usually with long setae. Macropterous, brachypterous or apterous. Fore wing usually with anterior fringe cilia, first vein seldom fused with anterior margin. Metanotum furca seldom very large. Mesosternum and metasternum endofurca usually with spinula. Abdominal segments at least with a pair pleurites, usually with dorsolateralia, tergites usually without special sculpture. Tergite X symmetrical, rarely tubular. Male abdominal pore plates occasionally divided into several parts.

Distribution. Palaearctic realm, Oriental realm, Nearctic realm, Afrotropical realm, Neotropical realm, Australian realm.

There are nearly 280 genera more than 1970 species known from the world. World distributed. A small number of species are predators, the majority of species are active on leaves or flowers and breed pollen.

Key to tribes of Thripinae

Body oblate; head small, usually prolonged in front of eyes; anterior parts of cheek narrowed; compound eyes oblate; antennal segment II usually extends outward····································**Chirothripini**

Body slightly oblate; head seldom prolonged in front of eyes; anterior parts of cheek not narrowed; compound eyes not oblate; antennal segment II normal, not extends outward ···················· **Thripini**

Ⅵ. Chirothripini Karny, 1921

Body oblate. Head always prolonged slightly to anterior margin of compound eyes and between base of antennae. Cheek constricted in the anterior parts. Antennal segment II usually prolonged to outside anteriorly, seldom not prolonged. Compound eyes flat. Pronotum sometimes trapezoid.

Distribution. Palaearctic realm, Oriental realm, Nearctic realm, Afrotropical realm, Neotropical realm, Australian realm.

More than half of the species in this tribe are in *Chirothrips* Haliday. Most species are distributed in Americas, next in Africa and Europe, less in Asia and Australia. Most species are present on poaceae.

Key to genera of Chirothripini

Mesothorax with each arms of endofurcae divided into right and left·······························***Arorathrips***

Mesothorax without arms of endofurcae··***Chirothrips***

25. *Arorathrips* Bhatti, 1990

Diagnosis. Antennal segment Ⅰ obviously wider than long, antennal segment Ⅱ not symmetric prolonged to outside anteriorly. Pronotum strongly trapezoidal, basal area distinctly wider than anterior margin. Mesosternum endofurace reduced; each arms of furca divided into right and left. Fore tibiae prolonged forwardly at outside of ventral surface. Abdominal tergites often with continuous fringe or short teeth along posterior margin, sternites without craspedum.

Distribution. Oriental realm, Nearctic realm, Afrotropical realm, Neotropical realm, Australian realm.

There are 8 species known from the world. 1 species is included in this volume.

26. *Chirothrips* Haliday, 1836

Diagnosis. Head small, anterior margin usually prolonged to between eyes. Eyes proportionately large. Ocelli always present in females, located on the posterior half of the head, absent in males so far as is known. Antennae 8-segmented, segment Ⅰ usually enlarged, segment Ⅱ produced at outer apex. Antennal segment Ⅲ with sense cones simple, segment Ⅳ with cones simple or forked. Maxillary palpi 3-segmented, labial palpi 2-segmented. Prothorax trapezoidal. Posteroangular setae usually well developed. Area forward of probasisternum triangular, composed of short, straight striae. Mesospinasternum separated from metascutum by a wide suture. Fore legs enlarged. All tarsi 2-segmented. Females macropterous, males apterous or brachypterous. Fore wings narrow two veins present, setae on both veins interrupted; fringe cilia wavy. Abdomen with pleural plates. Tergites and sternites without microtrichia, always with divided fan-shaped craspeda. Abdominal tergites without posterior combs of setae, abdominal sternites without discal setae. Median pair of setae placed far apart on the intermediate abdominal tergites. Abdominal tergite Ⅹ of female with a complete longitudinal split. Males with or without sterna glandular areas.

Distribution. Palaearctic realm, Oriental realm, Nearctic realm, Afrotropical realm, Neotropical realm, Australian realm.

There are over fifty species known from the world. Three species are included in this volume.

Key to species of *Chirothrips*

1. Antennal segment Ⅱ extend outward not significantly, outer margin without dent, apex almost acute ⋯
   ⋯⋯⋯⋯⋯⋯⋯⋯⋯⋯⋯⋯⋯⋯⋯⋯⋯⋯⋯⋯⋯⋯⋯⋯⋯⋯⋯⋯⋯⋯⋯⋯⋯⋯⋯ *C. africanus*
   Antennal segment Ⅱ extend outward obviously, outer margin with a dent ⋯⋯⋯⋯⋯⋯⋯⋯⋯⋯2
2. abdominal tergites and sternites with obvious black transverse sculpture ⋯⋯⋯⋯⋯⋯⋯⋯ *C. manicatus*
   abdominal tergites and sternites without transverse sculpture ⋯⋯⋯⋯⋯⋯⋯⋯⋯⋯⋯⋯⋯⋯ *C. choui*

Ⅶ. Thripini Stephens, 1829

　　Body not obviously oblate; head seldom prolonged in front of eyes; compound eyes not oblate. Ocelli seldom absent. Antennae 7- or 8-segmented, antennal segment Ⅱ normal. Mesosternum and metasternum usually divided, metasternum endofurcae with spinula, seldom enlarged. Fore wing usually with posterior fringe cilia wavy. Except for some apterous, tarsi 2-segmented. Abdomen without dense microtrichia, at most pleurites with microtrichia, abdominal tergites with median pairs setae widely spaced.

　　Distribution. Palaearctic realm, Oriental realm, Nearctic realm, Afrotropical realm, Neotropical realm, Australian realm.

　　This tribe includes nearly 1000 species in extend 160 genera, worldwide distributed, many of them are phytophagous pest.

Key to subtribes of Thripini

Pronotum usually with no long setae, sometimes with one pair or more appropriate long posteroangular setae; setae on wings small ⋯⋯⋯⋯⋯⋯⋯⋯⋯⋯⋯⋯⋯⋯⋯⋯⋯⋯⋯⋯⋯⋯⋯⋯⋯ **Aptinothripina**
Pronotum at least with one pair of long setae; setae on wings strong ⋯⋯⋯⋯⋯⋯⋯⋯⋯⋯⋯⋯**Thripina**

（Ⅰ）Aptinothripina Karny, 1921

　　Pronotum without long seta, sometimes posterior angle with one pair or more than one pair proper long setae. Fore wing with weak setae.

　　Distribution. Palaearctic realm, Oriental realm, Nearctic realm, Afrotropical realm, Neotropical realm, Australian realm.

　　There are fifty genera known from the world. Nine genera are included in this volume.

Key to genera of subtribe Aptinothripina

1. Anterior margin of fore wing without cilia ⋯⋯⋯⋯⋯⋯⋯⋯⋯⋯⋯⋯⋯⋯⋯⋯⋯⋯⋯⋯⋯⋯⋯ *Psilothrips*

27. *Anaphothrips* Uzel, 1895

Diagnosis. Macropterous, brachypterous, apterous. Head about as long as wide. Ocelli present in macropterous and brachypterous forms, absent in apterous forms. Antennae 8- or 9-segmented, segments III and IV with a forked sense cones. Two pairs of ocellar setae present, postocular setae uniserial. Maxillary palpi 3-segmented. Pronotum without strong striations and without any long major setae. Metanotum hexagonally reticulate. Mesosternum with spinula. All tarsi 2-segmented. Fore wing with two veins, setae sparse or interrupted on fore vein, hind vein with 6-11 setae, fringe cilia wavy. Abdomen with pleural plates. Abdominal sternites without discal setae. Median pair of setae placed moderately far apart on the intermediate abdominal tergites II-VIII. Tergite VIII with posteromarginal comb or dense extension. Tergite X with complete longitudinal split. Sternite II with two pairs of posteromarginal setae, sternites III-VII each three pairs of posteromarginal setae. Males with oval or C-shaped glandular areas on sternites III-VI (or VII) and with 2 pairs of thorn-like setae on abdominal tergite IX.

Distribution. Worldwide, mostly in Palaearctic realm.

There are seventy-eight species known from the world. Three species are included in this volume.

Key to species of *Anaphothrips*

1. Antennae 8-segmented, segment Ⅵ without oblique suture·································· **A. sudanensis**

   Antennae 9-segmented, segment Ⅵ with an oblique suture ···2

2. Body dark yellow; fore wing fore vein with basal setae 8-10, distal setae 2; hind vein with 7-8·············
   ·· **A. obscurus**

   Body brown; fore wing fore vein with basal setae 4+4 or 4+4+1, distal setae 3; hind vein with 12-13 ·····
   ·· **A. populi**

28. *Aptinothrips* Haliday, 1836

Diagnosis. Body small and slender. Reticulation and thin striae present on surface of body. Head elongate, slightly prolonged in front of eyes. Eyes small. Ocelli absent. Antennae 6-or 8-segmented, segments Ⅲ and Ⅳ each with simple sense cones. Maxillary palpi 3-segmented. Body without long setae except for segments Ⅸ and Ⅹ. Pterothorax narrow, partially divided into the mesothorax and metathorax by an incomplete suture. Mesosternum separated from metasternum by a suture. Always apterous. Legs stout, tarsi 1- or 2-segmented. Abdominal tergites with many scattered small setae, with median pores widely separated and located near posterior margin. Abdominal tergite Ⅷ without comb on posterior margin. Abdominal sternites with discal setae. Male sternites without glandular areas.

Distribution. Palaearctic realm, Oriental realm, Nearctic realm, Afrotropical realm, Neotropical realm, Australian realm.

There are four species known from the world. Two species are included in this volume.

Key to species of *Aptinothrips*

Antennae 6-segmented; tarsi 1-segmented ·· **A. rufus**

Antennae 8-segmented; tarsi 2-segmented ·· **A. stylifer**

29. *Dendrothripoides* Bagnall, 1923

Diagnosis. Head wide, constricted neck-like behind eyes. Mouth cone elongate, pointed. Maxillary palpi 3-segmented. Antennae 8-segmented, segments Ⅲ and Ⅳ with forked sense cones, apical segment not needle-like. Pronotum nearly smooth or with crude ragging mark. Pterothorax with thin reticulation. Mesonotum complete. Fore wing narrow with small strumae on base of 1/3, veins usually not clear. Meso-and metasternum without spinula. Legs properly thick and long; tarsi 2-segmented. Abdominal tergites Ⅱ-Ⅸ with large V-shape microtrichia on lateral thirds. Abdominal tergites with small and widely spaced median setae, enlarged on posterior segments, lanceolate on segment Ⅷ, segments Ⅸ and Ⅹ with thorn-like setae, tergite Ⅹ with complete longitudinal split. Male tergite Ⅸ with a pair of close thick thorn-like setae, sternites Ⅲ-Ⅶ with small linear glandular areas.

Distribution. Palaearctic realm, Oriental realm, Afrotropical realm,

There are four species known from the world. Two species are included in this volume.

Key to species of *Dendrothripoides*

Posteroangular setae as long as discal setae; antennal segment Ⅷ 1.5 times as long as Ⅶ; major setae on abdominal tergites Ⅸ and Ⅹ yellow; discal setae on pronotum not lanceolate ··········· ***D. innoxius***

Posteroangular setae 2 times as long as discal setae; antennal segment Ⅷ 2 times as long as Ⅶ; major setae on abdominal tergites Ⅸ and Ⅹ dark brown; discal setae on pronotum lanceolate ········· ***D. poni***

30. *Drepanothrips* Uzel, 1895

Diagnosis. Female macropterous. Body light brown. Head wider than long, three pairs of ocellar setae present, pair Ⅲ situated inside of ocellar triangle. Antennae 6-segmented, segments Ⅲ and Ⅳ with small forked sensorium. Pronotum with transverse lines of sculpture, one pair of prominent posteroangular setae. Mesonotal median setae arise well in front of posterior margin. Metanotum reticulate, median setae near anterior margin. Meso-and metasternum with developed spinula. Abdominal tergites with no sculpture medially, closely spaced rows of microtrichia on lateral thirds; tergite Ⅷ with long posteromarginal comb of microtrichia. Male smaller than female; similar to female abdominal tergite Ⅸ with pair of long dark drepanae laterally extending beyond abdominal apex.

Distribution. Palaearctic realm, Nearctic realm.

There is only one species known from the world. The species is included in this volume.

31. *Eremiothrips* Priesner, 1950

Diagnosis. Antennae usually 9-segmented. Sense cones on segments Ⅲ and Ⅳ forked or simple. Head not elongate in front of eyes, eyes large, ocelli developed. Setae on head extremely small, two pairs of anteocellar setae present. Mouth cone normal, slender maxillary palpi 2-segmented. Body setae lighter. Pronotum without long setae. Pterothorax wide and short. Fore wing properly long, with clear veins, a transverse vein present between costal vein and first vein, another present on base of 1/4 between first and second vein, setae small and few. Legs slender especially tarsus. Abdominal segments without microtrichia, segment Ⅸ with median setae present on middle of segment, tergites and sternites without craspedum, sternites without discal setae, tergite Ⅹ not longitudinal split, with round apex. Male middle of tergite Ⅸ with 2 pairs of special processes.

　　Distribution. Palaearctic realm, Oriental realm.

　　There are seventeen species known from the world. One species is included in this volume.

32. *Exothrips* Priesner, 1939

　　Diagnosis. Macropterous. Body always yellow. Head obviously smaller than pronotum, two pairs of anteocellar setae present. Mouth cone short, not expanded to mesosternum. Pronotum without long setae, prospinasternum developed, wide and transverse. Abdominal tergites and sternites with wide craspedum along posterior margin. Sternite Ⅶ with S1 close to S2. Abdominal sternites without discal setae. Male tergites with teeth-like craspedum, sternites without glandular areas.

　　Distribution. Palaearctic realm, Oriental realm, Afrotropical realm.

　　There are eighteen species known from the world. One species is included in this volume.

33. *Octothrips* Moulton, 1940

　　Diagnosis. Antennae 8-segmented, segment Ⅰ without dorsal apical setae, with forked sense cones on segments Ⅲ and Ⅳ; microtrichia present on Ⅲ to Ⅵ; segment Ⅰ enlarged in males of some species, segments Ⅳ or Ⅴ in males of some species curved and concave medially. Head very small as compared to the prothorax; anteocellar setae varying from 2 to 4 pairs; mouth cone conical but not narrow and slender; maxillary palpi 3-segmented. Pronotum about as long as broad or longer; no long setae with 6 to 7 pairs of posteromarginal setae (usually 7 pairs) of which the outer most of each side is longer and stouter than the rest. Fern sclerites united in middle; basantra reduced, without setae. Mesothoracic sternopleural sutures present. Spinula absent on endofurca. Metanotum medially with longitudinal lines of sculpture which anastomose and even form reticules in some species. Tarsi 2-segmented. Fore wing usually with only 4 lower vein setae (rarely 3 setae or 5 setae); posterior fringes wavy. Abdominal sternite Ⅶ of female with S1 and S2 close to each other. Abdominal tergites and sternites with distinct postmarginal craspedum; those on tergites Ⅳ to Ⅶ of male in some species formed into laterally directed teeth; projections of pleurites apically formed into serrations. Tergite Ⅹ split longitudinally in both sexes. Males without gland areas on abdominal sternites. Phallus with two lobe-like processes which usually surpass the gonopore; each of these processes bearing a sharp spike. Parameres slender, sharply pointed apically; hypomere dilated subapically, then pointed at apex.

　　Distribution. Oriental realm.

　　There are three species known from the world. One species is included in this volume.

34. *Psilothrips* Hood, 1927

Diagnosis. Body small and short, pale with spots, abdomen broad. Head transverse, concave in front, without long setae. Ocellar area raised, without long setae. Mouth cone curved downwards. Maxillary palpi 2-segmented. Antennae 8-segmented. Pronotum without long setae. Fore wing broad, apex pointed, veins conspicuous, setae on vein small, placed sparsely, anterior margin without fringe hair. Abdominal tergites Ⅰ-Ⅷ with a pair of median setae placed not far from anterior part. Abdominal segments with short apical setae. Legs, particularly tarsi, slender.

Distribution. Palaearctic realm, Oriental realm, Nearctic realm, Neotropical realm, Australian realm.

There are five species known from the world. One species is included in this volume.

35. *Rhamphothrips* Karny, 1913

Diagnosis. Head much smaller than pronotum, wider than long. Two pairs of ocellar setae present, pair Ⅲ small, postocular setae reduced. Antennae 8-segmented, segment Ⅰ without dorsal apical setae, segments Ⅲ and Ⅳ with forked sense cones, segments Ⅲ-Ⅵ with microtrichia. Antennae not enlarged in males. Mouth cone long and slender, maxillary palpi 3-segmented. Pronotum much longer than head, with 4 to 5 pairs of posteromarginal setae, posteroangular setae sometimes long, discal setae clear. Metanotum with longitudinal lines. Mesosternum and metasternum without spinula. All tarsi 2-segmented. Both sex with fore femur enlarged, fore tibiae always with teeth. Fore wing first vein with a long gap, 7 to 8 setae on basal part, 3 setae on distal part; second vein with 4 setae, clavus with 5 veinal setae; fore wing with basal setae clearly thicker than apical setae. Posterior fringe cilia wavy. Female abdominal tergites Ⅱ-Ⅶ and sternites Ⅱ-Ⅷ and male abdominal tergites Ⅱ-Ⅷ and sternites Ⅱ-Ⅷ with craspedum. Tergites and sternites with striate lines. Both sex with tergite Ⅹ longitudinally split. Abdominal sternite Ⅱ with 2 pairs of posteromarginal setae, segments Ⅲ-Ⅶ(Ⅲ-Ⅷ in male) with 3 pairs of posteromarginal setae. Sternites without discal setae. Male without glandualr areas, tergite Ⅸ without horn-like setae.

Distribution. Palaearctic realm, Oriental realm, Nearctic realm, Afrotropical realm, Neotropical realm, Australian realm.

There are fourteen species known from the world. Two species are included in this volume.

Key to species of *Rhamphothrips*

In male, the shape of teeth on abdominal tergite Ⅴ are complete, tubercle on tergite Ⅸ present ·········
··· *R. quintus*

In male, the shape of teeth on abdominal tergite Ⅴ are incomplete, tubercle on tergite Ⅸ absent·········
··· *R. parviceps*

(Ⅱ) Thripina Stephens, 1829

Pronotum with one pair or two pairs setae on the posterior angle, two to six pairs setae on the posterior margin. Fore wing with strong setae.

Distribution. Palaearctic realm, Oriental realm, Nearctic realm, Afrotropical realm, Neotropical realm, Australian realm.

This subtribe includes nearly 700 species in more than 100 genera, worldwide distributed, many of them are pests, this subtribe is an important group.

Key to genera of Thripina

1. Fore wing first vein with complete row of long setae having capitate apex; pronotum with posteroangular setae capitate at apex; head and pronotum strongly reticulated; abdominal tergites with median setae long and close to each other, with many microtrichia along lines of sculpture laterally ············ *Echinothrips*
   Fore wing without such setae or apterous; pronotum without such setae; other characters states variable ···
   ··· 2
2. Pronotum with six pairs of elongate major setae ································· *Scolothrips*
   Pronotum with 0 to 5 pairs of major setae ··· 3
3. Pronotal posterior angles each with one pair of thick setae, and thickened from base to apex gradually, the apex toothed ··· *Salpingothrips*
   Pronotal posteroangular setae not tooth-shaped ····································· 4
4. Lateral thirds of abdominal tergites covered with microtrichia······························· 5
   Lateral thirds of abdominal tergites without microtrichia; lateral of abdominal tergites seldom with microtrichia ··· 8
5. Antennae 7-segmented ····································· *Anascirtothrips*
   Antennae 8-segmented ·· 6
6. Antennal segment Ⅷ elongate, almost 10 times as long as wide and 4 times as long as length of segment Ⅶ ··· *Projectothrips*
   Antennal segment Ⅷ normal, not elongate ····································· 7
7. Pronotum with only 1 pair of well-developed posteroangular setae; abdominal sternites without discal setae··· *Scirtothrips*
   Pronotum with 2 pairs of well-developed posteroangular setae; abdominal sternites usually with discal setae··· *Mycterothrips*
8. Pronotum without long posteroangular setae····································· 9
   Pronotum with at least one pair of long posteroangular setae ····································· 10

9. Abdominal tergites Ⅴ-Ⅶ with paired ctenidia laterally ···***Thrips* (part)**

Abdominal tergites Ⅴ-Ⅶ without paired ctenidia laterally ······················***Dichromothrips* (part)**

10. Pronotum with one or two pairs of anteromarginal setae longer than discal setae ························· 11

Pronotum without long anteromarginal setae ·· 14

11. Fore wing fore vein with long gap of setal row; fore wing with two wide dark bands, hind vein with a few setae widely apart; abdominal tergites without paired ctenidia laterally; abdominal tergites and sternites with obvious reticulations··***Ayyaria***

Fore wing with complete setal row on both fore and hind veins ······································· 12

12. Abdominal tergites Ⅵ-Ⅷ without paired ctenidia laterally; abdominal tergites and sternites sculptured with polygonal reticulations; abdominal segment Ⅹ tube-like ·································***Ctenothrips***

Abdominal tergites Ⅵ-Ⅷ with paired ctenidia laterally ··· 13

13. Metanotum sculptured··***Frankliniella***

Metanotum almost smooth medially ···***Parabaliothrips* (part)**

14. Female ovipositor short and weak, without sawtooth; antennae 7-segmented; antennal segments Ⅲ-Ⅳ with sense cones forked (male antennal segments Ⅳ-Ⅵ long, and with many long setae)····***Plesiothrips***

Female with ovipositor long, obviously sawtooth-like ··· 15

15. Abdominal tergites Ⅴ-Ⅷ with paired ctenidia laterally ·· 16

Abdominal tergites Ⅴ-Ⅷ without paired ctenidia laterally ·· 21

16. Abdominal tergites without posteromarginal craspedum ··· 17

Abdominal tergites with posteromarginal craspedum ··· 19

17. Ocellar setae Ⅰ present; ctenidia on tergite Ⅷ anterolateral to spiracle ··········***Parabaliothrips* (part)**

Ocellar setae Ⅰ absent; ctenidia on tergite Ⅷ posteromesad to spiracle······················· 18

18. Ocellar setae Ⅱ longer than ocellar setae Ⅲ ··***Stenchaetothrips***

Ocellar setae Ⅱ shorter than or equal to ocellar setae Ⅲ ···································***Thrips***

19. Abdominal sternites with numberous discal setae, without craspedum; prosternal basantra with several setae···***Microcephalothrips***

Abdominal sternites without discal setae, posterior margins with craspedum; prosternal basantra without setae··· 20

20. Tergites Ⅱ-Ⅶ with craspedum entire, tergite Ⅷ with posterior margin of craspedum bearing slender microtrichial comb ···***Ernothrips***

Tergites Ⅱ-Ⅷ with toothed craspedum ··***Fulmekiola***

21. Body yellow and brachypterous; without ocelli; antennae 7-segmented; sense cones on antannal segments Ⅲ and Ⅳ forked; meso-and metasternum endo furca both with spinula ···············***Hengduanothrips***

Body not yellow and brachypterous, character states not above combination································ 22

22. Abdominal tergite Ⅷ with posteromarginal comb complete or without comb but with broad posteromarginal craspedum··· 23

Abdominal tergite Ⅷ without posteromarginal comb and craspedum or with comb but only present laterally ··· 28

23. Fore tibia at apex of inner margin with a palm-shaped protuberance; abdominal tergites Ⅰ-Ⅶ with teeth along posterior margin on sides; sternites Ⅱ-Ⅶ with irregular teeth along posterior margin ·· ***Graminothrips***

　　Character states not above combination ·· 24

24. Ocellar setae Ⅰ present·· 25

　　Ocellar setae Ⅰ absent·· 27

25. Abdominal tergite Ⅷ with posteromarginal comb complete ······························· ***Vulgatothrips***

　　Abdominal tergite Ⅷ without posteromarginal comb but with broad craspedum ···················· 26

26. male sternites with lots of small pore plates·· ***Pezothrips***

　　male sternites with pore plate, and only one on each segment···························· ***Lefroyothrips***

27. Metathoracic spinula developed; head length is about equal to the width ·········· ***Dichromothrips*** (part)

　　Metathoracic spinula absent ·· ***Taeniothrips***

28. Abdominal tergite Ⅷ with specialized stippled area around each spiracle largely extending anterior and middle ·· ***Chaetanaphothrips***

　　Abdominal tergite Ⅷ without specialized stippled area around each spiracle ···························· 29

29. Abdominal tergite Ⅷ with a large group of irregular microtrichial rows around spiracles ·············· 30

　　Abdominal tergite Ⅷ without a large group of irregular microtrichial rows around spiracles ·········· 31

30. Antennal segment Ⅵ with enlarged base; fore tibiae usually with one or two inner apical claws ··· ***Odontothrips***

　　Antennal segment Ⅵ with normal narrow base; fore tibiae without inner apical claws··· ***Megalurothrips***

31. Antennal segments Ⅲ and Ⅳ both with simple sense cones; antennae 8-segmented ···· ***Bregmatothrips***

　　Antennal segments Ⅲ with forked sense cone, Ⅳ with sense cone simple or forked···················· 32

32. Antennal segments Ⅲ with forked sense cone, Ⅳ with sense cone simple or forked······ ***Yoshinothrips***

　　Antennal segments Ⅲ and Ⅳ both with forked sense cones·· 33

33. Abdominal tergites Ⅳ-Ⅶ with posteromarginal craspedum ·· 34

　　Abdominal tergites Ⅳ-Ⅶ without posteromarginal craspedum··· 35

34. Median pair of metanotal setae placed behind anterior margin ·································· ***Tusothrips***

　　Median pair of metanotal setae placed on the anterior margin ······························ ***Sorghothrips***

35. Antennal segment Ⅰ with two dorsal apical median setae; pronotum with 2 pairs of long posteroangular setae··· ***Trichromothrips***

　　Antennal segment Ⅰ without dorsal apical median setae ·· 36

36. Pronotum with 2 pairs of long posteroangular setae ··· 37

　　Pronotum with only one pair of long posteroangular setae ··· 38

37. Interocellar setae longer than two times of distance between hind ocelli ··············· ***Bathrips***

　　Interocellar setae as long as distance between hind ocelli·································· ***Danothrips***

38. Mouth cone not elongate; abdominal tergite Ⅹ not longer than tergite Ⅸ ··············· ***Oxythrips***

　　Mouth cone much elongate; abdominal tergite Ⅹ usually longer than tergite Ⅸ and tube-like ·· ***Chilothrips***

36. *Anascirtothrips* Bhatti, 1961

Diagnosis. Head wider than long, slightly elongate between in front eyes and antennae. Three pairs of ocellar setae. Antennae 7-segmented. Pronotum without large setae. Fore wing long and pointed, with two veins, numerous microtrichia present on surface of fore wing. Abdominal segments with numerous microtrichia. This genus is similar to *Scirtothrips*, but the latter antennae 8-segmented, pronotum with longer discal setae.

Distribution. Oriental realm.

There are four species known from the world. Two species are included in this volume.

Key to species of *Anascirtothrips*

Antennal segments Ⅰ-Ⅴ pale yellow, Ⅵ-Ⅶ grey; fore wing costal vein with setae 25, fore vein with 10, second vein with 2 ·· *A. arorai*

Antennal segments Ⅰ-Ⅱ pale yellow, Ⅲ-Ⅶ brown; fore wing costal vein with setae 16, fore vein with 9, second vein with 3; abdominal tergites Ⅲ-Ⅶ with anterior brown ridge line ················ *A. discordiae*

37. *Ayyaria* Karny, 1926

Diagnosis. Body mid-size. Head not prolonged between eyes, transverse striae present on hind parts. Three pairs of ocellar setae present. Antennal segments long and thin. Antennae 8-segmented. Maxillary palpi 2-segmented. Pronotum without reticulations with one pair of longer anteromarginal setae than a pair of long anteroangular setae, with two pairs of long posteroangular setae, and one pair of long anteromarginal setae. Both of Meso-and metasternum with spinula. Fore wing with two wide dark bands, second vein with a few setae. Abdominal tergites and sternites with polygonal reticulations, tergite Ⅷ with complete posteromarginal comb. Male abdominal tergite Ⅸ with a pair of thickly sword-like setae, after which with a row of tubercles.

Distribution. Palaearctic realm, Oriental realm, Australian realm.

Only one species known from the world. The species is included in this volume.

38. *Bathrips* Bhatti, 1962

Diagnosis. Antennae 8-segmented, segments Ⅲ and Ⅳ with forked sense cones. Anteocellar setae absent, interocellar setae long and thin. Maxillary palpi 3-segmented. Pronotum with 2 pairs of long posteroangular setae, without long anteromarginal setae. Metasternum without spinula. Fore wing with two longitudinal veins, upper vein with 5 basal setae and 3 distal setae, lower vein with setae placed not continuous, only 4-5 setae, clavus with 3 setae. Abdominal tergite Ⅷ without posteromarginal comb.

Distribution. Oriental realm, Australian realm.

There are three species known from the world. Two species are included in this volume.

Key to species of *Bathrips*

Thorax with brown longitudinal bands near both sides of mid line ·· ***B. ipomoeae***

Thorax without brown longitudinal bands near both sides of mid line ···················· ***B. melanicornis***

39. *Bregmatothrips* Hood, 1912

Diagnosis. Head considerably elongate in front of eyes. Ocelli present in macropterous forms; present, partially reduced, or absent in brachypterous forms. Antennae 8-segmented, antennal segments III and IV with simple sense cones. Mouth cone pointed. Maxillary palpi 3-segmented, rarely reduced by fusion to the 2-segmented condition. Pronotum with transverse striation, posterior angles with two pairs of setae. All tarsi 2-segmented. Fore wings with two veins; setae on fore vein interrupted, setae on hind vein evenly spaced; fringe wavy. Males always brachypterous. Abdomen with pleural plates. Median pair of setae placed far apart on the intermediate abdominal tergites. Abdominal sternites without discal setae. Abdominal tergite VIII without a posterior comb. Abdominal segment X shorter than segment IX in female. Males without abdominal sterna glandular areas and without thorn-like setae on abdominal segment IX.

Distribution. Palaearctic realm, Oriental realm, Nearctic realm, Afrotropical realm, Neotropical realm, Australian realm.

There are 8 species known from the world. One species is included in this volume.

40. *Chaetanaphothrips* Priesner, 1926

Diagnosis. Head broader than long, ocellar setae I present or absent, setae small. Antennae 8-segmented; segments III and IV each with a forked sense cone, rarely simple. Mouth cone short and broadly rounded. Maxillary palpi 3-segmented. Pronotum without long setae, sometimes with one or two pairs of longer posteroangular setae. Wings narrow, antecostal setae at least five times as much as sub-antecostal setae, first vein with 7 basal setae and 3 distal setae, second vein with 4 setae, rarely 3 setae. Abdominal tergites and sternites with raised margin, tergite VIII with large stippled areas around spiracles and incomplete posterior comb. Tergite X longitudinal split completely. Sternite II always with discal setae. Median pair of setae placed far apart on the intermediate abdominal tergites. Males with glandular areas.

Distribution. Palaearctic realm, Oriental realm, Nearctic realm, Neotropical realm.

There are twenty species known from the world. Five species are included in this volume.

Key to species of *Chaetanaphothrips*

1. Head with two pairs of anteocellar setae···2
    Head with one pair of anteocellar setae ···3
2. Stippled area around spiracle on tergite Ⅷ reaching antecostal line and slightly runing along the line; abdominal sternite Ⅲ with a median transverse glandular area; posteromarginal setae 5 pairs·············
    ···***C. signipennis***
    Stippled area on tergite Ⅷ not reaching antecostal line; abdominal sternite Ⅲ without glandular area; posteromarginal setae 6 pairs·· ***C. machili***
3. Pronotum with 2 pairs of long setae; tergite Ⅸ with SB2 setae······························· ***C. orchidii***
    Pronotum with 1 pair of long setae; tergite Ⅸ without SB2 setae ·····································4
4. Antennal segment Ⅲ pedicellate; segment Ⅴ and Ⅵ with 3 rows of microtrichia respectively; pronotum with 5 discal setae; metanotum widely reticulated medially and widely longitudinally striate laterally ·· ***C. longisetis***
    Antennal segment Ⅲ not pedicellate; segment Ⅴ and Ⅵ with 4 rows of microtrichia; pronotum with 8-9 discal setae; metanotum reticulated medially ·· ***C. querci***

41. *Chilothrips* Hood, 1916

Diagnosis. Body yellow to yellow-brown. Head swollen in female. Interocellar setae long. Antennae 8-segmented, segment Ⅵ sometimes partly divided or completely divided by a suture, antennal segments Ⅲ and Ⅳ with forked sense cones. Mouth cone greatly enlarged and extending beyond posterior margin of prosternum in female. Pronotum long, only one pair of posteroangular setae well developed. Fore legs not enlarged. Tibia with spur-like setae. Fore wings with two veins, setae on fore vein interrupted, setae on hind vein uniformly spaced; fringe cilia wavy. Abdomen with pleural plates. Median pair of setae placed far apart on the intermediate abdominal tergites. Abdominal tergite Ⅷ without posteromarginal comb. In male, abdominal sternites Ⅲ-Ⅵ (rarely Ⅲ-Ⅳ) with small glandular areas, tergite Ⅸ with two pairs of thorn-like setae. Sometimes glandular areas present on abdominal sternites in female.

Distribution. Palaearctic realm, Nearctic realm.

There are five known from the world. One species is included in this volume.

42. *Ctenothrips* Franklin, 1907

Diagnosis. Head slightly longer than wide. Ocelli large. Interocellar and postocular setae only moderately developed, or short. Antennae 8-segmented, segments Ⅲ and Ⅳ with forked sense cones. Maxillary palpi 3-segmented, labial palpi 2-segmented. Pronotum with weakly striate to almost smooth. Major setae moderately developed, angular pairs being the longest. Mesonotum and metanotum with hexagonally reticulation. All tarsi 2-segmented. Fore wing with two veins each completely and regularly set with setae, fringe cilia wavy. Abdominal tergites and sternites strongly hexagonally reticulate. Posterior margin of abdominal tergite Ⅷ with a complete comb of setae. Abdominal segment Ⅹ tube-like in female, completely split on dorsum. Males with wide glandular areas on each of abdominal sternites Ⅲ-Ⅷ; without thorn-like setae on abdominal tergite Ⅸ.

Distribution. Palaearctic realm, Nearctic realm.

There are eleven species known from the world. Six species are included in this volume.

Key to species of *Ctenothrips*

1. Pronotum smooth, almost without sculpture ···2
   Pronotum striate or weakly sculptured, never smooth ··································5
2. Antennal segment Ⅲ shaded; pronotum posterior margin with 3 pairs of setae ·········· *C. kwanzanensis*
   Antennal segment Ⅲ yellow; pronotum posterior margin with 2 pairs of setae ·····················3
3. Fore wings base slightly darker ··· *C. cornipennis*
   Fore wings base slighter paler or grey ···4
4. Mesonotum without polygonally reticulate sculpture; abdominal sternite Ⅶ with posteromarginal setae arising anterior to posterior margin ··· *C. taibaishanensis*
   Mesonotum with polygonally reticulate sculpture; abdominal sternite Ⅶ with posteromarginal setae situated in a row along posterior margin; antennal segments Ⅲ-Ⅳ yellow ·················· *C. leionotus*
5. Interocellar setae just behind ocellar triangle; pronotum distinctly striate ················· *C. transeolineae*
   Interocellar setae within ocellar triangle; antennal segment Ⅲ yellow; pronotum with weekly striate ····
   ·· *C. distinctus*

43. *Danothrips* Bhatti, 1971

Diagnosis. Body small to midsize, yellow. Antennae 8-segmented, segment Ⅰ without dorsal apical setae, segments Ⅲ and Ⅳ with forked or simple sense cones. Head wider than long; with a pair of anteocellar setae; mouth cone short, maxillary palpi 3-segmented. Pronotum posterior margin with seven pairs of setae, among them two pairs of longer setae present on posterior angles. Mesonotum with median setae close to posterior margin; only mesosternum with spinula, or without. All tarsi 2-segmented. Fore wing with 0-3 taupe transverse bands, first vein with a long gap, basal setae 7, distal setae 3, second vein with 4 setae. Abdominal tergites and sternites without craspedum, seldom with (such as *D. moundi*), tergite Ⅷ with relatively developed microtrichia around spiracles. Sternites without discal setae. Male with 1 or 2 spine-like setae on tergite Ⅸ; without glandular area on abdominal sternites.

Distribution. Palaearctic realm, Oriental realm, Nearctic realm, Australian realm.

There are ten species known from the world. Three species are included in this volume.

Key to species of *Danothrips*

1. Postocular setae uniserial, without one pair of postocular setae placed anterior part of head medially ······ ···*D. vicinus*

   Postocular setae with one pair of postocular setae placed anterior part of head medially ···················2

2. Pronotum with posteroangular setae and posterior marginal setae 7 pairs; mesonotum with sparsely longitudinal sculptures; metanotum also with sparsely longitudinal sculptures ················ *D. dianellae*

   Pronotum with two pairs of shorter posteroangular setae and 4 pairs of posterior marginal setae; metanotum with transverse sculptures, median setae close to the centre of metanotum ······ *D. trifasciatus*

44. *Dichromothrips* Priesner, 1932

Diagnosis. Head nearly square, ocellar setae I absent. Setae weak behind eyes, equal to ocellar setae II and postocular setae, interocellar setae developed. Antennae 8-segmented, segments III-IV clearly longer than remain segments, with long and thin forked sense cones, U-shape. Mouth cone ordinary, maxillary palpi 3-segmented. Pronotum as long as head, always wider than head, posterior margin with 5 setae at each side, one posteroangular seta largely long, others short, not longer than discal setae. Mesonotum with median setae situated or close to anterior margin. Mesosternum and metasternum with spinula. Fore wing two veins with long setae, base and middle of first vein with numerous setae, apex with 1+2 setae, second vein with 10-20 setae. Abdominal segments ordinary. Male sternites III-VII each with two glandular areas.

Distribution. Palaearctic realm, Oriental realm, Nearctic realm, Afrotropical realm, Neotropical realm, Australian realm.

There are fourteen species known from the world. Two species are included in this volume.

Key to species of *Dichromothrips*

Pronotum with no long posteroangular setae ·· *D. corbetti*

Pronotum with one pair of long posteroangular setae ·· *D. smithi*

45. *Echinothrips* Moulton, 1911

Diagnosis. Body brown. Macropterous. Antennae 8-segmented, segment I without dorsal apical setae, sense cones on antennal segments III and IV forked. Ocellar setae I present, two pairs of long setae behind eyes. Pronotum with two pairs of posteroangular setae; metanotum with median setae behind anterior margin. Fore wing with cephaloid costal vein and cephaloid first vein setae, second vein without setae. Abdominal tergites Ⅰ-Ⅷ with a median pair of closely spaced long setae, tergites with microtrichia laterally. Comb on abdominal tergite Ⅷ complete and long. Abdominal sternites with posteromarginal setae in front of posterior margin. Males sternites Ⅲ-Ⅷ with numerous small glandular areas.

Distribution. Palaearctic realm, Oriental realm, Nearctic realm, Afrotropical realm, Neotropical realm, Australian realm.

There are seven species known from the world. One species is included in this volume.

46. *Ernothrips* Bhatti, 1967

Diagnosis. Ocellar setae Ⅰ absent, setae Ⅱ not longer than setae Ⅲ; postocular setae uniserial behind compound eyes. Mouth cone rounded, maxillary palpi 3-segmented. Antennae 7-segmented, segments Ⅲ and Ⅳ each with a forked sense cone. Pronotum with two pairs of posteroangular setae elongate, posterior margin with three to six pairs of setae. Only mesothoracic endo furca with a well-developed spinula. Abdominal sternites Ⅱ-Ⅶ with lobate craspedum divided into many patch along postero marginal margins, posteromarginal setae located in cut-off lines.

Distribution. Palaearctic realm, Oriental realm.

There are four species known from the world. Two species are included in this volume.

Key to species of *Ernothrips*

Interocellar setae placed outside ocellar triangle; metanotum sculptured with reticulations medially; pronotum with 5 pairs of posteromarginal setae ·· *E. lobatus*

Interocellar setae placed on central connection of ocellar triangle; metanotum sculptured with longitudinal stripes medially longitudinal striation present on lateral parts and posterior parts; pronotum with 4 pairs of posteromarginal setae ·· *E. longitudinalis*

47. *Frankliniella* Karny, 1910

Diagnosis. Antennae 8-segmented, three pairs of ocellar setae present, interocellar setae developed. Maxillary palpi 3-segmented. Pronotum with a pair of longer anteroangular setae than one pair of developed anteromarginal setae, posterior angle with two pairs of long setae, posterior margin with one pair of longer setae, outside with two pairs of short setae, inside with one pair of short setae. Fore wings with two veins both of which are regularly and uniformly set with setae. Abdominal tergites Ⅴ-Ⅷ with paired ctenidia laterally, tergite Ⅷ with ctenidia anterolateral to spiracles, tergite Ⅷ with posteromarginal comb or without. Males with a glandular area on each of sternites Ⅲ-Ⅶ.

Distribution. Palaearctic realm, Oriental realm, Nearctic realm, Afrotropical realm,

Neotropical realm, Australian realm.

There are about 150 species known from the world. This volume includes seven species.

Key to species of *Frankliniella*

1. Abdominal sternites without discal setae, but sternite II with one to two long setae ·········· *F. williamsi*
    Abdominal sternites without discal setae ··2
2. Abdominal tergite VIII with posteromarginal comb complete ···3
    Abdominal tergite VIII with posteromarginal comb absent or reduced, only mark present···············5
3. Metanotum with campaniform sensilla ··· *F. occidentalis*
    Metanotum without campaniform sensilla ···4
4. Interocellar setae placed between central and inner margin of ocellar triangle; antennal segment VIII
    shorter than VII ··· *F. hawksworthi*
    Interocellar setae placed on outer margin of ocellar triangle; antennal segment VIII longer than VII········
    ·· *F. intonsa*
5. Abdominal tergite VIII with posteromarginal comb vestigial, only trace left; tergites IV-VIII with ctenidia
    ·· *F. tenuicornis*
    Abdominal tergite VIII with posteromarginal comb absent; tergites V-VIII with ctenidia ·················6
6. Interocellar setae placed between hind ocelli; metanotum without campaniform sensilla··· *F. hainanensis*
    Interocellar setae placed on outer margin of ocellar triangle, not between hind ocelli; metanotum with
    campaniform sensilla ··· *F. zizaniophila*

48. *Fulmekiola* Karny, 1925

Diagnosis. Ocellar setae II much longer than ocellar setae III. Antennae 7-segmented, segments III and IV with forked sense cones. Maxillary palpi 3-segmented. Pronotum with two pairs of long posteroangular setae, and three pairs of posteromarginal setae. Both mesosternum and metasternum without spinula. Both sex macropterous. Fore wing costal vein with 4 setae. All tarsi 2-segmented, hind tibiae without very long setae. Posterior of abdominal tergites I-VIII and sternites II-VII with long teeth. Male abdominal sternites II-VIII with posterior teeth, sternites III-VII with pore plates.

Distribution. Palaearctic realm, Oriental realm, Neotropical realm.

There is only one species known from the world. The species is included in this volume.

49. *Graminothrips* Zhang & Tong, 1992

Diagnosis. Head slightly shorter than pronotum. Antennae 8-segmented, segments III and IV each with a simple sense cone, segment VI with 3 sense cones. Interocellar setae well developed, placed outside ocellar triangle. Male without ocelli. Mouth cone moderately long, reaching to middle or to nearly end of prosternum, maxillary palpi 3-segmented. Pronotum nearly without sculpture, with 2 pairs of well-developed posteroangular setae, much longer than remain setae. Meso-and metasternum with spinula. Fore tibia at apex of inner margin with a palm-shaped protuberance; tarsi 2-segmented. Costal setae of fore wing equal to or slightly longer than wing width. Abdominal tergites Ⅰ-Ⅶ with teeth along posterior margin on sides, tergites Ⅲ-Ⅶ each with 5 pairs of setae; sternites Ⅱ-Ⅶ with irregular teeth along posterior margin, with 3 pairs of posteromarginal setae; pleurites Ⅱ-Ⅶ with serrations; posterior margin of tergite Ⅷ with complete or incomplete comb. No discal setae on sternites. Male without a pair of chitinous appendages on posterior margin; sternites Ⅲ (sometimes sternite Ⅱ) to Ⅶ with glandular areas in the form of irregularly scattered glandular areas.

Distribution. China (Guangdong, Hainan, Guangxi).

There are two species known from the world, both of them are included in this volume.

Key to species of *Graminothrips*

Body bicolored yellow and brown; postocular and pronotal posteromarginal setae minute; interocellar setae anterior to fore ocellus; sternites Ⅲ-Ⅷ of male each with 9-14 irregularly scattered glandular areas·· *G. cyperi*

Body largely brown; postocular setae and pronotal posteromarginal setae very long; interocellar setae behind fore ocellus; median pair of metanotum close to anterior margin; sternite Ⅱ of male with 4 glandular areas, Ⅲ-Ⅷ each with two rows of 8 scattered glandular areas ·················· *G. longisetosus*

50. *Hengduanothrips* Han & Cui, 1992

Diagnosis. Yellow, brachypterous. Head wider than long, shorter than prothorax. Ocelli absent, ocellar setae pair Ⅰ, Ⅱ and pair Ⅲ present. Antennae 7-segmented, segments Ⅲ and Ⅳ with forked sense cones. Mouth cone extends between fore coxae, maxillary palpi 3-segmented. Pronotum with two pairs of long posteroangular setae. Mesosternum with spinula, metasternum with spinula not clear. Abdominal tergites Ⅱ-Ⅶ with long discal setae, length of median setae not shorter than half length of the tergites, tergites Ⅴ-Ⅷ without ctenidia

Distribution. China (Yunnan).

One species is known from the world, and it is included in this volume.

51. *Lefroyothrips* Priesner, 1938

Diagnosis. Antennae 8-segmented, sense cones on segments Ⅲ and Ⅳ forked segment Ⅵ with slender sense cone. Three pairs of ocellar setae present. postocular setae not uniserial placed. Maxillary palpi 3-segmented. Pronotum with two pairs of long posteroangular setae, three pairs of posteromarginal setae. Fore wing developed, with two longitudinal veins. Body setae and wing setae developed. Abdomen with long apical setae. Abdomianl tergite Ⅷ with posteromarginal comb complete and long. Male abdominal tergite Ⅸ with thorn-like spines, sternites with glandular areas.

Distribution. Oriental realm, Afrotropical realm.

There are four species known from the world. One species is included in this volume.

52. *Megalurothrips* Bagnall, 1915

Diagnosis. Antennae 8-segmented, antennal segment Ⅰ with a pair of dorsal apical setae, segments Ⅲ and Ⅳ each with large forked sense cones; segment Ⅵ with base of sense cone not greatly enlarged, antennae of females thick, antennae of males thin, especially on segments Ⅲ-Ⅳ. Head with three pairs of ocellar setae, postocular setae uniserial. Mouth cone not long, maxillary palpi 3-segmented. Fore legs without teeth. Pronotum with two pairs of developed posteroangular setae; fore wing with lighter base and sub-apex. Abdominal tergites without posterior craspedum, with transverse lines laterally and medially. Abdominal tergite Ⅷ with a patch of microtrichia anterior to the spiracle, lateral of posterior margin with comb, absent on median part. Male abdominal sternites usually without glandular areas, but sometimes with numerous discal setae.

Distribution. Palaearctic realm, Oriental realm, Nearctic realm, Afrotropical realm, Australian realm.

There are over thirty species known from the world. 8 species are included in this volume.

Key to species of *Megalurothrips*

1. Median pair of posteromarginal setae on abdominal sternites Ⅱ-Ⅶ on posterior margin ······· *M. typicus*
   Median pair of posteromarginal setae on abdominal sternite Ⅶ ahead of posterior margin ················2
2. Antennae uniformly brown ··3
   Antennae bicolored yellow and brown··6
3. Abdominal tergites Ⅷ without posteromarginal comb ··*M. haopingensis*
   Abdominal tergites Ⅷ with posteromarginal comb laterally, medially absent ································4
4. Fore wing with 3 distal setae ··· *M. equaletae*
   Fore wing with 2 distal setae ··5
5. Interocellar setae placed at the central connection of fore and hind ocelli; metanotum with reticulations
   medially; metascutellum with reticulations; median metanotal setae placed at anterior margin ··············
   ··*M. guizhouensis*
   Interocellar setae placed at the inner margin of the connection of fore and hind ocelli; metanotum with

transverse lines medially; metascutellum sculptured with longitudinal lines; median setae placed behind anterior margin ·· *M. distalis*

6. Abdominal tergite Ⅷ without posteromarginal comb ·· *M. basisetae*
   Abdominal tergite Ⅷ with posteromarginal comb laterally, absent medially ································ 7

7. Fore wing with an unconspicuous subapical area; interocellar setae close to each other, placed at the central connection of fore and hind ocelli ··· *M. formosae*
   Fore wing with subapical area obviously; interocellar setae placed outside the central connection of fore and hind ocelli, length of interocellar setae about 1.7-3.3 times (usually 2.5 times) as long as distance between them, placed outside of the central connection of fore and hind ocelli ················· *M. usitatus*

53. *Microcephalothrips* Bagnall, 1926

Diagnosis. Head small, slightly wider than long. Eyes proportionately large. Ocelli placed fairly far apart. Head setae small. 7 seven-segmented, segments Ⅲ and Ⅳ each with a forked or simple sense cone. Mouth cone moderately developed. Maxillary palpi 3-segmented. Pronotum with setae small, with five or six pairs of setae along posterior margin. Mesosternum separated from metasternum by a wide suture, mesosternum with spinula. Metanotum longitudinally striate. All tarsi 2-segmented. Fore wings with two longitudinal veins, hind vein uniformly set with setae, fore vein with setae interrupted, clavus with 5 anteromarginal setac, cilia wavy. Abdominal tergites with strong scallop-like craspedum on each posterior margin. Abdominal sternites with discal setae. Males with a glandular area on abdominal sternites Ⅲ-Ⅶ.

Distribution. Palaearctic realm, Oriental realm, Nearctic realm, Afrotropical realm, Neotropical realm, Australian realm.

There are four species known from the world, all of them are included in this volume.

Key to species of *Microcephalothrips*

1. Mesonotum with a small stylus ··· *M. chinensis*
   Mesonotum without small stylus ··· 2

2. Abdominal tergite Ⅷ posterior margin with comb, absent medially ···················· *M. jigongshanensis*
   Abdominal tergite Ⅷ posterior margin with comb complete ·· 3

3. Antennal segments Ⅲ-Ⅳwith sense cones forked ··· *M. abdominalis*
   Antennal segment Ⅲ with sense cones simple, segment Ⅳ with sense cones forked ····················
   ··· *M. yanglingensis*

54. *Mycterothrips* Trybom, 1910

Diagnosis. Antennae 8-segmented, segment Ⅰ with a pair of dorsal apical setae, three pairs of ocellar setae present, mouth cone long or normal. Maxillary palpi 3-segmented. Pronotum with two pairs of developed posteroangular setae and two pairs of posteromarginal setae. Mesosternum and metasternum with spinula, sometimes only mesosternum with spinula. Tarsi 2-segmented. Fore wing first vein with a median long gap in setal row, two or three distal setae. Abdominal tergites Ⅴ-Ⅷ without ctenidia and posteromarginal craspedum. Tergites laterally and laterotergites sometimes with microtrichia, tergites Ⅲ-Ⅴ posterior margin usually with comb laterally, tergum Ⅷ with long and regular posteromarginal comb; tergite Ⅹ wide. Antennae of some species are sexually dimorphic. Male with antennal segments Ⅴ and Ⅶ-Ⅷ small, segment Ⅵ large and with numerous microtrichia.

Distribution. Palaearctic realm, Oriental realm, Nearctic realm, Afrotropical realm, Australian realm.

There are 25 species known from the world. Nine species are included in this volume.

Key to species of *Mycterothrips*

1. Abdominal sternites with discal setae ···2
   Abdominal sternites without discal setae ··3
2. Tergites without ciliate microtrichia along lines of sculpture ··························***M. auratus***
   Tergites with numerous microtrichia along lines of sculpture ····················***M. setiventris***
3. Abdominal tergites Ⅱ-Ⅷ and laterotergites with numerous ciliate microtrichia along lines of sculpture laterally, microtrichia uniform and regular on all segments····························4
   Abdominal tergites (and laterotergites also) without ciliate microtrichia along lines of sculpture, when present, microtrichia are either irregular or small dentate, or microtrichia ciliate but not uniform and usually on posterior segments only ··5
4. Antennal segment Ⅵ longer than Ⅳ, segment Ⅰ yellow, Ⅲ with basal 1/3 sharply pale, Ⅳ with basal lighter ···***M. glycines***
   Antennal segment Ⅵ shorter than Ⅳ, segment Ⅰ usually brown; Ⅲ with basal 1/3 not sharply pale, Ⅳ with basal darker; mouth cone slender, straight laterally ····················***M. nilgiriensis***
5. Fore wings banded, distal 3/4 not uniformly dark, pale at basal fourth and apex, with a wide shaded area between these two pale areas ··***M. caudibrunneus***
   Fore wings not banded, distal 3/4 uniformly dark or pale··6
6. Abdominal tergite Ⅸ without discal pores··***M. ricini***
   Abdominal tergite Ⅸ with discal pores··7
7. Mesonotum without campaniform sensilla anteromedially ·····················***M. consociatus***
   Mesonotum with a pair of campaniform sensilla anteromedially ····································8
8. Abdominal terga Ⅳ-Ⅶ with some lines of sculpture medially ····················***M. betulae***
   Abdominal terga Ⅲ-Ⅶ without lines of sculpture medially····························***M. araliae***

55. *Odontothrips* Amyot & Serville, 1843

Diagnosis. Body brown to dark brown. Antennal segment III yellow, segment IV usually part yellow, tarsi and fore-tibia yellow. Antennae 8-segmented, antennal segments III and IV with forked sense cones, segment VI with base of sense cone greatly enlarged, fused with this segment. Maxillary palpi 3-segmented, labial palpi 2-segmented. Ante-ocellar setae two pairs, interocellar setae developed. Pronotum with two pairs of long posteroangular setae. Fore legs thick. Fore tibiae each with one or two clawlike processes at apex, occasionally absent. All tarsi 2-segmented. Fore tarsus with one or two claw or tubercle on distal inner margin. Always macropterous. Fore wing with two veins, fore vein always with two distal setae. Abdomen with pleural plates. Tergites and sternites without microtrichia. Abdominal tergite VIII with posteromarginal comb in female. Abdominal tergite X with an incomplete longitudinal split. Abdominal sternites without discal setae. Males without glandular areas; with or without a pair of thorn-like setae at the end of abdomen genitalia bearing one endotheca, usually with spines.

Distribution. Palaearctic realm, Nearctic realm, Australian realm.

There are over thirty species known from the world. Five species are included in this volume.

Key to species of *Odontothrips*

1.　Fore tarsus without small tubercles or claw on distal inner margin ··2
　　Fore tarsus with one or two small tubercles or claw on distal inner margin ··································4
2.　Fore wings with a pale basal and sub-apical bands··· *O. intermedius*
　　Fore wings uniformly brown except a pale basal band ··································3
3.　Fore wing with five to six distal setae setae on upper vein···························· *O. pentatrichopus*
　　Fore wing with two distal setae setae on upper vein ························· *O. mongolicus*
4.　Fore tibia with one stout claw ···*O. loti*
　　Fore tibia with two stout claws·· *O. biuncus*

56. *Oxythrips* Uzel, 1895

Diagnosis. Antennae 8-segmented, occasionally segment VI with a partial suture near apex, seems like 9-segmented. Antennal segments III and IV with forked sense cones. Mouth cone normal. Maxillary palpi 3-segmented, labial palpi 2-segmented. Pronotum wider than long, with one pair of posteroangular setae well developed. All tarsi 2-segmented. Fore wings with two longitudinal veins, setae on fore vein interrupted, setae on hind vein uniformly spaced, fringe cilia wavy. Abdomen with pleural plates. Abdominal tergite VIII without a posterior comb of setae; segment IX with weak or reduced discal setae; abdominal segment

Ⅹ elongated and tube-like. Males with sterna glandular areas and with two pairs of thorn-like setae on abdominal tergite Ⅸ.

Distribution. Palaearctic realm, Oriental realm, Nearctic realm, Australian realm.

There are almost fifty species from the world. One species is included in this volume.

57. *Parabaliothrips* Priesner, 1935

Diagnosis. Antennae 8-segmented, sense cones on segments Ⅲ and Ⅳ forked; head with 3 pairs of ocellar setae, pair Ⅲ at posterior margin of ocellar triangle; pronotum with one pair of longer anteromarginal setae than posteroangular setae, 2 pairs of posteroangular setae; metanotum with no sculpture medially, median setae at anterior margin. Fore wing with continuous fore vein. Tergites Ⅵ-Ⅷ with paired ctenidia laterally in female, on Ⅵ-Ⅶ terminating laterally at median pair of lateral marginal setae, on Ⅷ anterolateral to spiracles; tergites Ⅵ-Ⅶ with posteroangular setae arising at the median part of the posterior angle; tergite Ⅷ with posteromarginal comb present and weak or absent; sternites without discal setae; tergite Ⅹ with incomplete longitudinal split; male with or without glandular areas medially on sternites Ⅲ-Ⅶ.

Distribution. Palaearctic realm, Oriental realm, Australian realm.

There are six species known from the world. One species is included in this volume.

58. *Pezothrips* Karny, 1907

Diagnosis. Antennae 8-segmented, segment Ⅰ with one pair of dorsal apical setae; segments Ⅲ and Ⅳ each with a forked sense cone. Maxillary palpi 3-segmented. Three pairs of ocellar setae present. Pronotum with two pairs of posteroangular setae. Mesosternum with spinula, metasternum without. Fore wing with two veins, first vein with 2 distal setae, second vein with complete setae. Abdominal tergites without ctenidia and craspedum, tergite Ⅶ with median posteromarginal setae far from posterior margin and close with each other (except for *P. kellyanus*), tergite Ⅷ with irregular microtrichia anterolateral to spiracle, tergite Ⅷ with complete posteromarginal comb or without. Sternites without discal setae. Male with numerous small pore plates on sternites Ⅲ-Ⅶ.

Distribution. Palaearctic realm, Oriental realm, Afrotropical realm.

There are ten species known from the world. One species is included in this volume.

59. *Plesiothrips* Hood, 1915

Diagnosis. Head about as long as wide or slightly longer than wide, prolonged in front of eyes. Ocellar setae Ⅰ absent. Antennae 7-segmented, segment Ⅰ with one pair of dorsal apical setae; segment III small, segments III and IV each with a forked sense cone. Antennal segments IV-VI greatly elongated in males. Interocellar setae well developed. Mouth cone moderately long, rounded at tip. Maxillary palpi 3-segmented. Pronotum nearly square in shape. Fore legs enlarged. All tarsi 2-segmented. Always macropterous. Fore wing each with two longitudinal veins, setae on veins interrupted only on fore vein near apex. Abdomen with pleural plates. Median pair of setae placed far apart on the median parts of tergites; tergite VIII without posteromarginal comb and craspedum. Abdominal tergite X with a full longitudinal split. Abdominal sternites without discal setae. Female ovipositor reduced. Abdominal sternites III and IV of males each with a pair of small, circular, glandular areas. Abdominal tergite IX of males with a pair of thorn-like setae on posterior margin.

Distribution. Palaearctic realm, Oriental realm, Nearctic realm, Neotropical realm, Australian realm.

There are 19 species known from the world. Two species are included in this volume.

Key to species of *Plesiothrips*

Fore wing with 6 basal setae, 2 distal setae on first vein, 10 setae on second vein; both lateral of abdominal sternites III-IV each with 2 small pore plates; abdominal tergite VIII posterior margin with comb only laterally, and just very small setae ·· *P. perplexus*

Fore wing with 11 basal setae, 2 distal setae on first vein, 13-14 setae on second vein; abdominal tergite VIII posterior margin without comb ··· *P. sakagamii*

60. *Projectothrips* Moulton, 1929

Diagnosis. Antennae 8-segmented, with forked sense cones on segments III and IV; microtrichia present on segments II to VI, and VIII; segment I without dorsal apical setae. Head broader than long, with 2 pairs of anteocellar setae; postocular setae arranged in a single row; maxillary palpi 3-segmented. Pronotum with one to three pairs of strong setae at each posterior angle. Mesothoracic sternopleural sutures present. Metanotum sculptured with closely placed longitudinal striae. Spinula present on mesosternum; present or absent on metasternum. Fore wing with numerous lower vein setae; series of upper vein setae either nearly uninterrupted, or narrowly interrupted; clavus with 6 to 9 veinal setae, usually 7, rarely 5; posterior fringes wavy. Tarsi 2-segmented. Two sides of abdominal tergites with rows of microtrichia. Tergite on two sides with a posterior marginal comb of microtrichia; that in female complete on tergites VII and VIII, in male complete only on VIII. Sternites II to VII of female with at least 4 to 5 pairs of setae along posterior margin, often 6 to 7 pairs (sometimes VII with 3 pairs, such as *P. bhatti*); male with only 3 pairs of setae; all posteromarginal setae suited on posterior margin; posterior margin of sternites with a comb of short microtrichia which may be present all along or confined to two sides only. Sternites at least on two sides with a covering of microtrichia. Tergite X split longitudinally in female, not split in male. Male with a transversely elongate gland area on each of abdominal sternites III to VI, or on III to VII. Parameres unusual, each having a series of minute setae along its length in about the distal half.

Distribution. Oriental realm.

There are nine species known from the world. Two species are included in this volume.

Key to species of *Projectothrips*

Body tawny; fore wing with basal setae 13-15, distal setae 3; hind vein with 13-14 ·············· *P. imitans*

Body tan; fore wing with basal setae 4+8, distal setae 2; hind vein with 15 ················· *P. longicornis*

61. *Salpingothrips* Hood, 1935

Diagnosis. Antennae 8-segmented, segment I without dorsal apical setae, sense cones on segments III and IV forked. Mouth cone extremely long, extends to the prosternum. Pronotum posterior angles each with one pair of short, fluted and broadly expanded, serrated-shaped setae. Meso-and metasternum without spinula. Abdominal tergite I with teeth on posterior margin.

Distribution. Oriental realm, Afrotropical realm, Neotropical realm, Australian realm.

There are three species known from the world. One species is included in this volume.

62. *Scirtothrips* Shull, 1909

Diagnosis. Body small, yellow or orange-yellow. In some species, antecostal ridges of abdominal tergites or sternites with dark spots, middle parts of tergites with darker areas. Head wider than long, sometimes prolonged in front of eyes. Ocelli present. All head setae short. Ocellar setae three pairs present. Antennae 8-segmented, segments III and IV with forked sense cones. Maxillary palpi 3-segmented. Pronotum closely and transversely striate, without blotch region, posterior angle with one pair of long setae, posterior margin with four pairs of setae. Mesosternum and metasternum both with spinula. Fore wing narrow with two longitudinal veins, hind vein not obvious; fore vein with setae interrupted, hind vein only with several apical setae. Tarsi 2-segmented. Abdominal segments I - VIII with numerous microtrichia on two sides. Abdominal tergite VIII with a complete comb of posterior setae. Abdominal sternites without discal setae except for microtrichia. Female with well-developed ovipositor. Males without glandular areas on the abdominal sternites and sometimes with drepanae on segment IX.

Distribution. Palaearctic realm, Oriental realm, Nearctic realm, Afrotropical realm,

Neotropical realm, Australian realm.

There are over forty species known from the world. Seven species are included in this volume.

Key to species of *Scirtothrips*

1. Abdominal tergites with dark anteconstal line, pronotum with one pair of long posteromarginal setae ···· 2
   Abdominal tergites without dark anteconstal line, pronotum without long posteromarginal setae ·········· 6
2. Anterior part of abdominal tergites with dark spots, abdominal sternites with microtrichia across the whole sternite; interocellar setae placed between hind ocelli ··· ***S. dorsalis***
   Anterior part of abdominal tergites without dark spots ··· 3
3. Pronotum with two pairs of anteromarginal setae, fore wing with 3 setae on hind vein, posterior cilia straight ··· ***S. asinus***
   Pronotum with one pair of anteromarginal setae, fore wing with 1 or 2 setae on hind vein ················ 4
4. Antennal segment I - II yellowish, III-VIII brown, fore wing with 1 seta on hind vein ······ ***S. dobroskyi***
   Antennal segment I paler (white or yellowish), II-VIII brown ·· 5
5. Fore wing with basal setae 2+2, distal setae 3 ·· ***S. hengduanicus***
   Fore wing with basal setae 3, middle setae 5 to 6, distal setae 2, posterior cilia wavy ·············· ***S. acus***
6. Interocellar setae situated between hind ocelli; fore wing hind vein with one seta; abdominal tergites with median setae shorter than lateral setae but not very minute; male tergite IX with paired dark drepanae ···
   ·· ***S. hainanensis***
   Interocellar setae situated inside the ocellar triangle; fore wing hind vein with two setae; abdominal tergites with median setae very minute; male tergite IX without paired dark drepanae ········ ***S. pendulae***

63. *Scolothrips* Hinds, 1902

Diagnosis. Head wider than long. Antennae 8-segmented, segments with long setae, segments III and IV each with a forked sense cone. Maxillary palpi 3-segmented. Pronotum with five pairs of anteromarginal setae (two pairs of long setae and three pairs of short setae), lateral margin with one pair of long setae, posterior margin with four pairs of setae (three pairs of long setae and one pair of short setae), one pair of anterobasal setae (ahead of posterior margin) absent or present. Female always macropterous, male macropterous, micropterous or brachypterous. Fore wing with obvious veins both of which are set with setae, most species with three dark spots or bands, one of them present on clavus. Abdominal segments with long distal setae. Abdominal sternites only with posteromarginal setae, without discal setae. Body weak, body setae and wing setae long.

Distribution. Palaearctic realm, Oriental realm, Nearctic realm, Afrotropical realm, Neotropical realm, Australian realm.

There are sixteen species known from the world. Five species are included in this volume.

Key to species of *Scolothrips*

1. Body with grey spots; antennal segments Ⅰ and Ⅱ transparent; Ⅲ and Ⅳ light grey; fore wing with two dark bands, first vein with setae 8-9, second vein with 6-7 ·· ***S. rhagebianus***

   Body without grey spot ·· 2

2. Fore wing with two dark spots ·· ***S. asura***

   Fore wing with three short dark spots ·· 3

3. Fore wing broad, with dark spot much longer, antennal segment Ⅰ yellowish, Ⅱ-Ⅷ grey wish; body yellow, dorsal of wings, thorax and abdomen with grey spots, sometimes the grey spots are not obvious; setae on pronotum and wings weak grey, at least the setae on spots dark; male macropterous ················· ··· ***S. takahashii***

   Fore wing narrow, with dark spots shorter antennal segments Ⅰ and Ⅱ pale, Ⅲ-Ⅷ grey, thorax and abdominal tergites without grey spots; male micropterous or brachypterous ·································· 4

4. Middle dark spot of female not extend towards posterior margin of fore wing; male micropterous, with 3 dark spots, with setae dense ·· ***S. longicornis***

   Middle and apical dark spots always extend towards anterior and posterior margin of fore wing; male brachypterous, only with 2 dark spots，with setae sparse ··· ***S. dilongicornis***

64. *Sorghothrips* Priesner, 1936

Diagnosis. Body slender, head prolonged in front of eyes. Antennae 7-segmented, segments Ⅲ and Ⅳ with forked sense cones, female with antennal segments Ⅴ and Ⅵ almost cylindrical, segment Ⅶ long, almost as long as segment Ⅷ, segments Ⅳ-Ⅶ with long setae. Male with antennal segments similar to *Rhopalandrothrips*, 6-segmented, without style, segment Ⅴ very small, transverse, segment Ⅵ cylindrical, rhabditiform and with numerous long rhabditiform setae. Ocellar pair Ⅲ and postocular setae well developed. Mouth cone usually short, maxillary palpi 2-segmented. Pronotum with two pairs of posteroangular setae, inner pair longer than outer. Metanotum with longitudinal reticulations. Fore wing narrow, anterior fringe long, costa setae slender. Legs slender. Abdominal segments with long distal setae. Abdominal tergites and sternites with craspedum. Abdominal tergite Ⅷ without posteromarginal comb, but with broad craspedum.

Distribution. Oriental realm, Nearctic realm.

There are four species known from the world. One species is included in this volume.

65. *Stenchaetothrips* Bagnall, 1926

Diagnosis. Head about as long as broad; ocellar setae Ⅰ absent; ocellar setae pair Ⅱ usually longer than III, rarely sub-equal (*S. caulis* and *S. hullikalli*); postocular setae uniserial or biserial, setae III longer or equal to setae I ; maxillary palpi 3- segmented. Antennae 7-segmented, sense cones forked on segments III and IV. Pronotum with two long setae at each posterior angle, three pairs of posteromarginal setae. Mesothoracic sternopleural sutures present. Metanotum with or without campaniform sensillum. Meso-and metasternum furca with or without spinula. Tarsi 2-segmented. Fore wing first vein with 7 basal and 3 distal setae, second vein with more than 10 setae equally spaced; clavus with 5+1 setae. Abdominal tergites with or without laterally or posteriorly directed teeth; tergites V-VIII with lateral ctenidia, tergite VIII with complete complete comb of microtrichia on posterior margin or absent; sternites without discal setae. Male with oval or transverse glandular area on each of sternites III to VI or VII.

Distribution. Palaearctic realm, Oriental realm, Afrotropical realm, Neotropical realm, Australian realm.

There are over thirty species known from the world. Ten species are included in this volume.

Key to species of *Stenchaetothrips*

1. Body bicolored, head and abdomen brown, thorax yellow··***S. undatus***
   Body color uniform, never bicolored···2
2. Abdominal tergite VIII posterior margin without comb····································***S. cymbopogoni***
   Abdominal tergite VIII posterior margin with comb complete·································3
3. Fore wing uniformly brown ··4
   Fore wing with basal 1/4 transparent, or lighter in color than the rest························6
4. Metanotum with 1 pair of campaniform sensilla ·································***S. basibrunneus***
   Metanotum without campaniform sensilla ··5
5. Postocular setae III longer than I ···***S. biformis***
   Postocular setae III with length as long as I ·······································***S. albicornus***
6. Mesosternum furca with spinula, metasternum furca without ···································7
   Meso-and metasternum furca without spinula ···8
7. Furca on mesosternum with spinula, posterolateral margin of abdominal tergites II-VII with about 11-12 posteriorly pointed teeth ···***S. brochus***
   Furca on mesosternum with spinula ambiguously; abdominal tergites I-V along posterior margin with short triangular teeth on sides of 1/4-1/3, on VI and VII these extend almost through the entire margin··
   ···***S. divisae***
8. Abdominal tergites posterior margin without teeth····································***S. apheles***
   Abdominal tergites posterior margin with tooth ···9
9. Antennal segments I-III yellow, IV-V with basal half yellow, distal half brown; lateral of abdominal tergites V-VIII posterior margin with obvious teeth··***S. zhangi***

Antennal segments II-III yellow, basal half of IV and V yellow, the rest brown; posterior margin of abdominal tergites V-VII with laterally pointed teeth ·· *S. caulis*

66. *Taeniothrips* Amyot & Serville, 1843

Diagnosis. Antennae 8-segmented, segments III and IV with forked sense cones. Ocellar setae I absent, II and III present, setae III situated between hind ocelli. Maxillary palpi 3-segmented. Prothorax with only the two pairs of posteroangular setae well developed, three pairs of posteromarginal setae. Only mesosternum with spinula. Fore wing developed or reduced, developed fore wings with two longitudinal veins, setae on fore vein often interrupted, setae on hind about 10. Tarsi 2-segmented. Abdomen with pleural pates, tergites VI and VII without microtrichia; tergite VIII with complete posteromarginal comb and irregular microtrichia; tergites V-VIII without ctenidia. Abdominal sternites without discal setae. Males with sternite glandular areas, tergite IX without thorn-like setae.

Distribution. Palaearctic realm, Oriental realm, Nearctic realm, Australian realm.

There are over forty species known from world. Eight species are included in this volume.

Key to species of *Taeniothrips*

1. Body yellow; head, all femora, tibiae and antennal segment I darker, segments II and III yellow, IV-VIII light brown; fore wing yellow ························· *T. angustiglandus*
   Body brown ·· 2
2. Brachypterous, fore wing length 106μm, pale yellow; cheeks bulged; ocellar setae pair II length 17, III length 56, distance between them 26, pair III located at anterior margin of hind ocelli, inside the ocellar triangle ·· *T. pediculae*
   Micropterous, fore wing brown, with basal or basal and middle lighter ·························· 3
3. Fore wing with light clavus ·· *T. musae*
   Fore wing with brown clavus ·· 4
4. Fore wing with basal and middle lighter; first vein with basal setae 4+3, distal 3, second vein with 8 ······
   ··· *T. picipes*
   Fore wing with basal lighter, setae rows on first row and second vein also different ··················· 5
5. Cheeks not arched or slightly arched; fore wing first wing with setae 1+3+3, second vein with setae 13; male with pore plates small, only 0.08 to 0.16 times of the width of the sternite ··········· *T. glanduculus*
   Cheeks arched strongly; male with pore plates large, at least 0.25 times of the width of the sternite ······· 6
6. Posterior parts of metanotum with small reticulation ································· *T. major*
   Posterior parts of metanotum with larger reticulation ·· 7
7. Both terminal of antennal segment III and extreme base of segment IV lighter, segment V with a lighter area that boundaries are not clear; pore plates of male larger, occupy large part of the width of the

sternite ·· ***T. eucharii***

Antennae segment Ⅲ and base of segments Ⅳ and Ⅴ light; male with pore plates 0.2-0.4 times of the width of the sternite ··· ***T. grisbrunneus***

67. *Thrips* Linnaeus, 1758

Diagnosis. Head usually wider than long, sometimes longer than wide. Ocellar setae Ⅰ absent, setae Ⅱ shorter than or equal to setae Ⅲ. Postocular setae uniserial. Antennae 7- or 8-segmented, segment Ⅰ without dorsal apical setae, forked sense cones on segments Ⅲ and Ⅳ. Maxillary palpi 3-segmented. Pronotum with 2 pairs of prominent posteroangular setae, usually with 3 or 4 pairs of posteromarginal setae. Only mesosternum with spinula. Tarsi 2-segmented. Fore wing usually developed, seldom brachypterous, clavus with 5 setae, occasionally 4. Fore wing upper vein with wide interruption or nearly continuous; lower vein with numerous setae. Abdominal tergites Ⅳ or Ⅴ to Ⅷ each with paired lateral ctenidia, tergite Ⅷ ctenidia posteromesad to spiracles, tergite Ⅷ posteromarginal comb variable; abdominal sternites discal setae present or absent. Male generally similar to female; abdominal sternites Ⅲ to Ⅶ each with a circular, oval or transverse glandular area.

Distribution. Palaearctic realm, Oriental realm, Nearctic realm, Afrotropical realm, Neotropical realm, Australian realm.

This is the largest genus in Thripidae, includes 286 species from the world. Twenty-one species are included in this volume.

Key to species of *Thrips*

1. Abdominal sternites without discal setae ·· 2
   Abdominal sternites with at least one pair of discal setae ·· 11
2. Abdominal pleurotergites with discal setae ······································· ***T. brevicornis***
   Abdominal pleurotergites without discal setae ·· 3
3. Upper vein of fore wings with 4-6 distal setae; abdominal pleurotergites with rows of ciliate microtrichia
   ·· ***T. tabaci***
   Upper vein of fore wings with at most 3 distal setae; abdominal pleurotergital sculpture different, without closely spaced rows of microtrichia ··· 4
4. Abdominal tergite Ⅷ posterior margin with comb complete ·· 5
   Abdominal tergite Ⅷ posterior margin with comb absent medially ··································· 10
5. Body yellow predominantly, or at least apex of abdomen not brown ·································· 6
   Body brown to dark brown, or at least apex of abdomen brown ·· 9
6. Metanotum without paired campaniform sensilla ······················· ***T. nigropilosus***
   Metanotum with paired campaniform sensilla ·· 7
7. Ocellar setae pair Ⅲ situated outside or near margins of ocellar triangle ············ ***T. palmi***

68. *Trichromothrips* Priesner, 1930

Diagnosis. Female. Macropterous. Body slender and uniformly yellowish white or bicolored, often distinctly coloured when alive. Head often prolonged anteriorly and often strongly constricted behind compound eyes. Mouth cone short and rounded at apex with 3-segmented maxillary palpi. Compound eyes usually bulging. Ocellar setae I absent, setae III situated between hind ocelli or rarely at tangent of anterior margin of hind ocelli, and relatively long. Postocular setae uniserial and five pairs. Antennae 8-segmented, usually slender, segment Ⅰ with two dorsal apical setae, Ⅲ and Ⅳ with sense cones forked, Ⅲ to Ⅳ with some microtrichia rows on both dorsal and ventral surfaces. Pronotum smooth; two pairs of posteroangular setae usually developed. Mesonotum with median pair of setae situated near posterior margin or ahead of submedian setae. Metanotum usually smooth, often weakly sculptured medially; median pair of setae situated at or near anterior margin; campaniform sensilla present or absent. Ferna undivided. Mesosternum endofurcae with spinula. Metasternum endofurcae usually without spinula. Fore wing first vein with median long gap in setal row and two setae distally; clavus usually with 4 (seldom 3 or 5) basal setae and two discal setae; posterior fringe cilia wavy. Tarsi 2-segmented. Abdominal tergites without ctenidia or posteromarginal craspedum; tergites Ⅱ to Ⅶ smooth medially and sculptured laterally, with 3 (B3-B5) setae along lateral margin arranged in straight line; tergite Ⅷ with no comb on posterior margin.

Male. Macropterous or apterous. General structure and colour similar to female. Abdominal tergum Ⅸ usually with a pair of posteromarginal processes; sternites Ⅲ to Ⅷ each with three to six, glandular areas.

Distribution. Palaearctic realm, Oriental realm, Nearctic realm, Afrotropical realm, Neotropical realm, Australian realm.

There are thirty-four species known from the world. Five species are included in this volume.

Key to species of *Trichromothrips*

1. Abdominal sternites Ⅴ-Ⅵ with rough dark area on each side ································· *T. xanthius*
   Abdominal sternites without rough dark area on each side ································· 2
2. Abdomen bicolored, segments Ⅶ-Ⅹ dark brown ································· 3
   Abdomen with color uniformly ································· 4
3. Abdominal tergites Ⅱ-Ⅴ without brown sculpture; tergite Ⅵ often slightly shaded at middle along antecostal line; fore wing first vein with basal setae 6 ································· *T. formosus*
   Abdominal tergites Ⅱ-Ⅴ with brown sculpture along antecostal line; fore wing first vein with basal setae 5 ································· *T. taiwanus*
4. Fore wing first vein with basal setae 7 (3+4) ································· *T. trachelospermi*
   Fore wing first vein with basal setae 6 ································· *T. fragilis*

69. *Tusothrips* Bhatti, 1967

Diagnosis. Head wider than long, 1 pairs of anteocellar setae, postocular setae uniserial, setae Ⅰ longer and thick than others, setae Ⅳ reduced, interocellar setae and anteocellar setae thick. Antennae 8-segmented, segment Ⅰ without a pair of dorsal apical setae, segments Ⅲ and Ⅳ with forked sense cones. Ocelli present. Mouth cone long and slender, maxillary palpi 3-segmented. Pronotum with two pairs of long posteroangular setae. Mesonotum median setae far from posterior margin, metanotum with reticulation. Mesosternum with spinula or without, metasternum without spinula. Tarsi 2-segmented, fore wing first vein with median long gap in setal row, second vein only with a few (4) setae. Posterior fringe cilia wavy. Abdominal tergites Ⅱ-Ⅶ and sternites Ⅱ-Ⅶ (female) Ⅱ-Ⅷ (male) with posteromarginal craspedum. Abdominal sternite Ⅱ with 2 pairs of posteromarginal setae, sternites Ⅲ-Ⅷ each with 3 pairs, sternite Ⅶ with a median pair of setae arising in front of the posterior margin, segment Ⅹ longitudinal split in female, not in male, male sternites Ⅲ-Ⅶ with reduced glandular areas, male abdominal tergite Ⅸ with a pair of thick horn-like setae.

　　Distribution. Oriental realm, Australian realm.

　　There are six species known from the world. Two species are included in this volume.

Key to species of *Tusothrips*

Pronotum smooth except intermittent lines near posterior margin; metanotum with sculptures weak and sparse, 3 to 4 transverse lines near anterior part, 2 to 3 longitudinal lines in the middle, lateral parts with longitudinal lines; abdominal tergites with sculptures weak, segment Ⅰ with sculptures across the whole width of the tergite, segments Ⅱ-Ⅶ with sculptures across the whole width of the tergites except the anterior and posterior parts of middle part; segments Ⅱ with 2 lateral setae············· ***T. sumatrensis***
Pronotum nearly smooth; metanotum with some transverse lines in the anterior part, reticulation on middle and posterior parts extend backward; abdominal tergites Ⅰ-Ⅷ with transverse lines; segments Ⅱ with 3 lateral setae ·· ***T. calopgomi***

70. *Vulgatothrips* Han, 1997

　　Diagnosis. General body shape. Head wider than long, not prolonged between eyes, 2 pairs of anteocellar setae. Antennae 8-segmented, segments Ⅲ and Ⅳ with forked sense cones. Mouth cone not long. Maxillary palpi 3-segmented, not slender. Pronotum wider than long, with a few transverse lines, with two pairs of long posteroangular setae and two pairs of posteromarginal setae. Metanotum without campaniform sensilla. Fore wing developed or reduced. Mesosternum with spinula, metasternum without. Legs without teeth and hook; all tarsi 2-segmented. Abdominal tergites Ⅰ and anterior part of Ⅱ-Ⅸ with reticulations and lines, tergites Ⅱ-Ⅶ without posteromarginal craspedum and ctenidia, tergite Ⅷ with posterior marginal comb. Abdominal sternite Ⅱ with 2 pairs of posteromarginal setae, sternites Ⅲ-Ⅶ with 3 pairs.

　　Distribution. China (Hubei, Sichuan).

　　Only one species is known from the world, the species is included in this volume.

71. *Yoshinothrips* Kudô, 1985

Diagnosis. Head wider than long, clearly constricted behind eye; 1 pair of anteocellar setae and 3 pairs of small postocular setae; interocellar setae well developed, placed within ocellar triangle; mouth cone moderately long; maxillary palpi 3-segmented. Antennae 8-segmented; segment Ⅰ with a pair of dorsal apical setae; segment Ⅲ with forked sense cone; segment Ⅳ with simple or forked sense cone. Pronotum large, slightly trapezoidal, with small anteroangular setae; 2 pairs of posteroangular setae well developed; without small setae between 2 pairs of posteroangular setae; mesonotum without campaniform sensilla, with median setae placed at middle; metanotum without campaniform sensilla, with median setae far from anterior margin; mesosternum with spinula, metasternum with or without spinula. Fore wing with 4-8 basal and 2 apical setae on fore vein, with regular series on hind vein; costal setae longer than wide of fore wing; posterior fringe hair wavy; clavus with 3-5 basal setae and 1 discal seta. Tarsi 2-segmented. Abdomen without ctenidia; tergite Ⅷ without comb; tergite Ⅹ entire; pleurites with irregular minute serrations. Sterna without discal setae; sternite Ⅱ with 2 pairs of setae. Male with a pair of weak chitinous appendages on posterior margin of tergite Ⅸ; sternites with glandular areas in the form of irregularly scattered patches.

Distribution. Palaearctic realm, Oriental realm.

There are three species known from the world. Two species are included in this volume.

Key to species of *Yoshinothrips*

Antennal segment Ⅳ with sense cone simple; metasternum spinula absent; glandular areas on sternite Ⅱ of male present; setae on tergite Ⅸ of male with SB1 thick, B1 and SB2 absent·········***Y. pasekamui***

Antennal segment Ⅳ with sense cone usually forked, sometimes simple; metasternum spinula present even though vestigial; glandular areas on sternite Ⅱ of male absent; setae on tergite Ⅸ of male with SB1 thin, B1 and SB2 present···***Y. ponkamui***

中 名 索 引

（按汉语拼音排序）

学 名 索 引

A

《中国动物志》已出版书目

《中国动物志》

昆虫纲　第四十五卷　同翅目　飞虱科　丁锦华　2006，776 页，351 图，20 图版。

昆虫纲　第四十六卷　膜翅目　茧蜂科　窄径茧蜂亚科　陈家骅、杨建全　2006，301 页，81 图，32 图版。

昆虫纲　第四十七卷　鳞翅目　枯叶蛾科　刘有樵、武春生　2006，385 页，248 图，8 图版。

昆虫纲　蚤目(第二版，上下卷)　吴厚永等　2007，2174 页，2475 图。

昆虫纲　第四十九卷　双翅目　蝇科(一)　范滋德、邓耀华　2008，1186 页，276 图，4 图版。

昆虫纲　第五十卷　双翅目　食蚜蝇科　黄春梅、成新月　2012，852 页，418 图，8 图版。

昆虫纲　第五十一卷　广翅目　杨定、刘星月　2010，457 页，176 图，14 图版。

昆虫纲　第五十二卷　鳞翅目　粉蝶科　武春生　2010，416 页，174 图，16 图版。

昆虫纲　第五十三卷　双翅目　长足虻科(上下卷)　杨定、张莉莉、王孟卿、朱雅君　2011，1912 页，1017 图，7 图版。

昆虫纲　第五十四卷　鳞翅目　尺蛾科　尺蛾亚科　韩红香、薛大勇　2011，787 页，929 图，20 图版。

昆虫纲　第五十五卷　鳞翅目　弄蝶科　袁锋、袁向群、薛国喜　2015，754 页，280 图，15 图版。

昆虫纲　第五十六卷　膜翅目　细蜂总科(一)　何俊华、许再福　2015，1078 页，485 图。

昆虫纲　第五十七卷　直翅目　螽斯科　露螽亚科　康乐、刘春香、刘宪伟　2013，574 页，291 图，31 图版。

昆虫纲　第五十八卷　襀翅目　叉襀总科　杨定、李卫海、祝芳　2014，518 页，294 图，12 图版。

昆虫纲　第五十九卷　双翅目　虻科　许荣满、孙毅　2013，870 页，495 图，17 图版。

昆虫纲　第六十卷　半翅目　扁蚜科　平翅绵蚜科　乔格侠、姜立云、陈静、张广学、钟铁森　2017，414 页，137 图，8 图版。

昆虫纲　第六十一卷　鞘翅目　叶甲科　叶甲亚科　杨星科、葛斯琴、王书永、李文柱、崔俊芝　2014，641 页，378 图，8 图版。

昆虫纲　第六十二卷　半翅目　盲蝽科(二)　合垫盲蝽亚科　刘国卿、郑乐怡　2014，297 页，134 图，13 图版。

昆虫纲　第六十三卷　鞘翅目　拟步甲科(一)　任国栋等　2016，534 页，248 图，49 图版。

昆虫纲　第六十四卷　膜翅目　金小蜂科(二)　金小蜂亚科　肖晖、黄大卫、矫天扬　2019，495 页，186 图，12 图版。

昆虫纲　第六十五卷　双翅目　鹬虻科、伪鹬虻科　杨定、董慧、张魁艳　2016，476 页，222 图，7 图版。

昆虫纲　第六十七卷　半翅目　叶蝉科 (二)　大叶蝉亚科　杨茂发、孟泽洪、李子忠　2017，637 页，312 图，27 图版。

昆虫纲　第六十八卷　脉翅目　蚁蛉总科　王心丽、詹庆斌、王爱芹　2018，285 页，2 图，38 图版。

昆虫纲　第六十九卷　缨翅目 (上下卷)　冯纪年等　2021，984 页，420 图。

昆虫纲　第七十卷　半翅目　杯瓢蜡蝉科、瓢蜡蝉科　张雅林、车艳丽、孟瑞、王应伦　2020，655 页，224 图，43 图版。

昆虫纲　第七十二卷　半翅目　叶蝉科（四）　李子忠、李玉建、邢济春　2020，547 页，303 图，14 图版。

无脊椎动物　第一卷　甲壳纲　淡水枝角类　蒋燮治、堵南山　1979，297 页，192 图。

无脊椎动物　第二卷　甲壳纲　淡水桡足类　沈嘉瑞等　1979，450 页，255 图。

无脊椎动物　第三卷　吸虫纲　复殖目(一)　陈心陶等　1985，697 页，469 图，10 图版。

无脊椎动物　第四卷　头足纲　董正之　1988，201 页，124 图，4 图版。

无脊椎动物　第五卷　蛭纲　杨潼　1996，259 页，141 图。

无脊椎动物　第六卷　海参纲　廖玉麟　1997，334 页，170 图，2 图版。

无脊椎动物　第七卷　腹足纲　中腹足目　宝贝总科　马绣同　1997，283 页，96 图，12 图版。

无脊椎动物　第八卷　蛛形纲　蜘蛛目　蟹蛛科　逍遥蛛科　宋大祥、朱明生　1997，259 页，154 图。

无脊椎动物　第九卷　多毛纲(一)　叶须虫目　吴宝铃、吴启泉、丘建文、陆华　1997，323 页，180 图。

无脊椎动物　第十卷　蛛形纲　蜘蛛目　园蛛科　尹长民等　1997，460 页，292 图。

无脊椎动物　第十一卷　腹足纲　后鳃亚纲　头楯目　林光宇　1997，246 页，35 图，24 图版。

无脊椎动物　第十二卷　双壳纲　贻贝目　王祯瑞　1997，268 页，126 图，4 图版。

无脊椎动物　第十三卷　蛛形纲　蜘蛛目　球蛛科　朱明生　1998，436 页，233 图，1 图版。

无脊椎动物　第十四卷　肉足虫纲　等辐骨虫目　泡沫虫目　谭智源　1998，315 页，273 图，25 图版。

无脊椎动物　第十五卷　粘孢子纲　陈启鎏、马成伦　1998，805 页，30 图，180 图版。

无脊椎动物　第十六卷　珊瑚虫纲　海葵目　角海葵目　群体海葵目　裴祖南　1998，286 页，149 图，20 图版。

无脊椎动物　第十七卷　甲壳动物亚门　十足目　束腹蟹科　溪蟹科　戴爱云　1999，501 页，238 图，31 图版。

无脊椎动物　第十八卷　原尾纲　尹文英　1999，510 页，275 图，8 图版。

无脊椎动物　第十九卷　腹足纲　柄眼目　烟管螺科　陈德牛、张国庆　1999，210 页，128 图，5 图版。

无脊椎动物　第二十卷　双壳纲　原鳃亚纲　异韧带亚纲　徐凤山　1999，244 页，156 图。

无脊椎动物　第二十一卷　甲壳动物亚门　糠虾目　刘瑞玉、王绍武　2000，326 页，110 图。

无脊椎动物　第二十二卷　单殖吸虫纲　吴宝华、郎所、王伟俊等　2000，756 页，598 图，2 图版。

无脊椎动物　第二十三卷　珊瑚虫纲　石珊瑚目　造礁石珊瑚　邹仁林　2001，289 页，9 图，55 图版。

无脊椎动物　第二十四卷　双壳纲　帘蛤科　庄启谦　2001，278 页，145 图。

无脊椎动物　第二十五卷　线虫纲　杆形目　圆线亚目(一)　吴淑卿等　2001，489 页，201 图。

无脊椎动物　第二十六卷　有孔虫纲　胶结有孔虫　郑守仪、傅钊先　2001，788 页，130 图，122 图版。

无脊椎动物　第二十七卷　水螅虫纲　钵水母纲　高尚武、洪惠馨、张士美　2002，275 页，136 图。

无脊椎动物　第二十八卷　甲壳动物亚门　端足目　蜮亚目　陈清潮、石长泰　2002，249 页，178 图。

无脊椎动物　第二十九卷　腹足纲　原始腹足目　马蹄螺总科　董正之　2002，210 页，176 图，2 图版。

无脊椎动物　第三十卷　甲壳动物亚门　短尾次目　海洋低等蟹类　陈惠莲、孙海宝　2002，597 页，237 图，4 彩色图版，12 黑白图版。

无脊椎动物　第三十一卷　双壳纲　珍珠贝亚目　王祯瑞　2002，374 页，152 图，7 图版。

无脊椎动物　第五十六卷　软体动物门　腹足纲　凤螺总科、玉螺总科　张素萍　2016，318 页，138 图，10 图版。

无脊椎动物　第五十七卷　软体动物门　双壳纲 樱蛤科　双带蛤科　徐凤山、张均龙　2017，236 页，50 图，15 图版。

无脊椎动物　第五十八卷　软体动物门　腹足纲 艾纳螺总科 吴岷　2018，300 页，63 图，6 图版。

无脊椎动物　第五十九卷　蛛形纲　蜘蛛目 漏斗蛛科　暗蛛科　朱明生、王新平、张志升　2017，727 页，384 图，5 图版。

《中国经济动物志》

兽类　寿振黄等　1962，554 页，153 图，72 图版。

鸟类　郑作新等　1963，694 页，10 图，64 图版。

鸟类(第二版)　郑作新等　1993，619 页，64 图版。

海产鱼类　成庆泰等　1962，174 页，25 图，32 图版。

淡水鱼类　伍献文等　1963，159 页，122 图，30 图版。

淡水鱼类寄生甲壳动物　匡溥人、钱金会　1991，203 页，110 图。

环节(多毛纲)　棘皮　原索动物 吴宝铃等　1963，141 页，65 图，16 图版。

海产软体动物　张玺、齐钟彦　1962，246 页，148 图。

淡水软体动物　刘月英等　1979，134 页，110 图。

陆生软体动物　陈德牛、高家祥　1987，186 页，224 图。

寄生蠕虫　吴淑卿、尹文真、沈守训　1960，368 页，158 图。

《中国经济昆虫志》

第一册　鞘翅目　天牛科　陈世骧等　1959，120 页，21 图，40 图版。

第二册　半翅目　蝽科　杨惟义　1962，138 页，11 图，10 图版。

第三册　鳞翅目　夜蛾科(一)　朱弘复、陈一心　1963，172 页，22 图，10 图版。

第四册　鞘翅目　拟步行虫科　赵养昌　1963，63 页，27 图，7 图版。

第五册　鞘翅目　瓢虫科　刘崇乐　1963，101 页，27 图，11 图版。

第六册　鳞翅目　夜蛾科(二)　朱弘复等　1964，183 页，11 图版。

第七册　鳞翅目　夜蛾科(三)　朱弘复、方承莱、王林瑶　1963，120 页，28 图，31 图版。

第八册　等翅目　白蚁　蔡邦华、陈宁生，1964，141 页，79 图，8 图版。

第九册　膜翅目　蜜蜂总科　吴燕如　1965，83 页，40 图，7 图版。

第十册　同翅目　叶蝉科　葛钟麟　1966，170 页，150 图。

第十一册　鳞翅目　卷蛾科(一)　刘友樵、白九维　1977，93 页，23 图，24 图版。

第十二册　鳞翅目　毒蛾科　赵仲苓　1978，121 页，45 图，18 图版。

第十三册　双翅目　蠓科　李铁生　1978，124 页，104 图。

第十四册　鞘翅目　瓢虫科(二)　庞雄飞、毛金龙　1979，170 页，164 图，16 图版。

第十五册　蜱螨目　蜱总科　邓国藩　1978，174 页，707 图。

Serial Faunal Monographs Already Published

FAUNA SINICA

Mammalia vol. 6 Rodentia III: Cricetidae. Luo Zexun *et al.*, 2000. 514 pp., 140 figs., 4 pls.

Mammalia vol. 8 Carnivora. Gao Yaoting *et al.*, 1987. 377 pp., 44 figs., 10 pls.

Mammalia vol. 9 Cetacea, Carnivora: Phocoidea, Sirenia. Zhou Kaiya, 2004. 326 pp., 117 figs., 8 pls.

Aves vol. 1 part 1. Introductory Account of the Class Aves in China; part 2. Account of Orders listed in this Volume. Zheng Zuoxin (Cheng Tsohsin) *et al.*, 1997. 199 pp., 39 figs., 4 pls.

Aves vol. 2 Anseriformes. Zheng Zuoxin (Cheng Tsohsin) *et al.*, 1979. 143 pp., 65 figs., 10 pls.

Aves vol. 4 Galliformes. Zheng Zuoxin (Cheng Tsohsin) *et al.*, 1978. 203 pp., 53 figs., 10 pls.

Aves vol. 5 Gruiformes, Charadriiformes, Lariformes. Wang Qishan, Ma Ming and Gao Yuren, 2006. 644 pp., 263 figs., 4 pls.

Aves vol. 6 Columbiformes, Psittaciformes, Cuculiformes, Strigiformes. Zheng Zuoxin (Cheng Tsohsin), Xian Yaohua and Guan Guanxun, 1991. 240 pp., 64 figs., 5 pls.

Aves vol. 7 Caprimulgiformes, Apodiformes, Trogoniformes, Coraciiformes, Piciformes. Tan Yaokuang and Guan Guanxun, 2003. 241 pp., 36 figs., 4 pls.

Aves vol. 8 Passeriformes: Eurylaimidae-Irenidae. Zheng Baolai *et al.*, 1985. 333 pp., 103 figs., 8 pls.

Aves vol. 9 Passeriformes: Bombycillidae, Prunellidae. Chen Fuguan *et al.*, 1998. 284 pp., 143 figs., 4 pls.

Aves vol. 10 Passeriformes: Muscicapidae I: Turdinae. Zheng Zuoxin (Cheng Tsohsin), Long Zeyu and Lu Taichun, 1995. 239 pp., 67 figs., 4 pls.

Aves vol. 11 Passeriformes: Muscicapidae II: Timaliinae. Zheng Zuoxin (Cheng Tsohsin), Long Zeyu and Zheng Baolai, 1987. 307 pp., 110 figs., 8 pls.

Aves vol. 12 Passeriformes: Muscicapidae III Sylviinae Muscicapinae. Zheng Zuoxin, Lu Taichun, Yang Lan and Lei Fumin *et al.*, 2010. 439 pp., 121 figs., 4 pls.

Aves vol. 13 Passeriformes: Paridae, Zosteropidae. Li Guiyuan, Zheng Baolai and Liu Guangzuo, 1982. 170 pp., 68 figs., 4 pls.

Aves vol. 14 Passeriformes: Ploceidae and Fringillidae. Fu Tongsheng, Song Yujun and Gao Wei *et al.*, 1998. 322 pp., 115 figs., 8 pls.

Reptilia vol. 1 General Accounts of Reptilia. Testudoformes and Crocodiliformes. Zhang Mengwen *et al.*, 1998. 208 pp., 44 figs., 4 pls.

Reptilia vol. 2 Squamata: Lacertilia. Zhao Ermi, Zhao Kentang and Zhou Kaiya *et al.*, 1999. 394 pp., 54 figs., 8 pls.

Reptilia vol. 3 Squamata: Serpentes. Zhao Ermi *et al.*, 1998. 522 pp., 100 figs., 12 pls.

Amphibia vol. 1 General accounts of Amphibia, Gymnophiona, Urodela. Fei Liang, Hu Shuqin, Ye Changyuan and Huang Yongzhao *et al.*, 2006. 471 pp., 120 figs., 16 pls.

Amphibia vol. 2 Anura. Fei Liang, Hu Shuqin, Ye Changyuan and Huang Yongzhao *et al.*, 2009. 957 pp., 549 figs., 16 pls.

Amphibia vol. 3 Anura: Ranidae. Fei Liang, Hu Shuqin, Ye Changyuan and Huang Yongzhao *et al.*, 2009. 888 pp., 337 figs., 16 pls.

Osteichthyes: Pleuronectiformes. Li Sizhong and Wang Huimin, 1995. 433 pp., 170 figs.

Osteichthyes: Siluriformes. Chu Xinluo, Zheng Baoshan and Dai Dingyuan *et al.*, 1999. 230 pp., 124 figs.

Osteichthyes: Cypriniformes II. Chen Yiyu *et al.*, 1998. 531 pp., 257 figs.

Osteichthyes: Cypriniformes III. Yue Peiqi *et al.*, 2000. 661 pp., 340 figs.

Osteichthyes: Acipenseriformes, Elopiformes, Clupeiformes, Gonorhynchiformes. Zhang Shiyi, 2001. 209 pp., 88 figs.

Osteichthyes: Myctophiformes, Cetomimiformes, Osteoglossiformes. Chen Suzhi, 2002. 349 pp., 135 figs.

Osteichthyes: Tetraodontiformes, Pegasiformes, Gobiesociformes, Lophiiformes. Su Jinxiang and Li Chunsheng, 2002. 495 pp., 194 figs.

Ostichthyes: Scorpaeniformes. Jin Xinbo, 2006. 739 pp., 287 figs.

Ostichthyes: Perciformes IV. Liu Jing *et al.*, 2016. 312 pp., 143 figs., 15 pls.

Ostichthyes: Perciformes V: Gobioidei. Wu Hanlin and Zhong Junsheng *et al.*, 2008. 951 pp., 575 figs., 32 pls.

Ostichthyes: Anguilliformes Notacanthiformes. Zhang Chunguang *et al.*, 2010. 453 pp., 225 figs., 3 pls.

Ostichthyes: Atheriniformes, Cyprinodontiformes, Beloniformes, Ophidiiformes, Gadiformes. Li Sizhong and Zhang Chunguang *et al.*, 2011. 946 pp., 345 figs.

Cyclostomata and Chondrichthyes. Zhu Yuanding and Meng Qingwen *et al.*, 2001. 552 pp., 247 figs.

Insecta vol. 1 Siphonaptera. Liu Zhiying *et al.*, 1986. 1334 pp., 1948 figs.

Insecta vol. 2 Coleoptera: Hispidae. Chen Sicien *et al.*, 1986. 653 pp., 327 figs., 15 pls.

Insecta vol. 3 Lepidoptera: Cyclidiidae, Drepanidae. Chu Hungfu and Wang Linyao, 1991. 269 pp., 204 figs., 10 pls.

Insecta vol. 4 Orthoptera: Acrioidea: Pamphagidae, Chrotogonidae, Pyrgomorphidae. Xia Kailing *et al.*, 1994. 340 pp., 168 figs.

Insecta vol. 5 Lepidoptera: Bombycidae, Saturniidae, Thyrididae. Zhu Hongfu and Wang Linyao, 1996. 302 pp., 234 figs., 18 pls.

Insecta vol. 6 Diptera: Calliphoridae. Fan Zide *et al.*, 1997. 707 pp., 229 figs.

Insecta vol. 7 Lepidoptera: Lecithoceridae. Wu Chunsheng, 1997. 306 pp., 74 figs., 38 pls.

Insecta vol. 8 Diptera: Culicidae I. Lu Baolin *et al.*, 1997. 593 pp., 285 pls.

Insecta vol. 9 Diptera: Culicidae II. Lu Baolin *et al.*, 1997. 126 pp., 57 pls.

Insecta vol. 10 Orthoptera: Oedipodidae, Arcypteridae III. Zheng Zhemin and Xia Kailing, 1998. 610 pp.,

323 figs.

Insecta vol. 11 Lepidoptera: Sphingidae. Zhu Hongfu and Wang Linyao, 1997. 410 pp., 325 figs., 8 pls.

Insecta vol. 12 Orthoptera: Tetrigoidea. Liang Geqiu and Zheng Zhemin, 1998. 278 pp., 166 figs.

Insecta vol. 13 Hemiptera: Nabidae. Ren Shuzhi, 1998. 251 pp., 508 figs., 12 pls.

Insecta vol. 14 Homoptera: Mindaridae, Pemphigidae. Zhang Guangxue, Qiao Gexia, Zhong Tiesen and Zhang Wanfang, 1999. 380 pp., 121 figs., 17+8 pls.

Insecta vol. 15 Lepidoptera: Geometridae: Larentiinae. Xue Dayong and Zhu Hongfu (Chu Hungfu), 1999. 1090 pp., 1197 figs., 25 pls.

Insecta vol. 16 Lepidoptera: Noctuidae. Chen Yixin, 1999. 1596 pp., 701 figs., 68 pls.

Insecta vol. 17 Isoptera. Huang Fusheng *et al.*, 2000. 961 pp., 564 figs.

Insecta vol. 18 Hymenoptera: Braconidae I. He Junhua, Chen Xuexin and Ma Yun, 2000. 757 pp., 1783 figs.

Insecta vol. 19 Lepidoptera: Arctiidae. Fang Chenglai, 2000. 589 pp., 338 figs., 20 pls.

Insecta vol. 20 Hymenoptera: Melittidae and Apidae. Wu Yanru, 2000. 442 pp., 218 figs., 9 pls.

Insecta vol. 21 Coleoptera: Cerambycidae: Lepturinae. Jiang Shunan and Chen Li, 2001. 296 pp., 17 figs., 18 pls.

Insecta vol. 22 Homoptera: Coccoidea: Pseudococcidae, Eriococcidae, Asterolecaniidae, Coccidae, Lecanodiaspididae, Cerococcidae, Aclerdidae. Wang Tzeching, 2001. 611 pp., 188 figs.

Insecta vol. 23 Diptera: Tachinidae I. Chao Cheiming, Liang Enyi, Shi Yongshan and Zhou Shixiu, 2001. 305 pp., 183 figs., 11 pls.

Insecta vol. 24 Hemiptera: Lasiochilidae, Lyctocoridae, Anthocoridae. Bu Wenjun and Zheng Leyi (Cheng Loyi), 2001. 267 pp., 362 figs.

Insecta vol. 25 Lepidoptera: Papilionidae: Papilioninae, Zerynthiinae, Parnassiinae. Wu Chunsheng, 2001. 367 pp., 163 figs., 8 pls.

Insecta vol. 26 Diptera: Muscidae II: Phaoniinae I. Ma Zhongyu, Xue Wanqi and Feng Yan, 2002. 421 pp., 614 figs.

Insecta vol. 27 Lepidoptera: Tortricidae. Liu Youqiao and Li Guangwu, 2002. 601 pp., 16 figs., 2+136 pls.

Insecta vol. 28 Homoptera: Membracoidea: Aetalionidae and Membracidae. Yuan Feng and Chou Io, 2002. 590 pp., 295 figs., 4 pls.

Insecta vol. 29 Hymenoptera: Dyrinidae. He Junhua and Xu Zaifu, 2002. 464 pp., 397 figs.

Insecta vol. 30 Lepidoptera: Lymantriidae. Zhao Zhongling (Chao Chungling), 2003. 484 pp., 270 figs., 10 pls.

Insecta vol. 31 Lepidoptera: Notodontidae. Wu Chunsheng and Fang Chenglai, 2003. 952 pp., 530 figs., 8 pls.

Insecta vol. 32 Orthoptera: Acridoidea: Gomphoceridae, Acrididae. Yin Xiangchu, Xia Kailing *et al.*, 2003. 280 pp., 144 figs.

Insecta vol. 33 Hemiptera: Miridae, Mirinae. Zheng Leyi, Lü Nan, Liu Guoqing and Xu Binghong, 2004. 797 pp., 228 figs., 8 pls.

Insecta vol. 34 Diptera: Empididae, Hemerodromiinae and Hybotinae. Yang Ding and Yang Chikun, 2004.

334 pp., 474 figs., 1 pls.

Insecta vol. 35 Dermaptera. Chen Yixin and Ma Wenzhen, 2004. 420 pp., 199 figs., 8 pls.

Insecta vol. 36 Lepidoptera: Thyatiridae. Zhao Zhongling, 2004. 291 pp., 153 figs., 5 pls.

Insecta vol. 37 Hymenoptera: Braconidae II. Chen Xuexin, He Junhua and Ma Yun, 2004. 518 pp., 1183 figs., 103 pls.

Insecta vol. 38 Lepidoptera: Hepialidae, Epiplemidae. Zhu Hongfu, Wang Linyao and Han Hongxiang, 2004. 291 pp., 179 figs., 8 pls.

Insecta vol. 39 Neuroptera: Chrysopidae. Yang Xingke, Yang Jikun and Li Wenzhu, 2005. 398 pp., 240 figs., 4 pls.

Insecta vol. 40 Coleoptera: Eumolpidae: Eumolpinae. Tan Juanjie, Wang Shuyong and Zhou Hongzhang, 2005. 415 pp., 95 figs., 8 pls.

Insecta vol. 41 Diptera: Muscidae I. Fan Zide *et al.*, 2005. 476 pp., 226 figs., 8 pls.

Insecta vol. 42 Hymenoptera: Pteromalidae. Huang Dawei and Xiao Hui, 2005. 388 pp., 432 figs., 5 pls.

Insecta vol. 43 Orthoptera: Acridoidea: Catantopidae. Li Hongchang and Xia Kailing, 2006. 736pp., 325 figs.

Insecta vol. 44 Hymenoptera: Megachilidae. Wu Yanru, 2006. 474 pp., 180 figs., 4 pls.

Insecta vol. 45 Diptera: Homoptera: Delphacidae. Ding Jinhua, 2006. 776 pp., 351 figs., 20 pls.

Insecta vol. 46 Hymenoptera: Braconidae: Agathidinae. Chen Jiahua and Yang Jianquan, 2006. 301 pp., 81 figs., 32 pls.

Insecta vol. 47 Lepidoptera: Lasiocampidae. Liu Youqiao and Wu Chunsheng, 2006. 385 pp., 248 figs., 8 pls.

Insecta Saiphonaptera(2 volumes). Wu Houyong *et al.*, 2007. 2174 pp., 2475 figs.

Insecta vol. 49 Diptera: Muscidae. Fan Zide *et al.*, 2008. 1186 pp., 276 figs., 4 pls.

Insecta vol. 50 Diptera: Syrphidae. Huang Chunmei and Cheng Xinyue, 2012. 852 pp., 418 figs., 8 pls.

Insecta vol. 51 Megaloptera. Yang Ding and Liu Xingyue, 2010. 457 pp., 176 figs., 14 pls.

Insecta vol. 52 Lepidoptera: Pieridae. Wu Chunsheng, 2010. 416 pp., 174 figs., 16 pls.

Insecta vol. 53 Diptera Dolichopodidae(2 volumes). Yang Ding *et al.*, 2011. 1912 pp., 1017 figs., 7 pls.

Insecta vol. 54 Lepidoptera: Geometridae: Geometrinae. Han Hongxiang and Xue Dayong, 2011. 787 pp., 929 figs., 20 pls.

Insecta vol. 55 Lepidoptera: Hesperiidae. Yuan Feng, Yuan Xiangqun and Xue Guoxi, 2015. 754 pp., 280 figs., 15 pls.

Insecta vol. 56 Hymenoptera: Proctotrupoidea(I). He Junhua and Xu Zaifu, 2015. 1078 pp., 485 figs.

Insecta vol. 57 Orthoptera: Tettigoniidae: Phaneropterinae. Kang Le *et al.*, 2013. 574 pp., 291 figs., 31 pls.

Insecta vol. 58 Plecoptera: Nemouroides. Yang Ding, Li Weihai and Zhu Fang, 2014. 518 pp., 294 figs., 12 pls.

Insecta vol. 59 Diptera: Tabanidae. Xu Rongman and Sun Yi, 2013. 870 pp., 495 figs., 17 pls.

Insecta vol. 60 Hemiptera: Hormaphididae, Phloeomyzidae. Qiao Gexia, Jiang Liyun, Chen Jing, Zhang Guangxue and Zhong Tiesen, 2017. 414 pp., 137 figs., 8 pls.

Insecta vol. 61 Coleoptera: Chrysomelidae: Chrysomelinae. Yang Xingke, Ge Siqin, Wang Shuyong, Li Wenzhu and Cui Junzhi, 2014. 641 pp., 378 figs., 8 pls.

Insecta vol. 62 Hemiptera: Miridae(II): Orthotylinae. Liu Guoqing and Zheng Leyi, 2014. 297 pp., 134 figs., 13 pls.

Insecta vol. 63 Coleoptera: Tenebrionidae(I). Ren Guodong *et al.*, 2016. 534 pp., 248 figs., 49 pls.

Insecta vol. 64 Chalcidoidea : Pteromalidae(II): Pteromalinae. Xiao Hui *et al.*, 2019. 495 pp., 186 figs., 12 pls.

Insecta vol. 65 Diptera: Rhagionidae and Athericidae. Yang Ding, Dong Hui and Zhang Kuiyan. 2016. 476 pp., 222 figs., 7 pls.

Insecta vol. 67 Hemiptera: Cicadellidae (II): Cicadellinae. Yang Maofa, Meng Zehong and Li Zizhong. 2017. 637pp., 312 figs., 27 pls.

Insecta vol. 68 Neuroptera: Myrmeleontoidea. Wang Xinli, Zhan Qingbin and Wang Aiqin. 2018. 285 pp., 2 figs., 38 pls.

Insecta vol. 69 Thysanoptera (2 volumes). Feng Jinian *et al.,* 2021. 984 pp., 420 figs.

Insecta vol. 70 Hemiptera: Caliscelidae, Issidae. Zhang Yalin, Che Yanli, Meng Rui and Wang Yinglun. 2020. 655 pp., 224 figs., 43 pls.

Insecta vol. 72 Hemiptera: Cicadellidae (IV): Evacanthinae. Li Zizhong, Li Yujian and Xing Jichun. 2020. 547 pp., 303 figs., 14 pls.

Invertebrata vol. 1 Crustacea: Freshwater Cladocera. Chiang Siehchih and Du Nanshang, 1979. 297 pp.,192 figs.

Invertebrata vol. 2 Crustacea: Freshwater Copepoda. Shen Jiarui *et al.*, 1979. 450 pp., 255 figs.

Invertebrata vol. 3 Trematoda: Digenea I. Chen Xintao *et al.*, 1985. 697 pp., 469 figs., 12 pls.

Invertebrata vol. 4 Cephalopode. Dong Zhengzhi, 1988. 201 pp., 124 figs., 4 pls.

Invertebrata vol. 5 Hirudinea: Euhirudinea and Branchiobdellidea. Yang Tong, 1996. 259 pp., 141 figs.

Invertebrata vol. 6 Holothuroidea. Liao Yulin, 1997. 334 pp., 170 figs., 2 pls.

Invertebrata vol. 7 Gastropoda: Mesogastropoda: Cypraeacea. Ma Xiutong, 1997. 283 pp., 96 figs., 12 pls.

Invertebrata vol. 8 Arachnida: Araneae: Thomisidae and Philodromidae. Song Daxiang and Zhu Mingsheng, 1997. 259 pp., 154 figs.

Invertebrata vol. 9 Polychaeta: Phyllodocimorpha. Wu Baoling, Wu Qiquan, Qiu Jianwen and Lu Hua, 1997. 323pp., 180 figs.

Invertebrata vol. 10 Arachnida: Araneae: Araneidae. Yin Changmin *et al.*, 1997. 460 pp., 292 figs.

Invertebrata vol. 11 Gastropoda: Opisthobranchia: Cephalaspidea. Lin Guangyu, 1997. 246 pp., 35 figs., 28 pls.

Invertebrata vol. 12 Bivalvia: Mytiloida. Wang Zhenrui, 1997. 268 pp., 126 figs., 4 pls.

Invertebrata vol. 13 Arachnida: Araneae: Theridiidae. Zhu Mingsheng, 1998. 436 pp., 233 figs., 1 pl.

Invertebrata vol. 14 Sacodina: Acantharia and Spumellaria. Tan Zhiyuan, 1998. 315 pp., 273 figs., 25 pls.

Invertebrata vol. 15 Myxosporea. Chen Chihleu and Ma Chenglun, 1998. 805 pp., 30 figs., 180 pls.

Invertebrata vol. 16 Anthozoa: Actiniaria, Ceriantharis and Zoanthidea. Pei Zunan, 1998. 286 pp., 149 figs., 22 pls.

Invertebrata vol. 17 Crustacea: Decapoda: Parathelphusidae and Potamidae. Dai Aiyun, 1999. 501 pp., 238 figs., 31 pls.

Invertebrata vol. 18 Protura. Yin Wenying, 1999. 510 pp., 275 figs., 8 pls.

Invertebrata vol. 19 Gastropoda: Pulmonata: Stylommatophora: Clausiliidae. Chen Deniu and Zhang Guoqing, 1999. 210 pp., 128 figs., 5 pls.

Invertebrata vol. 20 Bivalvia: Protobranchia and Anomalodesmata. Xu Fengshan, 1999. 244 pp., 156 figs.

Invertebrata vol. 21 Crustacea: Mysidacea. Liu Ruiyu (J. Y. Liu) and Wang Shaowu, 2000. 326 pp., 110 figs.

Invertebrata vol. 22 Monogenea. Wu Baohua, Lang Suo and Wang Weijun, 2000. 756 pp., 598 figs., 2 pls.

Invertebrata vol. 23 Anthozoa: Scleractinia: Hermatypic coral. Zou Renlin, 2001. 289 pp., 9 figs., 47+8 pls.

Invertebrata vol. 24 Bivalvia: Veneridae. Zhuang Qiqian, 2001. 278 pp., 145 figs.

Invertebrata vol. 25 Nematoda: Rhabditida: Strongylata I. Wu Shuqing et al., 2001. 489 pp., 201 figs.

Invertebrata vol. 26 Foraminiferea: Agglutinated Foraminifera. Zheng Shouyi and Fu Zhaoxian, 2001. 788 pp., 130 figs., 122 pls.

Invertebrata vol. 27 Hydrozoa and Scyphomedusae. Gao Shangwu, Hong Hueshin and Zhang Shimei, 2002. 275 pp., 136 figs.

Invertebrata vol. 28 Crustacea: Amphipoda: Hyperiidae. Chen Qingchao and Shi Changtai, 2002. 249 pp., 178 figs.

Invertebrata vol. 29 Gastropoda: Archaeogastropoda: Trochacea. Dong Zhengzhi, 2002. 210 pp., 176 figs., 2 pls.

Invertebrata vol. 30 Crustacea: Brachyura: Marine primitive crabs. Chen Huilian and Sun Haibao, 2002. 597 pp., 237 figs., 16 pls.

Invertebrata vol. 31 Bivalvia: Pteriina. Wang Zhenrui, 2002. 374 pp., 152 figs., 7 pls.

Invertebrata vol. 32 Polycystinea: Nasellaria; Phaeodarea: Phaeodaria. Tan Zhiyuan and Su Xinghui, 2003. 295 pp., 193 figs., 25 pls.

Invertebrata vol. 33 Annelida: Polychaeta II Nereidida. Sun Ruiping and Yang Derjian, 2004. 520 pp., 267 figs., 193 pls.

Invertebrata vol. 34 Mollusca: Gastropoda Tonnacea, Zhang Suping and Ma Xiutong, 2004. 243 pp., 123 figs., 1 pl.

Invertebrata vol. 35 Arachnida: Araneae: Tetragnathidae. Zhu Mingsheng, Song Daxiang and Zhang Junxia, 2003. 402 pp., 174 figs., 5+11 pls.

Invertebrata vol. 36 Crustacea: Decapoda, Atyidae. Liang Xiangqiu, 2004. 375 pp., 156 figs.

Invertebrata vol. 37 Mollusca: Gastropoda: Stylommatophora: Bradybaenidae. Chen Deniu and Zhang Guoqing, 2004. 482 pp., 409 figs., 8 pls.

Invertebrata vol. 38 Chaetognatha: Sagittoidea. Xiao Yichang, 2004. 201 pp., 89 figs.

Invertebrata vol. 39 Arachnida: Araneae: Gnaphosidae. Song Daxiang, Zhu Mingsheng and Zhang Feng, 2004. 362 pp., 175 figs.

Invertebrata vol. 40 Echinodermata: Ophiuroidea. Liao Yulin, 2004. 505 pp., 244 figs., 6 pls.

Invertebrata vol. 41 Crustacea: Amphipoda: Gammaridea I. Ren Xianqiu, 2006. 588 pp., 194 figs.

Invertebrata vol. 42 Crustacea: Cirripedia: Thoracica. Liu Ruiyu and Ren Xianqiu, 2007. 632 pp., 239 figs.

Invertebrata vol. 43 Crustacea: Amphipoda: Gammaridea II. Ren Xianqiu, 2012. 651 pp., 197 figs.

Invertebrata vol. 44 Crustacea: Decapoda: Palaemonoidea. Li Xinzheng, Liu Ruiyu, Liang Xingqiu and Chen Guoxiao, 2007. 381 pp., 157 figs.

Invertebrata vol. 45 Ciliophora: Oligohymenophorea: Peritrichida. Shen Yunfen and Gu Manru, 2016. 502 pp., 164 figs., 2 pls.

Invertebrata vol. 46 Sipuncula, Echiura. Zhou Hong, Li Fenglu and Wang Wei, 2007. 206 pp., 95 figs.

Invertebrata vol. 47 Arachnida: Acari: Phytoseiidae. Wu weinan, Ou Jianfeng and Huang Jingling. 2009. 511 pp., 287 figs., 9 pls.

Invertebrata vol. 48 Mollusca: Bivalvia: Lucinacea, Carditacea, Crassatellacea and Cardiacea. Xu Fengshan. 2012. 239 pp., 133 figs.

Invertebrata vol. 49 Crustacea: Decapoda: Portunidae. Yang Siliang, Chen Huilian and Dai Aiyun. 2012. 417 pp., 138 figs., 14 pls.

Invertebrata vol. 50 Tardigrada. Yang Tong. 2015. 279 pp., 131 figs., 5 pls.

Invertebrata vol. 51 Nematoda: Rhabditida: Strongylata (II). Zhang Luping and Kong Fanyao. 2014. 316 pp., 97 figs., 19 pls.

Invertebrata vol. 52 Platyhelminthes: Trematoda: Dgenea (III). Qiu Zhaozhi *et al.*. 2018. 746 pp., 401 figs.

Invertebrata vol. 53 Arachnida: Araneae: Salticidae. Peng Xianjin.2020. 612pp., 392 figs.

Invertebrata vol. 54 Annelida: Polychaeta (III): Sabellida. Sun Ruiping and Yang Dejian. 2014. 493 pp., 239 figs., 2 pls.

Invertebrata vol. 55 Mollusca: Gastropoda: Conidae. Li Fenglan and Lin Minyu. 2016. 288 pp., 168 figs., 4 pls.

Invertebrata vol. 56 Mollusca: Gastropoda: Strombacea and Naticacea. Zhang Suping. 2016. 318 pp., 138 figs., 10 pls.

Invertebrata vol. 57 Mollusca: Bivalvia: Tellinidae and Semelidae. Xu Fengshan and Zhang Junlong. 2017. 236 pp., 50 figs., 15 pls.

Invertebrata vol. 58 Mollusca: Gastropoda: Enoidea. Wu Min. 2018. 300 pp., 63 figs., 6 pls.

Invertebrata vol. 59 Arachnida: Araneae: Agelenidae and Amaurobiidae. Zhu Mingsheng, Wang Xinping and Zhang Zhisheng. 2017. 727 pp., 384 figs., 5 pls.

ECONOMIC FAUNA OF CHINA

Mammals. Shou Zhenhuang *et al.*, 1962. 554 pp., 153 figs., 72 pls.

Aves. Cheng Tsohsin *et al.*, 1963. 694 pp., 10 figs., 64 pls.

Marine fishes. Chen Qingtai *et al.*, 1962. 174 pp., 25 figs., 32 pls.

Freshwater fishes. Wu Xianwen *et al.*, 1963. 159 pp., 122 figs., 30 pls.

Parasitic Crustacea of Freshwater Fishes. Kuang Puren and Qian Jinhui, 1991. 203 pp., 110 figs.

Annelida. Echinodermata. Prorochordata. Wu Baoling *et al.*, 1963. 141 pp., 65 figs., 16 pls.

Marine mollusca. Zhang Xi and Qi Zhougyan, 1962. 246 pp., 148 figs.

Freshwater molluscs. Liu Yueyin *et al.*, 1979.134 pp., 110 figs.

Terrestrial molluscs. Chen Deniu and Gao Jiaxiang, 1987. 186 pp., 224 figs.

Parasitic worms. Wu Shuqing, Yin Wenzhen and Shen Shouxun, 1960. 368 pp., 158 figs.

Economic birds of China (Second edition). Cheng Tsohsin, 1993. 619 pp., 64 pls.

ECONOMIC INSECT FAUNA OF CHINA

Fasc. 1 Coleoptera: Cerambycidae. Chen Sicien *et al.*, 1959. 120 pp., 21 figs., 40 pls.

Fasc. 2 Hemiptera: Pentatomidae. Yang Weiyi, 1962. 138 pp., 11 figs., 10 pls.

Fasc. 3 Lepidoptera: Noctuidae I. Chu Hongfu and Chen Yixin, 1963. 172 pp., 22 figs., 10 pls.

Fasc. 4 Coleoptera: Tenebrionidae. Zhao Yangchang, 1963. 63 pp., 27 figs., 7 pls.

Fasc. 5 Coleoptera: Coccinellidae. Liu Chongle, 1963. 101 pp., 27 figs., 11pls.

Fasc. 6 Lepidoptera: Noctuidae II. Chu Hongfu *et al.*, 1964. 183 pp., 11 pls.

Fasc. 7 Lepidoptera: Noctuidae III. Chu Hongfu, Fang Chenglai and Wang Lingyao, 1963. 120 pp., 28 figs., 31 pls.

Fasc. 8 Isoptera: Termitidae. Cai Bonghua and Chen Ningsheng, 1964. 141 pp., 79 figs., 8 pls.

Fasc. 9 Hymenoptera: Apoidea. Wu Yanru, 1965. 83 pp., 40 figs., 7 pls.

Fasc. 10 Homoptera: Cicadellidae. Ge Zhongling, 1966. 170 pp., 150 figs.

Fasc. 11 Lepidoptera: Tortricidae I. Liu Youqiao and Bai Jiuwei, 1977. 93 pp., 23 figs., 24 pls.

Fasc. 12 Lepidoptera: Lymantriidae I. Chao Chungling, 1978. 121 pp., 45 figs., 18 pls.

Fasc. 13 Diptera: Ceratopogonidae. Li Tiesheng, 1978. 124 pp., 104 figs.

Fasc. 14 Coleoptera: Coccinellidae II. Pang Xiongfei and Mao Jinlong, 1979. 170 pp., 164 figs., 16 pls.

Fasc. 15 Acarina: Lxodoidea. Teng Kuofan, 1978. 174 pp., 707 figs.

Fasc. 16 Lepidoptera: Notodontidae. Cai Rongquan, 1979. 166 pp., 126 figs., 19 pls.

Fasc. 17 Acarina: Camasina. Pan Zungwen and Teng Kuofan, 1980. 155 pp., 168 figs.

Fasc. 18 Coleoptera: Chrysomeloidea I. Tang Juanjie *et al.*, 1980. 213 pp., 194 figs., 18 pls.

Fasc. 19 Coleoptera: Cerambycidae II. Pu Fuji, 1980. 146 pp., 42 figs., 12 pls.

Fasc. 20 Coleoptera: Curculionidae I. Chao Yungchang and Chen Yuanqing, 1980. 184 pp., 73 figs., 14 pls.

Fasc. 21 Lepidoptera: Pyralidae. Wang Pingyuan, 1980. 229 pp., 40 figs., 32 pls.

Fasc. 22 Lepidoptera: Sphingidae. Zhu Hongfu and Wang Lingyao, 1980. 84 pp., 17 figs., 34 pls.

Fasc. 23 Acariformes: Tetranychoidea. Wang Huifu, 1981. 150 pp., 121 figs., 4 pls.

Fasc. 24 Homoptera: Pseudococcidae. Wang Tzeching, 1982. 119 pp., 75 figs.

Fasc. 25 Homoptera: Aphidinea I. Zhang Guangxue and Zhong Tiesen, 1983. 387 pp., 207 figs., 32 pls.

Fasc. 26 Diptera: Tabanidae. Wang Zunming, 1983. 128 pp., 243 figs., 8 pls.

Fasc. 27 Homoptera: Delphacidae. Kuoh Changlin *et al.*, 1983. 166 pp., 132 figs., 13 pls.

Fasc. 28 Coleoptera: Larvae of Scarabaeoidae. Zhang Zhili, 1984. 107 pp., 17. figs., 21 pls.

Fasc. 29 Coleoptera: Scolytidae. Yin Huifen, Huang Fusheng and Li Zhaoling, 1984. 205 pp., 132 figs., 19 pls.

Fasc. 30 Hymenoptera: Vespoidea. Li Tiesheng, 1985. 159pp., 21 figs., 12pls.

Fasc. 31 Hemiptera I. Zhang Shimei, 1985. 242 pp., 196 figs., 59 pls.

Fasc. 32 Lepidoptera: Noctuidae IV. Chen Yixin, 1985. 167 pp., 61 figs., 15 pls.

Fasc. 33 Lepidoptera: Arctiidae. Fang Chenglai, 1985. 100 pp., 69 figs., 10 pls.

Fasc. 34 Hymenoptera: Chalcidoidea I. Liao Dingxi *et al.*, 1987. 241 pp., 113 figs., 24 pls.

Fasc. 35 Coleoptera: Cerambycidae III. Chiang Shunan. Pu Fuji and Hua Lizhong, 1985. 189 pp., 2 figs., 13 pls.

Fasc. 36 Homoptera: Fulgoroidea. Chou Io *et al.*, 1985. 152 pp., 125 figs., 2 pls.

Fasc. 37 Diptera: Anthomyiidae. Fan Zide *et al.*, 1988. 396 pp., 1215 figs., 10 pls.

Fasc. 38 Diptera: Ceratopogonidae II. Lee Tiesheng, 1988. 127 pp., 107 figs.

Fasc. 39 Acari: Ixodidae. Teng Kuofan and Jiang Zaijie, 1991. 359 pp., 354 figs.

Fasc. 40 Acari: Dermanyssoideae, Teng Kuofan *et al.*, 1993. 391 pp., 318 figs.

Fasc. 41 Hymenoptera: Pteromalidae I. Huang Dawei, 1993. 196 pp., 252 figs.

Fasc. 42 Lepidoptera: Lymantriidae II. Chao Chungling, 1994. 165 pp., 103 figs., 10 pls.

Fasc. 43 Homoptera: Coccidea. Wang Tzeching, 1994. 302 pp., 107 figs.

Fasc. 44 Acari: Eriophyoidea I. Kuang Haiyuan, 1995. 198 pp., 163 figs., 7 pls.

Fasc. 45 Diptera: Tabanidae II. Wang Zunming, 1994. 196 pp., 182 figs., 8 pls.

Fasc. 46 Coleoptera: Cetoniidae, Trichiidae, Valgidae. Ma Wenzhen, 1995. 210 pp., 171 figs., 5 pls.

Fasc. 47 Hymenoptera: Formicidae I. Tang Jub, 1995. 134 pp., 135 figs.

Fasc. 48 Ephemeroptera. You Dashou *et al.*, 1995. 152 pp., 154 figs.

Fasc. 49 Trichoptera I: Hydroptilidae, Stenopsychidae, Hydropsychidae, Leptoceridae. Tian Lixin *et al.*, 1996. 195 pp., 271 figs., 2 pls.

Fasc. 50 Hemiptera II: Zhang Shimei *et al.*, 1995. 169 pp., 46 figs., 24 pls.

Fasc. 51 Hymenoptera: Ichneumonidae. He Junhua, Chen Xuexin and Ma Yun, 1996. 697 pp., 434 figs.

Fasc. 52 Hymenoptera: Sphecidae. Wu Yanru and Zhou Qin, 1996. 197 pp., 167 figs., 14 pls.

Fasc. 53 Acari: Phytoseiidae. Wu Weinan *et al.*, 1997. 223 pp., 169 figs., 3 pls.

Fasc. 54 Coleoptera: Chrysomeloidea II. Yu Peiyu *et al.*, 1996. 324 pp., 203 figs., 12 pls.

Fasc. 55 Thysanoptera. Han Yunfa, 1997. 513 pp., 220 figs., 4 pls.

(Q-4690.31)

ISBN 978-7-03-068272-7

9 787030 682727>

定价：890.00 元（全 2 卷）